DIE ENTWICKLUNG DES MENSCHEN VOR DER GEBURT

DIE ENTWICKLUNG DES MENSCHEN VOR DER GEBURT

EIN LEITFADEN ZUM SELBSTSTUDIUM DER MENSCHLICHEN EMBRYOLOGIE

VON

PROF. DR. MED. IVAR BROMAN

DIREKTOR DES ANATOMISCHEN INSTITUTS
DER UNIVERSITÄT LUND (SCHWEDEN)

MIT 259 ABBILDUNGEN IM TEXT

MÜNCHEN · VERLAG VON J. F. BERGMANN · 1927

ISBN-13: 978-3-642-89577-7   e-ISBN-13: 978-3-642-91433-1

DOI: 10.1007/978-3-642-91433-1

Vorwort.

Das vorliegende Buch stellt einen Versuch dar, die menschliche Embryologie so einfach darzustellen und so reich zu illustrieren, daß auch der auf diesem Gebiet ganz Unbewanderte dem Verfasser ohne Schwierigkeit folgen kann. Selbstverständlich soll aber dennoch derjenige Leser, der Gelegenheit hat, einem embryologischen Kursus beizuwohnen, diese Gelegenheit nicht versäumen; denn das Lernen wird ja dadurch in hohem Grade erleichtert.

Das hier behandelte Pensum ist etwa so groß, wie man es wohl heute von jedem werdenden Arzt verlangt. Das Buch kann also als ein embryologischer Normalkursus des Mediziners gelten. Außerdem habe ich mir aber auch gedacht, daß die Zeit, in der die gebildeten, naturwissenschaftlich orientierten Laien sich mehr für die Entwicklung z. B. einer Laus oder eines Frosches als für diejenige des Menschen interessierten, vielleicht jetzt vorüber ist; und daß solchenfalls dieses Buch auch in weiteren Kreisen Leser finden könnte.

Das hier vorliegende Buch unterscheidet sich von dem von mir früher (1921) von demselben Verlag herausgegebenen „Grundriß der Entwicklungsgeschichte des Menschen" erstens dadurch, daß es — obwohl der Text weniger umfangreich ist (der Text allein beträgt nur 186 Druckseiten) — bedeutend reicher illustriert ist. Die Zahl der Abbildungen beträgt in der Tat nicht weniger als 400, obwohl sie (wegen der Numerierung, zum Teil auch mit Buchstaben) auf dem Titelblatt kleiner erscheint.

Ein zweiter Unterschied ist, daß das vorliegende Buch auch die abnorme Entwicklung (wo diese für das Verständnis der Normalentwicklung besonders belehrend ist) berücksichtigt. In dieser Beziehung enthält es also mehr als der „Grundriß". Dagegen enthält es insofern weniger, als die postembryonale Entwicklung und die Vererbung hier nicht besonders behandelt werden. Außerdem hat die normale Entwicklungsgeschichte an mehreren Stellen eine wesentlich kürzere Fassung als in dem „Grundriß" erhalten.

Ich glaube daher, daß die beiden Bücher die Berechtigung haben, nebeneinander zu bestehen.

Daß es mir möglich war, diese Arbeit auf vergrößerte eigene Erfahrungen zu fußen und dieselbe mit zahlreichen neuen Originalabbildungen zu versehen, dafür habe ich wieder einer Reihe von praktischen Ärzten zu danken, welche die Güte hatten, mein Untersuchungsmaterial durch neue, wertvolle Embryonen zu bereichern. Für solche Materialgaben bin ich besonders folgenden Herren zu großem Dank verpflichtet: Prof. Dr. Essen-Möller-Lund, Prof. Dr. Dahlgren-Göteborg, Dr. Adlerkreutz-Engelholm, Dr. med. Sjöberg-Landskrona, Oberarzt Dr. O. Löfberg-Malmö, Dr. med. S. Sjövall-Wexiö, Dr. med. A. Hansson-Simrishamn, Dr. med. G. Pallin-Alingsås, Dr. Brunkman-Lund, Dr. Knut Ljunggren-Lerhamn, Dr. Å. Schéle-Jönköping, Dr. A. Hedlund-Kristianstad, Dr. A. Reuterskjöld-Västervik, Dr. K. Wahlstedt-Borås, Dr. Johan Jeppson-Tomelilla, Dr. H. Holmdahl-Göteborg, Dr. med. E. Brattström-Helsingborg, Dr. med. Gösta Lundh-Lund, Dr. Caesar Kristensson-Wexiö, Dr. H. Benckert-Göteborg.

Dr. C. O. Forselius - Göteborg, Dr. med. Sv. Johansson - Göteborg, Dr. K. A. S. von Wachenfelt - Ystad, Dr. S. v. Wachenfelt - Lund, Dr. med. O. Gröné - Malmö, Dr. Clas Hultén - Stegeborg, Dr. A. Bauer - Malmö, Prof. E. Sjövall - Lund, Dr. Sam. Pettersson - Engelholm, cand. med. M. Ericsson - Uddströmer - Lund, Dr. I. Segelberg - Borås, cand. med. E. v. Rosen - Borås, Dr. F. Engström - Lycksele, Dr. E. Ekholm - Jönköping, Dr. S. v. Stapelmohr - Stockholm, Dr. E. Ebert - Örebro, cand. med. Torsten Wadstein - Lund, cand. med. I. Birger - Lund, Dr. Anders Lennér - Lund, cand. med. O. Hellstedt - Lund, Dr. H. Edelsten - Norredsbyn und Dr. J. H. Lehmann - Hessleby.

Mehrere meiner Schüler haben unter meiner Leitung instruktive Rekonstruktionsmodelle hergestellt, die hier zum ersten Male photographisch wiedergegeben werden. Diesen Mitarbeitern, deren Namen bei den betreffenden Abbildungen angegeben sind, sage ich hier meinen besten Dank.

Die neuen Originalabbildungen stellen fast alle Photographien (einschließlich Mikrophotographien) dar, die Herr Präparator Otto Mattsson hergestellt hat.

Beim Abfassen mehrerer Kapitel meines Manuskriptes habe ich wertvolle sprachliche Hilfe von Frau Elma Ibach, geb. Preetorius gehabt.

Zuletzt bitte ich meinem Verleger für die schöne, kostspielige Ausstattung meines Buches bestens danken zu dürfen.

Lund, den 15. Dezember 1926.

Ivar Broman.

Inhalt.

	Seite
Einleitung	1
I. Die Geschlechtszellen und ihre Vereinigung bei der Befruchtung	4
A. Die Geschlechtszellen	4
Entwicklung der männlichen Geschlechtszellen	4
Umbildung der Spermiden zu Samenfäden	5
Bau der normalen menschlichen Spermien	7
Über die Bedeutung der verschiedenen Spermiumteile	9
Über die Schwimmfähigkeit der Spermien	9
Der männliche Samen (das Sperma)	10
Abnorme Spermien	10
Entwicklung der weiblichen Geschlechtszellen	11
Bau des reifen menschlichen Eies	15
Abnorme Eier	16
Über die Beziehung der Eireifung zur Menstruation	16
Über die Entstehung und Bedeutung der gelben Körper (Corpora lutea) der Eierstöcke	17
B. Die Befruchtung	18
Wesen und Zweck der Befruchtung	22
Über die Phylogenese des Menschen	24
Über die Beziehungen der Ontogenese zur Phylogenese	26
II. Die Entstehung des primitiven Embryonalkörpers und der sog. Nachgeburt aus dem befruchteten Ei	27
Die Eifurchung	27
Die Entstehung der Keimblätter	27
Die Entstehung der Eihäute	30
Die Umwandlung der Embryonalplatte in eine längliche Embryonalblase und die Entstehung des Nabelstranges	32
Die Entwicklung des Mutterkuchens (der Plazenta)	33
A. Die Entstehung des embryonalen Anteils des Mutterkuchens	33
B. Die Entstehung des mütterlichen Anteils des Mutterkuchens	35
Bau und Bedeutung des Mutterkuchens	39
Weitere Ausbildung des Nabelstranges	40
Schicksal der Dotterblase und des Dotterblasenganges	41
Die Nachgeburt	43
Die Entwicklung des primitiven Embryonalkörpers	44
Entstehung des intraembryonalen Mesoderms	48
Entstehung der Chorda dorsalis	49
Entstehung des Medullarrohrs	49
Weitere Ausbildung des intraembryonalen Mesoderms	51
Entstehung der Körperhöhlen	55
Umbildung der Ursegmente	55
Entstehung des Mesenchyms	57
Entstehung des Blutes und der ersten Blutgefäße	57
Entstehung des Verdauungsrohres	59
Entstehung der Mesenterien	63
III. Organogenese oder Entwicklung der definitiven Organe	64
Weitere Entwicklung der äußeren Körperform	64
Formentwicklung des Embryos in der zweiten Hälfte der 4. Woche	64

Seite

Formentwicklung des Embryos während des 2. Embryonalmonats 65
  Ausbildung der Extremitäten 66
  Ausbildung des Kopfes 72
  Bildung des Gesichts 74
Formentwicklung des Menschen während des 3.—10. Embryonalmonats . . 77
Mißbildungen der äußeren Körperform 83
  Doppel- und Mehrfachbildungen 83
    I. Freie Doppelbildungen (eineiige Zwillinge) 84
    II. Zusammenhängende Doppelbildungen (Doppelmonstra) 84
  Riesen und Zwerge 85
  Andere Einzelmißbildungen der äußeren Körperform 85
    Mangelhafte Schließung des Medullarrohres 86
    Mangelhafte Scließung der Gesichtsspalten 86
Entstehung der Mund- und Nasenhöhlen 86
  Weitere Ausbildung der Nasenhöhlen und ihrer Wände 90
    Riechepithel und Riechnerven 92
    Das Wassergeruchsorgan (Organon vomeronasale Jacobsoni) 93
    Regressive Veränderungen des Riechorgans 93
    Entstehung des Nasenskeletts 94
      Die knorpeligen Nasenwände 94
      Entwicklung der knöchernen Nasenwände 95
  Weitere Ausbildung der Mundhöhle und deren Organe 95
    Entstehung der Lippen und der Alveolarfortsätze der Kiefer 96
    Entwicklung der Zähne 97
    Entwicklung der Mundhöhlendrüsen 100
      Chievitz' Organ 101
    Entwicklung der Zunge 103
    Entwicklung der Zungenpapillen 104
    Entwicklung des eigentlichen Geschmacksorgans 105
    Wann treten die ersten Geschmacksempfindungen auf? 105
  Entstehung und Schicksal der Schlundtaschen 106
    Entwicklung der Tonsillen 107
    Entwicklung der Thymusdrüse 107
    Entwicklung der Parathyroideadrüsen 110
    Entwicklung der Schilddrüse 111
Entwicklung der Atmungsorgane 114
  Entwicklung des Kehlkopfes 116
    Entwicklung der Larynxknorpel 117
  Entwicklung der Luftröhre 119
  Entwicklung der Lungen 119
    Entwicklung der entodermalen Lungenanlagen 120
    Entwicklung der mesodermalen Lungenanlagen 124
      Äußere Formentwicklung der Lungen 124
    Innere Ausbildung der mesodermalen Lungenanlagen 126
    Entwicklung der Lungenalveolen 126
    Entwicklung der Lungengefäße 130
Entwicklung der Verdauungsorgane 130
  Entwicklung der Speiseröhre 130
  Entwicklung des Magens 132
    Histologische Ausbildung der Magenwand 135
  Entwicklung des Darmes und seiner Anhangsorgane 135
  Entstehung der Leber- und Pankreasanlagen 137
  Abschnürung des Dotterblasenstieles vom Darme 138
  Entstehung der ersten Darmschlinge und des physiologischen Nabelbruches 139
  Abgrenzung der Dickdarm- und Dünndarmanlagen. Entstehung der Blinddarm-
    anlage 139
  Weitere Formentwicklung des Darmes 140
  Histologische Entwicklung der Darmwände 145
    Entwicklung der Valvula iliocoecalis 148
    Entwicklung der Taeniae und Haustra coli 149

Inhalt. IX

	Seite
Entwicklung des Enddarmes	150
Komplikationen der Mesenterien durch die Bildung der Bursa omentalis und des Omentum majus sowie durch sekundäre Verwachsungen	151
Entwicklung der Bursa infracardiaca	151
Entwicklung der Bursa omentalis und der Netze	155
Sekundäre Verwachsungen in der Bauchhöhle	156
Entwicklung der Leber	158
Entwicklung der Lebergefäße	164
Veränderungen der großen Lebergefäße nach der Geburt	167
Histogenese der Leber	167
Weitere Ausbildung der Gallenblase und der extrahepatischen Gallengänge	168
Entwicklung der Bauchspeicheldrüse	168
Histogenese des Pankreas	170
Entwicklung der Milz	170
Histogenese der Milz	171
Entwicklung der Nebennieren	172
Entstehung der Nebennierenrinde	173
Entstehung und Histogenese der Markanlage	174
Entwicklung der Nebennierengefäße	174
Beziehungen der Nebennierengefäße während der Entwicklung	174
Entwicklung der Harn- und Geschlechtsorgane	176
Entwicklung der Harnorgane	176
Die Vorniere (Pronephros)	176
Die Urniere (Mesonephros)	176
Rückbildung der Urniere	179
Die definitive Niere (Nachniere oder Metanephros)	179
Umbau der Niere während der Embryonalzeit	185
Entwicklung des definitiven Nierenbeckens	185
Entwicklung der Nierenlappen (Renculi) und der Columnae renales	185
Entwicklung von Mark und Rinde der Niere	187
Weitere Ausbildung der Harnkanälchen	188
Lageveränderungen der Nieren während der Entwicklung	188
Entstehung der Nierengefäße	189
Wann fangen die Nieren an, Harn abzusondern?	189
Entwicklung der Geschlechtsorgane	190
Phylogenese	190
Ontogenese der Geschlechtsorgane	190
Entstehung der Geschlechtsdrüsen	190
Entwicklung der Hoden	191
Entwicklung der Eierstöcke	192
Entwicklung der primären Eileiter (der Müllerschen Gänge)	194
Entwicklung der Eileiter, des Uterus und der Vagina	196
Das Schicksal der Urnierenreste und der Wolffschen Gänge beim weiblichen Embryo. — Entwicklung des Epoophoron	198
Das Schicksal der Müllerschen Gänge beim männlichen Embryo	199
Weitere Ausbildung des Urogenitalrohres	201
Entwicklung der Harnblase	202
Entwicklung der weiblichen Urethra	202
Schicksal des Sinus urogenitalis	202
Entwicklung der Prostata	204
Entstehung der äußeren Geschlechtsteile	205
Ausbildung der männlichen Genitalia externa	205
Entstehung der Processus vaginales peritonei	207
Descensus testiculorum	208
Descensus ovariorum	209
Entwicklung des Gefäßsystems	210
Entstehung der Schwanzarterien	210
Entstehung der embryonalen Aortenbogen (= Kiemenbogenarterien)	210
Entstehung der Arteriae carotides primitivae	211
Entstehung der intersegmentalen Aortenzweige	212

Seite

Entstehung der Venae omphalo-mesentericae und des vitellinen Blutkreislaufes 212
Entstehung der Leibeswandvenen 212
Entwicklung des Blutes 213
    Über die Bildung von Erythrozyten in der Leber und in den übrigen blut-
    bildenden Organen 214
    Entstehung der Leukozyten 215
Entwicklung des Herzens 215
    Entstehung der definitiven Vorhöfe 220
    Weitere Ausbildung der Vorhöfe 222
    Ausbildung der Herzkammern 226
    Entwicklung der Kammerscheidewand 226
    Entwicklung des Septum aortico-pulmonale in dem Truncus arteriosus 228
    Entwicklung der Semilunarklappen der Aorta und der Arteria pulmonalis 228
    Entwicklung der Atrioventrikularklappen 229
    Wachstum des Herzens 231
    Entstehung des Reizleitungssystems 231
    Lageveränderungen des Herzens während der Entwicklung 231
Entstehung der definitiven Blutgefäße 232
    Ausbildung der definitiven Arterien 232
        Verschmelzung der primitiven Aorten 232
        Schicksal der Kiemenbogenarterien 235
        Schicksal der paarig gebliebenen Aortae descendentes 236
        Entstehung der definitiven Aortae 236
        Entstehung und Schicksal der Lateralzweige der Aorta 237
        Schicksal der Ventralzweige der Aortae descendentes primitivae 237
        Schicksal der Dorsalzweige der Aortae descendentes primitivae 238
        Entwicklung der Hals- und Kopfarterien 239
        Entwicklung der Extremitätenarterien 240
        Die Arterien der oberen Extremität 240
        Die Arterien der unteren Extremität 241
    Ausbildung der definitiven Venen 241
        Schicksal der primitiven Leibeswandvenen 241
        Entwicklung der Extremitätvenen 244
Entwicklung des Lymphgefäßsystems 244
    Die Lymphgefäße 244
    Die Lymphdrüsen 246
Definitive Trennung der Körperhöhlen. — Entwicklung des Perikardiums und
    des Zwerchfells 246
Entwicklung des Stützgewebes 250
Histogenese des Stützgewebes 251
    A. Bindegewebe 251
    B. Knorpelgewebe 252
    C. Knochengewebe 254
        Entwicklung der knorpelpräformierten Knochen 254
        Entwicklung der Bindegewebsknochen 256
        Entwicklung der Knochenverbindungen (Fugen und Gelenke) 257
Entwicklung der verschiedenen Teile des menschlichen Skeletts 258
    A. Wirbelsäule und Brustkorb 258
    B. Kopfskelett 264
        Entstehung des Blastemkraniums 264
        Entstehung des knorpeligen Primordialkraniums 265
        Entwicklung des Knorpelskeletts der Kiemenbogen. — Entstehung der
        knorpeligen Anlagen der Gehörknöchelchen und des Zungenbeins 265
        Entstehung des knöchernen Kraniums 267
        Entstehung und Schicksal der Fontanellen 270
    C. Gliedmaßenskelett 270
        Entwicklung des Skeletts der oberen Extremität 271
        Entwicklung des Skeletts der unteren Extremität 272
Entwicklung des Muskelsystems 275
    Histogenese der quergestreiften Muskulatur 276
    Histogenese der glatten Muskulatur 277

Seite

Morphogenese der Rumpfmuskeln 278
Morphogenese der Hals- und Kopfmuskeln 278
Morphogenese der Extremitätmuskeln 278
Abnorme Muskelentwicklung 280
Entstehung des Nervensystems 280
Entstehung der Spinalganglien 281
Entstehung der Kopfganglien 282
Entwicklung des Rückenmarks 283
Histogenese des Rückenmarks 283
Entstehung der sensiblen Wurzeln der Spinalganglien 286
Histogenese der Kopf- und Spinalganglien 286
Entstehung des charakteristischen Querschnittes der grauen Rückenmark-
substanz 287
Schicksal der kaudalen Partie des Medullarrohres 287
Entstehung des Ventriculus terminalis 289
Entstehung der Intumeszenzen des Rückenmarks 289
Entstehung der Rückenmarkshäute 289
Entwicklung des Gehirns 289
Entstehung der Medulla oblongata aus dem Myelenzephalon 291
Entstehung des Kleinhirns und der Brücke aus dem Metenzephalon 292
Cerebellum 292
Pons 295
Entstehung der Pedunculi cerebri und der Corpora quadrigemina aus dem
Mesenzephalon 296
Entstehung des Großhirns aus dem Prosenzephalon 298
Entstehung der Thalami, der Epiphyse der Corpora geniculata und der Corpora
mamillaria aus dem Dienzephalon 299
Entstehung der Großhirnhemisphären und der Pars optica hypothalami aus
dem Telenzephalon 301
a) Pars optica hypothalami 301
b) Großhirnhemisphären 302
Fossa cerebri (Fissura cerebri lateralis) 304
Fissuren oder Totalfurchen 304
Plexus chorioideus des Seitenventrikels 304
Entstehung und Schicksal des embryonalen Gyrus dentatus. Entwick-
lung der Großhirnkommissuren und des Fornix 305
Graue und weiße Substanz 307
Myelinisation der weißen Gehirnsubstanz 309
Das Gewicht des Gehirns 309
Entwicklung des peripheren Nervensystems 309
Entwicklung der Rumpfnerven 310
Die motorischen Nervenwurzeln 310
Die sensiblen Nervenwurzeln 311
Verzweigung der segmentalen Spinalnervenstämme 312
Entwicklung der Brachial- und Lumbosakralplexus 313
Entwicklung der Gehirnnerven 313
Entwicklung des autonomen Nervensystems 315
Sympathikus und Parasympathikus 315
Entwicklung der Sinnesorgane 317
Entwicklung der Sehorgane 317
Weitere Ausbildung des Retinalblattes 319
Entwicklung des Corpus ciliare 321
Entwicklung der Iris 322
Entwicklung der Binnenmuskeln des Auges 322
Entwicklung des Nervus opticus 322
Entwicklung der Linse 322
Entwicklung des Glaskörpers 323
Entwicklung der äußeren Augenhäute 324
Entstehung der Augenlider, der Konjunktiva und der Nickhaut 325
Entwicklung der Tränenableitungswege 326
Entwicklung der Lidrandhaare und -drüsen 327
Entwicklung der Caruncula lacrimalis 329

	Seite
Entwicklung der Konjunktivaldrüsen	329
Entwicklung des Gesichtssinns	330
Entwicklung des Ohres	330
Das innere Ohr	330
Entwicklung des perilymphatischen Raumes	332
Entwicklung der Schnecke	332
Ausbildung des knöchernen Labyrinthes	333
Entwicklung des Mittelohrraumes und der Tuba	334
Entwicklung des äußeren Ohres	336
Entwicklung des Trommelfells	336
Entwicklung des Gehörganges	337
Entwicklung des Gehörsinns	337
Entwicklung der Haut und ihrer Anhangsgebilde (Drüsen, Haare und Nägel)	337
Entwicklung der Oberhaut (Epidermis)	337
Entwicklung der Lederhaut (Corium)	348
Gemeinsame Formentwicklung der aneinander grenzenden Schichten von Epidermis und Corium. Entstehung von Hautleisten und Hautfalten	338
Entwicklung der Haare	340
Entwicklung der Nägel	341
Entwicklung der Schweißdrüsen	342
Entwicklung der Milchdrüsen	343
Entwicklung des Gefühlsinns	345
Alphabetisches Register	346

Einleitung.

Die Entwicklungsgeschichte eines menschlichen Individuums, die sog. Ontogenie desselben, ist uns nunmehr in ihren Hauptzügen — durch direkte Untersuchungen der verschiedenen Entwicklungsstadien — fast vollständig bekannt.

Daß dies nicht schon längst der Fall war, erklärt sich schon daraus, daß sich der Mensch vor der Geburt in der Gebärmutter (dem Uterus) vollständig versteckt entwickelt, so daß zu dieser Zeit eine direkte Beobachtung eines und desselben Individuums während verschiedener Entwicklungsstadien vollständig ausgeschlossen ist. Nur wenn dann und wann ein Kind zu früh geboren wird, bekommt der Untersucher Möglichkeit, diese intrauterine [1] Entwicklung zu verfolgen.

Hierzu kommt aber dann eine noch größere Schwierigkeit. Wenn der sich intrauterin entwickelnde Mensch, der sog. Embryo oder Fetus [2], groß genug geworden ist, um makroskopisch (d. h. ohne Zuhilfenahme des Mikroskops) untersucht werden zu können, ist seine wichtigste Entwicklungsperiode schon vorbei. Er ist schon ein Miniatur-Mensch geworden, der sich fast nur durch seine Kleinheit von dem geburtsreifen Fetus zu unterscheiden scheint.

Diese Tatsache, daß die erste und wichtigste Embryonalentwicklung des Menschen nur mikroskopisch (d. h. mit Zuhilfenahme des Mikroskops) studiert werden kann, ist es natürlich, die die Embryologie zu einer jungen Wissenschaft gemacht hat. Denn erst als die Mikroskope und die Technik, mikroskopische Präparate herzustellen, eine gewisse Vervollkommnung erreicht hatten, konnte diese Wissenschaft voll aufblühen.

So erklärt es sich, daß Lehrbücher der menschlichen Embryologie, die sich tatsächlich auf Beobachtungen an menschlichen Embryonen stützen, erst in diesem Jahrhundert geschrieben werden konnten.

Schon vorher waren allerdings ähnlich benannte Lehrbücher erschienen. Dieselben stützten sich aber größtenteils auf Untersuchungen an Embryonen von anderen Säugetieren oder von noch niedriger stehenden Wirbeltieren.

Heute brauchen wir diesen Notfallsausweg nur für die allerersten Entwicklungsstadien (bei und unmittelbar nach der Befruchtung).

Die Entwicklung eines menschlichen Individuums fängt mit der Befruchtung, d. h. mit der Verschmelzung zweier Geschlechtszellen, an und endigt erst mit dem Tode. Zunächst geht die Entwicklung nur aufwärts; sie ist, wie wir es bezeichnen, progressiv. Früher oder später erreicht aber die Entwicklungskurve ihren Höhepunkt, um dann wieder abwärts zu gehen. Die spätere Entwicklungsperiode eines Menschen ist — mit anderen Worten — durch regressive (rückgängige) Entwicklung charakterisiert. Der Mensch „altert".

Hierbei ist nun zu bemerken, daß die verschiedenen Organe des Körpers je ihre eigene selbständige Entwicklungskurve besitzen (vgl. Abb. 1), so daß in verschiedenen Organen die regressive Periode zu sehr verschiedenen Zeitpunkten beginnen kann. Einige Organe altern also früher als andere.

Die rückgängige Entwicklung eines Organes führt gewöhnlich zu einer Verschlechterung seines Baues und damit auch zu einer Verschlechterung seiner Funktion. Denn die Funktion eines Organes ist immer von dem Baue desselben abhängig.

---

[1] Innerhalb des Uterus stattfindende.

[2] Gewöhnlich reserviert man den Namen Fetus für ältere Entwicklungsstadien und den Namen Embryo für jüngere. Der Name Embryo läßt sich aber auch für ältere Stadien (bis zur Geburtsreife) verwenden.

Handelt es sich nun um ein für den Gesamtkörper relativ unwichtiges Organ, so hat die Verschlechterung desselben nicht viel zu bedeuten. Handelt es sich dagegen um ein lebenswichtiges Organ, so führt das Altern desselben zuletzt zum Tode des ganzen Körpers. So wird der Alterstod des Menschen wahrscheinlich zunächst durch rückgängige Entwicklung wichtiger Gehirnpartien veranlaßt.

Gewisse Organe bilden sich schon während der Embryonalzeit mehr oder weniger vollständig zurück. Einige von diesen haben wahrscheinlich während der menschlichen Ontogenese nie eine Funktion[1]. Diese sog. rudimentäre

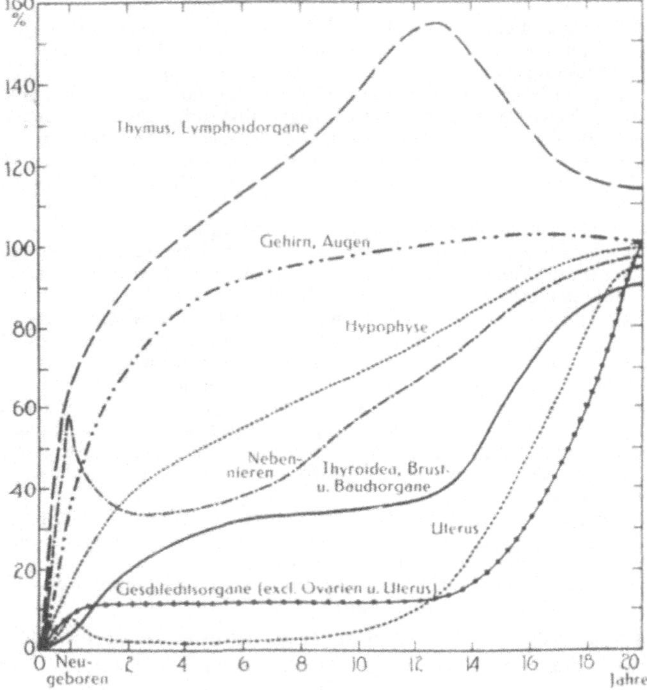

Abb. 1. Entwicklungskurven einiger menschlicher Organe bis zum 20. Lebensjahre. — Nach **Scammon**: Developmental Anatomy. — Das Wachstum der verschiedenen Organe ist berechnet in Prozent von dem Gewicht des betreffenden Organs beim Erwachsenen.

Embryonalorgane haben aber aller Wahrscheinlichkeit nach bei unseren Vorfahren eine wichtige Rolle gespielt (vgl. unten S. 25). Andere Embryonalorgane bilden sich zu einer Funktion aus, die entweder nur während einer gewissen Embryonalzeit vonnöten ist, oder später von anderen Organen übernommen wird.

Die Rückbildung eines Organes kann so weit gehen, daß das Organ restlos verschwindet; sie kann aber auch frühzeitiger zum Stillstand kommen, so daß mehr oder weniger vollständige Reste des Organs zeitlebens persistieren. In gewissen Fällen erfahren diese Reste einen Funktionswechsel, indem sie zu neuen Zwecken verwendet werden. In anderen Fällen bleiben sie — anscheinend vollständig zwecklos — bestehen. Meistens bleiben sie wohl auch

---

[1] Nach einer von Peter (1920) und Bolk (1926) ausgesprochenen Hypothese sollen sie aber als endokrine Drüsen funktionieren.

harmlos. Aber unter Umständen gehen aus ihnen später Geschwulstbildungen (z. B. Krebs) hervor. Die normale Entwicklung geht also dann in eine krankhafte (pathologische) über.

Auch wenn der Embryo von Krankheitserregern und äußeren Schädigungen verschont bleibt, kann er sich abnorm entwickeln. Dadurch entstehen Mißbildungen, die — wenn sie leichteren Grades sind — auch Anomalien genannt werden.

Die Ursachen der Mißbildungen sind beim Menschen wahrscheinlich größtenteils in Abnormitäten der Erbmasse (vgl. unten S. 23) der das Individuum bildenden Geschlechtszellen zu suchen. Solche Erbmassenabnormitäten können die Entwicklung entweder 1. an einem normalen Übergangsstadium hemmen und zum Stillstand bringen (Hemmungsmißbildungen) oder 2. in abnormen Bahnen weiter treiben (progressive Mißbildungen) oder 3. abnorm rückgängig machen (regressive Mißbildungen). Die durch solche sog. innere Mißbildungsursachen entstandenen Mißbildungen sind mehr oder weniger stark ausgesprochen erblich.

Wie experimentelle Untersuchungen an niederen Tieren gezeigt haben, können aber auch abnorme Milieu-Verhältnisse des sich entwickelnden Eies zu ähnlichen Mißbildungen des Embryos führen. Diese sog. äußeren Mißbildungsursachen können sowohl physikalischer, wie chemischer oder infektiöser Art sein. Die dadurch hervorgerufenen Mißbildungen sind nicht erblich.

Bei dem relativ sehr geschützt liegenden Säugetierei kommen solche äußere Mißbildungsursachen selbstverständlich weniger oft vor als bei den sich außerhalb des Muttertieres entwickelnden Eiern niederer Tiere. Ganz verschont von äußeren Mißbildungsursachen ist aber sogar das menschliche Ei nicht. Besonders in seinen ersten Entwicklungsstadien nach der Befruchtung kann es wahrscheinlich, wenn die Schleimhaut der Eileiter oder der Gebärmutter pathologisch verändert ist, beschädigt werden, so daß schwere Mißbildungen (z. B. Doppelmißbildungen) entstehen.

I. Die Geschlechtszellen und ihre Vereinigung bei der Befruchtung.

Ehe wir zu der Schilderung der Befruchtung übergehen können, ist es notwendig, die Entwicklung und den Bau der dabei beteiligten, reifen Geschlechtszellen zu beschreiben.

A. Die Geschlechtszellen

treten schon im zweiten Embryonalmonat auf, und zwar als relativ große, helle, rundliche Zellen zwischen den kleineren, zylindrischen Zellen der Geschlechtsdrüsenanlage (vgl. unten). — Sobald diese Anlage sich zu einem Hoden bzw. zu einem Eierstock umzubilden beginnt, kann man die betreffenden Geschlechtszellen Ursamenzellen bzw. Ureier nennen. Noch sind sie aber einander zum Verwechseln ähnlich. Die Ursamenzellen können also nur dadurch von den Ureiern unterschieden werden, daß man sie in einer typischen Hodenanlage findet.

Entwicklung der männlichen Geschlechtszellen.

Die Ursamenzellen verändern sich nicht nennenswert weder in der Embryonalzeit noch in der Kindheit. Nur vermehren sie sich durch wiederholte Teilungen entsprechend der Vergrößerung der Hoden. — Erst kurz vor der Geschlechtsreife (Pubertät) entstehen aus den Ursamenzellen auch sog. Spermiogonien (Samengroßmutterzellen), die etwas kleiner und heller als die Ursamenzellen sind. Durch wiederholte Teilungen gehen aus den zuerst gebildeten Spermiogonien solche zweiter, dritter usw. Ordnung hervor (vgl. Abb. 2 A u. B).

Die Spermiogonien letzter Ordnung wachsen stark und stellen nach beendigtem Wachstum die sog. Spermiozyten (Spermamutterzellen) erster Ordnung dar (Abb. 2 C).

Durch zwei schnell nacheinander folgenden Teilungen — die sog. Reifungsteilungen — verwandeln sich nun diese in Spermiozyten zweiter Ordnung (Abb. 2 D) bzw. in sog. Spermiden (Spermatochterzellen, Abb. 3 a).

Die Reifungsteilungen sind als Vorbereitung der Geschlechtszellen zur Befruchtung sehr bedeutungsvoll. Während derselben wird die Zahl der Geschlechtszellen-Chromosomen (vgl. unten S. 9 u. 12) etwa zur Hälfte vermindert. Wenn vor diesen Teilungen die männlichen Geschlechtszellen (ebenso wie die anderen sog. somatischen Zellen des männlichen Körpers) 47 Chromosomen enthielten, bekommen also die Spermiden nur je 24 bzw. 23.

Eine Spermide ist also — im Vergleich mit den somatischen Zellen — betreffs der Chromosomenzahl als eine Art Halbzelle zu betrachten. Sonst ist sie zwar mit allen Attributen einer Ganzzelle versehen. Aus unbekannten Gründen kann sie sich aber trotzdem nicht mehr durch Teilung vermehren. Nur wenn sie nach ihrer Umbildung zum Samenfaden Gelegenheit bekommt, mit einer reifen weiblichen Geschlechtszelle zu verschmelzen, kann sie weiter fortleben. Sonst ist sie dem Untergange geweiht.

Umbildung der Spermiden zu Samenfäden.

Die bei der zweiten Reifungsteilung entstandenen Spermiden sind auffallend kleiner als die Spermiozyten zweiter Ordnung und bedeutend kleiner als die Spermiozyten erster Ordnung, haben aber anfangs noch das gewöhnliche Aussehen von Zellen. Jede Spermide besteht also aus einem fast kugelförmigen

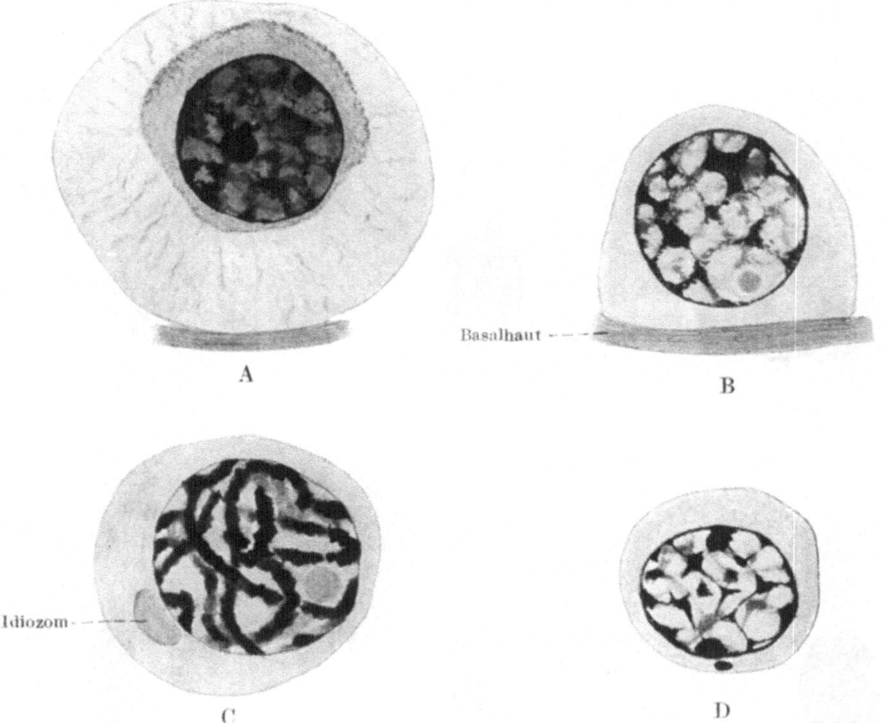

Abb. 2. Unreife männliche Geschlechtszellen. — A Ursamenzelle eines 36 cm langen Fetus; B Samengroßmutterzelle letzter Ordnung von einem Erwachsenen; C und D Spermiozyten erster und zweiter Ordnung. — Vergrößerung: 3000 mal. — Nach Broman (1911).

Protoplasmaklümpchen, dem Zellkörper, in dessen Innerem nicht nur der (die Chromosomen enthaltende) Kern, sondern auch die (die Zellteilungen leitenden) Zentriolen und das von Meves sog. Idiozom vorhanden sind. Nur liegen ihre Zentriolen nicht mehr von dem Idiozom umschlossen in dem Inneren des Zellkörpers, sondern befinden sich direkt im Protoplasma unmittelbar unter der Zelloberfläche.

In diesem Entwicklungsstadium stellen die beiden Zentriolen eng verbundene Kügelchen dar, deren Verbindungslinie senkrecht zur Zelloberfläche liegt. Von dem distalen (der Zellwand anstoßenden) Zentriol wächst nun ein relativ langes Fädchen aus der Zelle heraus. Dieses Fädchen, das von Anfang an die Fähigkeit besitzt, peitschende Bewegungen zu machen, stellt die erste Anlage des Spermienschwanzes dar (vgl. Abb. 3a).

Bald nach dem Auswachsen des Schwanzfädchens beginnen die Zentriolen, auf den Zellkern verlagert zu werden. Wenn das proximale (dem Kern zunächst liegende) Zentriol die Kernwand erreicht, verwächst es mit derselben.

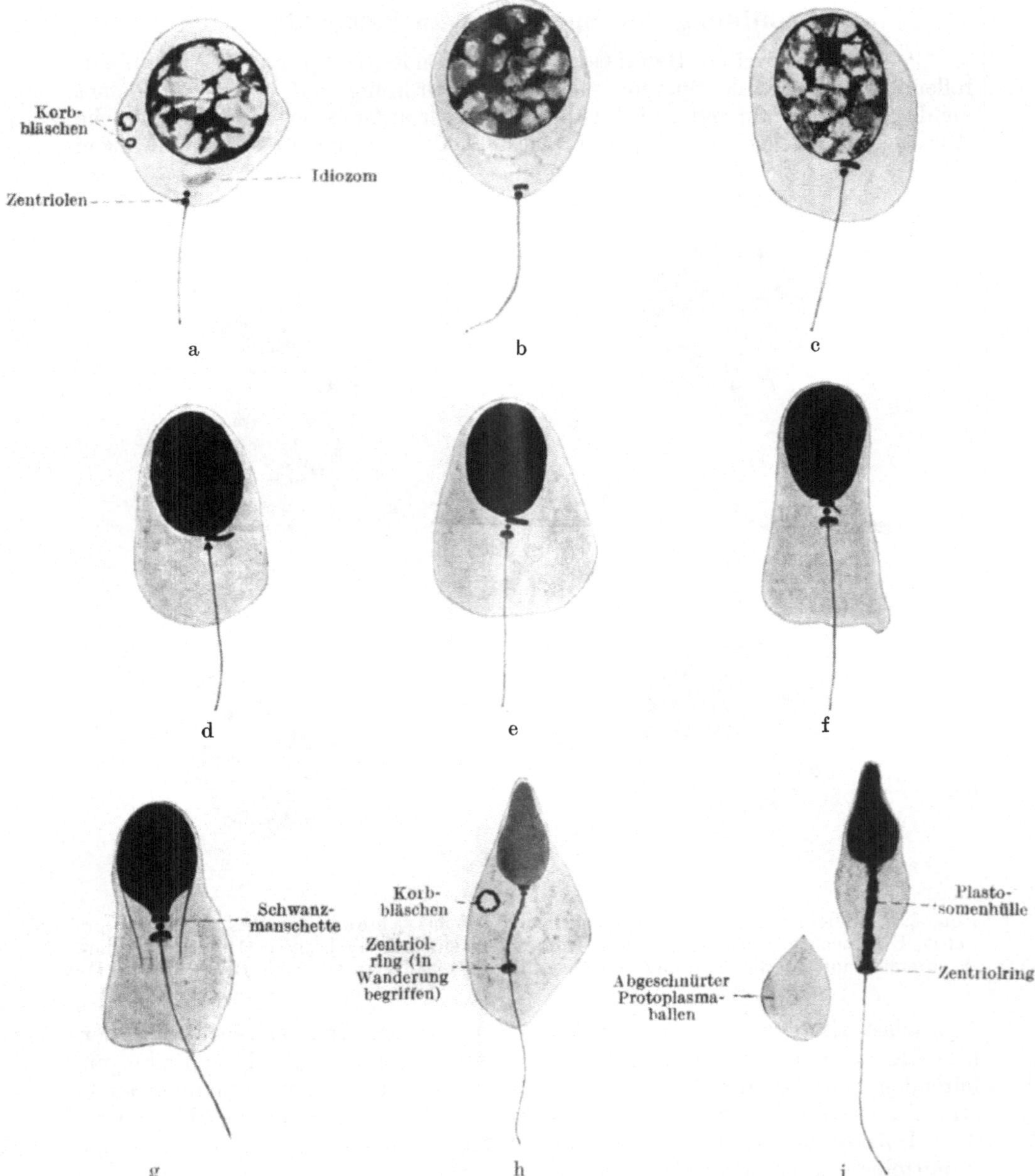

Abb. 3. Samentochterzellen (Spermiden) sich in Samenfäden (Spermien) umwandelnd. — Stadium a Neugebildete Spermide. — Vergrößerung: 3000 mal. — Nach Broman (1911).

Gleichzeitig mit dieser Zentriolenwanderung und noch eine Zeitlang nachher verändern die Zentriolen in mancherlei Weise ihr Aussehen. Das proximale Zentriol wird zuerst stabförmig verlängert, dann wieder verkürzt und zuletzt in zwei Körnchen (Broman,

1902) zerlegt. Das distale Zentriol wird zuerst stumpf kegelförmig, um dann in ein vorderes Knöpfchen und einen hinteren Ring zu zerfallen. Das Knöpfchen, von welchem nun der Schwanzfaden ausgeht, verbindet sich durch feine Fädchen mit den proximalen Zentriolkörnchen. Der Ring, der den Schwanzfaden umgibt, wandert schon vorher 4 μ [1] nach hinten, um das sog. Verbindungsstück des Spermienschwanzes hier abzugrenzen.

Zu derselben Zeit, während welcher diese Zentriolumbildungen (über deren Sinn wir noch keine befriedigende Erklärung geben können) stattfinden, entstehen auch sowohl im Zellkern wie im Zellkörper der Spermide wichtige Veränderungen. Der Zellkern scheidet Wasser aus und konzentriert sich immer mehr, bis er zuletzt ein ganz homogenes Aussehen gewinnt. Hand in Hand hiermit findet eine Verkleinerung des Kernvolumens sowie eine Abplattung und Umformung des ganzen Kernes statt. Auf diese Weise bildet sich der Spermidenkern in den Spermiumkopf um (vgl. Abb. 3, a—i).

Bei den in dieser Hinsicht genauer untersuchten Säugetieren wandert inzwischen das Idiozom zum vorderen Kernpol hin und breitet sich hier mützenähnlich über den vorderen Kernteil aus. In dieser Weise erhält der Spermiumkopf seine sog. Kopfkappe. Beim Menschen ist aber das Schicksal des Idiozoms noch nicht verfolgt worden; und neuere Untersucher (Marcus, 1921 und Romeis, 1926) leugnen die Existenz einer Kopfkappe beim menschlichen Spermium. Die wichtigeren Bestandteile des Protoplasmas konzentrieren sich und sammeln sich am hinteren Kernpol um die vordere Partie des Schwanzfadens herum. Spezifische Körnchen, sog. Plastosomen (Meves), treten hier zu einem Spiralfaden zusammen, dessen Windungen die sog. Spiralhülle des Schwanzverbindungsstückes bilden.

Etwa gleichzeitig damit, daß der innerhalb des Protoplasmas gelegene Schwanzteil die Spiralhülle ausbildet, verdickt sich auch die Hauptpartie des außerhalb des Protoplasmas gelegenen Schwanzteiles, indem hier eine besondere, kompakte Hülle ausgeschieden wird. Nur in der äußersten Endpartie des Schwanzes bleibt der ursprüngliche Schwanzfaden unbedeckt.

Zuletzt werden die unwichtigen Partien des Protoplasmas abgeschnürt, so daß die reife männliche Geschlechtszelle von jedem unnötigen Ballast befreit wird. — Die Spermide hat sich jetzt endlich in den Samenfaden, das sog. Spermium [2], umgewandelt.

Der Bau der normalen menschlichen Spermien

geht größtenteils aus der oben gegebenen Schilderung ihrer Entwicklung hervor. Hier ist daher nur folgendes hinzuzufügen.

Die menschlichen Spermien stellen — wenn sie gerade ausgestreckt liegen — stecknadelähnliche Bildungen dar, die für das unbewaffnete Auge unsichtbar klein sind. Ihre Länge beträgt nur 0,05 mm (50 μ). Davon gehören aber 46,6 μ dem winzig dünnen Schwanze (vgl. Abb. 4).

Der Kopf ist abgeplattet, und zwar vorne besonders stark. Von der Fläche gesehen hat er die Gestalt eines Ovals, von der Kante gesehen hat er Birnenform. Das dickere, hintere Ende ist gewöhnlich quer abgestutzt. — Etwa die vorderen zwei Drittel des Kopfes sind an eisenhämatoxylingefärbten Präparaten entweder heller oder dunkler gefärbt (als das hintere Drittel des Kopfes) und erscheinen daher als von einer Kopfkappe umgeben. Nach Held (1916) soll aber die betreffende Grenze nur durch einen „Kopfreif" hervorgerufen werden, welcher das Hinterstück des Kopfes umschließt. Und nach Marcus 1921) und Romeis (1926) soll — wie erwähnt — das menschliche Spermium gar keine Kopfkappe besitzen.

---

[1] μ = Mikromillimeter, d. h. $^{1}/_{1000}$ mm.
[2] Früher auch Spermatozo (Samentierchen) genannt.

An dem hinteren Kopfende ist der Schwanz unter Vermittelung des sog. Halsstücks befestigt. Dieses Halsstück besteht aus den beiden — von dem proximalen Spermiden-Zentriol stammenden — Zentriolkörnern und den beiden Fädchen, welche diese mit dem Zentriolknöpfchen verbinden.

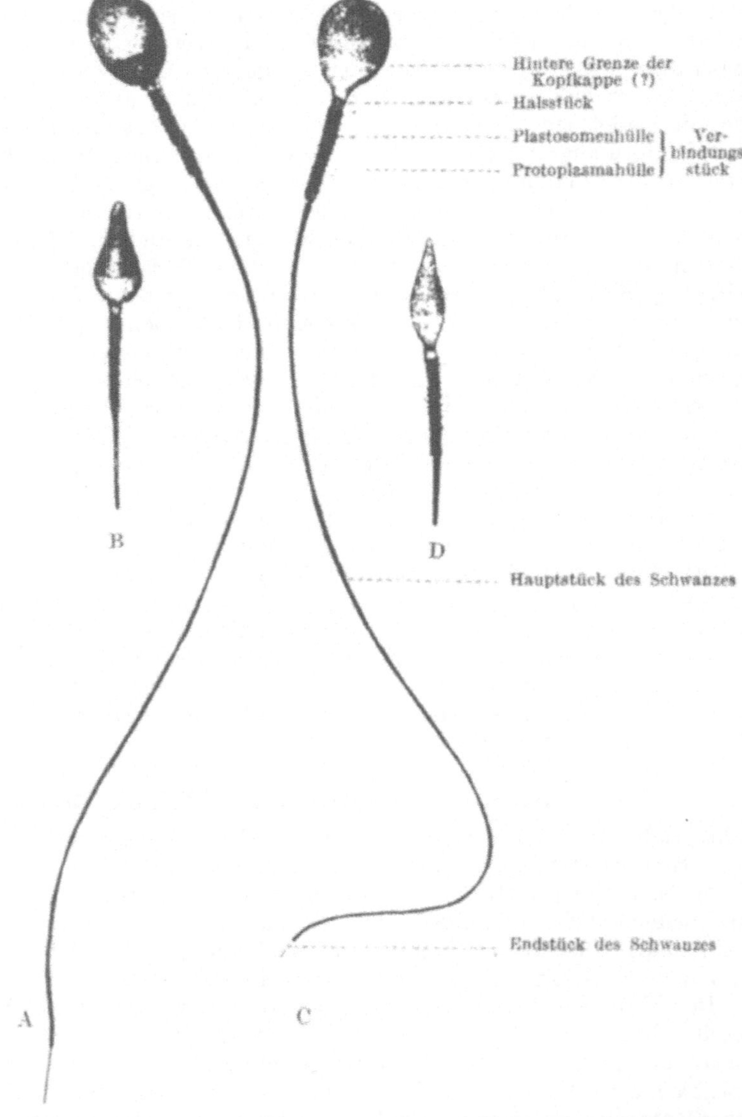

Abb. 4. Normale, reife menschliche Spermien. A und C von der Kopffläche, B und D (Kopfenden) von der Kopfkante gesehen. — Vergrößerung: 3000 mal.

Dem Halsstück folgt der Schwanz, der aus einem relativ dicken Verbindungsstück, einem mäßig dicken, nach hinten abschmälernden, langen Hauptstück und einem kurzen, sehr dünnen Endstück besteht. — Vorn und hinten in dem Verbindungsstück liegen die Derivate des distalen Spermiden-Zentriols von der Plastosomenhülle verdeckt.

Kopf, Halsstück und Verbindungsstück sind außerdem von einer Protoplasmahülle umgeben, die aber in der Kopfregion meistens unsichtbar dünn
ist. Im übrigen wechselt diese Hülle an Dicke, je nachdem die Protoplasma-
Abschnürung (vgl. oben S. 7) mehr oder weniger vollständig war.

Über die Bedeutung der verschiedenen Spermiumteile.

Der von dem Spermidenkern stammende eigentliche Spermiumkopf enthält
die (die Chromosomen zusammensetzenden) Chromatinkörner, an welchen
diejenigen Erbfaktoren (Gene oder Entwicklungsfaktoren) gebunden
sind, die die Vererbung nach den Mendelschen Gesetzen vermitteln.

Obgleich es noch nicht außer allem Zweifel steht, nehmen wir heutzutage
an, daß die menschlichen Spermien — ebenso wie diejenigen der Säugetiere im allgemeinen — zweierlei Art sind, und zwar daß die eine Spermiumart in ihrem Kopfe 24 Chromosomen besitzt, während die andere nur 23 [1] hat.
Bei etwa der Hälfte aller Spermien fehlt — mit anderen Worten — das sog.
x-Chromosom (Geschlechtschromosom), während es bei der anderen Hälfte
vorhanden ist. Die erstgenannte Spermiumart ruft gewöhnlich männliches,
die letztgenannte weibliches Geschlecht des neuen Individuums hervor.
Man würde daher die betreffenden Spermien kurz als männliche bzw. weibliche Spermien bezeichnen können. Zu bemerken ist jedoch, daß sie — als
reife Spermien — einander so ähnlich sind, daß sie nicht einmal mit Hilfe der
allerstärksten Vergrößerung voneinander morphologisch unterschieden werden
können.

Das Halsstück enthält die beiden (aus dem proximalen Spermidenzentriol
stammenden) Zentriolkörnchen, die von ganz hervorragender Wichtigkeit sind,
da sie die bei der Eireifung verloren gegangenen Eizentriolen ersetzen und die
erste Zellteilung des befruchteten Eies leiten. — Ob die an der vorderen bzw.
an der hinteren Grenze des Verbindungsstückes liegenden Derivate des distalen
Spermidenzentriols irgendwelche besondere Bedeutung für das befruchtete Ei
haben, wissen wir noch nicht. Vielleicht stellen sie eine Art Motor für die
Schwanzbewegungen dar.

Betreffs der aus Plastosomen gebildeten Spiralhülle des Verbindungs-
stücks nehmen wir an, daß sie die aus dem Spermiden-Protoplasma stammenden
Vererbungsträger enthält. Die nicht mendelnden Erbfaktoren sind
nämlich, aller Wahrscheinlichkeit nach, größtenteils an den Plastosomen
gebunden.

Die Haupt- und Endstücke des Spermienschwanzes haben wahrscheinlich
nur für die Beweglichkeit des Spermiums Bedeutung. Ganz ausschließen läßt
sich aber die Möglichkeit nicht, daß sie außerdem (nach der Befruchtung) eine
gewisse Bedeutung für das Ei haben könnten.

Über die Schwimmfähigkeit der Spermien.

Durch hin- und herpeitschende, wellenförmige Schwanzbewegungen, die an
diejenigen der Kaulquappen erinnern, können die Spermien sich vorwärts
bewegen, und zwar nicht weniger als etwa 1,5 mm in der Minute (Adolphi,
1905). Wenn keine besonderen Richtungsreize vorhanden sind, schwimmen sie
ziellos umher, d. h. sie ändern ihre Schwimmrichtung, sobald sie auf mechanische

---

[1] Nach Painter (1924) hat jedoch auch diese Spermiumart 24 Chromosomen, von
welchen aber das eine ein sog. y-Chromosom ist. Das Hauptsächliche des oben Gesagten,
daß es auch beim Menschen zwei Spermienarten gibt, von welchen nur die eine mit x-Chromosom versehen ist, wird aber von Painter (1924) bestätigt.

Hindernisse stoßen. Wenn aber ein mäßig starker Strom in der betreffenden
Flüssigkeit vorhanden ist, schwimmen sie immer gerade gegen den Strom,
und wenn von einem Punkte ein anlockender chemischer Reiz ausgeht, schwimmen
sie gerade nach diesem Punkt hin. Die Spermien sind — mit anderen Worten —
sowohl rheotaktisch wie chemotaktisch reizbar.

Nachdem die jungen Spermien sich aus dem Verbande mit den Stützzellen
der Hodenkanälchen gelöst haben, bleiben sie gewöhnlich noch eine Zeit lang
in diesen Kanälchen liegen. Bei der Bildung neuer Spermienmassen, hinter den
zuerst gebildeten, werden sie aber allmählich aus den Hodenkanälchen heraus-
gedrängt und in die Nebenhodenkanälchen hineinbefördert. Hier bleiben sie
liegen, bis während eines Geschlechtsaktes eine Kontraktionswelle sie aus dem
Körper heraustreibt (sog. Ejakulation).

Hervorzuheben ist, daß alle die soeben erwähnten Bewegungen der Spermienmassen vollständig passiv, d. h. ohne Vermittlung der aktiven Bewegungsfähigkeit der Spermien selbst zustande kommen. Vor der Ejakulation liegen
nämlich die Spermien vollkommen unbeweglich; ihre Eigenbewegung fängt
erst an, wenn die aus den Nebenhoden kommenden Spermienmassen mit dem
Sekret der Prostata (Vorsteherdrüse) gemischt werden.

Die jungen Spermien können wahrscheinlich monatelang in den Kanälchen
von Hoden und Nebenhoden verweilen, ohne ihre Befruchtungsfähigkeit zu
verlieren. Nach der Ejakulation können sie sich aber — auch wenn sie in
die Gebärmutter bzw. in die Eileiter hineingelangt sind — meistens nur einige
(2—3 nach Hoehne, 1921) Tage lebend und befruchtungsfähig erhalten.

Wenn die reifen Spermien nie durch Ejakulation aus den Hoden- und Nebenhodenkanälchen herausbefördert werden, gehen sie zuletzt auch hier zugrunde.
Ihre Trümmer werden dann resorbiert und gelangen in den Blutkreislauf hinein,
von wo aus sie das Geschlechtszentrum des Gehirns reizen und so u. a.
zur Vermehrung des Geschlechtstriebs Anlaß geben.

Der männliche Samen (das Sperma)

besteht — wie schon oben angedeutet wurde — nicht nur aus den von den Hodenkanälchen
kommenden Spermien, sondern auch aus mehreren Drüsensekreten, die auf dem Wege
nach außen hinzukommen.

Schon in den Hoden- und Nebenhodenkanälchen wird eine geringe Menge Flüssigkeit
ausgesondert. Aber erst bei der Ejakulation werden die reichlicheren Sekrete von den
Samenbläschen, den Samenleiterampullen und den Prostatadrüsen mit denjenigen von den
Hoden und Nebenhoden gemischt.

Die ejakulierte Spermamenge beträgt gewöhnlich etwa 3—6 g. Ein solches Ejakulat
enthält normalerweise 200 bis 300 Millionen Spermien. Trotzdem bilden die Spermien
den kleineren Teil des Ejakulats. Daraus erklärt es sich, daß das letztgenannte makroskopisch normal aussehen kann, auch wenn in demselben die Spermien — z. B. nach Verödung der Ausführungsgänge der Nebenhoden — vollständig fehlen.

Abnorme Spermien

kommen nicht nur bei abnormen, mehr oder weniger stark degenerierten, sondern auch bei
ganz normalen Männern vor (Broman, 1902). Nur sind sie bei diesen viel seltener als
bei jenen.

Nach gewissen Krankheiten und Vergiftungen können aber auch bei sonst normalen
Männern eine Zeitlang relativ zahlreiche, abnorme Spermien gebildet werden. Es scheint
dies davon abzuhängen, daß die Geschlechtszellen in gewissen Entwicklungsstadien (z. B. in
dem Stadium der Reifungsteilungen) relativ sehr empfindlich sind, so daß sie schon durch
schwache Gifte (z. B. Koffein, Morphin, Alkohol, Bakteriengifte) oder Temperaturver-
änderungen (Fieber) veranlaßt werden, sich abnorm zu teilen. So z. B. kann die zweite
Reifungsteilung in der Weise abnorm verlaufen, daß die eine Spermide abnorm viele, die andere
dagegen abnorm wenige Chromosomen bekommt. Aus jener entsteht dann ein Spermium
mit Riesenkopf, aus dieser ein solches mit Zwergkopf. In anderen Fällen entsteht aus dem

Spermiozyt 2. Ordnung — anstatt zwei normalen Spermiden — eine einzige Riesenspermide mit Riesenkern (47 Chromosomen enthaltend) und zwei Zentriolpaaren. Aus solchen Spermiden entwickeln sich dann zweischwänzige, einköpfige Riesenspermien. Auch in vielerlei anderer Weise können sich die Spermiden unrichtig entwickeln, so daß ihr Endprodukt, das Spermium, abnorm gebaut wird.

Über die Bedeutung dieser verschiedenen abnormen Spermien wissen wir nichts Sicheres. So viel läßt sich aber mit Bestimmtheit behaupten, daß wenn diejenigen Spermien, deren Vererbungsträger (Chromosomen und Plastosomen) — und damit wohl auch immer Entwicklungsfaktoren — abnorm sind, Gelegenheit haben, Eier zu befruchten, diese Eier sich nicht normal entwickeln können.

Wenn wichtige Entwicklungsfaktoren im Spermium fehlen und nicht durch entsprechende Faktoren im Eie ersetzt werden, treten Mißbildungen oder Anomalien auf. Unter Umständen kann wahrscheinlich auch ein Zuviel der Entwicklungsfaktoren zu Mißbildungen führen.

Sehr oft dürfte aber der abnorme Bau des Spermiums die Reizbarkeit sowie die Schwimm- oder Perforationsfähigkeit desselben herabsetzen. In diesem Falle werden natürlich die abnormen Spermien vollständig harmlos. Denn in dem großen Wettlauf mit Millionen Normalspermien kommen sie selbstverständlich nie zuerst zum Ziel.

Entwicklung der weiblichen Geschlechtszellen.

Die Entwicklung der zuerst entstandenen weiblichen Geschlechtszellen, der sog. Ureier, zu reifen (d. h. befruchtungsfähigen) Eiern gestaltet sich viel einfacher als diejenige der männlichen Geschlechtszellen.

Die schon vom zweiten Embryonalmonat an in der Eierstockanlage entstehenden Ureier (oder Oogonien 1. Ordnung) sind, wie schon oben erwähnt wurde, den Ursamenzellen zum Verwechseln ähnlich. Sie stellen 10—16 μ große, helle Zellen dar, die unter zahlreichen, kleineren Stützzellen, sog. Follikelepithelzellen, eingebettet liegen. Zusammen mit diesen bilden sie das sog. Keimepithel der Eierstockanlage.

Zunächst vermehrt sich das Keimepithel durch wiederholte Teilungen sowohl von Follikelepithelzellen wie Ureiern. Aus den letztgenannten entstehen in dieser Weise allmählich mehrere Generationen von Oogonien (Oogonien 2., 3. usw. Ordnung).

Gleichzeitig werden die großen Keimepithelmassen durch eindringendes Bindegewebe in immer kleinere Zellengruppen zerlegt. Zuletzt besteht jede Keimepithelgruppe nur aus einer einzigen Oogonie mit einer einfachen Schicht Follikelepithelzellen. Eine solche minimale Keimepithelgruppe (etwa 45 μ groß) wird Primärfollikel, ihre im Zentrum gelegene Oogonie (letzter Ordnung) Primordialei genannt.

Die Entstehung der Primärfollikel (und damit der Oogonien letzter Ordnung) beginnt während der letzten Embryonalmonate und soll schon im dritten Lebensjahre beendigt sein. Zu dieser Zeit sollen nach Sappey (1876) die beiden Eierstöcke nicht weniger als 800 000 Oogonien enthalten. — Die große Mehrzahl dieser Primärfollikel gehen aber schon als solche zugrunde und werden resorbiert. Dieser Follikeluntergang fängt bereits während der Kindheit an und findet sich regelmäßig auch noch beim geschlechtsreifen Weibe.

Nur relativ wenige Primärfollikel besitzen also Lebenskraft genug, um sich weiter entwickeln zu können. Diese vergrößern sich, der eine nach dem anderen (wahrscheinlich in einer bestimmten Ordnung, vielleicht je nach der Anziennität?). Die Vergrößerung betrifft sowohl das Primordialei wie die diese umgebenden Follikelepithelzellen. Dies jedoch in verschiedener Weise. Das Primordialei bleibt nämlich einfach und wächst durch reiche Aufnahme von Nahrungsmaterial (Dotter) zu einem Vorei oder Oozyte 1. Ordnung an, während die Follikelepithelzellen sich durch wiederholte Zellteilungen stark vermehren. Die von diesen Zellen gebildete, ursprünglich dünne einschichtige Hülle der Eizelle wandelt sich hierbei in eine mehrschichtige, dicke Hülle um.

Wenn diese eine gewisse Dicke erreicht hat, entsteht in derselben eine anfangs kleine Lücke, welche von einer dünnen, serösen (= wasserähnlichen) Flüssigkeit gefüllt ist (vgl. Abb. 5). Die betreffende Lücke vergrößert sich später stark, indem die angrenzenden Follikelepithelzellen immer mehr Follikelflüssigkeit absondern.

Durch die Sekretion der Follikelflüssigkeit wird der Druck im Follikellumen immer höher. Die ursprünglich spaltförmige Lücke bestrebt sich darum, Sphärenform anzunehmen, und der ganze Follikel sieht bald wie eine Blase aus. Von

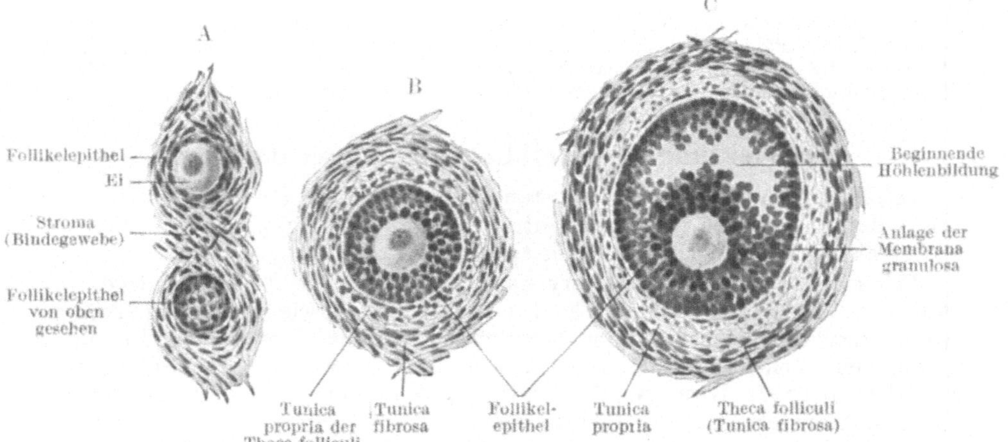

Abb. 5. Umwandlung der Primärfollikel (A) in Sekundärfollikel (C). — Halbschematisch nach Bumm aus Broman: Normale und abnorme Entwicklung des Menschen (1911).

diesem Stadium ab benennen wir den Follikel Sekundärfollikel oder Graafschen Follikel[1] (vgl. Abb. 6).

Die von den Follikelepithelzellen gebildete Blasenwand buchtet an derjenigen Stelle, wo das Vorei eingeschlossen liegt, in die Höhlung hügelförmig ein. Den betreffenden Hügel nennen wir Cumulus ovigerus (eitragender Hügel). — In diesem wächst das Vorei zu der ansehnlichen Größe von 0,15 mm (150 μ). Sein Protoplasma nimmt hierbei mäßige Mengen von Nahrungsmaterial (Dotter) in sich auf. Außer den Dotterkörnchen findet man um den großen, bläschenförmigen Kern herumgelagert auch zahlreiche Plastosomen und an einer Seite des Kerns liegt ein Idiozom mit zwei Zentriolen. In dem Kern, der jetzt einen großen Nukleolus bekommt, befindet sich Chromatin von 48 Chromosomen (v. Winiwarter, 1912, 1920).

Die das Vorei zunächst umgebenden Follikelepithelzellen verlängern sich nun zylindrisch und ordnen sich gleichzeitig zu einer radiären Hülle, der sog. Corona radiata, an. Wenn diese deutlich ausgebildet ist, sind die beiden Reifungsteilungen des Voreies nahe bevorstehend.

Die Reifungsteilungen der weiblichen Geschlechtszellen stimmen insofern mit denen der männlichen überein, als durch diese die Chromosomzahl des Kerns auf die Hälfte reduziert wird. In gewissen Beziehungen zeigen sie aber

---

[1] Nach dem Holländer R. de Graaf (1641—1673), der sie jedoch irrigerweise als Eier beschrieb.

auch wichtige Unterschiede. So führen sie nicht, wie diejenigen der männlichen Geschlechtszellen, zur Bildung von vier miteinander gleichwertigen, befruchtungsfähigen Zellen, sondern zu vier ungleichwertigen Zellen, von welchen nur die eine, das reife Ei (die weibliche Gamete der Vererbungsforscher), befruchtungsfähig ist. Die drei übrigen, die Richtungskörperchen oder Polzellen benannt werden, stellen rudimentäre Eier dar, welche auch, wenn sie zufälligerweise von Spermien befruchtet werden sollten, regelmäßig bald zugrunde gehen. — Nach der zweiten Reifungsteilung, die aus der Oozyte

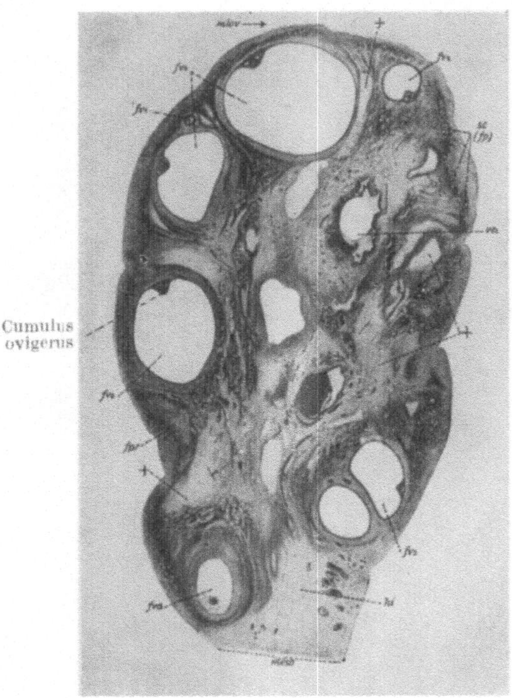

Abb. 6. Senkrechter Durchschnitt durch den Eierstock einer 28jährigen Frau. — Der Schnitt zeigt mehrere Sekundärfollikel in verschiedenen Entwicklungsstadien (f v 1, f v 2 und f v 3). — Vergrößerung: 5 mal. — Nach Sobotta (1911). — f v a atretischer Sekundärfollikel; f pr Primärfollikel; hi Hilus ovarii; meso Mesovarium; ml o v Margo liber ovarii; sc Rindensubstanz des Eierstockes; v a kollabierte, große Venen der Eierstockmarksubstanz; + Reste von rückgebildeten Corpora lutea (= Corpora albicantia).

2. Ordnung ein Reifei und die zweite Polzelle desselben hervorgehen läßt, werden Idiozom und Zentriolen zurückgebildet. Das reife Ei enthält also nicht wie das Spermium diese für die Mitose notwendigen Zellorgane. — Auch ist als Unterschied hervorzuheben, daß die reifen Eier alle normalerweise je 24 Chromosomen enthalten, von welchen der eine ein X-Chromosom ist.

Die Richtungskörperchen sind im Verhältnis zu den Oozyten sehr klein, weshalb es den Anschein hat, als stoße die Oozyte nacheinander zwei kleine Körperchen heraus, während sie selbst fast unverändert bliebe. In der Tat verändert sich auch der Zellkörper der Oozyte sehr wenig. Dagegen verkleinert sich ihr Kern wesentlich bei der Halbierung seiner Chromosomenzahl. — Gleichzeitig mit der Mitose der Oozyte 2. Ordnung teilt sich auch das erste Richtungskörperchen, so daß zuletzt drei solche von jedem Vorei gebildet werden.

Beim Menschen findet nach Thomson (1919) nicht nur die erste, sondern auch die zweite Reifungsteilung des Eies schon im Eierstock statt, und zwar wenn dasselbe noch im Cumulus ovigerus eingebettet liegt. — Bei anderen Säugetieren (z. B. bei der Maus) findet dagegen die zweite Reifungsteilung erst dann statt, wenn die Eizelle in den Eileiter hineingekommen ist und also ihre Wanderung nach dem Uterus hin schon angefangen hat (Sobotta).

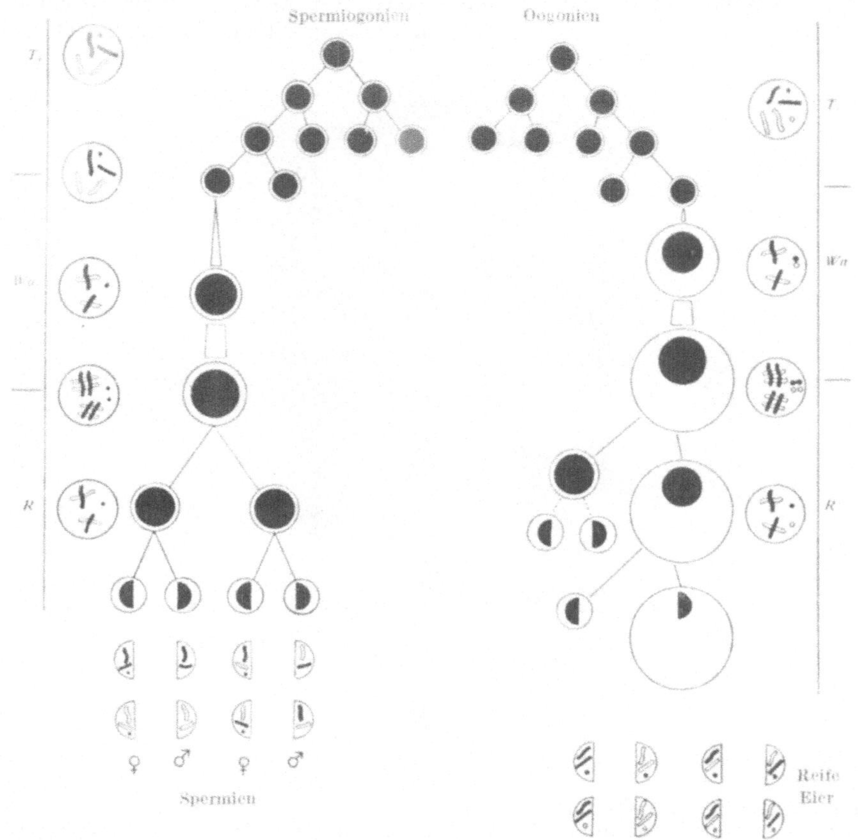

Abb. 7. Schema der Samen- und Eireifung. Nach Großer (1925). — T. Teilungsperiode: Die Spermiogonien und Oogonien vermehren sich. Wa Wachstumsperiode: Die Spermiogonien und Oogonien letzter Ordnung wachsen zu Spermiozyten bzw. Oozyten erster Ordnung an. R Reifungsperiode: Aus der ersten Reifungsteilung gehen Spermiozyten bzw. Oozyten zweiter Ordnung und aus der zweiten Reifungsteilung die Spermiden bzw. Reifeier hervor. — Rechts und links sind die Chromosomen der betreffenden Geschlechtszellen schematisch dargestellt. Der Einfachheit und Klarheit halber wurden für beide Geschlechter nur je zwei Paare von den gewöhnlichen, stäbchenförmigen Chromosomen („Auto-Chromosomen") gezeichnet. Die Geschlechtschromosomen (= X-Chromosomen oder „Heterochromosomen") sind rund gezeichnet. — Die bei der Reifung schließlich entstehenden Halbkerne sind durch Halbkreise dargestellt.

Unmittelbar nach der zweiten Reifungsteilung wird der Cumulus ovigerus gestielt und verliert, indem der Stiel abgeschnürt wird, bald seine zelluläre Verbindung mit der Follikelwand. Mit dem Ei (und den drei Polzellen) schwimmt er also jetzt in der Follikelflüssigkeit frei umher, und wenn zuletzt die Follikelwand unter dem Drucke der sich stetig vermehrenden Follikelflüssigkeit platzt,

spritzt diese mit dem Ei in die Beckenhöhle heraus. — Von hier aus wird das Ei
in den Eileiter hineingesaugt, wo normalerweise die Befruchtung stattfindet.

Bau des reifen menschlichen Eies.

Das im Cumulus ovigerus eines nahezu sprungreifen Sekundärfollikels
gelegene Reifei ist etwa sandkorngroß (0,1—0,25 mm oder 100—250 μ [1] und
demnach mit bloßem Auge sichtbar. Im Vergleich sowohl mit Spermien wie
mit anderen Zellen des menschlichen Körpers, die gewöhnlich nur eine Größe
von etwa 0,01 mm besitzen, ist es also eine Riesenzelle.

Im Vergleich mit den fast unendlich viel größeren Eiern der eierlegenden
Wirbeltiere ist es dagegen winzig klein. Diese müssen ja Nahrung magazinieren,

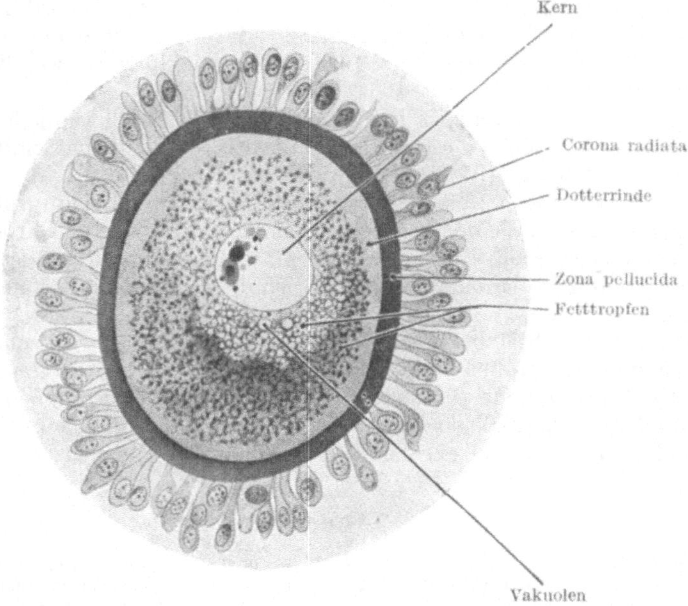

Abb. 8 a. Eizelle des Menschen aus einem reifenden Follikel. — Nach Van der Stricht
(1905) aus Großer (1925). — Vergrößerung: etwa 400 mal.

die für die ganze Embryonalentwicklung genügt. Das Eiprotoplasma wird daher
hier noch viel stärker von Dotterkörnchen ausgefüllt und ausgedehnt. Außerdem wird oft das aus dem Eierstock kommende, eigentliche Ei (das Gelbei
der Vögeleier) noch von einer dicken Eiweißhülle umgeben, die aus dem
Eileiter stammt. In ähnlicher Weise bilden sich zuletzt auch härtere Hüllen
(darunter die Kalkschale der Vogel- und Reptilieneier) die die Aufgabe haben,
das Ei vor der Eintrocknung, Bakterieninvasion, mechanischen Schädlichkeiten
usw. zu schützen.

Daß das menschliche Ei mit so viel weniger Dotter auskommen kann, hängt
natürlich davon ab, daß seine Embryonalentwicklung im Uterus verläuft,
von wo der Embryo die für seine Entwicklung nötige Nahrung bekommt. Hier
liegt es auch geschützt genug, um die sekundären (d. h. von dem Ei selbst
nicht gebildeten) Schutzhüllen entbehren zu können.

---

[1] Thomson (1919) fand es nicht ganz sphärisch, sondern hühnereiförmig mit einer
größten Länge von 0,11 und einer größten Breite von 0,09—0,1 mm.

Eihüllen fehlen indessen dem menschlichen Ei nicht ganz. Schon wenn das Vorei eine Größe von etwa 70 μ erreicht hat, scheidet es eine elastische Hülle aus, die wegen ihrer Durchsichtigkeit Zona pellucida genannt wird. Diese Hülle ist nicht nur bei dem unbefruchteten Reifei noch vorhanden, sondern erhält sich sogar eine Zeitlang nach der Befruchtung, bis die ersten Furchungen abgelaufen sind. Außerhalb der Zona pellucida ist das Reifei außerdem eine kürzere Zeit von der oben erwähnten Corona radiata umgeben. (vgl. Abb. 8a).

In dem relativ wasserarmen Eiprotoplasma findet man zahlreiche Körnchen, von welchen die meisten nur Dotterkörnchen sind. Eine nicht unbeträchtliche Zahl derselben stellen indessen Plastosomen dar, die ein besonderes Interesse beanspruchen können, weil sie wahrscheinlich Träger von Erbfaktoren sind. — Die Dotterkörnchen bestehen größtenteils aus Eiweißstoffen verschiedener Konstruktion und Konsistenz (vom zähflüssigen bis zum festen) und aus fettartigen Substanzen (darunter echte Fetttropfen). An sie sind wahrscheinlich auch die für die Entwicklung notwendigen Vitamine gebunden.

Sehr bemerkenswert ist die schon oben (S. 13) hervorgehobene Tatsache, daß das Reifei seine Zentriolen zurückgebildet hat und also in dieser Beziehung als eine defekte Zelle zu betrachten ist.

Der Kern des Reifeies ist bläsenförmig und mit einem großen Nucleolus versehen. Er enthält normalerweise das Chromatin von 24 Chromosomen, unter welchen das eine ein Geschlechtschromosom (x-Chromosom) ist. Nur wenn die Reifungsteilungen anomal verlaufen sind, kann das Geschlechtschromosom fehlen.

Beim Reifei besteht ein sehr großes Mißverhältnis zwischen dem kleinen Eikern und der großen Protoplasmamenge. Die Kern-Plasmarelation ist, mit anderen Worten, sehr zugunsten des Protoplasmas verschoben. Die hierdurch entstandene „Kern-Plasmaspannung" (R. Hertwig) bleibt auch noch sehr beträchtlich, wenn durch die Befruchtung die Kernmasse verdoppelt wird.

Abnorme Eier.

Wenn die Reifungsteilungen mehr oder weniger abnorm verlaufen, können entsprechend stark abnorme Eier entstehen. So sind Eier mit Riesenkernen, mit doppelten Kernen usw. beobachtet worden. Über die Bedeutung dieser und anderer Eiabnormitäten wissen wir noch nicht Sicheres. So viel kann man wohl aber sicher behaupten, daß aus ihnen keine normale Kinder hervorgehen können.

Abnorme Eier haben wahrscheinlich für die künftige Generation eine viel schlimmere Bedeutung als abnorme Spermien. Denn diese werden wie erwähnt, wohl meistens von ihren normalen Konkurrenten im Wettlauf zum Ei besiegt, während jene konkurrenzfrei sind und also befruchtet werden müssen, wenn überhaupt eine Befruchtungsmöglichkeit vorhanden ist.

Über die Beziehung der Eireifung zur Menstruation.

Die oben beschriebene Ausbildung der Sekundärfollikel fängt schon während der letzten Fetalmonate an und fährt andauernd fort, solange noch Eizellen in den Eierstöcken vorhanden sind, d. h. durchschnittlich bis zum 45. Jahre der Frau. — Die vor der Geschlechtsreife (Pubertät) entstehenden Sekundärfollikel erreichen aber nicht die für die Follikelberstung notwendige Größe, und die in derselben vorhandenen Voreier werden zu dieser Zeit auch nicht reif. Anstatt dessen sterben sie ab und werden resorbiert. Die Höhlungen dieser abortiven Sekundärfollikel werden von Bindegewebe ausgefüllt, das später immer mehr zusammenschrumpft.

Erst zur Zeit der Pubertät (also im 14.—17. Jahre) fangen die Voreier zu reifen an, und erst von dieser Zeit ab füllen sich die Sekundärfollikel so stark mit Flüssigkeit, daß sie zuletzt gewöhnlich platzen müssen. Da nun das Platzen des Follikels eine notwendige Voraussetzung für das Freiwerden des betreffenden Eies ist, so verstehen wir, warum keine Befruchtung vor der Pubertät stattfinden kann. Auch nach der Pubertät kann es passieren, daß die Follikelberstung unterbleibt, und zwar dies sowohl wenn der Druck der Follikelflüssigkeit nicht genügend hoch wird, wie wenn die sehnige Bindegewebshülle (die sog. Albuginea) des Eierstocks im höheren Alter (in den vierziger Jahren) allzu dick wird. Die letztgenannte Tatsache erklärt die abnehmende Fruchtbarkeit der 40jährigen Frauen.

Wenn der Sekundärfollikel eine gewisse Größe und Reife erreicht hat, erweitern sich die gemeinsamen Gefäße der Eierstöcke, der Eileiter und der Gebärmutter sehr stark, was wiederum in allen diesen Organen zu wichtigen Veränderungen Anlaß gibt. In den Eierstöcken bekommen die Sekundärfollikel reichlichere Nahrung, und der am weitesten entwickelte Sekundärfollikel bekommt nun — bei dem erhöhten Blutdruck — die Möglichkeit, die Spannung seiner Flüssigkeit bis zu der für das Bersten nötigen Höhe zu vermehren. — Die früher mehr regellos gelagerten Eileiter werden gezwungen, eine ganz bestimmte Form und Lage anzunehmen, und zwar derart, daß sie mit ihren breit offenen, fimbrienbesetzten Enden die Eierstöcke halb umgreifen. — Die Uterusschleimhaut verdickt sich und ihre Zellen speichern verschiedene chemische Stoffe auf, die offenbar für die Entwicklung eines befruchteten Eies von großer Bedeutung sind. Auf diese Weise bereitet sich die Uterusschleimhaut unter der Herrschaft des reifenden Sekundärfollikels vor, das befruchtete Ei in sich aufzunehmen.

Wenn nun wirklich auch ein Reifei befruchtet wird, erhöht sich der Blutdruck der Uterusgefäße nicht weiter und es kommt dann zu keiner Blutung der Uterusschleimhaut.

Sollte dagegen das betreffende Ei nicht befruchtet werden, setzt sich die Erweiterung der Schleimhautgefäße fort, bis der Blutdruck so hoch wird, daß eine kapillare Blutung der Uterusschleimhaut stattfindet. Gleichzeitig vergrößern sich die Schleimhautdrüsen und vermehren ihre Absonderung; und mehr oder weniger große Schleimhautfetzen werden abgestoßen. Auf diese Weise setzt die Menstruation ein.

Durch dieselbe werden die obenerwähnten Stoffe (Arsen, Phosphor, Magnesia, Schwefel, Kalk und Glykogen), die wohl für die nicht geschwängerte Frau mehr oder weniger giftig wären, wieder entfernt.

Daß ein enger Zusammenhang zwischen Eireifung und Menstruation besteht, ist sicher. Die Menstruationen fangen erst in dem Alter an, wenn die Eier reifen können, und sie hören in dem Alter auf, wenn in den Eierstöcken keine Eier mehr vorhanden sind [1]. Hiermit stimmt es gut überein, daß jüngere Frauen, deren Eierstöcke nicht zur vollen Entwicklung kamen oder angeboren vollständig fehlten, oder denen sie durch Operation gänzlich entfernt wurden, nicht menstruieren.

Dagegen ist die allgemein verbreitete Ansicht, daß die Menstruation durch die Ovulation (das Freiwerden des Eies aus dem Eierstock) bedingt werden sollte, meiner Meinung nach unrichtig. Auch bei ganz normalen Frauen kommt es wahrscheinlich dann und wann vor, daß eine Menstruation stattfindet, ohne daß vorher ein Ei vom Ovarium frei geworden ist (Broman, 1912).

Betreffs der zeitlichen Relation zwischen Ovulation und Menstruationsblutung glaubte man früher, daß sie beide gleichzeitig stattfänden. Nach den Untersuchungen von Fraenkel u. a. ist aber nunmehr wahrscheinlich, daß die Ovulation im allgemeinen erst etwa 18 Tage nach Beginn der letzten Menstruation stattfindet. Da aber das Konzeptionsoptimum ungefähr auf den 8. Tag fällt, bezeichnet Grosser (1924) diesen Termin als den häufigsten Ovulationstermin.

Über die Entstehung und Bedeutung der gelben Körper (Corpora lutea) der Eierstöcke.

Nach der Berstung und Entleerung des Sekundärfollikels wird die Höhlung desselben zunächst von einem Blutgerinnsel (aus bei der Follikelberstung zerrissenen Gefäßen stammend) wenigstens teilweise ausgefüllt. Auf diese Weise entsteht an der Stelle des Follikels der „rote Körper" (Corpus rubrum). — Bald vergrößern bzw. vermehren sich aber die Wandzellen des Follikels und füllen so allmählich die frühere Follikelhöhlung aus, Hand in Hand damit, daß der Blutgerinnsel aufgelöst und wegtransportiert wird. Die eigentlichen (epithelialen) Follikelzellen bilden sich hierbei zu sog. Luteinzellen um, indem in ihrem Protoplasma Fett und gelbes Pigment (Lutein) erscheinen. Zuletzt wachsen aus der bindegewebigen Kapsel (der sog. Theca folliculi) des Follikels Bindegewebsmassen hinein, welche das Gerüst des betreffenden Körpers bilden und ihm Blutgefäße zuführen. Der rote Körper wandelt sich auf diese Weise in einem „gelben Körper" (Corpus luteum) um, der als eine endokrine Drüse [2] zu betrachten ist.

---

[1] Das sog. Klimakterium, das bei uns gewöhnlich in einem Alter von 45 Jahren eintritt. Nicht selten tritt aber das Klimakterium sowohl früher (bei 40jährigen) wie später (bei 50jährigen) ein.

[2] D. h. eine Drüse ohne Ausführungsgang, die ihr Sekret den angrenzenden Blut- oder Lymphgefäßen direkt abgibt.

Wenn nun keine Befruchtung des ausgestoßenen Eies erfolgt, so wird das Corpus luteum nicht groß und verschwindet innerhalb etwa 3—5 Wochen, indem es durch schrumpfendes Bindegewebe ersetzt wird. Die Aufgabe ihres Sekretes ist wahrscheinlich dann nur, die Eireifung und Follikelberstung in dem betreffenden Eierstock zu verhindern. Wohl dank dieser kleinen Corpora lutea werden gewöhnlich die beiden Eierstöcke gezwungen, bei der Eilieferung zu alternieren, so daß, wenn bei einer Menstruation der rechte Eierstock das freigewordene Ei geliefert hat, bei der nächstfolgenden der linke Eierstock an die Reihe kommt. Durch diese kleinen Corpora lutea wird also beim Menschen normalerweise verhindert, daß reife Eier aus beiden Eierstöcken gleichzeitig freigemacht werden, was natürlich zu lauter Zwillingsgeburten führen würde.

Wird aber das aus einem gewissen Sekundärfollikel stammende Ei befruchtet, so entwickelt sich das betreffende Corpus luteum viel stärker. Es wächst zu einem Umfang an, welcher denjenigen des sprungreifen Sekundärfollikels bedeutend übertrifft und es erhält sich (wenigstens partiell) sehr lange (9 Monate oder mehr). Seine Hormone[1] werden auch reichlich genug, um nicht nur die Entwicklung der Eier und der Sekundärfollikel desselben, sondern auch die des anderen Eierstocks zum Stillstand (oder sogar zur Rückbildung) zu bringen. Daß dies möglich ist, hängt natürlich davon ab, daß die Hormone in den allgemeinen Blutkreislauf übergehen und auf diese Weise zu dem anderen Eierstock hingelangen. So erklärt es sich, daß während der ganzen Schwangerschaft normalerweise keine Eier mehr reifen und keine Menstruationen ausgelöst werden.

Aber nicht nur auf die Reifung von Sekundärfollikeln und Eiern haben die im Blute zirkulierenden Hormone des großen gelben Körpers (des Corpus luteum verum oder graviditatis) Einfluß. Sie beeinflussen auch die Uterusschleimhaut, und zwar derart, daß die Einnistung des befruchteten Eies in diese hinein möglich wird (Born). Wird der gelbe Körper unmittelbar nach der Befruchtung entfernt, so entsteht also keine Schwangerschaft. Dagegen fährt die Schwangerschaft normal fort, wenn eine solche Entfernung erst 2—3 Wochen nachher stattfindet.

B. Die Befruchtung.

Bei der Begattung wird normalerweise die Spermaflüssigkeit in die obere Partie der weiblichen Scheide (Vagina) hineingeschleudert. Die eigentliche (d. h. die intrazellulare) Befruchtung findet aber erst im obersten Teil des Eileiters — also in unmittelbarer Nähe des Eierstocks — statt.

Der Weg, den ein Spermium also zu schwimmen hat, um zu der Befruchtungsstelle hinaufzukommen, ist — gerade gemessen — etwa 4000 mal länger als das Spermium selbst. Zahlreiche Schleimhautfalten machen ihn aber für die Spermien, die der Schleimhautoberfläche zu folgen haben, noch viel länger. Diese Strecke ist also verhältnismäßig sehr groß und bildet schon an und für sich ein beträchtliches Befruchtungshindernis. Hierzu kommt dann noch, daß sowohl die Gebärmutter- wie die Eileiterschleimhaut mit Flimmerzellen versehen sind, die einen stetigen Flüssigkeitsstrom nach unten — also in umgekehrter Richtung — erzeugen.

Wenn dieser Strom im Verhältnis zu der Schwimmkraft der Spermien allzu groß ist — was nach Grosser (1909) bei jeder Frau fast regelmäßig[2] während der Menstruationsblutung der Fall sein dürfte — so können die letztgenannten natürlich gar nicht zum Ei hinaufkommen. Aber auch wenn der betreffende Strom nur mäßig stark ist, scheint er zu genügen, um den Zutritt der schlechter schwimmenden Spermien zu den Eileitern zu verhindern. Tatsache ist nämlich (nach Sobotta), daß die allermeisten Spermien eines Ejakulats an der Uterusschleimhaut stecken bleiben, um dort abzusterben und resorbiert oder wieder nach unten hinausbefördert zu werden.

Nur die bestschwimmenden Spermien eines Ejakulats erreichen also die oberste Region der Uterushöhlung. Hier teilen sie sich in zwei etwa gleich große Haufen, welche in je einen Eileiter hinein- und hinaufschwimmen. Ihre oben

---

[1] So nennt man die chemisch wirksamen Substanzen der endokrinen Drüsensekrete.
[2] Jedoch nicht ganz ohne Ausnahmen.

erwähnte Neigung, immer gegen den Strom zu schwimmen, bildet hierbei
für sie die Richtschnur.

Diejenigen der voran schwimmenden Spermien, die das Glück gehabt haben,
denselben Eileiter zu wählen, worin sich das Ei befindet oder bald hineinkommt,
werden, wenn sie in die Nähe des Eies gelangt sind, außerdem noch von chemischen
Reizmitteln, die das soeben reifgewordene Ei aussendet, beeinflußt. Von diesen
Reizmitteln (die in der Ferne nur schwach sind, aber immer konzentrierter
werden, je näher das Ei liegt) angelockt, schwimmen die Spermien jetzt gerade
auf das Ei hin und dringen immer tiefer in die Zona pellucida desselben ein.

Dem allerersten, tief in diese Eihülle eingedrungenen Spermium streckt das
Eiprotoplasma einen hügelförmigen Fortsatz entgegen. Mit diesem verbindet
sich der Spermiumkopf und dringt bald in ihn hinein. Halsstück, Verbindungs-

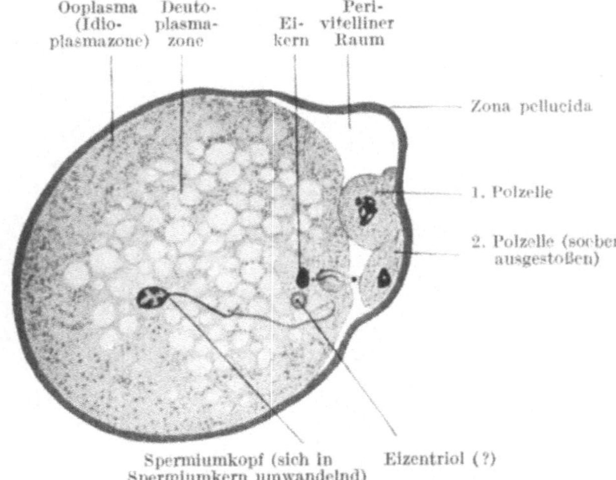

Abb. 8b. Fledermausei mit eingedrungenem Spermium. Nach O. van der Stricht (1909)
aus Broman (1911).

stück und, mehr oder weniger vollständig, auch die übrigen Schwanzpartien
folgen nach, und wenn zuletzt der hügelförmige Eiprotoplasmafortsatz zurück-
gezogen wird, findet man das ganze Spermium in dem Eiprotoplasma liegen
(Abb. 8b). Die wahre (intrazellulare) Befruchtung hat angefangen.

Seitdem nun eines der unter Millionen — was Schwimmfähigkeit und tak-
tische Reizbarkeit anbetrifft — allerbesten Spermien in das Eiprotoplasma
eingedrungen ist, wird das Eindringen von ferneren Spermien dadurch verhindert, daß das Ei sofort vollständig umgestimmt wird, so daß es — anstatt
anlockend — abstoßend auf die Spermien wirkt. — Nur wenn zwei Spermien
vollständig gleichzeitig in die Zona pellucida hineindringen könnten, wäre es
also denkbar, daß sie auch beide das Ei befruchteten. Ein solcher Fall dürfte
aber beim Menschen fast nie vorkommen.

Die wahre, intrazellulare [1] Befruchtung fängt, wie erwähnt, mit dem
Eindringen des befruchtenden Spermiums an und sie endigt mit dem Abschluß
der ersten Teilung des Sperm-Oviums (des ein Spermium einschließenden
Reifeies).

Die Veränderungen, die an der Eizelle durch das Eindringen des Spermiums
hervorgerufen werden, bestehen 1. in den Fortfall von Hemmungen, die die

---

[1] Innerhalb der Eizelle sich abspielende.

Teilung des unbefruchteten Reifeies behindern; 2. in der Bildung einer Dotter-
membran; 3. in der Ausscheidung einer salzhaltigen, „perivitallinen" Flüssigkeit,
die wahrscheinlich eine wichtige physiologische Rolle spielt; 4. in der Kontraktion

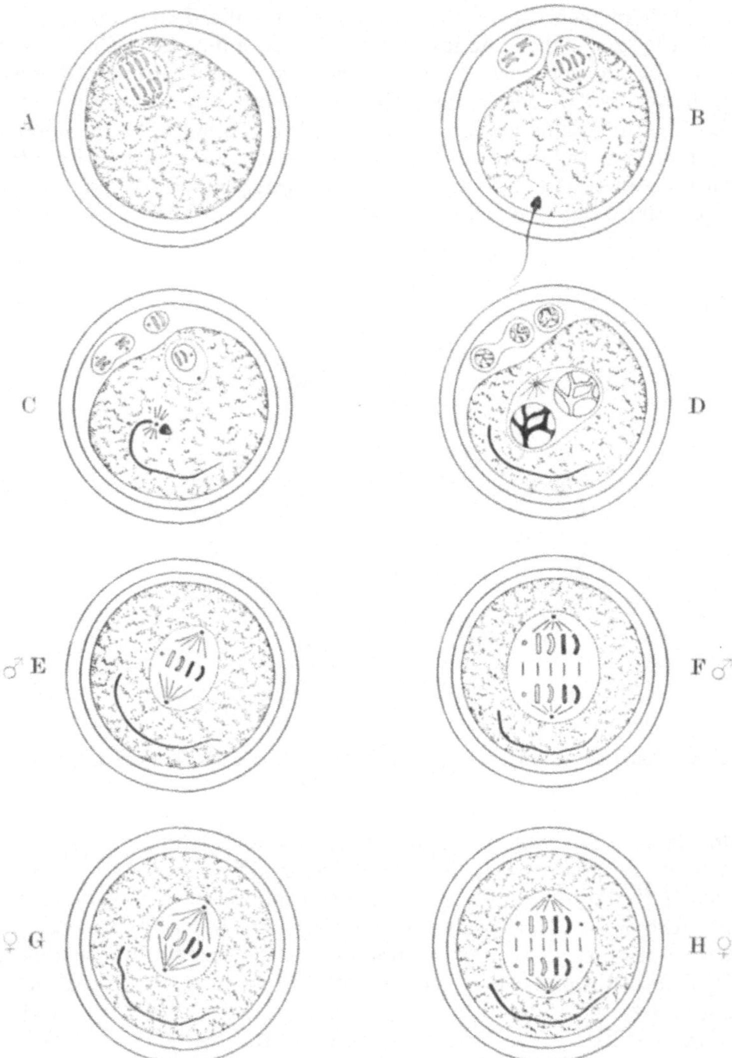

Abb. 9a. Schema der Eireifung und Befruchtung bei Säugetieren (vgl. Abb. 7 u. 10). — Nach
Grosser (1925). A Bildung der ersten Polzelle. — B Bildung der zweiten Polzelle. Eindringen
des Spermiums. — C Ausstoßung der zweiten Polzelle, Teilung der ersten Polzelle, Auf-
treten der Spermastrahlung. Das ganze Spermium ist in die Eizelle eingedrungen. —
D Rekonstruktion des Eikerns, Schwinden der Eizentriolen, Ausbildung des Spermiumkernes.
— E und F Befruchtung mit einem Spermium ohne Geschlechtschromosom, erste Teilung
männlicher Keim. Der Spermiumschwanz verbleibt in einer Tochterzelle. — G und H
Spermium mit Geschlechtschromosom; weiblicher Keim.

des Eiplasmas; 5. in dem Sinken des osmotischen Druckes (Backman und
Runnström); 6. in der Änderung der Viskosität bzw. Dichtigkeit des Eiplasmas und 7. in einer starken Vermehrung der Atmungsgröße des Eies.

Um die Vorgänge recht zu verstehen, die sich während der Befruchtung abspielen, müssen wir uns erinnern, daß die reifen Geschlechtszellen beide (sowohl Ei wie Spermium) gewissermaßen defekte Zellen sind. Dem Ei

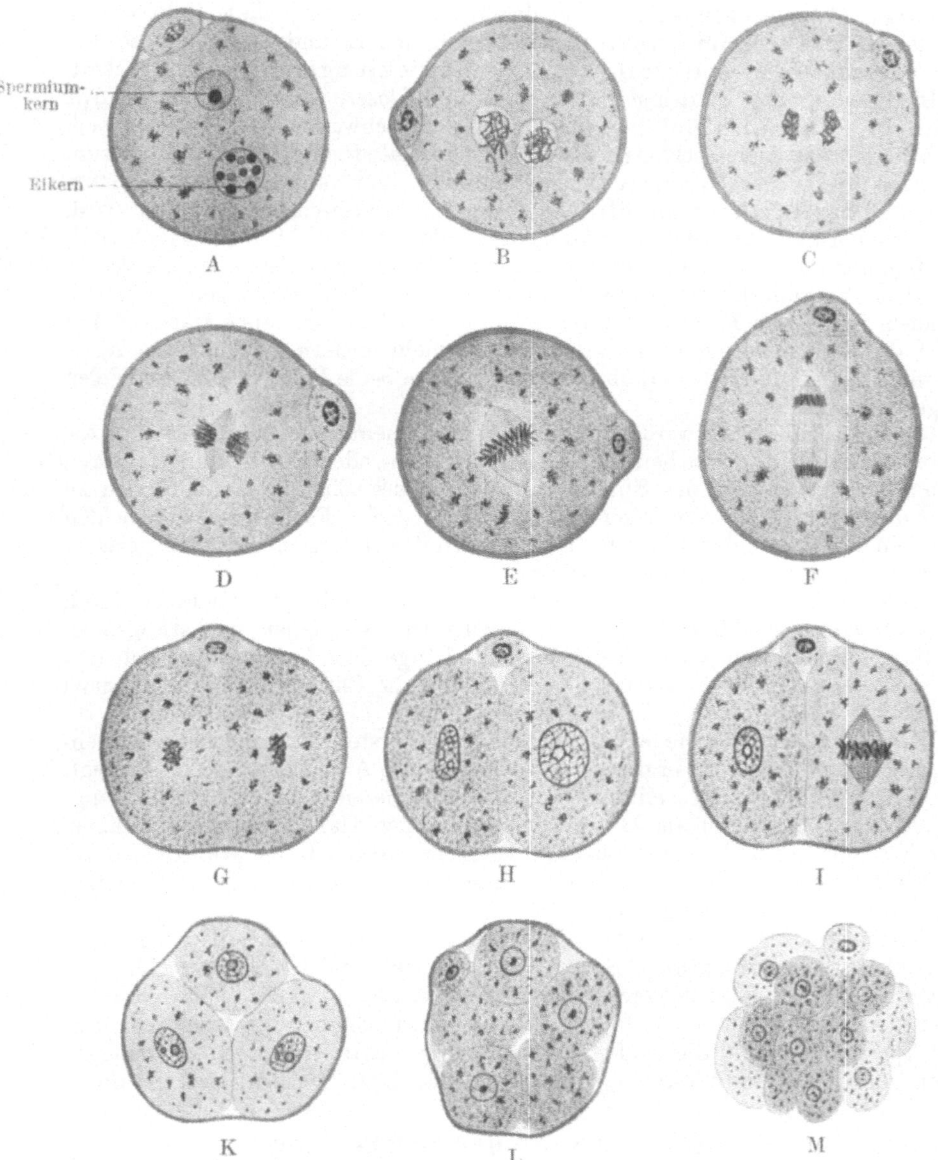

Abb. 9b. Intrazellulare Befruchtungs- und Furchungsphänomene bei der Maus. Schnitte durch befruchtete Tubareier in verschiedenen Entwicklungsstadien. H Endstadium der Befruchtung. I—M Verschiedene Furchungsstadien. Vergrößerung: 500 mal. — Nach Sobotta (1895) aus Broman (1911).

fehlen die für eine Mitose nötigen Zentriolen, und das Spermium besitzt nicht genügend Protoplasma, in welchem seine Zentriolen eine Mitose leiten könnten. Infolge dieser Defekte werden in der Tat die beiden Geschlechts-

zellen für ihre weitere Entwicklung gegenseitig aufeinander angewiesen. Jede
für sich sind sie also dem baldigen Untergang geweiht. — Zu den oben erwähnten
Defekten kommt noch, daß jede reife Geschlechtszelle nur die Hälfte der für
die menschlichen somatischen Zellen im allgemeinen charakteristischen Chromosomenzahl (47 oder 48) besitzt. Bei der Befruchtung wird diese Zahl wieder
vollständig und auch im übrigen komplettieren sich Ei und Spermium, so daß
das Spermovium eine vollwertige, entwicklungsfähige Zelle wird.

Bald nach dem Eindringen des Spermiums lösen sich Spermiumkopf
und Spermiumhalsstück gemeinsam von dem Schwanze ab und drehen sich
180°, so daß das zuerst peripheriewärts liegende Halsstück gegen das Eizentrum
zu rotiert wird. Der Spermiumkopf nimmt Zellsaft auf und quillt zu einem
großen Spermiumkern an, der dem Eikern zur Verwechslung ähnlich wird.

Sowohl Eikern wie Spermiumkern, die beide amöboid[1] beweglich sind,
wandern nun dem Eizentrum entgegen. Die beiden zwischen denselben gelegenen,
aus dem Spermiumhalsstück stammenden Zentriolkörner fangen jetzt an,
zwischen sich steife Fasern auszubilden, die schnell in die Länge wachsen und
dabei die Zentriolkörner voneinander immer mehr entfernen. Auf diese Weise
entsteht die sog. achromatische Spindel, deren beide Pole von den Zentriolen
dargestellt werden.

Gleichzeitig hiermit werden die beiden Kernmembrane aufgelöst, und die
Chromatinkörner (an welchen die mendelnden Erb- oder Entwicklungsfaktoren
gebunden sind) sowohl des Spermiumkerns wie des Eikerns sammeln sich zu
Chromosomen. Diese werden nun durch elastische Fasern mit den beiden
Spindelpolen verbunden und um die Spindelmitte herum sternförmig gelagert
(Abb. 9b E, das sog. Monasterstadium[2]).

Zu bemerken ist hierbei, daß jedes Chromosom mit beiden Polen durch
je zwei zusammenziehbare Fasern verbunden wird. — In einem nächstfolgenden
Stadium halbiert sich jedes Chromosom der Länge nach[3], und wenn sich nun
die elastischen Fasern zusammenziehen, werden die Chromosomenhälften nach
den beiden Spindelpolen hin verschoben.

Die jetzt in der Nähe jedes Spindelpols gelegene sternförmige Chromosomengruppe stammt, wie ein Vergleich zwischen Abb. 9b A und Abb. 9b B—F zeigt,
zu einer Hälfte vom Spermiumkern und zur anderen vom Eikern. Anfangs
besteht jede Gruppe nur aus Halbchromosomen bzw. Halbgenen. Diese nehmen
aber Nahrung auf und wachsen bald zu Ganzchromosomen bzw. Ganzgenen an.
Zuletzt verwandelt sich jede Chromosomengruppe in einen membranbekleideten
Kern, den sog. Tochterkern.

Gleichzeitig hiermit entstehen aus jedem Zentriol (durch Teilung) zwei
Zentriolen; die achromatische Spindel löst sich auf, und der ganze Zellkörper,
in welchem sich die wichtigeren Schwanzpartien des Spermiums als Körnchen
unter den Eiplastosomen verteilt hatten, schnürt sich in der Mitte ab. Aus
dem Spermovium sind die beiden ersten Embryonalzellen oder „Furchungszellen" des neuen Individuums gebildet und die Befruchtung ist beendet.

Wesen und Zweck der Befruchtung.

Das Wesentliche der Befruchtungsphänomene ist offenbar die Verschmelzung der Geschlechtszellen verschiedener Individuen, wobei 1. neue

---

[1] Nach der Art eines Amöbatieres.
[2] Einsternstadium.
[3] Hand in Hand mit dieser Längsspaltung der Chromosomen findet wahrscheinlich
eine Teilung der in denselben gelagerten Entwicklungsfaktoren statt, und zwar derart,
daß im allgemeinen jede Chromosomhälfte von allen Entwicklungsfaktoren je eine Hälfte
bekommt.

Kombinationen von Erb- oder Entwicklungsfaktoren (den sog. Genen) entstehen können und 2. gleichzeitig der Antrieb zur Entwicklung eines neuen Individuums gegeben wird.

Der Antrieb des befruchtenden Spermiums zu den wiederholten Teilungen des Eies und somit zur Embryonalentwicklung kann bei gewissen niederen Tieren durch chemische oder physikalische Mittel (z. B. Behandlung der Eier mit Magnesiumsalzlösung oder durch Perforationen der Eihülle mit einer Nadel) ersetzt werden. In dieser Weise sind tatsächlich Frösche, die von Anfang an also vaterlos sind, aus unbefruchteten Froscheiern großgezüchtet worden. Bei höheren Wirbeltieren kennt die Wissenschaft aber noch keine ähnlichen Fälle.

Bei gewissen wirbellosen Tieren (z. B. bei gewissen Würmern und Arthropoden) kommt eine natürliche (nicht künstlich hervorgebrachte) Jungfernzeugung (Parthenogenese) vor, die den betreffenden Tieren zur Erhaltung ihrer Art gewisse Vorteile bringt. Solche sog. parthenogenetische Eier stoßen bei ihrer Reifung nur je ein Richtungskörperchen heraus, die Chromosomenzahl ihrer Kerne wird nicht halbiert und die Eizentriolen verschwinden nicht. Eine Befruchtung ist daher hier nicht für eine Embryonalentwicklung notwendig.

Der Nachteil der parthenogenetischen Embryonalentwicklung ist, daß das neue Individuum genau dieselben Erbfaktoren bekommt wie das Muttertier und daher — unter sonst gleichen Verhältnissen — nicht besser werden kann als dieses.

Dagegen liegt — wie erwähnt — bei der Befruchtung die Möglichkeit vor, daß ganz neue Kombinationen von Erbfaktoren entstehen können. Die Mehrzahl dieser Gen-Kombinationen werden zwar — im großen gesehen — nicht besser als diejenigen der Eltern; ja, einige werden sogar schlechter, d. h. sie führen zur Bildung von Individuen, die schlechter als ihre Eltern ausgerüstet sind. Es entstehen aber auch Neukombinationen, die mehr oder weniger besser als bei den Eltern sind und auch zur Entstehung höher qualifizierter Individuen führen. Da nun aber die schlechteren Individuen im Kampf ums Dasein meistens zugrunde gehen, während die besseren leichter am Leben bleiben und sich fortpflanzen können, geht daraus hervor, daß die Befruchtung als ein wichtiges Mittel zur allmählichen Vervollkommnung der Lebewesen betrachtet werden muß. Wir sind auch allgemein der Ansicht, daß die allmähliche Entstehung des Menschen und der anderen höheren Geschöpfe unserer Erde aus einzelligen Tieren (Protozoen) vollständig unmöglich gewesen wäre, wenn nicht in einem gewissen Stadium dieser Stammesentwicklung (Phylogenese) die Befruchtung eingesetzt hätte.

Hier ist noch hervorzuheben, daß die betreffende Neukombination der Entwicklungsfaktoren außerdem dadurch bedeutungsvoll ist, daß Gendefekte des Eies von den Genen des Spermiums gedeckt werden können. Zwar besitzen im allgemeinen sowohl das Reifei wie das Spermium je für sich alle die für die Entwicklung des Individuums der betreffenden Art notwendigen Gene. Nicht selten passiert es aber, daß ein für die normale Entwicklung wichtiger Gen wegfällt. Wenn ein in dieser Weise defekt gewordenes Reifei von einem normalen (nichtdefekten) Spermium befruchtet wird, wird der betreffende Defekt gedeckt und das neue Individuum normal ausgebildet. Wenn dagegen auch dem Spermium ganz derselbe Erbfaktor fehlen sollte, was bei einem Verwandten leicht vorkommen kann, so bleibt natürlich der betreffende Gen-Defekt bestehen und das neue Individuum entwickelt sich mehr oder weniger abnorm („degeneriert"). Daher können Verwandtenehen [1] so leicht für die kommende Generation verhängnisvoll werden.

---

[1] Sog. Inzucht.

Zuletzt wäre hier noch zu erwähnen, daß die Befruchtung außerdem ein Mittel der Natur ist, um die Geschlechtsbestimmung der neuen Individuen zu regulieren.

Wie schon oben (S. 9 u. 12) angedeutet wurde, wird das weibliche Geschlecht beim Menschen wahrscheinlich dadurch hervorgerufen, daß das betreffende Spermovium 48 Chromosomen und darunter zwei Geschlechtschromosomen bekommt, während das neue Individuum männlichen Geschlechts wird, wenn das betreffende Spermovium 47 (oder 48) Chromosomen, aber darunter nur ein Geschlechtschromosom bekommt. Da nun die Hälfte aller Spermien keinen Geschlechtschromosom besitzen, die andere Hälfte dagegen sowie alle normale Reifeier einen Geschlechtschromosom haben,

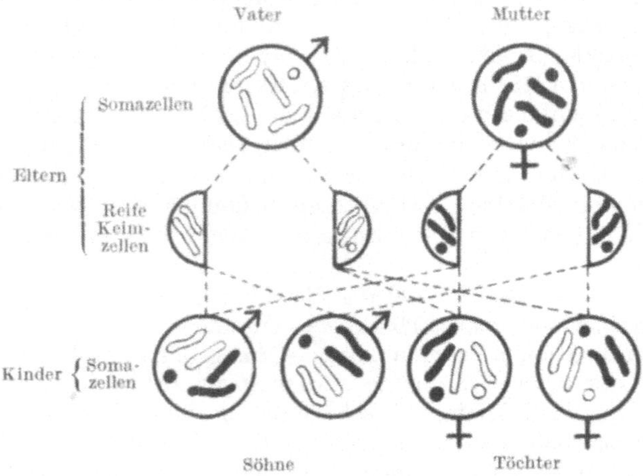

Abb. 10. Schema, die Geschlechtsbestimmung bei der Befruchtung zeigend.

so müßten im allgemeinen bei der Befruchtung etwa die eine Hälfte aller Spermovia weiblich und die anderen männlich geschlechtsbestimmt werden (vgl. Abb. 10).

Dies jedoch vorausgesetzt, daß die mit Geschlechtschromosom versehenen Spermien ebenso gute Schwimmer sind wie die Geschlechtschromosomlosen. In der Tat scheint dies aber nicht der Fall zu sein. Denn auf 100 geburtsreife Mädchen kommen nicht 100, sondern 106 geburtsreife Knaben und, unter den Fehlgeburten überwiegt das männliche Geschlecht noch stärker (mindestens 125 : 100); Tatsachen, die wir mit Lenz (1912) durch die Annahme erklären, daß die männlich bestimmten Spermien unter Umständen etwas beweglicher sind als die weiblich bestimmten.

Über die Phylogenese des Menschen.

Die Phylogenie oder Stammesgeschichte des Menschen stellt einen Versuch dar, die allmähliche Entwicklung („Schöpfung") des Menschengeschlechtes aus niederen Lebewesen zu beschreiben. Sie versucht — mit anderen Worten — den Stammbaum der ersten Menschen zu zeichnen.

War schon die Enthüllung der Ontogenese oder Entwicklung des jetzt lebenden menschlichen Individuums mit Schwierigkeiten verbunden, so ist dies selbstverständlich mit der Phylogenese noch viel mehr der Fall. Haben sich doch die phylogenetischen Entwicklungsstadien während Jahrmillionen abgespielt, die ganz und gar vor der historischen Zeit liegen.

Trotzdem sind wir aber nicht ohne feste Ausgangspunkte für die Beurteilung dieser Stadien. — Die Geologie und ihre Zweigwissenschaft die Paläontologie (die Wissenschaft von den vorhistorischen, jetzt meistens ausgestorbenen Organismen) beweisen, daß die einfacher gebauten Tiere und Pflanzen immer frühzeitiger als die mehr kompliziert gebauten existierten, daß — in Übereinstimmung hiermit — während ungeheuer großer Zeiträume nur wirbellose Tiere auf der Erde vorhanden waren, und daß erst viel später die niedersten Wirbeltiere entstanden, von welchen die jetzt lebenden abstammen müssen.

Zu diesem Tatsachenmaterial der Paläontologie fügen sowohl die vergleichende Anatomie und Anthropologie (Menschenkunde) wie die Ontogenie der jetzt lebenden Tiere bemerkenswerte Indizien hinzu für die allmähliche Entstehung dieser Tiere (einschließlich des Menschen) aus einfacher gebauten Tiervorfahren.

Auf Grund dieser Hilfswissenschaften läßt sich die Phylogenese des Menschen etwa folgendermaßen skizzieren [1]:

Als unsere Erde zuerst als Planet unserer Sonne entstand, war sie noch glühend heiß und demnach für Lebewesen nicht bebaulich. Erst als die Abkühlung der Erde recht weit fortgeschritten war und sich an der Oberfläche Wasser und Luft gebildet hatten, konnten die ersten Organismen hier ihre Lebensbedingungen finden.

Daß diese ersten Bewohner unserer Erde wahrscheinlich alle einzellige Lebewesen, sog. Protisten, waren, darüber sind wir alle einig. Dagegen herrscht Meinungsverschiedenheit betreffs ihrer Entstehungsart. Einige (darunter in unserer Zeit Arrhenius) sind der Ansicht, daß die Protisten als kleinste Himmelskörper aus der Ewigkeit vorhanden seien und sich an jedem bebaulich gewordenen Planeten ansiedeln, um sich dort weiter zu entwickeln. Die meisten Biologen glauben aber, daß in einer gewissen Entwicklungsperiode eines Planeten die Möglichkeit vorhanden ist, daß unbelebte Materie sich in Protisten umwandeln kann.

Nach dieser letztgenannten Ansicht sollte also die Grenze zwischen lebender und unbelebter Materie nicht immer scharf gewesen sein. Vielmehr sollte im Weltall zwischen lebender und toter Materie eine ewige Zirkulation stattfinden, indem nicht nur alle Lebewesen dem Tode anheimgefallen sind, sondern (zu einer gewissen Entwicklungsperiode jedes Planeten) einfachste Lebewesen auch aus der bis dahin „toten" Materie (durch sog. Generatio spontanea) direkt entstehen können.

Hervorzuheben ist aber hier, daß jedenfalls nach der betreffenden Entwicklungsperiode keine solche Generatio spontanea mehr stattfinden kann. Auf der Erde entstehen nunmehr alle Lebewesen aus früher existierenden (Omne vivum ex vivo).

Die ersten Protisten unserer Erde — sei es nun, daß sie hier gebildet wurden oder von außen her nach hier kamen — waren offenbar mit sehr verschiedenen Entwicklungsfaktoren versehen. Einige hatten wohl nur die für die Ausbildung der Protisten nötigen Entwicklungsfaktoren; ihre Nachkommen blieben daher Protisten und sind es noch heute. Andere dagegen besaßen, so zu sagen, höhere Entwicklungsfaktoren, die aber erst unter neuen Bedingungen ihre Wirkung entfalten konnten. Solange solche Bedingungen noch nicht vorhanden waren, blieben ihre Nachkommen auf dem Protistenstadium stehen; wenn solche aber entstanden, konnten mehrzellige Pflanzen oder Tiere (Metazoen) aus den Protisten hervorgehen.

Unter die neuen Bedingungen, die zu einer solchen Entwicklung nach oben führen konnten, sind in erster Linie veränderte Milieuverhältnisse zu zählen. So läßt es sich z. B. denken, daß sich die Nachkommen gewisser Protisten zu höher organisierten Geschöpfen entwickelten, nur weil die betreffenden Erbfaktoren bei etwas niedriger Temperatur besser arbeiten und daher zu einem höheren Endprodukt führen konnten.

Ein anderer Weg zur höheren Entwicklung ist wahrscheinlich der sog. Mutationsweg. Wenn bei der Vermehrung der Protisten durch Teilung einige der Tochterzellen mehr Erbfaktoren als die Mutterzellen bekamen (sog. Gewinnmutation) und andere Tochterzellen ebensoviel weniger (sog. Verlustmutation), so konnten sich diese Tochterzellen zu ganz anderen Endprodukten als ihre Vorfahren entwickeln.

Hierbei ist zu bemerken, daß nicht nur Gewinnmutationen, sondern unter Umständen auch Verlustmutationen zu einer höheren Entwicklung führen können. Zahlreiche schwächere Erbfaktoren können nämlich durch einen stärkeren, antagonistischen Erbfaktor zur vollständigen Unwirksamkeit gezwungen werden; erst wenn ein solcher Faktor wegfällt, können sie also ihre Wirksamkeit entfalten.

Der dritte Weg zur höheren Entwicklung der Lebewesen ist derjenige der Befruchtung. Durch diese entstehen, wie oben erwähnt, ganz neue Erbfaktorkombinationen und die letztgenannten führen unter Umständen zur Bildung höher organisierter Geschöpfe.

So arbeiten also seit Jahrbillionen auf unserer Erde die Milieu-Veränderungen, die Mutationen und die Neukombinationen der Erbfaktoren Hand in Hand miteinander auf eine stetige Veränderung der Lebewesen. Und da nun diejenigen Veränderungen, die eine Verschlechterung darstellen, im allgemeinen zum Untergang der

---

[1] Daß diese Skizze in sich viele Hypothesen birgt, die durch erweiterte Kenntnisse wahrscheinlich modifiziert werden müssen, ist selbstverständlich.

betreffenden Individuen führen, während diejenigen, die eine Verbesserung der Organismen zur Folge haben, sich im Kampf ums Dasein siegreich behaupten können, so wird es ja erklärlich, daß allmählich immer vollkommener organisierte Lebewesen entstehen konnten.

Bis vor kurzer Zeit nahm man allgemein an, daß sowohl alle die ausgestorbenen Tiere wie auch alle die jetzt lebenden (bis zum Menschen hinauf) von einer einzigen Urzelle stammten; mit anderen Worten, daß alle Tiere bis zum Menschen hinauf einen gemeinsamen Stammbaum hatten (sog. monophyletische Entwicklung).

Nunmehr glauben wir aber den großen, gemeinsamen Stammbaum durch einen ganzen Wald von ungleich hohen Bäumen und Sträuchelchen ersetzen zu müssen. Wir nehmen, mit anderen Worten, an, daß die verschiedenen Hauptabteilungen des Tierreichs — ja, in gewissen Fällen sogar die verschiedenen Gattungen oder Tierarten — von Anfang an ganz verschiedene (wenn auch in vielen Beziehungen ähnliche) Ahnen gehabt haben (sog. polyphyletische Entwicklung).

Über die Beziehungen der Ontogenese zur Phylogenese.

Wenn man die Embryonalentwicklung verschiedener Wirbeltiere mit derjenigen des Menschen vergleicht, so frappiert es — wenn man von den Verschiedenheiten absieht, die durch die verschieden große Dottermenge veranlaßt werden — daß die ersten Entwicklungsstadien immer mehr miteinander übereinstimmen als die späteren. Also: je jünger die Embryonen verschiedener Wirbeltiere sind, desto leichter lassen sie sich miteinander verwechseln.

Bis zu einem gewissen Grade ließe sich diese Tatsache ganz einfach dadurch erklären, daß die Natur im allgemeinen nur einen einzigen Weg hat, um die Entwicklung von einer einzigen Zelle zu einem mehrzelligen Organismus zu führen. Allein diese Erklärung genügt nicht, um viele Entwicklungsstadien, die als mehr oder weniger große Umwege zum Entwicklungsziel bezeichnet werden müssen, verständlich zu machen.

Solche Umwege der menschlichen Embryonalentwicklung lassen sich befriedigend erklären, nur wenn wir annehmen, daß viele Entwicklungsfaktoren, die z. B. während eines fischähnlichen Stadiums der menschlichen Vorfahren vorherrschend waren, in einem gewissen Embryonalstadium noch heute die Leitung haben, um in einem etwas späteren Stadium wieder von später hinzugekommenen Entwicklungsfaktoren überflügelt zu werden. So muß man wohl z. B. die Tatsache erklären, daß der menschliche Embryo in einem gewissen Stadium mit Kiemenbogen versehen wird, die in einem folgenden Stadium wieder zurückgebildet werden.

Gewisse Entwicklungsstadien der Phylogenese werden also noch heute in der Ontogenese rekapituliert, und zwar aus dem Grunde, daß die alten Entwicklungsfaktoren noch vorhanden sind und nur durch neu hinzugekommene Entwicklungsfaktoren in ihrer Wirkung modifiziert werden.

Wenn diese Annahme richtig ist, so läßt also die Verfolgung der Ontogenese eines Tieres gewisse Rückschlüsse betreffs der Phylogenese desselben ziehen.

II. Die Entstehung des primitiven Embryonalkörpers und der sogenannten Nachgeburt aus dem befruchteten Ei.

Die Eifurchung.

Die beiden als Endprodukt der intrazellularen Befruchtung entstandenen Zellen wachsen nicht wie gewöhnliche Tochterzellen, ehe sie sich weiter teilen, zu der Größe der Mutterzellen an, sondern teilen sich sofort in zwei nur halb so große Tochterzellen. Aus diesen vier Zellen entstehen in ähnlicher Weise (durch wiederholte Teilungen ohne dazwischenliegenden Wachstumsperioden) 8, 16, 32 usw. immer kleinere Zellen, die ein kompaktes, himbeer- oder maulbeerähnliches Zellklümpchen, die sog. Morula, bilden (vgl. Abb. 9 und 11—13).

Diese ersten Zellteilungen des Spermoviums, die bei gewissen größeren Tiereiern (z. B. Froscheiern) makroskopisch oder mit Hilfe einer Lupe erkennbar sind, und zwar dies durch die immer dichter auftretenden Furchen der Eioberfläche, werden deshalb Furchungen genannt. Aus demselben Grunde nennen wir die einzelnen Zellen der Morula Furchungszellen. Durch diese Furchungen wird die Zellengröße allmählich von der Riesengröße des Spermoviums zu der Normalgröße der menschlichen Zellen im allgemeinen heruntergebracht.

Der für die Eifurchung wichtigste und charakteristischste Prozeß ist nach G. Hertwig (1926) die Synthese von Chromatin aus dem Vorrat an kernbildenden Stoffen im Eiplasma (= Nukleinsäuren, von dem Kernsaft des unreifen Eies stammend). Nach demselben Autor ist nämlich das Ende des Furchungsprozesses eben dann erreicht, wenn dieser Vorrat an kernbildenden Stoffen verbraucht ist.

Gleichzeitig wenn die Eifurchung stattfindet, wandert das Ei allmählich durch den Eileiter in die Uterushöhle hinein. Diese Eiwanderung ist vollständig passiv und also keine wahre Wanderung. Sie wird von dem uterinwärts fließenden Flüssigkeitsstrom bewirkt, der wiederum von Flimmerepithelzellen oder (nach Sobotta) von Kontraktionen der Eileitermuskulatur veranlaßt wird. — Nach etwa sieben Tage (Grosser, 1924) in die Uterushöhle hineingelangt, nistet sich die Morula nach noch drei Tagen unter dem Einfluß des Corpus luteum (vgl. oben S. 17) in die Uterusschleimhaut ein.

Die Entstehung der Keimblätter.

Die Anfangs nur oberflächlich in die Uterusschleimhaut eingenistete Morula frißt sich — indem sie wahrscheinlich eine zell-lösende Substanz ausscheidet — bald tief in diese Schleimhaut hinein. Ihr Eintrittsloch wird temporär von einem Blutgerinnsel verstopft.

Die peripheren Zellen der Morula wandeln sich in sog. Trophoblastzellen (vgl. Abb. 13—15) um, die die Fähigkeit besitzen, das nächstliegende mütterliche Gewebe zu zerstören und zu resorbieren. Auf Kosten dieses Gewebes vergrößert sich nun die Morula, die bei ihrer Einnistung in der Uterusschleimhaut (Abb. 12) nicht größer als das Reifei war, und gleichzeitig entsteht in ihrem Inneren lockeres Gewebe, das wir mit Stieve (1926) Morulamesoderm nennen wollen.

An einer Seite bleibt die zentrale Partie der Morula aber kompakt, den sogenannten Embryonalknoten bildend (Abb. 13 u. 14). Dieser Knoten

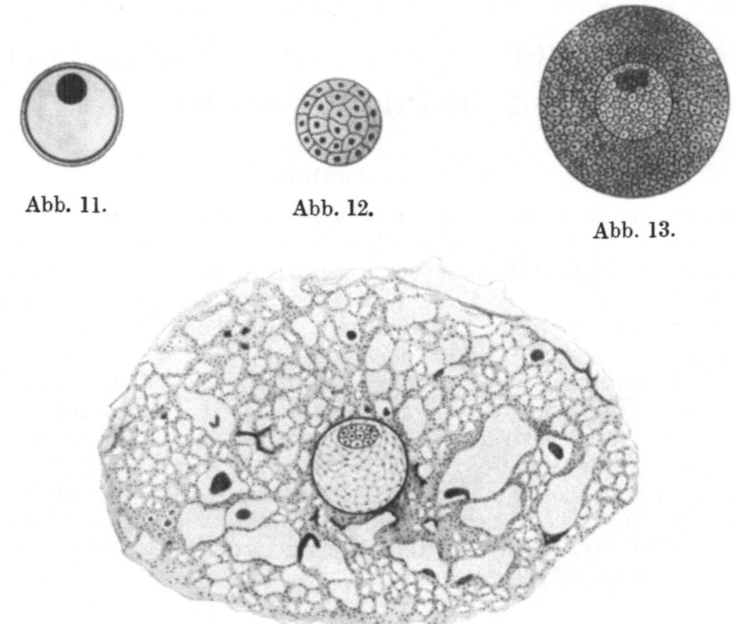

Abb. 11.   Abb. 12.

Abb. 13.

Abb. 14.

Abb. 11—14. Vier schematische Schnitte, die erste Entwicklung des menschlichen Eies nach der Befruchtung zeigend. — Nach Grosser (1924). — Vergrößerung: 50 mal.

Abb. 11. Reifes, unbefruchtetes Ei.

Abb. 12. Morulastadium (etwa 10 Tage alt) im Zeitpunkt der Implantation in die Uterusschleimhaut. Eine äußere Trophoblastschicht (dunkler) ist von einem zentralen Zellklümpchen, dem sog. Embryoblasten geschieden.

Abb. 13. Die Trophoblastschicht hat sich mächtig vergrößert. Der Embryoblast hat sich in Embryonalknoten und Morulamesoderm differenziert.

Abb. 14. Das Morulamesoderm ist durch das Auftreten von Gewebelücken aufgelockert (mesenchymähnlich). Auch die Trophoblastschicht ist stark aufgelockert. Dieses Ei entspricht dem von v. Möllendorff (1921) beschriebenen, 12—13 Tage alten Ei Sch.

differenziert sich bald in zwei Zellenkomplexe, ein größeres peripheres, der Trophoblastschicht näher liegendes, und ein anfangs kleineres, mehr zentral gelegenes. Jenes wird Ektodermknoten, dieses Entodermknoten genannt.

Beide Knoten wandeln sich nun (durch Zugrundegehen ihrer zentralen Zellen) in Bläschen um (Abb. 15). Die Höhlung des kleineren Entodermbläschens wird Urdarmhöhle genannt, weil sie mit dem Urdarm wirbelloser Tiere Ähnlichkeit hat; diejenige des größeren Ektodermbläschens nennen wir Amnionhöhle, weil aus ihr die Höhlung des Amnions hervorgeht.

Die zwischen diesen beiden Höhlungen liegende Zellmasse, die also sowohl aus Ektoderm wie Entoderm besteht, stellt die Embryonalplatte, d. h. die primitive Anlage des Embryos, dar.

Zum Ektoderm im weiteren Sinne rechnen wir auch die ganze Außenschicht, die schon oben unter dem Namen Trophoblastschicht erwähnt

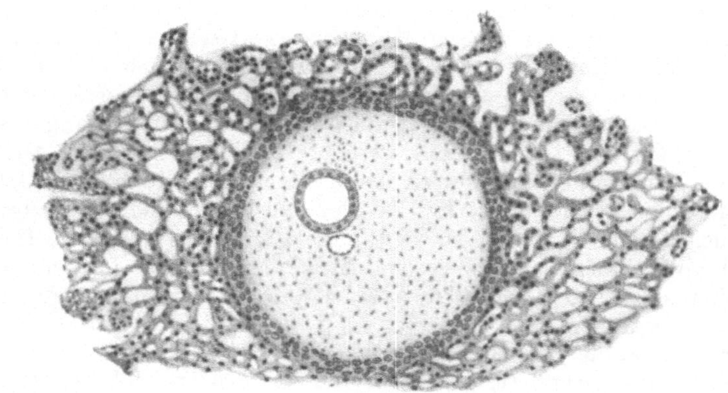

Abb. 15.

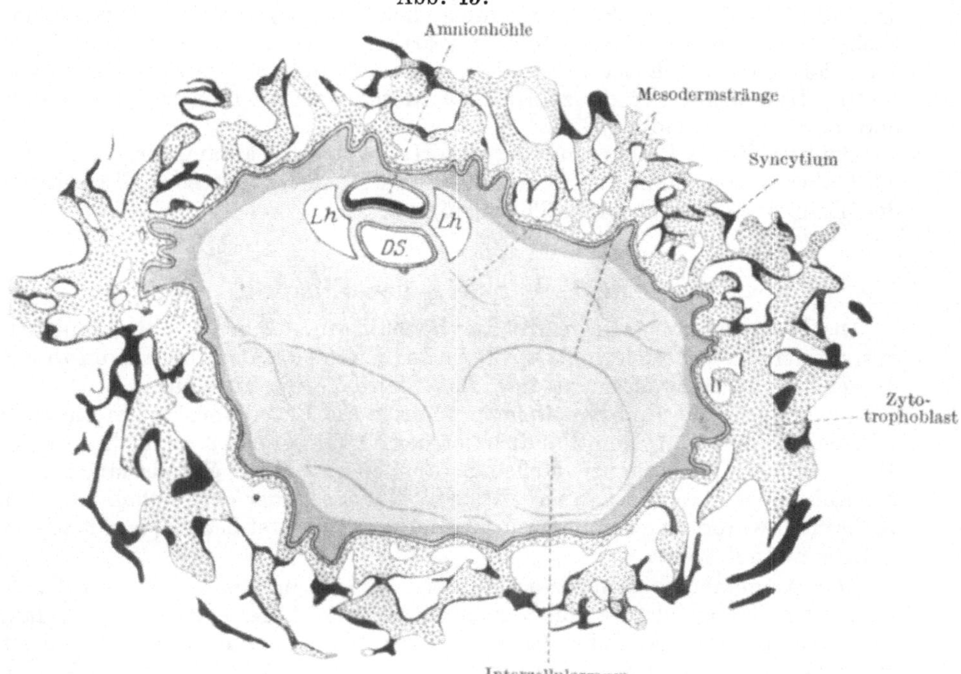

Abb. 16.

Abb. 15 und 16. Zwei schematische Schnitte durch 15—18 Tage alte menschliche Eier. — Vergrößerung: 50 mal.

Abb. 15. Schnitt eines 15 Tage alten Eies. Nach Bryce-Teacher aus Grosser (1924).

Abb. 16. Schnitt eines 17—18 Tage alten Eies. Nach Peters aus Grosser (1924): Junge menschliche Embryonen. — Ergebnisse der Anat. u. Entwicklungsgesch. Bd. 25. — DS Dottersack. Lh extraembryonale Leibeshöhle (Exozölom).

wurde; Ektoderm, Entoderm und Mesoderm stellen die drei sog. Keimblätter des sich entwickelndes Eies dar.

Das Mesoderm (Mittelblatt) füllt die Zwischenräume zwischen den beiden übrigen Keimblättern aus. Ursprünglich fehlt dieses Keimblatt der Embryonalplatte. Es dringt aber bald von beiden Seiten her in diese hinein und wird außerdem später als axiales Mesoderm von der Medianebene der Embryonalplatte ab neugebildet. Die frühzeitige Entstehung des extraembryonalen, von Stieve (1926) sog. Morulamesoderms ist ein Charakteristikum des menschlichen Eies. Um dieselbe zu erklären hat man angenommen, daß das Morulamesoderm ein Speicherorgan darstellt, in welchem die vom Trophoblasten durch Auflösung der mütterlichen Schleimhaut gewonnenen Stoffe für den Embryo bereitgestellt werden, bis dieser sie (nach Ausbildung eines eigenen Kreislaufes) verwerten kann (Grosser, 1925). — Jederseits von der Embryonalplatte bildet sich in dem Morulamesoderm eine besondere Höhlung aus, die von platten Zellen austapeziert wird (Abb. 16 Lh). Indem die beiden Höhlungen immer größer werden, fließen sie bald zu einer einheitlichen Höhlung, dem sog. Exozölom (der außerhalb der Embryonalanlage gelegenen Körperhöhle) zusammen.

Bei der Ausbildung des Exozöloms wird das Merulamesoderm in ein peripheres Blatt gesondert, das die Innenseite des Trophoblasts auskleidet, und in eine zentrale Gewebsmasse, die eine gemeinsame Hülle sowohl um Ektodermbläschen wie Entodermbläschen[1] bildet (Abb. 17). Nur an einer Stelle werden diese beiden Mesodermpartien voneinander nicht durch das Exozölom getrennt. Es ist dies an dem werdenden unteren Ende der Embryonalplatte. Hier bleibt also die zentrale Mesodermmasse mit dem peripheren Mesodermblatt in Verbindung.

Die betreffende Verbindung, der sog. Haftstiel, ist anfangs breit und kurz, wird aber später dünner und länger. Sie stellt den werdenden Bauchstiel des Embryos dar (vgl. Abb. 33, S. 45).

Die Entstehung der Eihäute.

Die Trophoblastschicht des Eies bildet zusammen mit dem ihre Innenseite austapezierenden Mesodermblatt die äußere Eihaut, das sog. Chorion oder die Zottenhaut (weil sie an ihre Außenseite Zotten ausbildet).

Im Bereiche der Embryonalplatte wachsen die Ektodermzellen in die Höhe, während sie in den übrigen Wandpartien des Ektodermbläschens niedrig werden. Diese dünnen Wandpartien stellen zusammen mit ihrer Mesodermbekleidung die Anlage der inneren Eihaut, des sog. Amnion oder der „Schafhaut“, dar. (Schafhaut wurde sie genannt, weil sie im Altertum zuerst beim Opfern trächtiger Schafe erkannt wurde.)

Die Amnionhöhle enthält schon von Anfang an eine schwach gelbliche, alkalische Flüssigkeit, die von dem Amnionepithel abgesondert wird. Anfangs nur sehr spärlich vorhanden (so daß das Amnion dem Embryo eng anliegt), vermehrt sich diese Amnionflüssigkeit später beträchtlich [2], Hand in Hand damit, daß das Amnion immer stärker ausgedehnt wird. Indem nun die Vergrößerung dieser Eihaut zunächst schneller sowohl als diejenige des Embryos, wie als diejenige des Chorions erfolgt, kommt die Außenfläche des Amnions

---

[1] Nach Stieve (1926) entsteht das das Entodermbläschen umgebende Mesoderm teilweise durch Abspaltung vom Entoderm.

[2] Um die Mitte der Schwangerschaft, wenn sie am reichlichsten ist, beträgt die Menge der Amnionflüssigkeit nicht weniger als $1^1/_2$—2 Liter. Zur Zeit der Geburt ist sie gewöhnlich auf $^1/_2$—1 Liter reduziert.

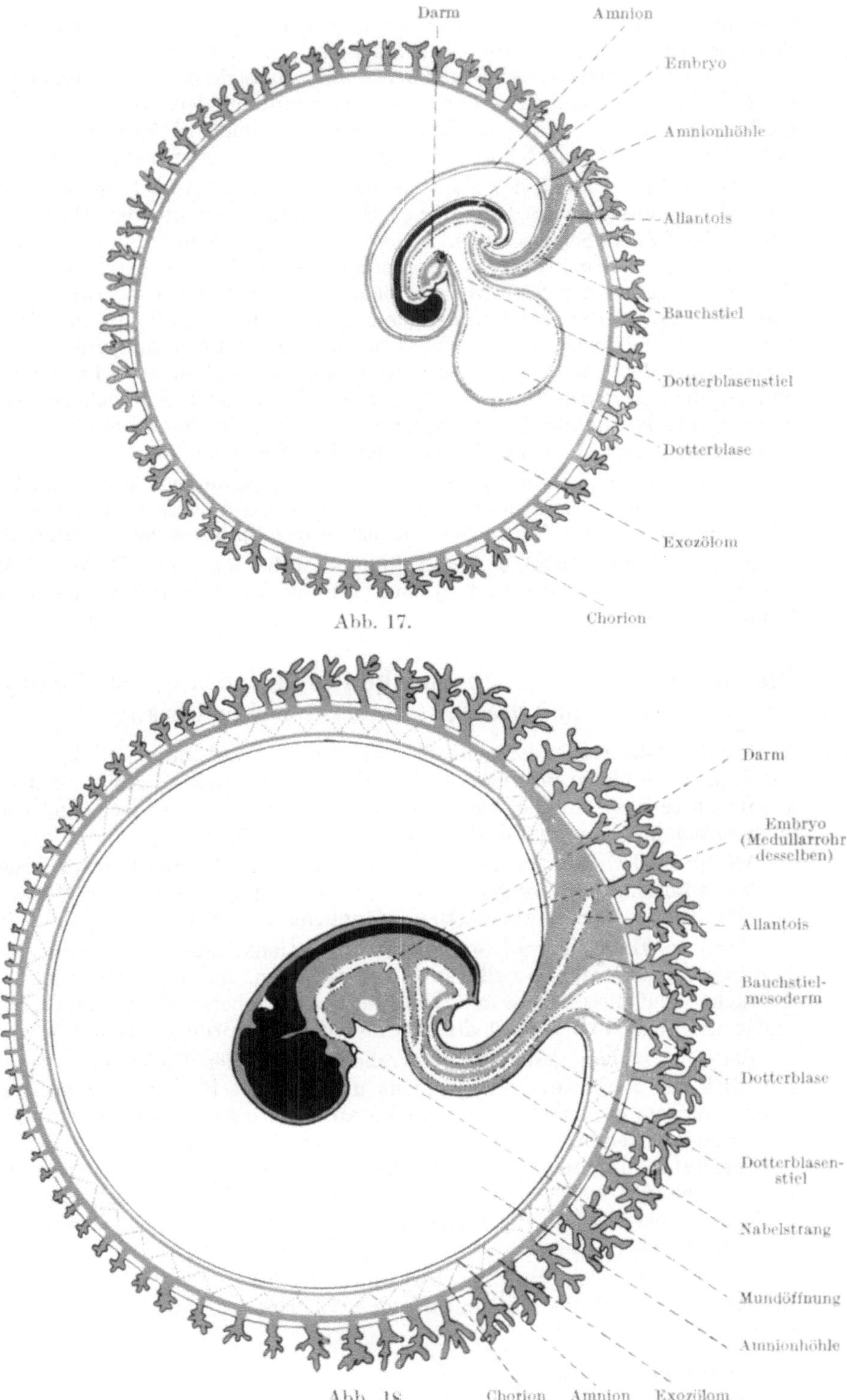

Abb. 17 und 18. Zwei Schemata, die Vereinigung der Eihäute und die Entstehung des Nabelstrangs zeigend. Ektoderm, schwarz, Mesoderm rot, Entoderm schwarz punktiert.

bald mit der Innenfläche des Chorions in Berührung, und gleichzeitig entfernt sich das Amnion vom Embryonalkörper (vgl. Abb. 17 u. 18).

Unter dem fortgesetzten Druck der Amnionflüssigkeit verwachsen nun (Ende des 2. Embryonalmonats) Amnion und Chorion miteinander. Hierbei verschwindet größtenteils das Exozölom. Nur in dem proximalen [1] Teil des inzwischen gebildeten Nabelstrangs bleibt dasselbe noch eine Zeit lang bestehen (vgl. unten).

Für die Entwicklung des Embryos hat die normale Ausbildung der Amnionflüssigkeit eine sehr hohe Bedeutung. Sie schützt nicht nur den Embryo selbst vor mechanischen Schädigungen, sondern auch Nabelschnur und Mutterkuchen vor einseitigem Druck (seitens des Fetus), der zu Zirkulationsstörungen dieser — für das Leben des Embryos so wichtigen — Organe hätte führen können. Außerdem spielt die Amnionflüssigkeit eine wichtige Rolle in der Mechanik der Geburt, indem sie, ehe die Eihäute noch eingerissen sind, die allmähliche Erweiterung der Geburtswege vermittelt. Zuletzt ist hier noch hervorzuheben, daß zu einer gewissen Entwicklungsperiode die normale Entwicklung eine zur Schwerkraft bestimmte Orientierung voraussetzt, die dem Embryo nur dann möglich ist, wenn er in der Amnionflüssigkeit frei schwimmt.

So darf es also nicht wundernehmen, daß ungenügende Ausbildung vom Amnionwasser und damit verbundene abnorme Enge des Amnions nicht selten sowohl Mißbildungen wie das frühzeitige Absterben des Embryos hervorrufen können.

Nach Polano (1922) soll das Amnion außerdem eine Rolle als aktives Resorptionsorgan spielen und speziell für die Fettresorption des Eies von Wichtigkeit sein.

Die Umwandlung der Embryonalplatte in eine längliche Embryonalblase und die Entstehung des Nabelstranges.

Aus dem Obenstehenden geht schon hervor, daß das Amnion an der Peripherie der Embryonalplatte inseriert. — Die Embryonalplatte stellt zuerst eine kreisrunde Scheibe dar, wächst aber bald schneller in der Richtung von oben nach unten und wird dadurch oval (vgl. Abb. 36, S. 47).

An der ovalen Embryonalplatte bleiben nun die Randpartien im Wachstum stehen, während die übrigen Partien weiterwachsen. Auf diese Weise formt sie sich in eine ventralwärts offene, längliche Blase um (vgl. Abb. 39—42).

Hand in Hand hiermit werden die Insertionsränder des Amnion auf die Ventralseite der Embryonalblase hin verschoben und einander relativ näher gebracht. Auf diese Weise entsteht aus dem peripheren Rand der Embryonalplatte der sog. Hautnabel des blasen- oder rohrförmigen Embryos.

Bei den soeben geschilderten Veränderungen der Embryonalanlage kann natürlich die Entodermblase nicht unbeeinflußt bleiben. Sie sondert sich in eine intraembryonale [2] Partie, die die entodermale Darmanlage darstellt, und eine extraembryonale [3], welche die sog. Dotterblase bildet. Die eingeschnürte Kommunikationsstelle zwischen diesen beiden Partien wird Darmnabel benannt. — Die betreffende Kommunikation ist anfangs sehr kurz und weit, wird aber bald in die Länge ausgezogen und ganz eng. Sie stellt dann den sog. Dotterblasenstiel dar (vgl. Abb. 41, 47 u. 52).

Der oben (S. 30) erwähnte Bauchstiel, der das kaudale Ende der Embryonalplatte (und des Amnion) mit dem Chorion verband, wird bei der Ent-

---

[1] Dem Embryo am nächsten liegenden.
[2] Innerhalb des Embryos gelegene.
[3] Außerhalb des Embryos gelegene.

stehung der Embryonalblase ebenfalls auf die Bauchseite derselben verschoben. In diesem Bauchstiel entstehen bald diejenigen Gefäße, die den Blutaustausch zwischen Chorion und Embryo zu besorgen haben (vgl. Abb. 19, 39 u. 46).

Bauchstiel und Dotterblasenstiel sind ursprünglich voneinander vollständig unabhängig. Bei der obenerwähnten starken Vergrößerung des Amnion werden sie aber eng aneinander gedrängt und von einer gemeinsamen Amnionscheide umhüllt. Auf diese Weise entsteht der Nabelstrang (Funiculus umbilicalis). Vgl. Abb. 20.

Die Entwicklung des Mutterkuchens (der Plazenta).

A. Die Entstehung des embryonalen Anteils des Mutterkuchens.

Der Trophoblast ist ursprünglich kompakt und an der Oberfläche glatt. Kurz nach dem Eindringen des Eies in die Uterusschleimhaut wird er aber im Inneren von zahlreichen kleinen Hohlräumen zerklüftet, die ihm ein schwam-

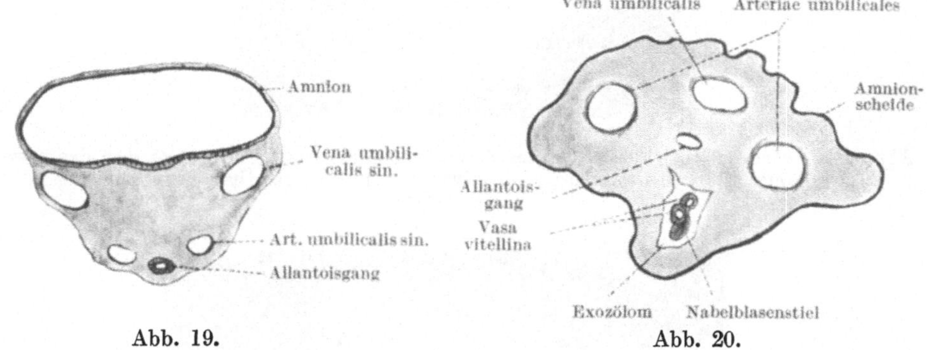

Abb. 19.   Abb. 20.

Abb. 19 und 20. Querschnitte des Bauchstieles (Abb. 19) und des neugebildeten Nabelstranges (Abb. 20) in 30 maliger Vergrößerung. — Nach His bzw. Schultze aus Broman (1911).

miges Aussehen verleihen (vgl. Abb. 14). Der Trophoblast sondert jetzt ein intensiv wirkendes Ferment ab, das zur Nekrose des nächstliegenden mütterlichen Gewebes führt. Auf diese Weise vergrößert sich der Hohlraum in der Uterusschleimhaut, die sog. Eikammer, und gleichzeitig wird die provisorische Nahrung des Eies, die „Embryotrophe", aus den mütterlichen Blut- und Gewebstrümmern gebildet.

Der zuerst gebildete, schwammige Implantations-Trophoblast fällt nach Grosser (1925) bald der Rückbildung anheim. Die tiefste Zellschicht bleibt indessen bestehen und vermehrt sich stark, so daß sie vielschichtig wird. Gleichzeitig entstehen innerhalb des noch perisistierenden Trophoblast neue Lakunen, die durch säulen- und balkenförmige Zellmassen von einander unvollständig getrennt werden. — Die die Lakunen auskleidenden Trophoblastzellen wandeln sich teilweise (durch Verwischung der Zellgrenzen) in ein dünnes Syncytium, das sog. Resorptionssyncytium um.

Die die Lakunen trennenden Trophoblastbalken hängen ursprünglich alle an der Eiperipherie mit einer dünnen Trophoblastschicht, der später als solche verschwindende „Trophoblastschale" (in Abb. 17 u. 18 nicht dargestellt), zusammen; sie stellen die sog. Primärzotten oder Haftzotten des Chorion dar. — Diese Primärzotten sind zunächst ganz mesodermfrei. Das die Innenseite der Trophoblastschicht auskleidende Mesoderm dringt aber bald in die Zotten hinein und wandelt sie so in Sekundärzotten oder wahre Chorionzotten um.

Die Chorionzotten vergrößern und verzweigen sich in alle Richtungen. Ihre mesodermalen Achsenpartien differenzieren sich zu embryonalem Bindegewebe, in welchem Blutgefäße als Zweige der Bauchstielgefäße entstehen.

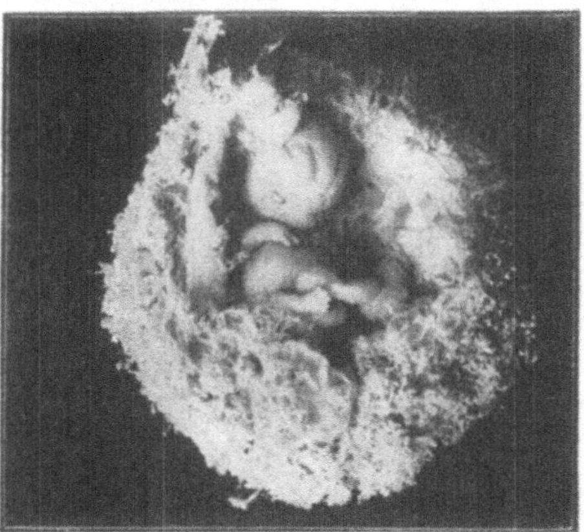

Abb. 21. Abortivei aus dem Ende des 2. Embryonalmonats; geöffnet, so daß der etwa 25 mm lange Embryo (von vorn und etwas von rechts) sichtbar geworden ist. — Natürliche Größe.

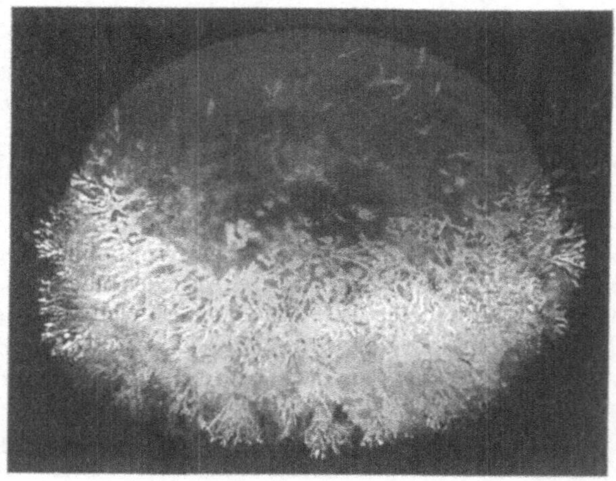

Abb. 22. Abortivei aus dem Anfang des 3. Monats. — Natürliche Größe. — Die nach oben gerichtete, fast zottenfreie Partie der Eioberfläche stellt das Chorion laeve, die nach unten gerichtete zottenreiche Partie das Chorion frondosum (= fetale Plazentaanlage) dar. — Nach Bumm aus Broman: Normale und abnorme Entwicklung des Menschen. Wiesbaden 1911.

Sie treten zuerst auf der Eioberfläche allseitig auf. Von Anfang an sind sie aber an derjenigen Eiseite etwas größer, die am tiefsten in der Uterusschleimhaut eingebettet wurde. An dieser Seite ist die Nutrition des Eies am reichlichsten, und daher entwickelt sich hier der Embryonalknoten.

Mit dem Embryo bleibt diese Eiwandpartie durch den Bauchstiel in direktester Verbindung. Die Chorionzotten dieser Seite bekommen daher die

ersten und die größten Verzweigungen der Bauchstielgefäße. Es darf also nicht
wundernehmen, daß diese Chorionzotten ihren Vorsprung vor den anderen
stetig vergrößern können, und daß gerade sie bestehen bleiben, wenn die anderen
zugrunde gehen. — Dieses Zugrundegehen der nicht am Bauchstielpol gelegenen
Chorionzotten beginnt schon während des 2. Embryonalmonats und wird in
dem 3. Embryonalmonat so vollständig, daß nachher an der betreffenden,
jetzt immer größer werdenden Partie der Eioberfläche gar keine Zotten mehr
zu erkennen sind (vgl. Abb. 22).

Die auf diese Weise zottenfrei und glatt gewordene Chorionpartie nennen wir
Chorion laeve. Die fortwährend zottenbesetzte Chorionpartie aber wird

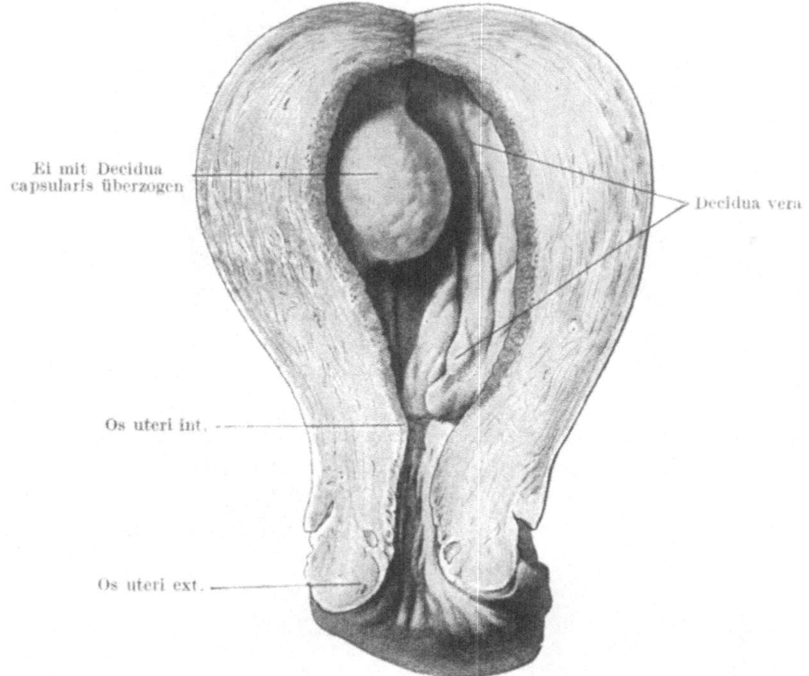

Abb. 23. Uterus (geöffnet) mit Ei aus der 3. Woche der Schwangerschaft. — Natürliche
Größe. — Nach Bumm aus Broman (1911).

Chorion frondosum genannt. Sie stellt den embryonalen Anteil des
Mutterkuchens (die sog. Placenta fetalis) dar.

B. Die Entstehung des mütterlichen Anteils des Mutterkuchens.

Die Einimpfung des Eies in die Uterusschleimhaut, die sog. Eiimplantation, findet gewöhnlich im oberen Teil des Uteruskörpers statt. Zunächst
verläuft — nach der Heilung der Eintrittswunde — die Uterusschleimhaut
geradlinig über das Ei hinüber. Die Implantationsstelle ist daher zu dieser
Zeit nicht mehr zu sehen. Dagegen ist die angefangene Gravidität (Schwänge-
rung) an der allgemeinen, starken Schwellung der Uterusschleimhaut zu erkennen.

Bei dem jetzt folgenden, starken Wachstum des Eies hebt dieses aber bald
die dasselbe deckende Schleimhautpartie immer stärker in die Höhe (vgl. Abb. 23).

3*

Von nun an ist natürlich die Implantationsstelle sehr leicht in einem Uterus-
präparat zu finden.

Die Schleimhaut des graviden Uteruskörpers wird Membrana decidua

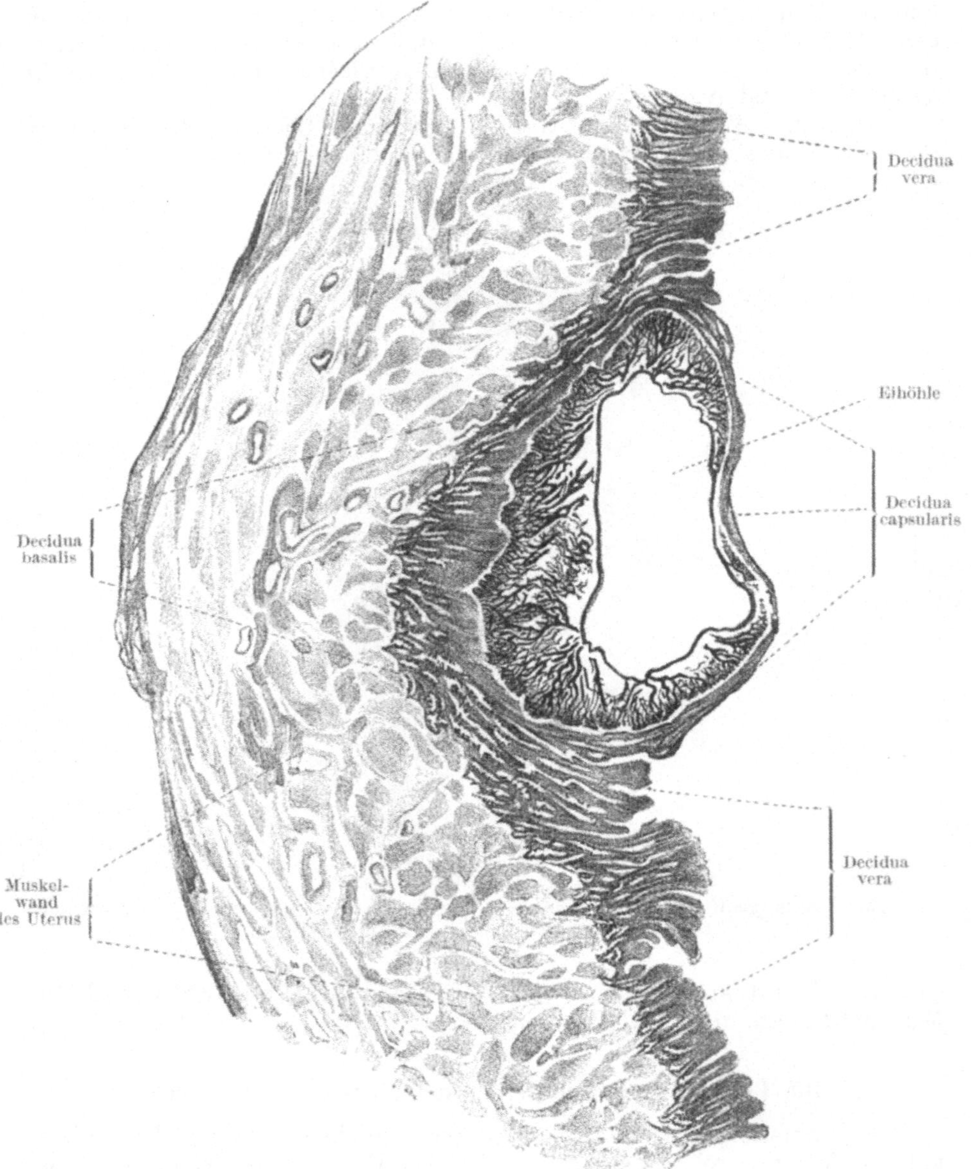

Abb. 24. Durchschnitt desselben Präparates (wie Abb. 23). — Schwach vergrößert.

(hinfällige Haut) oder schlechtweg Decidua benannt, weil sie bestimmt ist,
bei der Geburt zum größten Teil ausgestoßen zu werden.

Bei der obenerwähnten starken Verdickung der Decidua sondert sich diese
immer deutlicher in eine oberflächliche, kompakte (Decidua compacta)

und eine tiefe, schwammige [1] (spongiöse) Schicht (Decidua spongiosa). Die Eiimplantation findet in der Decidua compacta statt, die durch das Ei in eine basale (Decidua basalis) und eine das Ei kapselartig deckende Schicht (Decidua capsularis) gespaltet wird (vgl. Abb. 24). Die zunächst von dem Ei unberührte Deciduapartie wird Decidua vera (wahre Decidua) genannt.

Wenn sich nun das Ei und damit auch die Decidua capsularis immer stärker vergrößern, so wird natürlich die Höhlung des Uteruskörpers davon immer

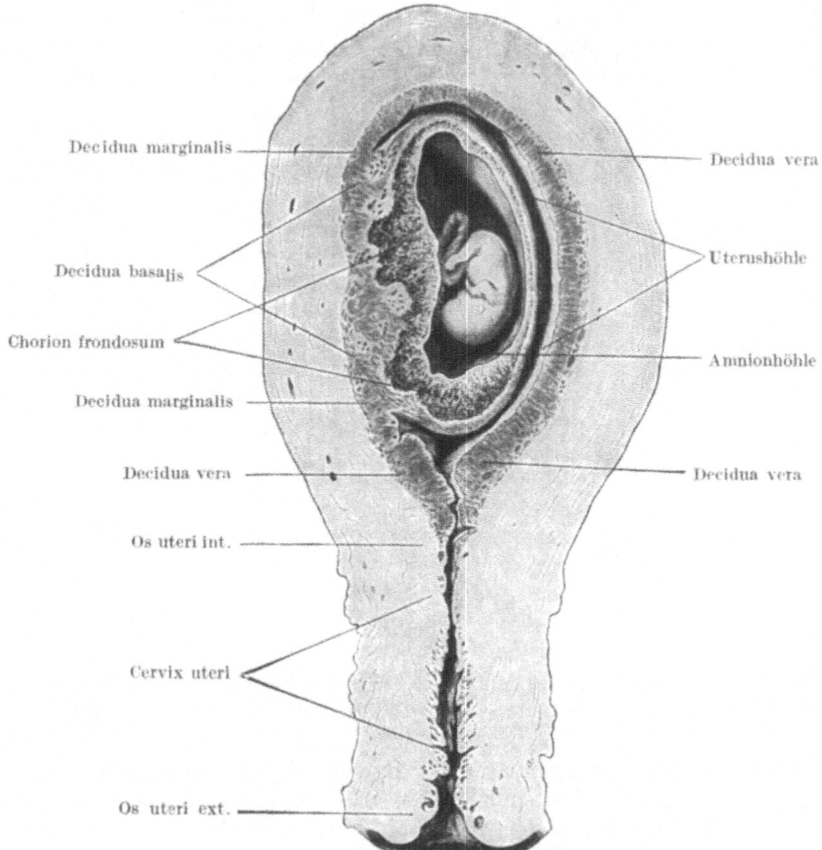

Abb. 25. Uterus mit Ei vom 2. Schwangerschaftsmonat. — Sagittalschnitt. — Natürliche Größe. — Nach Bumm aus Broman 1911.

stärker ausgefüllt. Zuletzt (gegen Ende des 3. Embryonalmonats) verschwindet diese Höhlung vollständig, indem die Decidua capsularis dann mit der Decidua vera überall zusammenwächst (vgl. Abb. 25 u. 26). Von dieser Zeit ab ist die Uterushöhlung also nur noch im Uterushals vorhanden.

Wir müssen uns jetzt noch einmal erinnern, daß das Ei nach der Implantation in einer blutenden Wunde der Decidua compacta liegt. Diese Wunde heilt zwar an der Schleimhautoberfläche, blutet aber in der Tiefe weiter. Zunächst gerinnt das aus den geöffneten mütterlichen Gefäßen in die Eikammer [2]

---

[1] Die Hohlräume des Schwammes werden von erweiterten Uterusdrüsen dargestellt.

[2] Die erwähnte, allseitig geschlossene Höhlung (der Decidua compacta), in welcher das Ei jetzt liegt.

ausgetretene Blut. Die Gerinnsel werden aber von dem Trophoblast des Eies gelöst, resorbiert und so zur Nahrung des Eies direkt verwendet. Später werden die Wände der betreffenden Eikammer mit Zellen (wohl größtenteils aus der **Trophoblastschale** stammend) ausgekleidet, die die Gerinnung des Blutes verhindern und die Wunde in einen **Blutsinus** umwandeln, in dem das mütterliche Blut langsam zirkuliert.

In diesem Blutsinus ragen die Chorionzotten hinein und füllen ihn zum großen Teil aus. Der Blutsinus wird daher auch **Zwischenzottenraum** oder **intervillöser Raum** genannt. Die längsten Chorionzotten sind von Anfang an mit den mütterlichen Wänden des Zwischenzottenraumes verbunden (sie werden daher **Haftzotten** genannt); ihre Seitenzweige sowie die kürzeren

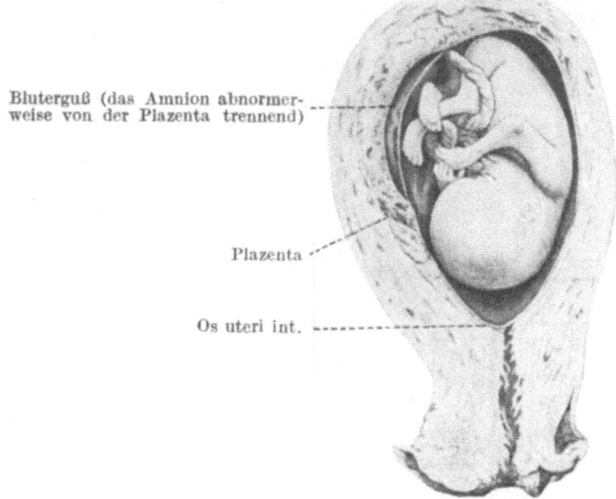

Abb. 26. Uterus (geöffnet) mit Ei aus dem 4. Schwangerschaftsmonat. — Verkleinert ($^1/_2$). — Der Embryo war 11 cm lang. — Nach Leopold (1897) aus Broman (1911).

Chorionzotten, die alle von Kapillaren der Bauchstielgefäße ausgefüllt werden, ragen dagegen frei in den Blutsinus hinein und vermitteln durch ihre dünne Epithelbekleidung den Austausch von Nahrungs- und Verbrennungsstoffen zwischen dem mütterlichen Blut und dem embryonalen.

Solange das Chorion rings umher mit Zotten besetzt ist, streckt sich auch der Blutsinus um das ganze Ei herum. Wenn aber die Zotten des **Chorion laeve** zugrunde gehen, verschwindet in demselben Gebiet auch der Blutsinus, indem seine Wände miteinander verwachsen.

Von nun an persistieren also der Blutsinus und die Chorionvilli nur im Bereiche der **Decidua basalis**. Die Letztgenannte besteht — wie die Decidua im allgemeinen — aus einer oberflächlicheren (dem Ei nächstliegenden) **Pars compacta** und einer tieferen (der Uterusmuskulatur nächstliegenden) **Pars spongiosa**. — Der **kompakte Teil der Decidua basalis** ist es nun, **der den mütterlichen Anteil des Mutterkuchens** (die sog. **Placenta materna**) **bildet**.

Bau und Bedeutung des Mutterkuchens.

Der Mutterkuchen, die Plazenta (Abb. 27), wird also zusammengesetzt:

1. aus einem Chorionteil (Chorion frondosum) und
2. aus einem Deciduateil (Decidua basalis compacta).

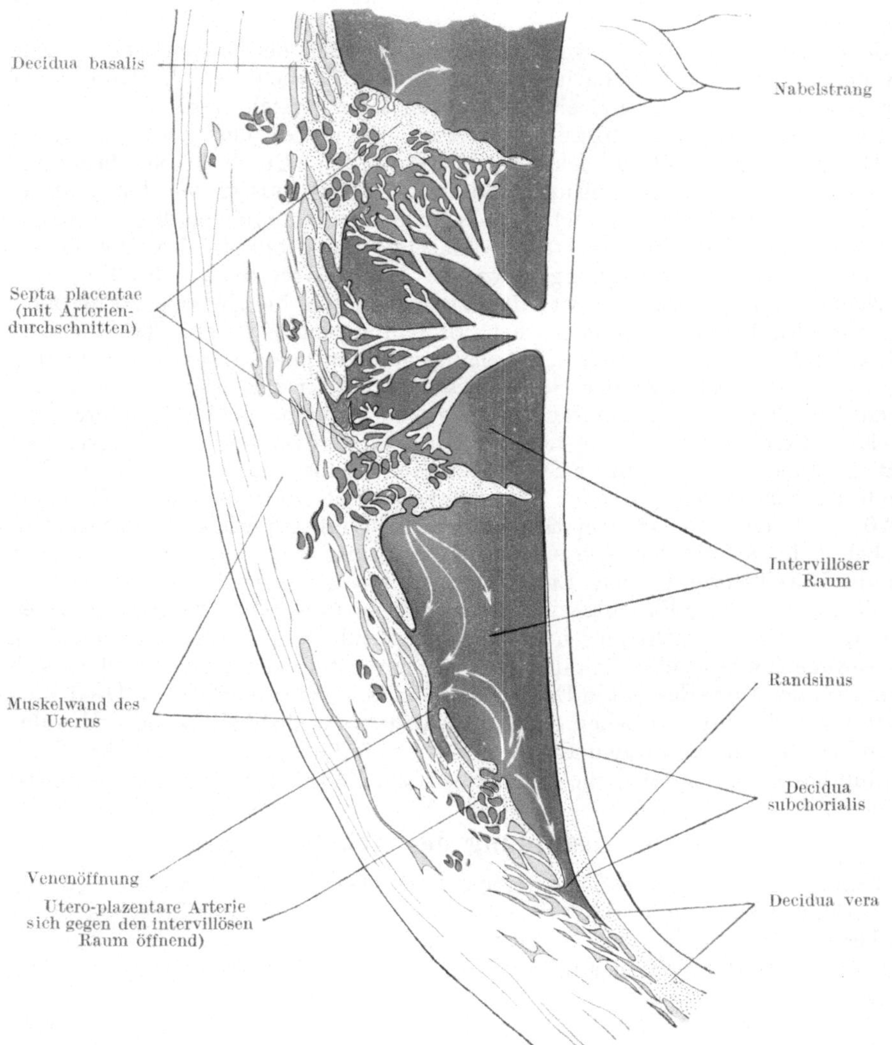

Abb. 27. Schematischer Schnitt durch die reife Plazenta (obere Hälfte des Schnittes weggelassen). — Nach Bumm aus Broman (1911).

Der Chorionteil besteht aus einer Platte, die an der Innenseite glatt ist und von dem Amnion bekleidet wird, an der Außenseite dagegen die Chorionzotten trägt. — Die zuerst gebildeten, größten Chorionzotten, deren Hauptstämme die obenerwähnten Haftzotten bilden, bekommen zahlreiche freie Seitenzweige, die sich mehrfach verzweigen. Auf diese Weise entsteht aus jedem Haftzottenstamm ein dichter Zottenstrauch, den wir Kotyledon nennen. — Die menschliche Placenta fetalis wird von 15—20 solchen Kotyledonen zusammengesetzt.

Der Deciduateil besteht ebenfalls aus einer Platte, der sog. Basalplatte. Diese Platte ist bis zur Geburt mit der Decidua basalis spongiosa verbunden. Von ihr gehen pfeiler- oder scheidewandähnliche Bildungen (Deciduapfeiler bzw. Septa placentae) aus, die zwischen den Kotyledonen in den Blutsinus hineinragen.

Je nachdem sich das Ei vergrößert, wächst auch der Mutterkuchen. Zur Zeit der Geburt hat derselbe im allgemeinen ein Gewicht von $^1/_2$ Kilo, einen Durchmesser von 20 cm und eine Dicke von 3 cm erreicht (vgl. Abb. 31).

Die Bedeutung der Plazenta für das Leben und die normale Entwicklung des Embryos kann nicht zu hoch eingeschätzt werden. Durch dieselbe bekommt der Embryo nicht nur Nahrung, sondern auch Sauerstoff von dem mütterlichen Blut. Durch dieselbe befreit sich auch der Embryo von Exkretionsstoffen und Kohlensäure. Die Plazenta funktioniert also sowohl als Nahrungs- und Atmungsorgan wie als Exkretionsorgan des Embryos.

Nochmals hervorzuheben ist, daß zwischen dem im Zwischenzottenraum langsam zirkulierenden, mütterlichen Blut und dem in den Chorionzotten wahrscheinlich schneller fließenden Embryonalblut keine direkte Verbindung existiert. Der Austausch der Stoffe zwischen Mutter und Embryo muß also durch Gefäßendothel, Zottenbindegewebe und Zottenepithel hindurch geschehen. Besonders durch die teils aufbauende, teils zerstörende Tätigkeit des Zottenepithels geschieht dieser Stoffaustausch, der also nur zum kleineren Teil durch einfache Filtration oder Osmose vermittelt wird. — Nach Grosser (1920, 1921) hat das Zottenepithel die gleiche Funktion wie das Darmzottenepithel, d. h. es assimiliert die mütterliche Nahrung und sorgt dafür, daß nicht fremde Eiweißstoffe in den Embryo hineingelangen. Auch für Bakterien ist die unbeschädigte Plazenta ein undurchlässiges Filter, solange dieselben nicht durch eigene Wachstumsenergie die betreffende Scheidewand durchbrechen.

Gewisse Bindegewebszellen des mütterlichen Anteils der Plazenta bilden sich schon von der Mitte des ersten Embryonalmonats ab zu relativ großen Deciduazellen aus, die mit den Zellen endokriner Drüsen Ähnlichkeit haben und wahrscheinlich Hormone absondern, die sowohl auf die Mutter wie auf den Fetus Einfluß haben und speziell die Milchdrüsen zum Wachstum und zur Sekretion zwingen.

Weitere Ausbildung des Nabelstranges.

Unmittelbar nach seiner Entstehung (vgl. oben, S. 33) ist der Nabelstrang im Verhältnis zum Embryo relativ sehr kurz und dick. In der Folge wächst er stärker in Länge als in Dicke, so daß er dann relativ dünner wirkt. Zur Zeit der Geburt ist der Nabelstrang etwa fingerdick und hat eine Länge von etwa $^1/_2$ Meter.

Der Nabelstrang enthält im embryonalen Bindegewebe eingebettet sowohl die Gefäße des Bauchstiels wie diejenige des Dotterblasenstiels. Die letztgenannten schrumpfen bald ein und gehen gewöhnlich am Ende des dritten Embryonalmonats zugrunde. Die ursprünglichen Bauchstielgefäße oder Umbilikalgefäße[1], die die Gefäße des Embryos mit denjenigen der Plazenta verbinden, vergrößern sich dagegen stetig während der ganzen Gravidität, und zwar dies in demselben Maße wie die Ansprüche des Embryos auf Nahrung usw. größer werden (vgl. Abb. 20 u. 28).

Die letztgenannten Gefäße verlängern sich im allgemeinen stärker als der sie umschließende Nabelstrang, was zu einem spiralförmigen Verlauf der Gefäße

---

[1] So benannt, weil sie sich am Nabel (Umbilicus) mit dem Embryo verbinden.

und zu einer Drehung des ganzen Nabelstranges Anlaß gibt. — Der Embryo, der zu dieser Zeit in dem Amnionwasser fast schwerlos und frei schwimmt, macht — wie ein Uhrzeiger die Bewegung seiner Achse — die Drehungen des Nabelstranges mit.

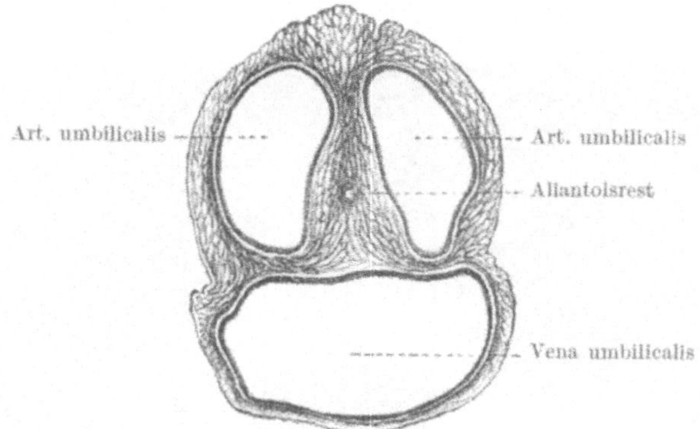

Abb. 28. Querschnitt durch die Nabelschnur eines geburtsreifen Fetus. — Nach Bumm aus Broman (1911).

Die Verbindung des Nabelstranges mit der Plazenta findet gewöhnlich einigermaßen in der Mitte der letztgenannten statt (vgl. Abb. 31).

Dem ganzen Nabelstrange fehlen normalerweise Gefäßkapillaren. Seine Nahrung bekommt er wahrscheinlich durch die Amnionflüssigkeit. Wenn er

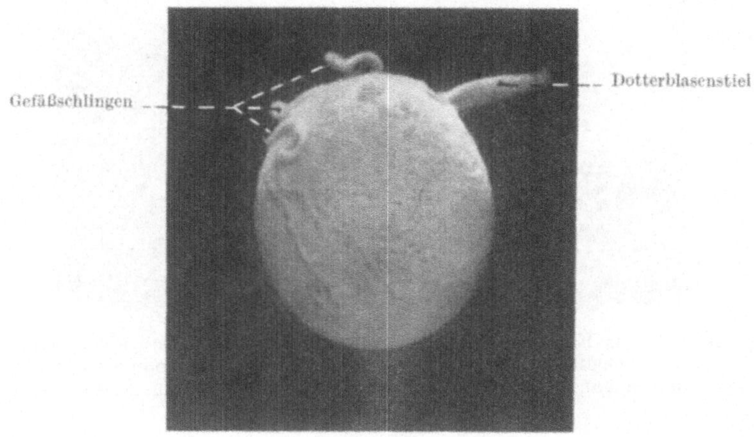

Abb. 29. Dotterblase eines 13 mm langen menschlichen Embryos in fünfmaliger Vergrößerung.

nach der Geburt nicht mehr von dieser umspült wird, muß er also absterben und eintrocknen. Wenn er abfällt, bleibt der Nabel (Umbilicus) als Narbe zurück.

Schicksal der Dotterblase und des Dotterblasenganges.

Die Dotterblase bleibt nicht nur während der ganzen Embryonalzeit bestehen, sondern sie nimmt sogar stark an Größe zu. Mitte oder Ende des zweiten Embryonalmonats ist ihr Wachstum indessen schon beendet; ihre größte Länge

beträgt dann etwa 4—5 mm (Abb. 29).   Sie ist also schon zu dieser Zeit ungeheuer viel größer als das ganze Reifei.

Diese Vergrößerung deutet auf eine **wichtige Funktion der Dotter-
blasenwände**.   Denn als Dotterbehälter hat die Dotterblase beim Menschen
sicherlich keine Bedeutung mehr.   Die Dotterkörner des Reifeies werden wahr-

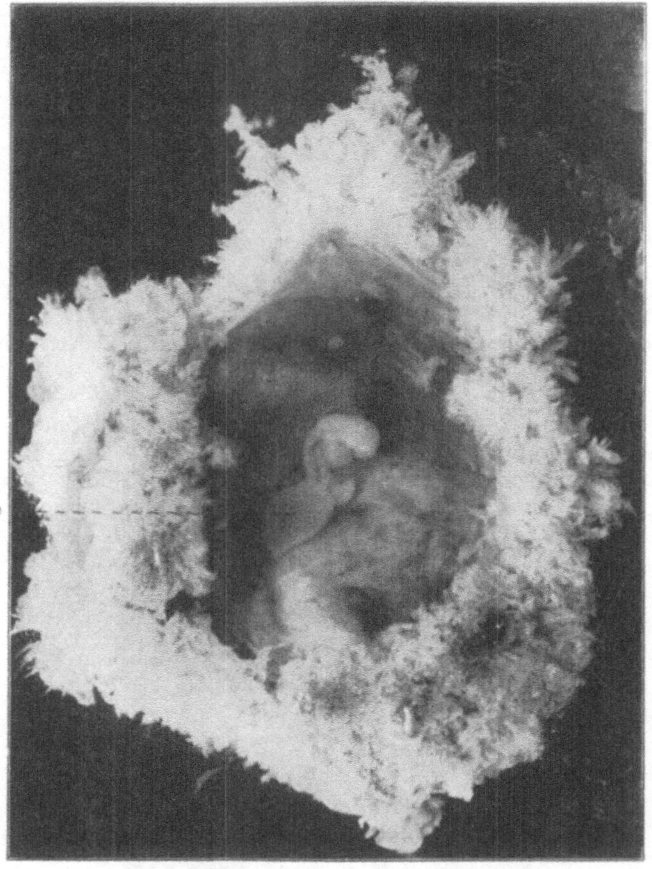

Abb. 30. Menschliches Ei, etwa 4 Wochen alt (von der Uteruswand einer Selbstmörderin
ausgeschnitten). — Geöffnet. Durch die große Öffnung sieht man den 3,5 mm langen
Embryo (von dem enganliegenden — hier unsichtbaren — Amnion umschlossen) und die
Dotterblase. — Vergrößerung: 3,4 mal.

scheinlich schon während der Morulabildung — also **vor der Entstehung der
Dotterblase** — verbraucht.

Sicher ist, daß die **Dotterblasenwand** ein **blutbildendes Organ**
darstellt (Saxer, 1896; Branca, 1908). In ihrer Mesodermbekleidung treten
nämlich die ersten Blutkörperchen und Gefäße des Eies auf. Außerdem hat die
Dotterblasenwand eine wahrscheinlich wichtige **Drüsenfunktion**. Denn ihre
Höhlung wird von einem dickflüssigen Inhalt[1] gefüllt, der wohl ein Produkt
drüsenähnlicher Wandausstülpungen darstellt. Dieses Drüsensekret kommt

---

[1] Man hat diesen Inhalt auch schlechtweg als aufgespeicherte, vom Trophoblasten
übernommene Embryotrophe aufgefaßt.

vielleicht anfangs durch den Dotterblasenstiel in den Embryonaldarm hinein. Da aber dieser Stiel schon anfang der fünften Embryonalwoche undurchgängig und bald vollständig rückgebildet wird, muß man annehmen, daß das Dotterblasensekret unter Vermittlung der Dotterblasengefäße dem Embryo zugute kommt. Die Dotterblase wäre also jetzt als eine endokrine Drüse zu betrachten. Über die spezielle Bedeutung ihrer Hormone wissen wir aber noch nichts.

Bei der oben (S. 32) erwähnten Verschmelzung zwischen Amnion und Chorion kommt die Dotterblase — gewöhnlich in der Nähe des Plazentarrands — zwischen

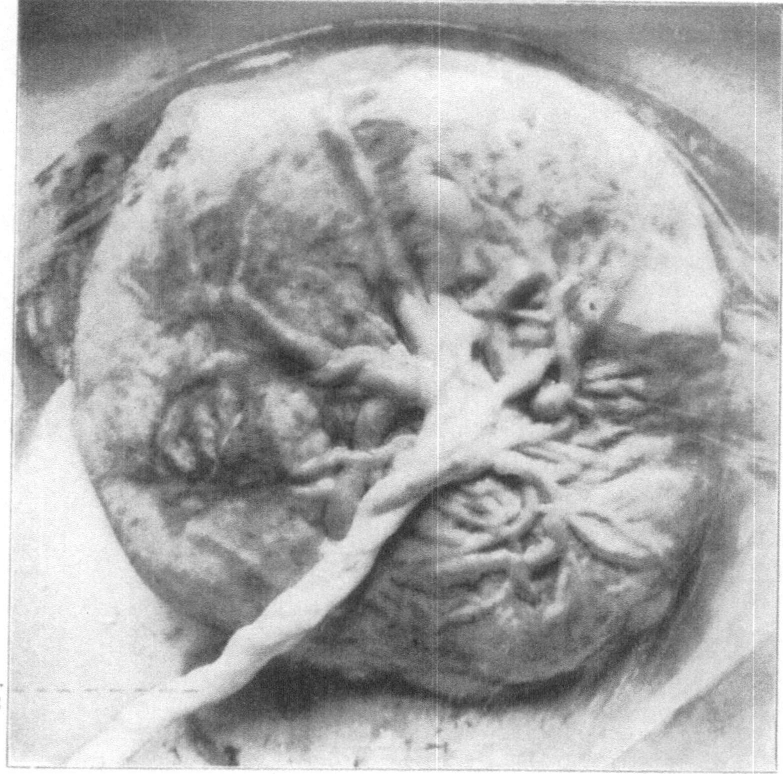

Abb. 31. Normale, reife Plazenta, von der Innenseite gesehen. — Verkleinert ($^1/_2$).

diesen beiden Häuten zu liegen. Ihre Gefäße treten dann mit den Umbilikalgefäßen in Verbindung, was — bei dem Untergang der Dotterblasenganggefäße — die Dotterblase selbst vom Untergange rettet.

Die Nachgeburt.

Nach dem Ablauf von etwa 10 vierwöchentlichen Monaten (nach der Befruchtung) tritt normalerweise die Geburt ein. Es stellen sich dann starke, schmerzhafte Uteruskontraktionen („Wehen") ein, welche zur Erweiterung der Geburtswege, Sprengung der Eihäute und Austreibung des Fetus führen. — Nach der Geburt des Kindes tritt eine kurze Ruhepause der Wehen ein. Die letztgenannten setzen aber bald wieder ein und bewirken so die Lösung und Ausstoßung der sog. Nachgeburt. — Diese besteht nicht nur aus den vom Ei selbst gebildeten Eihäuten, Mutterkuchenteil und Nabelstrang, sondern auch aus den oberflächlichen Schichten der Schleimhaut des Uteruskörpers. Nach der Ausstoßung der Nachgeburtsteile stellt also die Innenfläche des Uteruskörpers eine große Wunde dar, die erst nach 2—3 Wochen wieder geheilt werden kann.

Die Entwicklung des primitiven Embryonalkörpers.

Wie schon oben (S. 32) erwähnt, stellt die erste Anlage des Embryonalkörpers eine kreisrunde Platte dar, die zwischen den Höhlungen der Ektoderm- und der Entodermblase liegt und also sowohl aus Ektoderm wie aus Entoderm besteht. Zwischen diesen beiden Keimblättern dringt — wie ebenfalls erwähnt (S. 30) — bald das extraembryonale Morulamesoderm von beiden Seiten her in die Embryonalplatte hinein (vgl. Abb. 15 u. 16). Später scheint indessen dieses primäre, intraembryonale Mesoderm wieder zu verschwinden.

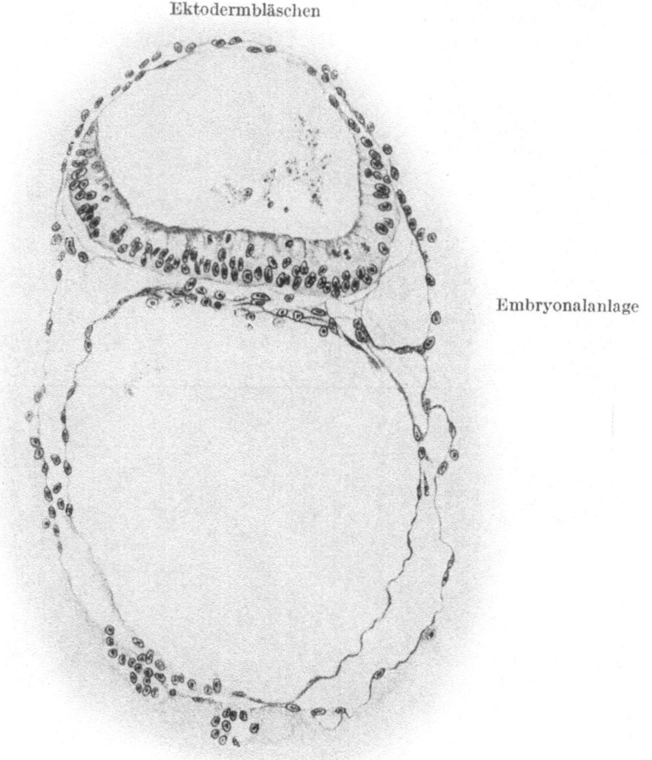

Abb. 32. Schnitt durch Ekto- und Entodermblase eines jungen menschlichen Eies. — Die schildförmige Embryonalanlage (0,75 mm lang) ist quer getroffen. — Nach Strahl und Beneke aus Broman (1911).

In der kaudalen Hälfte der noch kreisrunden Embryonalplatte entsteht nun eine streifenförmige Verdickung des Ektoderms, die etwa im Zentrum der Embryonalplatte eine knotenförmige Anschwellung bildet (vgl. Abb. 33). Die letztgenannte wird Primitivknoten und der geradlinige Ektodermstreifen Primitivstreifen genannt (vgl. Abb. 35). Vom Primitivknoten wächst bald eine kraniale Verlängerung des Primitivstreifens aus. Dieser sog. Kopffortsatz des Primitivstreifens bleibt aber nicht mit dem Ektoderm in Verbindung, sondern wächst zunächst als freier Zellstrang — zwischen Ekto- und Entoderm — nach vorne aus, um sich dann mit dem Entoderm zu verbinden (Abb. 34). — Durch den Primitivstreifen und seinen Kopffortsatz wird die Embryonalplatte in eine rechte und eine linke Körperhälfte gesondert.

Der Primitivstreifen wird bald zu einer seichten Rinne, der Primitiv-

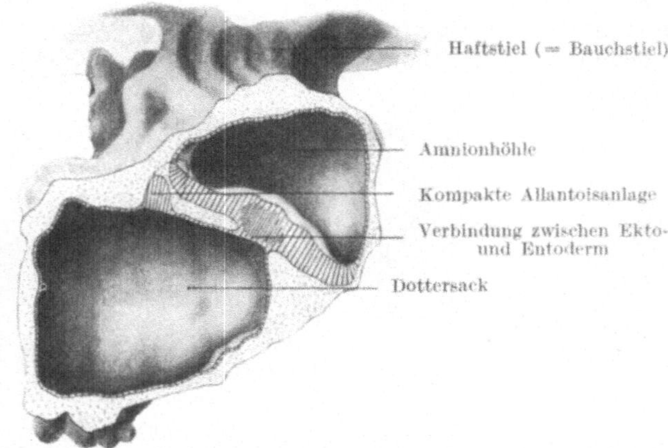

Abb. 33. Rekonstruktionsmodell der linken Hälfte des Embryoblasten eines 2,25 mm großen menschlichen Eies. — Vergrößerung: 100 mal. — Nach v. Möllendorff (1925). — Die schildförmige, 0,25 mm lange und 0,22 mm breite Embryonalanlage ist sagittal durchschnitten. Der Haftstiel ist von dem Schnitte nicht getroffen worden. — Das die geöffneten Ekto- und Entodermblasen (= Amnionhöhle bzw. Dottersack) umgebende Mesoderm ist überall, wo es vom Schnitte getroffen ist, punktiert.

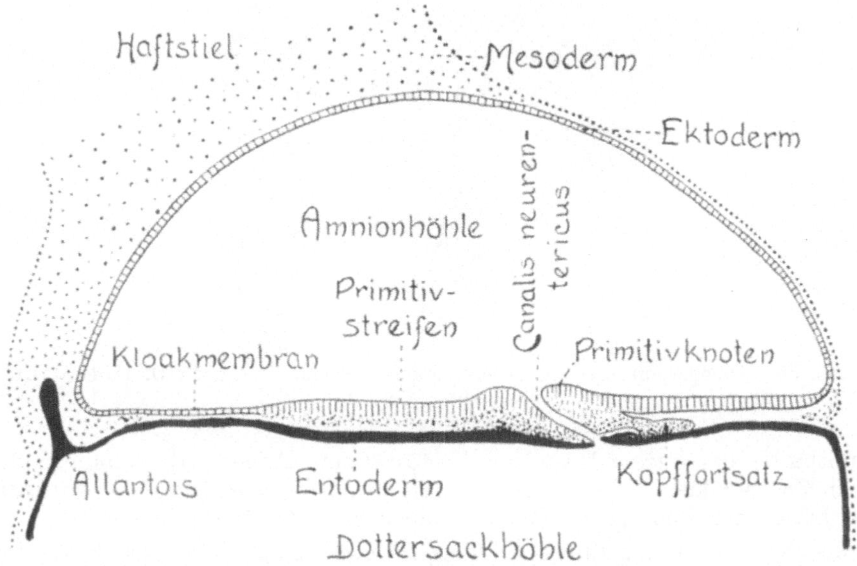

Abb. 34. Schematischer Medianschnitt durch die schildförmige Embryonalanlage. Nach Scammon und D. Holmdahl.

rinne, ausgehöhlt, und im Bereiche des Primitivknotens vertieft sich diese Rinne zu einer Grube, der Primitivgrube. Die Höhlung der letztgenannten setzt sich kanalartig in den Kopffortsatz fort und erreicht hierdurch bald das Entoderm. Wenn sie hier durchbricht, entsteht ein kurzer Kommunikationskanal zwischen Ektoderm- und Entodermblase, der sog. Canalis neurentericus (vgl. Abb. 34—36).

Dieser Kanal und die Primitivrinne stellen wichtige Embryonalorgane dar, die als Reste des Urmundes niederer Tierstadien zu betrachten sind. Die sie begrenzenden Zellen sind (ebensowie die Zellen der Urmundlippen) indifferente, omnipotente Zellen, die sich zu den verschiedensten Organen entwickeln können. Zunächst entsteht aus Abkömmlingen dieser Zellen die

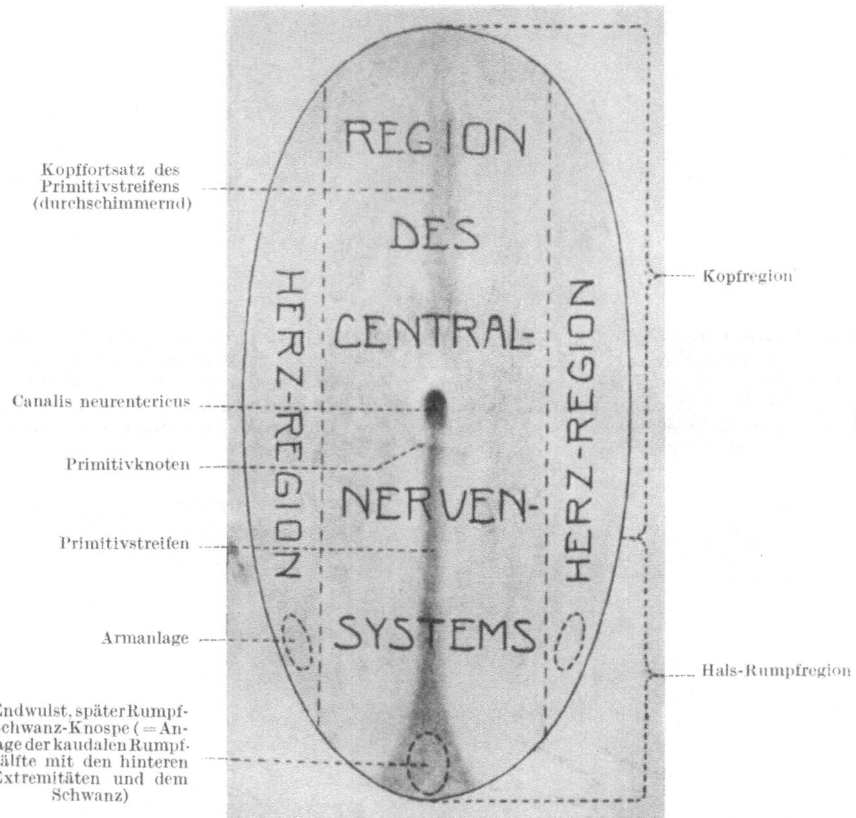

Abb. 35. Topographie des Embryonalschildes. Schematisch nach D. Holmdahl. Vgl. Abb. 34 u. 36.

Hauptpartie des intraembryonalen Mesoderms. Andere Abkömmlinge derselben Zellen bilden die erste Anlage des Rückenstranges (Chorda dorsalis) oder tragen zur Bildung des Medullarrohres bzw. des Darmrohrs bei.

Bei der Entstehung dieser Bildungen verschwindet daher der Primitivstreifen, und zwar in kraniokaudaler Richtung. Der kaudale Rest des Primitivstreifens verdickt sich aber zu einem Endwulst, der bei der Umbildung der Embryonalplatte in den blasenförmigen Embryo an dem kaudalen Ende des letztgenannten zu liegen kommt und daher mit dem Namen Schwanzknospe bezeichnet worden ist.

Die Schwanzknospe ist also nichts anderes als der am längsten restierende, hypertrophierte Teil des Primitivstreifens; auch sie besteht aus indifferenten, omnipotenten Zellen und aus diesen Zellen wird nicht nur der Schwanz und eine geringe kaudale Partie des Rumpfes, sondern — wie wir durch die Untersuchungen von D. Holmdahl (1925) nunmehr wissen — sogar die ganze kaudale Rumpfhälfte gebildet. Wir bezeichnen daher die früher sog. Schwanzknospe mit dem Namen Rumpfschwanzknospe (Keibel).

Mit D. Holmdahl (1925) kann man die Entstehung des Embryonalkörpers in zwei Perioden sondern. Während der ersten Periode entsteht die aus drei Keimblättern bestehende Anlage der kranialen Körperhälfte und die Rumpfschwanzknospe und während der zweiten Periode differenziert sich aus der Rumpfschwanzknospe die Anlage der kaudalen Körperhälfte. Für die Entwicklung der kranialen Körperhälfte ist es also charakteristisch, daß sie ein

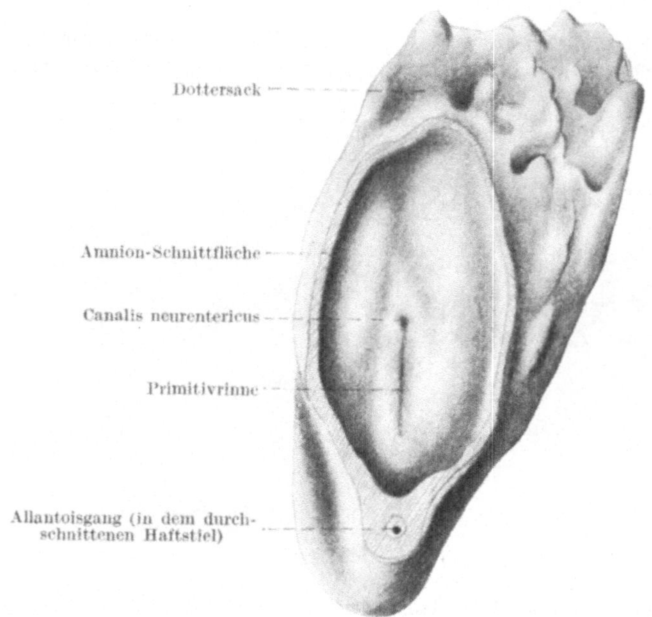

Abb. 36. Rekonstruktionsmodell eines 1,17 mm langen schildförmigen Embryos. — Vergrößerung: 40 mal. — Nach Frassi (1907) aus Broman (1911).

Keimblattstadium passiert, während die Entwicklung der kaudalen Körperhälfte sozusagen das Keimblattstadium überspringt und diese Körperpartie direkt aus einem indifferenten Wachstumzentrum hervorgehen läßt.

Während der ersten Entwicklungsperiode des primitiven Embryonalkörpers verlängert sich — wie erwähnt — die Embryonalplatte und wird zuerst oval schildförmig (Abb. 36) und dann geigenförmig. Die letztgenannte Formveränderung ist mit einem relativ stärkeren Wachstum der kranialen Körperpartie verbunden. Der bisher in der Mitte der Embryonalplatte gelegene Canalis neurentericus erfährt hierbei eine relative Verschiebung kaudalwärts (vgl. Abb. 39 u. 40).

Zu dieser scheinbaren Kaudalwärtswanderung des betreffenden Kanals trägt auch bei, daß die kaudale, mit Primitivrinne versehene Partie der Embryonalplatte ventralwärts fast rechtwinklig umgebogen wird. — Ähnliche, obwohl anfangs weniger starke Umbiegungen finden auch am Kopfende und an den Seitenrändern der Embryonalplatte statt. Durch dieselben wandelt sich — wie oben (S. 32) erwähnt — die **Embryonalplatte** allmählich in eine langgestreckte, ventralwärts offene **Embryonalblase** um (vgl. Abb. 36 u. 39—42).

Die ventralwärts gerichtete Umbiegung des kaudalen **Embryonalplattenteils** fährt fort, bis seine ursprünglich kaudalste Partie eine ventrale Lage bekommt. — Der Primitivstreifen dieser Ventralwand bildet sich zur **Kloakenmembran** um; gerade am Kaudalende der Embryonalblase verdickt sich der Primitivstreifen zum **Endwulst**, der, wie erwähnt, nichts anderes ist als die erste Anlage der Rumpfschwanzknospe. Im übrigen verschwindet der Primitivstreifen vollständig. Seine letzten Reste an der Dorsalwand der Embryonalblase gehen in die inzwischen gebildete **Medullarplatte** auf.

Entstehung des intraembryonalen Mesoderms.

Der Primitivstreifen stellt — wie erwähnt — ein Wachstumszentrum dar, von welchem die Hauptpartie [1] des intraembryonalen Mesoderms gebildet wird.

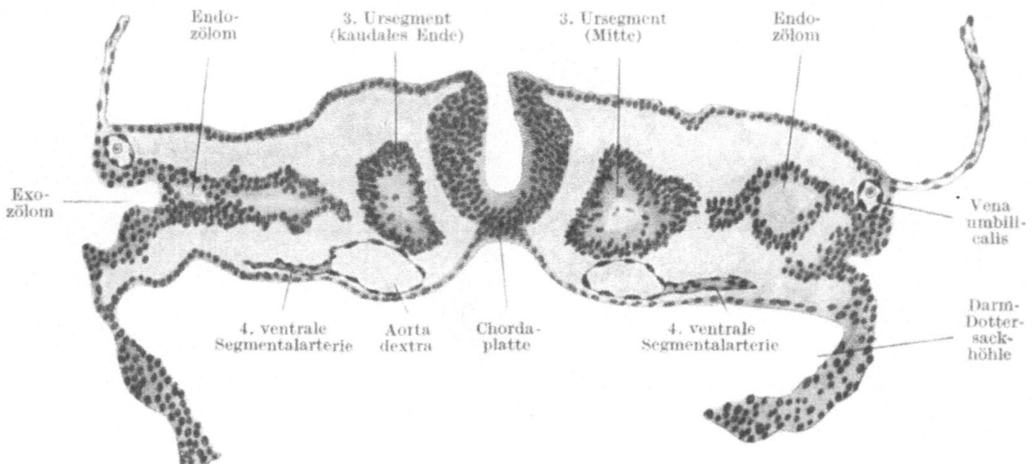

Abb. 37. Querschnitt durch einen etwa 2 mm langen, menschlichen Embryo mit 7 Ursegmenten (**Malls** Sammlung Nr. 391). Man sieht die primitiven ventralen Segmentaläste der Aorta. Der Dottersack ist so ausgebreitet, daß diese Äste als laterale Abkömmlinge der Aorta erscheinen, trotzdem sie später ventral liegen. (Nach einer Zeichnung von **Dandy**, reproduziert von **Evans** in **Keibel-Malls** Handbuch der Entwicklungsgeschichte des Menschen. Leipzig 1911.

Die aus diesem Wachstumszentrum stammenden Zellmassen dehnen sich lateralwärts zwischen Ekto- und Entoderm aus. Sie erreichen hierbei bald die Seitenränder der Embryonalplatte und verschmelzen hier mit dem extraembryonalen Mesoderm.

Zuerst bildet nun das intraembryonale Mesoderm in ähnlicher Weise wie Ekto- und Entoderm ein einheitliches Keimblatt. Indem aber bald die aus dem Kopffortsatz des Primitivstreifens stammenden Mesodermpartien von diesem freigemacht werden, bekommt jede Körperhälfte vorne eine getrennte Mesodermplatte. Und wenn dann der eigentliche Primitivstreifen von vorn nach hinten zugrunde geht, wird das Mesoderm auch im hinteren Teil der Embryonalplatte **paarig**. Von diesem Stadium ab erreicht also das Mesoderm nicht ganz die Medianebene der Embryonalplatte (vgl. Abb. 37 u. 43 A).

---

[1] Außerdem können Mesodermzellen auch direkt aus Ekto- und Entodermzellen entstehen.

Entstehung der Chorda dorsalis.

Wie oben erwähnt, verbindet sich sehr frühzeitig der Kopffortsatz des Primitivstreifens mit dem Entoderm. Dasselbe ist später auch mit dem Primitivstreifen selbst der Fall. — Nachdem nun diese Primitivstreifenelemente von der Verbindung mit dem Mesoderm freigemacht worden sind, markieren sie sich zunächst in der Medianebene des Entoderms als eine Verdickung, die sog. Chordaplatte (Abb. 37). Diese formt sich dann in einen dünnen, zylindrischen Zellstab, den Rückenstrang (Chorda dorsalis) um, der sich von dem Entoderm ausschaltet und frei zwischen Entoderm und Ektoderm zu liegen kommt.

Das kraniale Ende des Rückenstranges hat von Anfang an eine bestimmte Lage (an der Spitze des Kopffortsatzes des Primitivstreifens = in der Höhe des später hier entstehenden Keilbeinkörpers). Dagegen verlängert sich das kaudale Ende desselben kaudalwärts, und zwar zunächst auf Kosten des vorne mit dem Entoderm intim verbundenen Primitivstreifens. Nach der Bildung der Rumpfschwanzknospe, geht das Kaudalende des Rückenstranges in diese

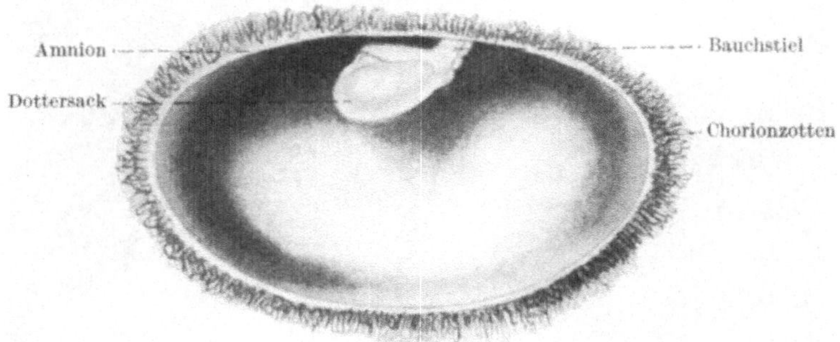

Abb. 38. Menschliches Ei aus dem Anfang der 4. Embryonalwoche. Durch Entfernung der linken Eihälfte geöffnet. Nach Eternod aus Broman (1911).

Knospe über und die weitere Verlängerung der Chorda dorsalis findet also auf Kosten von Rumpfschwanzknospenzellen statt, die sich allmählich zu Chordazellen differenzieren.

Entstehung des Medullarrohrs.

Schon in dem Entwicklungsstadium der ovalen Embryonalplatte verdickt sich die mittlere Partie des Ektoderms nach vorne vom Primitivknoten zu einer breiten Medullarplatte. Diese Platte biegt sich bald in der Mitte zu einer längsverlaufenden Rinne, der Medullarrinne, ein. Gleichzeitig hiermit verdickt sich das Medullarplattenepithel, so daß es mehrreihig wird (vgl. Abb. 37 u. 43).

Die die Medullarrinne begrenzenden Medullarwülste werden allmählich höher, und Hand in Hand hiermit wird die Medullarrinne tiefer. Gleichzeitig verlängern sich Medullarplatte und Medullarrinne kaudalwärts, bis sie die inzwischen gebildete Rumpfschwanzknospe erreichen. Hierbei werden sowohl der Canalis neurentericus wie die kraniale Partie der Primitivrinne von den Medullarwülsten umfaßt und in den Boden der Medullarrinne aufgenommen (Abb. 40). Die Primitivrinne geht hierbei sofort als solche verloren, und auch der Canalis neurentericus wird bald spurlos zurückgebildet.

Die kraniale Partie der Medullarplatte wird schon früh breiter als die übrige. Sie stellt die Anlage des Gehirnes dar, während die kaudale Partie die erste

Anlage des Rückenmarks bildet. Bei etwa 2 mm langen Embryonen beginnen etwa in der Mitte des Embryos die bisher freien Ränder der Medullarrinne miteinander zu verwachsen (Abb. 41 u. 42). Diese Verwachsung wird

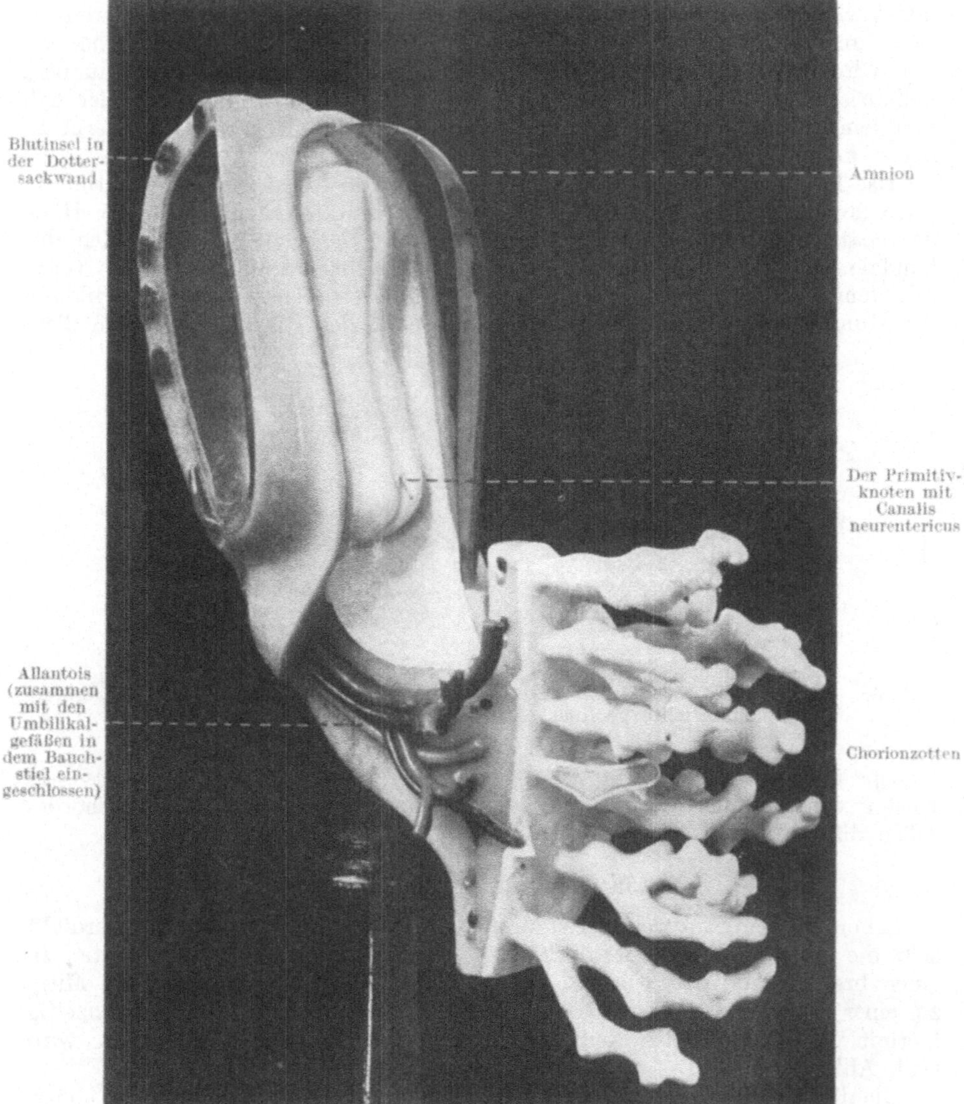

Abb. 39. Rekonstruktionsmodell des Embryonalknotens eines menschlichen Eies. Nach Eternod und Ziegler. Markamnion- und Dottersackhöhle sind geöffnet. Das Mesenchym der linken Bauchstielhälfte ist entfernt. Der 1,3 mm lange Embryo ist von der linken und dorsalen Seite aus sichtbar. Aus Broman (1911).

dadurch vorbereitet, daß sich die Medullarrinne vertieft Hand in Hand damit, daß ihre Randpartien einander näher rücken, bis sie sich zuletzt in der Medianebene berühren.

Durch diese Verwachsung der Medullarrinnenränder wandelt sich die dorsal offene Medullarrinne in ein geschlossenes Med ullarrohr um. Dies findet zuerst in dem werdenden Halsgebiet des Embryos statt. Von hier aus schreitet der Verschluß sowohl in kranialer wie in kaudaler Richtung fort. — Die beiden noch offenen Partien der Medullarrinne werden hierbei zu immer kleineren Öffnungen des Medullarrohrs, sog. Neuropori, reduziert, die sich auch bald (bei etwa 3—3,5 mm langen Embryonen) schließen. Die Medullarrinne hat sich jetzt vollständig in das Medullarrohr umgewandelt.

Zu bemerken ist jedoch, daß diese aus der Medullarrinne direkt entstandene Medullarrohrpartie nur die Anlage des Gehirns und des kranialen Rücken-

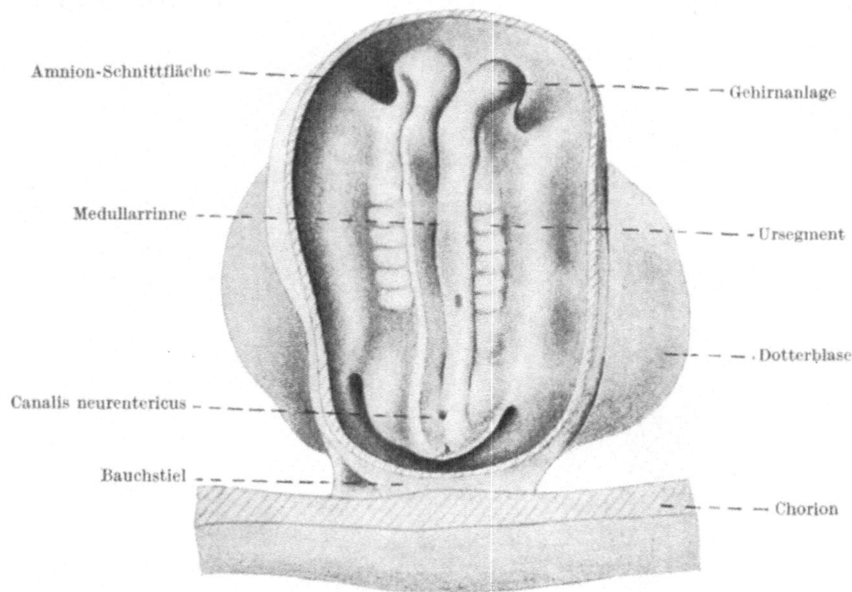

Abb. 40. Rekonstruktionsmodell eines 1,8 mm langen menschlichen Embryos, von der dorsalen Seite gesehen. — Vergrößerung: 40mal. — Nach Keibel und Elze (1908) aus Broman (1911).

markteils darstellt. Der kaudale Rückenmarkteil (etwa von den kaudalsten Brustsegmenten ab nach D. Holmdahl, 1925) differenziert sich später allmählich aus den indifferenten Zellen der Rumpfschwanzknospe heraus.

Weitere Ausbildung des intraembryonalen Mesoderms.

Die medialen Ränder der paarigen, intraembryonalen Mesodermplatten werden durch die Chorda- und Medullarrohranlagen voneinander getrennt. Sie sind anfangs sehr dünn, dem engen Raume zwischen Ekto- und Entoderm entsprechend. Aber gleichzeitig damit, daß die Medullarrinne tiefer wird, entfernt sich das Hautektoderm immer mehr von dem Entoderm (vgl. Abb. 37), und Hand in Hand hiermit verdickt sich auch das zwischenliegende Mesoderm. An den zunächst gleichmäßig verdickten, medialen Mesodermplattenrändern treten bald regelmäßige, transversale Einschnürungen auf, welche schnell tiefer werden und die betreffenden Plattenränder in Mesodermsegmente, sog. Somiten oder Ursegmente, zerlegen (vgl. Abb. 45). Diese Mesodermsegmente veranlassen am Ektoderm niedrige Ausbuchtungen und schimmern bei frischen Objekten durch das Ektoderm hindurch; sie sind daher auch von der Außenseite der Embryonalanlage her erkennbar (Abb. 40 und 42).

Das erste Somitenpaar entsteht an der oberen Grenze des werdenden Halses. Diese Stelle befindet sich etwa an der Mitte der geigenförmigen Keimscheibe weit kranialwärts von dem Canalis neurentericus. Unmittelbar kaudalwärts von dem ersten Somitenpaar entsteht bald ein zweites und kaudalwärts von diesem wiederum ein drittes usw. Bei dem in Abb. 40 gezeichneten 1,8 mm langen Embryo sind auf diese Weise schon 5—6 Somitenpaare hintereinander gebildet.

Während der vierten Embryonalwoche treten kaudalwärts von den schon gebildeten stetig neue Somitenpaare auf. Erst in der fünften Embryonalwoche werden auch im Kopfgebiet Ursegmente gebildet. Zu dieser Zeit treten unmittel-

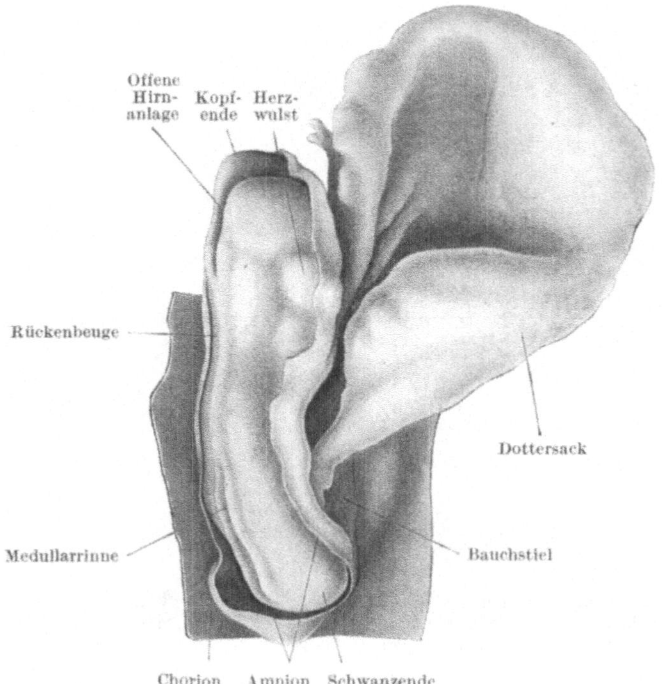

Abb. 41. Rekonstruktionsmodell eines etwa 2,5 mm langen menschlichen Embryo mit Dottersack. — Von rechts gesehen. Vergrößerung: 25 mal. — Nach Veit und Esch (1922).

bar kranialwärts von dem zuerst gebildeten Halssomitenpaar drei Kopfsomitenpaare auf. Dieselben entstehen also im kaudalen Kopfgebiet, und zwar in der Höhe der kranialsten Chordapartie. Das kranial von der Chorda gelegene Kopfmesoderm, das vielleicht von dem Morulamesoderm stammt, wird nicht segmentiert.

Gleichzeitig mit und nach der Bildung der Kopfsomiten setzt die Bildung von neuen Somitenpaaren an dem kaudalen Körperende fort. Auf diese Weise steigt die Zahl der Somitenpaare zunächst bis auf etwa 20. Wenn das 20. (oder 21.) Somitenpaar gebildet worden ist, sind nach D. Holmdahl (1925) die Medialrandpartien der ursprünglichen Mesodermplatten vollständig verbraucht. Trotzdem fährt die Bildung neuer Somitenpaare kaudalwärts von den früher gebildeten fort, und zwar dadurch, daß sich solche aus der indifferenten Zellmasse der Rumpfschwanzknospe herausdifferenzieren. In dieser neuen Weise

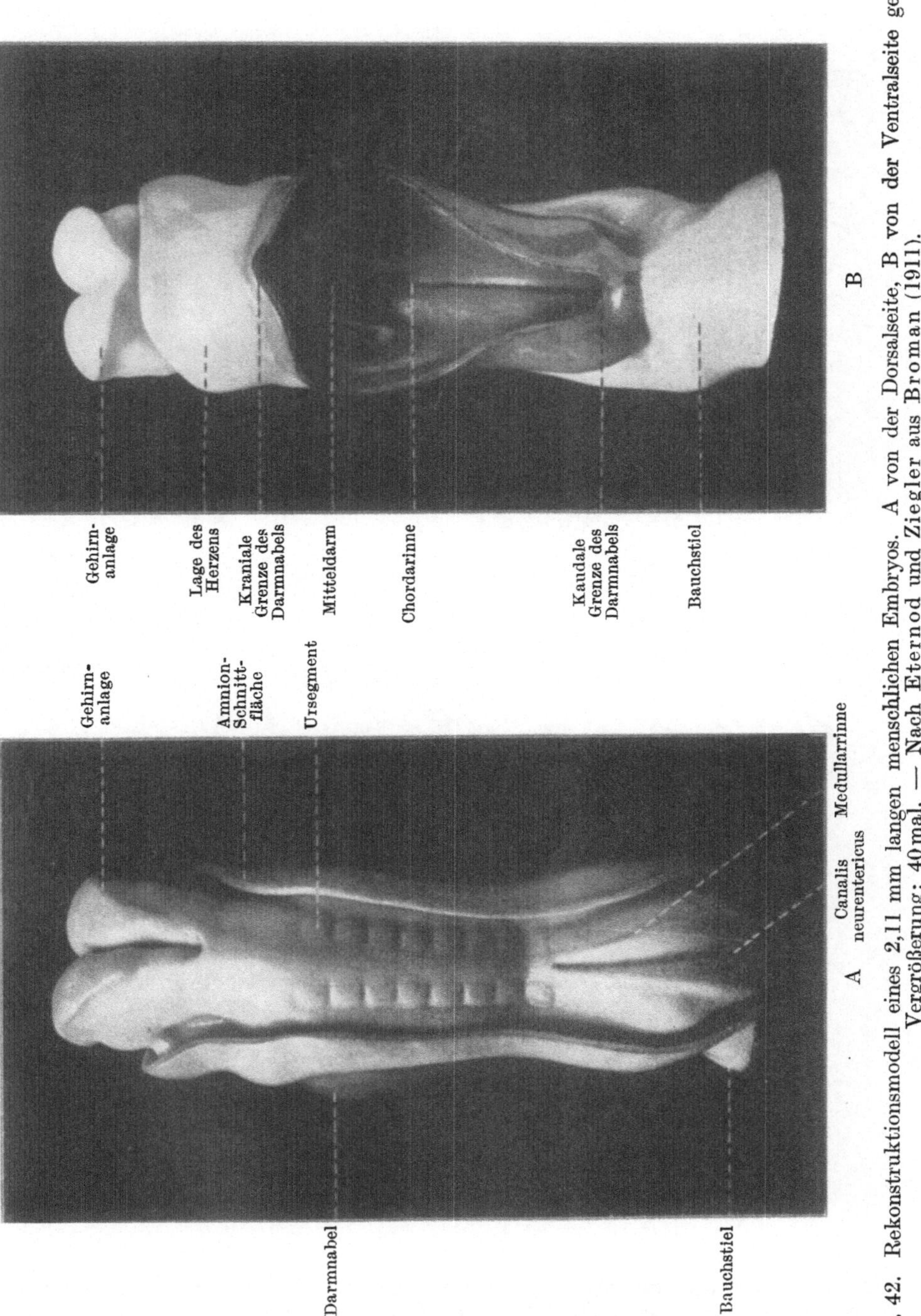

Abb. 42. Rekonstruktionsmodell eines 2,11 mm langen menschlichen Embryos. A von der Dorsalseite, B von der Ventralseite gesehen. — Vergrößerung: 40mal. — Nach Eternod und Ziegler aus Broman (1911).

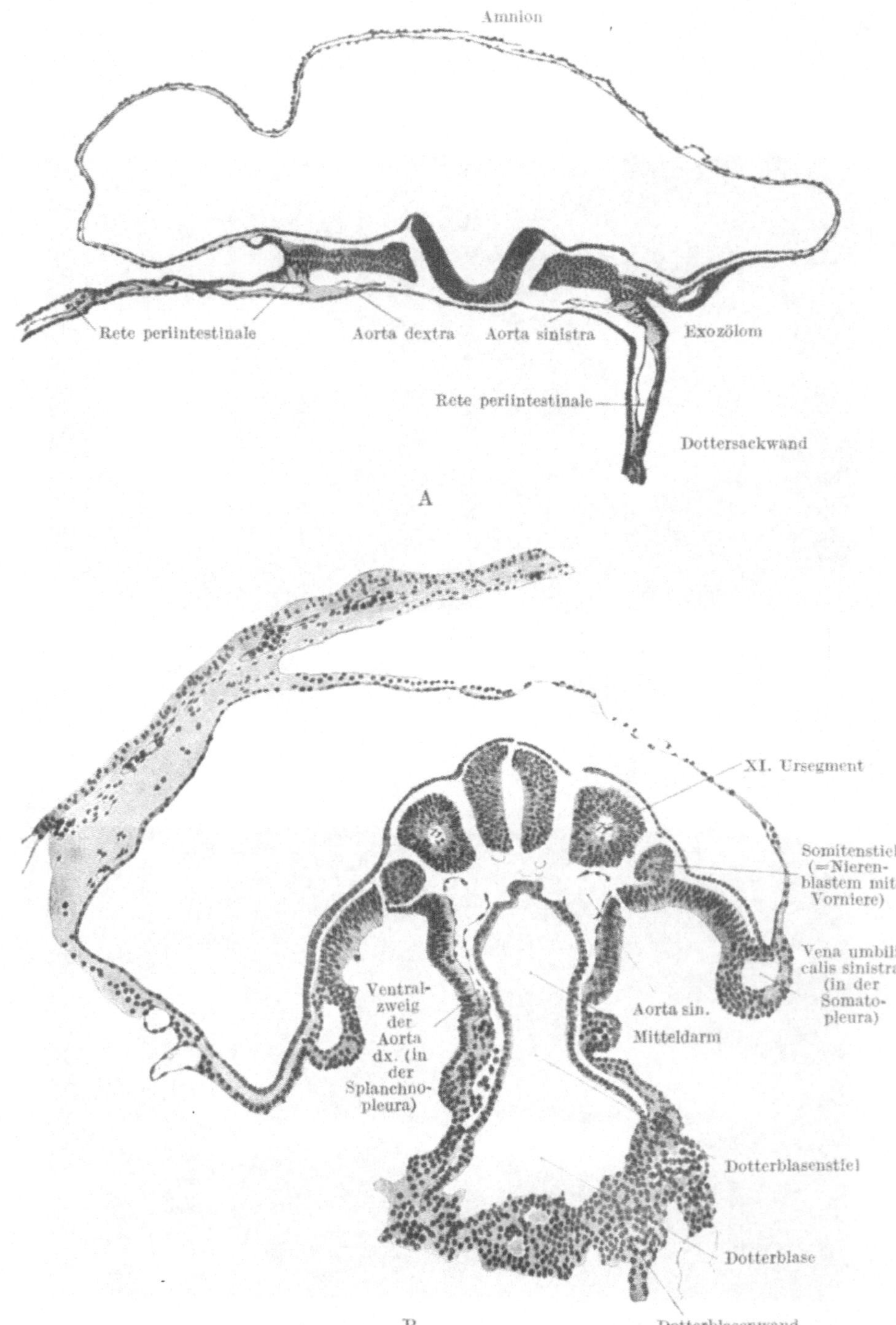

Abb. 43. Querschnitte von zwei menschlichen Embryonen, die Differenzierung des Mesoderms zeigend. A von einem 1,38 mm langen Embryo mit 5—6 Ursegmentpaaren. — Vergrößerung: 120 mal. — B von einem 2,6 mm langen Embryo mit 13—14 Ursegmentpaaren. — Vergrößerung: 120 mal. — Nach Felix (1910) aus Broman (1911).

entstehen nicht weniger als 20—22 Somitenpaare, so daß die Zahl der sämtlichen Somitenpaare des Körpers zuletzt (in der fünften Embryonalwoche) bis auf 41—43 steigt.

Unmittelbar nach der Entstehung der Somiten sitzen diese jederseits wie eine regelmäßige Knöpfchenreihe auf der lateralen, unsegmentierten Mesodermplatte befestigt (Abb. 45). Die betreffende Verbindung jeder Somite mit der lateralen Mesodermplatte wird in der **kranialen Körperpartie** durch einen kurzen, dünnen Somitenstiel dargestellt. Diese Somitenstiele werden bald sowohl von den Somiten (Abb. 37) wie von der lateralen Mesodermplatte (Abb. 44) abgeschnürt. Somiten und laterale Mesodermplatten werden hierbei voneinander völlig frei; nachher vereinigen sich jederseits die **Somitenstiele** miteinander zu einem längsverlaufenden Strang, aus welchem der **Wolffsche Gang** (der **primitive Harnleiter**) hervorgeht. — In **den mittleren und kaudalen Körperpartien** entstehen dagegen keine getrennte Somitenstiele. Das betreffende Zellmaterial wird aber in ähnlicher Weise wie die Somitenstiele sowohl von den Somiten wie von der lateralen Mesodermplatte abgeschnürt; es stellt dann einen unsegmentierten Blastemstrang dar, der unter dem Namen „**nephrogener Blastemstrang**" bekannt ist, weil aus ihm später die harnabsondernden Kanälchen der Ur- bzw. Nachniere hervorgehen.

Entstehung der Körperhöhlen.

Die **laterale Mesodermplatte** bleibt unsegmentiert. Als eine einfache Zellplatte persistiert sie aber nicht. In dem Inneren derselben tritt nämlich schon sehr früh eine Spalte („**das intraembryonale Zölom**") auf, welche jede Mesodermplatte in ein äußeres, parietales Blatt, die **Somatopleura**, und ein inneres, viszerales Blatt, die **Splanchnopleura**, trennt (vgl. Abb. 43).

Dieses intraembryonale Zölom (**Endozölom**) tritt schon bei kaum 2 mm langen Embryonen auf, und zwar als paarige Mesodermspalten in der Gegend der paarigen Herzanlagen. Ähnliche Mesodermspalten entstehen bald auch weiter kaudalwärts, und indem diese sowohl mit dem extraembryonalen Zölom, wie mit den primitiven Perikardialhöhlen und unter sich verschmelzen, entsteht (schon bei 2,5 mm langen Embryonen) eine zusammenhängende Körperhöhle.

In diesem Stadium sind **Somato-** und **Splanchnopleura** überall voneinander gesondert. Dorso-medial gehen sie direkt ineinander über; ventrolateral setzen sie sich in das extraembryonale Mesoderm fort. Die **Somatopleura**, welche dem Ektoderm anliegt, setzt sich hierbei in das Amnionmesoderm fort, während die dem Entoderm anliegende Splanchnopleura sich in die Mesodermschicht der Dotterblase fortsetzt (vgl. Abb. 43 B).

Die kaudalen Randpartien der primären Somato- und Splanchnopleura gehen in die indifferente Zellmasse der Rumpfschwanzknospe über; und in ähnlicher Weise wie die Ursegmentreihe verlängern sie sich auch kaudalwärts auf Kosten dieser Zellmasse. Hand in Hand hiermit verlängert sich selbstverständlich auch das Endozölom in die sekundäre Körperpartie hinein.

Umbildung der Ursegmente.

Unmittelbar nach ihrer Entstehung stellen die Ursegmente oder Somiten kleine dickwandige Epithelblasen dar, die in der Mitte eine kleine Höhle, das sog. **Somitenzölom**, besitzen (Abb. 43 B). — In der medioventralen Wand der Somitenblase verändern die Zellen bald an einer Stelle ihr epitheliales Aussehen. Sie werden polymorph oder auch spindelförmig und vermehren sich durch schnell aufeinander folgende Mitosen sehr stark. Hierbei füllen sie einerseits das Somitenzölom aus, das also jetzt zugrunde geht, und andererseits wandern sie medialwärts aus, die Chorda dorsalis und das Medullarrohr allmählich einhüllend (vgl. Abb. 44). — Die auf diese Weise entstandenen Zellen werden Sklerotomzellen benannt. Die aus einer Somite stammenden Sklerotomzellen stellen nämlich alle zusammengenommen eine mesenchymatöse Gewebemasse (Sklerotom) dar, aus welcher später Wirbelskelett und Bindegewebe hervorgehen. —

Die in der Somitenmitte liegenden Sklerotomzellen wandern bald medialwärts heraus. Die restierenden Partien der epithelialen Somitenwände legen

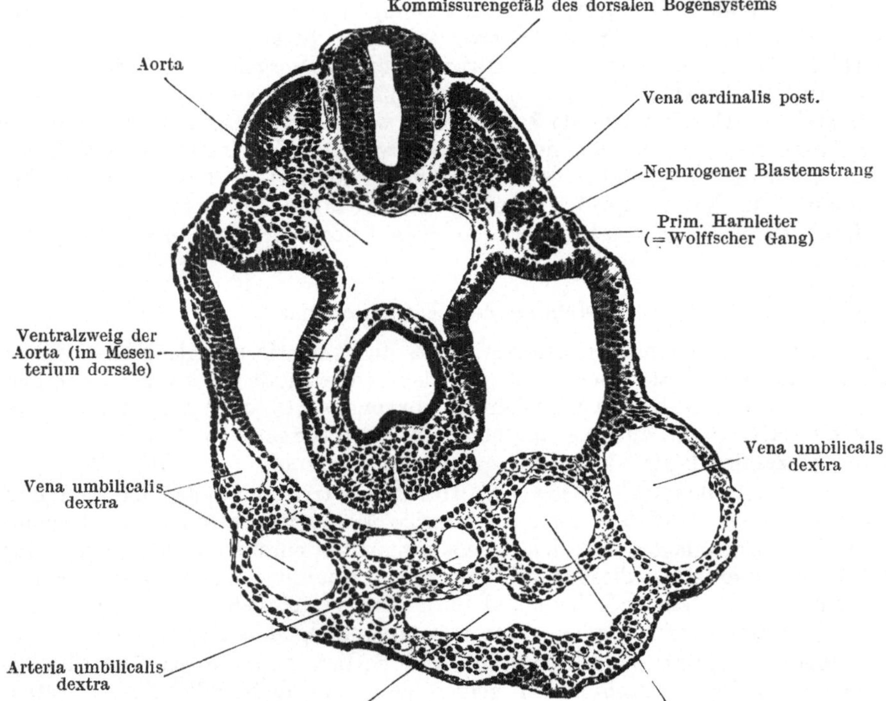

Abb. 44. Querschnitt eines menschlichen Embryo, die Differenzierung des Mesoderms zeigend. Von einem 2,5 mm langen menschlichen Embryo mit 23 Ursegmentpaaren. — Vergrößerung: 150 mal. — Nach Felix (1910) aus Broman (1911).

sich hierbei einander eng an, eine zweischichtige Zellenplatte bildend. Die dorsolaterale Schicht dieser Platte ist überall vollständig, die medioventrale Schicht dagegen in der Mitte, von wo die Sklerotomzellen gebildet wurden, defekt. Die auf diese Weise entstandene Ursegmentplatte wird auch *Muskelplatte* (Myotom) benannt (vgl. Abb. 44). Aus ihren Zellen (Myoblasten) geht nämlich später willkürliche Muskulatur hervor.

Nach Zechel (1924) kann man bei etwa 8 mm langen Embryonen die Ausdehnung der Myotome sowohl in die Extremitäten, wie in die Bauchwand verfolgen. — Nach Bardeen und Lewis verlieren die Myotome bald ihre individuelle Selbständigkeit, indem sie bei etwa 10—12 mm langen Embryonen jederseits zu einer zusammenhängenden Säule verschmelzen. Die durch die Ursegmente veranlaßte äußere Segmentierung des Embryos geht hiermit verloren.

Entstehung des Mesenchyms.

Unter dem Namen Mesenchym verstehen wir embryonales Bindegewebe. Solches entsteht nicht nur aus den Sklerotomzellen, sondern
auch aus der Somato- und Splanchnopleura und — zu allererst — aus

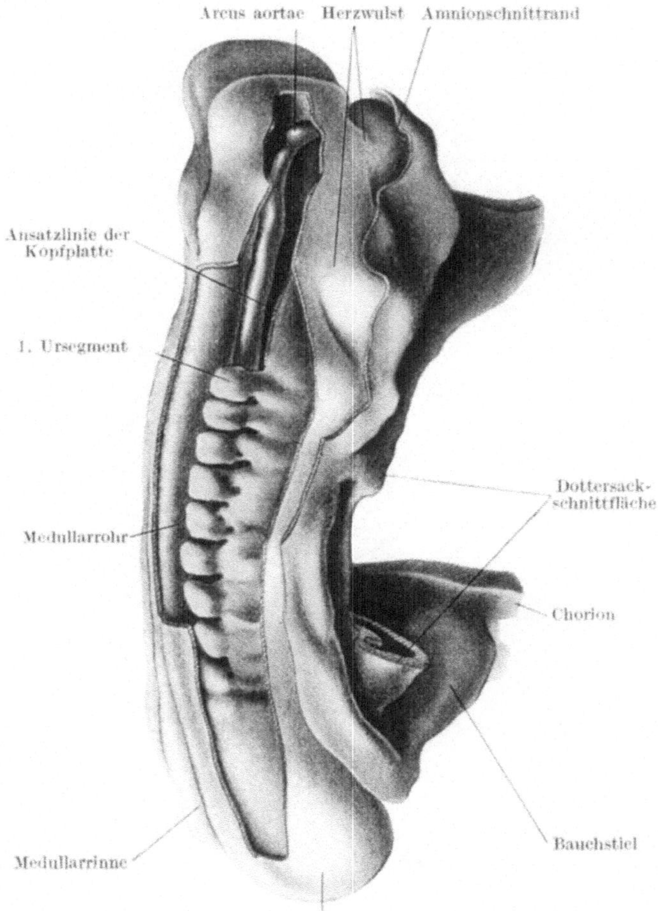

Abb. 45. Rekonstruktionsmodell eines etwa 2,5 mm langen menschlichen Embryos. Von
rechts gesehen. — Vergrößerung: 50 mal. — Nach Veit und Esch (1922). — Die Epidermis
der rechten Körperhälfte ist ausgeschnitten, um die Somite zu zeigen. Die Kopfplatte des
Mesoderms ist an der Stielzone abgeschnitten. Mesoderm rot.

dem Morulamesoderm. Das letztgenannte hat schon in dem Stadium
Abb. 14 fast überall den lockeren Bau des Mesenchyms. Das Mesenchym
entsteht aus den epithelähnlichen Mesodermzellen, und zwar dadurch, daß
diese spindel- oder sternförmig werden und ein lockeres Netz- oder Flecht-
werk bilden. — Einzelne Mesenchymzellen können sich in Blutkapillaren und
Blutkörperchen, andere in glatte Muskelzellen umwandeln.

Entstehung des Blutes und der ersten Blutgefäße.

Auf dem in Abb. 36 gezeichneten, oval schildförmigen Embryonalstadium
existieren noch keine Blutgefäße innerhalb des Embryos. Dagegen sind Blut

und Blutgefäßanlagen schon außerhalb des Embryos gebildet worden. In Form von sog. **Blutinseln** (vgl. Abb. 39) sind sie sowohl in der Dotterblasenwand wie im Bauchstiel und an der Eiperipherie vorhanden. Die Blutinseln stellen

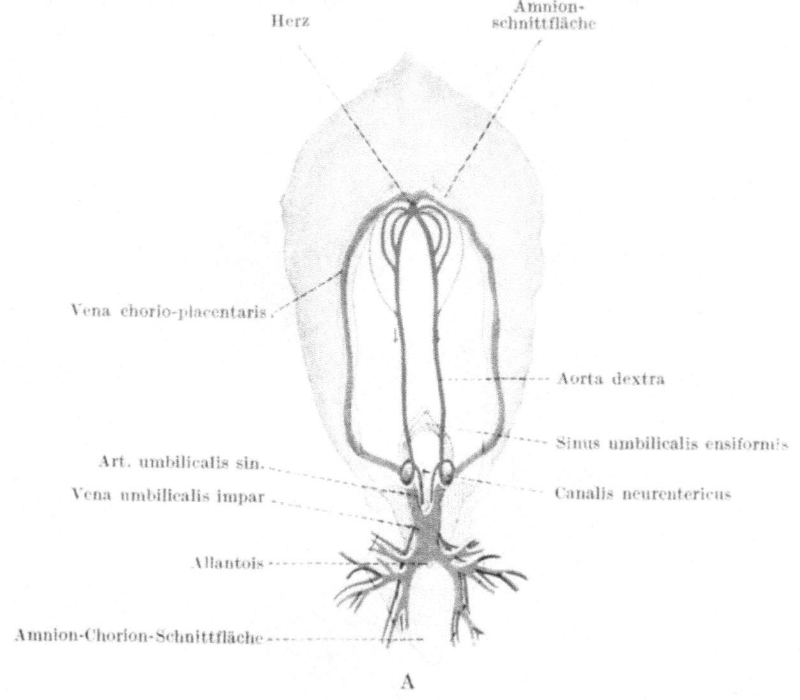

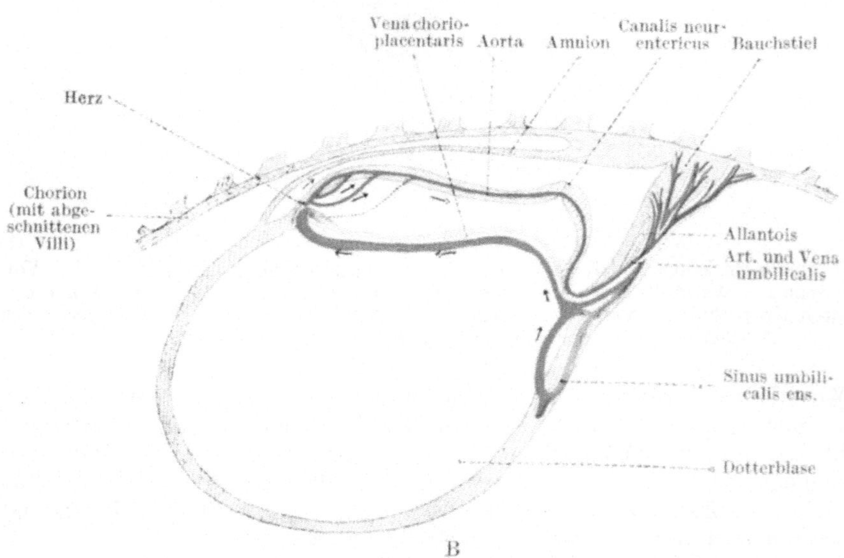

Abb. 46. Gefäßsystem des in Abb. 39 abgebildeten, 1,3 mm langen Embryros. Nach Eternod (1898) aus Broman (1911). A. Area embryonalis und Bauchstiel von oben gesehen. — Vergrößerung: 20 mal. — B. Dieselben Gefäße von der linken Seite gesehen. Vergrößerung: etwa 16 mal. — Die Arterien sind rot, die Venen blau.

Mesenchymverdickungen dar, deren periphere Zellen eine Endothelwand bilden, während die zentralen Zellen sich in Jugendformen roter Blutzellen (sog. Erythroblasten) umwandeln. Indem nun mehrere solche Blutinseln miteinander verschmelzen, entstehen die ersten Blutgefäße, die also von Anfang an Blut enthalten.

Etwas später als die extraembryonalen Gefäße entstehen die Intraembryonalen, und zwar zuerst als paarige Bildungen in den Gegenden des Herzens bzw. der Aorten. Die auf diese Weise in verschiedenen Gegenden des Embryos entstandenen Gefäßinseln verschmelzen bald sowohl unter sich wie mit den außerembryonalen Gefäßen, so daß nach Eternod schon in dem in Abb. 46 abgebildeten Stadium ein primitiver Kreislauf vorhanden ist[1]). — Die Gefäße dieses Kreislaufes sind fast überall paarig. Nur das Herz und die in dem Bauchstiel gelegene Umbilikalvenenpartie sind durch Verschmelzung von paarigen Gefäßen schon teilweise unpaar geworden.

Über den Verlauf der primitiven Blutgefäße geben die Abb. 46 A und B Aufschluß.

Entstehung des Verdauungsrohres und der Mesenterien.

Schon oben (S. 32) wurde erwähnt, daß die Entodermblase sich bei der Umwandlung der Embryonalplatte in die Embryonalblase in eine intra- und eine extraembryonale Partie sondert, und daß die extraembryonale Partie das Epithel der Dotterblase bildet, während die intraembryonale Partie die entodermale Darmanlage darstellt. Wie ebenfalls erwähnt (S. 55), wird die entodermale Darmanlage von der Splanchnopleura des Mesoderms bekleidet.

Die primitive Darmanlage bildet die Innenseite der ventralwärts gekrümmten Embryonalblase; kranial- und kaudalwärts endigt sie blind und

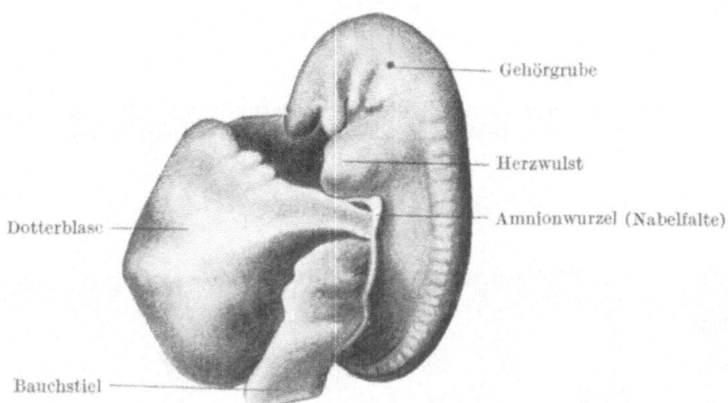

Abb. 47. Rekonstruktionsmodell eines 2,5 mm langen menschlichen Embryos von links gesehen. — Vergrößerung: 20mal. — Nach Thompson (1907) aus Broman (1911).

zeigt also hier im Querschnitt keine Verbindung mit der Dotterblase. Die mittlere Partie des primitiven Darmes steht dagegen noch mit der Dotterblase in offener Verbindung. Sie wird mit dem Namen Mitteldarm bezeichnet, während die kranialwärts vom Nabel befindliche Darmpartie Vorderdarm und die kaudalwärts vom Nabel gelegene Hinterdarm genannt werden.

Indem sich der Darmnabel (vgl. oben, S. 32) in den folgenden Entwicklungsstadien stetig vermindert, verlängern sich Vorder- und Hinterdarm auf

---

[1] Nach Grosser (1925) wird aber der primitive Kreislauf im allgemeinen erst in einem etwas späteren Stadium (bei etwa 2,5 mm langen Embryonen) geschlossen.

Kosten des Mitteldarmes, der also hierbei immer kürzer wird. Bei dem in Abb. 50 gezeichneten 3 mm langen (und etwa vier Wochen alten) Embryo steht das Darmrohr nur noch durch einen dünnen Nabelblasenstiel mit der Nabelblase in Verbindung. Der Mitteldarm ist also jetzt als solcher fast verschwunden oder — mit anderen Worten — in Vorder- und Hinterdarm aufgegangen.

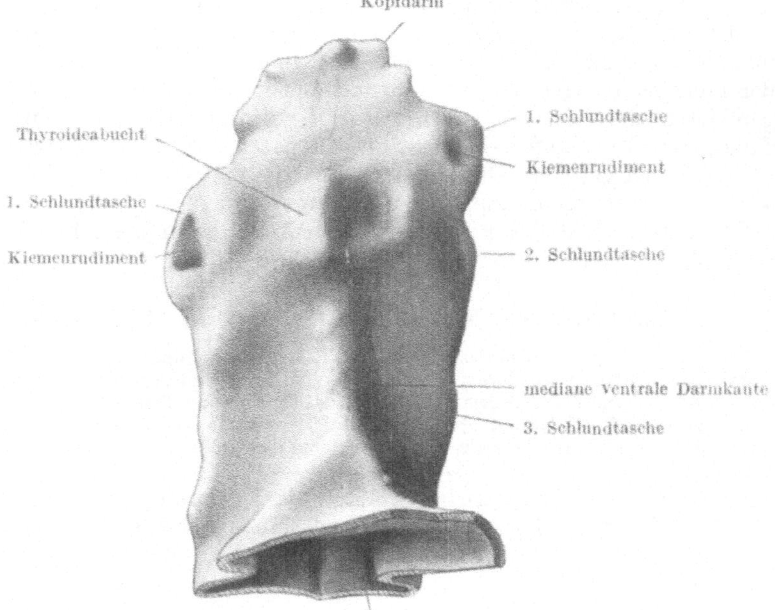

Abb. 48. Rekonstruktionsmodell des Vorderdarmes eines 2,5 mm langen, menschlichen Embryos. Von der Ventralseite gesehen. — Vergrößerung: 100 mal. — Nach Veit und Esch (1922).

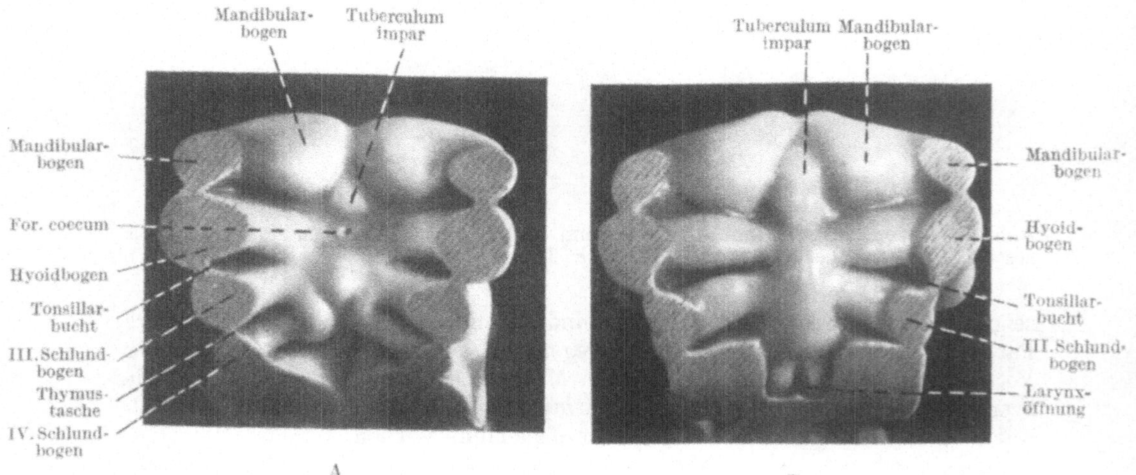

Abb. 49. Rekonstruktionsmodelle des Mundhöhlenbodens, A eines 4,5 mm und B eines 6 mm langen Embryos. Vergrößerung: 30- bzw. 25 mal. — Nach Peters von Ziegler reproduzierten Modellen. — Die Schnittflächen durch die Kiemenbogen sind schraffiert.

Gegenüber dem kranialen Ende des entodermalen Vorderdarmes entsteht an der Außenseite des Embryos eine grubenförmige Vertiefung, die wir Mundbucht nennen. Der Boden dieser Mundbucht wird nicht durch Mesoderm von dem Entodermrohr getrennt, sondern Ektoderm und Entoderm verbinden sich hier zu einer dünnen Membran, der „primären Rachenhaut" oder Membrana bucco-pharyngea. Erst wenn diese Rachenhaut (bei etwa 2,5 mm langen Embryonen) einreißt, bekommt der Vorderdarm eine Mundöffnung.

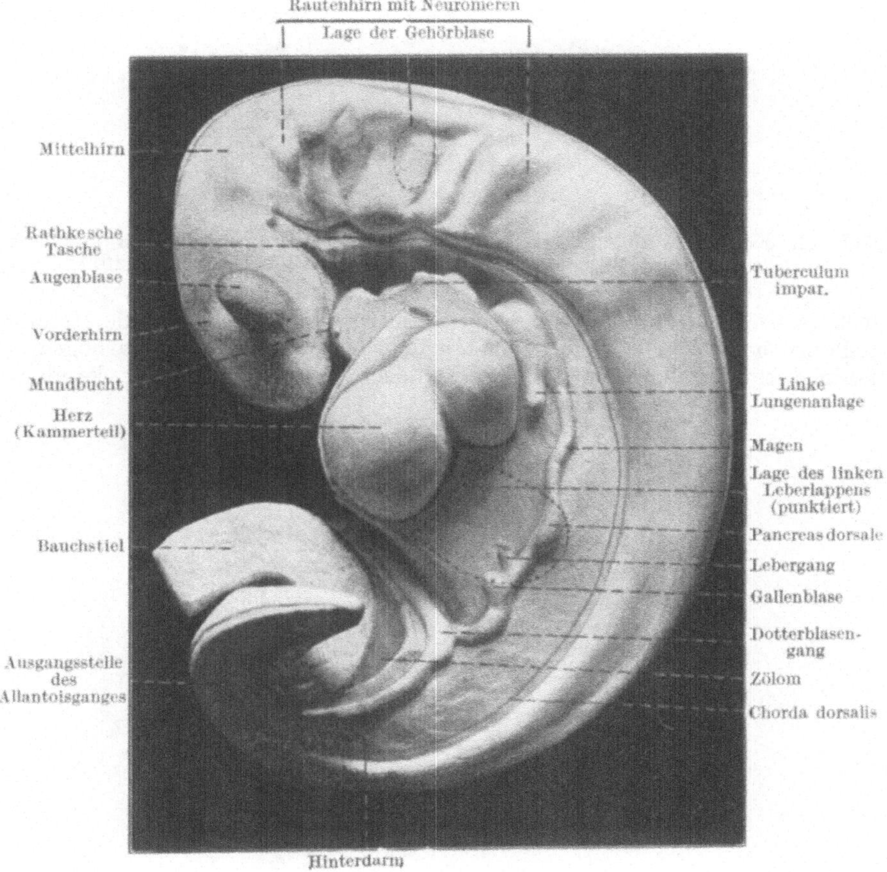

Abb. 50. Rekonstruktionsmodell eines 3 mm langen Embryos von links gesehen. — Vergrößerung: 30 mal. — Die linke Körperhälfte mit Ausnahme einiger in dieselbe einbuchtenden Organe sind entfernt worden. Nach Broman (1895).

In einem etwas jüngeren Stadium beginnen am kranialen Ende des Vorderdarmes die lateralen Wandpartien dieses Darmteils taschenförmige Ausstülpungen, sog. Kiementaschen oder Schlundtaschen, zu zeigen, die dorsoventral verlaufen und an der Außenfläche des Embryos von entsprechend verlaufenden, etwas seichteren Furchen (sog. Kiemenfurchen) begegnet werden (vgl. Abb. 47—52).

Beim menschlichen Embryo brechen die Kiementaschen nie in die Kiemenfurchen durch. Wahre Kiemenspalten entstehen also hier nicht. Trotzdem können wir aber die durch die Kiemenfurchen getrennten Bogen als Kiemenbogen bezeichnen. Denn es unterliegt keinem Zweifel, daß sie den Kiemenbogen der Fische homolog sind.

Beim menschlichen Embryo werden jederseits vier an der Außenseite deut-

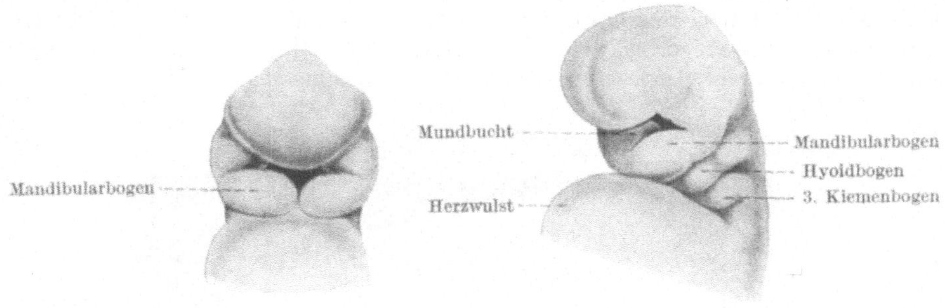

Abb. 51. Kopf eines 2,5 mm langen Embryos, A von vorn, B von vorn und links. — Vergrößerung: 20 mal. — Nach C. Rabl (1902) aus Broman (1911).

liche Kiemenbogen angelegt. Von diesen wird der kranialste, die Mundbucht teilweise begrenzende Bogen zuerst gebildet (Abb. 51, Mandibularbogen). Die übrigen treten allmählich, und zwar jeder Bogen unmittelbar kaudalwärts

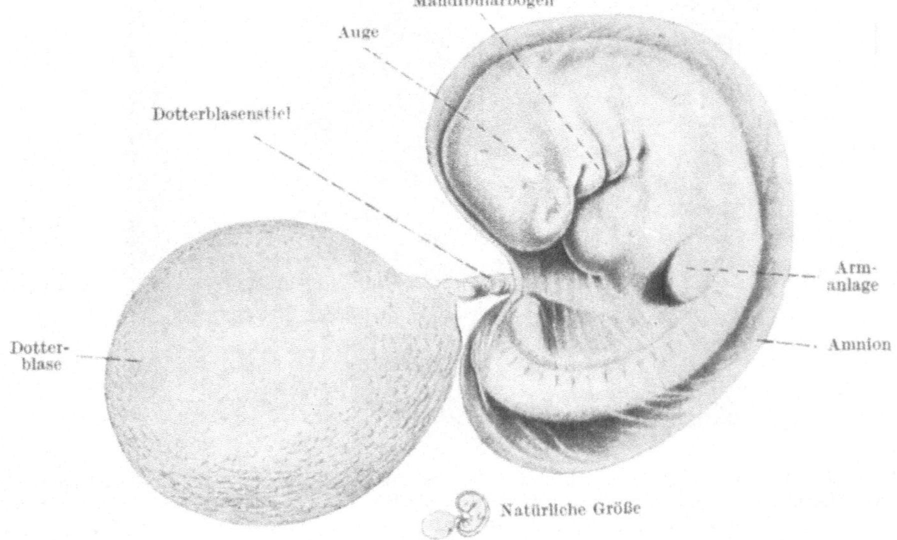

Abb. 52. Menschlicher Embryo aus der 5. Embryonalwoche (5 mm lang). — Vergrößerung: 10 mal. — Nach Keibel-Elze (1908) aus Broman (1911).

von dem nächst vorher gebildeten auf. Bei 3,5 mm langen Embryonen sind sie schon alle vorhanden. Nach diesem Stadium treten noch zwei Kiemenbogen auf. Dieselben bleiben aber rudimentär und sind nur an Schnitten zu erkennen.

Schon auf dem Stadium der kreisrunden Embryonalplatte sendet die Entodermblase eine dünne, zuerst kompakte, aber bald schlauchförmige Verlängerung, den sog. Allantoisgang in den Bauchstiel hinein (vgl. Abb. 33, 34 u. 39).

Bei der Entstehung des Hinterdarmes kommt die Mündung dieses Allantoisganges auf die Ventralwand des Hinterdarmes zu liegen (vgl. Abb. 50). Die kaudalwärts von dieser Allantoismündung gelegene Hinterdarmpartie wird entodermale Kloake genannt. Diese primäre, aus dem Entoderm gebildete Kloake setzt sich kaudalwärts in den indifferenten Zellen der Rumpfschwanzknospe fort und verlängert sich in der Folge auf Kosten von diesen Zellen.

Hierbei entsteht der sog. Schwanzdarm. — Bei der Bildung des wahren Schwanzes verlängert sich der Schwanzdarm bis zur Schwanzspitze hin. Hier findet man ihn noch bei 10 mm langen Embryonen, bei welchen der Schwanz des menschlichen Embryos sich auf dem Höhepunkt seiner Entwicklung befindet. — Bei der folgenden regressiven Entwicklung des Schwanzes fällt auch der Schwanzdarm der Rückbildung anheim.

Diese Rückbildung betrifft jedoch wohl nicht den zuerst gebildeten, kranialen Schwanzdarmteil, der bei der Rumpfverlängerung wahrscheinlich in die entodermale Kloake einverleibt wird.

Gegenüber der Ventralseite der entodermalen Kloake bildet sich die ektodermale Kloake als seichte Vertiefung aus. Diese kann — als Gegenstück der Mundbucht — auch mit dem Namen Kloakenbucht bezeichnet werden. Der Boden dieser Kloakenbucht wird auch nicht durch Mesenchym von dem Entodermrohr getrennt, sondern Ektoderm und Entoderm verbinden sich hier zu einer epithelialen Membran, der Kloakenmembran.

Entstehung der Mesenterien.

Das intraembryonale Zölom entsteht — wie erwähnt — zuerst in der Herzgegend und dann zu beiden Seiten des Embryonaldarmes; und zwar als paarige Spalten in den lateralen Mesodermplatten. Durch diese Mesodermspalten werden Herz und Embryonaldarm von den lateralen Körperwänden isoliert. Dorsal- und ventralwärts bleiben sie dagegen mit den Körperwänden in Verbindung durch mesodermale Gewebebrücken, die wir Gekrösen oder Mesenterien nennen.

Von den beiden Gekrösen des Herzens, den Mesokardien, geht indessen sofort das ventrale vollständig zugrunde, und das dorsale bleibt nur teilweise erhalten. — Von den beiden Mesenterien des Darmes bleibt beim Menschen nur das Mesenterium dorsale vollständig bestehen. Kaudal vom Nabelblasenstiel geht das Mesenterium ventrale unmittelbar nach seiner Entstehung zugrunde. Schon Ende der vierten Embryonalwoche besitzt daher der obere, größere Teil des Hinterdarmes nur ein dorsales Mesenterium (vgl. Abb. 44). Und die ursprünglich getrennten paarigen Körperhöhlen sind also jetzt zu einer gemeinsamen Körperhöhle (Pericardiaco-pleuro-peritonealhöhle) verschmolzen, die nur in gewissen Höhen (oberhalb des Dotterblasenstiels und in der Beckengegend) noch am Querschnitt paarig ist. In der Nabelgegend setzt sich die unpaar gewordene Bauchhöhle in die noch persistierende Partie des extraembryonalen Zöloms fort.

Die kaudalen Partien der Mesenterien entstehen selbstverständlich nicht aus den primären Splanchnopleuren, sondern aus der indifferenten Zellmasse der Rumpfschwanzknospe (vgl. oben S. 55).

III. Organogenie
oder Entwicklung der definitiven Organe.

Weitere Entwicklung der äußeren Körperform.

In dem Stadium Abb. 47 hat der menschliche Embryo 23 Ursegmentpaare, eine Länge (gerade gemessen) von 2,5 mm und ein Alter von etwa $3^1/_2$ Wochen. Der ganze Embryo ist ventralwärts gebogen, und zwar oben und unten stärker als im übrigen, so daß hier schon eine Scheitelbeuge bzw. eine Schwanzbeuge vorhanden sind. Das Herz ist groß und buchtet die betreffende Körperpartie hervor (vgl. Abb. 47, Herzwulst). Oberhalb des Herzwulstes sieht man jederseits drei Kiemenbogen, und oberhalb des dritten Kiemenbogens befindet sich die Eingangsöffnung einer Ektodermblase, die in einem vorigen Stadium eine weit offene Ektodermgrube war und sich in einem folgenden Stadium vollständig vom Ektoderm abschnürt. Diese Ektodermblase wird Ohrbläschen genannt, denn daraus geht später das innere Ohr hervor. — Eine Mundbucht ist gebildet. Dieselbe kommuniziert aber noch nicht mit dem Vorderdarm. Das Hirnrohr ist vollständig geschlossen. Dagegen ist die kaudale Partie der Medullarrinne noch offen. Bauchstiel und Dotterblasenstiel sind relativ dick und noch nicht zu einem Nabelstrang vereinigt. Die dicke Rumpfschwanzknospe befindet sich an der rechten Seite des Bauchstieles und ist nach oben umgebogen. — Extremitätenanlagen sind noch nicht angedeutet.

Formentwicklung des Embryos in der zweiten Hälfte der 4. Woche.

Der Embryo erleidet nun eine stärkere Zusammenkrümmung über seine ventrale Seite, und an der Grenze zwischen Kopf- und Halsanlage entsteht eine dritte stärkere Krümmung, die Nackenbeuge. Obwohl sich der Embryo während dieser Zeit tatsächlich vergrößert, wird er daher, in gerader Richtung gemessen, zunächst kürzer als vorher.

Zu dieser Zeit entstehen die Extremitätenanlagen, und zwar als sich über mehrere Körpersegmente erstreckende, knospenähnliche Verdickungen einer niedrigen Leiste. Zuerst werden die Armanlagen sichtbar. Sie erscheinen als ungegliederte Wülste in der Höhe der unteren Hals- und der obersten Brustsegmente. Etwas später entstehen die Beinanlagen in der Höhe der Lumbal- und oberen Sakralsegmente.

Auch der kaudale Neuroporus wird während dieser Zeit geschlossen. Gleichzeitig wird die Rumpfschwanzknospe spitzer und in ihrem freien Ende mehr schwanzähnlich. — Die Ohrbläschen schließen sich unter dem Ektoderm, bleiben aber mit diesem noch eine Zeitlang durch einen Zellstrang in Verbindung. — Die Riechfelder werden als äußerlich unmerkbare konvexe Epidermisverdickungen in der ventrolateralen Partie des vordersten Kopfendes angelegt.

Hinter den früher gebildeten entsteht ein vierter Kiemenbogen. Von dem Mandibularbogen aus beginnt sich ein Oberkieferfortsatz heraus zu differenzieren. Die Mundöffnung, d. h. die Eingangsöffnung der Mundbucht, wird hierbei fünfeckig (vgl. Abb. 51). Die Ecken laufen in fünf kurze Rinnen

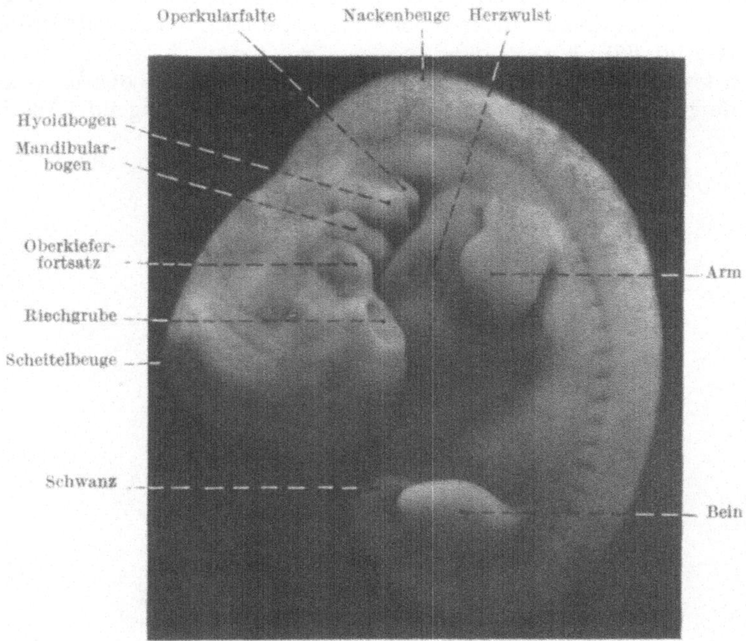

Abb. 53. Photogramm eines 7,7 mm langen menschlichen Embryos. Von der linken Seite gesehen. — Vergrößerung: 10mal.

aus: in die beiden Augennasenrinnen, in die beiden Mundwinkel und in die Medianrinne des Unterkiefers. — Bei der starken Zusammenkrümmung des Embryos wird aber bald die Mundöffnung gegen den Herzwulst gedrückt und vorübergehend mehr spaltförmig.

Formentwicklung des Embryos während des 2. Embryonalmonats.

Während dieses Monats vergrößert sich die Scheitelsteißlänge des Embryos etwa zehnfach (von 0,3 cm bis 3 cm), und gleichzeitig findet die allerwichtigste Formentwicklung des ganzen Embryos statt.

Der Nabelstrang wird gebildet. — Die Kiemenfurchen gehen alle zugrunde mit Ausnahme von einer Partie der ersten Kiemenfurche, welche sich zu der äußeren Ohröffnung ausbildet. — Unterhalb des Herzwulstes entsteht eine immer größere Prominenz, die von der stark wachsenden Leber verursacht wird (vgl. Abb. 56, Leberwulst) und den Herzwulst immer mehr zurücktreten läßt. Hand in Hand hiermit wird die ventrale Zusammenkrümmung des ganzen Embryos immer geringer und der große Kopf teilweise aufgerichtet. Unterhalb der Nackenbeuge entsteht hierbei eine seichte Vertiefung, die sog. Nackengrube, die als die erste Andeutung einer äußeren Halsanlage bezeichnet werden kann (vgl. Abb. 54—57). —

Ein wahrer, äußerer Schwanz (vgl. Abb. 53 u. 54) wird gebildet und steht während der ersten Hälfte des zweiten Embryonalmonats (bei 4—12 mm

langen Embryonen) auf der Höhe seiner Entwicklung. Zu dieser Zeit besitzt
der menschliche Körper, dank des Schwanzes, 8—9 Segmente mehr als später.
— Im Gebiet der sechs letzten Ursegmentpaare wird der Schwanz aber bald
rudimentär. Er bildet sich hier zu einem dünnen Schwanzfaden um, der
immer kürzer wird und zuletzt (bei 3—4 cm langen Embryonen) verschwindet.
Dagegen bleibt die proximale, dickere Schwanzpartie noch als Kaudalhöcker
bestehen (vgl. Abb. 65).

Knapp unterhalb der Insertion des Nabelstranges entsteht der Kloakenhöcker. Anfangs kurz, wird derselbe bald groß und stark vorspringend. Aus dem-

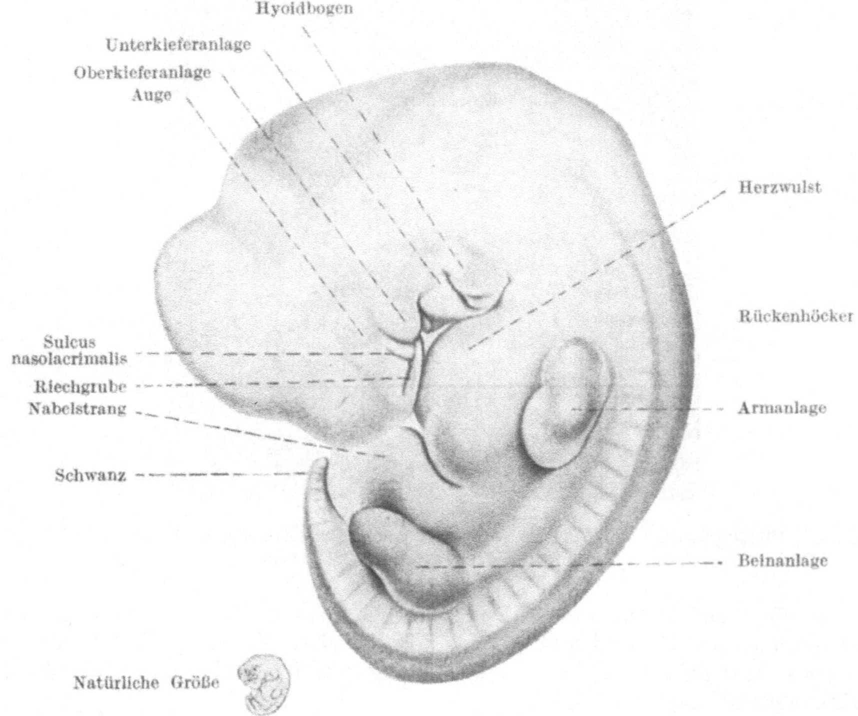

Abb. 54. Menschlicher Embryo aus der 5. Embryonalwoche (8 mm lang). — Vergrößerung:
10 mal. — Nach Keibel-Elze (1908) aus Broman (1911).

selben differenzieren sich die indifferenten Anlagen der äußeren Geschlechtsteile. — Die ektodermale Kloake, die — wie erwähnt — durch die Kloakenmembran von dem Hinterdarm getrennt wird, sondert sich in Urogenitalöffnung, die bei 1,6 cm langen Embryonen, und Analöffnung, die bei
2,3—3 cm langen Embryonen durchbricht.

Die wichtigsten äußeren Veränderungen während des zweiten Embryonalmonats finden indessen an den Extremitätenanlagen und im Kopfgebiet
statt.

Ausbildung der Extremitäten.

Die anfangs knospenförmigen Extremitätenanlagen verlängern sich und werden
gleichzeitig plattenförmig. Diese Extremitätenplatten dürften im wesentlichen
den Hand- und Fußanlagen entsprechen. Indem sich aber die Extremitätenanlagen in der Folge verlängern, treten allmählich zuerst Unterarm und Unter-
schenkel und dann auch Oberarm und Oberschenkel aus dem Rumpf hervor.

Schon bei etwa zentimeterlangen Embryonen wird die Ellenbogenanlage durch eine Biegung der Armanlage markiert. Der Oberarm befindet sich noch größtenteils innerhalb des Rumpfes. Die Handanlage bildet eine breite, rundliche Platte mit dicker Mitte und dünnerer Randpartie (vgl. Abb. 54). An dieser

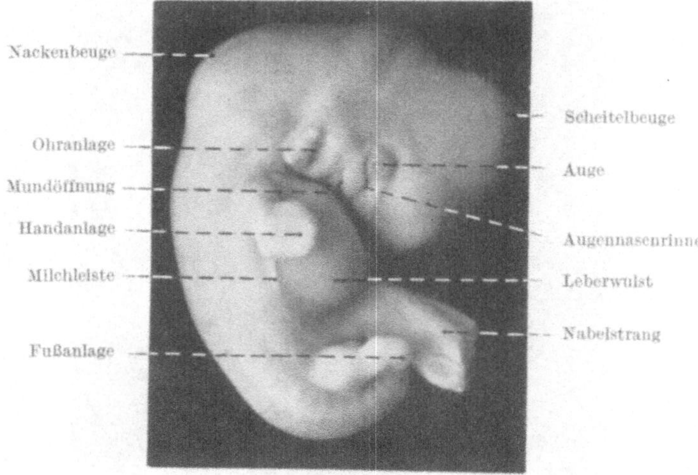

Abb. 55.

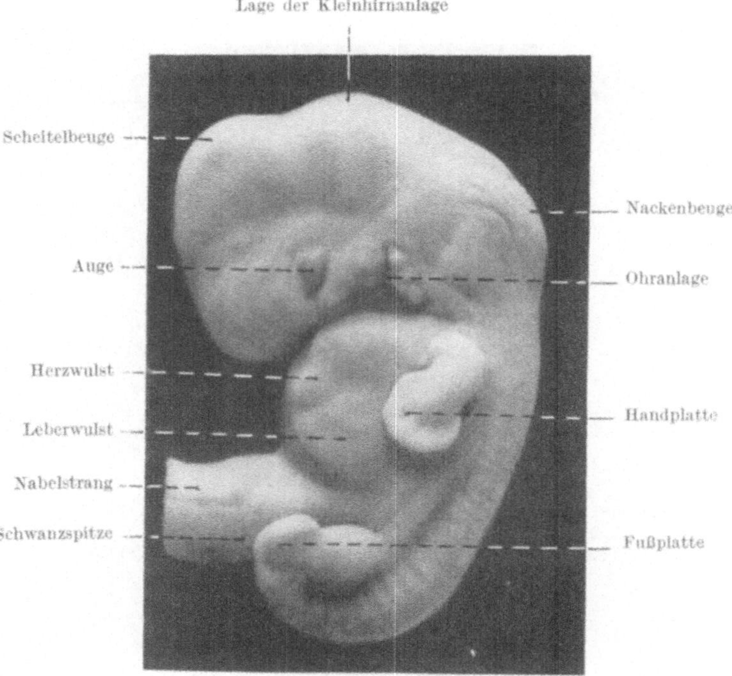

Abb. 56.

Abb. 55 u. 56. Menschliche Embryonen aus der 6. Embryonalwoche (10 bzw. 13 mm lang) in 5 maliger Vergrößerung. — Abb. 55 von der rechten, Abb. 56 von der linken Seite gesehen.

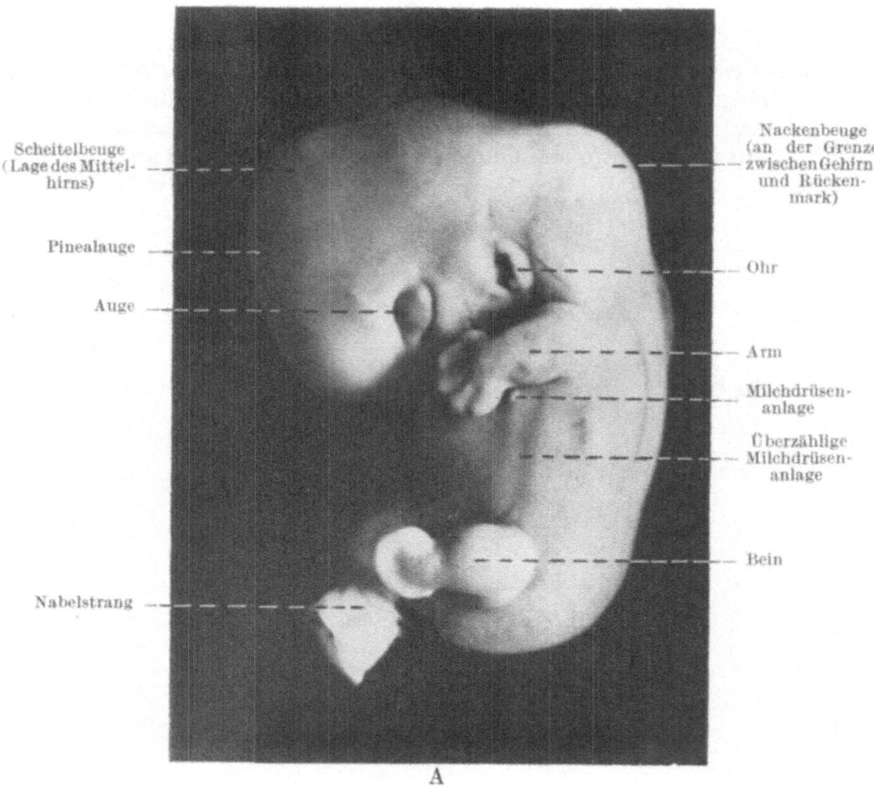

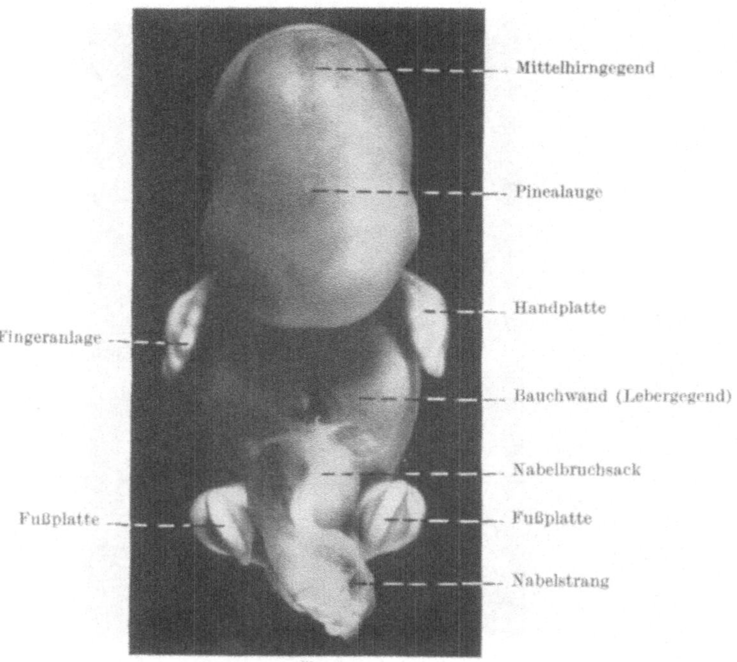

Abb. 57. Menschlicher Embryo von 14,5 mm Sch.-St.-L. in 5 maliger Vergrößerung, A von der linken, B von der ventralen Seite gesehen.

Randpartie der Handplatte treten bald vier Furchen auf, welche fünf firsten-
ähnliche Strahlen voneinander abgrenzen (vgl. Abb. 56—59). — Diese Strahlen

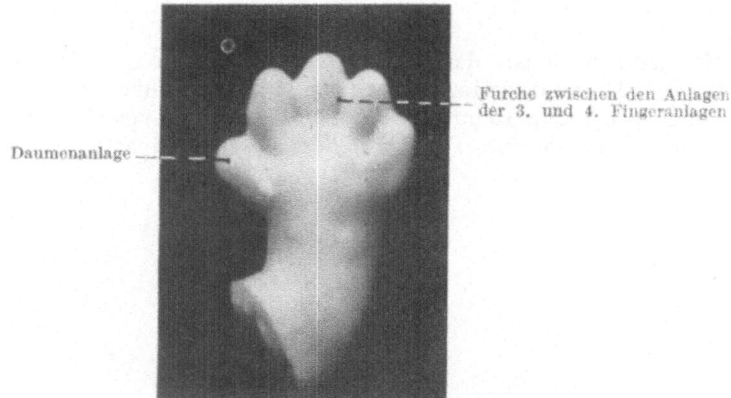

Abb. 58. Handanlage eines 16,5 mm langen Embryos, von der Innenfläche gesehen.
Vergrößerung: 10 mal.

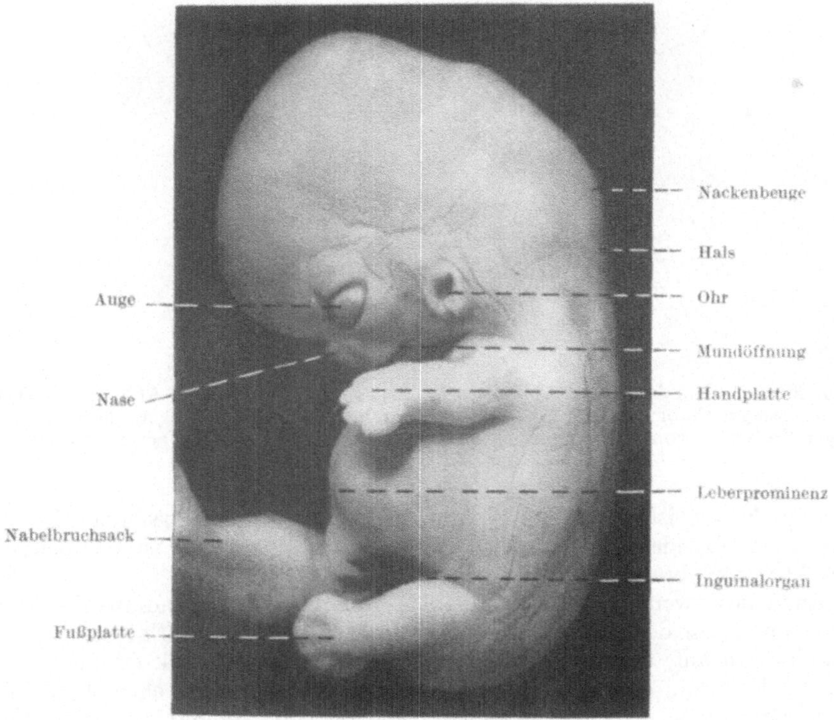

Abb. 59. Menschlicher Embryo von 16,5 mm Länge (Sch.-St.-L.) in 5 maliger Vergrößerung.
Von der linken Seite gesehen.

stellen die Fingeranlagen dar und werden daher Fingerstrahlen benannt.
Sie verlängern sich allmählich, so daß sie am freien Rande der Handplatte
knospenförmig hervorragen, gleichzeitig damit, daß die zwischenliegenden

Furchen immer tiefer einschneiden. Die die Fingerstrahlen verbindenden Handplattenpartien werden hierbei zu dünnen Hautfalten (sog. „Schwimmhaut") reduziert, die zuletzt allmählich zugrunde gehen. Auf diese Weise werden die Fingeranlagen Ende des zweiten Embryonalmonats voneinander frei (Abb. 60 u. 61).

Bemerkenswert ist, daß die Fingeranlagen anfangs alle etwa gleich groß sind. Die Daumenanlage markiert sich dann nur durch ihre besondere Stellung. Nach dem 15-mm-Stadium wird sie aber auch deutlich dicker als die anderen Fingeranlagen. Die Umbildung der Randpartie der Handplatte in

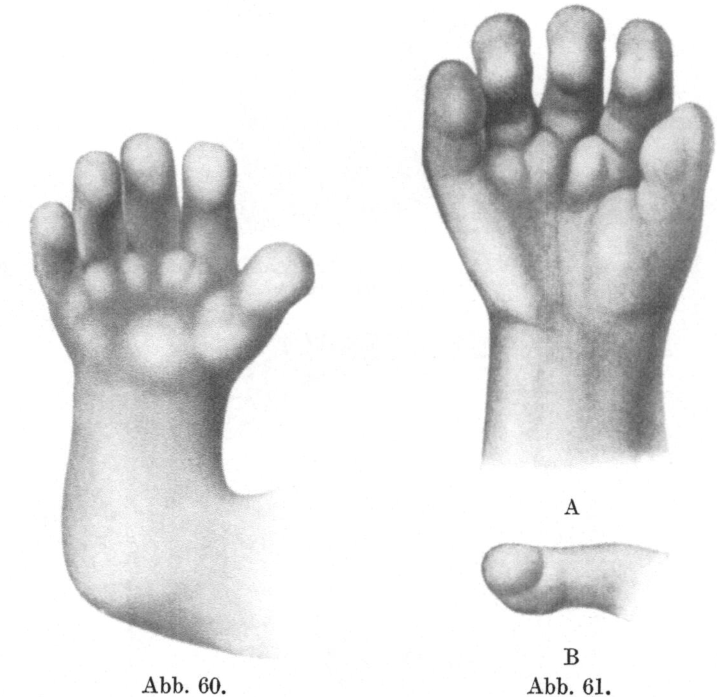

Abb. 60.   Abb. 61.

Abb. 60 u. 61. Handanlagen. Abb. 60 von einem 25 mm langen und Abb. 61 A von einem 32 mm langen Embryo. Von der Volarseite gesehen. Abb. 61 B Fingeranlage (des 32 mm langen Embryos), von der Seite gesehen. — Vergrößerung: 10 mal. — Nach Retzius (1904), aus Broman (1911).

die fünf Finger ist schon bei 25 mm langen Embryonen beendet. Zu dieser Zeit hat die Handanlage schon fast ihre definitive Form; nur ist sie noch relativ sehr kurz und breit.

Ende des zweiten Embryonalmonats treten an der Handinnenfläche, und zwar sowohl an der distalen Metakarpalpartie wie an den Endphalangen sog. Tastballen auf, die an den Tastballen der Vierfüßler stark erinnern. Durch diese Bildungen, die wohl nur als Rekapitulationen ehemaliger phylogenetischer Zustände zu erklären sind, erscheint die Handanlage noch plumper (vgl. Abb. 60, 61 u. 72).

Die unteren Extremitäten werden der Hauptsache nach in ähnlicher Weise angelegt. Wie sie später angelegt wurden, bleiben sie aber noch längere Zeit in ihrer Entwicklung den oberen Extremitäten nach (vgl. Abb. 56 u. 59). Bei etwa 15 mm langen Embryonen ist die Knieanlage und bei etwa 20 mm langen Embryonen außerdem die Anlage der Ferse zu erkennen. Mit dem Auftreten der letztgenannten, beginnt die Beinanlage sich immer deutlicher von der Armanlage zu unterscheiden (vgl. Abb. 62—64).

Die Zehen entstehen — in ähnlicher Weise wie die Finger — aus der dünneren Randpartie der Fußplatte. Die die Zehenstrahlen trennenden Furchen werden zuerst bei 15—17 mm langen Embryonen erkennbar, und obwohl sie relativ

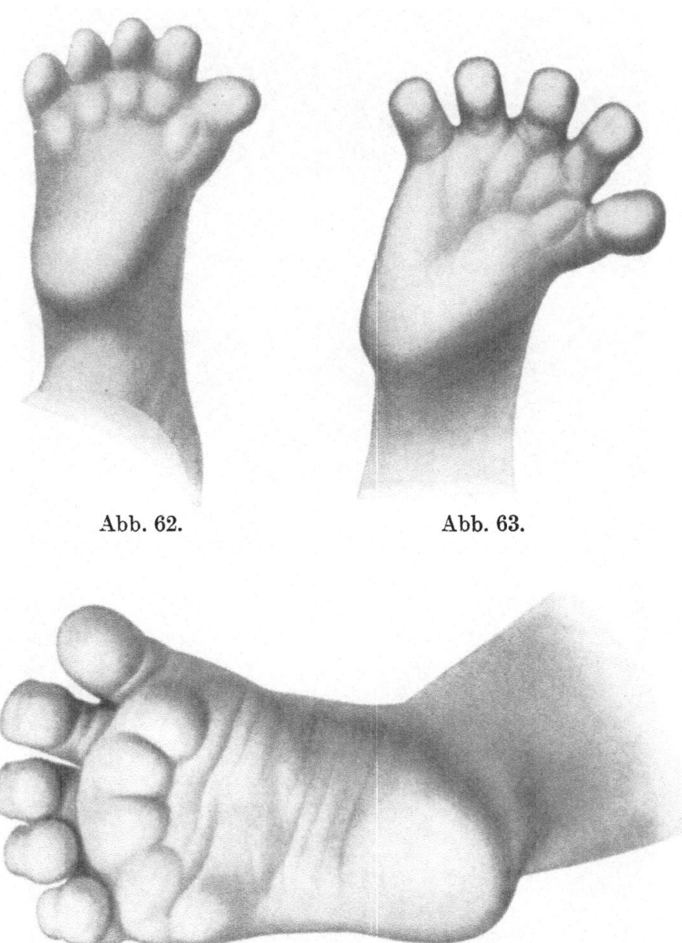

Abb. 62. Abb. 63.

Abb. 64.

Abb. 62—64. Fußanlagen. Abb. 62 von einem 25 mm langen Embryo, Abb. 63 von einem 32 mm langen Embryo und Abb. 64 von einem 44 mm langen Embryo. Von unten gesehen. — Vergrößerung: 10 mal. — Nach Retzius (1904) aus Broman (1911).

kürzer als die entsprechenden Furchen der Hand sind, ist die Abtrennung der Zehen erst bei etwa 30 mm langen Embryonen durchgeführt. — Zu dieser Zeit spreizen alle Zehen relativ sehr weit voneinander ab, und die Großzehe ist schon deutlich größer als die anderen Zehen. — Die von Anfang an rein medialwärts gerichtete Sohlenfläche der Fußplatte bleibt immer noch in dieser Stellung. — An den Zehenspitzen und an der distalen Metatarsalpartie treten hier in ähnlicher Weise wie an der Handinnenfläche temporäre Tastballen auf.

Ausbildung des Kopfes.

Die Form des Kopfes ist während der ersten Hälfte des zweiten Embryonalmonats noch demjenigen des werdenden Kopfes gar nicht ähnlich. Sie wird
nämlich noch wesentlich durch die Gliederung des Gehirns bestimmt, dessen

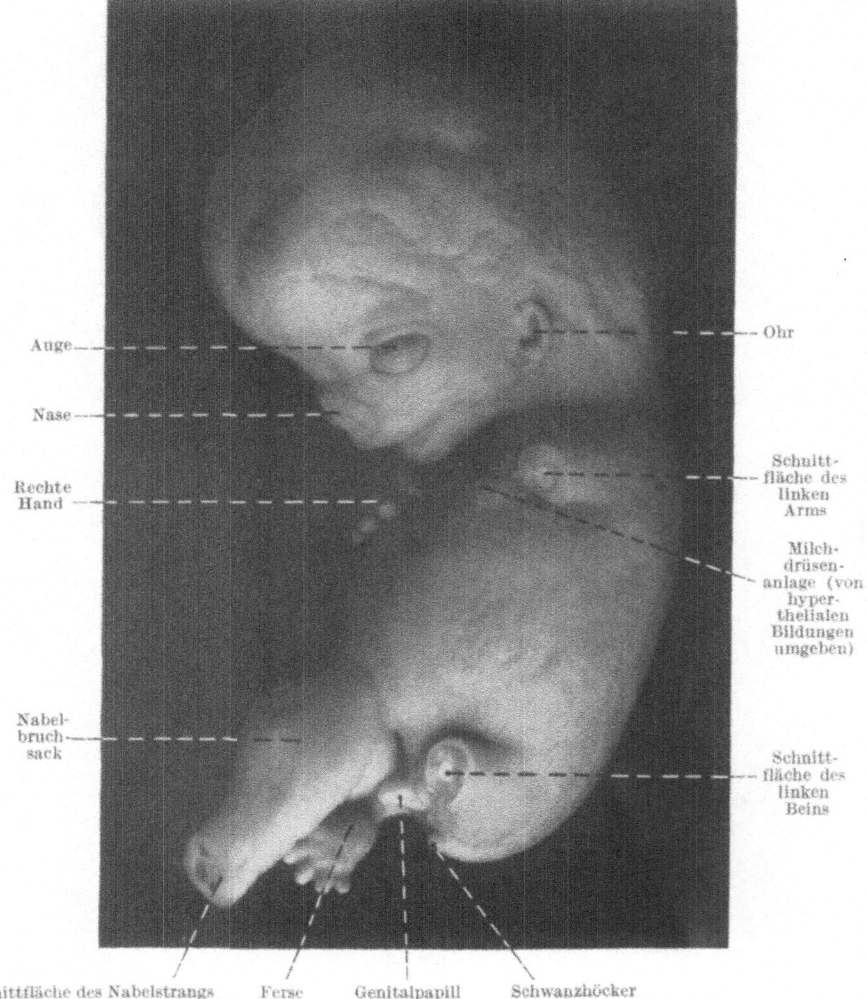

Abb. 65. Menschlicher Embryo von 22,5 mm Länge (Sch.-St.-L.) in 5 maliger Vergrößerung. —
Von der linken Seite gesehen. — Die Extremitäten der linken Seite sind abgeschnitten,
um die Milchdrüsenanlage (von „hyperthelialen Bildungen" umgeben) und den Genitalpapill
zu zeigen.

höckerige Formen durch die dünne und durchsichtige Decke hindurch deutlich
hervortreten (vgl. Abb. 55 u. 56). In der zweiten Hälfte desselben Monats wird
der Kopf aber recht schnell mehr abgerundet und menschenkopfähnlich. Gleichzeitig nehmen die Kopfdimensionen relativ stark zu, und die Gehirnteile
schimmern nicht mehr deutlich hindurch.

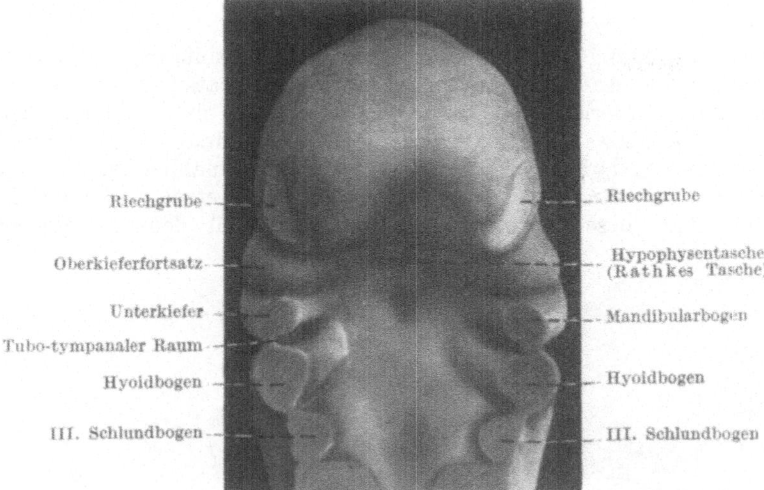

Abb. 66.

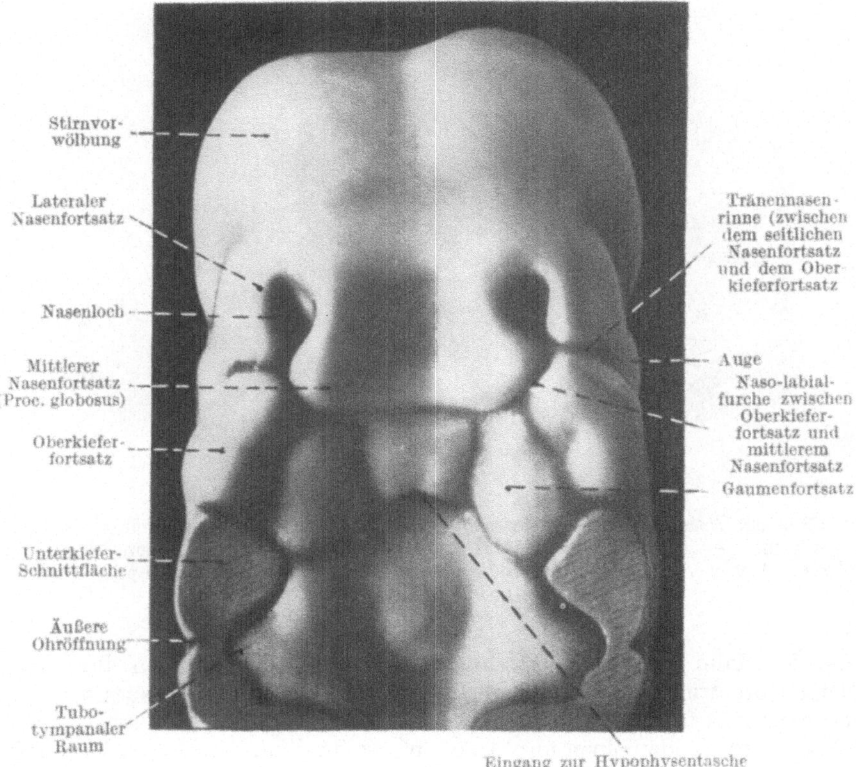

Abb. 67.

Abb. 66 u. 67. Zwei Rekonstruktionsmodelle (in 20 maliger Vergrößerung) das Mund-höhlendach und das Gesicht von einem 6 mm langen Embryo (Abb. 66) und von einem 10,3 mm langen menschlichen Embryo (Abb. 67) zeigend. Nach Peters von Ziegler reproduzierten Modellen.

Bildung des Gesichts.

Die Gesichtsbildung wird vor allem durch die Ausbildung des Geruchsorgans beherrscht. Anfang des zweiten Embryonalmonats besteht dieses Organ
nur aus zwei am Vorderkopf gelegenen, weit getrennten, oberflächlichen Epithelverdickungen, den sog. Riechfeldern. Diese, die anfangs konvex und ohne
scharfe Grenzen sind, flachen sich ab und werden allmählich zu immer deut-
licheren Gruben vertieft (vgl. Abb. 53 u. 66). Bei etwa 9—10 mm langen
Embryonen sind diese Riechgruben schon überall deutlich abgegrenzt.

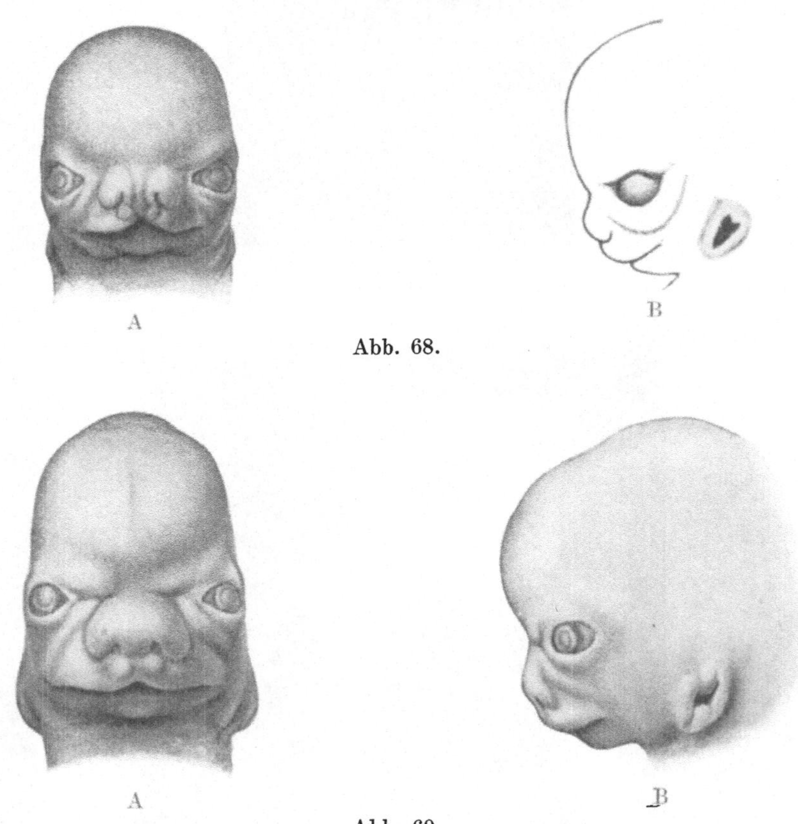

Abb. 68.

Abb. 69.

Abb. 68 u. 69. Gesichter menschlicher Embryonen aus dem 2. Embryonalmonat in 5 maliger
Vergrößerung. — Abb. 68 von einem 15 mm langen, Abb. 69 von einem 18 mm langen
Embryo. A von vorn, B von der linken Seite gesehen. — Nach G. Retzius (1904) aus
Broman (1911).

Hand in Hand mit der Vertiefung der Riechgruben werden ihre Ränder
wulstig vorgetrieben und stellen die oberen Gesichtsfortsätze oder die
Nasenfortsätze dar (Abb. 67).

Wir unterscheiden einen unpaaren, anfangs breiten, medialen Nasenfortsatz, der sich zwischen den beiden Riechgruben befindet und zwei laterale
Nasenfortsätze, die sich zwischen den Nasengruben und den Augenanlagen
ausbreiten.

Zu den Gesichtsfortsätzen gehören auch noch die beiden Oberkieferfortsätze, die sich von dem Mandibularbogen abgezweigt haben und mit

ihren freien Enden medialwärts hervorwachsen, bis sie den medialen Nasenfortsatz erreichen und mit diesem verwachsen. Durch diese Verwachsung, die bei
etwa 15 mm langen Embryonen stattfindet, wird die Oberlippe gebildet. —
Schon vorher verwächst der obere Rand jedes Oberkieferfortsatzes mit dem
lateralen Nasenfortsatz der betreffenden Seite.

Unmittelbar nach der Verwachsung der Gesichtsfortsätze sind ihre ehemaligen Grenzen noch durch Rinnen markiert. So trennt jederseits eine
Tränennasenrinne den Oberkieferfortsatz vom lateralen Nasenfortsatz und
eine primitive Gaumenrinne den Oberkieferfortsatz vom medialen Nasenfortsatz. Diese Rinnen verschwinden aber bald, und zwar nach Peter (1913)
einfach dadurch, daß das unterliegende Gewebe relativ stark an Masse zunimmt,
so daß die Furchen flacher und flacher werden und zuletzt völlig verstreichen.
In ähnlicher Weise verschwindet eine untere, mediane Rinne des medialen
Nasenfortsatzes, die diesem Gesichtsfortsatz anfangs ein paariges Aussehen
verleiht (vgl. Abb. 67 und 68 A).

Gleichzeitig mit den oben beschriebenen Verwachsungen der Gesichtsfortsätze vertiefen sich die beiden Riechgruben zu den Riechsäcken. Diese
stellen Blindsäcke dar, deren Mündungen, die Nasenlöcher, einander immer
näher rücken. Eine äußere Nase ist noch nicht zu erkennen. Die Anlage
derselben wird zuerst nach oben abgegrenzt, und zwar dadurch, daß (bei etwa
15 mm langen Embryonen) eine quere Furche die zukünftige Nase von der
Stirnwölbung scheidet. Bald nachher wird auch die Nasenspitze als breite
flache Erhabenheit zwischen und über den (noch nach vorn gerichteten) Nasen-
löchern markiert. Die Nasenspitze und die obere Grenzfurche der Nase liegen
einander noch sehr nahe, so daß ein eigentlicher Nasenrücken nicht vorhanden
ist. Ein solcher kann erst bei 20 mm langen Embryonen erkannt werden. Erst
zu dieser Zeit beginnt auch eine seitliche Abgrenzung der Nase durch die nur
noch schwache Nasolabialfurche zu entstehen. Auch nach unten ist die Nase
noch schwer von der Umgebung abzugrenzen. Die anfangs offenen Nasenlöcher
werden bei etwa 20 mm langen Embryonen von Epithelmassen verstopft (vgl.
Abb. 65).

Vor allem dank der Ausbildung der Nase und der Oberlippe wird das Gesicht
schon am Ende des zweiten Embryonalmonats menschenähnlich (Abb. 70).
Dazu trägt auch noch bei, daß sich die Mundöffnung durch Verwachsung
von Ober- und Unterlippe schon verkleinert hat, und daß die Augenlider
angelegt sind, so daß sich die Augen deutlicher markieren. Die Augen
liegen aber zu dieser Zeit noch relativ sehr weit voneinander entfernt und
nehmen am Kopfe eine seitliche Stellung ein.

Anfang des zweiten Embryonalmonats sind die Augen äußerlich nur undeutlich
zu erkennen (vgl. Abb. 53). Bei etwa 5 mm langen Embryonen ist zwar
jederseits eine oberflächliche Linsengrube vorhanden. Diese wandelt sich
aber bald in eine Linsenblase um, die sich unter der Hautoberfläche ver-
senkt. Bei etwa zentimeterlangen Embryonen wird die Pigmentierung
des Augenbechers so stark, daß sie von außen her zu erkennen ist. Von
nun ab ist also die Lage der Augenanlagen deutlich (Abb. 55). Noch deutlicher wird sie aber — wie erwähnt — wenn bei etwa 20 mm langen
Embryonen die Augenlider als bogenförmige Hautfalten angelegt werden.

Auch das äußere Ohr wird während des zweiten Embryonalmonats angelegt. — Wenn bei 5—10 mm langen Embryonen die übrigen Kiemenfurchen
verschwinden, bleibt die erste Kiemenfurche zum großen Teil als äußere
Ohröffnung bestehen. Sowohl auf dem Mandibularbogen wie auf dem Hyoidbogen differenzieren sich je drei Höckerchen, die Ohrhügel oder Aurikular-
höcker, die die Ohröffnung begrenzen. — Um die oberen Ohrhügel herum bildet

sich (bei 10—12 mm langen Embryonen) eine niedrige Hautfalte, die sog. Ohrfalte, in welche bald die beiden oberen Höckerchen des Mandibularbogens
aufgehen (vgl. Abb. 55—57).

Aus diesen beiden Höckerchen und der sich hinten relativ stark vergrößernden
Ohrfalte beginnt die Helix sich zu bilden. Die Anthelix wird fast gleichzeitig
von den beiden oberen Höckerchen des Hyoidbogens gebildet. Aus dem persistierenden unteren Höckerchen desselben Bogens entsteht der Antitragus

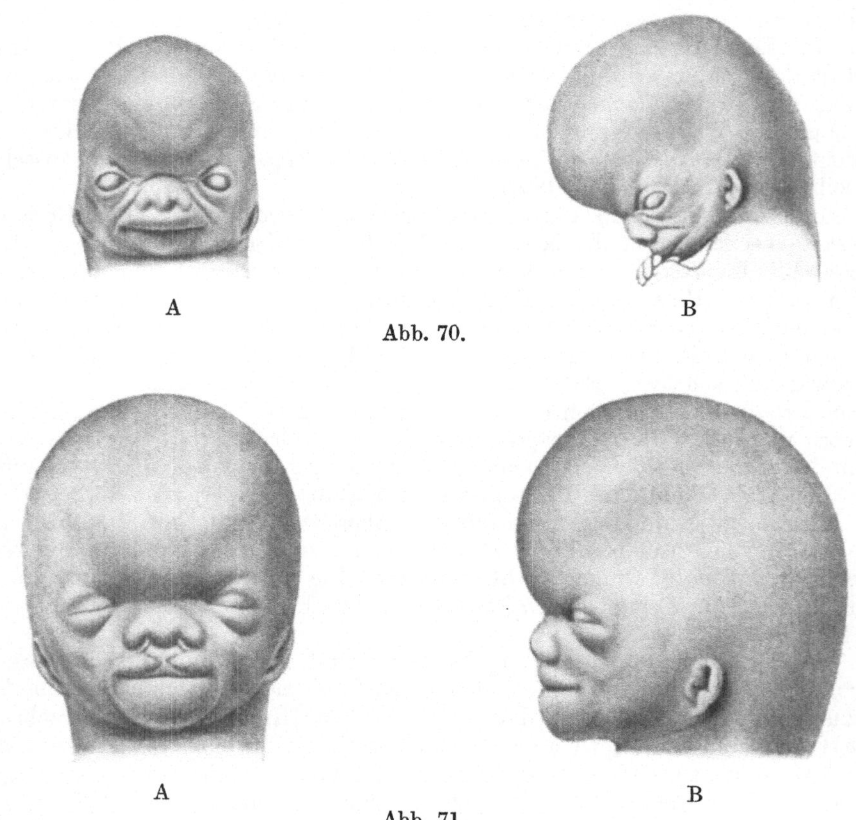

Abb. 70 u. 71. Gesichter menschlicher Embryonen aus dem Ende des 2. und dem Anfang
des 3. Embryonalmonats in 2,5 maliger Vergrößerung. Abb. 70 von einem 25 mm langen
und Abb. 71 von einem 42,5 mm langen Embryo. Nach G. Retzius (1904) aus
Broman (1911).

und aus dem ebenfalls persistierenden unteren Höckerchen des Mandibularbogens der Tragus. Ende des zweiten Embryonalmonats sind schon alle diese
Teile der Ohrmuschel zu erkennen (Abb. 70).

Das Ohrläppchen entsteht erst viel später und zwar als Verdickung des
hinteren, unteren Endes der Ohrfalte. Die Ohrfalte, die sich bei den Säugetieren im allgemeinen stark entwickelt, zeigt beim menschlichen Embryo nur
ein schwaches Wachstum. Etwa in der Mitte seines Randes entsteht aber
auch beim Menschen vorübergehend eine Ohrspitze (die sog „Darwinsche
Spitze"), die unter Umständen zeitlebens persistiert.

Formentwicklung des Menschen während des 3. bis 10. Embryonalmonats.

Anfang des dritten Embryonalmonats ist der Embryo deutlich als werdender Mensch zu erkennen, obwohl seine Extremitäten noch die für ein Vierfüßlersäugetier charakteristische Stellung einnehmen. Von dieser Zeit ab wird der Embryo auch Fetus [1] benannt.

Während des dritten Monats wächst der menschliche Embryo sehr beträchtlich. Seine Scheitelsteißlänge nimmt während dieser Zeit von 3—7 cm zu. Die Totallänge desselben ist am Ende des Monats nicht weniger als 9 cm. Während dieses Monats nehmen fast alle Körperteile, im großen gesehen, die definitiven fetalen Proportionen an. Nur der Kopf bleibt relativ groß, während umgekehrt Beckenteil und Beinanlagen relativ klein bleiben.

Die ganze Hirnkapsel bleibt hoch und groß. Auch die Stirnpartie des Gesichtes bleibt recht hoch und hervorragend. — Die Augen, früher lateralwärts gerichtet, werden jetzt allmählich nach vorn gekehrt, Hand in Hand damit, daß die betreffende Gesichtspartie breiter wird. — Die Augenlidfalten werden gleichzeitig immer höher; zuletzt (bei etwa 4 cm langen Embryonen) begegnen sich die freien Ränder des Ober- und des Unterlides und bald nachher verwachsen sie epithelial miteinander. Die so entstandene epitheliale Verklebung der Lidränder bleibt monatelang bestehen und während dieser Zeit wird die Lidspalte nur durch eine Lidfurche markiert.

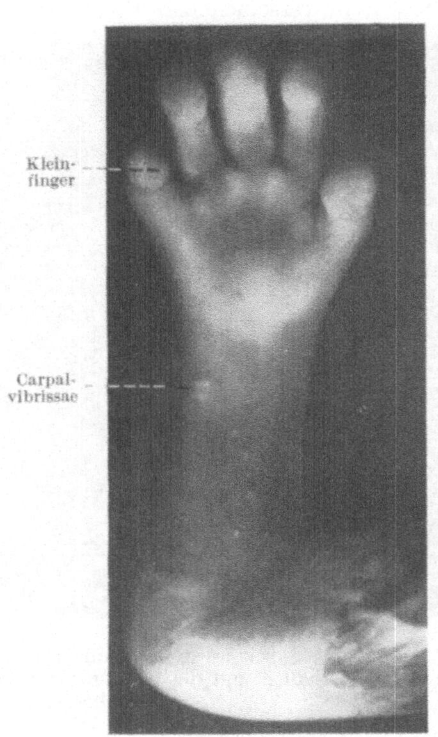

Abb. 72. Rechter Arm eines 28,5 mm langen menschlichen Embryos, die Anlagen der Carpal-vibrissae und der Unterarmtasthaare zeigend. — Vergrößerung: 8 mal. — Nach Broman (1920).

Rudimentäre Tasthaaranlagen treten vorübergehend als punktförmige Epidermisverdickungen sowohl an den Extremitäten (Abb. 72 u. 73), in der Augenbrauengegend und an der Oberlippe wie — wenn auch später — an der Unterlippe und an der Nase auf. Bald nachher erscheinen auch die ersten Lanugohaaranlagen in der oberen Stirngegend.

Das äußere Ohr, welches anfangs etwa in der dorsalen Verlängerung des Unterkiefers lag, erfährt eine relative Verschiebung nach oben, so daß es Ende des dritten Monats in der Höhe des Oberkiefers zu liegen kommt.

Die Form des Rumpfes wird während dieses Monats relativ schlanker. Die

---

[1] Wie v. Bardeleben mehrmals hervorgehoben hat, ist es unrichtig „Foetus" oder „Fötus" zu schreiben. Das Wort ist mit dem lateinischen Verbum feo (ich erzeuge) verwandt.

Leberregion buchtet weniger stark hervor. Der physiologische Nabelbruch (vgl. Abb. 74 u. 76) wird (bei 3—5 cm langen Embryonen) in die
Bauchhöhle reponiert. Der Beckenteil des Rumpfes vergrößert sich relativ
schwach.

Die letzten Reste des Schwanzfadens verschwinden schon Anfang des dritten
Monats (bei 3—4 cm langen Embryonen). Auch die basale, dickere Schwanzpartie verschwindet während dieses Embryonalmonats, indem die Schwanzwirbeln II—V ventralwärts stark umbiegen und sich dadurch gleichsam unter
die Körperoberfläche versenken (D. Holmdahl, 1918).

Die äußeren Geschlechtsteile beginnen sich bei den verschiedenen
Geschlechtern in verschiedenen Richtungen hin zu differenzieren. Schon bei

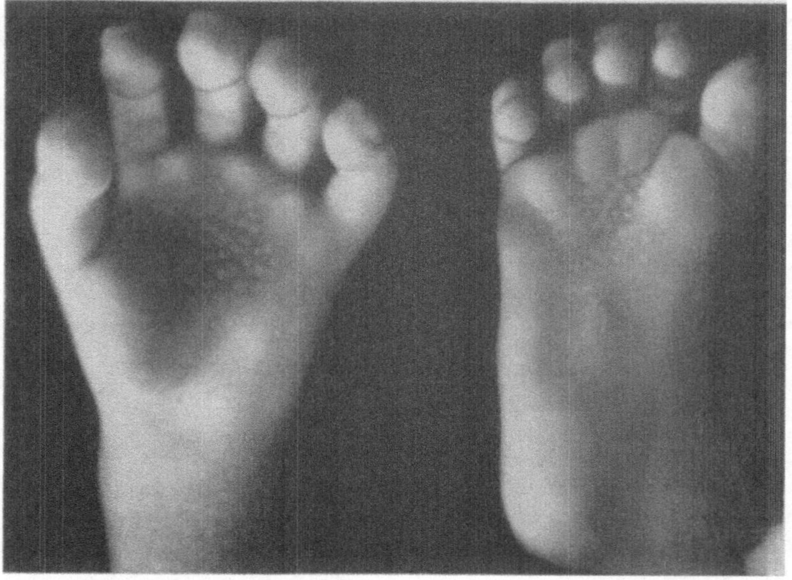

Abb. 73. Hand und Fuß eines 47 mm langen menschlichen Embryos (in 10 maliger Vergrößerung) die Tastballen und die temporären Haaranlagen (?) der Volar- bzw. Plantar-
fläche zeigend.

5 cm langen Embryonen ist deshalb eine Geschlechtsdiagnose auf Grund äußerer
Untersuchung möglich.

Die oberen Extremitäten wachsen im dritten Embryonalmonat so stark
zu, daß sie schon am Ende dieses Monats ihre für das Fetalleben geltende
relative Länge (relativ zur Körperlänge) erreichen. Die Handanlage wird
relativ länger und dadurch immer mehr menschenhandähnlich. Dazu trägt
auch bei, daß die Nagelanlagen schon bei etwa 3 cm langen Embryonen
durch seichte Furchen abgegrenzt werden, und daß die Tastballen Ende des
Monats wieder zurückgebildet werden.

Die unteren Extremitäten bleiben während des dritten Embryonalmonats in der Entwicklung den oberen Extremitäten nach. Die Zehenanlagen
sind Anfang dieses Monats noch fächerförmig ausgespreizt (Abb. 75), nähern
sich aber bald aneinander, so daß sie (bei etwa 5 cm langen Embryonen) eine
mehr parallele Lage einnehmen. Die Nagelanlagen der Zehen werden bei
etwas mehr als 4 cm langen Embryonen durch Furchen deutlich abgegrenzt.
In der zweiten Hälfte des dritten Monats verlängert sich die Fußanlage relativ

stark. Der Fußrücken wird hierbei relativ niedriger und der ganze Fuß nimmt eine
Gestalt an, die derjenigen des ausgebildeten Fußes recht nahe kommt.

Im vierten Embryonalmonat vergrößert sich der menschliche Embryo,
so daß er Ende desselben eine Scheitelsteißlänge (Sitzhöhe) von etwa 12 cm
und eine Totallänge (Standhöhe) von etwa 16 cm besitzt. — Während dieses
Monats beginnen individuelle Verschiedenheiten bei verschiedenen
Embryonen derselben Größe (sogar bei Zwillingen) deutlich aufzutreten. Die
Haut wird fester und rosengefärbt. Zuletzt beginnen in der unteren Stirngegend kurze, farblose Härchen hervorzusprossen.

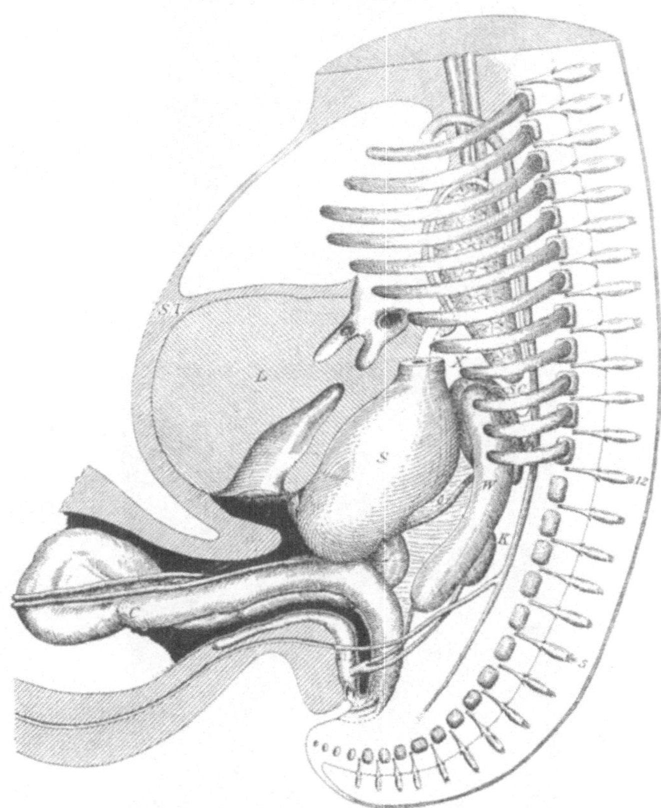

Abb. 74. Rekonstruktionsmodell der rechten Rumpfhälfte eines 17 mm langen mensch-
lichen Embryos (in 16maliger Vergrößerung). Nach Mall (1897) aus Broman (1911). —
C. Coecum; K. Niere; L. Leber; S. Magen; S. T. Septum transversum; S. C. Nebenniere;
W. Urniere; I und 12 Ganglion spinale thoracale 1 bzw. 12; 5 Ganglion spinale lumbale 5.

Die Nasenlöcher werden jetzt (oder im fünften Embryonalmonat) wieder
offen, indem die sie ausfüllenden Epithelpfropfen zugrunde gehen. — Die Entfernung zwischen den medialen Augenlidwinkeln ist noch relativ sehr groß und
das ganze Gesicht erscheint sehr breit. — Die „Tastballen" der Extremitäten
erleiden eine deutliche Rückbildung. — Der Nabelstrang inseriert noch relativ
weit kaudal, und zwar unmittelbar oberhalb der Symphysengegend.

Ende des 4. Embryonalmonats enthält der menschliche Embryo nach Aron
(1913) 91,3% Wasser, 0,5% Fett, 5,2% Eiweiß und 0,99% Asche.

Auch im fünften Embryonalmonat wächst der Embryo relativ schnell.
Ende dieses Monats beträgt seine Scheitelsteißlänge etwa 20 cm und seine

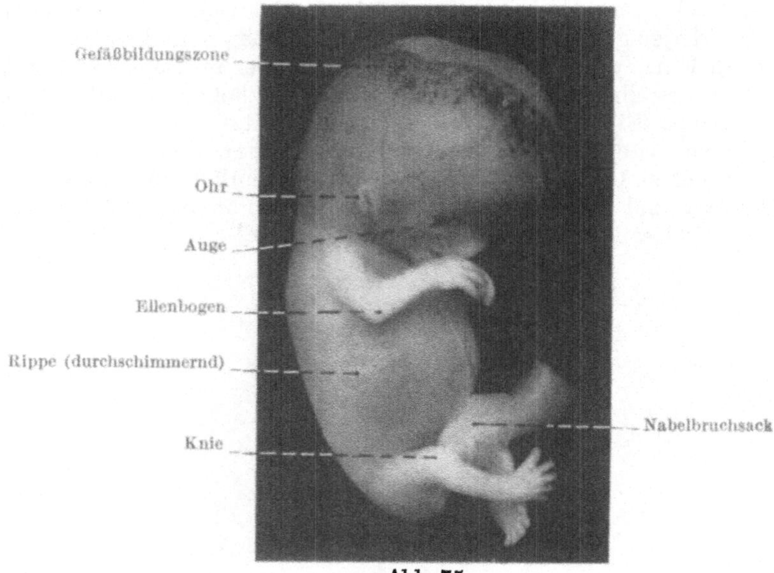

Abb. 75.

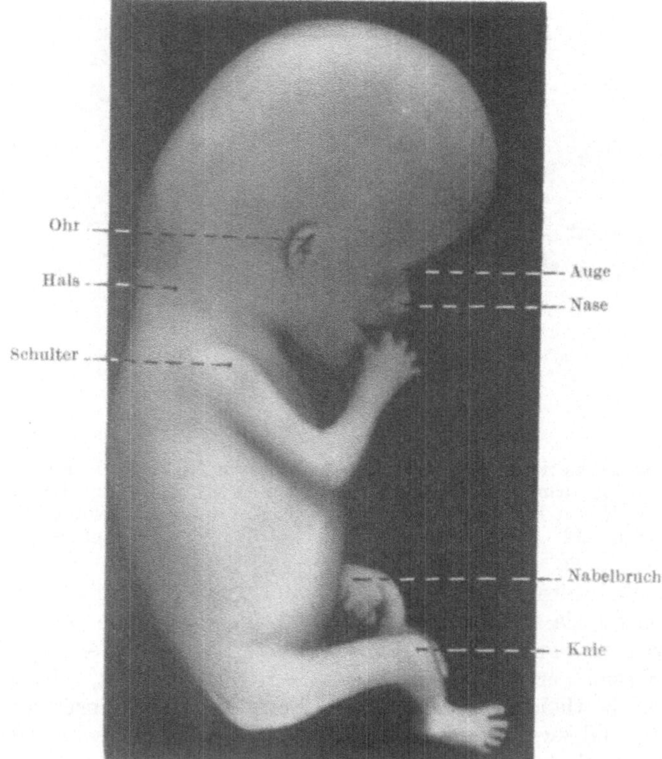

Abb. 76.

Abb. 75 u. 76. Menschliche Embryonen aus dem Anfang des 3. Embryonalmonats. — Vergrößerung: 2 mal. — Abb. 75 von einem 31 mm langen und Abb. 76 von einem 47 mm langen Embryo.

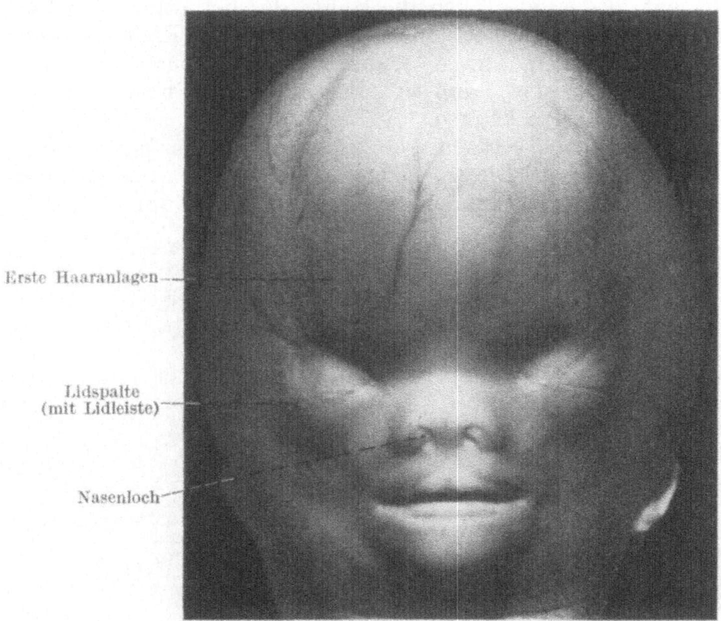

Abb. 77.

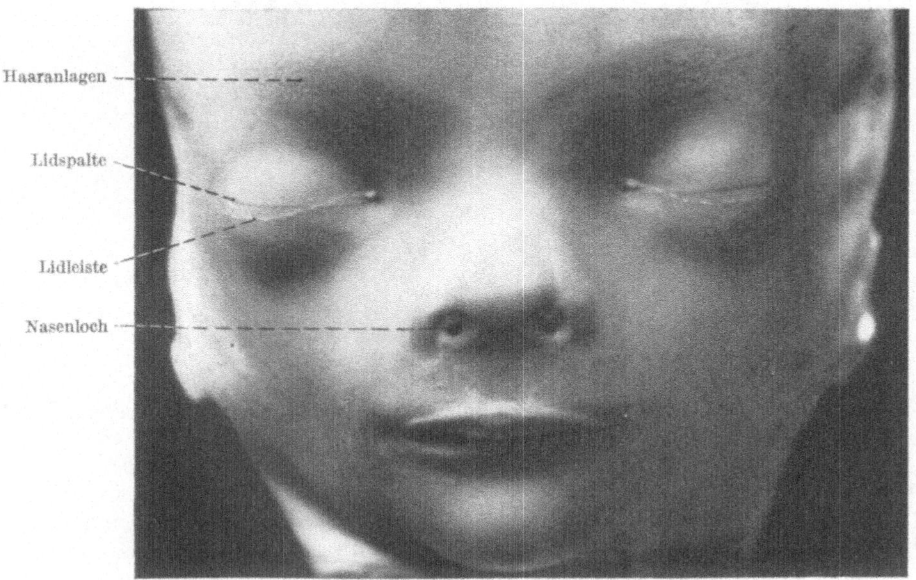

Abb. 78.

Abb. 77 und 78. Gesichter menschlicher Embryonen in 4 maliger Vergrößerung. — Abb. 77 von einem 4,6 cm langen (Sch.-St.-L.) und Abb. 78 von einem 13 cm langen (Totallänge) Embryo. — Nach Broman (1919).

Totallänge etwa 25 cm. Wenn der Embryo die erste Hälfte des Intrauterinlebens zugebracht hat, hat er also auch die Hälfte der definitiven Fetallänge
erreicht. — Sein Gewicht ist aber noch relativ sehr klein. Am Ende des fünften
Monats beträgt dasselbe nur $^1/_2$ kg. — Während dieses Monats werden die
Bewegungen des Embryos so stark, daß sie (als sog. „Kindsbewegungen")
von der Mutter erkannt werden können.

Fast überall an Rumpf und Extremitäten treten in diesem Monat wollige,
feine Härchen (Lanugo) auf. — Die am weitesten entwickelten der inzwischen
in Zusammenhang mit den Härchen entstandenen Talgdrüsen beginnen

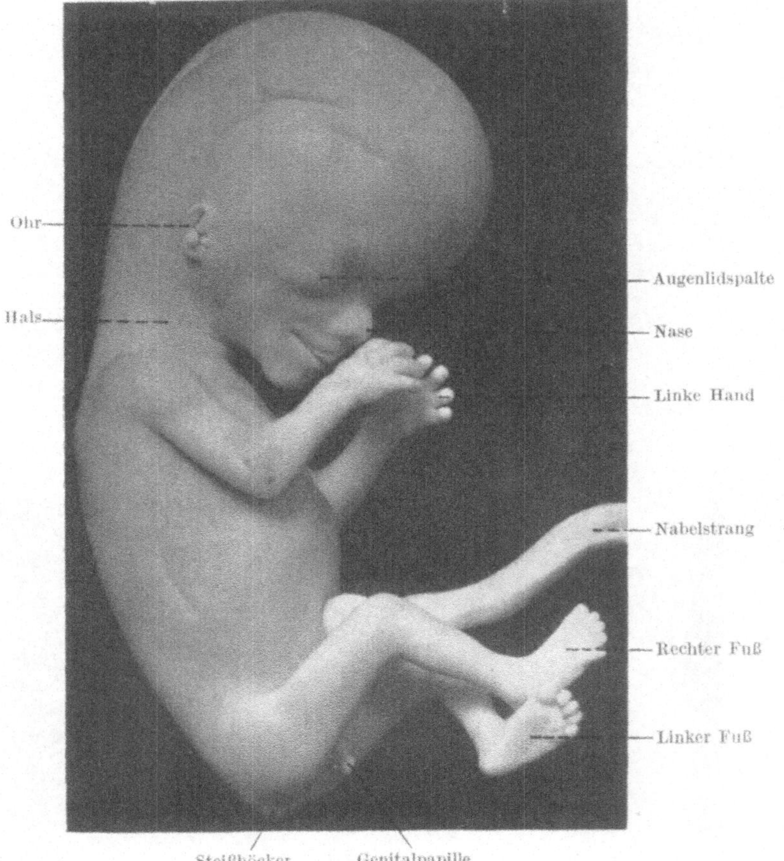

Abb. 79. Menschlicher Embryo (in 2 maliger Vergrößerung) aus dem Ende des 3. Embryonalmonats (63 mm lang [Sch.-St.-L.]).

jetzt Sekret abzusondern, das sich mit abgestoßenen Epidermiszellen zu
einer schmierigen, weißgelblichen Masse, dem sog. „Käsefirnis" (Vernix
caseosa) oder der „Fruchtschmiere" mischt. Von dieser Vernix caseosa wird
aber die Haut während des fünften Embryonalmonats nur dünn und an einzelnen
Stellen bedeckt. — Die untere Partie der vorderen Bauchwand (zwischen
Nabelstranginsertion und Symphyse) beginnt sich zu bilden. — Die unteren
Extremitäten verlängern sich relativ stark. Hervorzuheben ist aber, daß
die Länge der unteren Extremitäten noch lange derjenigen der oberen Extremitäten nachbleibt.

Während der zweiten Hälfte des intrauterinen Lebens verlängert sich der menschliche Embryo monatlich etwa 5 cm. Ende des sechsten Monats beträgt also die Totallänge des Embryos 30 cm, Ende des siebten Monats 35 cm, Ende des achten Monats 40 cm, Ende des neunten Monats 45 cm und Ende des zehnten Monats 50 cm. — Das Gewicht des Embryos nimmt während derselben Zeit monatlich mit etwa $1/_2$ Kilo, also verhältnismäßig viel stärker als die Länge, zu.

Im sechsten Monat wird die Haut des Embryos runzelig und und mattrot. Die Haare werden dunkler und stärker ausgebildet. Augenbrauen und Augenhaare werden deutlich. Die untere Partie der vorderen Bauchwand wird höher. Kopf und Gesicht beginnen schon die kindische Form anzunehmen.

Im siebten Embryonalmonat beginnt die subkutane Fettschicht aufzutreten. Der ganze Embryo wird hierbei dicker und die Hautrunzeln verschwinden. — Das Haarkleid wird am Kopfe reichlich. — In diesem Monat lösen sich die epithelialen Verklebungen der Augenlidränder. — Am Ende dieses Monats geboren, kann das Kind unter günstigen Verhältnissen fähig sein, extrauterin fortzuleben. Zu dieser Zeit enthält es nach Aron (1913) 83,2% Wasser, 2,6% Fett, 10,8% Eiweiß und 2,65% Asche. — Die seit dem 4. Embryonalmonat stattgefundene beträchtliche Prozentzunahme der anorganischen Salze erklärt sich natürlich durch die starke Ausbildung des Knochengewebes während dieser Zeit.

Während des achten und des neunten Embryonalmonats nimmt die subkutane Fettschicht an Dicke zu. Die Haut nimmt eine helle Fleischfarbe an und die Vernix caseosa tritt über die ganze Körperoberfläche auf.

Während des zehnten Embryonalmonats wird der Körper noch dicker und rundlicher, dank der fortgesetzten Ablagerung von subkutanem Fett. — Die Haut wird bleicher und mehr weißlich. Die Kopfhaare werden reichlicher und länger. Die langen Lanugohärchen des Körpers beginnen dagegen abzufallen. — Am Ende der Gravidität hat sich die untere Bauchpartie des Embryos so stark entwickelt, daß die Nabelstranginsertion an der vorderen Bauchwand jetzt fast zentral liegt. — Die untere Extremität hat sich verlängert aber noch nicht ganz die Länge der oberen Extremität erreicht.

Nach Aron (1913) enthält der Körper jetzt 74% Wasser, 9,1% Fett, 11,8% Eiweiß und 2,55% Asche.

Mißbildungen der äußeren Körperform.

Solche Mißbildungen können entweder das ganze Individuum oder aber nur einzelne Teile desselben betreffen. In beiden Fällen bekommen die Individuen durch die abnorme Entwicklung entweder ein „zu wenig" (Monstra per defectum), ein „zu viel" (Monstra per excessum) oder etwas ganz „Anderartiges" d. h. der Norm Fremdartiges (Monstra alienantia).

Zu den Exzessen rechnen wir nicht nur die Riesenbildungen, sondern auch die Doppel- und Mehrfachbildungen sowie die Einzelmißbildungen mit überzähligen Körperteilen.

Doppel- und Mehrfachbildungen.

Von der letztgenannten Gruppe unterscheiden sich die Doppelbildungen dadurch, daß sie entweder zwei ganze Körperachsen oder wenigstens in irgendwelchem Teil doppelte Körperachsen besitzen.

Die Doppelbildungen werden in freie und zusammenhängende Doppelbildungen gesondert. Im ersten Falle beschränkt sich die Verbindung der beiden Individualteile darauf, daß diese gemeinsames Chorion, gemeinsame Plazenta und evtl. auch gemeinsames Amnion besitzen. In zweiten Falle sind die beiden Individualteile miteinander direkt verbunden. In beiden Fällen können sie entweder gleichmäßig (symmetrisch) oder ungleichmäßig (asymmetrisch) entwickelt sein.

I. Freie Doppelbildungen (eineiige Zwillinge).

Wenn diese symmetrisch sind, werden sie beide normal entwickelt und gehören also nicht zu den Mißbildungen. Sie standen aber während ihrer Entwicklung anfangs an der Grenze zwischen dem Normalen und dem Abnormen.

Die beiden Individuen eines solchen Zwillingspaares sind stets gleichen Geschlechts und einander in der Regel sehr (oft zur Verwechselung) ähnlich; was natürlich davon herrührt, daß sie identische Erbmassen haben. — Solche Zwillinge haben nicht, wie die zweieiigen Zwillinge, vollständig getrennte Gefäßgebiete, sondern ihre Gefäße stehen in der gemeinsamen Plazenta miteinander durch mehr oder weniger große Anastomosen in direkter Verbindung.

Diese Gefäßverbindung der eineiigen Zwillinge kann für den einen Zwilling leicht verhängnisvoll werden, indem sie zu Störungen der Zirkulation und der Ernährung des einen Zwillings führen kann. Der letztgenannte bleibt dann in der Entwicklung nach. Nicht selten stirbt er ab und wird von dem überlebenden Zwilling plattgedrückt („Fetus papyraceus"). War der eine Zwilling von Anfang an kleiner als der andere und mehr oder weniger defekt, so führt die Gefäßverbindung nicht selten dazu, daß sich der defekte Zwilling trotzdem weiter entwickelt, und zwar dies sogar, wenn ihm Herz und andere sonst lebenswichtige Organe fehlen (sog. Akardie). Der Kreislauf des mißgebildeten Zwillings wird nämlich dann von dem Herzen des normalen Zwillings besorgt.

II. Zusammenhängende Doppelbildungen (Doppelmonstra).

Auch diese können sowohl symmetrisch wie asymmetrisch ausgebildet sein. In beiden Fällen können die Individualteile entweder 1. mit ihren unteren oder 2. mit ihren mittleren oder aber 3. mit ihren oberen Stammpartien miteinander verbunden sein.

Symmetrische Doppelmonstra werden oft „siamesische Zwillinge" genannt, speziell wenn ihre Stammpartien nur eine mittlere Vereinigung zeigen. Auf diese Weise waren nämlich die bekannten siamesischen Zwillinge Chang und Eng Bunker miteinander verbunden, die sich voriges Jahrhundert fast überall für Geld zeigten und ein hohes Alter (63 Jahre) erreichten. Aus ihrem romantischen Schicksal sei hier noch erwähnt, daß sie ein nicht unansehnliches Kapital aus ihrem Unglück (durch Schaustellung) schlugen, dafür je ein Landhaus in Amerika kauften und, nachdem sie sich mit zwei Schwestern verheiratet hatten, alternierend beieinander nolens volens als Gäste wohnten. Sie wurden Väter von je neun normalen Kindern. — Chang starb 1874 an Lungenentzündung und der bis dann gesunde Eng folgte ihm nach etwa zwei Stunden in den Tod.

Bei den symmetrischen Doppelmonstra ist nur der eine Individualteil vollständig entwickelt. Derselbe wird Autosit genannt. Der andere ist mehr oder weniger unvollständig, hängt dem Autositen wie eine Geschwulst an und wird von diesem ernährt. Er wird daher Parasit genannt.

Über die Lebensfähigkeit der Doppelmonstra läßt sich folgende allgemeine Aussage treffen: Ordnen wir die Doppelbildungen in eine Reihe, an deren einem Ende die eineiigen, symmetrischen Zwillinge, an deren anderem Ende dagegen die schwulstähnlichen, parasitären Doppelmißbildungen stehen, so können wir sagen, daß je näher eine Doppelbildung einem dieser beiden Enden steht, desto wahrscheinlicher ist ihre Lebensfähigkeit. Von den symmetrischen Doppelbildungen darf also die beste Prognose denen gestellt werden, bei welchen die beiden Individualteile je für sich möglichst vollständig ausgebildet sind. Gewissermaßen umgekehrt herrscht dagegen bei den asymmetrischen Doppelbildungen die Regel, daß der Parasit die Lebensfähigkeit des Autositen (und hiermit auch diejenige der ganzen Doppelbildung) um so weniger beeinträchtigt, je weniger vollständig er ausgebildet ist.

Lange hat man darüber gestritten, ob die zusammenhängenden Doppelbildungen durch Verwachsung von ursprünglich freien Individualteilen oder durch Spaltung einer ursprünglich einfachen Anlage entstehen. Die experimentellen Untersuchungen unserer Zeit haben aber gezeigt, daß beide Entstehungsmodi möglich sind. In der Regel entstehen indessen — wenigstens bei den Amnioten — die Doppelmonstra durch unvollständige Trennung einer anfangs einheitlichen Anlage. Man sollte also im allgemeinen nicht von verwachsenen, sondern von unvollständig getrennten Zwillingen sprechen.

Betreffs der Entstehungsursache der Doppelbildungen (und der Mehrfachbildungen überhaupt) läßt sich auf Grund unserer jetzigen Kenntnisse folgendes sagen.

Die Doppelbildungen können sicher durch äußere Ursachen hervorgerufen werden. Das beweisen zur Genüge zahlreiche Tierexperimente, wodurch Doppelbildungen in verschiedener Weise — sowohl durch mechanische wie durch thermische oder chemische Eingriffe — aus einfachen Eiern hervorgebracht wurden. Sie können aber auch auf inneren Ursachen beruhen. Das beweisen die Beobachtungen an Gürteltieren, bei welchen regelmäßig mehrere Embryonen aus jedem Ei entstehen (Fernandez, 1909). — Wahrscheinlich werden aber die Doppelbildungen in der Regel beim Menschen nicht durch innere Ursachen hervorgerufen. Denn von einer Erblichkeit dieser Mißbildungen kennen wir beim Menschen noch keine Beispiele. Die Mehrzahl der menschlichen Doppelbildungen entsteht wahrscheinlich aus normalen, einfachen Eiern durch äußere Ursachen (z. B. Fieber oder chemische Veränderungen der Einahrung, wenn die Eileiter bzw. Uterusschleimhaut entzündet ist), die die Eier in gewissen frühen Entwicklungsstadien (schon ehe Embryonalplatte und Amnionhöhle gebildet sind) treffen.

Riesen und Zwerge.

Indem wir das normale Wachstum in die normale Entwicklung einbegreifen, rechnen wir auch Riesen- und Zwergwuchs zu den Mißbildungen.

Diese Abweichungen von der normalen Körpergröße hängen entweder von einer abnormen Anzahl der den Körper bildenden Zellen oder von einer abnormen Größe derselben ab. Im letzten Falle wird der Körper normal proportioniert, was dagegen im ersten Falle meistens nicht geschieht. — Die abnorme Körpergröße kann sich entweder schon zur Zeit der Geburt oder erst später zu erkennen geben. Die werdenden Riesen werden jedoch meistens normalgroß geboren.

Die Ursachen der abnormen Körpergröße können entweder innere oder äußere sein. Die inneren Ursachen, die also schon in den betreffenden Geschlechtszellen vorhanden sein müssen, stellen offenbar ein Zuviel bzw. Zuwenig des Anlagematerials dar. Dies hat sich bei niederen Tieren direkt morphologisch nachweisen lassen. Aus Rieseneiern, die durch Verschmelzung von zwei normalgroßen Eiern entstanden sind, entwickelten sich nämlich Riesentiere; und andererseits gingen aus (vor der Befruchtung) kernlosen Eifragmenten oder aus isolierten Furchungszellen Zwerge hervor. — Außerdem können aber auch morphologisch ganz unmerkbare Abnormitäten der Erbmasse zu Riesen- oder Zwergwuchs führen, indem sie Mißbildungen des endokrinen Drüsenapparats veranlassen, die ihrerseits zu abnormer Beschleunigung bzw. Hemmung des Wachstums Anlaß geben.

Als äußere Ursachen kommen bei vielen niederen Tieren schon abnorme Nahrungsverhältnisse in Betracht. Bei Säugetieren und Vögeln scheint dagegen die Ernährung keinen großen Einfluß auf das Größenwachstum auszuüben. Die gute oder schlechte Ernährung zeigt vor allem ihre Wirkung in Fettleibigkeit oder Magerkeit, anstatt in Riesen- oder Zwergwuchs. Eine gewisse Wirkung der Nahrung auf das Größenwachstum kann jedoch auch hier nicht ganz geleugnet werden. Besonders wenn gewisse Vitamine, Aminosäuren usw. in der Nahrung fehlen oder unzureichend sind, kann das Größenwachstum vollständig aufhören. Nach Verbesserung der Nahrung kann aber meistens das versäumte Wachstum bald wieder eingeholt werden.

Wenn die endokrinen Drüsen, die das Wachstum fördern (z. B. Hypophyse, Thyreoidea und Thymus) bzw. hemmen (Geschlechtsdrüsen, Epiphyse), geschädigt werden, so daß sie entweder zu wenig oder zu viel von ihren Hormonen produzieren, so kann — wenn die betreffende Schädigung schon in der Kindheit stattfand — dadurch sowohl Riesen- wie Zwergwuchs hervorgerufen werden.

Nach Abschluß des normalen Wachstums macht sich eine solche Schädigung der endokrinen Drüsen auf die Größenverhältnisse des Körpers im allgemeinen nicht mehr merkbar. Nur die hypertrophische Hypophyse macht davon eine Ausnahme, indem sie ein fortgesetztes Wachstum der Körperspitzen (Akromegalie) veranlaßt.

Sehr bemerkenswert ist, daß, während Hochwuchs und Kleinwuchs innerhalb der normalen Variationsgrenzen der Körpergröße eines Volkes ausgesprochen erblich sind, eine solche Erblichkeit sich weder für die wahren (wohlproportionierten) Riesen, noch für die wahren Zwerge feststellen läßt. Die Nachkommen der allerdings wenigen fortpflanzungsfähigen [1] Riesen bzw. Zwerge dieser Art wurden nämlich alle normalgroß.

Andere Einzelmißbildungen der äußeren Körperform.

Es würde uns hier zu weit führen, die verschiedenen Einzelmißbildungen systematisch zu behandeln [2]. Es sollen daher nur einige solche Mißbildungen herausgegriffen werden, die für das Verständnis der normalen Entwicklung speziell belehrend sind.

Vor allem ist dann an einige Hemmungsmißbildungen zu denken.

---

[1] Die meisten waren steril.

[2] Eine solche einigermaßen vollständige Behandlung der Mißbildungslehre habe ich in meiner Arbeit „Normale und abnorme Entwicklung des Menschen", Wiesbaden 1911 (die demnächst in verbesserter Neuauflage erscheinen wird) gegeben.

Mangelhafte Schließung des Medullarrohres.

Die Verwachsung der Medullarrinnenränder kann ganz oder teilweise ausbleiben. — Bleibt die Schließung des Gehirnrohres vollständig aus, so entwickelt sich gewöhnlich auch die Gehirnsubstanz nur sehr mangelhaft oder gar nicht (sog. Acephalie); und das Schädeldach fehlt (Acranie).

Mangelhafte Schließung des Rückenmarksrohres hindert auch die dorsale Vereinigung der beiden Wirbelbogenhälfte und wird daher Spina bifida genannt.

Mangelhafte Schließung der Gesichtsspalten.

Die embryonalen Gesichtsspalten können alle zeitlebens persistieren, wenn den Gesichtsfortsätzen die zur Verwachsung notwendige Wachstumskraft fehlt, oder wenn Amnionfalten ein mechanisches Hindernis gegen die normale Verwachsung bilden. Die gewöhnlichste Mißbildung dieser Art ist die Lippenspalte oder sog. Hasenscharte, die sich vom Lippenrand neben dem Philtrum bis zu dem einen Nasenloch erstreckt und durch mangelhafte Verwachsung zwischen Oberkieferfortsatz und medialem Nasenfortsatz entsteht. Viel seltener bleibt die schräge Gesichtsspalte zwischen Oberkieferfortsatz und lateralem Nasenfortsatz ebenfalls offen.

In der Ohrgegend oder auf dem Halsgebiet können die Kiemenfurchen teilweise persistieren und zu Halsfisteln oder geschlossenen Schleimzysten Anlaß geben.

Mißbildungen der Extremitäten.

Die normale Entwicklung der Weichteile der Extremitäten scheint von der Entwicklung der Skeletteile derselben sehr stark abhängig zu sein. Denn wenn das Skelett einer Extremität gar nicht zur Entwicklung kommt, bleiben die Weichteile derselben auf dem primitiven Knospenstadium stehen; und wenn die langen Extremitätknochenanlagen kurz bleiben und sich nicht außerhalb des Rumpfes verschieben, entwickeln sich nur die Hand- und Fußplatten zu freien Extremitäten, die dann an Robbenextremitäten erinnern. Diese Mißbildung wird daher Phocomelia genannt.

Die Trennung der Finger bzw. der Zehen voneinander kann ganz oder teilweise unterbleiben (sog. Syndaktylie oder Schwimmhautbildung). — Nicht gerade selten kommen Verkürzungen oder vollständige Defekte der Hand- oder Fußstrahlen vor, und zwar können entweder die Randstrahlen („Randdefekte") oder die Mittelstrahlen („Spalthand", „Spaltfuß") verloren gegangen sein. Solche Mißbildungen sind stark erblich und müssen also ihren Grund in Erbmassenveränderungen haben.

Dasselbe kann mit Überzahl der Hand- bzw. Fußstrahlen der Fall sein. Nicht selten entstehen aber überzählige Finger und Zehen durch äußere Ursachen, z. B. dadurch, daß durch Druck eine Fingeranlage an der Spitze gespalten wird. Jeder Teil der Anlage wandelt sich dann durch Regeneration zu einer ganzen Anlage um. — Nach komplizierten Wunden an jungen Extremitätenanlagen entstehen oft Mehrfachbildungen, weil auf jeder Teilfläche der Wunde — und zwar senkrecht dazu — ein selbständiger Regenerationskegel auszuwachsen pflegt, der sich zu einer vollständigen Hand ausbilden kann.

In dieser Weise hat man bei Amphibien überzählige Zehen experimentell hervorgerufen.

Entstehung der Mund- und Nasenhöhlen.

Unmittelbar nach ihrer Bildung wird die Mundbucht durch eine dünne Epithelhaut, die Rachenhaut (oder Membrana bucco-pharyngea), von dem Vorderdarm getrennt. Bei etwa 2,5—3 mm langen Embryonen reißt aber diese Haut durch, und die Mundbucht verbindet sich nun mit der kranialen Vorderdarmpartie zu einer gemeinsamen Kavität, der primitiven Mundhöhle.

Die primitiven Nasenhöhlen entstehen bei der schon oben (S. 74) beschriebenen Bildung der beiden Riechgruben. Durch die Verwachsung der Nasenfortsätze mit den Oberkieferfortsätzen und miteinander entstehen die Nasenlöcher, die Eingangsöffnungen der primitiven Nasenhöhlen. Gleichzeitig hiermit vertiefen sich die Riechgruben sackartig nach hinten und unten und breiten sich unmittelbar oberhalb des Mundbuchtepithels aus, so daß sie hier nur durch je eine dünne Epithelmembran, die Membrana bucco-nasalis, von der primitiven Mundhöhle getrennt sind. Indem diese Epithelmembrane bei etwa 15—18 mm langen Embryonen ebenfalls durchreißen, entstehen die primitiven Choanen.

Die primitiven Choanen sind kleine Öffnungen, die sich im primitiven Mundhöhlendach unmittelbar hinter dem vorderen Oberkieferrand befinden. Der vordere Oberkieferrand wird daher auch **Primärgaumen** genannt. In den folgenden Entwicklungsstadien verlängern sich die Nasenhöhlen und hiermit auch die primitiven Choane nicht unbeträchtlich nach hinten. Die definitiven Verhältnisse werden jedoch erst dadurch geschaffen, daß der **Sekundärgaumen** gebildet wird und den definitiven Nasenhöhlen eine nicht unbeträchtliche Partie der primitiven Mundhöhle zufügt.

Entstehung des Gaumens.

Die nach der Berstung der **Membranae bucco-nasales** persistierenden Bodenpartien der beiden Riechsäcke stellen — wie schon angedeutet — den **primären Gaumen** dar. An der Bildung desselben nehmen sowohl der mittlere Nasenfortsatz wie die beiden Oberkieferfortsätze teil.

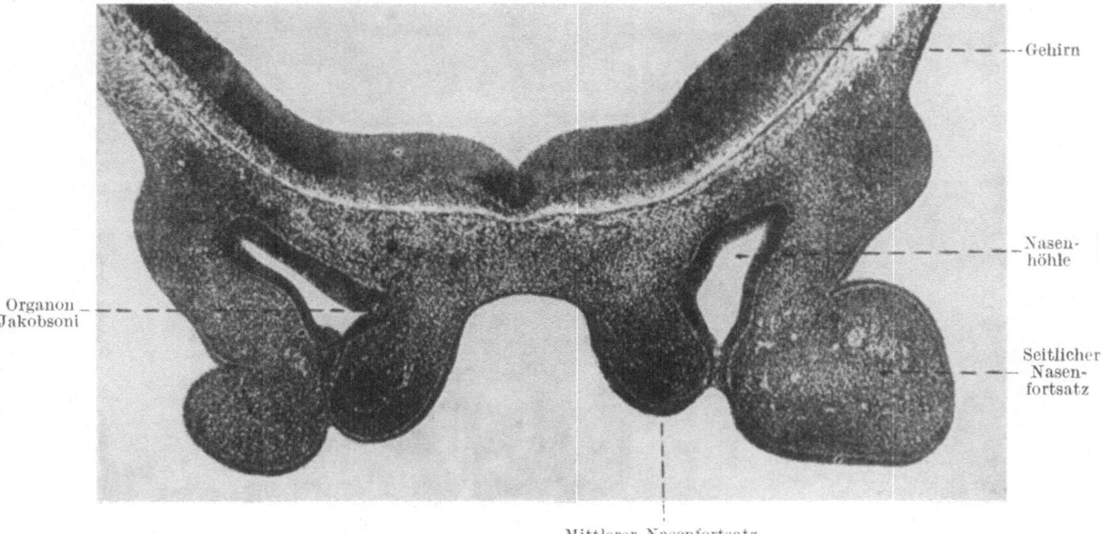

Abb. 80. Frontalschnitt (etwas schräg gefallen) durch die beiden Riechgruben eines 10 mm langen Embryos. — Vergrößerung: 50 mal.

Von den Innenseiten der letztgenannten wächst (bei 9—12 mm langen Embryonen) jederseits ein **Gaumenfortsatz** aus, dessen freier Rand anfangs nach unten gerichtet ist und sich lateralwärts von der Zunge befindet (vgl. Abb. 82). Diese Gaumenfortsätze oder **Gaumenleisten** sind vorne mit dem Primärgaumen verbunden und lassen sich nach hinten-unten bis zur Kehlkopfgegend verfolgen. Etwas hinter der Mitte besitzt (bei 25 mm langen Embryonen) jede Gaumenleiste eine vorspringende Ecke, die paarige Anlage des werdenden **Zäpfchens** (Abb. 83, **Uvulaanlage**).

Bei etwa 25—30 mm langen Embryonen zieht sich die Zunge, welche bisher die mittlere Partie der primitiven Mundhöhle vollständig ausfüllte, nach unten zurück. Gleichzeitig hiermit gelangen die Gaumenleisten über die Zunge hinauf und nehmen eine transversale Lage ein (vgl. Abb. 83). Sie wachsen sich jetzt entgegen und verschmelzen bald sowohl mit der Nasenscheidewand wie unter sich.

Während dieser Entwicklungsperiode steht der untere Rand der Nasenscheidewand vorne viel tiefer als hinten. Er kommt daher vorne viel frühzeitiger als hinten mit dem Sekundärgaumen in Verbindung, und zwar schon
ehe die Gaumenleistenränder einander erreicht haben. Daraus erklärt es sich,
daß die Nasenscheidewand vorne an der Schließung der embryonalen Gaumen-

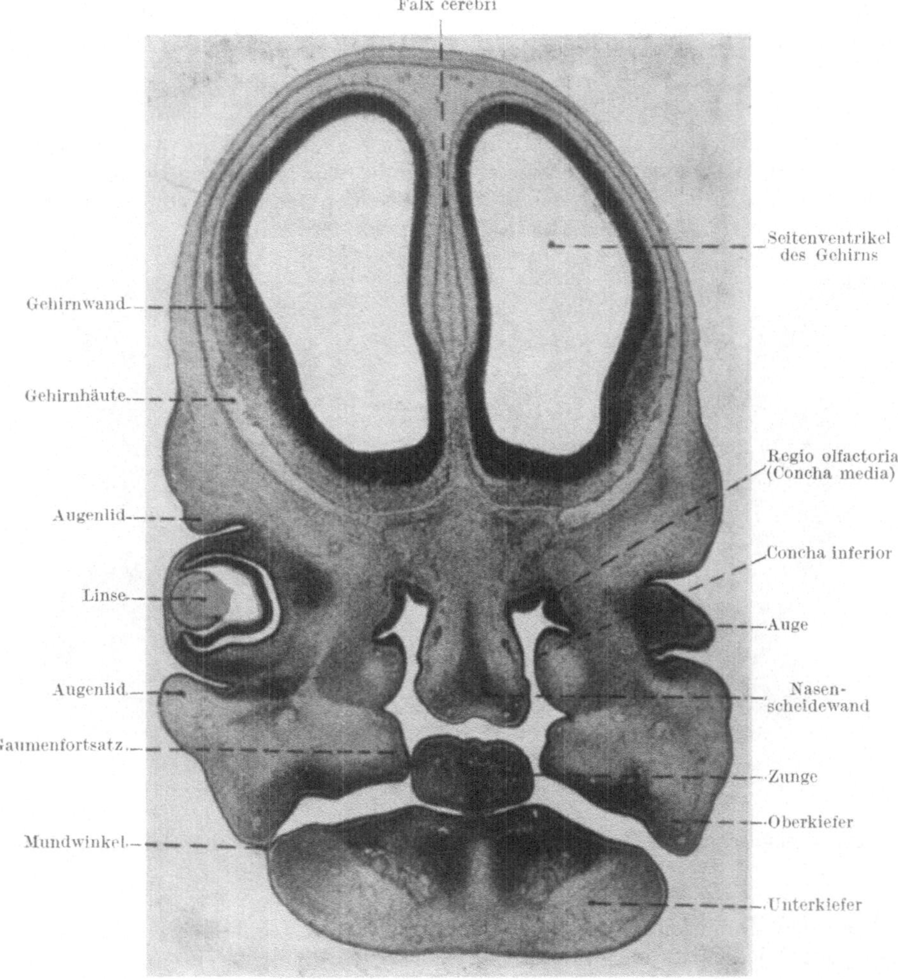

Abb. 81. Frontalschnitt durch den Kopf eines 16,5 mm langen menschlichen Embryos. —
Vergrößerung: 20 mal.

spalte teilnimmt, während sie sich hinten erst sekundär mit dem schon geschlossenen Sekundärgaumen verbindet.

Wenn die Verwachsung der Gaumenleistenränder die paarigen Zäpfchen-
anlagen erreicht haben, hört sie auf. Die hinteren-unteren Partien der beiden
Gaumenleisten bleiben niedrig und bilden sich nur zu den Plicae palato-
pharyngeae (Gaumenschlundfalten) aus.

Die obenerwähnte Verwachsung ist anfangs nur epithelial, wird aber später
fast überall eine mesodermale, indem hineinwachsendes Bindegewebe das

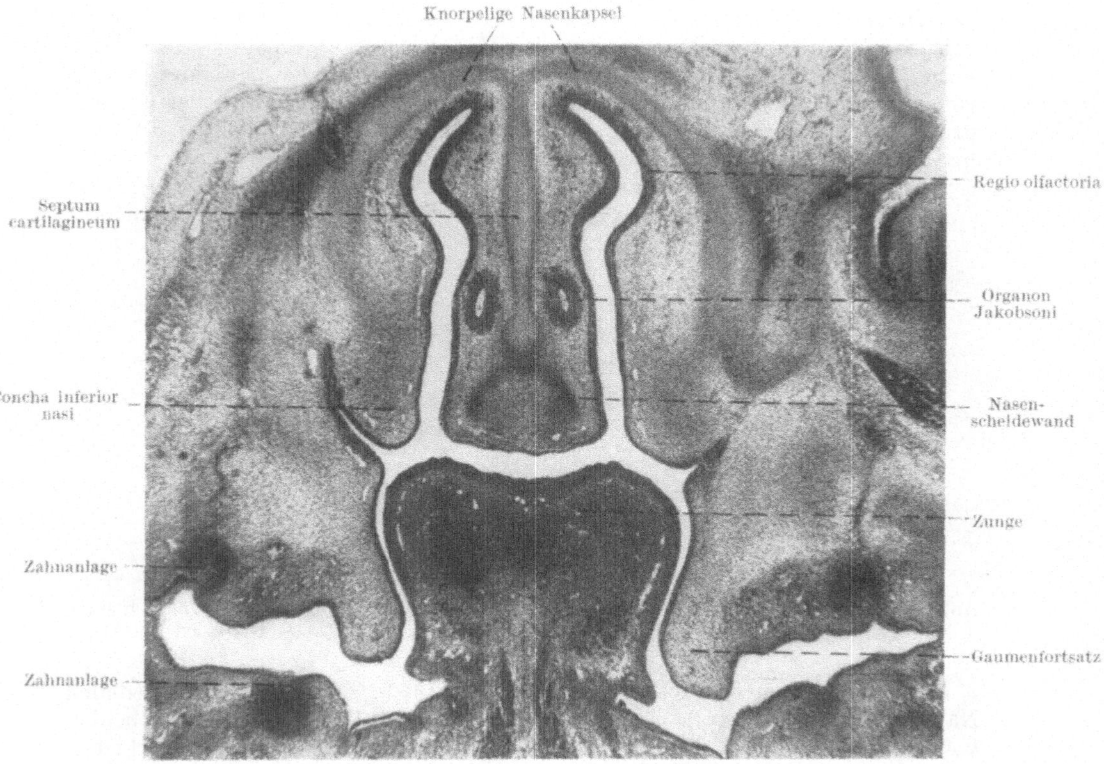

Abb. 82. Frontalschnitt durch die Mund- und Nasenhöhlen eines 21 mm langen menschlichen Embryos. — Vergrößerung: 40 mal.

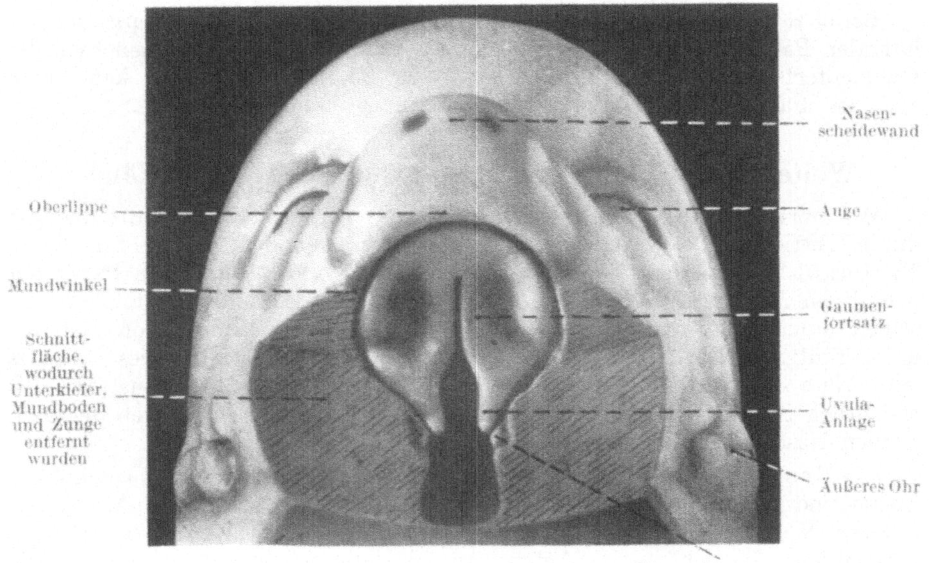

Abb. 83. Rekonstruktionsmodell des Kopfes eines 28 mm langen, menschlichen Embryos. Von unten und vorn gesehen. Nach Peters von Ziegler reproduziertem Modell. — Vergrößerung: 10 mal.

betreffende Epithel zersprengt und vernichtet. Als Reste der Epithelien können
sich jedoch an den Verschmelzungsstellen Epithelperlen erhalten (Leboucq).
Vorn persistiert indessen von den Epithellamellen zu jeder Seite der Nasenscheidewand ein schräg nach innen und unten zur Mundhöhle ziehender Epithelstrang, welcher später vorübergehend ein Lumen bekommt und den Ductus
nasopalatinus incisivus (Stenonis) darstellt.

Der definitive Gaumen wird also gebildet: 1. Aus dem Primärgaumen
(von dem medialen Nasenfortsatz und den beiden Oberkieferfortsätzen stammend);

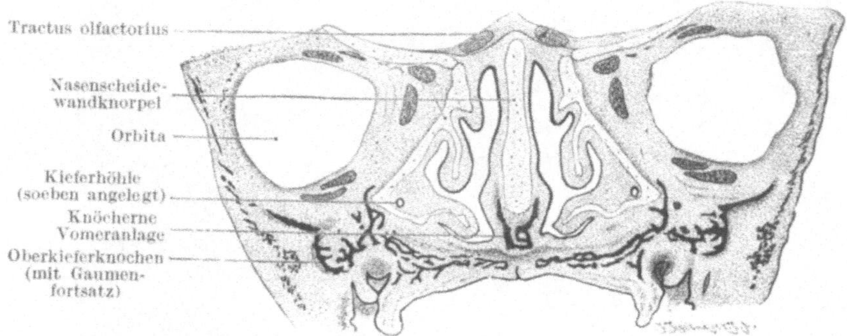

Abb. 84. Frontalschnitt durch das Gesicht eines etwa 15 Wochen alten menschlichen
Embryos. — Vergrößerung: 7mal. — Nach Kallius (1905) aus Broman (1911).

2. aus einer kleinen Randpartie der Nasenscheidewand (von dem medialen
Nasenfortsatz stammend); und zum allergrößten Teil 3. aus den beiden
Gaumenleisten (die ihrerseits von den Medialseiten der beiden Oberkiefer-
fortsätzen ausgewachsen sind).

Als Hemmungsmißbildung bleibt unter Umständen die Gaumenspalte mehr
oder weniger vollständig offen. — Wenn sie vollständig offen bleibt, kombiniert sie sich
oft mit doppelseitiger Hasenscharte zu sog. „Wolfsrachen".

Bei etwa 40 mm langen Embryonen beginnt die Verknöcherung von den
lateralen Partien der Oberkiefer- und Gaumenknochen auf das Mesenchym der
Gaumenfortsätze überzugreifen (Abb. 84 u. 95). Von nun ab kann man
also den harten Gaumen vom Gaumensegel unterscheiden.

Weitere Ausbildung der Nasenhöhlen und ihrer Wände.

Die primitiven Nasenhöhlen werden — wie erwähnt — ganz und gar
durch Vertiefung der ektodermalen Riechgruben gebildet. Die definitiven
Nasenhöhlen bestehen außerdem aus einer nicht unbeträchtlichen Partie der
primitiven Mundhöhle, welche bei der Bildung des Sekundärgaumens zu denselben hinzugefügt wird. Die Grenze zwischen diesen beiden Komponenten
der definitiven Nasenhöhle geht etwa von der oberen Mündung des Canalis
incisivus bis zur unteren Fläche des Keilbeinkörpers. Wie aus Abb. 85
ersichtlich ist, stammen jedoch die größeren und wichtigeren Partien der definitiven Nasenhöhlen aus den Riechgruben.

Die Nasenmuscheln entstehen alle im Gebiet der primitiven Nasenhöhlen.
Zuerst und zwar schon beim 12—15 mm langen Embryo wird die Anlage der
unteren Nasenmuschel, der Concha inferior, oder das Maxilloturbinale
erkenntlich. Sie gehört von Anfang an der lateralen Nasenhöhlenwand. Die
beiden übrigen Nasenmuscheln, die Concha media oder Ethmoturbinale I und
die Concha superior oder Ethmoturbinale II werden dagegen nacheinander

an der **medialen** Nasenhöhlenwand angelegt und allmählich zuerst nach dem Nasenhöhlendache und dann nach der lateralen Nasenhöhlenwand hin verschoben (Peter, 1902). Bei etwa 17 mm langen Embryonen sind sie beide angelegt; die obere Muschel sitzt aber dann noch am Nasenhöhlendach (vgl. Abb. 81).

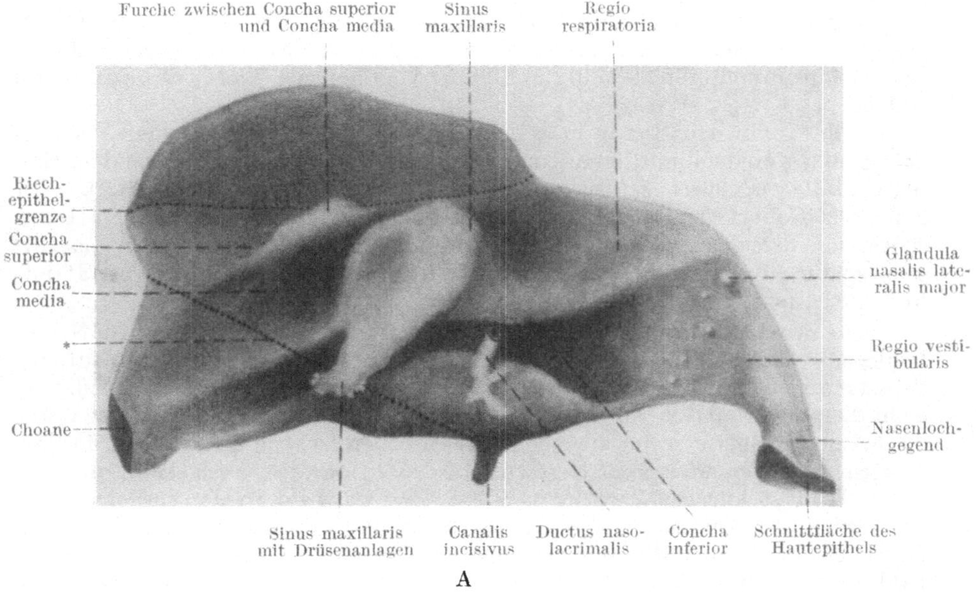

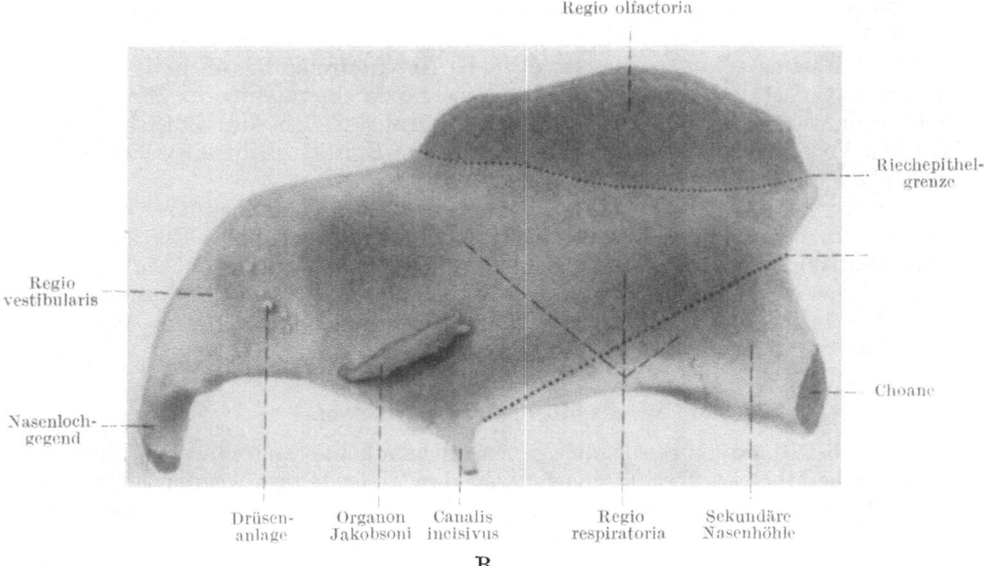

Abb. 85. Rekonstruktionsmodell des Epithels der rechten Nasenhöhle eines 53,2 mm langen menschlichen Embryos. A von der lateralen, B von der medialen Seite gesehen; * markiert die Grenze zwischen primärer und sekundärer (= von der primitiven Mundhöhle stammender) Nasenhöhle.

Die die Nasenmuscheln begrenzenden Rinnen entstehen alle durch aktive Einstülpung des Epithels in das unterliegende Mesenchym. Indem die ursprünglich unteren Grenzrinnen der beiden Ethmoturbinalia sich besonders stark nach oben verlängern, vermitteln sie gleichzeitig die Verschiebung dieser Muscheln (von der Medialwand ab bis zur Lateralwand) und die Erhöhung der ganzen Nasenhöhle (Peter, 1913).

An gewissen Stellen stülpt sich das Epithel der die Nasenmuscheln begrenzenden Rinnen oder Furchen besonders tief in das unterliegende Bindegewebe hinein und gibt hiermit zur Bildung von den sog. Nasennebenhöhlen Anlaß.

Die Kieferhöhle (Sinus maxillaris) stülpt sich Mitte des dritten Embryonalmonats von dem mittleren Nasengang aus. Während der folgenden Embryonalzeit vergrößert sie sich aber nur sehr wenig (vgl. Abb. 85 A). Zur Zeit der Geburt besitzt sie nur noch die Größe einer Erbse (Kallius). Etwa von derselben Gegend gehen auch hohle Epithelausstülpungen aus, die sich später in das Siebbein (Cellulae ethmoidales) bzw. in das Stirnbein (Sinus frontalis) hinein verlängern.

Aus einer Ausbuchtung in der Gegend der hinteren, oberen Ecke der Nasenhöhle entwickelt sich die werdende Keilbeinhöhle (Sinus sphenoidalis). Dieselbe dringt aber erst im späteren Kindesalter in das Keilbein hinein. Sowohl die große, laterale Nasendrüse (Glandula nasalis lateralis major), die bei den Säugetieren im allgemeinen vorhanden ist, wie die anderen, bei den Nagern stark entwickelten Nasenvorhofsdrüsen werden auch beim menschlichen Embryo angelegt (vgl. Abb. 85), jedoch um bald wieder zurückgebildet zu werden. — Am Boden des Sinus maxillaris entsteht schon bei 4 cm langen Embryonen hinten eine Gruppe von mehreren Drüsenanlagen, die sich bald verzweigen. Später (bei 9—15 cm langen Embryonen) entstehen zahlreiche Drüsenanlagen fast überall in den Nasenhöhlenwänden.

Bei etwa 2 cm langen Embryonen werden — wie erwähnt — die Nasenlöcher durch Wucherung des sie bekleidenden Epithels ganz verschlossen. Die kompakte Epithelmasse ragt einerseits über die Nasenöffnung heraus und verstopft andererseits fast den ganzen Vorhof der Nasenhöhle. Etwa Mitte der Embryonalzeit beginnt aber eine Degeneration der zentralen Zellen des Epithelpfropfes, die den Vorhof wieder durchgängig macht. Das Epithel bleibt aber hier mehrschichtig.

Im übrigen ist das Epithel der Nasenhöhle ein einschichtiges Zylinderepithel. In dem unteren Hauptteil der Nasenhöhle wird dieses Epithel schon früh relativ niedrig und wandelt sich später (bei 5—10 cm langen Embryonen) in Flimmerepithel (sog. Respirationsepithel) um. In dem oberen Nasenhöhlenteil aber bleibt das Epithel hoch und mehrreihig und bildet sich hier zum Riechepithel aus (Abb. 82, Regio olfactoria).

Riechepithel und Riechnerven.

Noch bei 10 mm langen Embryonen sieht man keine Spur eines Riechnerven. Das Riechepithel ist überall scharf gegen das Mesenchym abgegrenzt. In dem nächstfolgenden Stadium finden aber im Riechepithel zahlreiche Mitosen und gleichzeitig eine Differenzierung in Stützzellen und Riechzellen statt.

Die Riechzellen oder Neuroblasten senden hirnwärts je einen kegelförmigen Nervenfortsatz aus, der bald den Riechlappen des Vorderhirns erreicht, um später in den Bulbus olfactorius einzudringen. Die in dieser Weise entstandenen Riechnervenfasern bilden (bei 15 mm langen Embryonen) jederseits einen einheitlichen, dicken Nervus olfactorius. Dieser wird aber später (und zwar gleichzeitig mit der Bildung der knorpeligen Lamina cribrosa des Siebbeines) beim Menschen in mehrere kleinere Nerven, die Fila olfactoria, zerlegt.

Die zuerst unipolaren Riechzellen werden bald bipolar, indem sie je einen kurzen, dicken Fortsatz zur freien Oberfläche des Riechepithels aussenden.

Das Wassergeruchsorgan (Organon vomero-nasale Jacobsoni).

Bei allem makrosmatischen, d. h. mit Spürsinn versehenen Säugetieren bildet sich jederseits in der Nasenscheidewand ein spritzenförmiges Geruchsorgan aus, welches seröse Nasenflüssigkeit aktiv einsaugen und wieder austreiben kann. Die konkave Medialwand dieses Organs ist mit hohem Riechepithel versehen, während die konvexe Lateralwand, die einen Schwellkörper enthält, mit niedrigem Epithel besetzt ist. — Die Mündung des Organs befindet sich bei gewissen Tieren vorne in der Nasenhöhle selbst (etwa an der Hintergrenze des Vestibulum nasi); meistens mündet es aber in den Canalis incisivus, der die Mundhöhle mit der betreffenden Nasenhöhle verbindet.

Dieses interessante Organ, welches nach dem dänischen Forscher Jacobson, der es zuerst (1811) eingehend beschrieb, benannt worden ist, stellt nach den neuesten Untersuchungen (Broman, 1918) offenbar ein wichtiges Präzisionsgeruchsorgan dar, das nie Luft, sondern immer nur seröses Drüsensekret enthält. Dieses Sekret, das entweder von der Nasenhöhle oder von der Mundhöhle hineingesaugt wird, bildet das Medium, das die Riechstoffe zum Riechepithel des Organs führt.

Dieses während mehr als 100 Jahre ganz rätselhafte Organ wird auch beim menschlichen Embryo angelegt. Schon bei 8—9 mm langen Embryonen erkennt man seine erste Anlage als eine relativ große, von hohem Sinnesepithel ausgekleidete Rinne jederseits an der Nasenscheidewand (Abb. 80). Das hintere Drittel der Epithelrinne, welches am tiefsten ist, schnürt sich in einem späteren Stadium (bei 18 mm langen Embryonen) rohrförmig von dem Oberflächenepithel ab, während die vorderen zwei Drittel der Rinne wieder verstreichen. So entsteht ein vorn sich öffnender, sagittal gestellter Schlauch (Abb. 82 u. 85 B), welcher in der ersten Hälfte des intrauterinen Lebens stetig an Größe zunimmt und wahre Riechzellen mit Riechnervenfasern ausbildet, um nach dieser Zeit oft mehr oder weniger vollständig und schnell reduziert zu werden (Kallius). Unter Umständen kann dieses Organ aber persistieren und auch beim Erwachsenen zu finden sein (Merkel). In anderen Fällen kann es aber schon im dritten Embryonalmonat rückgebildet werden.

Regressive Veränderungen des Riechorgans.

Nicht nur das Wassergeruchsorgan (Organon Jacobsoni), sondern auch das Luftgeruchsorgan (Regio olfactoria der Nasenhöhle) erfährt beim menschlichen Embryo normalerweise eine weitgehende Rückbildung. Bei einem 15 mm langen Embryo findet man die ganze Oberfläche der mittleren Nasenmuschel mit Riechepithel versehen; aber schon bei einem 25 mm langen Embryo hat sich dieses in niedriges Epithel (ohne Riechzellen) umgewandelt. Von nun ab ist beim Menschen das Riechepithel auf die obere Muschel und die in derselben Höhe gelegene Scheidewandpartie beschränkt (vgl. Abb. 85).

Die obenerwähnten Rückbildungen deuten wohl darauf hin, daß der Vormensch ein ungleich feiner ausgebildetes Geruchsvermögen besaß, als wir dies heute haben.

Entstehung des Nasenskeletts.

Die knorpeligen Nasenwände.

Anfangs bestehen die Wände der embryonalen Nasenhöhle außer aus dem Epithel nur noch aus Mesenchym. Bei 16—20 mm langen Embryonen beginnt aber von der Gegend der Keilbeinkörperanlage aus die Entstehung von Knorpelgewebe. Die Knorpelbildung breitet sich von dort zuerst in der Nasenscheidewand nach vorn aus (Kallius). Vom Nasenseptum aus scheint der Knorpel in die Seitenwände der Nase und in die Muschel hineinzuwachsen.

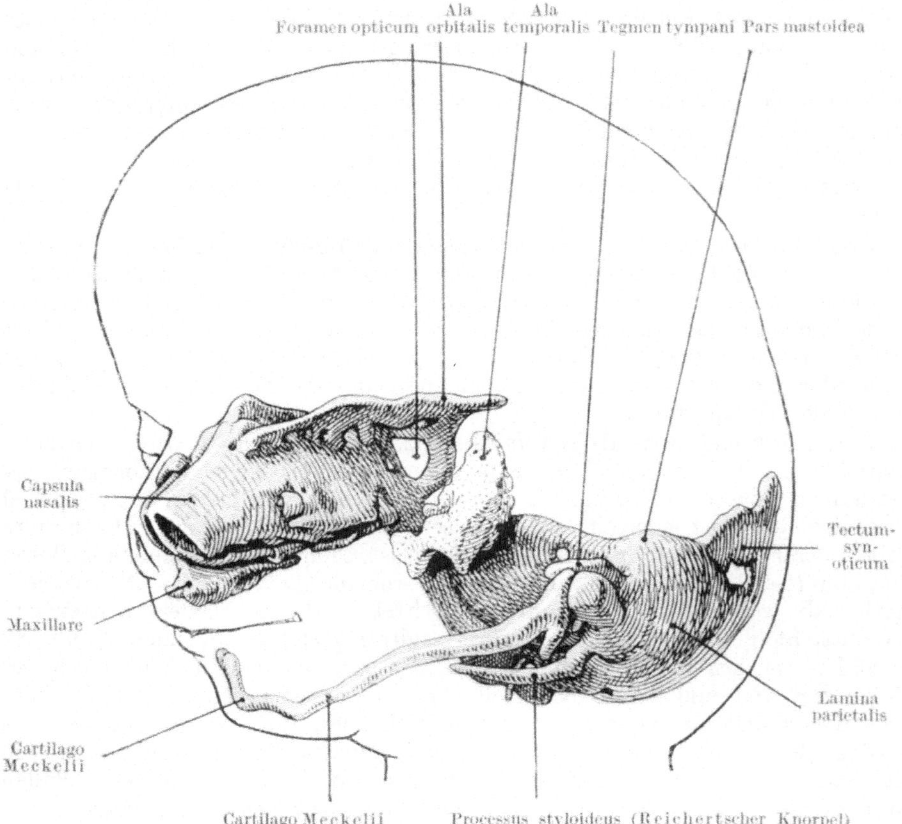

Abb. 86a. Knorpliges Primordialkranium eines 8 cm langen Embryos von der linken Seite gesehen. Nach O. Hertwig und Kollmann (1907) aus Broman (1911).

Ende des dritten Embryonalmonats bildet der Nasenknorpel eine einheitliche Knorpelmasse (Abb. 86a), welche die Form einer verkehrten Doppelrinne hat. Das knorpelige Nasendach, welches jederseits die Verbindung des Knorpelseptums mit den seitlichen Knorpelwänden vermittelt, ist hinten zu jeder Seite der knorpeligen Crista galli defekt. Hier befindet sich mit anderen Worten jederseits ein großes Loch, welches den noch einheitlichen, großen Nervus olfactorius hindurchläßt. In späteren Entwicklungsstadien entstehen hier vereinzelte Knorpelstäbchen, die das große Loch in mehrere kleinere teilen. In dieser Weise wird die knorpelige Siebbeinplatte gebildet (Kallius).

Von dem oben beschriebenen, einheitlichen Knorpelskelett der Nase persistieren nur einzelne Partien und bilden die Nasenknorpel des Erwachsenen. Andere Knorpelpartien gehen zugrunde und werden entweder durch Bindegewebe oder durch Knochen ersetzt. — Durch sekundäre Knorpelreduktion (Zugrundegehen des Knorpels und Ersetzen desselben durch Bindegewebe) werden die beiden Nasenflügelknorpel von dem übrigen Knorpelskelett abgesprengt.

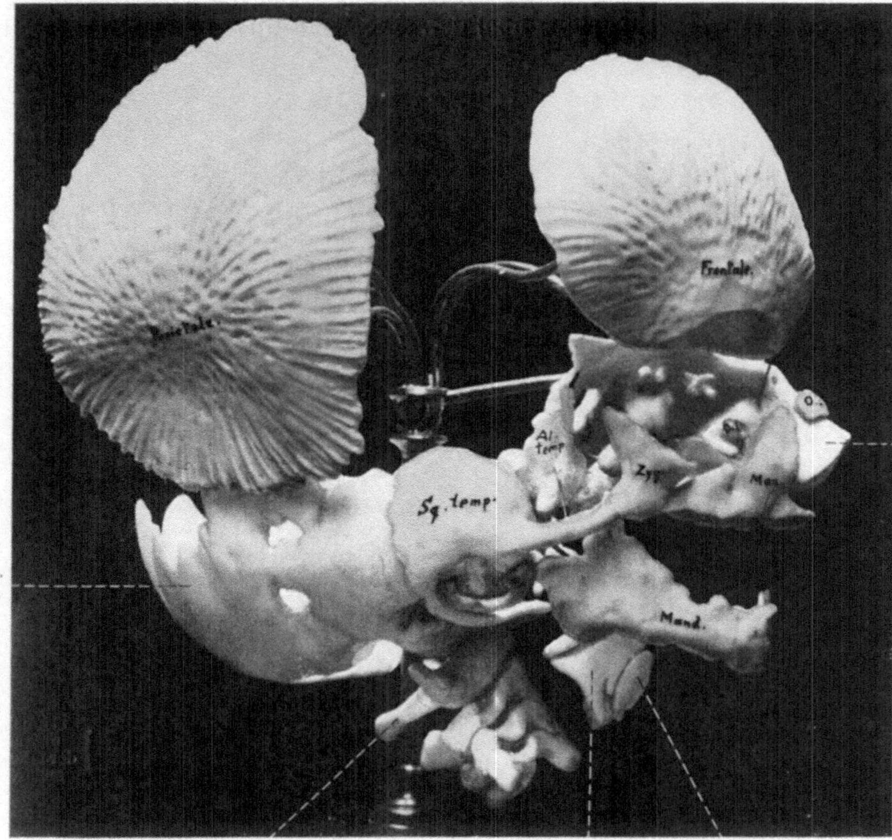

Abb. 86b. Schädel desselben Embryos wie Abb. 86a von der rechten Seite gesehen. Nach O. Hertwigs von Ziegler reproduziertem Modell aus Broman (1911).

Entwicklung der knöchernen Nasenwände.

Die übrigen Partien des knorpeligen Nasenskeletts werden durch Knochen ersetzt, und zwar entweder 1. in der Weise, daß sie direkt verknöchern (Os ethmoidale und Concha inferior), oder 2. in der Weise, daß Bindegewebsknochen in ihrer unmittelbaren Nähe angelegt werden und nach Atrophie der betreffenden Knorpelpartien die Stelle derselben einnehmen.

Weitere Ausbildung der Mundhöhle und deren Organe.

Die Entstehung der primitiven Mundhöhle aus der Mundbucht und der kranialsten Partie des Vorderdarmes und die Trennung der definitiven

Mundhöhle von den Nasenhöhlen wurde schon oben (S. 86 und 87) beschrieben. Es erübrigt sich also hier, die Entwicklung der die Mundhöhle begrenzenden Wandteile und Organe näher zu verfolgen.

Entstehung der Lippen und der Alveolarfortsätze der Kiefer.

Die die Mundöffnung begrenzenden Randpartien der Gesichtsfortsätze stellen die anfangs gemeinsame Anlage der Lippen und der Alveolarfortsätze der Kiefer (des sog. Zahnfleisches) dar. Diese einheitliche Anlage wird bald

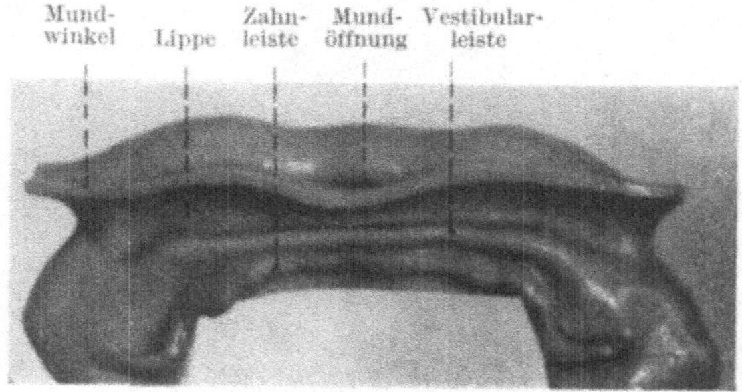

Abb. 87.

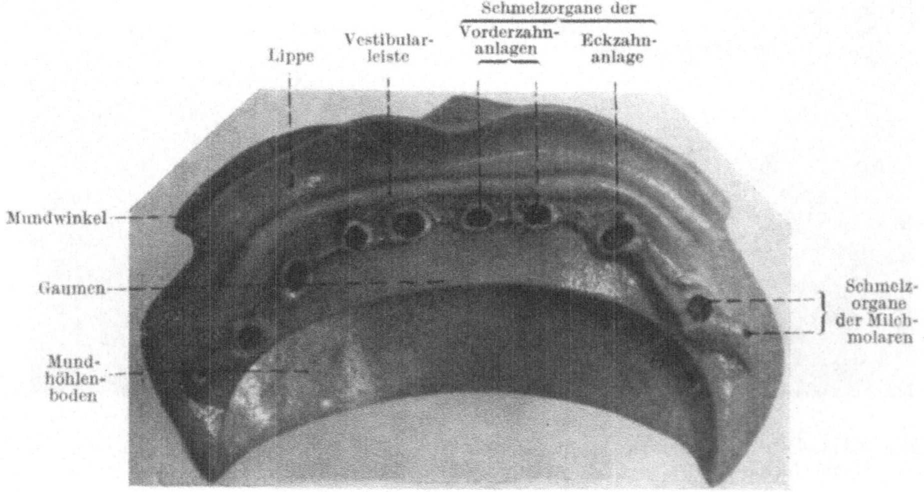

Abb. 88.

Abb. 87 und 88. Rekonstruktionsmodelle des Oberkieferepithels mit der Zahnleiste, Abb. 87 von einem 25 mm langen, Abb. 88 von einem 40 mm langen menschlichen Embryo. — Nach Röses von Ziegler reproduzierten Modellen.

durch eine dem Außenrand der Mundöffnung parallele Rinne (die primäre Vestibularfurche) in einen Zahnfleisch- und einen Lippenteil oberflächlich abgegrenzt.

Die primäre Vestibularfurche ist nur sehr seicht. Das dieselbe auskleidende Epithel verdickt sich aber und wuchert gegen das Mesenchym vor, so daß daraus eine tief vorspringende Vestibularleiste entsteht (Abb. 87).

Später (bei etwa 4 cm langen Embryonen) findet ein Schwund der zentralen Leistenzellen statt, so daß die definitive Vestibularfurche in der bisher kompakten Epithelleiste entsteht. Durch diese auf Kosten der Vestibularleisten stattfindende Vertiefung der primären Vestibularfurchen entsteht also das Vestibulum oris (Mundhöhlenvorhof), das die Lippen und die aus diesen (durch Verwachsung) hervorgegangenen Wangen von den Alveolarfortsätzen der Kiefer, dem sog. „Zahnfleische", trennen.

Das Innere der Lippen- und Wangenanlagen besteht anfangs nur aus Mesenchym. In dieses wandert aber Anfang des zweiten Embryonalmonats Muskelgewebe (aus der Gegend des zweiten Kiemenbogens) hinein (vgl. Abb. 95).

Die Lippenränder werden etwas vor der Mitte der Embryonalzeit in eine glatte Außenzone (Pars glabra) und eine mit kleinen Zotten besetzte Innenzone (Pars villosa) gesondert. Die letztgenannte hebt sich in der Mittellinie der Oberlippe zu einer Erhöhung (Tuberculum) herauf. Während der ersten Wochen nach der Geburt verschwinden gewöhnlich sowohl die Zotten wie das Tuberculum. Das letztgenannte kann aber mehr oder weniger deutlich zeitlebens persistieren, und auch die Pars villosa kann unter Umständen als eine rauhe, vorgewulstete Zone des Lippenrots erhalten bleiben (sog. Doppellippe).

Die oben erwähnten Lippenzotten bilden sich während der Embryonalzeit auch an denjenigen Partien der Wangenschleimhaut aus, die durch Verwachsung ehemaliger Lippenränder entstanden sind.

Entwicklung der Zähne.

Noch zur Zeit der kompakten Vestibularleiste zweigt sich von dieser, und zwar fast rechtwinklig nach dem Zentrum der Mundhöhle zu eine Nebenleiste ab, von welcher die epithelialen Zahnanlagen stammen. Diese Zahnleiste drängt zunächst von außen her in das Zahnfleisch hinein, wird aber später durch ungleiches Wachstum auf den freien (unteren bzw. oberen) Rand des Zahnfleisches verschoben.

An der ursprünglich ebenen Zahnleiste (Abb. 87) beginnen in dem dritten Embryonalmonat einzelne gegen das Mesenchym vorragende Epithelhöcker aufzutreten. Dies sind die ersten, sog. knospenförmigen (Leche) Anlagen der Milchzähne. — Bald tritt gegenüber jeder Epithelknospe eine dichte Ansammlung von Mesenchymzellen auf, welche die erste Anlage der Zahnpapille darstellt (vgl. Abb. 95). Gleichzeitig geht die Epithelknospe in eine Epithelkappe über, welche der Zahnpapille hutartig aufsitzt und als Schmelzorgan (Abb. 88) zu bezeichnen ist. Zahnpapille und Schmelzorgan bilden also zusammen eine Zahnanlage.

In diesem Entwicklungsstadium befinden sich bei etwa 4 cm langen Embryonen alle die 20 Milchzahnanlagen. Nach innen von den Schmelzorganen der Milchzähne wuchert die Zahnleiste weiter, die sog. Ersatzleiste bildend. Aus dieser gehen später die epithelialen Ersatzzahnanlagen hervor. Hinter den Anlagen der zweiten Milchmolaren bildet die Zahnleiste jederseits einen dünnen Fortsatz, welcher mit dem Mundhöhlenepithel keine direkte Verbindung hat. Von diesem Fortsatz gehen später die epithelialen Anlagen der bleibenden Molaren aus.

Ende des sechsten Embryonalmonats beginnt die Ersatzleiste, zungenwärts von den Milchzahnanlagen Anschwellungen zu zeigen, welche bald von Zahnpapillen kappenförmig eingestülpt werden. Die hierdurch entstandenen Ersatzzahnanlagen bilden sich in der Folge genau in derselben Weise aus, wie es die Milchzahnanlagen getan haben.

Nachdem die Schmelzorgane die Zahnpapillen umhüllt haben, werden die erstgenannten von der Zahnleiste isoliert und die Zahnleiste selbst degeneriert, nachdem sie sich zuerst in ein Netzwerk von epithelialen Balken verwandelt hat.

Diejenige Partie der Zahnpapille, welche der Anlage der Zahnkrone gehört, nimmt sehr früh — und zwar ehe noch die Bildung des Zahnbeins (Dentins) angefangen hat — die für den betreffenden Zahn charakteristische Form an.

Viel später differenziert sich diejenige Partie der Zahnpapille aus dem Mesenchymgewebe des Kiefers aus, welche die Anlage der Zahnwurzel bildet. Indem diese Wurzelanlage sich allmählich verlängert, wird sie auch aboralwärts

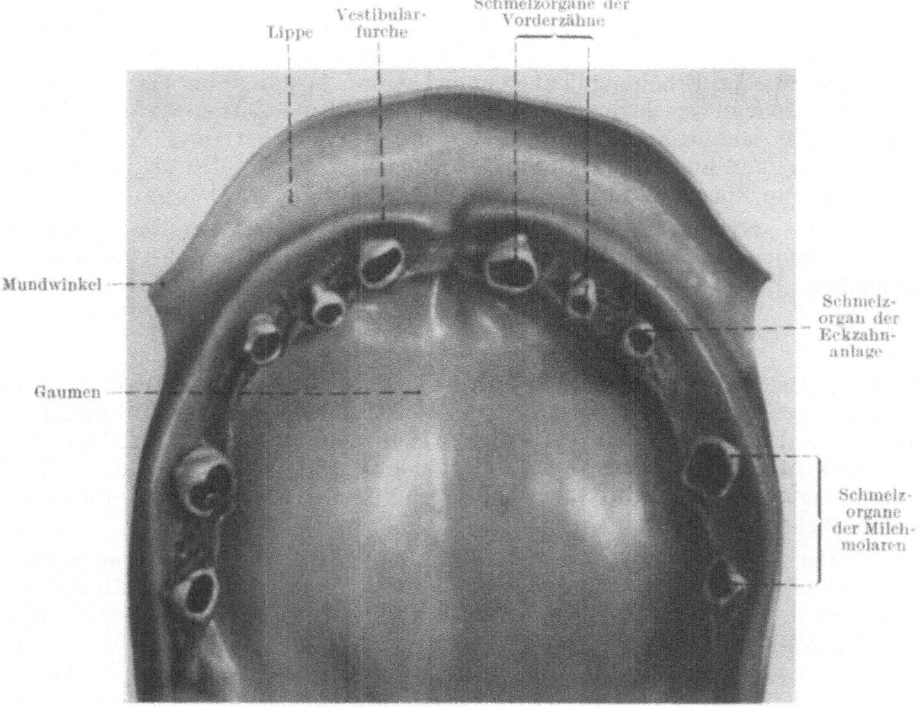

Abb. 89. Rekonstruktionsmodell des Epithels des Oberkiefers (mit den Schmelzorganen) und des Gaumens von einem 18 cm langen menschlichen Embryo. — Nach Röses von Ziegler reproduziertem Modell.

immer schmäler. Die ursprünglich einfachen Wurzelanlagen der Molaren werden gleichzeitig hiermit je in zwei (Molaren des Unterkiefers) resp. drei (Molaren des Oberkiefers) Teile gespalten.

Die Zahnpapille besteht anfangs aus indifferentem Mesenchym, dessen Zellen einander alle gleich sind. Die die Papillenoberfläche bildenden Zellen vergrößern sich aber (im vierten Embryonalmonat) stark und nehmen ein epithelähnliches Aussehen an. Sie sondern das Zahnbein (Dentin) ab und werden daher Odontoblasten genannt. — Das Zahnbein wird nur an der Außenseite der Odontoblastenschicht gebildet. Die zuerst entstandene Dentinschicht verdickt sich durch Apposition von neuem Dentin an ihrer Innenseite. Hierbei werden dünne Ausläufer der Odontoblasten im Dentin eingeschlossen, die Odontoblasten selbst werden es aber nie (zum Unterschied der Osteoblasten), sondern bleiben zentralwärts von dem Zahnbein am Rande der noch weichen Zahnpapille liegen.

Nachdem in oben erwähnter Weise die periphere, größere Partie der Zahnpapille in Zahnbein umgewandelt worden ist, verlieren die Odontoblasten ihre Fähigkeit, Dentin abzusondern. Die von dieser Zeit ab persistierende weiche Partie der ursprünglichen Zahnpapille, die schon früh mit Gefäßen und Nerven versehen wird, bildet die Zahnpulpa.

In Übereinstimmung mit der Ausbildung der Zahnpapille selbst beginnt auch die Dentinbildung zuerst in der Zahnkronenanlage und schreitet von hier aus allmählich aboralwärts in die Wurzel hinein. Zuerst tritt eine Dentinplatte („Zahnscherbchen") an der oralwärts gerichteten Spitze der Papille auf.

Das Schmelzorgan differenziert sich in drei Zellschichten, eine äußere („äußeres Schmelzepithel"), eine mittlere („Schmelzpulpa") und eine innere („inneres Schmelzepithel"). Von diesen nimmt die Schmelzpulpa ein lockeres, mesenchymähnliches Aussehen an, während die beiden anderen Schichten das

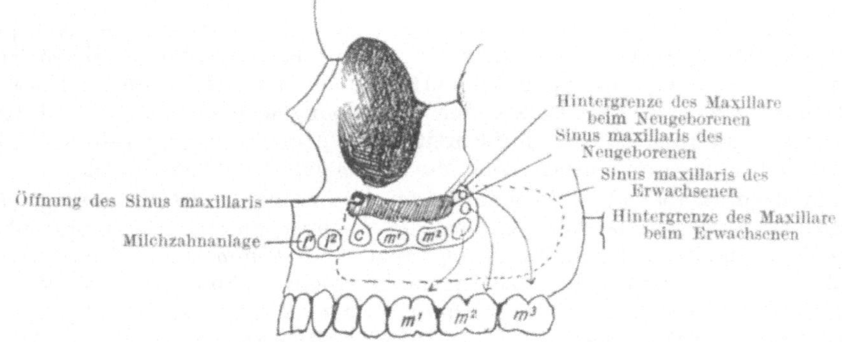

Abb. 90. Schema, die postembryonale Ausbildung des Sinus maxillaris und des Oberkiefers zeigend. Nach Keith (1902) aus Broman (1911).

epitheliale Aussehen behalten. Das äußere Schmelzepithel besteht aus kubischen Zellen, das innere Schmelzepithel dagegen aus Zylinderzellen. Nur das innere Schmelzepithel verdient eigentlich den Namen. Denn nur von ihm wird tatsächlich — in der Höhe der werdenden Zahnkrone — Zahnschmelz produziert. Die inneren Schmelzepithelzellen werden daher auch Ameloblasten genannt. Von jeder solchen Zelle wird ein anfangs kurzes, aber später immer längeres Schmelzprisma gebildet.

Die Schmelzbildung beginnt gleichzeitig mit der Dentinbildung und an denselben Stellen wie diese. Die zuerst angelegten dünnen Zahnscherbchen bestehen also aus einer inneren Dentin- und einer äußeren Schmelzschicht. Durch Apposition von neugebildetem Dentin bzw. Schmelz verdickt sich jene allmählich nach innen, diese nach außen. — Die Zahnwurzel wird nie von Schmelz bekleidet. Anstatt dessen bekommt sie einen dünnen Überzug von Zahnzement, eine modifizierte Knochensubstanz, die von dem Periost der Alveole produziert wird.

Zahndurchbruch. Wenn die knöcherne Zahnkrone an Höhe zunimmt, wird die Schmelzpulpa immer mehr komprimiert und geht zuletzt zusammen mit dem äußeren Schmelzepithel vollständig zugrunde. Wenn die knöcherne Zahnanlage sich nun fortwährend verlängert, werden die Ansprüche derselben auf vermehrtem Raum nur teilweise dadurch erfüllt, daß das sie einschließende

Zahnfleisch höher wird. Der Druck des sich verlängernden Zahnes wird darum
bald groß genug, um in dem oralwärts von dem Zahne liegenden Gewebe — wo
der Widerstand am kleinsten ist — eine Atrophie zu veranlassen. Durch diese
Druckatrophie gehen allmählich die die Zahnkrone oralwärts bedeckenden
Gewebeschichten vollständig zugrunde, und der Zahn wird so am Zahnfleisch-
rande sichtbar. — Zu dieser Zeit ist die Wurzel noch nicht fertig gebildet.
Indem diese später allmählich ihre definitive Länge erreicht, ohne aboralwärts
vordringen zu können, wird die Zahnkrone gezwungen, sich allmählich über
den Zahnfleischrand zu erheben.

Nur in abnormen Fällen findet der Durchbruch einzelner Zähne (z. B. der
mittleren Schneidezähne des Unterkiefers) schon vor der Geburt statt. Normalerweise kommen die ersten Milchzähne erst im 7.—8. Kindermonat zum
Durchbruch. Aber nicht nur die Milchzähne, sondern auch mehrere der
definitiven Zähne (die vorderen Molaren sowie die Schneide- und Eckzähne)
werden schon im fünften oder sechsten Embryonalmonat angelegt.

Entwicklung der Mundhöhlendrüsen.

Die Mundhöhlendrüsen entstehen alle als solide Leisten oder Knospen
des Mundhöhlenepithels. Zuerst (und zwar schon bei 13—14 mm langen Embryonen) wird die Glandula submaxillaris als eine leistenförmige Epithelverdickung jederseits am Boden der Alveololingualrinne angelegt. Durch
einen von hinten nach vorn fortschreitenden Abschnürungsprozeß wird die
Epithelleiste dann größtenteils vom Mundhöhlenepithel abgeschnürt.

Bald nachher (bei etwa 15 mm langen Embryonen) tritt die Anlage der
Glandula parotis als eine Knospe des Wangenepithels fast unmittelbar
hinter dem Mundwinkel auf. Dann folgt (bei etwa 19 mm langen Embryonen)
die Anlage der Glandula sublingualis major (Abb. 91) unmittelbar
lateralwärts von der Glandula submaxillaris, und zuletzt (bei 21—25 mm
langen Embryonen) werden die Glandulae sublinguales minores (5—14
an Zahl) weiter nach hinten von der Alveololingualrinne aus angelegt (Abb. 101).

Bemerkenswert ist, daß die drei allergrößten Speicheldrüsen nicht an der
Stelle der späteren Drüsenmündung, sondern etwas weiter nach hinten angelegt
werden. Durch Abschnürung von rinnenförmigen Vertiefungen der Mund-
schleimhaut wird später der Ausführungsgang verlängert und die Mündungsstelle
nach vorne verlagert. — Bei dieser Verlängerung des Ductus submaxillaris
nach vorne wird die ursprüngliche Mündung der Glandula sublingualis major
in den Ductus submaxillaris aufgenommen, so daß diese beiden Drüsen eine
gemeinsame Mündung unterhalb der Zungenspitze bekommen.

Die Sublingualisdrüsenanlagen erhalten später jederseits eine gemeinsame
Bindegewebshülle, so daß sie makroskopisch als eine einheitliche Drüse aussehen.

Außer den schon erwähnten großen Speicheldrüsen entstehen im vierten
Embryonalmonat noch zahlreiche kleinere Drüsen fast überall in den Mund-
höhlenwänden und auf der Zunge.

Aus den ursprünglich einfachen Anlagen entstehen die Speicheldrüsen durch
mehr oder weniger reichliche, baumartige Verzweigung der freien Enden derselben. Diese Verzweigung ist in den Anlagen der Parotis- bzw. Submaxillaris-
drüse schon Anfang des dritten Embryonalmonats zu erkennen. Die Verzweigung der Glandula submaxillaris tritt etwas früher auf und ist anfangs
bedeutend reichlicher als diejenige der Glandula parotis. Erst in späteren
Entwicklungsstadien werden diese Verhältnisse umgekehrt, so daß die Glandula
parotis zuletzt unsere größte Speicheldrüse wird.

Die Kanalisation der anfangs soliden Speicheldrüsenanlagen beginnt immer im Ausführungsgang und schreitet von hier aus gegen die Peripherie der Drüse fort.

Ende des dritten Embryonalmonats hat die Parotisdrüse schon im wesentlichen ihre bleibende Gestalt und Lage. Den letzten Verzweigungen fehlt aber noch ein Lumen. Erst im sechsten Embryonalmonat wird die Parotis ganz kanalisiert. In ähnlicher Weise entwickeln sich die übrigen Speicheldrüsen. In den schleimbildenden Drüsen beginnt die Sekretion nach Auftreten des Lumens.

Die definitive histologische Ausbildung der Speicheldrüsen findet aber erst nach der Geburt, ja sogar erst nach der Entwöhnung des Kindes ihren Abschluß,

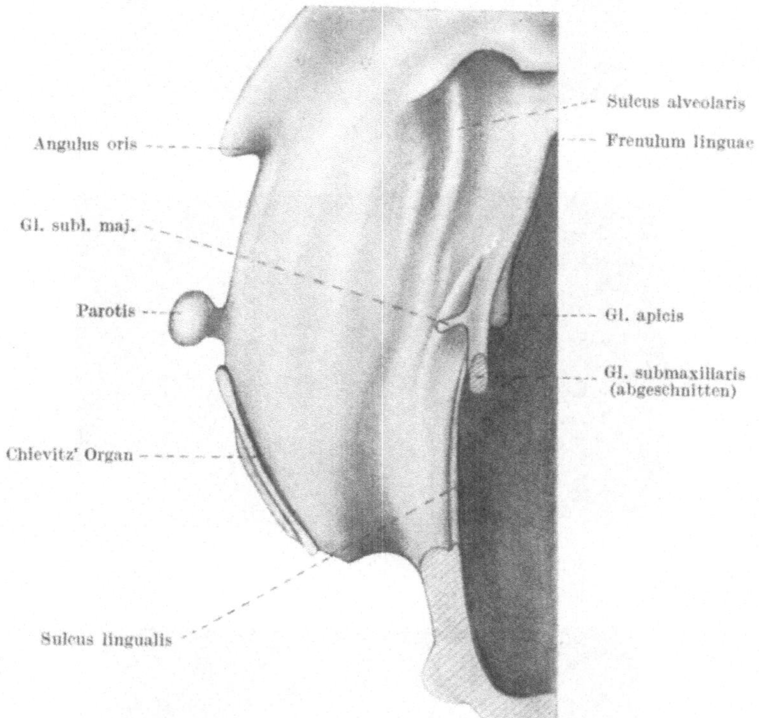

Abb. 91. Rekonstruktionsmodell der rechten Hälfte des Mundhöhlenepithels von einem 20 mm langen menschlichen Embryo. Von unten gesehen. — Vergrößerung: 30 mal. — Nach v. Schulte (1913) aus Broman (1916).

was darin seine Erklärung findet, daß die volle Bedeutung der Speicheldrüsen erst mit der Aufnahme fester Nahrung eintritt.

Chievitz' Organ.

Hinter der Parotisanlage findet man bei 2—6 Monaten alten Embryonen einen rätselhaften Epithelstrang (Abb. 91), der von dem Mundhöhlenepithel stammt, aber von diesem bald vollständig abgeschnürt wird. Dieser Epithelstrang, der von dem dänischen Anatom Chievitz entdeckt wurde, ist eine Zeitlang mit der wahren Parotisanlage verwechselt worden. Derselbe kann hohl werden und sogar einzelne Sprossen treiben (Elisabeth Weißhaupt, 1911). Trotzdem ist er nur als das Rudiment einer in der menschlichen Phylogenese früher wohl wichtigen Drüse (vielleicht einer primitiven Parotisdrüse) und nicht

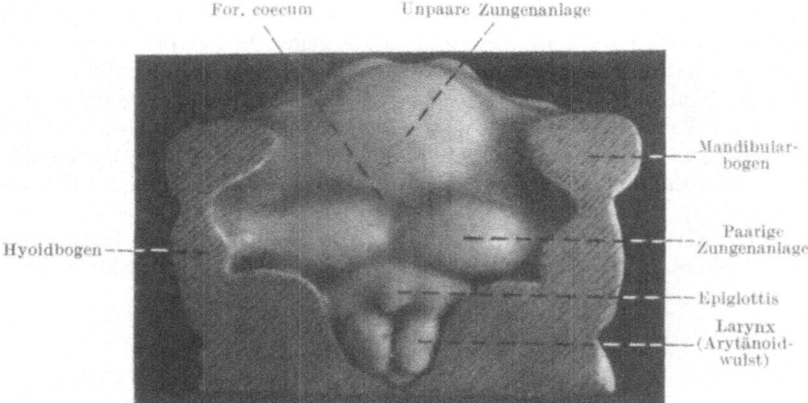

Abb. 92.

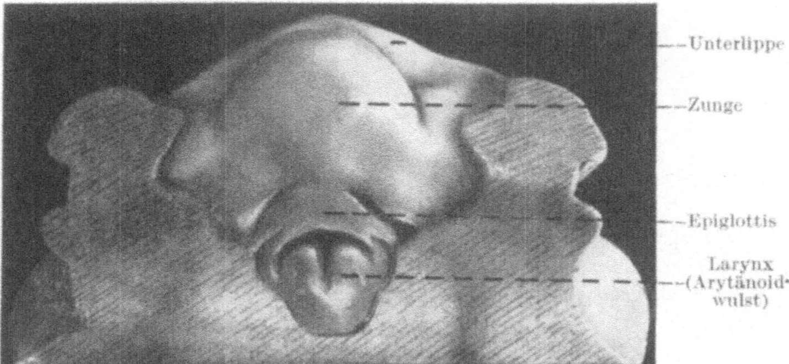

Abb. 93.

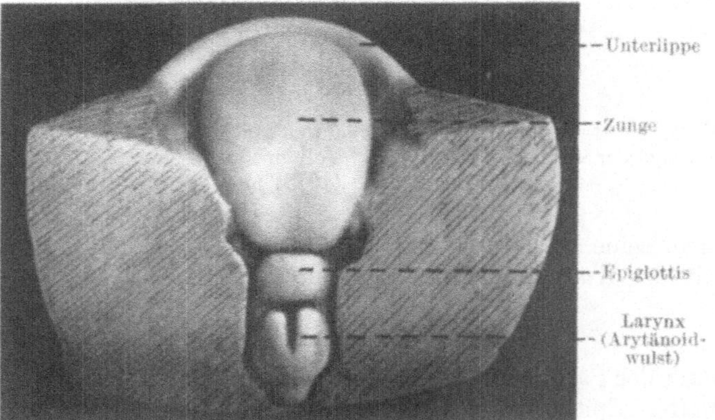

Abb. 94.

Abb. 92—94. Rekonstruktionsmodelle des Mundhöhlenbodens usw. Abb. 92 von einem
10,3 mm langen, Abb. 93 von einem etwa 15 mm langen und Abb. 94 von einem 28 mm
langen menschlichen Embryo. — Nach Peters von Ziegler reproduzierten Modellen. —
Die Schnittflächen, wodurch der Mundhöhlenboden von den übrigen Kopfpartien isoliert
wurde, sind schraffiert. — Vergrößerung: Abb. 92 und 93: 20 mal, Abb. 94: 12 mal.

als ein noch fungierendes Organ zu betrachten (Broman, 1915). Unter Umständen kann er wahrscheinlich auch nach der Geburt persistieren und zu pathologischen Bildungen Anlaß geben.

Entwicklung der Zunge.

Die Zunge besteht aus: 1. einer vorderen, sog. „unpaaren", aber eigentlich dreifachen Anlage, aus welcher der mit Papillen besetzte Zungenkörper hervorgeht, und 2. einer hinteren, deutlich paarigen Anlage, welche die mit Balgdrüsen besetzte Zungenwurzel bildet (vgl. Abb. 92—94).

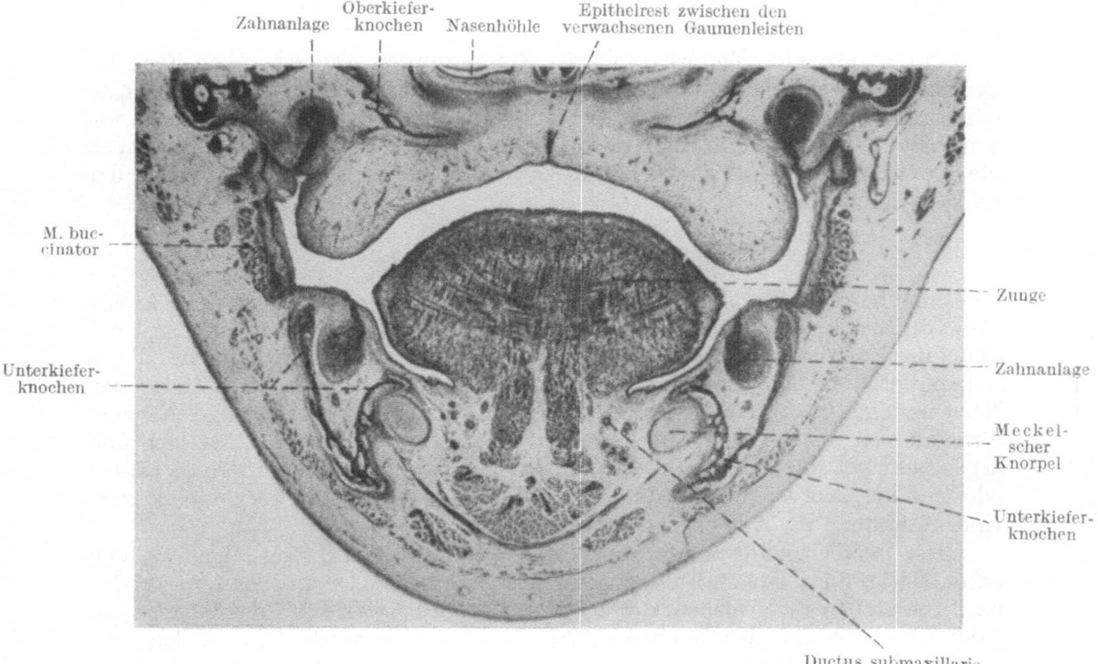

Abb. 95. Frontalschnitt durch die Mundhöhle eines 53,2 mm langen menschlichen Embryos. Vergrößerung: 15 mal.

Schon Ende der vierten Embryonalwoche entsteht eine kleine knospenförmige Erhebung des Mundbodens in dem Gebiet zwischen Kiefer- und Zungenbeinbogen (Abb. 49, S. 60). Jederseits von dieser kleinen Erhebung, dem sog. Tuberculum impar[1], bilden sich etwas später aus dem Mandibularbogen zwei wulstförmige Verdickungen, die sog. seitlichen Zungenwülste (Kallius) aus. Indem diese höher werden, verschwindet die Grenzfurche zwischen denselben und dem Tuberculum impar. Zusammen mit diesen bilden die seitlichen Zungenwülste also jetzt eine einheitliche, größere Erhebung, die die vordere, unpaare Zungenanlage darstellt.

Die hintere, paarige Anlage der Zunge ist Ende der vierten Embryonalwoche als Verdickungen der ventralen Enden der beiden Zungenbeinbogen deutlich sichtbar (Abb. 92). Indem sich diese Verdickungen ebenfalls vergrößern und im zweiten Embryonalmonat mit der unpaaren vorderen Anlage verwachsen,

---

[1] Eine Zeitlang wurde diese kleine Erhebung als die ganze Anlage des Zungenkörpers aufgefaßt.

entsteht die Zunge. Die Verwachsungslinie wird ·oft noch beim Erwachsenen durch eine V-förmige Furche (den Sulcus terminalis) markiert, in deren nach hinten gerichteter Spitze das Foramen coecum (der Rest des obliterierten Thyroideaganges) liegt (Abb. 49 A, S. 60).

Die Muskulatur der Zunge (vgl. Abb. 95) ist schon bei 15 mm langen Embryonen deutlich. — Sie stammt wahrscheinlich von postbranchialen (d. h. kaudalwärts von den Kiemenbogen gelegenen) Myotomen und hat also eine beträchtliche Kranialwärtswanderung unter der Rachenschleimhaut unternommen. Daraufhin deutet sowohl die einheitliche Innervation der Zungenmuskulatur durch den Nervus hypoglossus wie der Verlauf dieses Nerven, der schon in dem erwähnten Stadium in die Zunge hinein verfolgt werden kann.

Bei der folgenden Vergrößerung der Zunge werden wahrscheinlich Schleimhautpartien, welche ursprünglich dem dritten und vierten Kiemenbogen angehörten, auch mit zur Bekleidung der Zunge herangezogen. So erklärt sich am einfachsten, daß nicht nur die Nervi trigeminus und facialis, sondern auch die Nervi glossopharyngeus und vagus an der sensiblen Innervation der Zunge teilnehmen.

Entwicklung der Zungenpapillen.

Schon bei etwa 2 cm langen Embryonen erreichen die Endzweige des Nervus glossopharyngeus das Epithel der vorderen, unpaaren Zungenanlage, und zwar dies unmittelbar nach vorn von der V-förmigen Hintergrenze dieses Zungenteils. An den Kontaktpunkten mit dem Epithel bilden die betreffenden Nervenzweige nach Hellman (1921) rasch kleine knospenförmige Nervenfortsätze aus, welche sich beinahe rechtwinklig von den Nerven abzweigen und gegen das Epithel zu vorbuchten. Die Nervenknospen vergrößern sich zu ovalen oder runden „Nervenkeulen", und das von jeder Nervenkeule hervorgebuchtete Epithel nimmt das Aussehen einer Papille an.

Diese Papillen, die von Anfang an eine V-förmige Anordnung zeigen, werden schon bei 5—6 cm langen Embryonen makroskopisch (oder mit der Lupe) sichtbar. Sie stellen die Anlagen der Papillae circumvallatae dar. Rings um jeder Papille bildet das Zungenepithel meistens eine solide Epithelleiste, die nach unten wächst und zuletzt den Keulenhals umschließt. Indem diese Epithelleiste später (bei etwa 17 cm langen Embryonen) ausgehöhlt wird, entsteht der Wallgraben. Von dem unteren Rande des letztgenannten wachsen die serösen, v. Ebnerschen Drüsen heraus.

Die Papillae foliatae entstehen an den Zungenrändern als parallele, leistenförmige Epithelleisten, die nachträglich ausgehöhlt werden. Sie entstehen ebenfalls im Bereiche der Glossopharyngeuszweige, aber etwas später als die Papillae circumvallatae.

Die Papillae fungiformes entstehen nach Hellman (1921) etwa gleichzeitig mit den Papillae circumvallatae, aber im Ausbreitungsgebiet des Nervus trigeminus (Nervus lingualis). Überall wo dieser Nerv schon früh mit seinen Zweigen zum Epithel vordringt, entwickelt das letztgenannte eine Geschmackszwiebel und buchtet dann immer höher hervor, bis es zuletzt (bei etwa 5 cm langen Embryonen) makroskopisch — oder wenigstens mit der Lupe — als Papille sichtbar wird. Die Erhöhung der Papille wird nach Hellman anfangs durch die Geschmackszwiebelbildung und dann durch das Vordringen des Nerven veranlaßt.

Die Papillae filiformes werden, unabhängig von Nervenzweigen, bei etwa 4,5 cm langen Embryonen als kleine Bindegewebspapillen angelegt, kommen

aber erst bei 7 cm langen Embryonen als Ausbuchtungen der Epitheloberfläche
zum Vorschein. Nach dieser Zeit verlängern sie sich stetig und füllen die Zungen-
fläche zwischen den größeren Papillen immer deutlicher aus. Noch beim Neugeborenen sind sie aber kürzer als die Papillae fungiformes (Hellman, 1921).

Entwicklung des eigentlichen Geschmacksorgans.

Das Geschmacksorgan wird bekanntlich von den sog. Geschmacksknospen
oder Geschmackszwiebeln repräsentiert, welche beim Erwachsenen sowohl
an den Papillae circumvallatae und foliatae wie an den meisten Papillae
fungiformes zu finden sind.

Die ersten Geschmackszwiebeln beginnen nach Hellman (1921) schon bei
kaum 17 mm langen menschlichen Embryonen aufzutreten. Mehrere derselben
haben dieselbe Lage wie die bald entstehenden Papillae fungiformes und stellen
die Anfangsstadien dieser Papillen dar. Andere entstehen aber an der Stelle,
wo die Papillae foliatae später zur Ausbildung kommen, oder an Stellen der Zungenwurzel, wo später gar keine Papillen zur Ausbildung kommen. Diese von Hellman sog. „primitiven Geschmackszwiebeln", die wahrscheinlich alle im Anschluß
an Glossopharyngeuszweigen gebildet werden, haben im Schnitte eine
charakteristische Fächerform und stellen alle vergängliche Bildungen dar.
Schon nach dem 3-cm-Stadium verschwinden sie alle spurlos.

An der Oberfläche der Papillae circumvallatae können nach Hellman
schon bei kaum 19 mm langen Embryonen einzelne Geschmackszwiebel angelegt werden. Erst später, wenn der Wallgraben hohl geworden ist, entstehen
zahlreiche Geschmackszwiebel auch an den beiden Wänden des Wallgrabens. —
An den Papillae foliatae fand Hellman erst bei 7 cm langen Embryonen
die ersten Geschmackszwiebel.

Nach Gråberg (1898) entstehen die Geschmackszwiebel durch Verlängerung der Basalzellen des 3—4schichtigen Epithels. In späteren Stadien wachsen die Basalzellen die ganze
Dicke des Epithels fast durch und beginnen jetzt mit ihren oberen Enden gegeneinander
zu konvergieren. So entstehen zwiebel- oder knospenförmige Bildungen, welche von dem
unterliegenden Bindegewebe nicht mehr deutlich abgegrenzt sind. Von dem umgebenden
Epithel markieren sich die Knospen dagegen deutlich.

In den folgenden Stadien nehmen die Knospen stark an Dicke zu; dagegen wachsen
sie jetzt relativ wenig in die Länge. Da nun die umliegenden Epithelschichten stetig an
Dicke zunehmen, kommen die Knospen allmählich in die Tiefe eines trichterförmigen
„Geschmacksporus" zu liegen. — Erst in der zweiten Hälfte des intrauterinen Lebens
beginnt die Differenzierung der Knospenzellen in Stütz- und Sinneszellen. Die Nervenfasern,
welche jetzt in die Knospen hineindringen, geben wahrscheinlich zu dieser Differenzierung
Anlaß.

Anfangs vermehrt sich die Zahl der an jeder Papille sitzenden Geschmacksknospen. Später gehen aber mehrere Knospen wieder zugrunde. Dies ist schon
vor der Geburt der Fall mit den an der freien Oberfläche der Papillae circumvallatae sitzenden Knospen. — Nach der Säuglingszeit setzt sich diese Knospen-
degeneration an den Papillae fungiformes des Zungenrückens fort, so daß von
diesen Papillen nur die an der Spitze und an den Rändern der Zunge gelegenen
ihre Geschmacksknospen behalten.

Wann treten die ersten Geschmacksempfindungen auf?

Schon in dem siebenten oder achten Monat besitzen menschliche Embryonen
Geschmacksempfindlichkeit für süß, bitter und sauer (Kußmaul, Genzmer).
Denn wenn die Zunge frühgeborener Kinder aus dieser Entwicklungsperiode mit
Zucker- und Chininlösung usw. benetzt wird, zeigt die Mimik unzweideutig,
daß diese Geschmacksqualitäten unterschieden werden können. Die Reflexbahn
vom Geschmacksnerven auf die Bewegungsnerven der Gesichtsmuskeln ist also

schon zu dieser Zeit hergestellt und gangbar. Indessen ist das Zustandekommen
einer Geschmacksempfindung oder nur eines Geschmacksreflexes vor der
Geburt höchst unwahrscheinlich. Denn weder das Fruchtwasser, noch
der Speichel hat einen starken Geschmack, und die Grundbedingung für alle
Empfindung: schnelle und nicht allzu unbedeutende Änderung der Umgebung
des erregbaren Nervenendes, ist hier nicht verwirklicht (Preyer, 1885).

Entstehung und Schicksal der Schlundtaschen.

Das kraniale Ende des Vorderdarms wird schon früh dorsoventral abgeplattet
und breitet sich gleichzeitig stark lateralwärts aus. Die auf diese Weise um-
geformte Vorderdarmpartie, die sich bei der Entstehung der Nackenbeuge in
derselben Richtung wie der ganze Embryo biegt, stellt die Anlage der Schlund-
höhle und einer Partie der Mundhöhle dar.

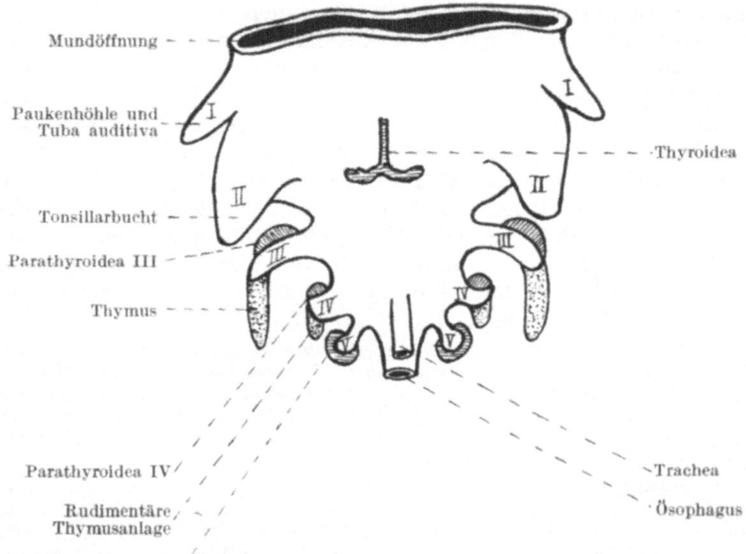

Abb. 96. Schema des Mund- und Schlundhöhlenepithels eines menschlichen Embryos.
Von unten gesehen.

Die lateralen Schlundhöhlenwände werden schon bei 2—3 mm langen Embryonen uneben, indem hier taschenförmige Ausbuchtungen des Entoderms
entstehen. Diese Entodermtaschen, die sog. Schlund- oder Kiementaschen
werden bald von ähnlich verlaufenden Ektodermeinstülpungen, den sog.
Kiemenfurchen, begegnet und grenzen zusammen mit diesen die Kiemenbogen voneinander ab (vgl. Abb. 49, S. 60).

Beim menschlichen Embryo werden fünf solche Schlundtaschen angelegt.
Von diesen tritt die kranialste zuerst auf und die folgenden schließen sich der
Reihe nach an. Schon bei 2,5 mm langen Embryonen können vier Schlund-
taschenpaare angelegt sein. Das fünfte (kaudalste) Schlundtaschenpaar tritt
erst bei etwa 5 mm langen Embryonen auf (Keibel und Elze), bleibt unbedeutend und wurde daher früher gar nicht erkannt.

An der Stelle, wo eine Kiementasche der entsprechenden Kiemenfurche
begegnet, schwindet das Mesenchym, so daß das Entoderm sich direkt mit dem

Ektoderm — zu einer sog. Verschlußmembran — verbinden kann. Diese epithelialen Verschlußmembranen brechen bei den niederen Wirbeltieren durch, so daß zwischen den Kiemenbogen wahre Kiemenspalten entstehen. In diesen Kiemenspalten entwickeln sich dann von den Kiemenbogen aus blätterige oder fadenartige, reich vaskularisierte Fortsätze, sog. Kiemen, welche das Atmungsorgan der Wasserwirbeltiere darstellen.

Bei den Säugetierembryonen werden dagegen keine Kiemen gebildet und die Verschlußmembrane brechen in der Regel nicht durch. Sowohl die meisten Kiementaschen wie Kiemenfurchen werden hier mehr oder weniger vollständig reduziert und die persistierenden Partien derselben werden zu ganz neuen Zwecken verwendet (vgl. Abb. 96).

Nur die erste Kiementasche bleibt in großer Ausdehnung bestehen. Aus ihr bilden sich der Mittelohrraum und die Ohrtrompete heraus. Die zweite Kiementasche wird stark reduziert; ihr Überbleibsel stellt die Tonsillarbucht (Sinus tonsillaris) dar, so benannt, weil in seinen Wänden die Tonsilla palatina ausgebildet wird.

Die drei kaudalen Kiementaschen verlieren alle ihr Lumen und gehen also als Taschen vollständig zugrunde. Aus ihrem Epithel gehen aber endokrine Drüsen hervor, die wir unter dem gemeinsamen Namen Schlundtaschendrüsen zusammenfassen können. Es sind dies die Thymusdrüse, die beiden Parathyroideadrüsen und der sog. ultimobranchiale Körper. Wie aus der schematischen Abb. 96 hervorgeht, liefert das Epithel der dritten Kiementasche Zellmaterial sowohl zur Thymusdrüse wie zu der einen Parathyroideadrüse, während das Epithel der vierten Kiementasche Ursprung zu der anderen Parathyroideadrüse gibt. Eine zweite kleinere Thymusanlage entsteht auch vom Epithel der vierten Kiementasche, bildet sich aber bald wieder vollständig zurück. Dasselbe ist mit dem ultimobranchialen Körper der Fall, der von dem Epithel der fünften Kiementasche gebildet wird und eine Zeitlang als „laterale Thyroideaanlage" aufgefaßt wurde.

Entwicklung der Tonsillen.

Die zweite Kiementasche verstreicht nach Hammar (1902) allmählich als selbständige Aussackung des Schlundes, indem ihre Wand größtenteils in die Wand des Schlundes aufgeht. Nur die dorsale Ecke der Tasche erhält sich als schwache Ausbuchtung in der Nähe der ersten Kiementasche. Bei der Entstehung der Gaumenleiste wird diese Taschenecke, der Sinus tonsillaris, aber von der ersten Kiementasche deutlich abgegrenzt (vgl. Abb. 96 u. 101).

Bei etwa 7 cm langen Embryonen wachsen aus der Wand des Sinus tonsillaris mehrere Epithelsprossen in das unterliegende Bindegewebe hinein, und um diese Epithelsprossen herum erfolgt bald unter lebhafter Zellvermehrung die Bildung von lymphoidem Gewebe, so daß die Tonsille bei etwa 25 cm langen Embryonen schon ihre wesentlichen Merkmale erreicht hat.

Entwicklung der Thymusdrüse.

In der fünften Embryonalwoche wird die definitive Thymusdrüse von dem Epithel des dritten Schlundtaschenpaares aus paarig angelegt. Jede Anlage stellt eine hohle Ausstülpung der betreffenden Schlundtasche dar und bleibt mit dieser eine Zeitlang in Verbindung (vgl. Abb. 96 u. 98).

Bei etwa 10—15 mm langen Embryonen werden die paarigen Thymusanlagen aber von den Schlundtaschen frei. Sie stellen jetzt längliche Epithelblasen dar, die nach unten konvergieren, aber einander noch nicht in der Medianebene berühren. In der Folge verlängern sie sich aber schief kaudal-

und medialwärts, bis ihre kaudalen Enden miteinander in Berührung kommen und durch Mesenchym verbunden werden (Abb. 99—101).

Das Lumen jeder Thymusblase geht alsbald verloren, so daß jede Anlage einen kompakten Epithelzellstrang bildet. Die beiden Epithelzellstränge verdicken sich in ihren kaudalen, miteinander verbundenen Teilen und bilden so den Körper (späteren Brustteil), während die oberen getrennten Partien, die sog. Thymushörner (Abb. 101), sich nicht nur relativ, sondern auch absolut

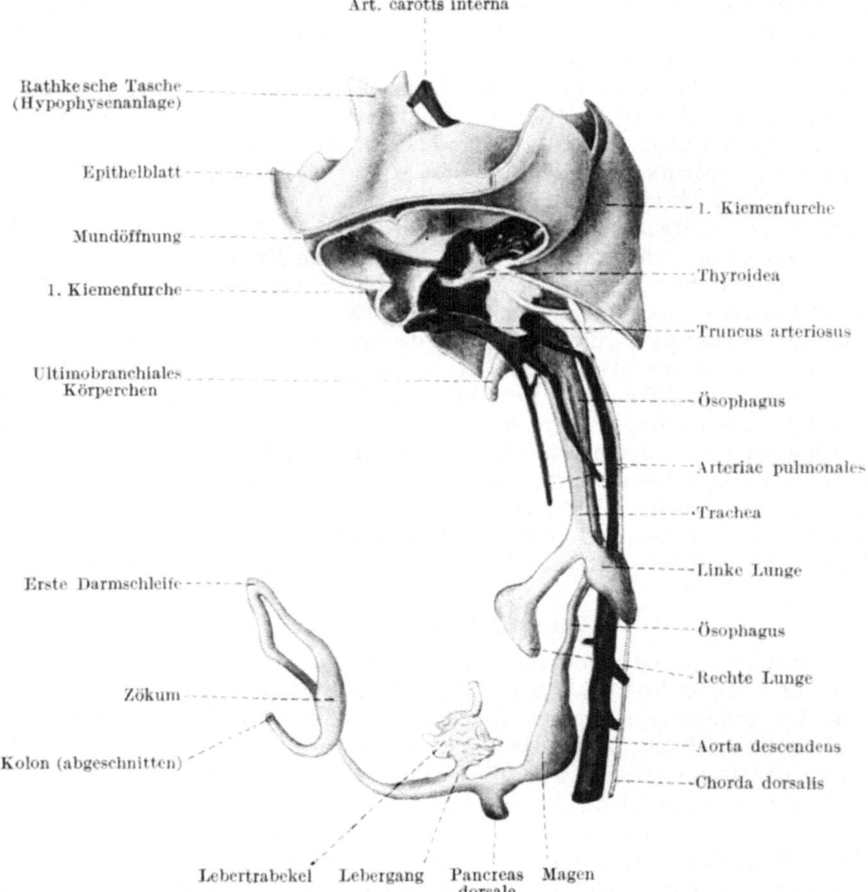

Abb. 97. Entodermaler Vorderdarm mit angrenzenden Arterien (rot) eines 7,2 mm langen Embryos. — Vergrößerung: 25 mal. — Nach Hammar (1908) aus Broman (1911).

verdünnen. Die ganze Thymusanlage rückt kaudalwärts, der Körper aber rascher als die Hörner, so daß die letztgenannten immer länger ausgezogen werden und zuletzt schwinden. Die Verschiebung erfolgt nach Tourneux und Verdun in der Regel ventral von der Vena anonyma sinistra in das Mediastinum (bis vor dem kranialen Perikardialteil) hinein. Auf diese Weise wird das ursprüngliche Halsorgan ein Brustorgan.

Das die beiden epithelialen Thymusanlagen umgebende gefäßreiche Mesenchym bildet um dieselben eine gemeinsame Bindegewebskapsel, von welcher aus gefäßreiche Bindegewebszüge zwischen die sich jetzt verzweigenden

Epithelmassen hineindrängen. — Die soliden Epithelzweige wandeln sich
durch weitere Sprossenbildungen in Drüsenläppchen um.

Die ursprünglich dicht gelagerten Epithelzellen der Thymus lockern sich und wandeln
sich bei etwa 35 mm langen Embryonen in sternförmige Zellen, sog. Retikulumzellen

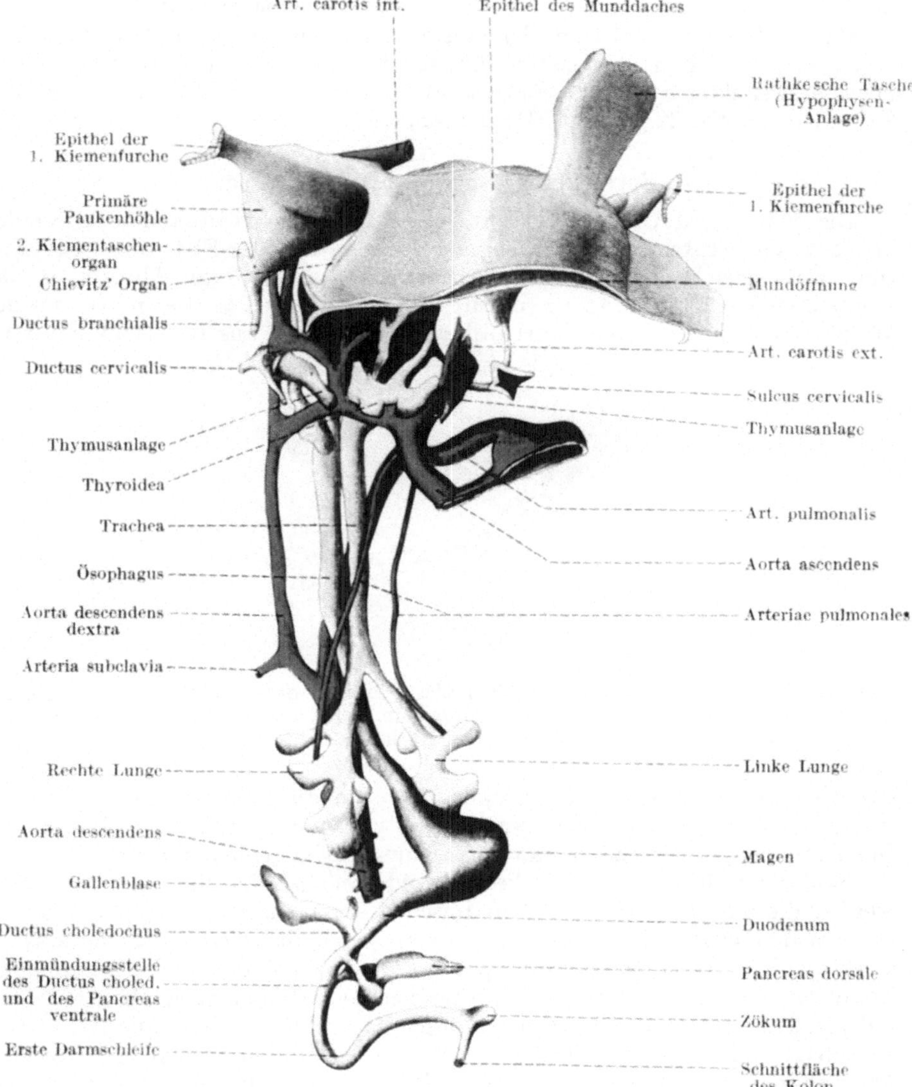

Abb. 98. Entodermaler Vorderdarm von einem 10,3 mm langen Embryo mit angrenzenden
Arterien (rot) — Vergrößerung: 25mal. — Nach Hammar (1908) aus Broman (1911).

um. In die zwischen diesen Retikulumzellen liegenden Maschen wandern gleichzeitig
— wahrscheinlich von außen her (Hammar) — Lymphozyten ein. — Die Zellen des
Retikulums nehmen nun im Zentrum des Organs größere Formen an als in seiner Peripherie. Gleichzeitig wird die Zahl der Lymphozyten in den Randpartien größer als in der
Mitte. Auf diese Weise differenzieren sich Mark und Rinde der Thymusdrüse (Hammar).

Indem einzelne Zellgruppen des Markretikulums besonders stark hypertrophieren,
entstehen daraus Komplexe von konzentrisch gelagerten Epithelzellen. Diese

Zellenkomplexe, die sog. Hassalschen Körperchen, zeigen beim Menschen eine auffallende Ausbildung. Sie beginnen schon im dritten Embryonalmonat (bei etwa 4—5 cm langen Embryonen) aufzutreten, steigen in Zahl[1] bis zum Beginn der Pubertät (Syk, 1909), um nach dieser Zeit weniger zahlreich zu werden. — Bei der Hungerinvolution der Thymusdrüse verschwinden sie allmählich (Jonsson, 1909) werden aber bei einer nachfolgenden Rekonstitution des Organs wieder neugebildet. Hammar (1909) findet es daher glaubhaft, ,,daß sie mit der Organfunktion zusammengehörige Bildungen darstellen".

Das mittlere Gewicht der Thymusdrüse ist zur Zeit der Geburt etwa 12 g und vermehrt sich in den ersten fünf Kinderjahren bis zu etwa 20 g. Seine höchste Ausbildung erreicht das Organ in den 11.—15. Jahren, zu welcher Zeit es etwa 21—22 g wiegt (Hammar, 1926).

Entwicklung der Parathyroideadrüsen.

Die von Sandström 1880 entdeckten Parathyroideadrüsen werden als vier in naher Relation zu den Thymusanlagen stehenden Entodermtaschen (und etwa gleichzeitig mit diesen) paarweise angelegt (vgl. Abb. 96 u. 99). Unter diesen entsteht das ursprünglich kraniale Taschenpaar von den Wandpartien des dritten Schlundtaschenpaares aus (im Anschluß an

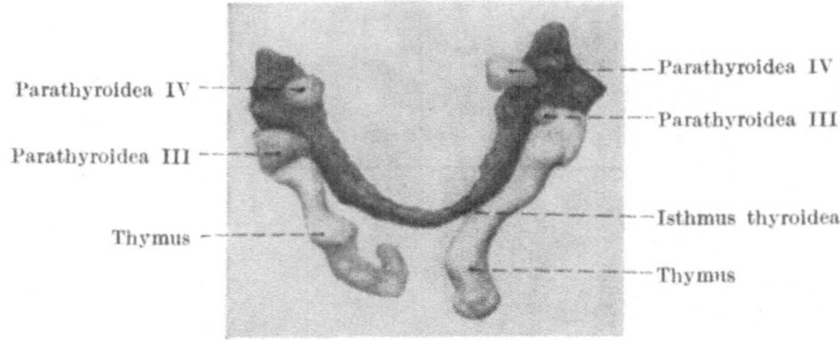

Abb. 99. Rekonstruktionsmodell der Thyroidea-, Parathyroidea- und Thymusanlagen von einem 15,4 mm langen menschlichen Embryo in 32maliger Vergrößerung. — Von der Dorsalseite gesehen. — Nach Hammar (1911).

die wahren Thymusanlagen), während das ursprünglich kaudale Taschenpaar von den entsprechenden Wandpartien des vierten Schlundtsachenpaares aus (im Anschluß an die rudimentären Thymusanlagen) gebildet wird.

Bald verschieben sich die Parathyroideaanlagen kaudalwärts, und zwar werden die aus den dritten Schlundtaschen stammenden Anlagen stärker als die aus den vierten Schlundtaschen stammenden disloziert. Auf diese Weise wechseln die beiden Parathyroideapaare Platz, so daß zuletzt die ursprünglich kranialen, aus dem dritten Schlundtaschenpaar stammenden Parathyroideaanlagen kaudalwärts von den beiden übrigen zu liegen kommen. Alle vier bleiben sie zuletzt in der Nähe der Thyroidea liegen, was zu ihrem Namen Anlaß gegeben hat. Durch Bindegewebe werden sie mit der Dorsalseite der Thyroidea mehr oder weniger intim verbunden.

Die histologische Differenzierung dieser Organe tritt außergewöhnlich frühzeitig ein. Schon bei etwa 10 mm langen Embryonen, findet man nach Hammar (1925) die charakteristischen sich netzförmig verbindenden Drüsenzellstränge, die durch sparsames Bindegewebe und Gefäßkapillaren voneinander getrennt werden.

---

[1] In seiner letzten Arbeit schätzt Hammar (1926) durchschnittlich die Zahl der Hassalschen Körperchen zu etwas mehr als 1 Million beim Neugeborenen und zu beinahe $1\frac{1}{2}$ Millionen am Ende der Kindheit.

Entwicklung der Schilddrüse.

Die Anlage der Schilddrüse, Thyroidea, ist schon bei etwa 2,5 mm langen Embryonen zu erkennen und gehört also zu den allerersten Organanlagen des jungen Embryos. Sie entsteht als Ausbuchtung der Ventralwand der kranialen Vorderdarmpartie (vgl. Abb. 48, S. 60). Um diese Stelle herum markieren sich bald die drei Zungenanlagen, zwischen welchen also die Ausgangsstelle der Thyroidea zu liegen kommt.

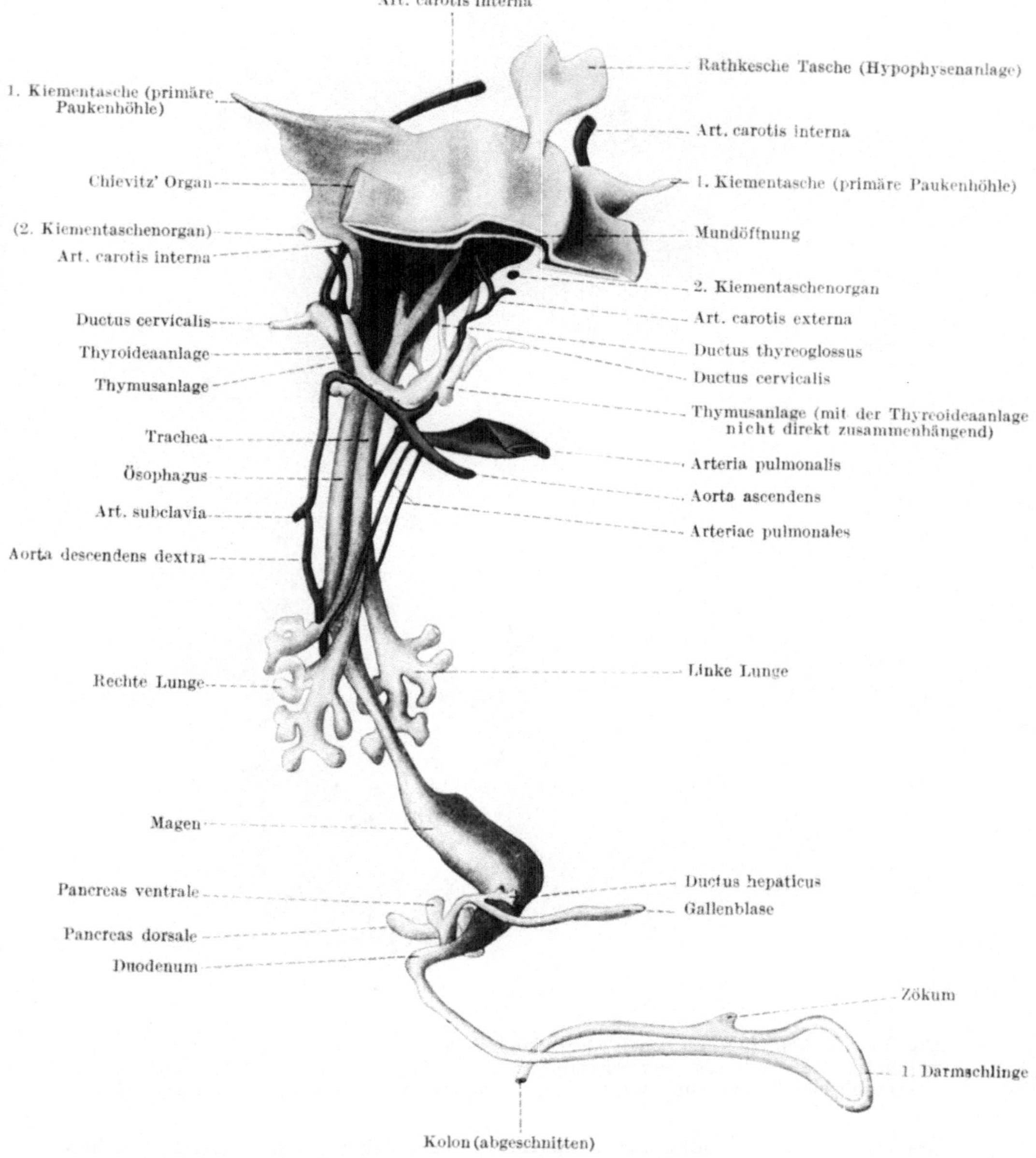

Abb. 100. Entodermaler Vorderdarm von einem 14 mm langen Embryo mit angrenzenden Arterien (rot). — Vergrößerung: 25 mal. — Nach Hammar (1908) aus Broman (1911).

Die Thyroideaanlage wächst nun zunächst kaudalwärts in die kraniale Wandpartie der Perkardialhöhle hinein, wo sie in unmittelbarer Nähe des Truncus arteriosus zu liegen kommt (vgl. Abb. 97—100). Bei der folgenden

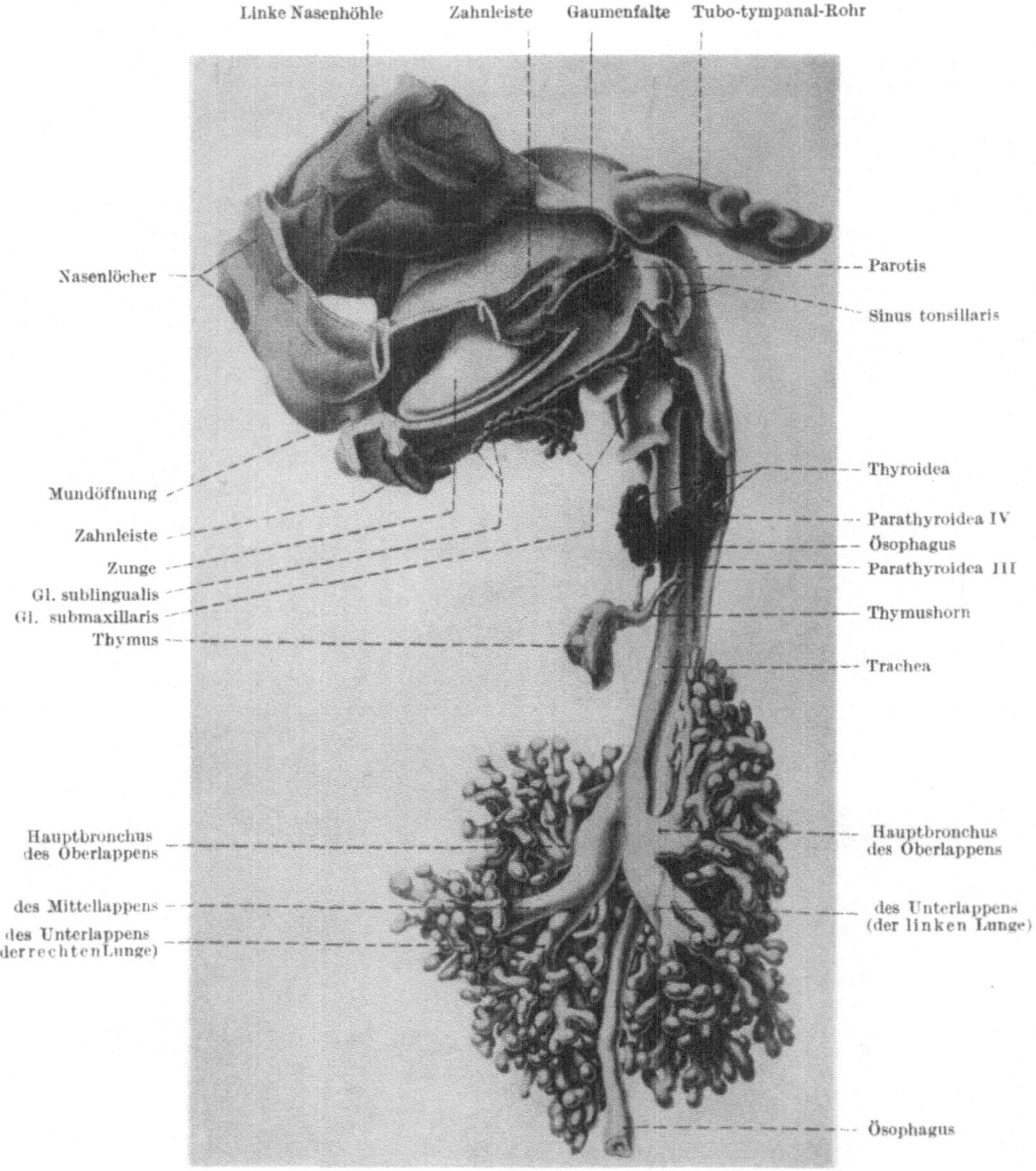

Abb. 101. Rekonstruktionsmodell des Mund- und Nasenhöhlenepithels, der Schlundspaltenderivate und der entodermalen Lungenanlagen von einem 24,4 mm langen menschlichen Embryo in etwa 12maliger Vergrößerung. — Nach Hammar (1911).

Kaudalwärtsverschiebung des Herzens verlängert sich der betreffende Epithelstiel beträchtlich. Dem Herzen kann das Epithelbläschen aber trotzdem nicht ganz folgen, sondern es bleibt beim Menschen zunächst im Halsgebiet, am kranialen Ende der Trachea, liegen, wenn das Herz in die Brustregion herabrückt.

Anfang der fünften Embryonalwoche differenziert sich das Epithelbläschen in zwei lateralwärts gerichtete Lappen, welche anfangs ein Lumen haben. Zu dieser Zeit hat der Epithelstiel, der sog. Ductus thyreoglossus, gewöhnlich auch zwei Lumina. Dieser Ductus thyreoglossus wird nun bald langausgezogen und dünn; er verliert dabei die Lichtung, und Ende der fünften Embryonalwoche atrophiert er gewöhnlich vollständig.

An der Ausgangstelle von der Mundhöhle bleibt er indessen nicht selten partiell als das sog. Foramen coecum der Zunge erhalten, und in Ausnahmefällen

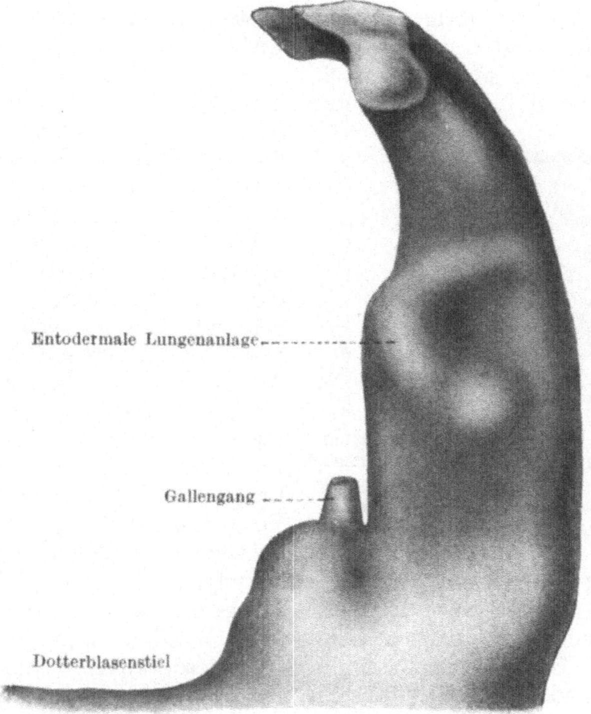

Abb. 102. Rekonstruktionsmodell des entodermalen Vorderdarmes eines 3,4 mm langen Embryos von der linken Seite gesehen. — Vergrößerung: 100 mal. — Nach Broman (1904).

können auch andere Partien des Ductus thyreoglossus (als „mediane Nebenschilddrüsen" bzw. „Lobus pyramidalis") zeitlebens persistieren.

Die beiden Seitenlappen der Thyroideaanlage verlieren auch bald ihr Lumen. Bei etwa 8 mm langen Embryonen beginnen sie in Zellstränge zerlegt zu werden. Die Epithelstränge — von gefäßreichem Bindegewebe umhüllt — bleiben eine Zeitlang kompakt und vermehren sich als solche (besonders stark in der Mitte der Seitenlappen). Schon bei noch kaum 3 cm langen Embryonen kann es aber nach Hammar (1925) in einzelnen Zellsträngen stellenweise zur Sekretion und Lumenbildung kommen. Die Zellstränge, die dadurch perlenschnurartig erscheinen, werden dann in einzelne Zellgruppen, die Follikelanlagen, zerlegt. Diese Follikelbildung setzt in der Folge fort, und gibt zuletzt bei etwa 7 cm langen Embryonen der ganzen Drüse ihr charakteristisches Aussehen.

Die die Seitenlappen verbindende, mediane Thyroideapartie bleibt schon früh in Wachstum nach und bildet sich so zu dem Isthmus der Drüse um. Die Seitenlappen selbst biegen sich bald nach oben und hinten um, so daß die ganze Drüse hufeisenförmig wird (Abb. 99).

Entwicklung der Atmungsorgane.

Sowohl der Kehlkopf (Larynx) wie die Luftröhre (Trachea) und die Lungen entstehen aus der ventralen Vorderdarmpartie und aus dem diese umgebenden Mesenchym. Wir unterscheiden daher eine entodermale und eine mesodermale Anlage jedes Organs. — Die entodermale Anlage liefert das Schleimhautepithel und die davon auswachsenden Drüsen, die mesodermale Anlage die übrigen Teile der betreffenden Organe.

Zu allererst werden die mesodermalen Lungenanlagen als solche erkennbar. Dieselben werden nämlich schon bei etwa 3 mm langen Embryonen ohne Nackenbeuge kaudalwärts durch paarige Zölomtaschen (Recessus pneumato-enterici) abgegrenzt (Broman, 1904). — In diesem Entwicklungsstadium hat die betreffende entodermale Vorderdarmpartie die in Abb. 102 gezeichnete Form. Sie ist von den Seiten her abgeplattet und grenzt sich kranialwärts von der dorsoventral abgeplatteten Schlundanlage deutlich ab. Dagegen ist eine kaudale Grenze der entodermalen Atmungsorgananlage noch nicht deutlich markiert. Wie etwas ältere Embryonen zeigen, ist aber diese Grenze unmittelbar kaudalwärts von der mit „entodermale Lungenanlage" bezeichneten, ventralen Vorderdarmausbuchtung zu setzen.

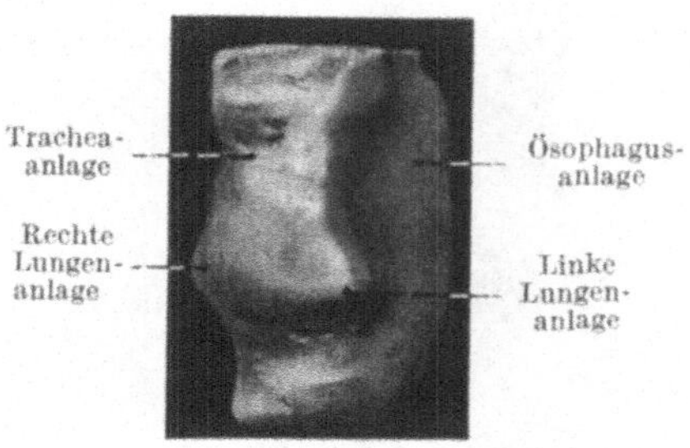

Abb. 103. Rekonstruktionsmodell einer Partie des entodermalen Vorderdarmes eines 2,5 mm langen menschlichen Embryos in 100 maliger Vergrößerung. — Schief von links und vorn gesehen.

Gerade an den Seitenwänden dieser Ausbuchtung treten bald paarige Verdickungen auf (van den Broek, 1911; Heiß, 1920), die als entodermale Lungenanlagen (Abb. 103) bezeichnet werden können. In dem nächstfolgenden Stadium wird nun die zwischen Lungen- und Leberanlagen befindliche Vorderdarmpartie stark in die Länge ausgezogen und gleichzeitig absolut verschmälert, und dabei hebt sich die Anlage der beiden Lungen als eine kaudalwärts scharf abgegrenzte, unpaare, hohle Knospe hervor.

Kaudal- und dorsalwärts von dieser bildet sich nun bald jederseits am entodermalen Vorderdarm eine seichte Furche aus, die sich allmählich kranialwärts verlängert. An der Innenseite der Vorderdarmwand markieren sich diese Furchen als entsprechend verlaufende Längsleisten, welche das früher 0-förmige Lumen 8-förmig umgestalten. Diese Längsleisten dringen immer tiefer in das Vorderdarmlumen ein, bis sie sich berühren und dann miteinander verwachsen. Auf diese Weise entstehen aus dem einfachen Vorderdarmlumen zwei Lumina, von welchen nur das dorsale mit der kaudalen Vorderdarmpartie in Verbindung bleibt; und bald beginnt sich die dieses ventrale Lumen begrenzende Wand von derjenigen des dorsalen Lumens abzuschnüren (vgl. Abb. 104—106).

Die Abschnürung schreitet allmählich kranialwärts fort und trennt zuerst die Lungenanlage von der kranialen Partie der Magenanlage und dann auch die Anlage der Luftröhre von derjenigen der Speiseröhre. Bei etwa 8 mm langen Embryonen macht die Abschnürung halt an der Schlundanlage. Die jetzt noch

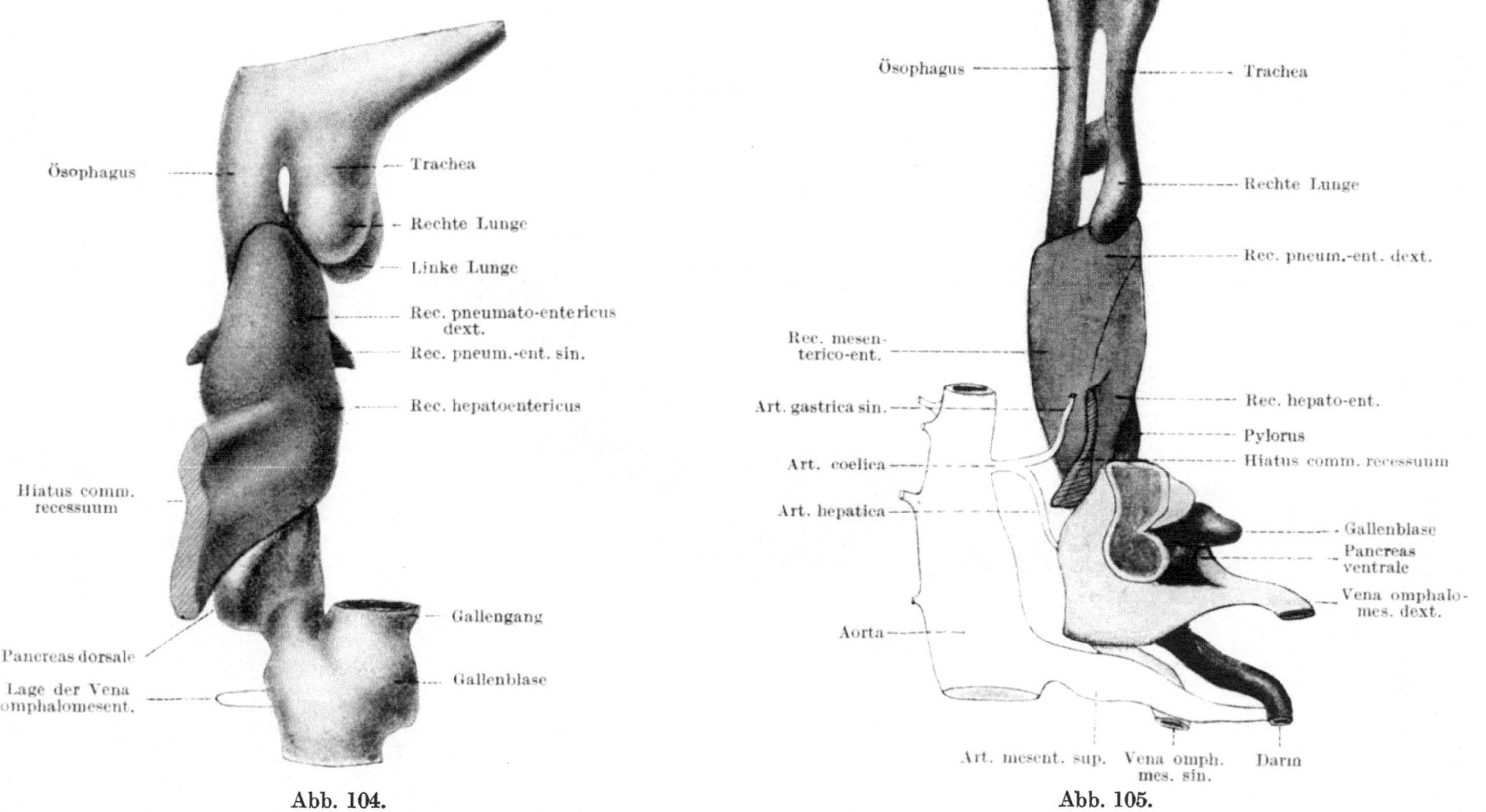

Abb. 104 und 105. Rekonstruktionsmodelle des entodermalen Vorderdarmes und der Mesenterialrezesse (blau) zweier junger Embryonen, resp. 3 und 5 mm lang, von rechts gesehen. — Vergrößerung: 100- bzw. 50 mal. — Nach Broman: Bursa omentalis (1904).

8*

persistierende, kleine Kommunikationsöffnung zwischen Respirations- und Verdauungsrohr stellt den werdenden Kehlkopfeingang dar.

Gleichzeitig damit, daß die erwähnte Abschnürung stattfindet, fangen in

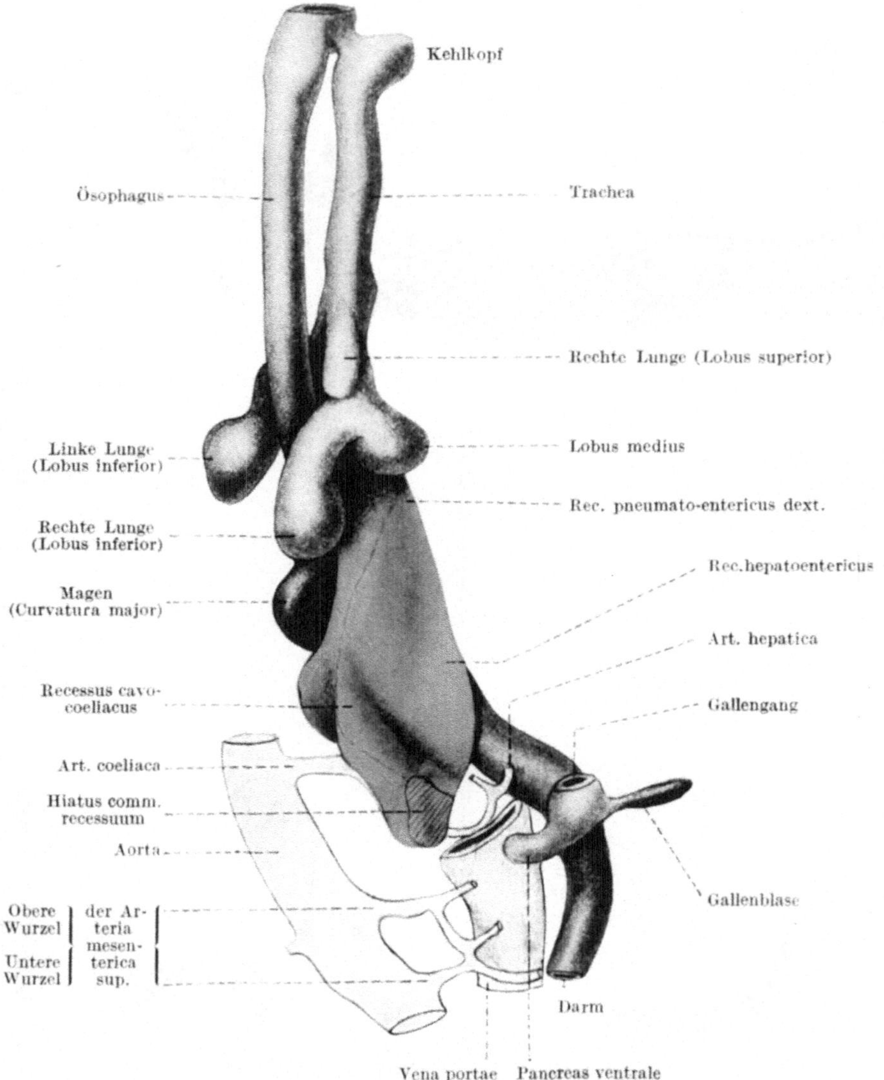

Abb. 106. Rekonstruktionsmodell des entodermalen Vorderdarmes eines 8 mm langen Embryos. — Vergrößerung: 50mal. — Von rechts gesehen. — Nach Broman: Bursa omentalis (1904).

den verschiedenen Partien des Respirationsrohres Umbildungsprozesse an, welche zu der Differenzierung dieses Rohres in Kehlkopf, Luftröhre und Lungen führen.

Entwicklung des Kehlkopfes.

Ehe noch die Tracheaanlage sich vollständig von der Ösophagusanlage abgeschnürt hat, beginnt die Larynxanlage erkennbar zu werden. An der

Grenze zwischen Schlundanlage und dem oberen Ende der Laryngotrachealrinne entstehen nämlich zwei symmetrische Wülste, die Arytänoidwülste
von Kallius, in welchen die Cartilagines arytaenoideae sich später
entwickeln (vgl. Abb. 92—94, S. 102).

Unmittelbar nach vorne von diesen Wülsten tritt etwa gleichzeitig ein dritter
querliegender Wulst auf, der die noch nicht getrennten Anlagen des Zungengrundes und der Epiglottis enthält. — Die Epiglottisanlage trennt sich aber
bald von der Zungengrundanlage und stellt schon Anfang des zweiten Embryonalmonats einen selbständigen Querwulst dar, an welchem eine dickere mittlere
Hauptpartie und zwei dünnere, faltenartige Seitenteile zu erkennen sind.
Die letztgenannten werden bald wieder zurückgebildet. Nur der Mittelteil
des embryonalen Epiglottiswulstes bildet sich also zu der definitiven Epiglottis aus.

Medialwärts vergrößern sich die beiden Arytänoidwülste stark. Sie werden
hierbei bald mit ihren kaudalen Partien gegeneinander gepreßt, so daß der

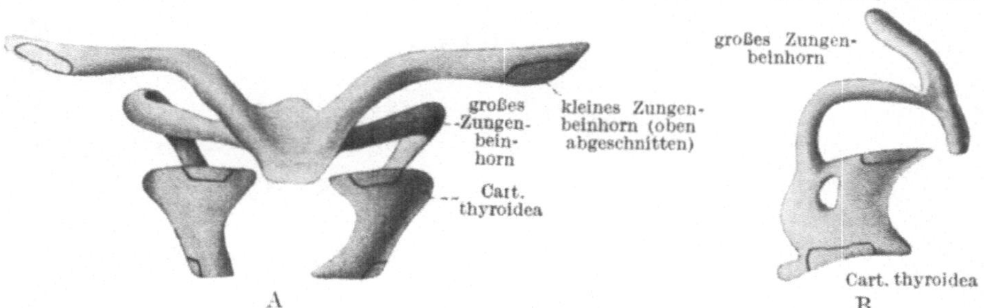

Abb. 107. Rekonstruktionsmodell der Zungenbein- und Schildknorpelanlage eines 39 bis
40 Tage alten menschlichen Embryo. — Vergrößerung: 30 mal. — A von vorn, B von
rechts gesehen. Die Stellen, die die Anlage von hyalinem Knorpel zeigen, sind mit
schwarzen Linien umzogen. — Nach Kallius (1897) aus Broman (1911).

Kehlkopfeingang die Form einer T-Spalte bekommt, und die sich berührenden
Epitheloberflächen miteinander verkleben. Nur am dorsalen Ende der Arytänoidwülste bleibt eine minimale, röhrenförmige Kommunikation zwischen dem
Kehlkopfeingang und der Trachea offen. Sonst verkleben die Kehlkopfwände
wenigstens bis zur Höhe der Stimmbandanlage herab. — Bei etwa 2—4 cm
langen Embryonen löst sich diese rätselhafte Verklebung wieder, und zwar
unter Verflüssigung der zentralen Epithelzellen.

Bei etwa 24 mm langen Embryonen werden die beiden Ventriculi laryngis
als solide Epithelknospen angelegt, die bald je ein selbständiges Lumen bekommen.
Indem dieses Lumen sich bis zum Hauptlumen des Larynx verlängert, entsteht
sowohl der Larynxventrikel wie das betreffende Stimmband.

Der ganze Kehlkopf ist von Anfang an bis zur Geburt unverhältnismäßig
groß und steht viel höher als beim Erwachsenen. In der Mitte der Embryonalzeit
ragt er sogar in die Nasenrachenhöhle hinein, wie bei Säugetieren im allgemeinen.
Und noch beim Neugeborenen steht er etwa zwei Wirbelhöhen höher als beim
Erwachsenen.

Entwicklung der Larynxknorpel.

In dem Innern der mesenchymalen Larynxanlage entstehen schon frühzeitig Blastemmassen, welche sich später in Vorknorpel und Knorpel umwandeln.
Die betreffenden Blastemmassen stellen also die erste sichtbare Anlage des

Larynxskelettes dar. — Zuerst (schon bei etwa 8 mm langen Embryonen) wird die blastematöse Anlage des Ringknorpels erkennbar, und zwar als einfacher Ring zunächst ohne Dorsalplatte. — Der Schildknorpel entsteht wahrscheinlich aus Überresten des vierten und des fünften Kiemenskelettbogens

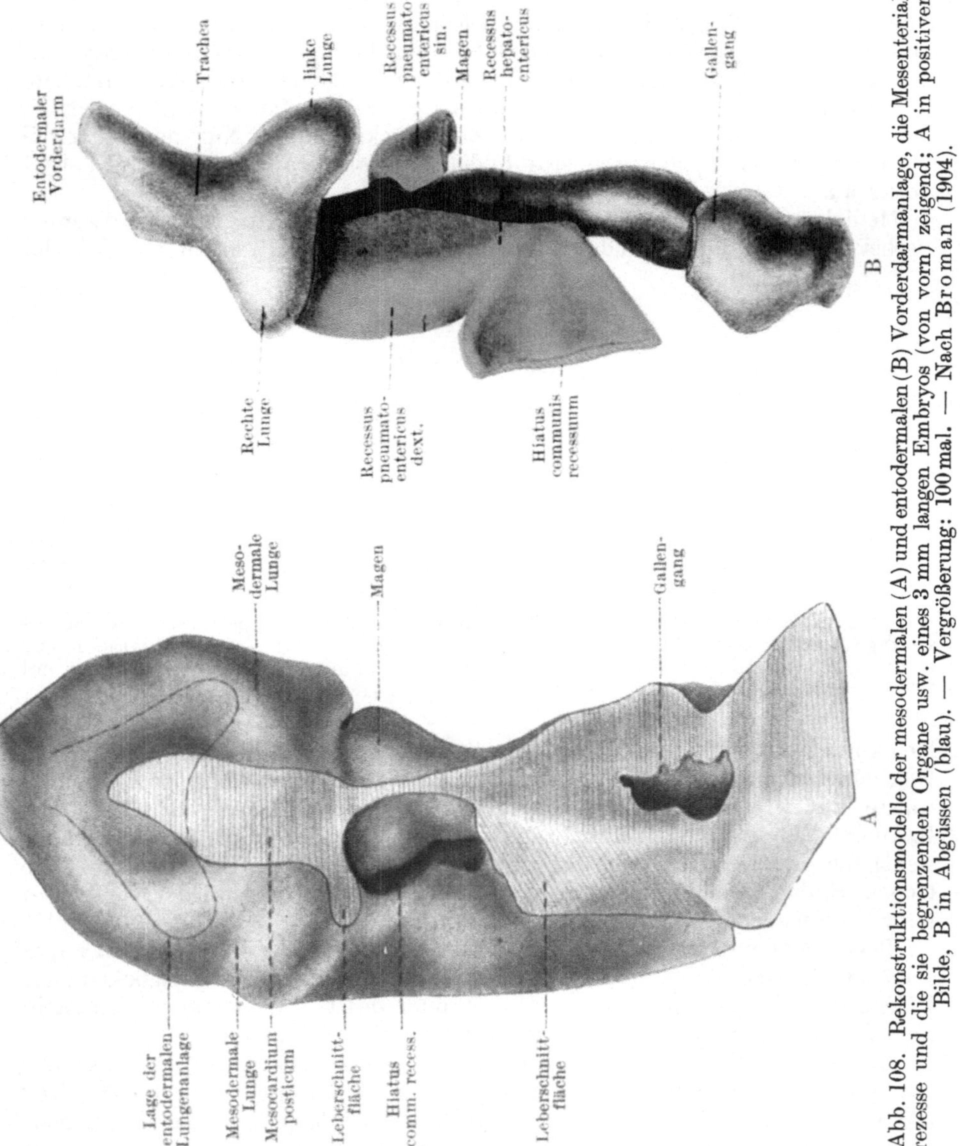

Abb. 108. Rekonstruktionsmodelle der mesodermalen (A) und entodermalen (B) Vorderdarmanlage, die Mesenterialrezesse und die sie begrenzenden Organe usw. eines 3 mm langen Embryos (von vorn) zeigend; A in positivem Bilde, B in Abgüssen (blau). — Vergrößerung: 100 mal. — Nach Broman (1904).

(Kallius). Zunächst besteht er aus paarigen Seitenplatten, welche in der Mittellinie durch eine breite Lücke voneinander getrennt sind (Abb. 107). Ende des zweiten Embryonalmonats verwachsen aber die Seitenplatten zu einer unpaaren Bildung. Mit dem Zungenbein (welches aus Skeletteilen des zweiten und dritten Kiemenbogens gebildet wird) ist der Schildknorpel von Anfang an direkt verbunden. Im dritten Embryonalmonat wandelt sich aber die knorpelige Verbindung des Schildknorpels mit dem großen Zungenbeinhorn in Bindegewebe um. Auf diese Weise entsteht das Ligamentum hyothyroideum laterale. Die beiden Gießbeckenknorpel werden später als der Schildknorpel angelegt, und noch später (erst um die Mitte des Embryonallebens) entsteht im Mittelteil der Epiglottisanlage die Cartilago epiglottica (der Kehldeckelknorpel).

Entwicklung der Luftröhre.

Unmittelbar nach der Abschnürung vom Ösophagus stellt die entodermale Anlage der Trachea ein relativ kurzes Epithelrohr dar (vgl. Abb. 105). Um dasselbe häuft sich bald mesodermales Gewebe an, in welchem (bei etwa

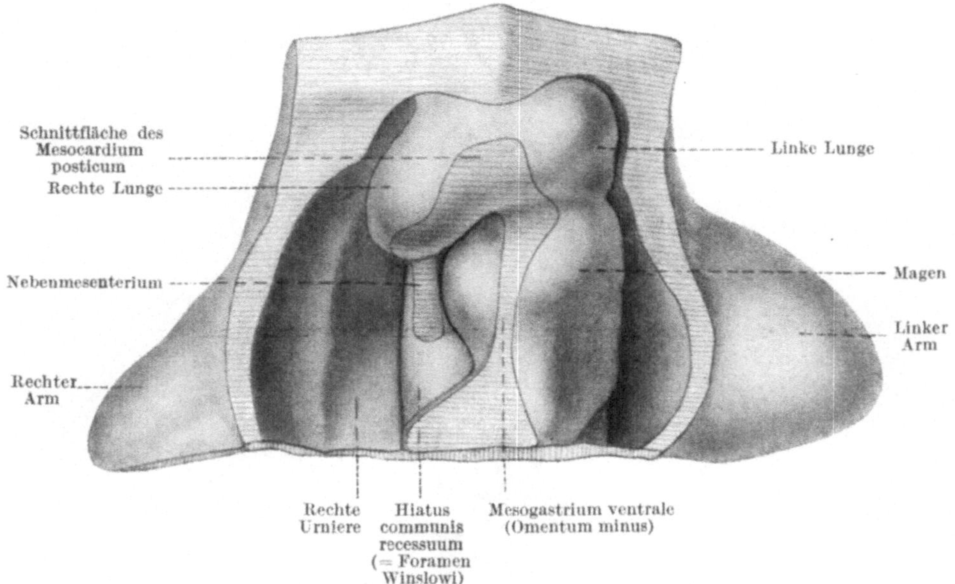

Abb. 109 a. Rekonstruktionsmodell, die Mesenterialrezesse und die sie begrenzenden Organe eines 5 mm langen Embryo zeigend. Hintere Körperwand von vorn gesehen. — Vergrößerung: 50 mal. — Nach Broman (1904).

15 mm langen Embryonen) blastematöse Knorpelringanlagen erkennbar werden. — Die Verknorpelung der Trachealringe beginnt bei etwa 2 cm langen Embryonen im oberen Ende der Trachealanlage. Sie schreitet dann, wie die Ausbildung der Luftröhre überhaupt, von diesem Trachealende aus nach den Lungen hin fort (Philip, Koelliker).

Zur Zeit der Geburt ist die Trachea etwa 45 mm lang und besitzt ein Kaliber, das ungefähr ebenso stark ist wie der kleine Finger des betreffenden Individuums (Ballantyne).

Entwicklung der Lungen.

Die Lungen (einschließlich der Bronchien) entstehen, wie erwähnt:

1. aus einer entodermalen Anlage, welche a) das Schleimhautepithel und die Drüsen der Bronchien und b) das Alveolarepithel (das sog. respiratorische Epithel) liefert, und

2. aus einer mesodermalen Anlage, die die übrigen Partien des Lungenparenchyms und der Bronchialwände bildet.

Entwicklung der entodermalen Lungenanlage.

Die zuerst vom Digestionsrohr abgeschnürte (kaudalste) Partie des Respirationsrohres sendet schon bei 3 mm langen Embryonen (mit Nackenbeuge)
nach beiden Seiten divertikelähnliche Hohlsprossen aus, welche, stark diver-
gierend, in je eine mesodermale Lungenanlage herabwachsen.

Wie Abb. 108 B zeigt, sind diese beiden Hohlsprossen beim Menschen
anfangs symmetrisch. Dieselben stellen zum größten Teil die Anlagen der

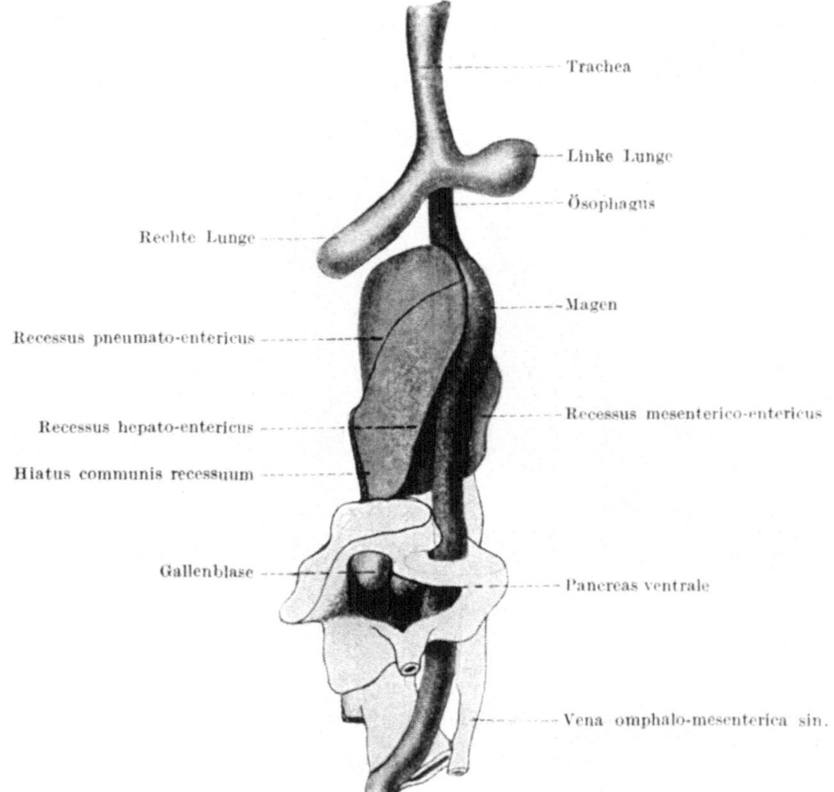

Abb. 109 b. Rekonstruktionsmodell, die Mesenterialrezesse und die sie begrenzenden Organe
eines 5 mm langen Embryo zeigend.   Entodermaler Vorderdarm im positiven Bilde mit
der gemeinsamen Anlage der Bursa omentalis und der Bursa infracardiaca in
Abguß (blau) abgebildet. — Vergrößerung: 50 mal. — Nach Broman (1904).

beiden Hauptbronchien dar, enthalten aber in ihren blinden Enden den
Keim für alles weitere Wachstum des epithelialen Bronchialbaumes und können
daher schon jetzt mit dem Namen entodermale Lungenanlage bezeichnet
werden. — In der Folge wachsen die beiden entodermalen Lungenanlagen in
die Länge und schwellen in ihren blinden Enden birnenförmig an. Schon in diesem
Entwicklungsstadium (bei etwa 5 mm langen Embryonen) beginnen sie asymmetrisch zu werden, indem die rechte Lungenanlage etwas schneller
in die Länge wächst und die linke Lungenanlage mehr quer gelagert
wird (Abb. 109 b).

In einem nächstfolgenden Stadium beginnt kranialwärts von der Endknospe
eine monopodische Verzweigung der beiden Hauptbronchien. Zuerst entsteht

jederseits ein ventralwärts (oder ventrolateralwärts) gerichteter Zweig, und bald nachher sendet die rechte Lungenanlage noch einen Zweig aus, der an der linken Lungenanlage ohne Gegenstück bleibt. Dieser letztgenannte Bronchialzweig, welcher kranialwärts von dem erstgebildeten Seitenzweig entsteht und mehr dorsal als dieser gerichtet wird (er wird entweder als Apikalbronchus oder als

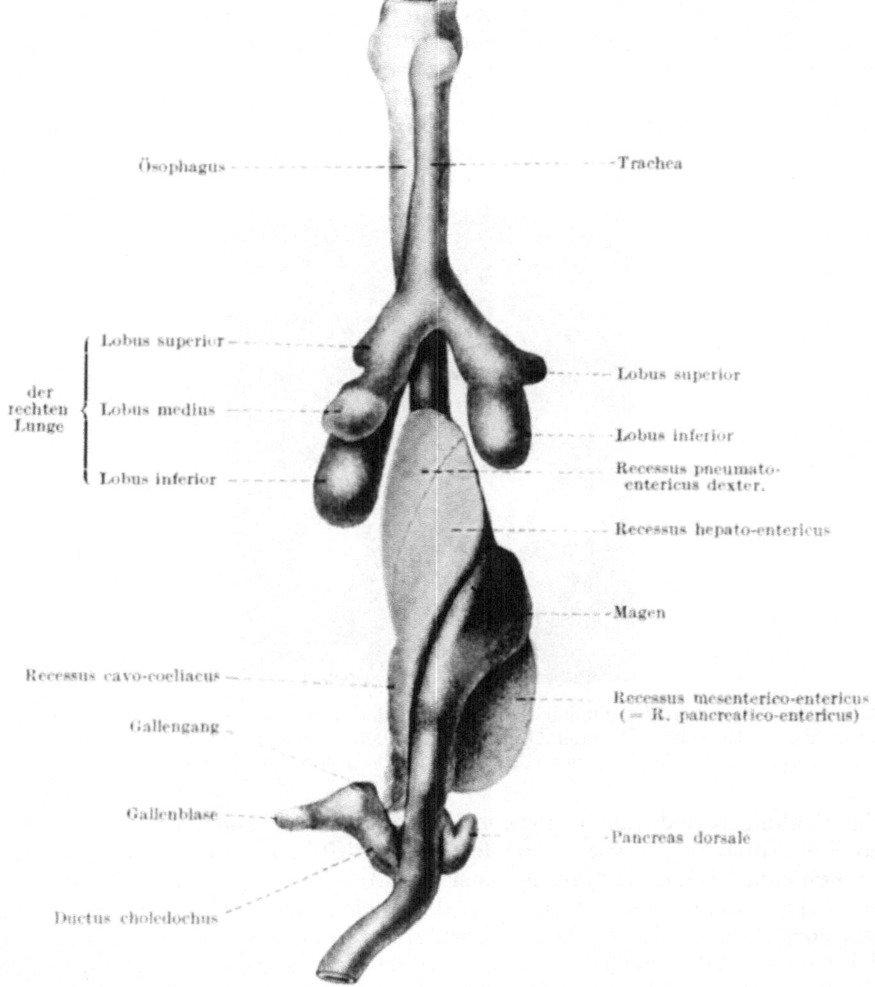

Abb. 110. Rekonstruktionsmodell des entodermalen Vorderdarmes eines 8 mm langen Embryos mit anhaftendem Abguß (blau) der vereinigten rechtsseitigen Mesenterialrezesse, von vorn. — Vergrößerung: 50 mal. — Nach Broman (1904).

erster Dorsalbronchus bezeichnet) ist schon bei etwa 8 mm langen Embryonen gebildet (vgl. Abb. 110).

Zu dieser Zeit findet man also an der rechten Lungenanlage drei Knospen (die Endknospe und zwei Seitenknospen), während die linke Lungenanlage nur zwei Knospen (die Endknospe und eine Seitenknospe) besitzt, eine Tatsache, die von Interesse ist, weil schon hierdurch die definitive Gliederung der Lungen in rechts drei und links zwei Lappen eingeleitet und bestimmt wird.

Die primären Seitenzweige verlängern sich und schwellen als Vorbereitung zur weiteren Verzweigung in ihren freien Enden keulenförmig an. Der Verzweigungsmodus fängt schon jetzt an dichotomisch zu werden, d. h. die keulenförmigen Bronchialknospen kerben sich an ihrer höchsten Rundung ein und lassen je zwei divergierende Röhren entstehen, deren blinde Enden sich bald verdicken und abermals in ähnlicher Weise verzweigen (vgl. Abb. 111 u. 112). Neben dieser dichotomischen Verzweigung findet aber anfangs (bei 8—15 mm langen Embryonen) noch eine monopodische Zweigbildung statt. So findet man bei etwa 10 mm langen Embryonen konstant an jeder Lunge einen neuen monopodisch entstandenen Dorsalzweig (vgl. Abb. 111 u. 112 *) und außerdem besitzt die rechte Lunge einen ähnlich entstandenen Ventralzweig (vgl. Abb. 112 A, Lob. infracardiacus). Außerdem können während dieser

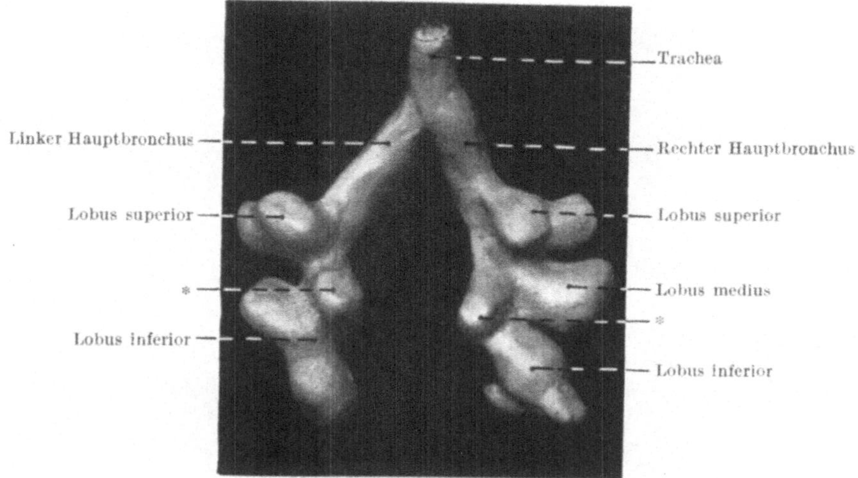

Abb. 111. Rekonstruktionsmodell der entodermalen Lungenanlagen eines 10 mm langen menschlichen Embryos. Von der Dorsalseite gesehen. — Vergrößerung: 50 mal. — * Lobus dorsalis. — Nach einem Originalmodell von cand. med. Ask-Upmark.

Entwicklungsperiode auch einzelne andere, weniger konstante Zweige monopodisch entstehen. Aber von dem 15-mm-Stadium ab bleibt die weitere Verzweigung meiner Erfahrung nach dichotomisch (vgl. Abb. 100 u. 101).

Nicht gerade selten ist indessen die Dichotomie von Anfang an inäqual, und noch öfter werden die beiden Tochterzweige sekundär ungleich groß, indem der eine schneller wächst oder sich früher wieder verzweigt als der andere.

Die stärker wachsenden Tochterzweige mehrerer Zweiggenerationen alternieren gewöhnlich, nehmen in der Folge immer mehr die Hauptrichtung des betreffenden Lungenlappens an und imponieren daher zuletzt als ein einheitlicher Hauptbronchus oder Bronchialstamm, an welchem die schwächer gewachsenen Tochterzweige nun als untergeordnete Seitenzweige erscheinen.

Diese dichotomische Verzweigung der monopodisch entstandenen Hauptzweige jeder Lunge fährt während der ganzen folgenden Entwicklung der Lunge fort. Zur Zeit der Geburt findet man z. B. in dem Mittellappen der rechten Lunge schon 18 Zweiggenerationen, und beim Erwachsenen hat sich die Zahl der Zweiggenerationen bis zu 23—25 vermehrt. Die Bildung neuer Bronchialzweige hört also nicht — wie man bisher geglaubt hat — zur Zeit der Geburt auf (Broman, 1923).

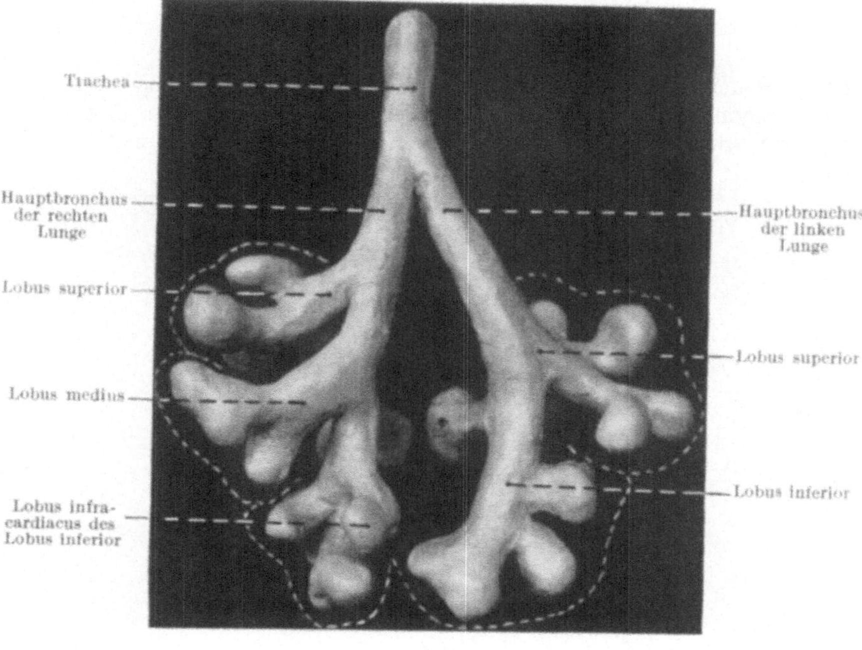

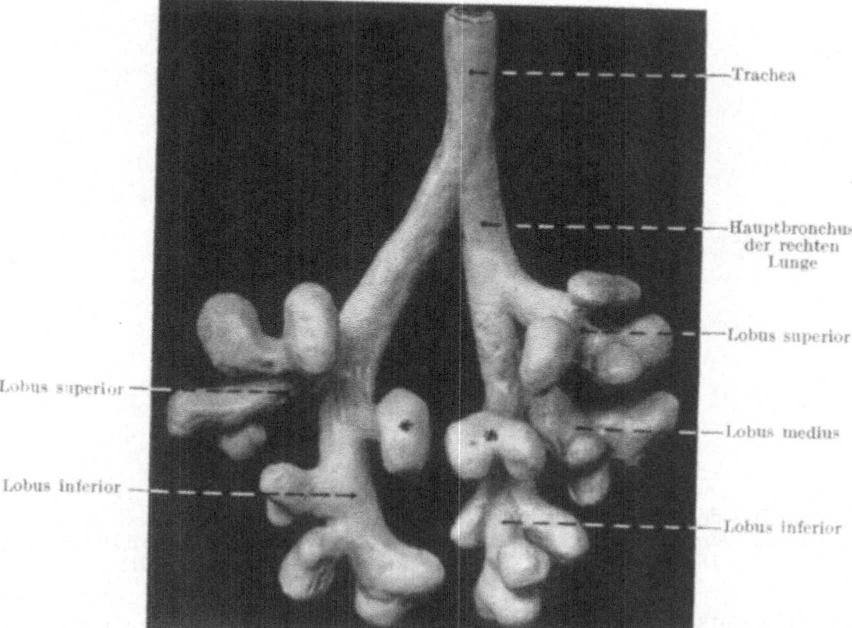

Abb. 112. Rekonstruktionsmodell der entodermalen Lungenanlagen eines 13,7 mm langen menschlichen Embryos, A von der Ventralseite, B von der Dorsalseite gesehen. Vergrößerung: 50 mal. — * Lobus dorsalis. — In A sind die Umrisse der mesodermalen Lungenanlagen durch weiße Punkte angegeben. — Nach einem Originalmodell von cand. med. Ask-Upmark.

Entwicklung der mesodermalen Lungenanlagen.

Äußere Formentwicklung der Lungen.

Die mesodermalen Lungenanlagen sind anfangs symmetrisch. Sie werden
aber bald asymmetrisch, indem die linke Lungenanlage von dem linken Leberlappen kranialwärts verdrängt wird. Hand in Hand hiermit verschwindet der

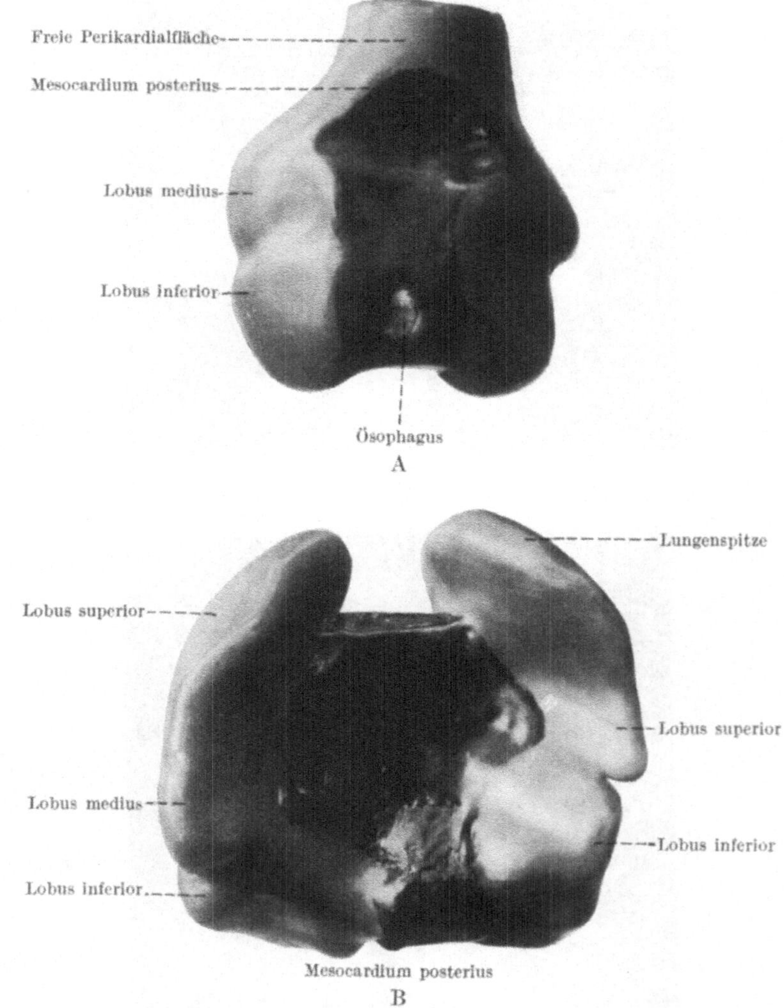

Abb. 113. Mesodermale Lungenanlagen, A eines 8,3 mm langen Embryo (von vorne).
Vergrößerung: 50 mal. — B eines 20 mm langen Embryo (von vorne). Vergrößerung: 20 mal.
— Die Schnittflächen sind schwarz. — Nach Broman (1911).

linke Recessus pneumato-entericus spurlos, und die linke entodermale
Lungenanlage wird fast transversal gerichtet (vgl. Abb. 108 u. 109 a u. b).

Erst wenn bei etwa 8 mm langen Embryonen die Primärzweige des entodermalen Bronchialbaumes gebildet worden sind, beginnen an der Oberfläche
der Lungenanlagen die lappentrennenden Furchen als seichte Einbuch-
tungen erkennbar zu werden. — Zuerst entsteht die Hauptfurche der rechten

Lunge und bald nachher diejenigen der linken. Dann folgt die den Oberlappen vom Mittellappen der rechten Lunge trennende Furche (Abb. 113 u. 114).

Offenbar entstehen die mesodermalen Lappenanlagen in intimer Relation zu den zuerst entstandenen und am stärksten wachsenden Zweigen der entodermalen Lungenanlagen (die Endpartien derselben als Endzweige mitgerechnet), die wohl das umgebende Mesenchym aktiv ausbuchten und zu stärkerem Wachstum zwingen.

Auch die nächstfolgenden, konstanten, monopodischen Zweige der entodermalen Lungenanlagen rufen in den mesodermalen Lungenanlagen besondere Wachstumszentren und also besondere Lappen hervor (Abb. 115). Es ist dies konstant der Fall sowohl mit den beiden Dorsallappenzweigen wie mit dem Herzlappenzweig. 1—2 cm lange menschliche Embryonen haben also normalerweise überzählige Lungenlappen, und zwar hat zu dieser Zeit die linke Lunge gewöhnlich drei (anstatt zwei) und die rechte

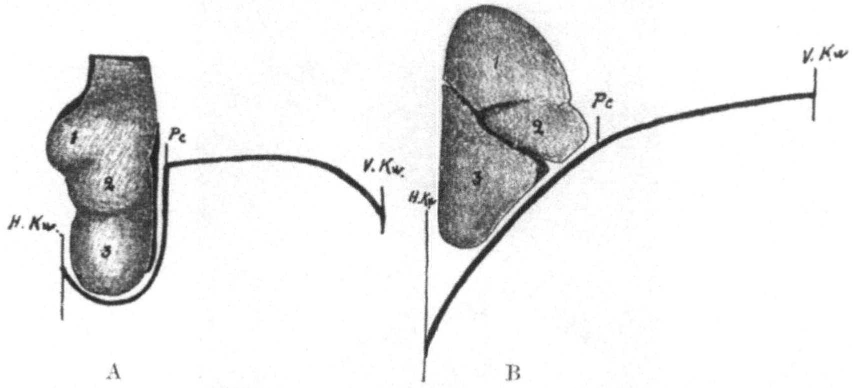

Abb. 114. Halbschematischer Sagittalschnitt der Zwerchfellsanlage (rechts von der Medianebene). A von einem 8,3 mm langen Embryo. Vergrößerung: 30 mal. — B von einem 21 mm langen Embryo. Vergrößerung: 10 mal. — Nach Broman (1902). — Die Anheftungsstellen an der vorderen (V. Kw.) und hinteren Körperwand (H. Kw.), ebenso wie die des Perikardiums (Pc) sind schematisch mit Linien bezeichnet. — Die rechte Lunge (von der lateralen Seite gesehen) ist in ihrer Lage zum Zwerchfell abgebildet. 1 oberer, 2 mittlerer, 3 unterer Lungenlappen.

fünf (anstatt drei). Diese Überzahl der Lungenlappen verschwindet aber wieder bald, und zwar dadurch, daß die erwähnten Nebenlappen mit dem Unterlappen jeder Lunge verschmelzen. Ausnahmsweise persistieren aber diese sonst temporären, embryonalen Lungenfurchen zeitlebens und geben dann zu anomalen Lungenlappungen Anlaß.

Die Totalform der Lungenanlagen weicht anfangs sehr stark von derjenigen der definitiven Lungen ab. Noch bei 8—15 mm langen Embryonen sind die Lungenanlagen dem ventralen Mesenterium breit angeheftet. Kraniale Lungenspitzen fehlen noch. Lungenbasen existieren auch nicht; anstatt deren finden sich dagegen freie, kaudale Lungenspitzen (vgl. Abb. 113 A). Erst wenn die Lungenanlagen bei 1,5—2 cm langen Embryonen stärker zu wachsen beginnen, werden die ursprünglich breiten Anheftungen der Lungen relativ kleiner. Von nun an können wir sie Lungenwurzel nennen. Gleichzeitig wachsen die oberen Lungenlappen kranialwärts frei hinauf, die definitiven Lungenspitzen bildend (Abb. 113 B). — Etwa zu derselben Zeit drängt die sich stark vergrößernde Leber kranial- und dorsalwärts. Sie verändert hierbei die Totalform des Zwerchfells und plattet die kaudalen Lungenspitzen zu Lungenbasen ab (Abb. 114). — Schon bei etwa 3 cm langen Embryonen wird die definitive Lungenform fast erreicht.

Innere Ausbildung der mesodermalen Lungenanlagen.

Die mesodermalen Lungenanlagen stellen ursprünglich einheitliche Mesenchymmassen dar. Um jedes Epithelrohr herum sammeln sich aber bald kleine Mesenchymzellen zu besonderen Hüllen (Abb. 116 u. 117), in welchen sich später elastische Bindegewebsfasern, glatte Muskelzellen und Knorpelplatten herausdifferenzieren. Hand in Hand damit, daß die Bronchialäste durch diese Auflagerung immer dickwändiger werden, bekommen sie durch Wachstum der Wände auch immer größeres Kaliber.

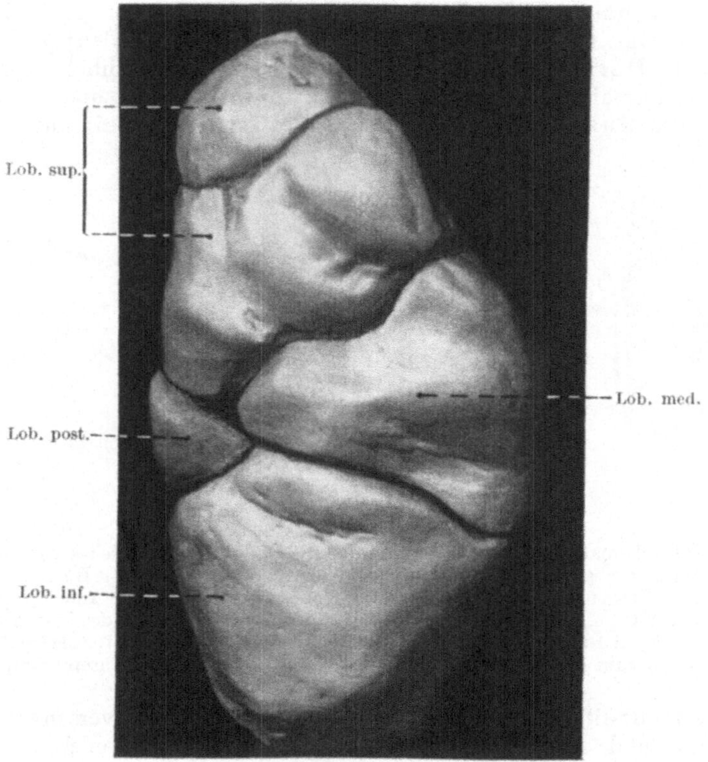

Abb. 115. Rekonstruktionsmodell der rechten mesodermalen Lunge eines 14 mm langen menschlichen Embryos. Von der rechten Seite gesehen. — Vergrößerung: 50 mal. — Die den Lobus superior aufteilende Extrafurche tritt nicht konstant auf.

Im übrigen behält das aus dem Mesoderm stammende Lungenstroma längere Zeit das Aussehen gewöhnlichen, embryonalen Bindegewebes. Je reicher die Verästelung der Bronchialäste wird, desto spärlicher (relativ) wird das zwischenliegende Bindegewebsstroma um die zusammengehörigen Zweige herum. Zwischen nicht zusammengehörigen Bronchialzweigen bleiben dagegen größere Mengen des Bindegewebsstromas erhalten, die Grenzen zwischen den Lungenläppchen darstellend.

Entwicklung der Lungenalveolen.

Noch bei 30 cm langen Feten hat die Bildung von Alveolen (Lungenbläschen) an den Wänden der letzten Bronchialzweige nicht angefangen. In Ausnahmefällen können aber zu früh geborene Kinder dieses Entwicklungsstadiums trotzdem am Leben bleiben. Sie können nämlich mit den gleichmäßig erweiterten

letzten Bronchialzweigen atmen (Broman, 1923), bis diese sich weiter verzweigt haben und bis aus Alveolen bestehendes Lungenparenchym gebildet
worden ist.

Kurz vor der normalen Geburtszeit werden die Wände der 3—5 letzten
Bronchialzweiggenerationen ungleichmäßig verdickt, und zwar dadurch, daß

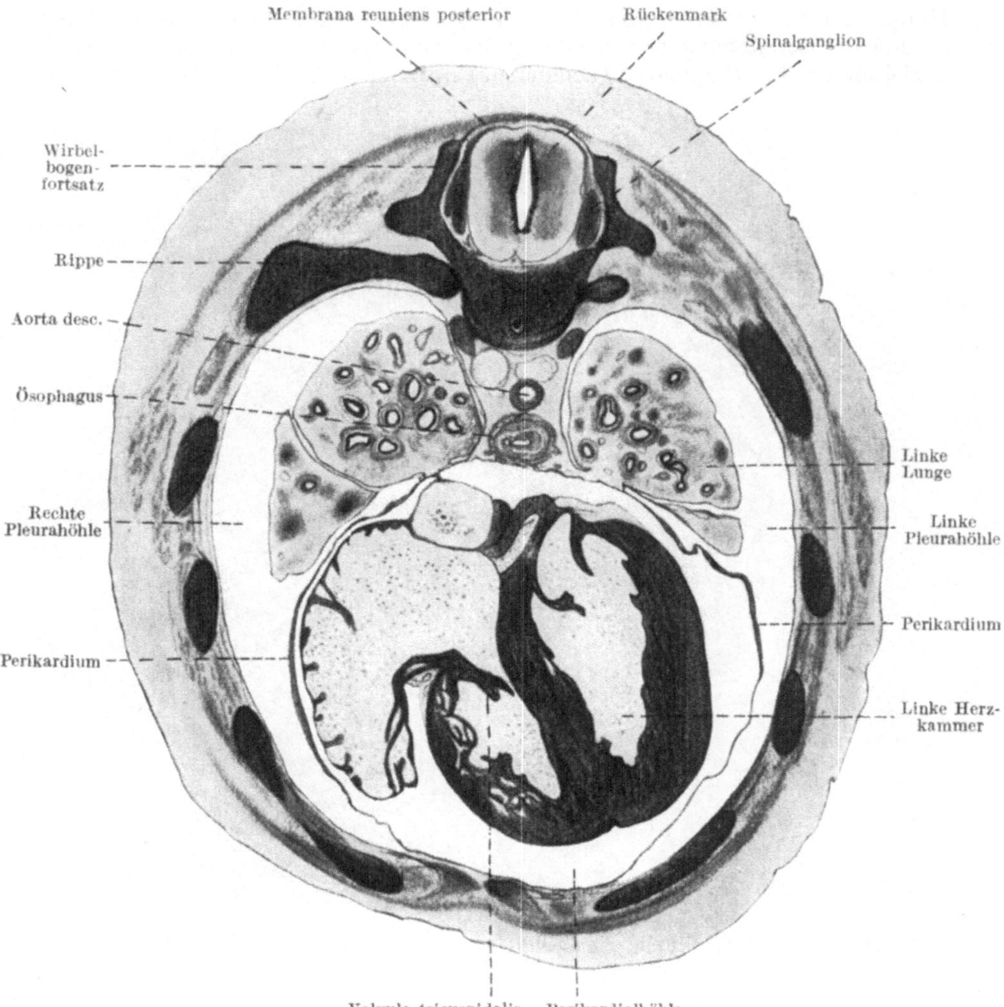

Abb. 116. Querschnitt eines 25 mm langen Embryos in der Höhe der Lungen und des Herzens.
— Vergrößerung: 15 mal. — Nach Broman (1911).

ein weitmaschiges Netz von elastischem Bindegewebe und Muskelzellen
um die dünne Bronchialwand gelagert wird. Wenn dann die Inspirations-
bewegungen des Brustkorbes einsetzen und der Druck an der Innenseite der
Bronchialwände größer als an der Außenseite derselben wird, entstehen wie mit
einem Zauberschlag alle Alveolen an diesen Bronchialzweigen (Broman, 1923).
Gleichzeitig beginnt das dicke Alveolarepithel dünner zu werden und das Aussehen von respiratorischem Epithel anzunehmen.

Bei dem ersten Atemzug werden gewöhnlich nur die vorderen
Lungenränder lufthaltig. Dann folgen die Seitenteile und später die
unteren Lungenränder. Erst nach drei (oder mehr) Tagen extrauterinen Lebens
werden die Lungen aber überall mit Alveolen versehen. — Von Interesse ist,
daß die rechte Lunge sich gewöhnlich leichter und früher als die linke mit
Luft füllt, eine Tatsache, die wohl darin ihre Erklärung findet, daß der rechte
Hauptbronchus kürzer, weiter und mehr kaudalwärts gerichtet ist als der linke.

Bei der Entstehung und Dehnung der Alveolenwände werden auch die sie
begleitenden Gefäßkapillaren gedehnt und strotzend mit Blut gefüllt. Die bisher

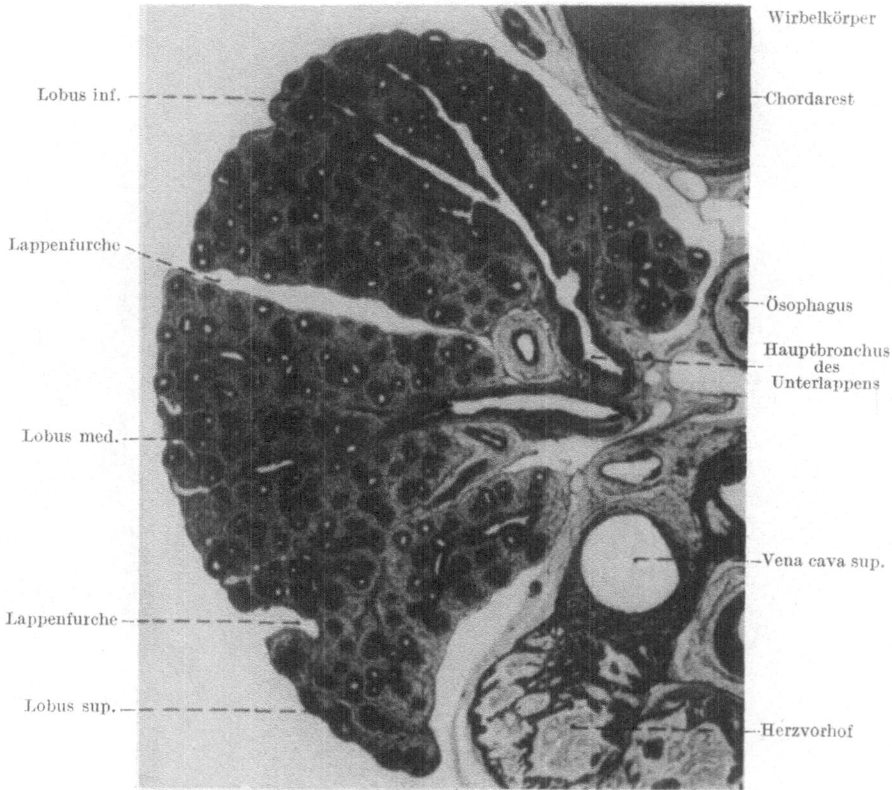

Abb. 117. Querschnitt durch die rechte Lunge eines 54,5 mm langen menschlichen
Embryos. — Vergrößerung: 20 mal.

grauweiße Farbe der Lunge ändert sich hierbei in eine blaßrötliche um, und
gleichzeitig werden die Konsistenz und das spezifische Gewicht der Lunge
etwa dieselbe wie beim Erwachsenen. Die lufthaltigen Lungen (bzw. Lungen-
partien) schwimmen also jetzt auf dem Wasser.

Zur normalen Zeit der Geburt sind die Lungen nicht — wie man bisher allgemein geglaubt hat — schon mit allen ihren definitiven Bronchien und Alveolen
versehen, sondern die Entstehung von neuen Bronchialzweigen (mit neuen
Alveolen) setzt während der ganzen Kindheit fort. Gleichzeitig findet auch ein
stetiger Umbau der Lunge statt, indem die proximalen Alveolengänge sowohl
Kaliber wie Wanddicke vergrößern und gleichzeitig ihre Alveolen verlieren
(Broman, 1923). Solche in Umbau befindlichen Bronchioli, die im Begriff

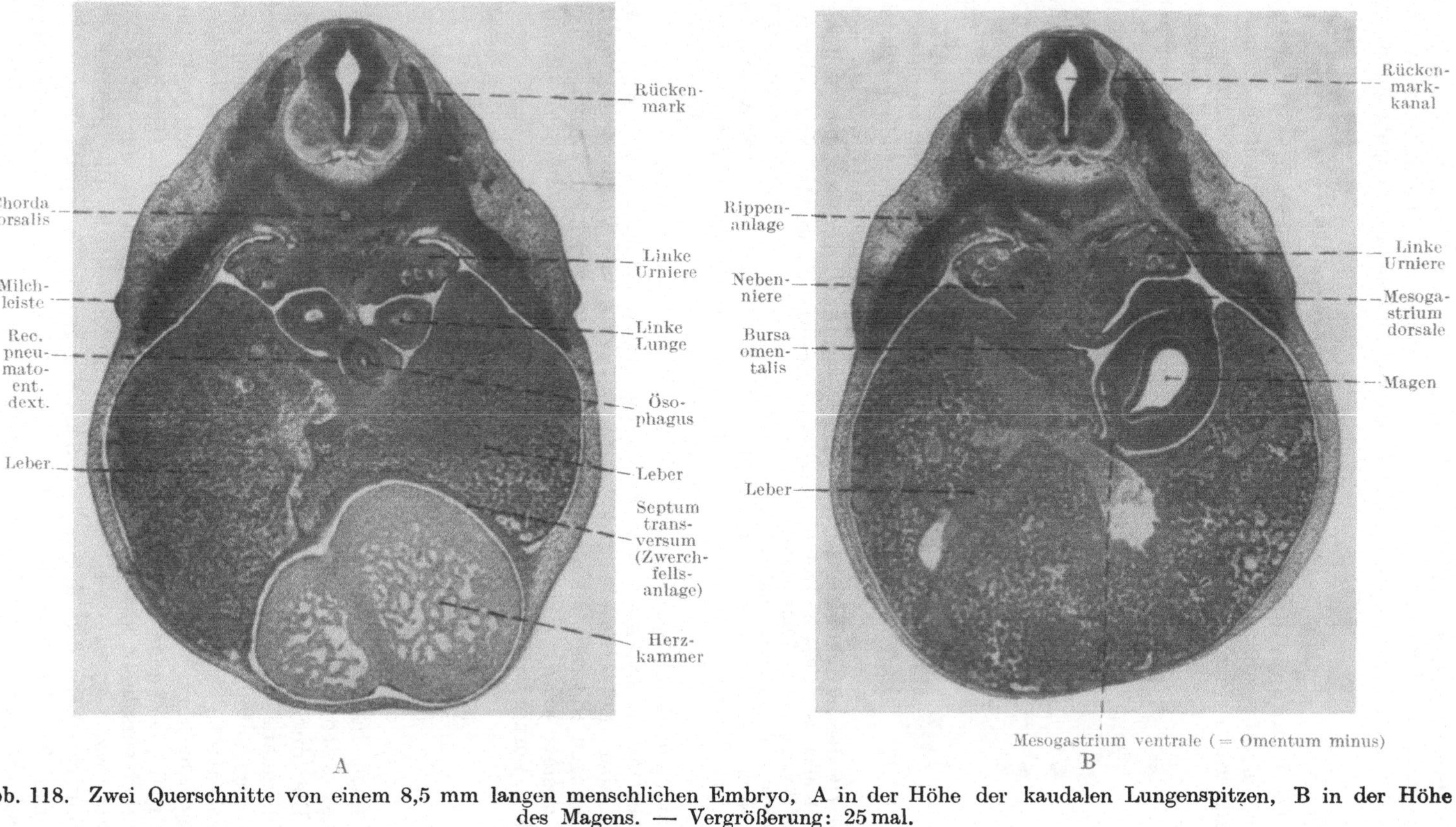

Abb. 118. Zwei Querschnitte von einem 8,5 mm langen menschlichen Embryo, A in der Höhe der kaudalen Lungenspitzen, B in der Höhe des Magens. — Vergrößerung: 25 mal.

sind, ihre Alveolen zu verlieren und nur noch einzelne Alveolen besitzen, werden seit alters her Bronchioli respiratorii genannt. Die definitiven Lungenalveolen sind etwa doppelt so groß wie diejenigen des neugeborenen Kindes.

Entwicklung der Lungengefäße.

Die Lungenarterien entstehen sehr frühzeitig, und zwar als Zweige des sechsten Aortenbogenpaares (Abb. 98, S. 109). Sie verlaufen anfangs steil kaudalwärts (der Trachea ventrolateral folgend) zu den Lungen. Diese ursprüngliche Richtung der Pulmonalarterien wird in der Folge verändert. Indem nämlich das Herz stärker als die Lungen kaudalwärts verschoben wird, werden die ursprünglich oberen Partien der Pulmonalarterien vom Herzen mitgenommen und von der Trachea ventralwärts abgebogen. Der Hauptbronchus des rechten Oberlappens kommt hierbei oberhalb der Pulmonalarterie zu liegen. Er wird — wie wir es auszudrücken pflegen — eparteriell, während alle übrigen Hauptbronchien hyparteriell werden, d. h. unterhalb der Pulmonalarterie zu liegen kommen (vgl. Abb. 100).

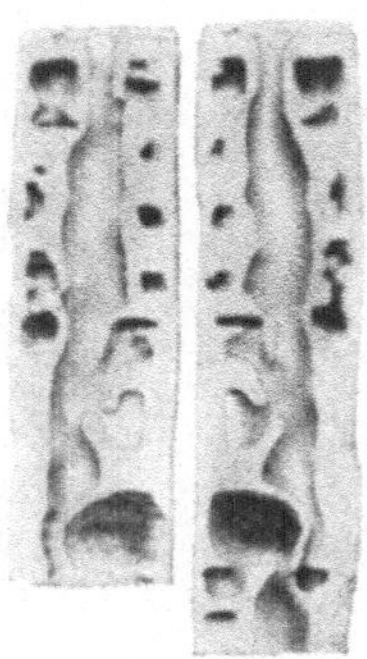

Abb. 119. Rekonstruktionsmodell des Ösophagusepithels im Längsschnitt von einem 22,7 mm langen Embryo. — Vergrößerung 166 mal. — Nach Hj. Forßner (1907) aus Broman (1911).

Die Lungenvenen werden Anfang des zweiten Embryonalmonats von einem unpaaren, kurzen, dünnen Venenstämmchen repräsentiert, welches aus einer Anzahl feinster (im Bifurkationswinkel der Trachea liegenden) Kapillaren entsteht und, das Mesocardium posticum durchsetzend, in den linken Herzvorhof mündet. — Sowohl dieses Venenstämmchen, wie später auch seine ersten beiden Hauptzweige erweitern sich aber trichterförmig und werden zuletzt in die Vorhofswand vollständig einbezogen. Daraus erklärt sich, daß wir schon bei 2 cm langen Embryonen — anstatt eine — vier Pulmonalvenen finden, die alle direkt in den linken Vorhof münden.

Entwicklung der Verdauungsorgane.

Entwicklung der Speiseröhre.

Auch die Speiseröhre wird — wie das Verdauungsrohr überhaupt — von einer entodermalen und einer mesodermalen Anlage gebildet.

Die entodermale Ösophagusanlage, aus welcher das Epithel der Schleimhaut (einschließlich der Drüsen) des Ösophagus hervorgeht, entsteht aus dem entodermalen Vorderdarm Hand in Hand mit der Abschnürung der Trachealanlage von demselben. — Diese Vorderdarmpartie ist vor der Abschnürung sehr kurz, verlängert sich aber nach dieser beträchtlich (vgl. Abb. 104 bis 106). Besonders stark verlängert sich zu dieser Zeit die Ösophagusanlage. Hierbei verschiebt sich das kaudale Ende der Ösophagusanlage stark kaudalwärts, was — wie wir unten sehen werden — für die Entstehung der definitiven Lage des Magens offenbar von großer Bedeutung ist.

Das Epithel der Speiseröhrenanlage, das vor der Trachealabschnürung einschichtig und kurzzylindrisch oder kubisch war, wird unmittelbar nach der Trennung der beiden Röhren zweischichtig, zylindrisch, um in der Folge immer mehr Schichten zu bekommen. Zur Zeit der Geburt ist es 9—10 schichtig, beim Erwachsenen etwa 24 schichtig. — Bei 2—3 cm langen Embryonen treten im Ösophagusepithel regelmäßig Hohlräume, Vakuolen, auf, die zum Teil isoliert liegen, zum Teil mit dem ursprünglichen Ösophaguslumen verbunden sind (Abb. 119). Mitte des dritten Embryonalmonats verschwinden aber die Vakuolen; das durchgehende Ösophaguslumen vergrößert sich und bekommt wieder ein einfaches Aussehen.

Bei etwa 8—9 mm langen Embryonen beginnt die mesodermale Ösophagusanlage sich zu verdichten und um das Epithelrohr herum konzentrisch zu schichten.

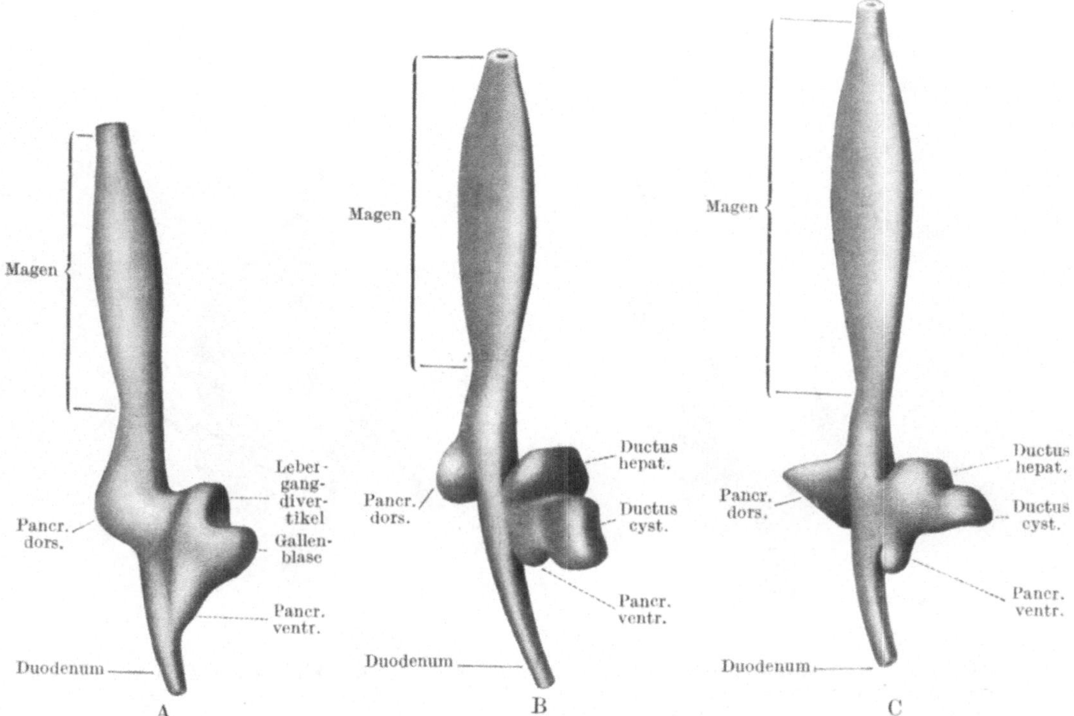

Abb. 120. Rekonstruktionsmodelle der entodermalen Anlage des Magens und Duodenums von drei jungen menschlichen Embryonen. A von einem 4,3 mm langen Embryo; B von einem 5,8 mm langen Embryo; C von einem 6,2 mm langen Embryo. — Von rechts gesehen. — Vergrößerung: 60 mal. — Nach Pernkopf (1922).

Hierbei wird zunächst die Anlage der zirkulären Muskelschicht deutlich (Abb. 118 A). Erst etwas später legt sich die Längsmuskelschicht an. Das nach innen von der zirkulären Muskelschicht gelegene Mesenchym wandelt sich in lockeres Bindegewebe (die Submukosa) um. Eine Muscularis mucosae entsteht nach Taguchi (1922) am Ende des vierten Embryonalmonats.

Ende des dritten Embryonalmonats beginnt das Epithelrohr sich so stark zu erweitern, daß es innerhalb des Muskelrohres nicht ohne Faltung Raum haben kann. Hierbei bilden sich immer zahlreichere Längsleisten aus, welche in das Lumen einbuchten und dasselbe im Querschnitt sternförmig machen. Zerstreute Schleimdrüsen, die sich in der Submukosa verzweigen, beginnen schon

während der letzten Fetalmonate zu entstehen. — Zur Zeit der Geburt hat die
Speiseröhre eine Länge von etwa 10 cm. Das Lumen läßt einen Katheter von
5 mm Durchmesser durch.

Entwicklung des Magens.

In der zweiten Hälfte der vierten Embryonalwoche bildet sich die erste
deutliche Magenanlage, und zwar — in Analogie mit der Lungenbildung — in
der Weise, daß der mesodermale Teil zuerst deutlich als eine Verdickung
zu erkennen ist (Abb. 108, S. 118). In diesem Stadium (Embryo 3 mm) ist die

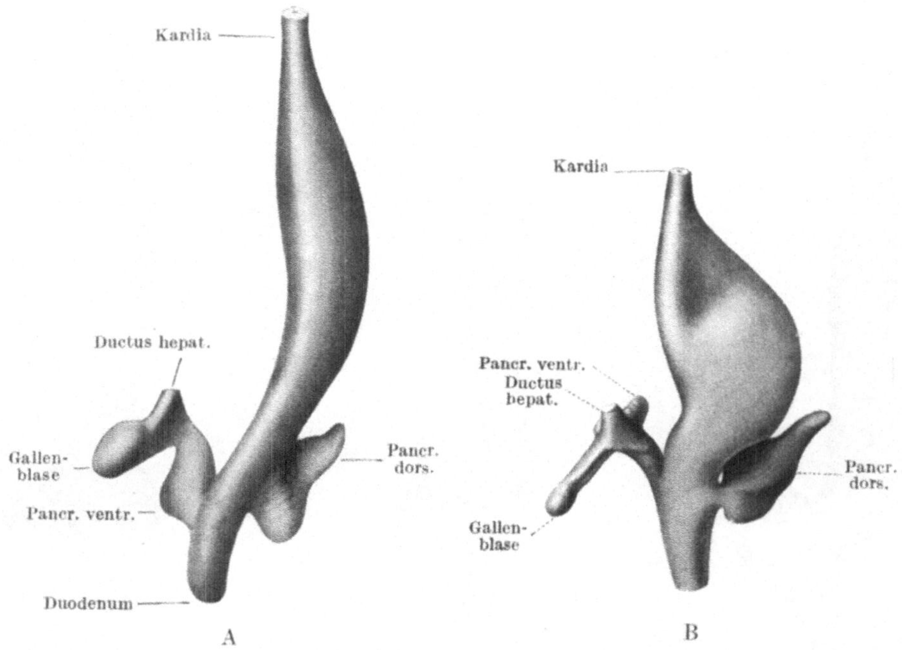

Abb. 121. Rekonstruktionsmodelle der entodermalen Anlage des Magens und Duodenums
von zwei jungen menschlichen Embryonen. A von einem 7 mm langen Embryo. —
Vergrößerung: 60 mal. — B von einem 7,5 mm langen Embryo. — Vergrößerung 35 mal.
— Von der Ventralseite gesehen. — Nach Pernkopf (1922).

entodermale Magenanlage so schwach als eine transversale Verdickung angedeutet, daß sie nur durch ihre Lage im Inneren der mesodermalen Magenanlage oder bei einem Vergleich mit etwas älteren Stadien als solche erkannt
werden kann.

Der im übrigen fast senkrecht stehende Magen hat schon in diesem Stadium
zusammen mit der kranialen Partie des Duodenum eine schwache Biegung
nach links von der Medianebene erfahren, eine Tatsache, welche wahrscheinlich in der asymmetrischen Entwicklung der beiden Leberlappen ihre nächste
Erklärung findet (Broman, 1904). Bald nachher beginnt die Magenanlage,
sich um ihre vertikale Achse zu drehen, so daß ihre ursprünglich linke Fläche
nach vorn, ihre ursprünglich rechte Fläche nach hinten zu liegen kommt.

Die wichtigste Formentwicklung des menschlichen Magens findet bei
3—12 mm langen Embryonen statt. Während dieser Entwicklungsperiode eilt
die betreffende Partie des Verdauungsrohres den übrigen Partien im Dicken-

wachstum voraus und nimmt der Hauptsache nach das charakteristische Aussehen des definitiven Magens an (Abb. 120, 121, 123 u. 124). — Die allerstärkste Wachstumsperiode der Magenanlage ist bei menschlichen Embryonen von 5—8 mm Länge zu finden. Während dieser Zeit wächst der Magen nicht nur in transversaler Richtung, sondern auch und zwar besonders mit seiner kranialen Partie, in longitudineller Richtung recht beträchtlich.

Zu derselben Zeit verlängert sich auch der Ösophagus sehr stark (vgl. Abb. 142 u. 143). Der Magen fängt hierbei an, in kaudaler Richtung disloziert zu werden (Abb. 122). Da nun das Duodenum sowohl durch den Gallengang wie in anderer Weise (vgl. unten) relativ stark fixiert ist, wird es verständlich, daß der Zwölffingerdarm und der ursprünglich untere Magenteil (Pars pylorica) nicht im gleichen Grade wie der obere Magenteil (Pars cardiaca) kaudalwärts verschoben werden können. Magen und Zwölffingerdarm müssen sich daher S-förmig biegen und nehmen so allmählich ihre beinahe definitive Form und Stellung an (vgl.

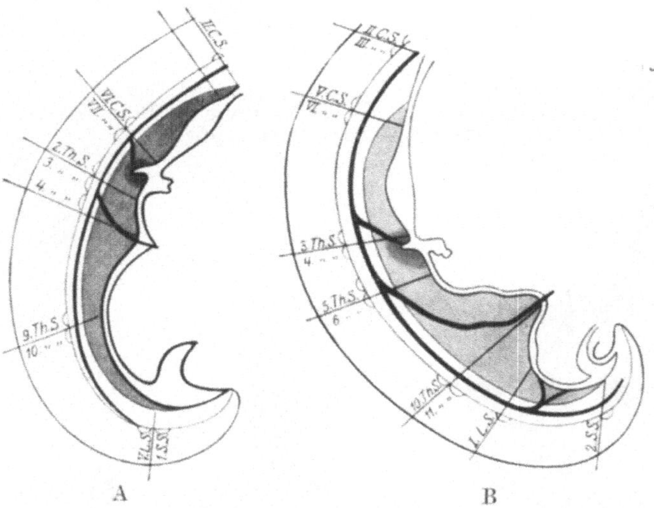

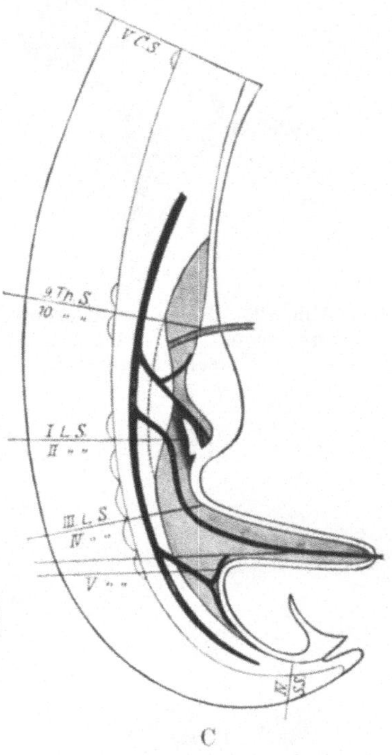

Abb. 122. Drei schematische Profilrekonstruktionen, die Kaudalwärtswanderung des Magens usw. bei 5—12 mm langen menschlichen Embryonen zeigend. A von einem 5 mm, B von einem 7 mm und C von einem 12 mm langen Embryo. — Nach Pernkopf (1922).

Abb. 144 u. 145). Die ursprünglich ventrale Wandpartie des Magens bleibt hierbei relativ kurz und stellt die Curvatura minor ventriculi dar, während die ursprünglich dorsale Wandpartie sich am stärksten verlängert und die Curvatura major bildet.

Die kraniale Partie der Curvatura major beginnt schon bei 8—9 mm langen Embryonen relativ stark auszubuchten. Erst im dritten Embryonalmonat, oder später wird aber diese Ausbuchtung im allgemeinen so stark kranialwärts gerichtet, daß ihr blindes Ende oberhalb der Einmündungsstelle des Ösophagus zu liegen kommt. Erst von dieser Zeit ab können wir also von einem deutlichen Magenfundus (Abb. 145) sprechen.

Dank der plötzlichen Ausbuchtung der kranialen Partie der Curvatura major wird die Kardia des Magens schon bei kaum zentimeterlangen Embryonen

nachweisbar. Kaudalwärts verjüngt sich dagegen der Magen allmählich und
geht ohne äußerlich deutliche Grenze in das Duodenum über. Die Pylorusanlage markiert sich zuerst nur als eine Epithelverdickung. Erst viel später
findet man in der mesodermalen Pyloruswand die Anlage eines Sphinkters.

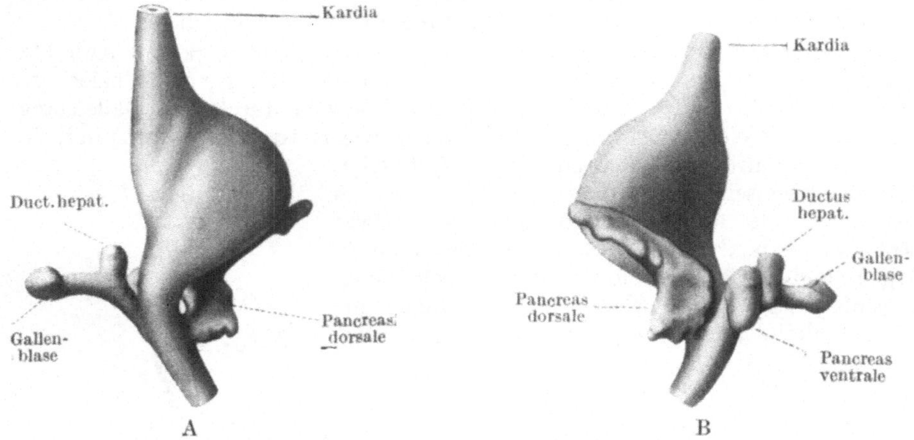

Abb. 123. Rekonstruktionsmodell der entodermalen Anlage des Magens und Duodenums
von einem 12,5 mm langen menschlichen Embryo. A von der Ventralseite, B von der
Dorsalseite gesehen. — Vergrößerung: 35 mal. — Nach Pernkopf (1922).

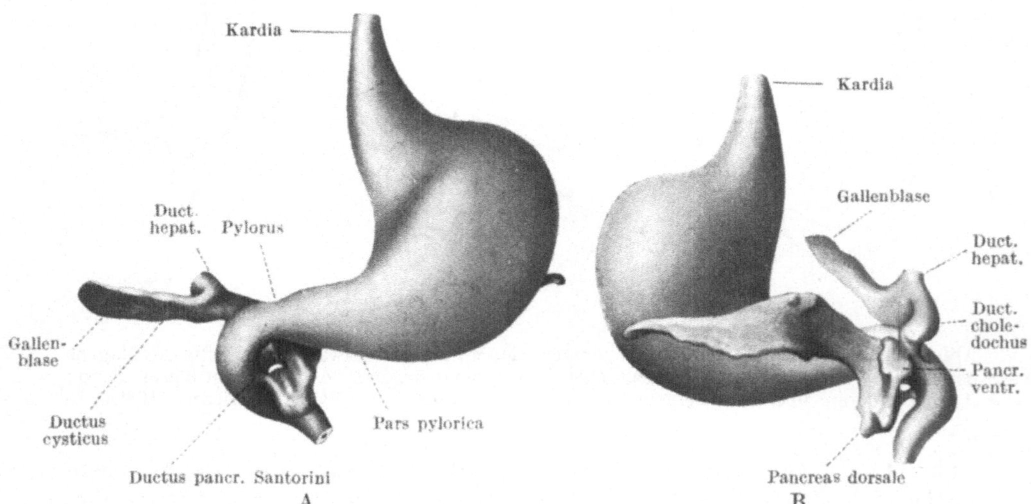

Abb. 124. Rekonstruktionsmodell der entodermalen Anlage des Magens und Duodenums
von einem ebenfalls 12,5 mm langen, aber weiter entwickelten menschlichen Embryo.
A von der Ventralseite, B von der Dorsalseite gesehen. — Vergrößerung: 35 mal. — Nach
Pernkopf (1922).

Von dieser Zeit ab ist die Grenze zwischen Pylorus und Duodenum scharf.
Gegen den Magen zu grenzt sich dagegen der Pylorus noch nicht ab (Erik
Müller, 1897). An dieser Seite wird die Valvula pylori erst im späteren
Fetalleben markiert. Aber noch beim Neugeborenen ist sie gewöhnlich nur
schwach angedeutet (A. Retzius, 1857).

Die Kapazität des Magens beträgt bei Neugeborenen nur etwa 30 ccm. Nach der Geburt findet aber eine schnelle Zunahme der Kapazität statt, namentlich in der zweiten oder dritten Woche.

Histologische Ausbildung der Magenwand.

Die Entwicklung der Wandung des Magens erfolgt früher als die des übrigen Digestionkanals (Maurer, 1902). — Nach Toldt (1880) besteht das aus dem Entodermrohr stammende Magenepithel zuerst aus einem Zylinderepithel, welches allmählich an Dicke zunimmt, bis die Bildung von Drüsen beginnt. — Die Drüsenanlagen treten zuerst, und zwar schon bei etwa 2 cm langen Embryonen (Keibel-Elze), im Fundusteil auf. Bald nachher werden solche auch in den übrigen Partien der Magenwand sichtbar.

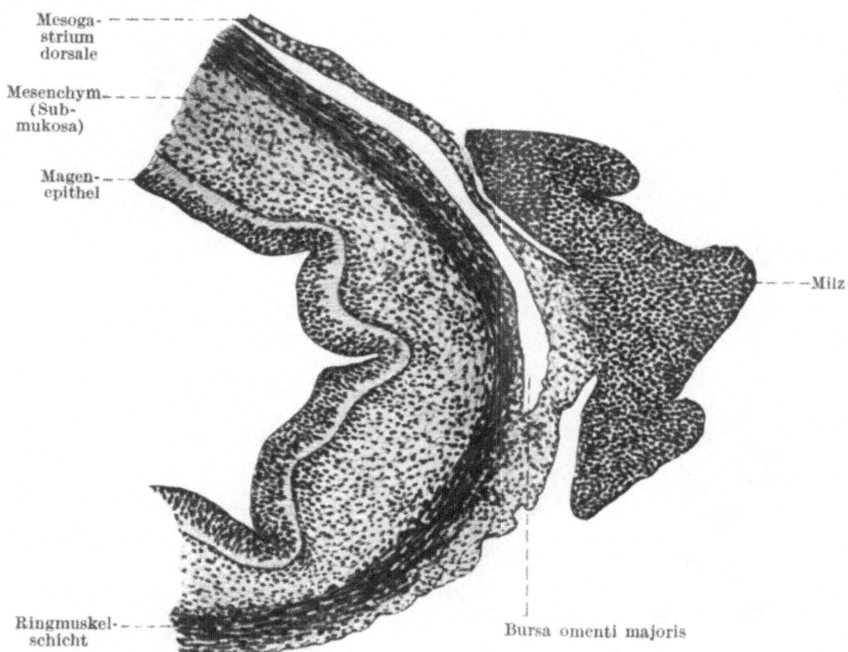

Abb. 125. Querschnitt durch Magenwand und Milzanlage eines 25 mm langen Embryos. Nach Broman (1911).

Die mesodermale Magenanlage besteht zuerst nur aus lockerem Mesenchym, dessen äußere Zellschicht sich zu Peritonealendothel verdünnt. Bei etwa 15 mm langen Embryonen beginnt aber die Ringmuskelschicht des Magens erkennbar zu werden. Nach außen von dieser Schicht tritt später die Längsmuskelschicht auf (Abb. 125), und zuletzt bildet sich nach innen von der Ringmuskelschicht in der (aus lockerem Bindegewebe bestehenden) Submukosa die Muscularis mucosae. — Wie schon Anders Retzius (1857) beobachtet hat, entwickelt sich die Ringmuskelschicht besonders stark nicht nur in der Gegend der Valvula pylori, sondern auch in der ganzen Canalis pylori des Magens.

Entwicklung des Darmes und seiner Anhangsorgane.

Schon oben wurde beschrieben, wie die primitive Darmanlage aus Entoderm und Splanchnopleura gebildet wurde (S. 55), wie die den Darm fixierenden Mesenterien entstanden und teilweise wieder zugrunde gingen (S. 63), und wie die anfangs weite Verbindung des Darmes mit der Dotterblase in den Dotterblasenstiel umgewandelt wurde (S. 59). Auch wurde hervorgehoben, daß bei der letztgenannten Umwandlung der Mitteldarm größtenteils in den Vorderdarm bzw. Hinterdarm aufging (Abb. 60).

Daß der schon vorher ausgewachsene Allantoisgang bei der Bildung des Hinterdarms von diesem ausgeht, wurde ebenfalls schon erwähnt (S. 63).

Trennung der Kloake in Urogenitalrohr und Enddarm.

Die Trennung der entodermalen Kloake in ein ventrales Urogenitalrohr und ein dorsales Enddarmrohr beginnt schon in der fünften Embryonalwoche. Sie findet in der Weise statt, daß die lateralen Kloakenwände je eine longitu-

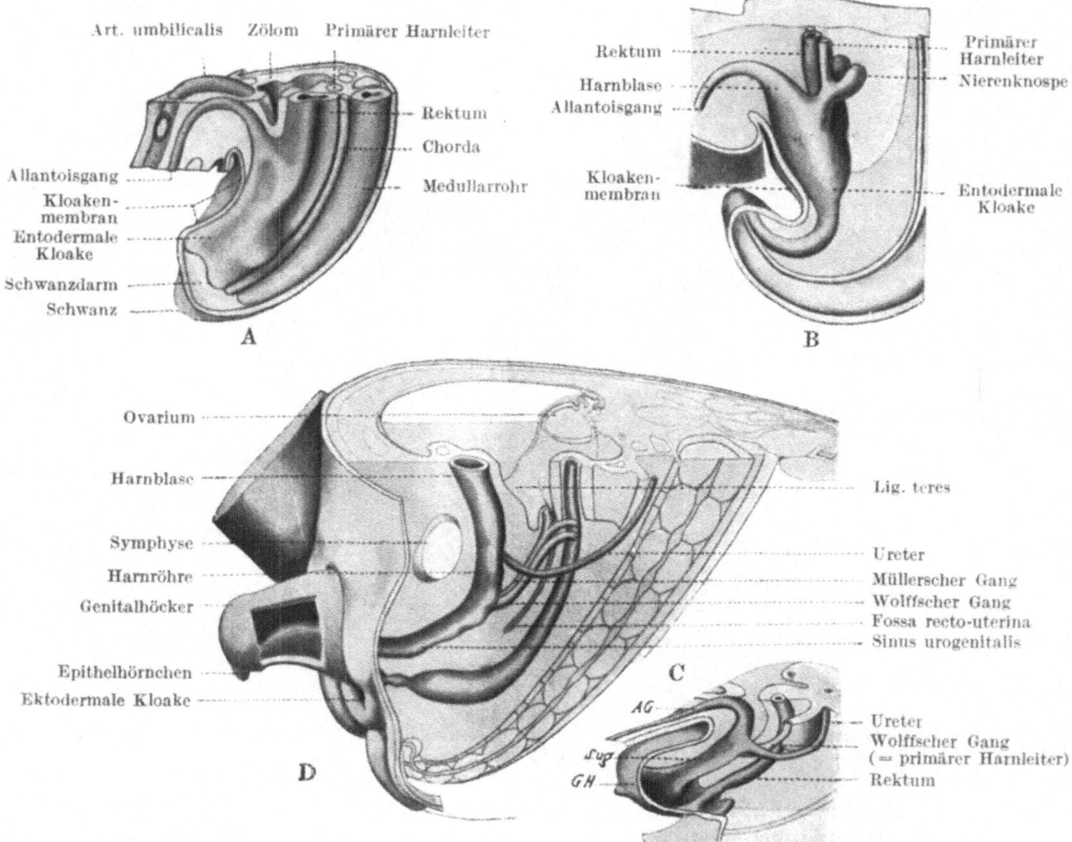

Abb. 126. Rekonstruktionsmodelle, die Sonderung der entodermalen Kloake in Rektum und Sinus urogenitalis zeigend. A von einem 3 mm langen Embryo, B von einem 6,5 mm langen Embryo, C von einem 14 mm langen Embryo, D von einem 29 mm langen Embryo. AG Allantoisgang, GH Kloakenhöcker, S. ug Sinus urogenitalis. Nach Keibel (1896) aus Broman (1911).

dinale Falte, die Plica uro-rectalis bildet, welche medialwärts in das Kloakenlumen einbuchtet. Diese Falten verschmelzen dann in kranio-kaudaler Richtung miteinander zu einem frontal gestellten Septum, dem Septum uro-rectale, das etwa Mitte des zweiten Embryonalmonats die Kloakenmembran erreicht (Abb. 126). — Von nun ab ist also die entodermale Kloake in ein hinteres Rohr, den Enddarm (Rectum) und ein vorderes Rohr, das Urogenitalrohr vollständig getrennt. Das Letztgenannte, in welche die Wolffschen

Gänge schon vor der Trennung münden, stellt die gemeinsame Anlage der Harnblase, der Urethra und des Sinus urogenitalis dar.

Schon vorher ist die ektodermale Kloake (die Kloakenbucht) durch Verschmelzung ähnlicher aber kürzerer Seitenfalten in eine vordere und eine hintere seichte Grube, die Urogenitalgrube und die Analgrube, aufgeteilt worden. — Gleichzeitig hiermit wird auch die Kloakenmembran in eine Urogenital- und eine Analmembran gesondert. Indem dann diese Membrane im zweiten Embryonalmonat (bei 16 bzw. 22 mm langen Embryonen) durchbrechen, öffnen sich sowohl Urogenital- wie Analrohr direkt an der Körperfläche.

Entstehung der Leber- und Pankreasanlagen.

Schon ehe der Darmnabel sich viel zusammengezogen hat, entsteht an der kranialen Grenze desselben eine Entodermausbuchtung (Abb. 127), die die Anlage der Leber darstellt und daher Leberbucht genannt worden ist. — Aus dem kranialen Teil (der sog. „Pars hepatica") der Leberbucht beginnen bald epitheliale Trabekel in das umgebende Mesenchym des Mesenterium ventrale auszusprießen (vgl. Abb. 97, S. 108). Die Lebertrabekel vermehren sich schnell, so daß die Leber schon bei 3 mm langen Embryonen ein recht ansehnliches Organ (Abb. 149 u. 150) darstellt. — Die kaudale Partie der Leberbucht bildet keine Lebertrabekel, sondern bleibt zunächst als dickwandige Blase bestehen.

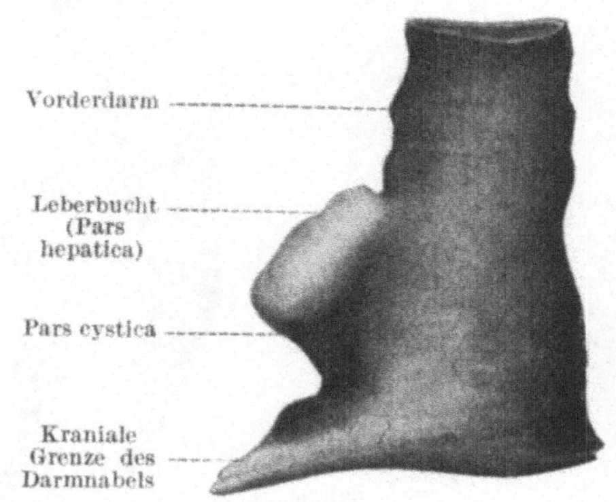

Abb. 127. Rekonstruktionsmodell der kaudalen entodermalen Vorderdarmpartie eines 2,5 mm langen menschlichen Embryos. Von der linken Seite gesehen. — Vergrößerung: 7,5 mal. — Nach Tompson (1908) aus Broman (1911).

die Gallenblase hervorgeht. Sie wird Pars cystica genannt, weil aus ihr die anfangs sehr kurze Verbindungspartie der Leberbucht mit dem Vorderdarm wird in die Länge gezogen und stellt die Anlage des großen Gallenganges (des Ductus choledochus communis) dar.

Das Pankreas wird von doppelten Anlagen und zwar von einer dorsalen und einer ventralen Anlage[1] gebildet. Von diesen tritt die dorsale Anlage zuerst auf. Dieselbe ist als dorsale Ausbuchtung des entodermalen Vorderdarmes zwischen Magenanlage und Lebergang schon bei dem oben erwähnten 3 mm langen Embryo deutlich zu sehen (Abb. 128). — Die ventrale Pankreasanlage entsteht bei etwa 4 mm langen Embryonen als ventrale Ausbuchtung des entodermalen Vorderdarmes unmittelbar kaudalwärts vom Lebergang (vgl. Abb. 120, S. 131 u. Abb. 121, S. 132). — Bei der bald stattfindenden Verlängerung des Letztgenannten wird die ventrale Pankreasanlage sozusagen vom Lebergang mitgenommen und von der direkten Darmverbindung isoliert. Es entsteht also eine kurze Ausführungsgangpartie, die für die Leber und die ventrale Pankreasanlage gemeinsam ist und daher Ductus hepatopancreaticus genannt wird.

---

[1] Nach den soeben veröffentlichten Untersuchungen von Siwe (1926) geht diese einfache ventrale Pankreasanlage jedoch aus paarigen Wandverdickungen des Vorderdarms hervor.

Die ventrale Pankreasanlage wird bald nach rechts und dorsalwärts gedreht und kommt auf diese Weise der dorsalen Pankreasanlage sehr nahe zu liegen (vgl. Abb. 121, 123 u. 124). Bei ihrem Wachstum kommen die beiden Pankreasanlagen einander noch näher und zuletzt[1] verschmelzen sie miteinander. In späteren Entwicklungsstadien wird meistens die ursprüngliche Einmündungsstelle der dorsalen Pankreasanlage mehr oder weniger stark verkleinert und in gewissen Fällen sogar vom Darme abgeschnürt; nur der Ausführungsgang der ventralen Pankreasanlage bleibt dann bestehen.

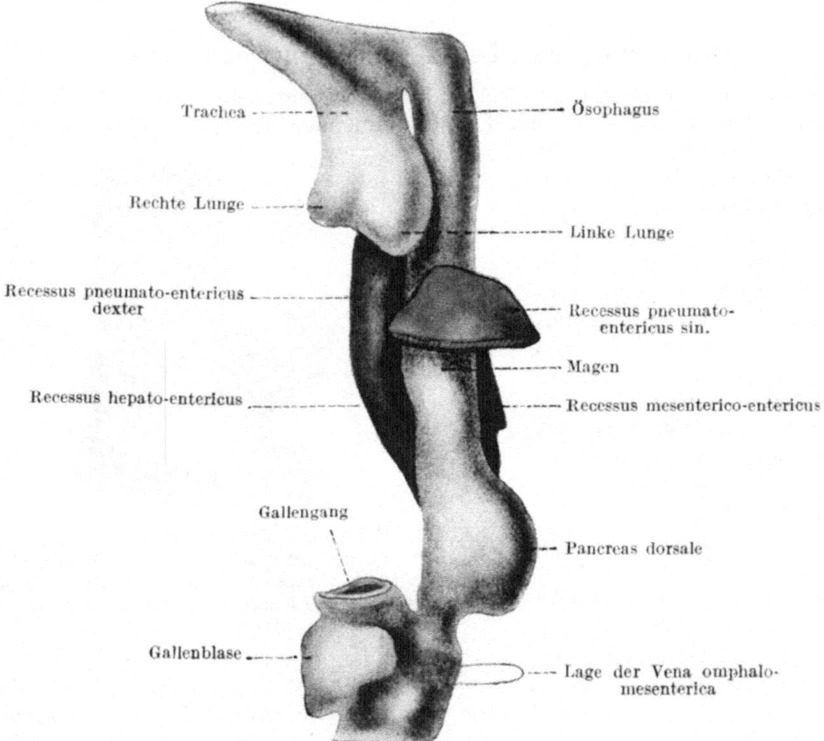

Abb. 128. Rekonstruktionsmodell der mittleren entodermalen Vorderdarmpartie mit Abgüssen (blau) der angrenzenden Mesenterialrezesse eines 3 mm langen menschlichen Embryos. Von links gesehen. — Vergrößerung: 100 mal. — Nach Broman (1904).

Abschnürung des Dotterblasenstiels vom Darme.

Der Dotterblasenstiel, Ductus vitello-intestinalis, der, wie der letztgenannte Name andeutet, eine Zeitlang die Dotterblase mit dem Darm verbindet, ist schon bei 3—4 mm langen Embryonen (mit Nackenbeuge) so dünn geworden, daß er an Dicke dem Darm etwa gleichkommt (vgl. Abb. 52, S. 62). Indem er sich aber in den nächstfolgenden Stadien noch mehr verdünnt, wird der entodermale Teil desselben zuerst solide und dann vom Darme abgeschnürt.

Der mesodermale Teil des Ductus vitello-intestinalis bleibt länger als der entodermale bestehen. Seine Insertion verschiebt sich aber allmählich von dem Ileum ab auf das Mesoileum über. Er enthält die Arteria vitellina (Abb. 131 u. 132), reißt aber trotzdem gewöhnlich bei 15—20 mm langen Embryonen — nach Obliteration dieses Gefäßes — durch.

[1] Im allgemeinen bei 12—14 mm langen Embryonen (Siwe, 1926).

Entstehung der ersten Darmschlinge und des physiologischen Nabelbruches.

Ehe der Dotterblasenstiel vom Darme vollständig abgeschnürt wird, zieht er den sich jetzt stark verlängernden Darm in eine ventralwärts gerichtete Schlinge aus. Diese Darmschlinge wird bald so stark in die Länge gezogen, daß ihre Umbiegungsstelle im Nabelstrangzölom zu liegen kommt. Sie verlängert sich jetzt beträchtlich und bildet allmählich mehrere sekundäre Darmschlingen, die eine Zeitlang im Nabelstrangzölom liegen bleiben und den sog. physiologischen Nabelbruch bilden (vgl. Abb. 74 u. 131).

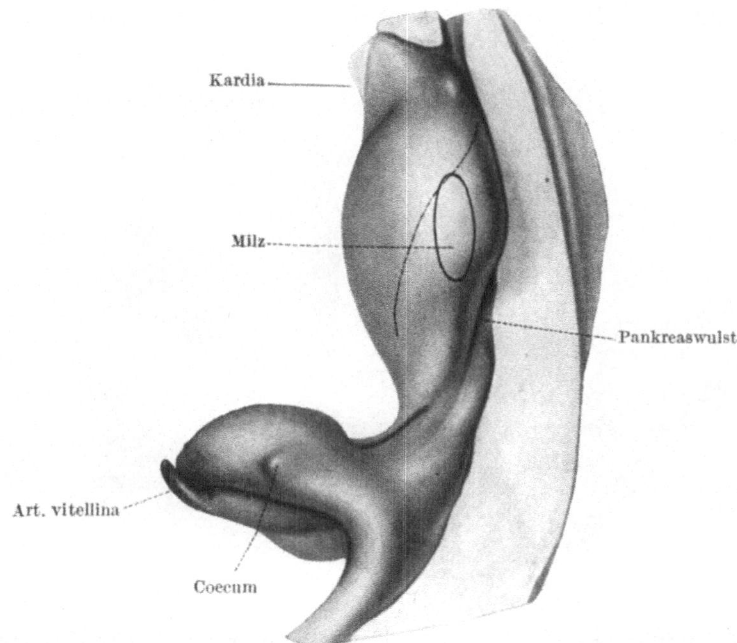

Abb. 129. Rekonstruktionsmodell des mesodermalen Magen-Darmtraktes von einem 9,8 mm langen, menschlichen Embryo. — Von links gesehen. — Vergrößerung: 30 mal. — Nach Pernkopf (1922). Die Lage der Bursa omentalis majoris ist durch eine punktierte Linie markiert.

Abgrenzung der Dickdarm- und Dünndarmanlagen. Entstehung der Blinddarmanlage.

Schon ehe die erste Darmschlinge so lang geworden ist, daß sie in das Nabelstrangzölom hinausreicht, entsteht am kaudalen Schenkel der entodermalen Darmschleife — und zwar unweit des Scheitels derselben — eine spindelförmige Erweiterung. Indem diese sich später einseitig vergrößert, geht aus ihr der Blinddarm (Coecum) hervor (vgl. Abb. 97, S. 108 u. Abb. 98, S. 109). Die obenerwähnte spindelförmige Erweiterung ist also als die erste Blinddarmanlage zu bezeichnen. Die kranialwärts von dieser Erweiterung gelegene Darmpartie läßt sich von nun ab als Dünndarmanlage erkennen. Die übrige Darmpartie mit der Zökalerweiterung stellt die Anlage des Dickdarms dar. Die mesodermale Blinddarmanlage ist schon bei 8—12 mm langen Embryonen erkenntlich (vgl. Abb. 129 u. 130).

Weitere Formentwicklung des Darmes.

Gleichzeitig damit, daß die erste Darmschleife gebildet wird, beginnt sich diese um sich selbst zu drehen, und zwar derart, daß sich der ursprünglich kaudale Schenkel nach der linken und der ursprünglich kraniale Schenkel nach der rechten Seite des Körpers wendet.

Die beiden Schleifenschenkel sind anfangs gerade und gehen dorsalwärts durch je eine Biegung in die dorsal liegengebliebenen Darmpartien über. Die Letztgenannten stellen die Anlagen des Duodenum bzw. Colon descendens dar. Von den erwähnten Darmbiegungen würde man also schon jetzt die rechte, kraniale mit dem Namen Flexura duodeno-jejunalis[1] und die linke, kaudale mit dem Namen Flexura coli sinistra[1] bezeichnen können. Die

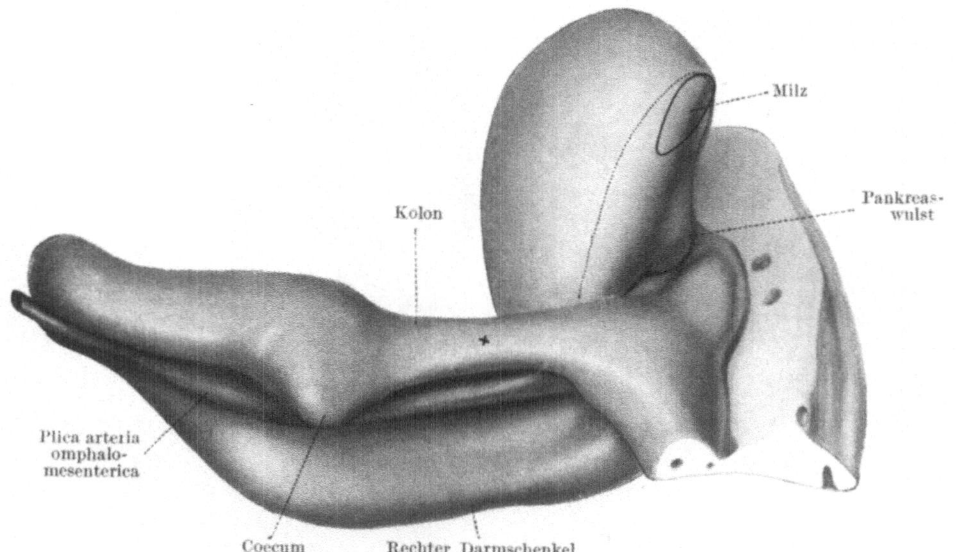

Abb. 130. Rekonstruktionsmodell des mesodermalen Magen-Darmtraktes von einem 12,5 mm langen menschlichen Embryo. — Von links und kaudal gesehen. — Vergrößerung: 30 mal. Nach Pernkopf (1922). — Die Lage der Bursa omenti majoris ist durch eine punktierte Linie markiert.

sagittal in das Nabelstrangzölom hinein verlaufende Kolonpartie entspricht größtenteils dem werdenden Colon transversum.

Etwa in der Mitte des zweiten Embryonalmonats beginnt der rechte Schleifenschenkel relativ stark zu wachsen und eine gesetzmäßige (Mall) Anzahl sekundärer Biegungen zu zeigen, die die ersten Anlagen der Dünndarmschlingen darstellen. — Bei der relativ starken Verlängerung der im Nabelstrangzölom liegenden Dünndarmschlingen tritt bald aus mechanischen Gründen eine partielle Aufwindung derselben ein und eine Drehung derselben von links nach rechts unterhalb der gerade und relativ kurz gebliebenen Anlage des Colon transversum. Durch diese Drehung des Dünndarms um die sagittal stehende Dickdarmpartie als Achse wird die definitive Lagerung der Därme schon im Nabelbruchsack vorbereitet (vgl. Abb. 131 u. 132).

Bei der starken Vergrößerung der im Nabelbruchsack liegenden Dünndarmschlingen (diese wachsen nach Mall rascher als die intraabdominale Dünndarm-

---

[1] Ganz genau entsprechen allerdings diese Biegungen nicht den definitiven.

partie) wird der Bruchsack allmählich ausgedehnt. Die Kommunikationsöffnung desselben mit der Bauchhöhle (die „Bruchpforte") bleibt dagegen
relativ klein. — Es kann daher wundernehmen, daß der physiologische
Nabelbruch trotzdem bei 4—5 cm langen Embryonen regelmäßig wie von
selbst in die Bauchhöhle reponiert wird (vgl. Abb. 133). — Die Ursache
der Reposition ist meiner Meinung nach zunächst in der starken Vergrößerung
der Leber zu suchen.

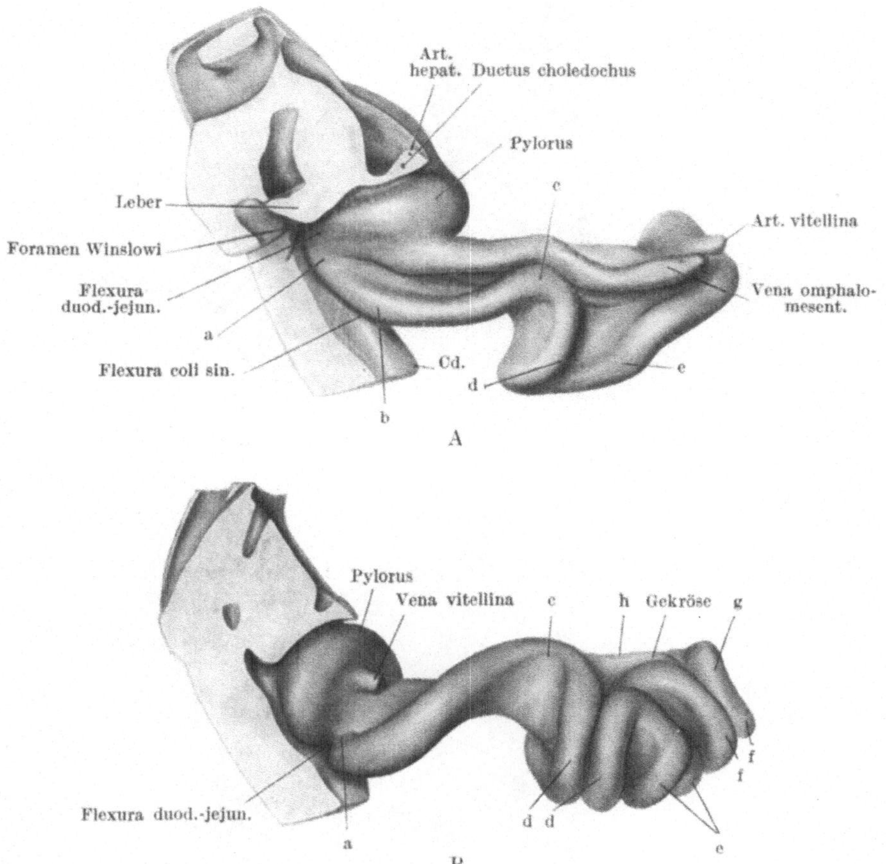

Abb. 131. Zwei Rekonstruktionsmodelle des (mesodermalen) Magen-Darmtraktes, von
rechts her gesehen. A von einem 16,7 mm langen Embryo. Vergrößerung 16 mal. — B von
einem 21,33 mm langen Embryo. Vergrößerung 10 mal. — Nach Pernkopf (1925).

Der ventro-kaudale Leberrand verschiebt sich nämlich hierbei (in der ersten
Hälfte des dritten Embryonalmonats) so stark kaudalwärts, daß er an beiden
Seiten fast zur Beckenhöhe herabreicht. In der Mittellinie bewirkt zwar die
anfangs gerade nabelwärts ziehende Darmschleife eine immer tiefer werdende
Inzisur des Leberrandes. Die Darmschleife selbst wird aber hierbei von dem
Drucke der Leber nicht unbeeinflußt. Sie wird offenbar von der Leber kaudal-
wärts gepreßt, und zwar mit einer Gewalt, die zuletzt groß genug wird, um die
Repositionshindernisse des Nabelbruches zu überwinden und die extraabdominale
Partie der Darmschleife in die Bauchhöhle zu ziehen. Wie Tiisala (1918)

hervorgehoben hat, spielt wohl auch die Vergrößerung der Leber in dorso-
ventraler Richtung eine bedeutende Rolle bei der Nabelbruchreposition.

Nach der Reposition des Nabelbruches findet man die in Abb. 132a B u.
132b angegebene Darmlage. Die früher sagittal verlaufende Dickdarmpartie
verläuft jetzt schief frontal, das Colon transversum darstellend. Das

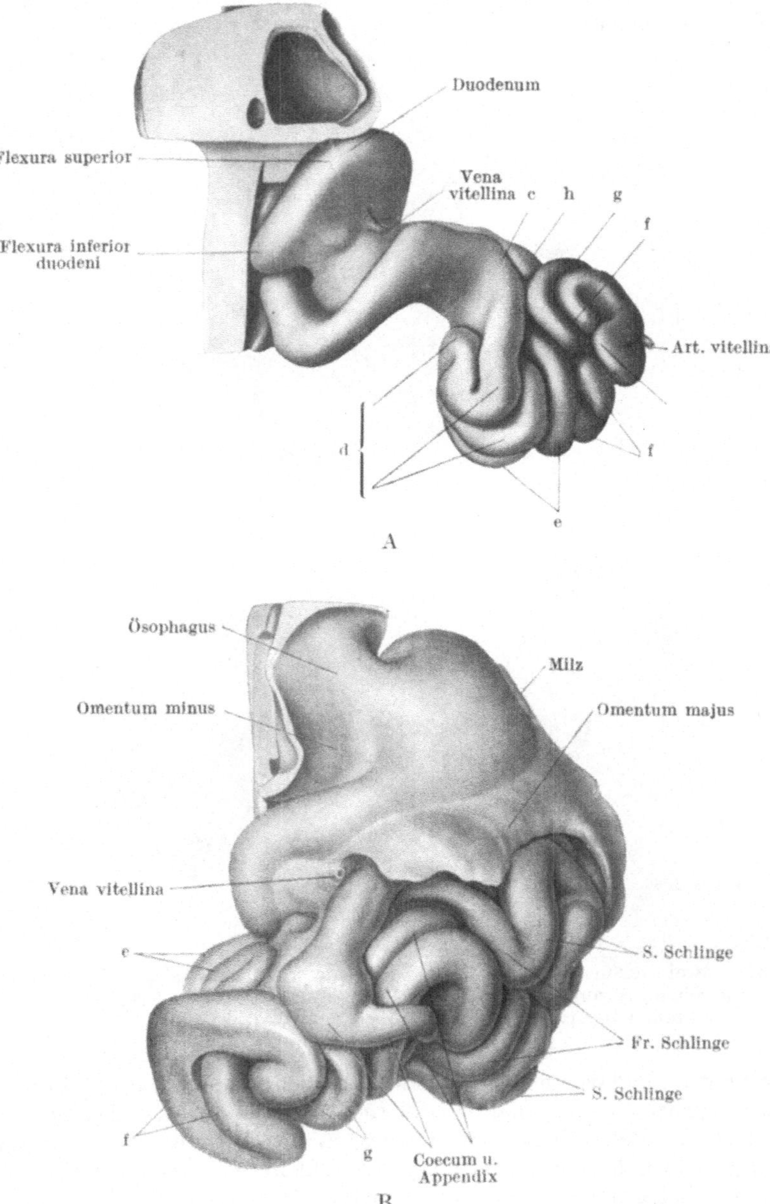

Abb. 132a. Zwei Rekonstruktionsmodelle des (mesodermalen) Darmtraktes, Abb. A kurz
vor und Abb. B kurz nach der Reposition des physiologischen Nabelschnurbruches.
Von rechts her gesehen. — A von einem 35,5 mm langen Embryo. Vergrößerung: 8,5 mal.
B von einem 49,5 mm langen Embryo. Vergrößerung: 8 mal. — Nach Pernkopf (1925).

Colon descendens ist dorsal geblieben, von den Dünndarmschlingen gedeckt und nach links hin gedrängt. Dorsalwärts vom Colon transversum biegt sich das relativ dicke Duodenum nach links und setzt sich an der linken Hälfte der Bauchhöhle in die Jejunumschlingen fort. Die Ileumschlingen, die sich vorher im Nabelstrangzölom befanden, liegen dagegen größtenteils in der rechten Hälfte der Bauchhöhle.

Der Dickdarm ist anfangs relativ sehr lang, indem er fast die Hälfte des ganzen Darmes bildet. Bis zum Ende des dritten Embryonalmonats nimmt der Dünndarm kolossal, der Dickdarm aber nur relativ mäßig an Länge zu. Der

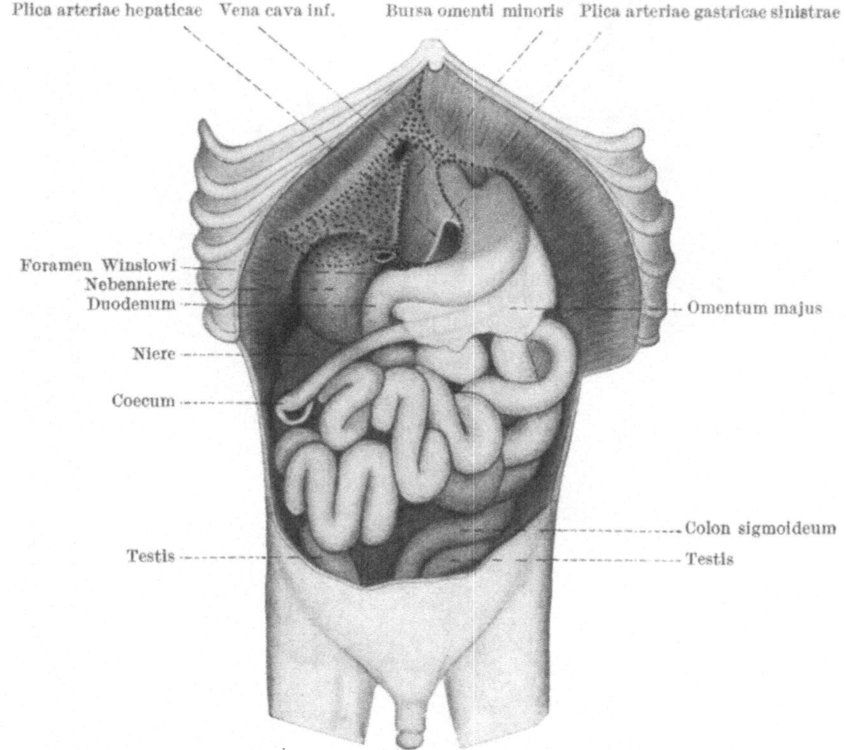

Abb. 132 b. Bauchhöhle eines 6 cm langen Embryo; von vorn gesehen. Die Leber ist entfernt. — Vergrößerung: 5 mal. — Nach Broman (1904).

Dickdarm erfährt hierbei eine starke relative Verkürzung, so daß seine Länge Ende des dritten Embryonalmonats kaum $^1/_8$ der ganzen Darmlänge beträgt. Nach dieser Zeit wächst indessen der Dickdarm wieder relativ schneller, so daß seine Länge im achten Embryonalmonat etwa $^1/_6$ der ganzen Darmlänge beträgt. Etwa dieselbe relative Länge hat der Dickdarm bekanntlich beim Erwachsenen.

Die relative Verlängerung des Dickdarms macht sich zuerst am unteren Teil des Colon descendens erkenntlich. Hier bildet sich nämlich schon in der ersten Hälfte des vierten Embryonalmonats die Flexura sigmoidea aus (vgl. Abb. 147). Bald nachher beginnt auch diejenige Kolonpartie, die an der Grenze zwischen Colon transversum und Coecum liegt, relativ stark in die Länge zu wachsen. Das Coecum stößt hierbei bald an die rechte Körperwand und muß daher bei

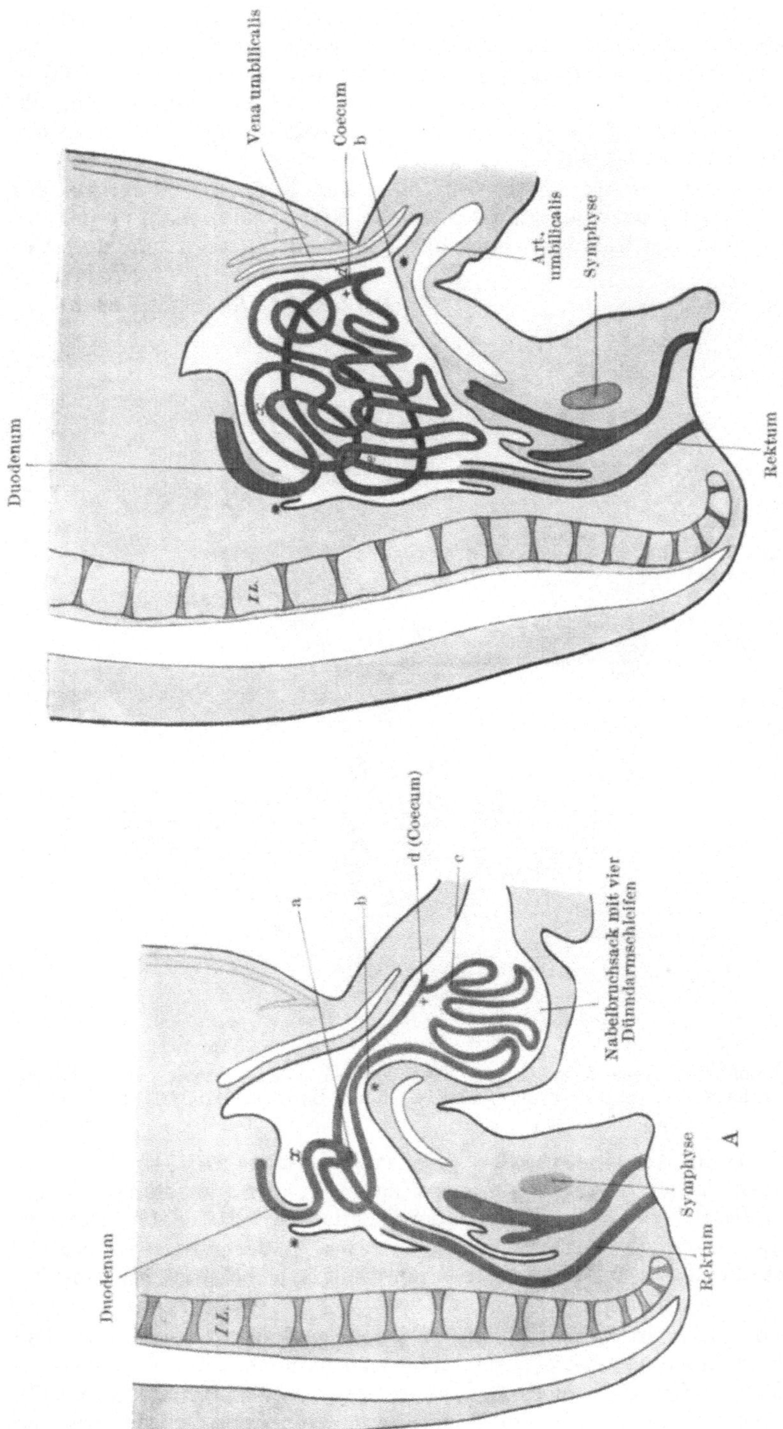

Abb. 133. Sagittalschnitte von zwei menschlichen Embryonen (resp. 30 und 40 mm lang) mit schematisch eingezeichnetem Darmverlauf. A der Nabelschnurbruch im Stadium der vollen Ausbildung. — Vergrößerung 6 mal. — B der Nabelschnurbruch ist vollständig reponiert. Vergrößerung: 8 mal. — Nach Pernkopf (1925).

der fortgesetzten Verlängerung kaudalwärts umbiegen. Auf diese Weise entsteht die **Flexura coli dextra** und die erste kurze Anlage des **Colon ascendens**. — In den nächstfolgenden Stadien verlängert sich nun stetig das Colon ascendens, und Hand in Hand hiermit wird das Coecum immer mehr kaudalwärts verschoben (vgl. Abb. 132b, 147 u. 148), bis es seine definitive Lage in der rechten Fossa iliaca erreicht.

Von Interesse ist, daß der **Dickdarm** während beträchtlicher Zeit nicht dicker, ja sogar dünner als der Dünndarm ist. Dieses ist der Fall schon ehe ein Darminhalt vorhanden ist (vgl. Abb. 132b). Relativ noch dicker wird aber der Dünndarm, wenn (im vierten Embryonalmonat) die Gallensekretion der Leber anfängt und zu der Entstehung des embryonalen Darminhaltes, des sog. **Mekonium, Anlaß** gibt. — Schon bei etwa 11 cm langen Embryonen findet man im Dünndarm hellgelbgrünes Mekonium (Hennig, 1879). Die Menge desselben wird bald beträchtlicher und die Farbe dunkler, blaugrün bis fast schwarz. Es dehnt zunächst den Dünndarm stark aus und regt offenbar auch die Wände desselben zu stärkerem Wachstum an.

Peristaltische Bewegungen der Darmwände führen das zuerst gebildete Mekonium immer weiter kaudalwärts, während in der kranialen Dünndarm-partie neue Mekoniummassen auftreten. Während der letzten Fetalmonate dringt das Mekonium auch in den Dickdarm ein und sammelt sich hier in großer Menge an. Der Dickdarm wird jetzt immer mehr ausgedehnt und zu Dicken-wachstum angeregt. Daraus erklärt sich, daß der Dickdarm etwa vom siebenten bis achten Fetalmonat ab den Dünndarm an Dicke zu übertreffen beginnt.

An dieser starken Ausdehnung des Dickdarms nimmt indessen die distale Partie des Blinddarmes nicht teil, weil eine valvelähnliche Schleimhautfalte das Mekonium verhindert, hier einzudringen. Daraus erklärt sich, daß diese Blinddarmpartie so dünn bleibt und sich jetzt (bei ausgedehntem Dickdarm) so scharf gegen das definitive Coecum abgrenzt. Von nun ab ist diese Darmpartie also ohne Schwierigkeit als **Appendix vermiformis** zu erkennen.

Nach Mall (1897) und Erik Müller (1897) liegen die Dünndarmschlingen nicht regellos, sondern sie nehmen von Anfang an eine gesetzmäßige Lage ein. Vom dritten Embryonalmonat an sind sie konstant in zwei Hauptgruppen (eine linke obere und eine rechte untere) gesammelt, die durch den Verlauf der Schlingen charakterisiert sind. In der linken oberen Hauptgruppe windet sich nämlich der Darm in queren Zügen von oben nach unten, während er in der rechten unteren Hauptgruppe in vertikalen Zügen von links nach rechts zieht. Diese Anordnung, die im vierten Embryonalmonat schematisch schön ausgeprägt sein kann, ist im großen gesehen — also wenn man von dem Verlauf der Neben-schlingen absieht — meistens noch beim Erwachsenen zu erkennen.

Histologische Entwicklung der Darmwände.

Das vom Entoderm stammende Darmepithel ist anfangs an der Innenfläche vollständig glatt. Bei 8—10 mm langen Embryonen wächst es in dem oberen Dünndarmteil sehr stark, und zwar sowohl nach außen wie nach innen. Das Lumen des Duodenum bekommt hierbei ein unregelmäßiges Aussehen und geht stellenweise vollständig verloren. Bei 1—2 cm langen Embryonen sieht die entodermale Duodenalanlage als eine kompakte Epithelmasse aus, in welcher hier und da größere oder kleinere Reste des Lumens zu erkennen sind (vgl. Abb. 134). Diese von Tandler (1900) entdeckte **physiologische Duodenalatresie** löst sich bei 2—3 cm langen Embryonen wieder, und zwar dadurch, daß im Epithel neue Lücken auftreten, die miteinander und mit den schon vorhandenen zu einem neuen zusammenhängenden Lumen verschmelzen.

Die von der Splanchnopleura gebildete mesodermale Darmanlage stellt anfangs eine undifferenzierte Mesenchymmasse dar, deren oberflächliche Zellen sich später zum Peritonealepithel abplatten. Im Inneren der mesenchymalen Darmwand beginnen bei etwa 10—13 mm langen Embryonen zirkuläre Züge aufzutreten, die die erste Anlage der zirkulären Muskelschicht darstellen. Dieselbe wird zuerst im Duodenum erkennbar und tritt erst nach und nach auch in den mehr kaudalen Darmpartien auf. Erst bei etwa

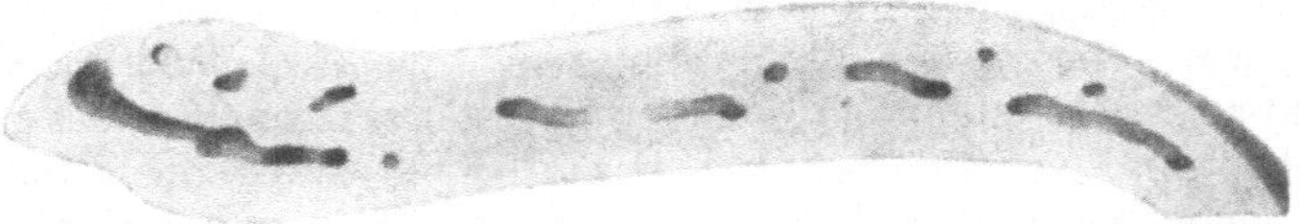

Abb. 134. Rekonstruktionsmodell des Duodenum (im Längsschnitt) eines 14 mm langen Embryos. — Vergrößerung: 166 mal. — Nach H. Forßner (1907) aus Broman (1911).

25 mm langen Embryonen findet man Ringmuskulatur im ganzen Darmtraktus (Keibel und Elze). — Diejenige Mesenchymschicht, welche peripher von der Ringmuskelschicht liegt, bildet sich später (bei etwa 70 mm langen Embryonen) zu einer Längsmuskelschicht (in dem Präparat Abb. 135 schon vorhanden, aber — bei der schwachen Vergrößerung — nicht von der Ringmuskelschicht

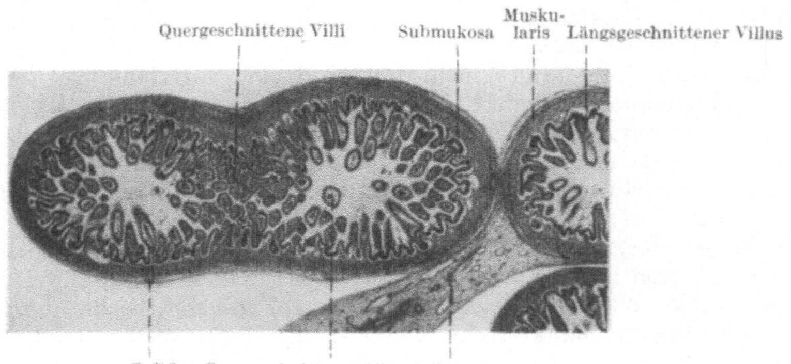

Abb. 135. Schnitt durch Jejunum-Schlingen von einem 68,5 mm langen menschlichen Embryo in 20 maliger Vergrößerung.

zu unterscheiden) um. Die zwischen Ringmuskelschicht und Darmepithel liegende Mesenchymschicht stellt die Anlage der Submukosa dar.

Nach den Untersuchungen von Johnson (1910) beginnen die Darmzotten (Villi) schon bei etwa 2 cm langen Embryonen im oberen Jejunumteil zu entstehen, und zwar als selbständige Einbuchtung der Schleimhaut in das Darmlumen (Abb. 136).

Im vierten Embryonalmonat sind Villi gebildet, sowohl überall im Dünndarm wie auch im Dickdarm[1] (Abb. 135 und 137). Sie haben schon zu dieser Zeit etwa dieselbe Größe wie beim Erwachsenen. Die Zahl derselben nimmt bei der Vergrößerung des Darmes in den folgenden Entwick-

---

[1] Nach Gertrud Bien (1913) stellen die embryonalen Dickdarmzotten jedoch keine wahre Darmzotten von dem Typus der Dünndarmzotten dar. Sie sind eher als zottenähnliche Falten anzusprechen, die bei Dehnung der Darmwand relativ leicht wieder ausgeglichen werden können.

lungsstadien stetig zu, indem zwischen den fertigen Zotten nach und nach neue gebildet werden. Im wachsenden Darm sind also verschiedene Entwicklungsstadien der Villi Seite bei Seite zu sehen. — An derjenigen Stelle des Darmes, wo die Zottenbildung zuerst anfing, behält sie zeitlebens Vorsprung. Daraus erklärt sich, daß beim Erwachsenen die Villi im oberen Dünndarmteil bedeutend zahlreicher sind und dichter stehen als im unteren Dünndarmteil. — Im Dickdarm verschwinden die Zotten wieder (im neunten Embryonalmonat), und zwar dadurch, daß sie bei der starken Ausdehnung des Darms immer niedriger werden und zuletzt in die glatte Schleimhautoberfläche aufgehen.

Die Lieberkühnschen Drüsen werden etwas später als die Zotten angelegt, und zwar als sich dunkler färbende Schläuche, die sich in entgegengesetzter Richtung allmählich verlängern. — Außer den Lieberkühnschen Drüsen

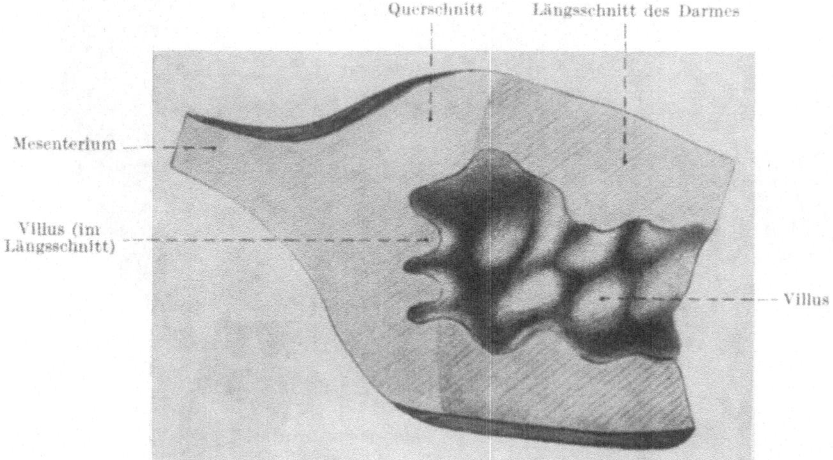

Abb. 136. Rekonstruktionsmodell des Jejunum von einem 21 mm langen menschlichen Embryo, das Aussehen der ersten Darmvilli zeigend. — Nach einem Originalmodell von Herrn stud. med. Erik Linde. — Vergrößerung: 150 mal.

entstehen im Duodenum größere sog. Brunnersche Drüsen. Dieselben werden am Ende des vierten Embryonalmonats (Bonnet) aus Epithelsprossen angelegt, die sich bald bis zur zirkulären Muskelschicht hinaus verlängern und sich in der Submukosa verzweigen.

Die solitären und aggregierten Lymphknötchen (Peyersche Haufen) des Darmes werden im fünften Monat als schärfer begrenzte Leukozytenansammlungen im Bindegewebe der Schleimhaut deutlich (Bonnet, 1907). Erst vom siebenten Embryonalmonat an sind sie aber makroskopisch ganz deutlich.

Im achten Embryonalmonat beginnt in der oberen Dünndarmpartie die Schleimhaut stärker in die Länge zu wachsen als die peripheren Wandpartien. Die Folge hiervon wird, daß die Schleimhaut sich in querliegenden Falten legen muß, die allmählich immer höher werden. Auf diese Weise entstehen die Plicae circulares (Valvulae conniventes) des Dünndarms. Zur Zeit der Geburt sind diese Falten noch recht niedrig und nur in den kranialen Teilen des Dünndarms gebildet. Da dieselbe nach Forssell (1921) unter dem Einfluß des Muscularis mucosae sowohl Form wie Lage verändern können, wäre nachzuforschen, ob sie auch nicht in Zusammenhang mit dieser Muskelschicht entstehen.

10*

Entwicklung der Valvula iliocoecalis.

Im dritten Embryonalmonat tritt gewöhnlich eine Abknickung der Dünndarmanlage gegen das Kolon auf, so daß das Dünndarmende etwa winkelrecht
gegen das Kolon gerichtet wird. — In den nächstfolgenden Stadien wird das

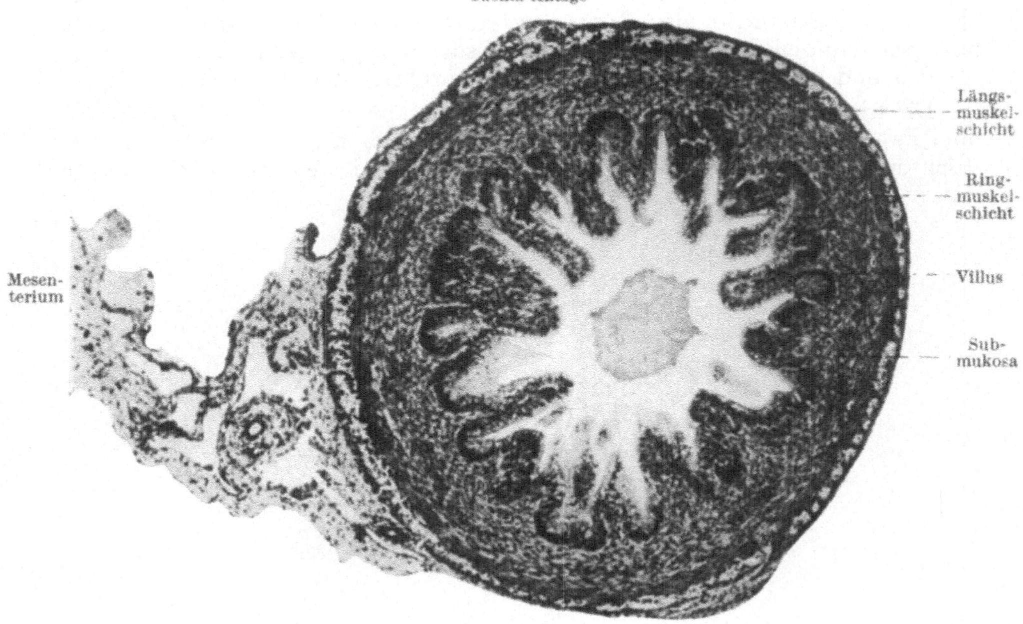

Abb. 137 a. Querschnitt des Colon descendens eines 13 cm langen Embryos in 75 maliger
Vergrößerung. — Nach Broman (1911).

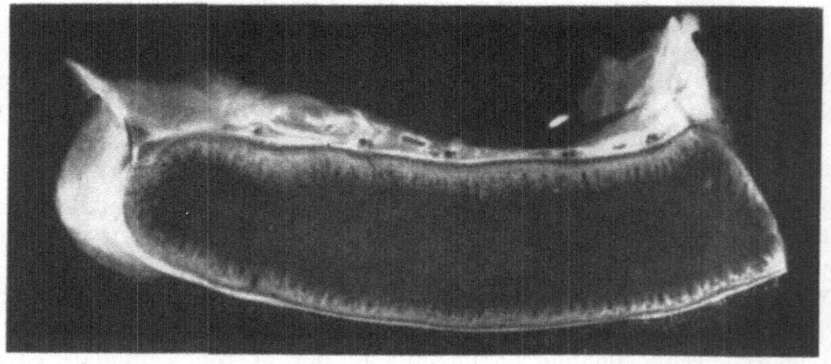

Abb. 137 b. Ein Stück des Colon descendens — durch einen Längsschnitt geöffnet — von
einem 24,5 cm langen menschlichen Embryo. — Vergrößerung: 7,5 mal. Die Dickdarmzotten
sind deutlich zu erkennen.

Dünndarmende nun immer tiefer in das Dickdarmlumen eingeschoben (vgl.
Abb. 138) und hierbei an seiner Außenseite von den angrenzenden Dickdarm-
wänden bekleidet. Diejenigen Partien des Dünn- bzw. Dickdarmes, die hierbei
mit ihren Außenseiten gegeneinander gepreßt werden, verwachsen fast sofort

miteinander. Auf diese Weise entstehen eine obere und eine untere Falte, die lateralwärts ineinander übergehen und zusammen die sog. Valvula ilio-coecalis darstellen.

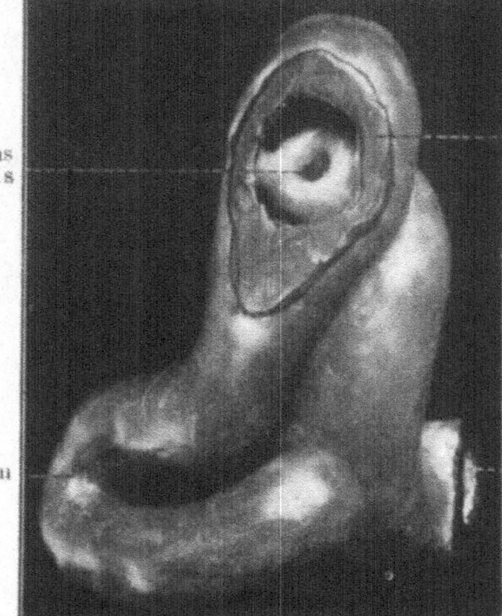

Abb. 138. Blinddarmgegend eines 13 cm langen menschlichen Embryos. Nach einem Originalmodell von Bertilsson. Aus Broman (1911).

Entwicklung der Taeniae und Haustra coli.

Bis zur Geburt bleibt die Oberfläche des Kolon gewöhnlich ohne Querfaltung. Nur wenn das Mekonium intrauterin (beim Ersticken des Fetus) entleert worden ist, zeigt das Kolon schon jetzt Haustrierung. Auch die Taeniae

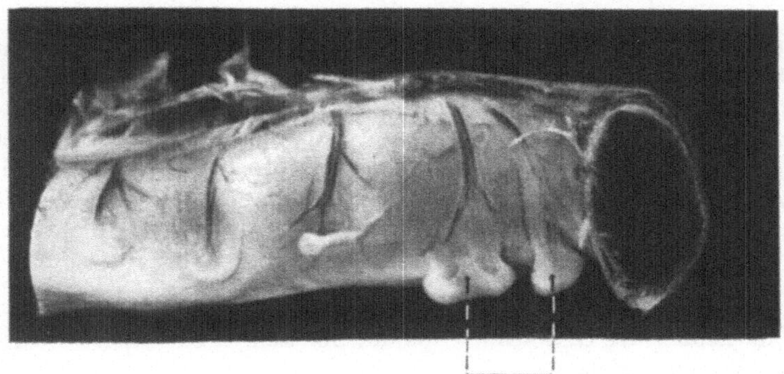

Abb. 139. Ein Stück des Colon sigmoideum — mit zwei ausgebildeten und drei in Entstehung begriffenen Appendices epiploicae — von einem 24 cm langen menschlichen Embryo. — Vergrößerung: 7,5 mal.

coli sind dann an den kontrahierten Kolonpartien makroskopisch zu sehen (Heß-Thaysen, 1916).

Mikroskopisch sind die Taeniae schon im vierten Embryonalmonat als Mesenchymverdickungen zu erkennen (vgl. Abb. 137a). An diesen Stellen entwickelt sich die Längsschicht viel kräftiger als zwischen denselben. Die zwischen denselben liegenden Wandpartien des Kolons sind bedeutend dünner und dem Drucke weniger widerstandsfähig als die die Taeniae einschließenden Wandpartien und können daher bedeutend stärker als diese ausgedehnt werden. Die betreffende Ausdehnung findet nach der Geburt regelmäßig nicht nur in der Quer-, sondern auch in der Längsrichtung des Kolons statt. Da indessen hierbei die Taeniae immer relativ kurz bleiben, so müssen die zwischenliegenden Wandpartien sich der Quere nach falten. Auf diese Weise entstehen die sog. Haustra coli.

Die die Haustra coli trennenden, in das Darmlumen einbuchtenden Querfalten (Plicae semilunares) der Darmwand sind aber nicht immer konstant an bestimmten Stellen lokalisiert (Broman, 1911, 1914). Sie stellen nur Wandpartien dar, die durch querverlaufende Darmwandgefäße verstärkt sind

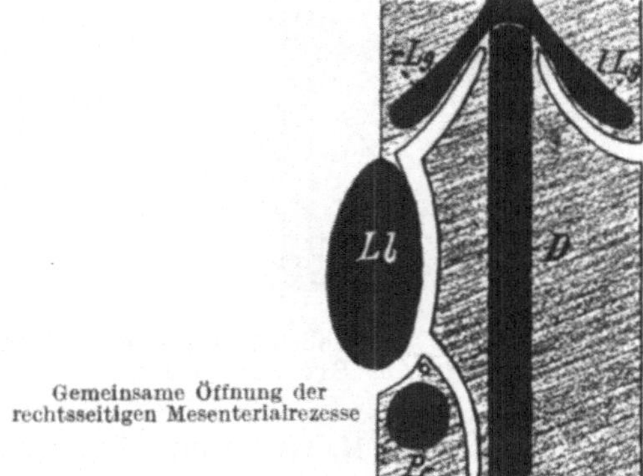

Abb. 140. Schematischer Frontalschnitt durch das Mesenterium eines menschlichen Embryos, die ursprünglichen Organbeziehungen der taschenförmigen Mesenterialrezesse zeigend. — D Darm, Lb Leber, lLg linke, rLg rechte Lunge, Pc Pankreas. Nach Broman (1904).

oder deren Ringmuskelschicht zufälligerweise kontrahiert ist. Eine solche eingeschnürte Wandpartie kann also in einem folgenden Moment ein Haustrum bilden. Nach dem Tode findet man aber die Plicae semilunares gewöhnlich an denjenigen Stellen, wo die erwähnten Gefäße verlaufen. — An diesen Stellen legen sich bei etwa 25 cm langen Embryonen die Appendices epiploicae als Vorratsfalten (vgl. Abb. 139) der Serosa an, welche später partiell mit Fettgewebe ausgefüllt werden.

Entwicklung des Enddarmes.

Die Entstehung des Enddarmes aus der dorsalen Kloakenpartie wurde schon oben (S. 136) beschrieben.

Die histologische Entwicklung der entodermalen Rektalanlage stimmt der Hauptsache nach mit derjenigen des übrigen Dickdarms überein. Nur eilt sie dieser nicht unbeträchtlich voraus. Die Längsmuskelschicht bleibt überall gleich dick. Es bilden sich also hier keine Taeniae aus. Die untere Partie der Ringmuskelschicht entwickelt sich besonders stark und stellt den Sphincter ani internus dar.

Oberhalb der Letztgenannten entsteht schon im dritten Embryonalmonat (H. Holmdahl, 1914) die unter dem Namen Ampulla recti bekannte Erweiterung. Erst in den ersten Kinderjahren, und zwar nach Bodenhamer

(1884) erst, wenn die Defäktion unter dem Einfluß des Willens zurückgehalten wird, wird die Ampulla recti aber zu einem größeren Behälter ausgebildet. — Die Längsfalten des Mastdarms (Columnae rectales) werden ebenfalls schon im dritten Embryonalmonat angelegt (H. Holmdahl, 1914).

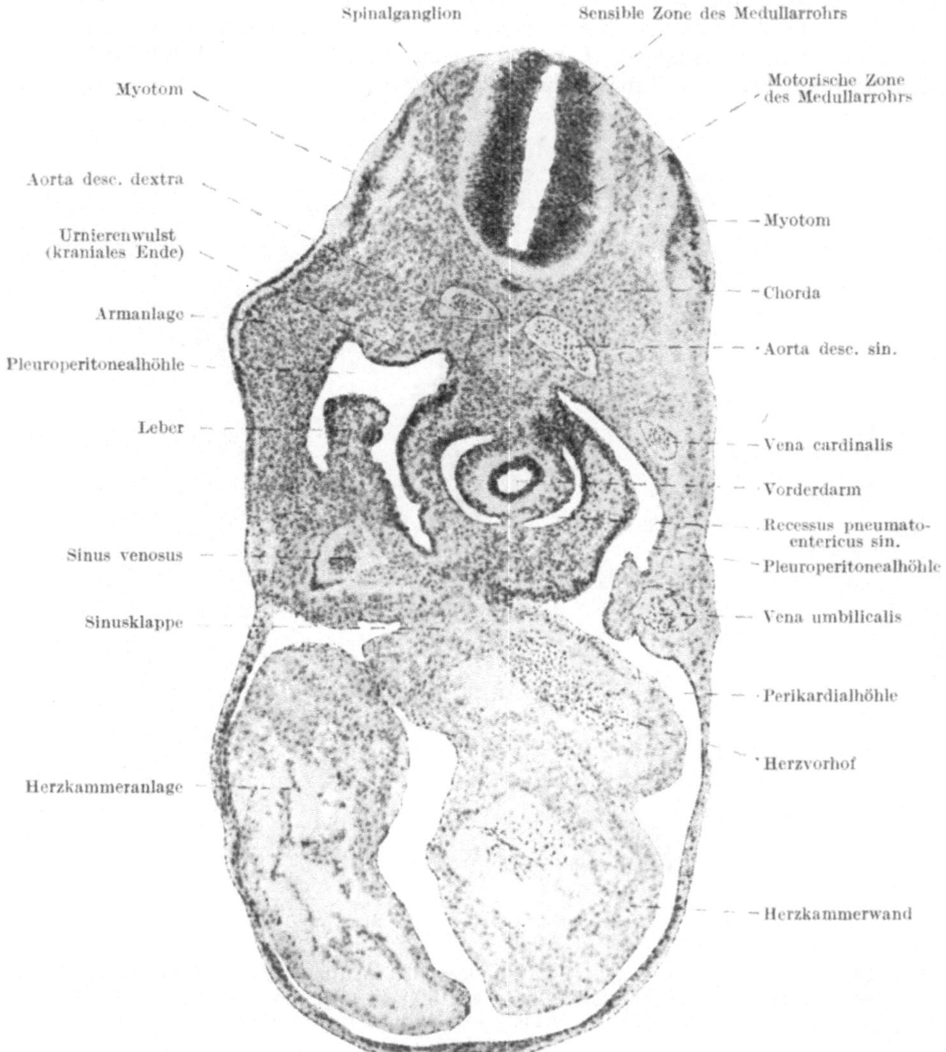

Abb. 141. Querschnitt eines 3 mm langen Embryos in der Höhe der Leberanlage und der paarigen Mesenterialrezesse. — Vergrößerung: 80 mal. — Nach Broman (1911).

Komplikationen der Mesenterien durch die Bildung der Bursa omentalis und des Omentum majus sowie durch sekundäre Verwachsungen.

Entstehung der gemeinsamen Anlagen der Bursa omentalis und der Bursa infracardiaca.

Wir haben oben (S. 63) schon die Entwicklung der Mesenterien bis zu dem Stadium verfolgt, in welchem der Digestionskanal ein nur unvollständiges, ventrales Mesenterium (nur oberhalb des Nabels), aber ein vollständiges, von der dorsalen Mittellinie der Körperwand ausgehendes, dorsales Mesenterium besitzt.

Die relativ einfachen mesenterialen Verhältnisse werden nun frühzeitig durch das Auftreten von taschenähnlichen Mesenterialrezessen kompliziert, die die Aufgabe zu haben scheinen, andere im Mesenterium sich entwickelnde Organe (Lungen, Leber, Bauchspeicheldrüse und Milz) vom Verdauungsrohr relativ frei zu machen (Abb. 140).

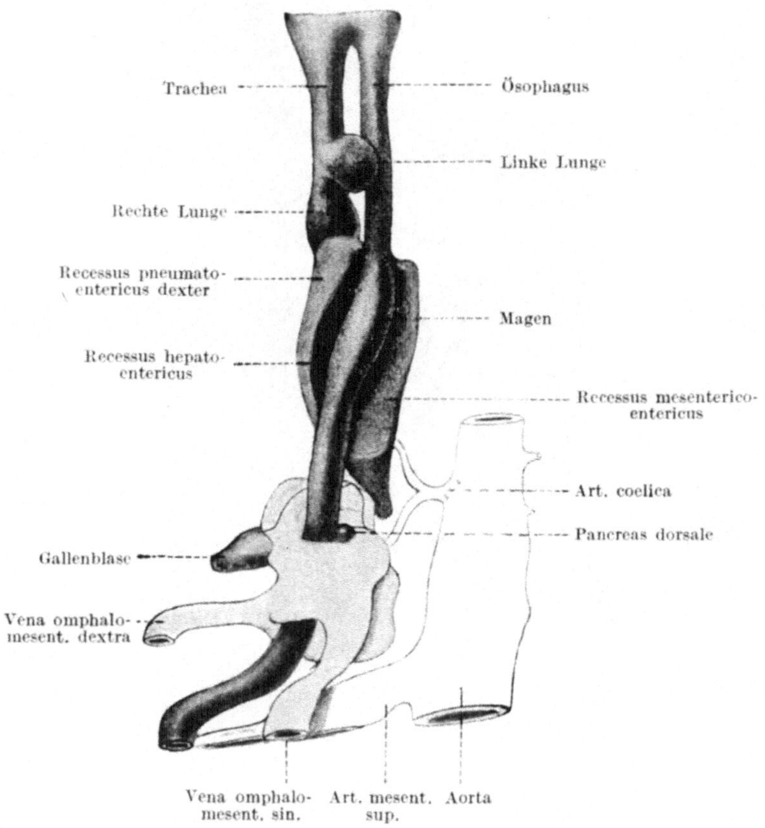

Abb. 142. Rekonstruktionsmodell des entodermalen Vorderdarms mit Abgüssen (blau) der angrenzenden Mesenterialrezesse; von links gesehen. 5 mm langer Embryo. Vergrößerung: 50mal. — Nach Broman (1904).

An der linken Seite des Mesenteriums entsteht nur ein einziger kleiner Rezeß, der Recessus pneumato-entericus sinister. Derselbe trennt bei etwa 3—4 mm langen Embryonen die kaudale Partie der linken mesodermalen Lungenanlage vom Verdauungsrohr, wird aber nach diesem Stadium wieder vollständig zurückgebildet.

An der rechten Seite des Mesenteriums entstehen dagegen nicht weniger als drei solche Rezesse, die wir Recessus pneumato-entericus dexter, Recessus hepato-entericus und Recessus pancreatico-entericus nennen, weil sie die rechte Lunge, die Leber bzw. das Pankreas vom Verdauungsrohr isolieren.

Die Eingangsöffnungen der drei in verschiedene Richtungen hin vorgedrungenen rechtsseitigen Mesenterialrezesse liegen einander von Anfang an recht nahe. In den folgenden Entwicklungsstadien wird nun der zwischen diesen drei Eingangsöffnungen gelegene Teil der großen Körperhöhle in die Rezeßbildung sozusagen hineingezogen, indem die Leber in die kaudalste Partie

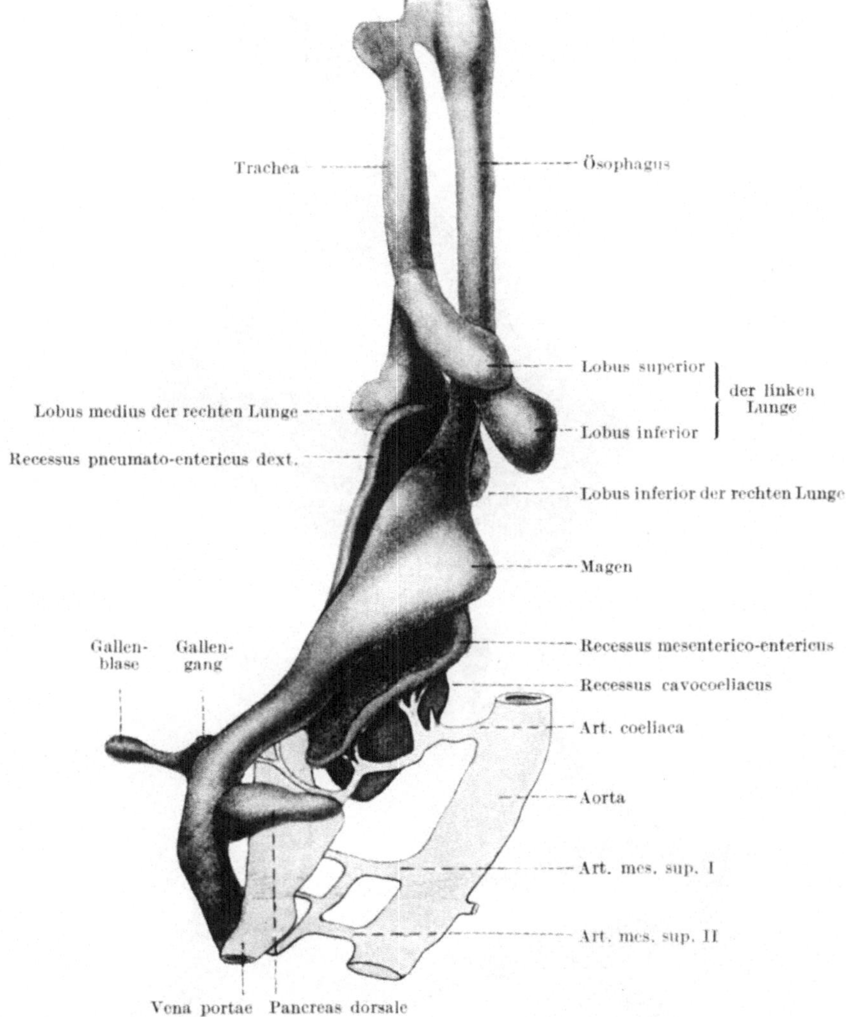

Abb. 143. Rekonstruktionsmodell des entodermalen Vorderdarms mit Abgüssen (blau) der angrenzenden Mesenterialrezesse; von links gesehen. 8 mm langer Embryo. Vergrößerung: 50 mal. — Nach Broman (1904).

der mesodermalen Lungenanlage hineinwächst und dieselbe bei ihrer weiteren Vergrößerung kaudalwärts verschiebt. Auf diese Weise verschmelzen die rechtsseitigen Mesenterialrezesse zu einer einzigen Tasche mit einer einzigen Eingangsöffnung. Diese große Tasche stellt die gemeinsame Anlage der Bursa omentalis und der Bursa infracardiaca dar. Die gemeinsame Eingangsöffnung ist das Foramen epiploicum Winslowi.

Entwicklung der Bursa infracardiaca.

Bei der Bildung des Zwerchfells werden die Wände des Recessus pneumato-entericus dexter in der betreffenden Höhe gegeneinander gepreßt und zur Verwachsung gezwungen. Dadurch wird eine kleine kraniale Partie der vereinigten Mesenterialrezesse von der kaudalen

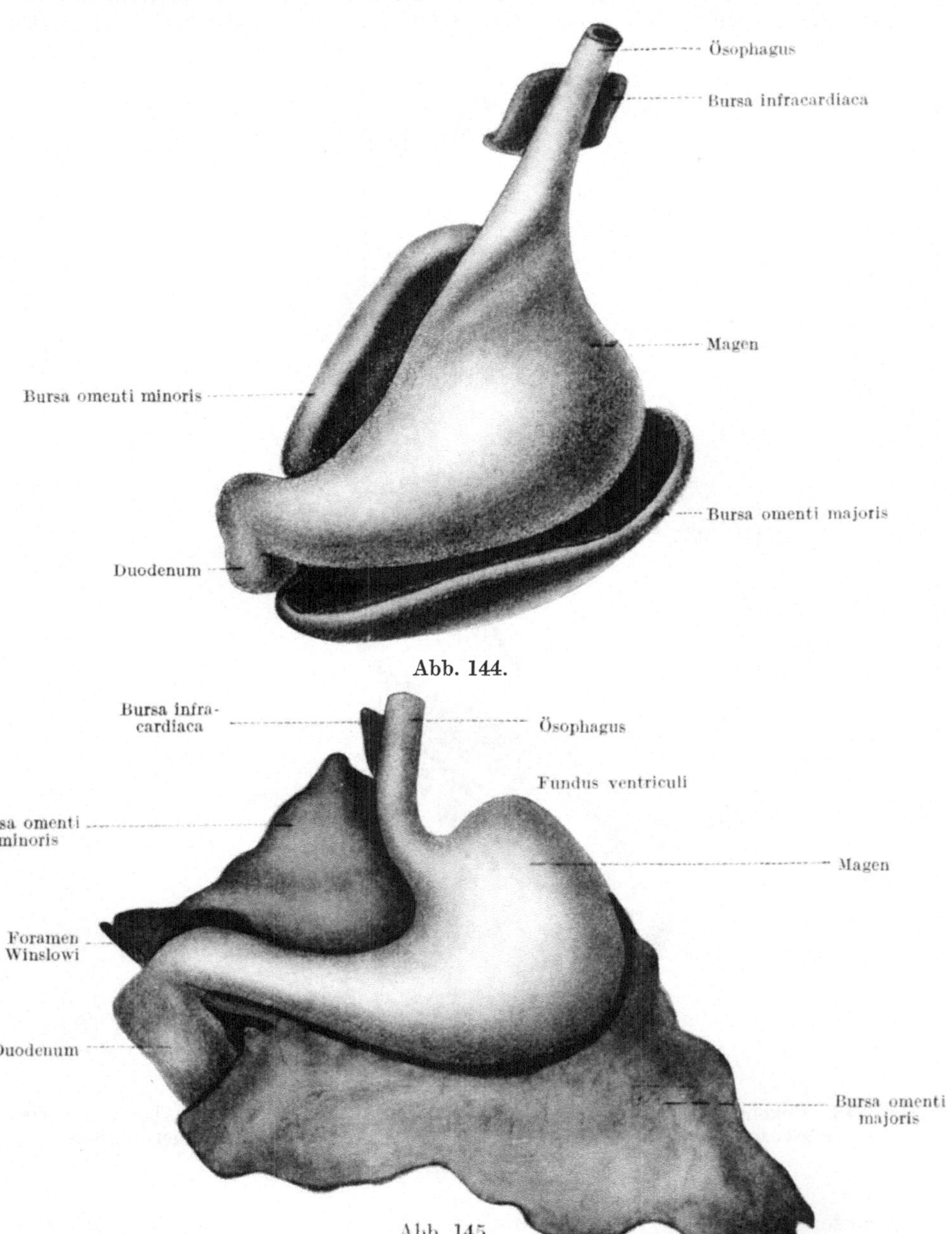

Abb. 144.

Abb. 145.

Abb. 144 und 145. Rekonstruktionsmodelle der entodermalen Magenanlage mit Ab-güssen (blau) der angrenzenden Mesenterialrezesse. Von links und vorn gesehen. Abb. 144 von einem 11,7 mm langen Embryo. Vergrößerung: 50mal. — Abb. 145 von einem 70 mm langen Embryo. Vergrößerung: 10mal. — Nach Broman (1904).

Hauptpartie derselben abgeschnürt (vgl. Abb. 143 u. 144). Diese stellt die Bursa omentalis dar, jene die von mir sog. Bursa infracardiaca.

Im allgemeinen vergrößert sich nachher die Bursa infracardiaca etwa in demselben Maße wie der Ösophagus dicker wird und ist noch beim Erwachsenen als ein etwa markstückgroßer Spaltraum zwischen Zwerchfell und Ösophagus zu finden.

Beim Menschen hat also offenbar die Bursa infracardiaca ihre ursprüngliche Bedeutung (die rechte Lunge vom Digestionskanal zu isolieren) verloren und eine neue Funktion (die Durchtrittsstelle des Ösophagus vom Zwerchfall freier zu machen) bekommen. Von großer praktischer Bedeutung ist sie allerdings nicht mehr. Theoretisch ist sie aber eine hoch-

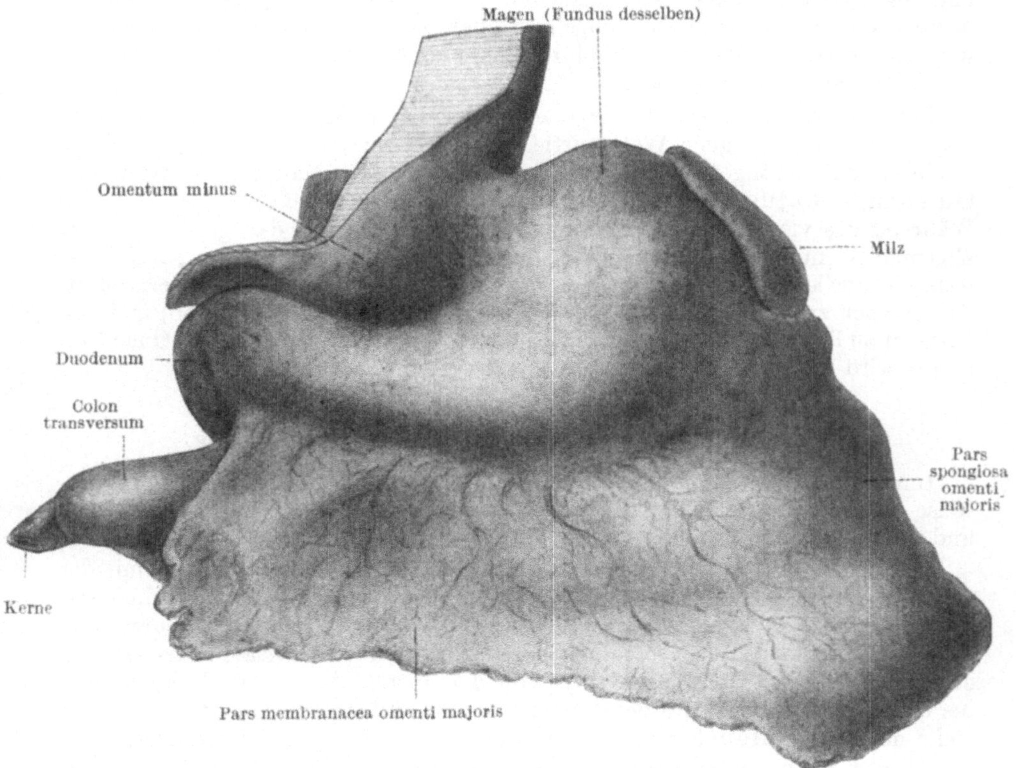

Abb. 146. Rekonstruktionsmodell des Magens und der Omente von einem 70 mm langen (Sch.-St.-L.) Embryo. — Von vorn und links gesehen. — Vergrößerung: 10 mal. — Nach Broman (1904).

interessante Bildung, die bei vielen Säugetieren noch eine beträchtliche Höhle, die sog. „dritte Pleurahöhle" darstellt, den Lobus infracardiacus der rechten Lunge noch vom Ösophagus isoliert und also offenbar noch ihre ursprüngliche Funktion teilweise beibehalten hat.

Entwicklung der Bursa omentalis und der Netze.

Aus der oben gegebenen Schilderung über die Entstehung und Verschmelzung der rechtsseitigen Mesenterialrezesse, geht hervor, daß die Entstehung der Bursa omentalis von den Lageveränderungen des Magens vollständig unabhängig ist. — Dagegen wird die Form und Lage der Bursa omentalis nicht unbeträchtlich von den Lageveränderungen des embryonalen Magens beeinflußt.

Bei der folgenden Kaudalwärtsverschiebung kommt der Magen bald in die Höhe der Arteria coeliaca herab, und da die Verschiebung fortfährt, hebt dieses Gefäß (zusammen mit seinem einen Zweig, der Arteria hepatica; vgl. Abb. 142 u. 143) eine Falte — die Plica arteriae coeliacae — hoch, welche die Bursa omentalis in eine linke Abteilung, die Bursa omenti majoris, und eine rechte Abteilung, die Bursa omenti minoris sondert (Abb. 144 u. 145).

Die Bursa omenti minoris wird anfangs nur sehr wenig vom ventralen Mesenterium begrenzt, denn dieses stellt dann nur eine unmittelbare Verbindung zwischen Leber und Magen her. Erst wenn der die Bursa omentalis begrenzende Lobus caudatus Spigeli anfängt, stark nach links auszubuchten, wird die erwähnte kurze Verbindung ausgedehnt und so in das Omentum minus (Abb. 146) umgewandelt.

Bei etwa 5 cm langen Embryonen fängt die in der Nähe der Curvatura major ventriculi gelegene Wandpartie der Bursa omenti majoris an, stark zu wachsen; sie verlängert sich hierbei kaudalwärts vom Magen, das eigentliche Omentum majus (großes Netz) bildend (Abb. 132a B, 132b u. 146—148). — Während des vierten bis achten Embryonalmonats trennt das große Netz im allgemeinen nur die dorso-kaudale Leberfläche von den Därmen, und erst während der letzten zwei Embryonalmonate wird es so beträchtlich vergrößert, daß es auch zwischen der ventralen Bauchwand (bis zum Nabel herab) und den Därmen zu liegen kommt. Hand in Hand mit dieser Vergrößerung des Omentum majus wird auch die Bursa omenti majoris entsprechend vergrößert.

Sekundäre Verwachsungen in der Bauchhöhle.

Im dritten und vierten Embryonalmonat treten in der Bauchhöhle normalerweise Verwachsungen auf, welche den Mesenterien ganz neue Verbindungen und Ausgangslinien geben.

Zuerst verwächst die dorsale Wandpartie der Bursa omenti majoris mit der dorsalen Bauchwand an der Stelle, wo die linke Nebenniere hervorbuchtet. Schon im vierten Embryonalmonat erreicht diese Verwachsung der Bursawand ihre definitive Ausbreitung. Durch dieselbe bekommt das dorsale Mesogastrium eine ganz neue Insertion nach links von der Mittellinie. — Die Verwachsung der dorsalen Bursawand mit der dorsalen Bauchwand erreicht bald die Ausgangsstelle des Mesocolon transversum und setzt sich dann auf dieses und auf das Colon transversum fort. — Wenn sie die Flexura coli sinistra erreicht hat, setzt sie sich im allgemeinen von hier aus auf das Zwerchfell fort. Auf diese Weise entsteht aus dem Omentum majus das Ligamentum phrenicocolicum.

Im vierten Embryonalmonat verwächst das Mesocolon bzw. Colon descendens mit der dorsalen Körperwand an derjenigen Stelle, wo die linke Niere und Nebenniere am stärksten hervorbuchten. In einem etwas späteren Stadium ist die Verwachsung bis zu der Peripherie dieser Organe fortgeschritten und setzt sich dann nicht weiter fort. Was während dieser Embryonalzeit kaudalwärts von der Niere liegt, bleibt frei und bildet das Colon bzw. Mesocolon sigmoideum. — Etwa zu derselben Zeit verwächst die kurze (noch kaum als solche erkennbare) Anlage des Colon ascendens mit der dorsalen Bauchwand genau an der Stelle, wo das Kolon gegen die rechte Niere gedrückt wird (vgl. Abb. 147 u. 148).

Bei der in späteren Entwicklungsstadien (besonders nach der Geburt) stattfindenden, relativen Verkleinerung der Nieren und Nebennieren verlieren indessen die Verwachsungsflächen wieder ihre ursprünglichen Beziehungen zu diesen Organen.

Das von Anfang an kurze Mesenterium des Duodenum geht ebenfalls durch Verwachsung mit der dorsalen Bauchwand größtenteils zugrunde. Nur die kranialste Partie desselben bleibt bestehen.

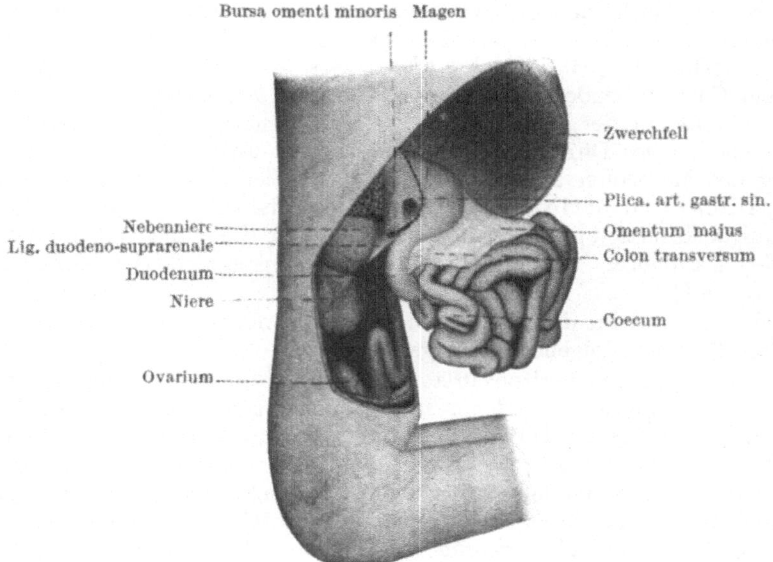

Abb. 147.

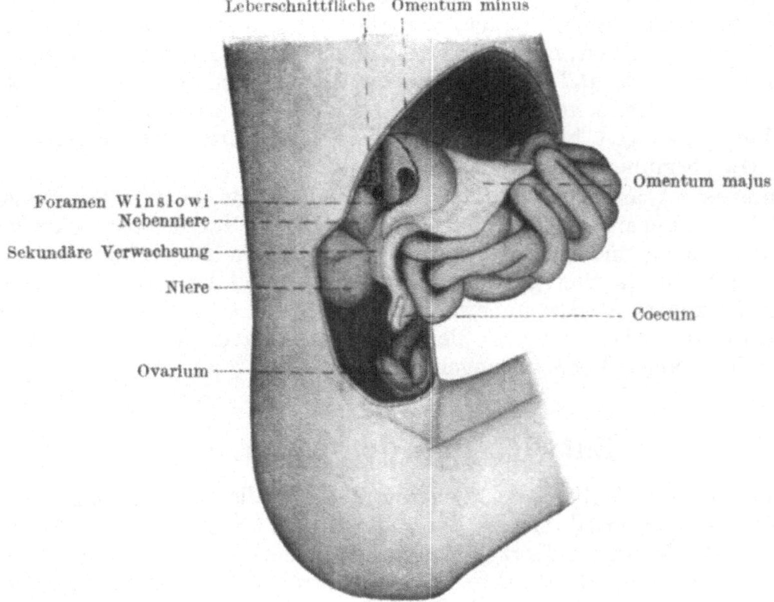

Abb. 148.

Abb. 147 und 148. Die embryonale Bauchhöhle von rechts und vorn gesehen; Abb. 147 von einem 105 mm langen Embryo; Abb. 148 von einem 135 mm langen Embryo. — Vergrößerung: 2mal. Nach Broman (1904).

Durch diese Verwachsungen bekommen also sowohl das Colon ascendens und das Colon descendens wie das Duodenum neue Insertionen an der dorsalen Bauchwand. — Dasselbe ist mit dem Mesenterium des Jejuno-Ileum der Fall (van Loghem, 1903). — Bei einem etwa 10 cm langen menschlichen Embryo existiert noch ein sog. Mesenterium commune, d. h. ein dem Dick- und Dünndarm gemeinsames Gekröse, das von der dorsalen Mittellinie des Körpers ausgeht. Diejenige Partie dieses Gekröses, die dem Jejuno-Ileum (sowie dem Colon ascendens und transversum) gehört, hat sogar eine punktförmige Insertion in der Höhe der Flexura duodeno-jejunalis. Diese punktförmige Insertion des Dünndarmmesenteriums geht aber bald — bei der Verwachsung des Mesocolon ascendens mit der dorsalen Bauchwand — in eine schiefe, lineare Insertion über, deren oberes Ende von der ursprünglichen, punktförmigen Insertion gebildet wird, deren unteres Ende aber mit der unteren Grenze der sekundären Verwachsung des Mesocolon ascendens zusammenfällt (Broman, 1904).

Über die Ursachen dieser physiologischen Verwachsungen in der Bauchhöhle läßt sich folgendes aussagen:

Einander berührende Peritonealflächen haben wahrscheinlich überall in der Bauchhöhle eine gewisse Tendenz, miteinander zu verwachsen, sobald sie 1. längere Zeit unbeweglich sind und 2. mit einer gewissen Intensität gegeneinander gedrückt werden.

Während der betreffenden embryonalen Entwicklungsperiode, in welcher die allermeisten physiologischen Verwachsungen stattfinden, werden die Dünndärme vom Mekonium ausgespannt und in allen Dimensionen beträchtlich vergrößert. Hierdurch wird wahrscheinlich der allgemeine intraabdominale Druck erhöht, was wiederum sekundäre Verwachsungen begünstigen muß.

Daß nicht alle Bauchorgane mit den Bauchwänden und unter sich verwachsen, hängt wohl einesteils davon ab, daß der allgemeine positive, intraabdominale Druck nicht groß genug ist, um allein eine Verwachsung zu veranlassen, sondern daß es dafür nötig ist, daß derselbe an den betreffenden Stellen durch aktiv hervorbuchtende Organe vermehrt wird. Dadurch erklärt sich die Tatsache, daß die Verwachsungen immer in der Höhe von Nieren, Nebennieren und Pankreas usw. beginnen.

Andererseits ist anzunehmen, daß die Bauchorgane nicht alle genügend unbeweglich sind, um eine Verwachsung zu gestatten. So ist es höchst wahrscheinlich, daß der Magen und die relativ stark entwickelten Dünndärme schon zu dieser Zeit peristaltische Bewegungen ausführen, während der unbedeutende und noch leere Dickdarm relativ unbeweglich ist. — An allen Stellen, wo nicht beide Verwachsungsbedingungen gleichzeitig existieren, können — meiner Ansicht nach — keine Verwachsungen auftreten.

Entwicklung der Leber.

Die epitheliale Anlage der Leber und der Gallenblase stammt — wie erwähnt — von dem entodermalen Vorderdarm und wächst (etwa in der Höhe der ursprünglich kaudalen Herzgrenze) in das ventrale Mesenterium hinein. Von hier aus wachsen Kompakte Leberzellentrabekel in eine quergestellte Mesenchymmasse ein, die die kaudale Partie der Perikardialhöhle von den beiden Pleuroperitonealhöhlen sondert und unter dem Namen Septum transversum bekannt ist.

Die kraniale Partie des Septum transversum wird von einem großen venösen Sinus, dem Sinus venosus des Herzens, eingenommen. Die kaudale Partie

des Septum transversum ist es dagegen, die mit entodermalem Lebergewebe
ausgefüllt wird und sich also größtenteils in eine quergestellte Lebermasse, den
sog. Medianlappen, umwandelt. Diese Septumpartie stellt, mit anderen
Worten, die erste mesenchymatöse Leberanlage dar.

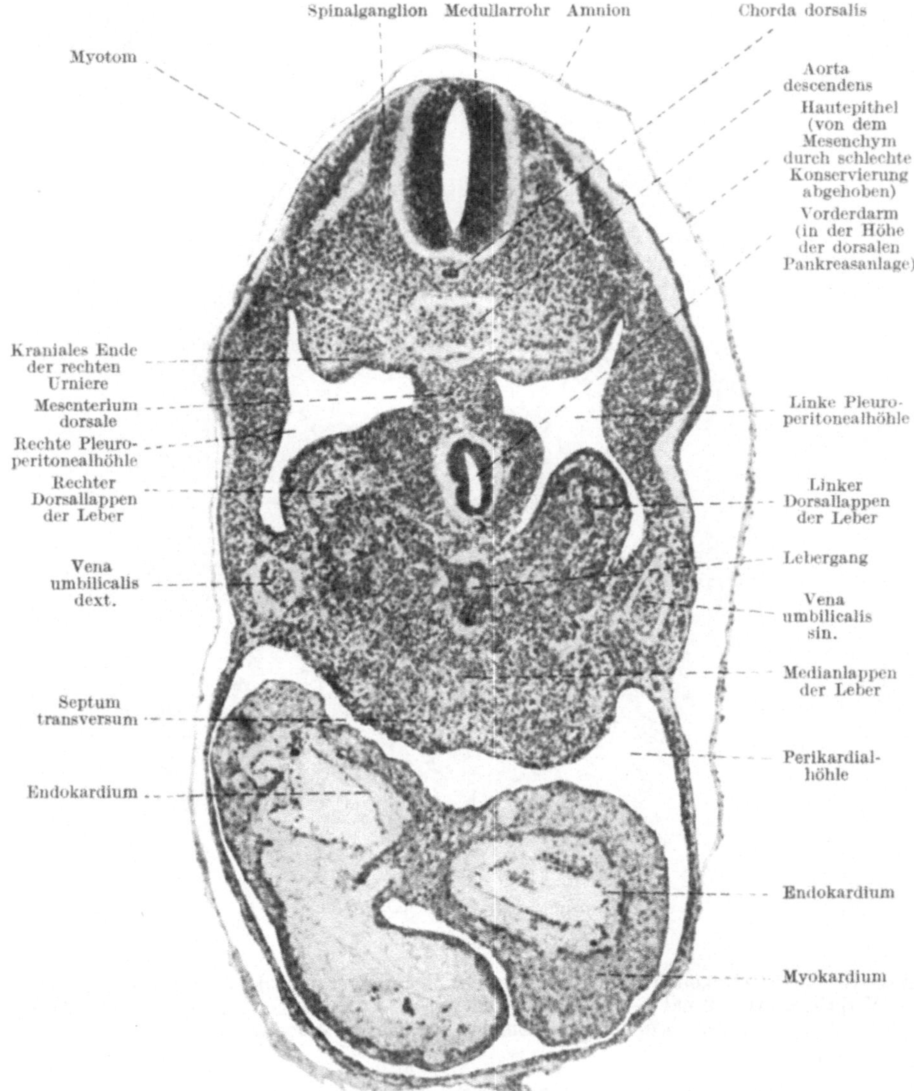

Abb. 149. Querschnitt in der Höhe der Leberanlage von einem 3 mm langen Embryo. —
Vergrößerung: 80 mal. — Nach Broman (1911).

Von dem Medianlappen der Leberanlage aus wachsen schon in der vierten
Embryonalwoche zwei kleinere Dorsallappen hervor, die zu beiden Seiten
der mesenterialen (den Darm einschließenden) Scheidewand dorsalwärts in je
eine Pleuroperitonealhöhle emporragen (Abb. 149). — In diesem Entwicklungsstadium befindet sich die in Abb. 150 abgebildete Leber. Schon in diesem

Stadium ist der **rechte Dorsallappen** deutlich **größer** als der linke, was
vielleicht davon abhängt, daß die Anlage der Vena portae an der medialen
Seite des rechten Dorsallappens mündet und also diesen Lappen in erster
Linie mit Nahrung versorgt[1].

Anfang der fünften Embryonalwoche verbindet sich die **linke Nabelvene** (Vena umbilicalis sinistra) mit den Lebergefäßen und übernimmt dann
die Nutrition der Leber (Abb. 154a, A u. B). Hierbei wird aber nicht die linke
Leberpartie in erster Linie mit Nahrung versorgt. Denn die Nabelvene ver-

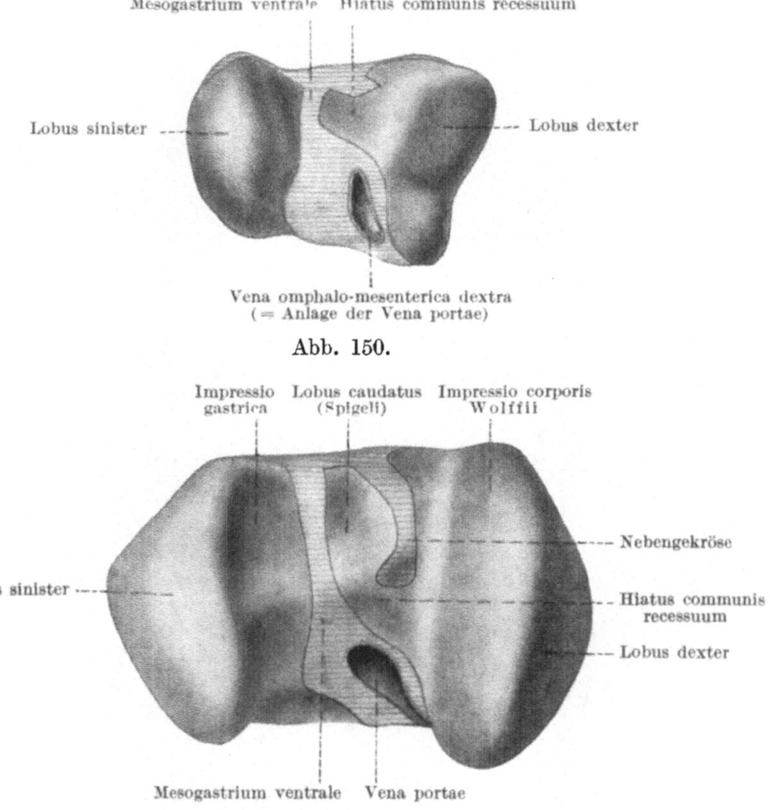

Abb. 150.

Abb. 151.

Abb. 150 u. 151. Rekonstruktionsmodelle der Leberanlagen (von der dorsalen Seite gesehen).
— Vergrößerung: 50 mal. — Abb. 150 von einem 3 mm langen Embryo. Abb. 151 von
einem 5 mm langen Embryo. — Nach Broman (1904).

bindet sich zunächst mit der Vena-portae-Anlage, deren alte Zweige also jetzt
vornehmlich Nabelvenenblut zu führen anfangen. Aus dieser Tatsache, daß
das Nabelvenenblut in der Leber durch alte Blutbahnen distribuiert wird, von
denen diejenigen des rechten Lappens schon im voraus größer waren, erklärt
es sich wohl, daß der rechte Leberlappen auch in den folgenden Stadien seinen
Vorsprung an Größe beibehält. Überhaupt scheint das Wachstum der Leber
dort am besten vor sich zu gehen, wo die Nutrition am besten ist oder wo
die mechanischen Hindernisse eines Hervorwachsens am kleinsten sind. So

---

[1] Vgl. unten S. 165.

ist es für die erste Leberentwicklung charakteristisch, daß die Zentra des stärksten Wachstums der Leber zu verschiedenen Zeitpunkten sehr verschieden liegen und daß das epitheliale Lebergewebe allmählich in fast alle angrenzenden Mesenchymmassen hineinwächst.

Das Letztgenannte hat zur Folge erstens, daß die Leber in der betreffenden Höhe das Lumen der hier paarigen Pleuroperitonealhöhle immer kleiner macht

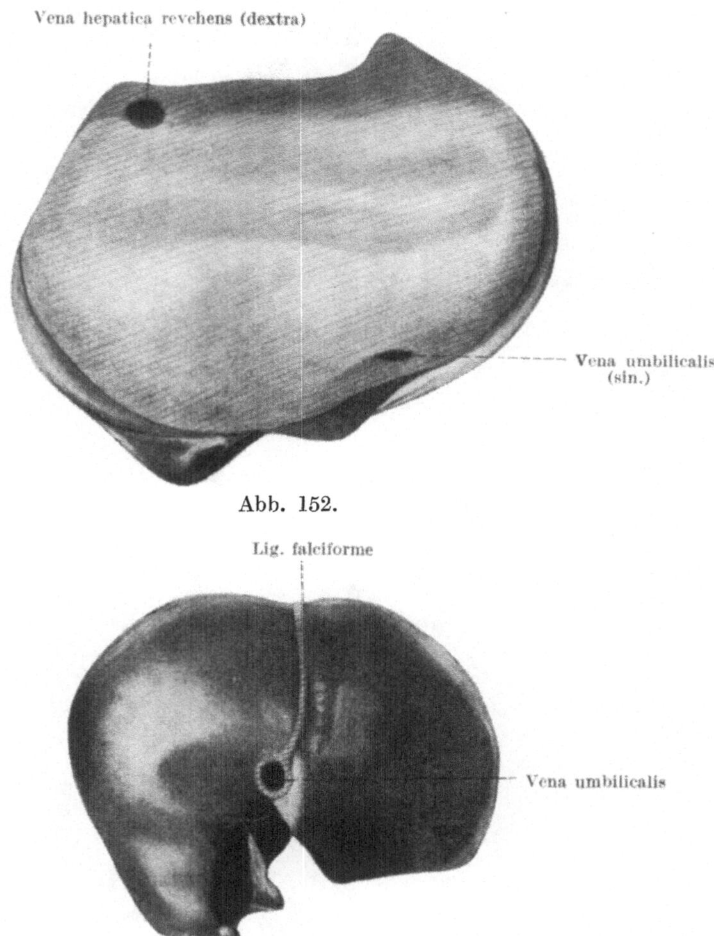

Abb. 152.

Abb. 153.

Abb. 152 u. 153. Zwei Lebermodelle (von der ventralen Seite gesehen), die Entwicklung des Ligamentum falciforme hepatis zeigend. Abb. 152 von einem 8 mm langen Embryo. Vergrößerung: 50 mal. Abb. 153 weniger stark vergrößert (15 mal); von einem 21 mm langen Embryo. Die Schnittflächen sind schraffiert. — Nach Broman (1911).

und zuletzt vernichtet. (Die Leber vermittelt also die Trennung der beiden Pleurahöhlen von der Peritonealhöhle.) Zweitens wird die Folge dieser Wachstumsart die, daß die Leber anfangs sehr ausgedehnte Verbindungen mit den angrenzenden Bauchhöhlenwänden hat. — Indem diese Leberverbindungen sekundär verkleinert werden, entstehen (im zweiten Embryonalmonat) aus denselben die Leberligamente (vgl. Abb. 149—153 u. 155).

Die Anlagen der beiden definitiven Hauptlappen der Leber können schon in der vierten Embryonalwoche erkannt werden, wenn sie auch zu dieser Zeit eine ganz andere Form und ganz andere Verbindungen besitzen und nach

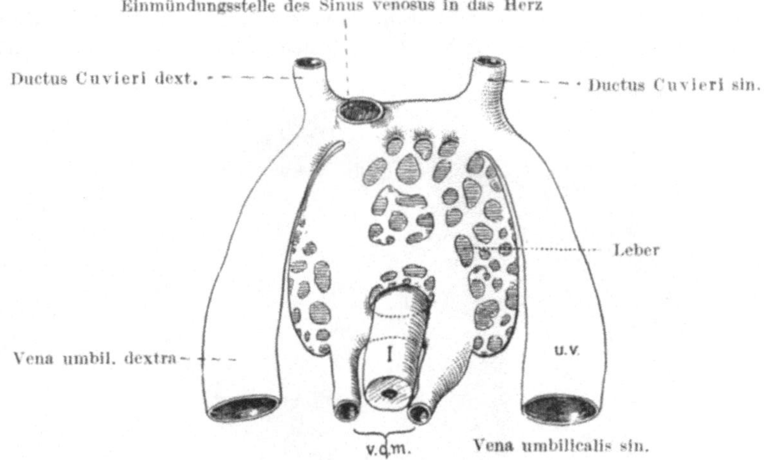

Abb. 154 a. Entwicklung der Lebervenen, halbschematisch dargestellt nach Mall (1906).
A Lebervenen eines 4,5 mm langen Embryos; B Lebervenen eines 4 mm langen Embryos.
I Darm, L Leber. — Nach Mall (1906) aus Broman (1911).

vorne voneinander nicht ganz scharf abzugrenzen sind. Sobald aber das Ligamentum falciforme hepatis sich entwickelt hat, ist selbstverständlich auch die ventrale Grenze zwischen den beiden Hauptlappen deutlich. — Von den Nebenlappen des rechten Hauptlappens wird der Lobulus caudatus

(Spigeli) zuerst abgrenzbar, und zwar als eine die Bursa-omentalis-Anlage
begrenzende Fläche des rechten Dorsallappens (vgl. Abb. 150 u. 151). — Der
Lobulus quadratus wird relativ spät an der Leberoberfläche abgegrenzt.
Seine Begrenzungen, die Vena umbilicalis, bzw. die Gallenblase, verlaufen
nämlich eine Zeitlang in der Tiefe der Leber und werden erst später durch Atrophie
des sie unten deckenden Lebergewebes oberflächlich.

Die Größe der Leber zu verschiedenen Entwicklungsperioden ist
sehr verschieden. Relativ am stärksten scheint die Leber sich in der ersten
Hälfte des dritten Embryonalmonats zu vergrößern. Nach der Reposition des
Nabelbruches vergrößert sich aber die Leber, wie es scheint, nur kurze Zeit

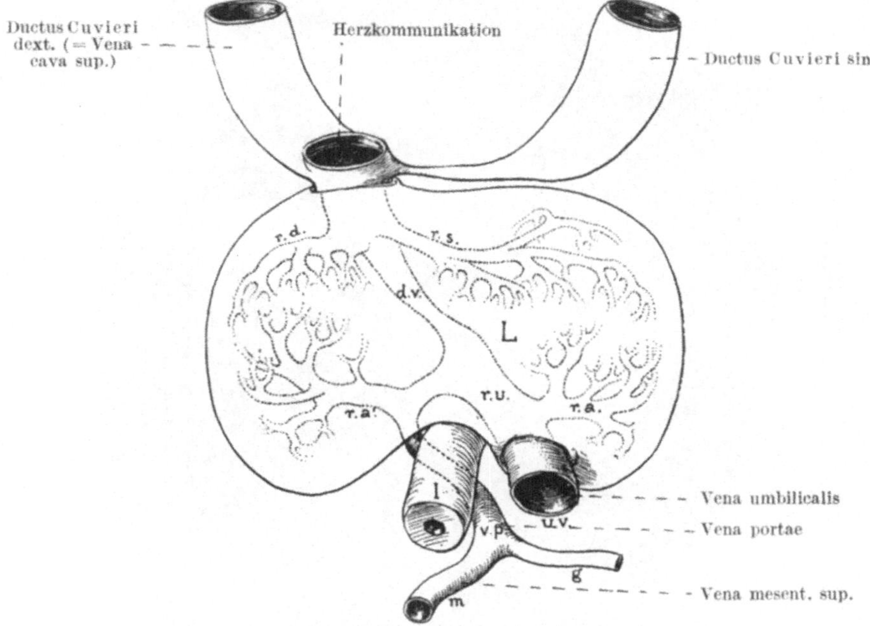

Abb. 154 b. Entwicklung der Lebervenen, halbschematisch dargestellt nach Mall (1906).
Lebervenen eines 9 mm langen Embryos. — d. v. Ductus venosus Arantii; I Darm, L Leber,
g Vena gastrica. — Nach Mall (1906) aus Broman (1911).

unbehindert weiter. Sie beginnt jetzt (Anfang des vierten Embryonalmonats),
Galle[1] abzusondern, was wiederum bald zur Bildung von Mekonium im Darme
führt. — Die Anhäufungen von Mekonium im Darme gibt nicht nur zu einer
Dehnung des Darmes Anlaß, sondern reizt den Darm, wie es scheint, auch
zum rapiden Wachstum an. Hierbei scheinen die Bauchwände nicht mehr
im Wachstum gleichen Schritt mit dem Bauchinhalt halten zu können. Auf
diese Weise entsteht zwischen dem Raum und dessen Inhalt eine Disproportion,
die sich in einem erhöhten, positiven Intraabdominaldruck kundgibt.

Da nun die Leber gegen Druck besonders empfindlich und außerdem sehr
modellierbar ist, so darf es nicht wundernehmen, daß eben zu dieser Zeit eine
deutliche Druckatrophie an gewissen Stellen der Leber anfängt, und daß die
Leber sich den neuen Verhältnissen durch Umformung anpaßt. — Eine relative
Verkleinerung der Leber findet in späteren Stadien auch statt, und zwar dadurch,
daß die Leber jetzt schwächer wächst als die umgebenden Körperteile. — Sowohl

---

[1] Diese Galle ist hauptsächlich als Exkretionsprodukt zu betrachten.

die Druckatrophie, wie die relative Verkleinerung scheinen anfangs den beiden
Leberhauptlappen etwa gleichmäßig zu treffen. In der späteren Embryonalzeit verkleinert sich dagegen der linke Leberlappen am stärksten, so daß die Leber
immer stärker asymmetrisch wird.

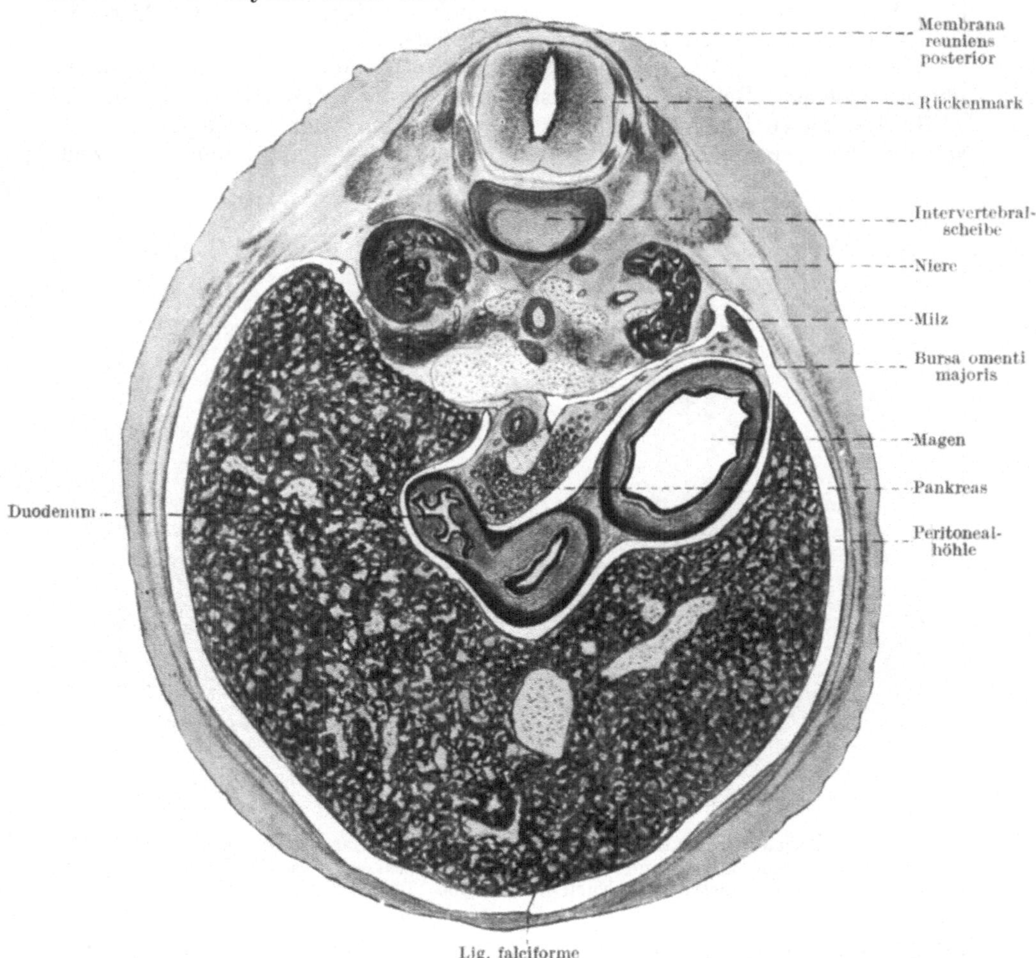

Abb. 155. Querschnitt eines 25 mm langen Embryos in der Höhe der Leber. — Vergrößerung:
15 mal. — Nach Broman (1911).

Entwicklung der Lebergefäße.

Die Entwicklung der Leber und speziell die Histogenese derselben ist mit der Lebergefäßentwicklung sehr eng verknüpft. Ehe ich zu der Schilderung der Leberhistogenese übergehe, schicke ich daher hier eine Beschreibung über die Entwicklung der Lebergefäße voraus.

Durch das mesenchymatöse Septum transversum passieren anfänglich
zwei relativ große, symmetrische Venen, welche von der Dotterblasenwand
kommen und — dem Dotterblasenstiel dorsalwärts folgend — zuletzt innerhalb
des Mesenteriums bzw. des Septum transversum den Sinus venosus des Herzens
erreichen. Diese Venen werden daher Venae omphalomesentericae genannt. Sie führen wahrscheinlich Nahrung bzw. Hormone von der Dotterblase zum Embryo.

Bei der Entstehung des Medianlappens der Leber (d. h. bei der gegenseitigen Durchwachsung der entodermalen und der mesenchymalen Leberanlagen) werden die innerhalb des Septum transversum verlaufenden Venenpartien in je ein Gefäßnetz zersplittert (Abb. 154a A). Die beiden auf diese Weise entstandenen Gefäßnetze verschmelzen bald zu einem einzigen Netz, indem sie sich durch Anastomosen miteinander verbinden. — Die Maschen des Lebergefäßnetzes werden von dem gleichzeitig aus Leberepithelzellen gebildeten Trabekelnetz ausgefüllt. — Die Venenstämme, welche sich als solche erhalten haben und das Blut zum Lebergefäßnetz führen bzw. von demselben wegführen, können jetzt mit dem Namen Venae advehentes bzw. Venae revehentes hepatis bezeichnet werden.

Schon frühzeitig stellen sich die beiden Venae advehentes hepatis miteinander durch drei Queranastomosen in Verbindung (in Abb. 154a A sind nur die beiden kranialen Queranastomosen markiert). Von diesen Queranastomosen verläuft die mittlere im dorsalen Mesenterium (also dorsalwärts vom Darme), die beiden anderen liegen ventralwärts vom Darme. Zusammen mit den beiden Stämmen der alten Venae omphalomesentericae bilden also diese Queranastomosen zwei Venenringe um den Darm herum (His).

Indem nun bald der rechte Schenkel des kaudalen und der linke Schenkel des kranialen Venenringes schwindet (Abb. 154a B), entsteht aus den beiden Venae omphalomesentericae eine einfache Vena advehens hepatis, die den Darm in spiraligem Verlauf umgreift und in die rechte Leberhälfte mündet. Diese einfache Vena advehens hepatis nimmt bald eine Vena mesenterica und eine Vena gastro-lienalis in sich auf und kann dann als Vena portae (Abb. 154 b) bezeichnet werden.

Die Einmündungsstelle des Sinus venosus (in das Herz) verschiebt sich schon in der vierten Embryonalwoche nicht unbeträchtlich nach rechts von der Medianebene. Als Folge hiervon fließt das Blut des Lebergefäßnetzes am günstigsten durch die Vena revehens dextra ab. Die Vena revehens sinistra wird hierbei immer unnötiger. Sie verkleinert sich daher schnell und verschwindet schon Anfang der fünften Embryonalwoche. Hand in Hand hiermit vergrößert sich die Vena revehens dextra bedeutend. Sie wird jetzt — nach dem Zugrundegehen der Vena revehens sinistra — auch Vena revehens communis genannt (vgl. Abb. 154).

Etwa gleichzeitig mit der Reduktion der linken Vena revehens hepatis erfahren zwei in unmittelbarer Nähe der Leber verlaufende Venen, die Venae umbilicales, wichtige Veränderungen. — Diese Venen, welche das Blut aus der in Bildung begriffenen Plazenta zum Sinus venosus führen, verlaufen noch am Ende der vierten Embryonalwoche etwa gleich stark in den lateralen Körperwänden bis zum Sinus venosus hinauf, und zwar ohne mit der Leber in direkte Beziehung zu treten (Abb. 154a A).

Bald nachher geht aber die rechte Vena umbilicalis zugrunde, und die linke Vena umbilicalis setzt sich mit der kranialsten Queranastomose der Vena-portae-Anlage in Verbindung (Abb. 154a B). Hier scheint das Blut der Vena umbilicalis sinistra einen leichteren Abfluß als durch ihre ursprüngliche Einmündung in den Sinus venosus zu finden, denn das kraniale Endstück dieser Vene atrophiert bald vollständig. Das Blut der persistierenden Vena umbilicalis benutzt also jetzt ausschließlich die der Vena-portae-Anlage gehörenden, schon fertigen Blutbahnen innerhalb der Leber, um zum Sinus venosus zu kommen.

Hand in Hand damit, daß die Plazenta sich besser ausbildet, wird die persistierende Vena umbilicalis immer mächtiger. Unter dem Drucke der großen Blutmenge, die diese Vene der Leber zuführt, vergrößert sich innerhalb der

Leber besonders diejenige Blutbahn, die den nächsten Weg zwischen der Ein-
trittsstelle der **Vena umbilicalis** (sin.) und der Austrittsstelle der **Vena
revehens communis** (früher dextra) bildet. Auf diese Weise entsteht der
Ductus venosus Arrantii (Abb. 154 b, dv u. 156). — Nach der Bildung
dieses Gefäßes geht ein großer Teil des Nabelvenenblutes durch dasselbe

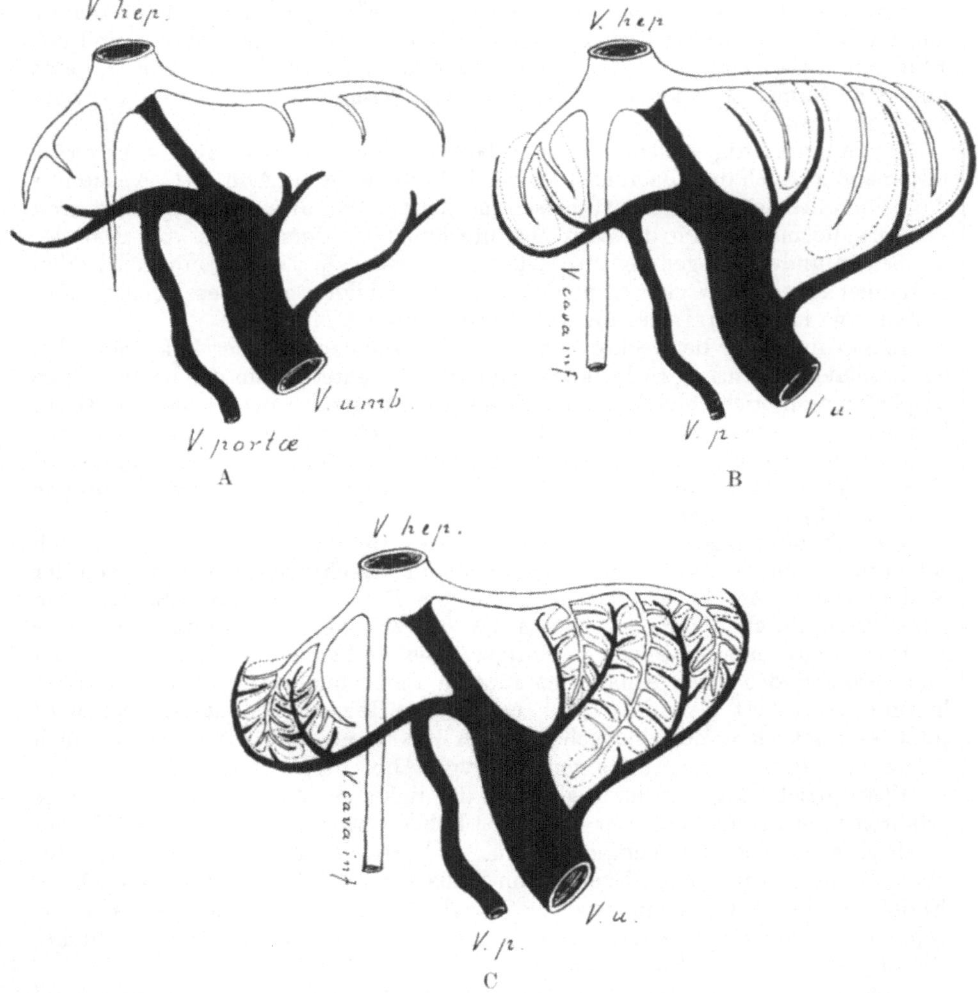

Abb. 156. Schemata, die verschiedene Anordnung der Porta- (V. p.) und Hepatica-Zweige
(V. hep.) in verschiedenen Entwicklungsstadien zeigend. V. u. Vena umbilicalis. Nach
Broman (1911).

direkt zum Sinus venosus und nur ein kleinerer Teil desselben passiert durch
die Leberkapillaren.

Schon in der fünften Embryonalwoche wächst von der **Vena revehens
dextra** (communis) eine kleine Vene kaudalwärts in eine dorsale Mesenterial-
falte (das sog. Nebenmesenterium) herab. Bald nachher wächst auch Lebersubstanz in dieselbe Falte herab. Die betreffende Vene macht daher den Eindruck
eines kleinen Lebergefäßes. — In einem folgenden Stadium verlängert sich aber

diese kleine Vene kaudalwärts von der Leber herab (vgl. Abb. 156) und verbindet sich durch quere Anastomosen mit den kaudalen Partien der Venae cardinales inferiores (vgl. Abb. 201, S. 242).

Von jetzt ab bildet die erstgenannte Vene für das aus der kaudalen Körperhälfte kommende Blut den direktesten Weg zum Herzen. Sie erweitert sich daher bald zu einem Hauptgefäß (das wir mit dem Namen Vena cava inferior primitiva bezeichnen) und bewirkt gleichzeitig, daß die kranialen Partien der Venae cardinales inferiores reduziert werden. — Nach der Ausbildung der Vena cava inferior, in welcher auch die Stammpartie der Vena revehens communis aufgeht, stellen die Hauptzweige der Vena revehens communis die definitiven in die Vena cava inferior mündenden Venae hepaticae dar.

Als Zweig der Arteria coeliaca entsteht schon in der fünften Embryonalwoche eine Arteria hepatica, die in der Leberpforte eindringt und sich in dem die Portazweige umgebenden Bindegewebe (der Anlage der sog. Capsula Glissoni) verzweigt. — Die Arteria hepatica ist von Anfang an ein relativ kleines Gefäß und bleibt dies auch in den folgenden Entwicklungsperioden.

Veränderungen der großen Lebergefäße nach der Geburt.

Nach der Geburt wird der Leber kein Blut mehr durch die Vena umbilicalis zugeführt. Diese Vene und ihre direkte Fortsetzung, der Ductus venosus Arrantii, obliterieren dann und stellen nachher nur bindegewebige Stränge dar: das sog. Ligamentum teres (die obliterierte Vena umbilicalis) bzw. Ligamentum venosum (den obliterierten Ductus venosus Arrantii). — Die früher relativ unbedeutende Vena portae wird also jetzt das wichtigste zuführende Gefäß der Leber.

Histogenese der Leber.

Aus der Pars cystica der entodermalen Leberanlage entsteht die Schleimhaut der Gallenblase und des Ductus cysticus, aus der Pars hepatica das epitheliale Leberparenchym und die Schleimhaut des Ductus hepaticus und der intrahepatischen Gallengänge. — Die anfangs kompakte Pars hepatica wird durch einsprossendes Mesenchym, das Zweige der beiden Venae omphalomesentericae enthält, in ein Netzwerk von relativ dicken, soliden Leberzellbalken zerteilt.

Diese primären Leberzellbalken bekommen schon in der fünften Embryonalwoche je ein Lumen. Zu dieser Zeit besteht also das Leberparenchym aus einem Netzwerk hohler Epithelschläuche, das sich mit dem gefäßhaltigen Mesenchymnetz durchdringt. Indem sich diese beiden Netzwerke ineinander gegenseitig verzweigen, werden sie beide immer feiner aufgeteilt. Hierbei werden die zuerst bestehenden dicken Leberschläuche in sekundäre Leberzellbälkchen zerteilt.

Die Anordnung dieser Leberzellbälkchen ist anfangs eine ganz unregelmäßige. Auch die Anordnung der feineren Gefäße ist eine ganz andere als später. Die Zweige der Vena-hepatica-Anlage und diejenige der Vena-portae-Anlage sind nämlich anfangs in verschiedenen Leberpartien lokalisiert (Abb. 156 A). Später wachsen diese Gefäßzweige derart zu, daß ihre Ausbreitungsgebiete immer mehr ineinander greifen (Abb. 156 B u. C).

Die Zweige der Vena portae, die immer reichlicher als diejenige der Vena hepatica mit Bindegewebe umhüllt sind, teilen hierbei das Leberparenchym in sog. primäre Leberläppchen auf. Diese sind größer als die definitiven. Sie enthalten je mehrere Zweige der Vena hepatica und zwischen denselben unregelmäßig liegenden Leberzellbälkchen.

Erst nach der Geburt wandeln sich diese primären Leberläppchen in die sekundären, definitiven Leberläppchen um, und zwar dadurch, daß Fortsätze des Mesenchymnetzwerkes, welche Anlagen neuer Pfortaderäste enthalten, in das Innere der primären Leberläppchen eindringen und diese in ebenso viele sekundäre Läppchen zerteilen, wie Lebervenenzweige innerhalb derselben vorhanden waren. Diese sekundären Leberläppchen bekommen — mit anderen Worten — nur je einen Lebervenenzweig, der im Zentrum des Läppchens zu liegen kommt (daher Vena centralis genannt). Um diese Vene herum ordnen sich jetzt die neuen Leberzellbälkchen regelmäßig radiär.

Die zuerst gebildeten, hohlen Leberschläuche verlaufen mit den Pfortaderästen zusammen und bilden sich schon früh zu den größeren Ausführungsgängen der Gallenkapillaren aus. — Die embryonalen Gallenkapillaren, die durch Verlängerung des Gallenganglumens in die Leberzellbälkchen hinein entstehen, zeichnen sich dadurch aus, daß sie im Querschnitt von wenigstens 3—4 Zellen gebildet werden, d. h. wie gewöhnliche Drüsenquerschnitte aussehen. Von diesen unterscheiden sich die zuletzt gebildeten, definitiven Gallenkapillaren dadurch, daß ihr Lumen im Querschnitt von nur je zwei Leberzellen begrenzt wird. Bei der Entstehung der definitiven Gallenkapillaren bilden sich die embryonalen in Gallenausführungsgänge um [1].

Das Mesenchymnetz der Leberanlage differenziert sich nach Mollier (1909) einerseits zu Blutstammzellen und Gefäßen (vgl. unten) und andererseits zu dem Stützgewebe (dem Gitterfasernetz und der Capsula Glissoni) der Leber.

Weitere Ausbildung der Gallenblase und der extrahepatischen Gallengänge.

Die Gallenblase ist ja nichts anderes als die hohl gebliebene Pars cystica der ursprünglichen Leberbucht. Mit dieser Pars cystica sind Ende der vierten Embryonalwoche sowohl die kompakte Leberanlage (die Pars hepatica), wie das Duodenum eng verbunden. In der Folge aber wird die Entfernung zwischen der Leberpforte und dem Duodenum immer größer, und gleichzeitig werden die extrahepatischen Gallengänge (Ductus hepaticus, Ductus cysticus und Ductus choledochus) in die Länge gezogen und als solche deutlich.

Sowohl diese Gallengänge wie die Gallenblase selbst laufen — wie das Duodenum — vorübergehend ein kompaktes Stadium durch, ehe sie (im zweiten oder dritten Embryonalmonat) wieder hohl werden.

Die mesodermale Anlage des Ductus cysticus ist beim Menschen stark fixiert und bleibt relativ kurz. Dagegen wächst die entodermale Anlage dieses Ganges im dritten Embryonalmonat stark in die Länge und muß sich daher innerhalb der mesodermalen Anlage spiralig drehen. Auf diese Weise entsteht nach T. Rietz (1917) die „Valvula spiralis" des Ductus cysticus. — In dem kurzen Ductus hepato-pancreaticus bilden sich erst im späten Embryonalstadium die Taschenklappen aus (Broman, 1913).

Entwicklung der Bauchspeicheldrüse.

Wie oben (S. 138) erwähnt, kam die ursprünglich ventrale Pankreasanlage schon früh in das dorsale Mesenterium des Duodenum hinein. In diesem

---

[1] Diese bisher allgemeine Auffassung ist nach den neuesten Untersuchungen von Hammar (1926) unrichtig. Nach diesem Autor endigt der Ductus hepaticus innerhalb der Leberanlage mit einer kompakten „Gallengangplatte", von welcher sekundäre Gallengangplatten auswachsen, die nachher ausgehöhlt werden und die intrahepatischen Gallengänge bilden.

lag (etwas weiter kranialwärts) schon vorher die zuerst gebildete dorsale Pankreasanlage. Gleichzeitig mit der Kaudalwärtsverschiebung des Magens wird auch die dorsale Pankreasanlage mit ihrer Hauptmasse so weit kaudalwärts verschoben, daß sie (bei etwa 10 mm langen Embryonen) etwa in derselben Höhe, ja teilweise sogar etwas mehr kaudal zu liegen kommt als die ventrale Pankreasanlage (Abb. 98 u. 124 B).

Die oben (S. 138) erwähnte Verschmelzung findet zwischen der noch relativ sehr kleinen, ventralen Pankreasanlage und dem kranialen Rande der 4—5 mal größeren dorsalen Pankreasanlage statt. Kurze Zeit nach der Verschmelzung

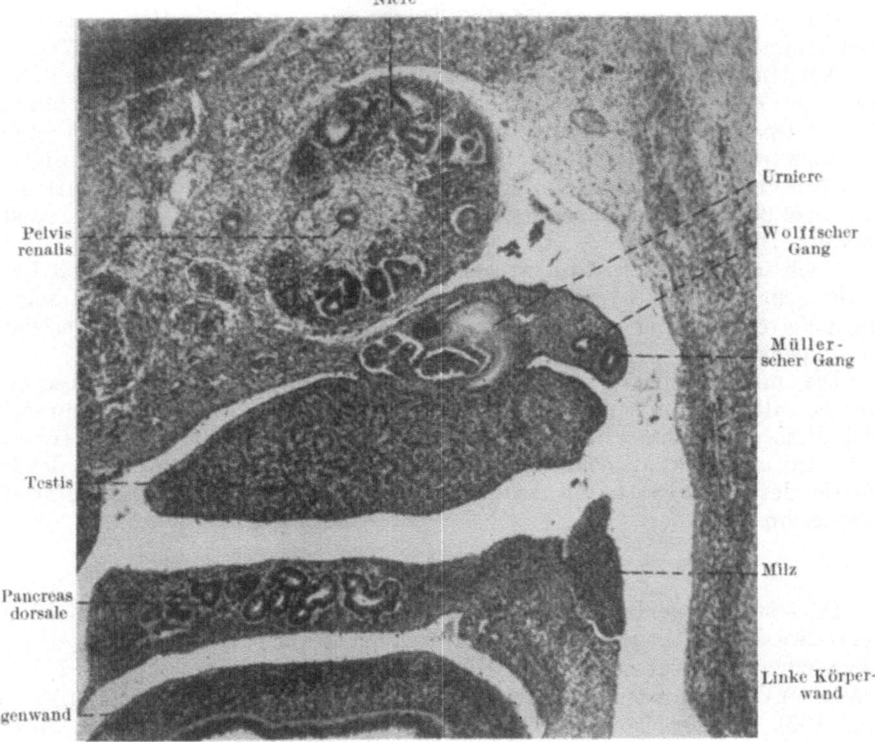

Abb. 157. Querschnitt in der Milzgegend von einem 16 mm langen männlichen Embryo. Vergrößerung: 25 mal. — Nach Broman (1911).

sind die beiden Pankreasanlagen noch voneinander abzugrenzen. Zu dieser Zeit läßt es sich erkennen, daß die dorsale Pankreasanlage nicht nur den Korpus und die Kauda, sondern auch eine beträchtliche Partie des Caput pancreatis bildet. — Der von der Duodenalschlinge umgebene Pankreaskopf wird nämlich in seinem hinteren mittleren Teil von dem Pancreas ventrale und im übrigen von dem Pancreas dorsale gebildet (Siwe, 1926).

Die aus dem Pancreas dorsale allein gebildeten Anlagen des Korpus und der Kauda strecken sich zuerst gerade dorsalwärts in das (die linke Wand der Bursa omentalis bildende) dorsale Mesogastrium hinein. Bei der Rotation des Magens und bei seiner Verschiebung nach links wird aber bald die Pankreasanlage mit ihrem freien Ende nach links verschoben und mit ihrer Längsachse frontal gestellt.

Solange das dorsale Mesogastrium noch von der dorsalen Mittellinie des Körpers ausgeht, ist sowohl die vordere wie die hintere Seite des Pankreas von Peritoneum bekleidet (vgl. Abb. 157). Bei der schon oben (S. 156) geschilderten sekundären Verwachsung des dorsalen Mesogastriums mit der linken Hälfte, der dorsalen Körperwand geht aber selbstverständlich die dorsale Peritonealbekleidung des Pankreas zugrunde. Nach dieser Zeit rechnen wir daher das Pankreas nicht mehr zu den intraperitonealen, sondern zu den retroperitonealen Organen.

Histogenese des Pankreas.

Schon bei 10—16 mm langen Embryonen fangen die entodermalen Pankreasanlagen an, sich zu verzweigen. Die Zweige erscheinen unmittelbar nach ihrer Entstehung kompakt zu sein, bekommen aber bald Lumen (Abb. 157).

An den Drüsenröhrchen entwickeln sich zuletzt zahlreiche Epithelknospen zweierlei Art. Die einen bekommen Lumen und bilden sich zu den exokrinen Azini der Drüse aus. Die anderen bleiben kompakt und schnüren sich von den Drüsenzweigen vollständig ab. Sie stellen die Anlagen der endokrinen Zellhäufchen dar, die auch unter dem Namen Langerhanssche Zellinseln (Insulae) bekannt sind und eine wichtige innere Sekretion haben. Sie sondern nämlich Insulin ab.

Nach im hiesigen Institut ausgeführten, noch nicht veröffentlichten Untersuchungen von Siwe[1] erscheint es am wahrscheinlichsten, daß die Inseln bei allen Vertebraten nur aus einem medianen Teil der dorsalen Pankreasanlage hervorgehen.

Die mesodermale Anlage des Pankreas wird von dem Mesenchym des dorsalen Mesenteriums gebildet. In dem Innern des Pankreas entwickelt sich dieses Mesenchym zu lockerem Bindegewebe, das stellenweise relativ reichlich wird und daher dem Organ ein lobuliertes Aussehen verleiht. — In der Peripherie des Pankreas häuft sich das Bindegewebe zu einer derben, straffen Kapsel an.

Entwicklung der Milz.

Die erste Anlage der Milz läßt sich im Anfang des zweiten Embryonalmonats (bei etwa 10 mm langen Embryonen) erkennen, und zwar als eine noch kaum abgrenzbare Verdickung der dorsalen Bursa-omentalis-Wand in der Nähe der Curvatura major ventriculi und der dorsalen Pankreasanlage (Abb. 129 und 130). — Erst bei 13—14 mm langen Embryonen beginnt diese Milzverdickung sich histologisch zu differenzieren, indem sie allmählich zellenreicher als die angrenzende Bursawandpartie wird. An hämatoxylingefärbten Schnitten grenzt sich die dunkelgefärbte Milzanlage jetzt sehr deutlich von der weniger stark gefärbten Bursawand ab.

Die Form der Milzanlage ist zu dieser Zeit relativ sehr breit und dünn. Nur die linke Randpartie ist etwas dicker. In einem nächstfolgenden Stadium atrophiert rechts eine große Milzpartie (Abb. 158 A *) vollständig. Bei 16 bis 19 mm langen Embryonen hat die Milzanlage daher eine fast rechtwinklig gebogene Form (Abb. 158 B). Die früher breit angeheftete Milzanlage beginnt jetzt, sich von der Bursawand abzuschnüren. Diese Abschnürung findet zuerst am linken Rand statt; bei etwa 2,5—3 cm langen Embryonen konstatiert man sie aber auch am rechten Rand des Organs. Von dieser Zeit ab ist die Milz also von der Bursawand zum großen Teil frei; nur ein schmaler Streifen (der sog. Hilus) der Milz ist mit der Bursawand in Verbindung geblieben. Inzwischen hat sich die Milz verdickt und derart in die Länge gezogen, daß sich die

---

[1] Soeben im Morpholog. Jahrb., Nov. 1926, erschienen.

winklige Knickung ausgeglichen hat. Die Form der Milz stimmt jetzt (Anfang des dritten Embryonalmonats) mit derjenigen der Säugetiere im allgemeinen überein.

Mitte oder Ende des dritten Embryonalmonats treten hier und da an der Milzoberfläche F u r c h e n auf, die mehr oder weniger tief in das Organ einschneiden. Auch während des vierten Embryonalmonats vermehren und vertiefen sich diese Milzfurchen, und zwar besonders in dem kaudalen Milzteil, wo sie nicht selten kleinere Milzpartien (sog. N e b e n m i l z e n) von dem Hauptorgan vollständig isolieren. — In späteren Embryonalstadien verschwinden die seichteren Milzfurchen wieder vollständig. Die tieferen, und zwar besonders diejenigen des

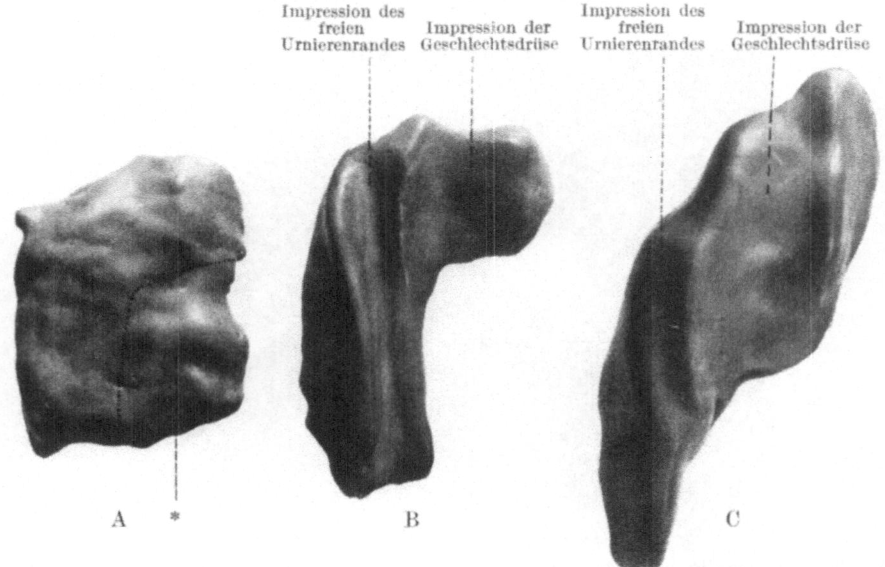

Abb. 158. Rekonstruktionsmodelle der Milz, A von einem 13,7 mm langen, B einem 19 mm langen und C von einem 23,5 mm langen menschlichen Embryo. Von der dorsalen Seite gesehen. — Vergrößerung: 50 mal. — Nach Originalmodellen von stud. med. T o r e B r o m a n.

vorderen Randes werden auch an Tiefe reduziert, bleiben aber meistens zeitlebens als charakteristische Einkerbungen bestehen. Gleichzeitig plattet sich die Milz ab und nimmt die spezifisch menschliche Milzform an.

Die M i l z l i g a m e n t e entstehen aus der Wand der B u r s a o m e n t i m a j o r i s, mit welcher die Milzanlage von Anfang an verbunden war (Abb. 157 u. 159).

Histogenese der Milz.

Anfang des dritten Embryonalmonats besteht die Milzanlage noch aus dicht zusammengepackten Mesodermzellen ohne sichtbare Zwischenräume. Bald treten aber in der undifferenzierten Zellmasse Spatien auf, die dieselbe in ein Netzwerk von Zellenbälkchen umbilden. — Innerhalb der Spatien liegen wahrscheinlich eingewanderte Zellen, die sich zu L e u k o z y t e n ausbilden.

Das Mesenchym der Milzanlage bildet sich teilweise in gewöhnliches Bindegewebe um, das um das ganze Organ herum eine dicke Kapsel bildet und von hier aus Bindegewebszüge (sog. T r a b e k e l) in das Innere des Organs sendet. — Die spezifisch veränderten Partien des Milzmesenchyms wandeln sich in r e t i k u l ä r e s B i n d e g e w e b e um. Aus solchem Bindegewebe werden also die Milzpulpabälkchen gebildet, die durch die oben erwähnten Spatien voneinander getrennt werden. Die Spatien fließen bald zu einem Netzwerk zusammen, das sich zuerst mit der Vena lienalis und später auch mit der Arteria lienalis in Verbindung setzt. Sie bilden dann die weiten venösen Kapillaren der Milz.

Um den feineren Zweigen der Arteria lienalis herum wird das retikuläre Bindegewebe dichter. Besonders an den Verzweigungsstellen derselben sammelt es sich zu makroskopisch sichtbaren Herden, die, da sie keine blutgefüllte Spatien, sondern nur dünne arterielle Kapillaren enthalten, makroskopisch heller [1] als die übrigen Milzpulpa aussehen. Diese unter dem Namen der Malpighischen Körperchen (Noduli lymphatici lienales)

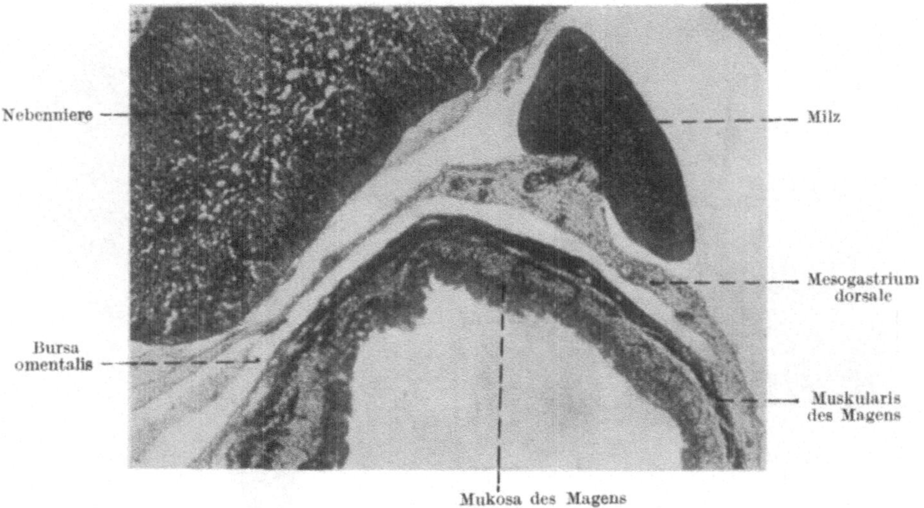

Abb. 159. Querschnitt durch die Milz usw. eines 54,5 mm langen (Sch.-St.-L.) menschlichen Embryos. — Vergrößerung: 35 mal.

bekannten Bildungen beginnen schon im sechsten Embryonalmonat (Minot) mikroskopisch sichtbar zu werden.

Erst Ende des dritten Embryonalmonats (Abb. 159) werden die venösen Spatien der Milzanlage stärker mit roten Blutkörperchen ausgefüllt. Als Folge hiervon nimmt die Milz jetzt ihre charakteristische blaurote Farbe an. — Die embryonale Milz gehört zu den wichtigeren Blutbildungsstätten des Körpers. In derselben vermehren sich sowohl die roten wie die weißen Blutkörperchen durch wiederholte Teilungen.

Entwicklung der Nebennieren.

Jede Nebenniere ist eine endokrine Doppeldrüse. Sie besteht nämlich aus Mark und Rinde, welche verschiedene Hormone produzieren. Bei niederen Wirbeltieren (Fischen) bilden diese beiden Komponente zeitlebens getrennte Organe. Aller Wahrscheinlichkeit nach hatten auch die menschlichen Vorfahren diese beide Organe räumlich getrennt. Denn erst wenn man dies annimmt, wird die eigenartige Ontogenese der Nebennieren verständlich.

---

[1] An gefärbten Präparaten erscheinen sie dagegen dunkler, weil die Zellen hier dichter als in der übrigen Milzpulpe gedrängt liegen.

Entstehung der Nebennierenrinde.

In der fünften Embryonalwoche entsteht die erste Anlage der Nebennierenrinde, und zwar als mehrere knospenähnliche Verdickungen im Zölomepithel jederseits des dorsalen Mesenteriums (Soulié, Poll). Diese sog. Zwischennierenknospen schnüren sich bald von dem Zölomepithel vollständig ab und verschmelzen jederseits unter sich zu einer einheitlichen Zellenmasse, die sog. Zwischenniere (Nebennierenrindenanlage).

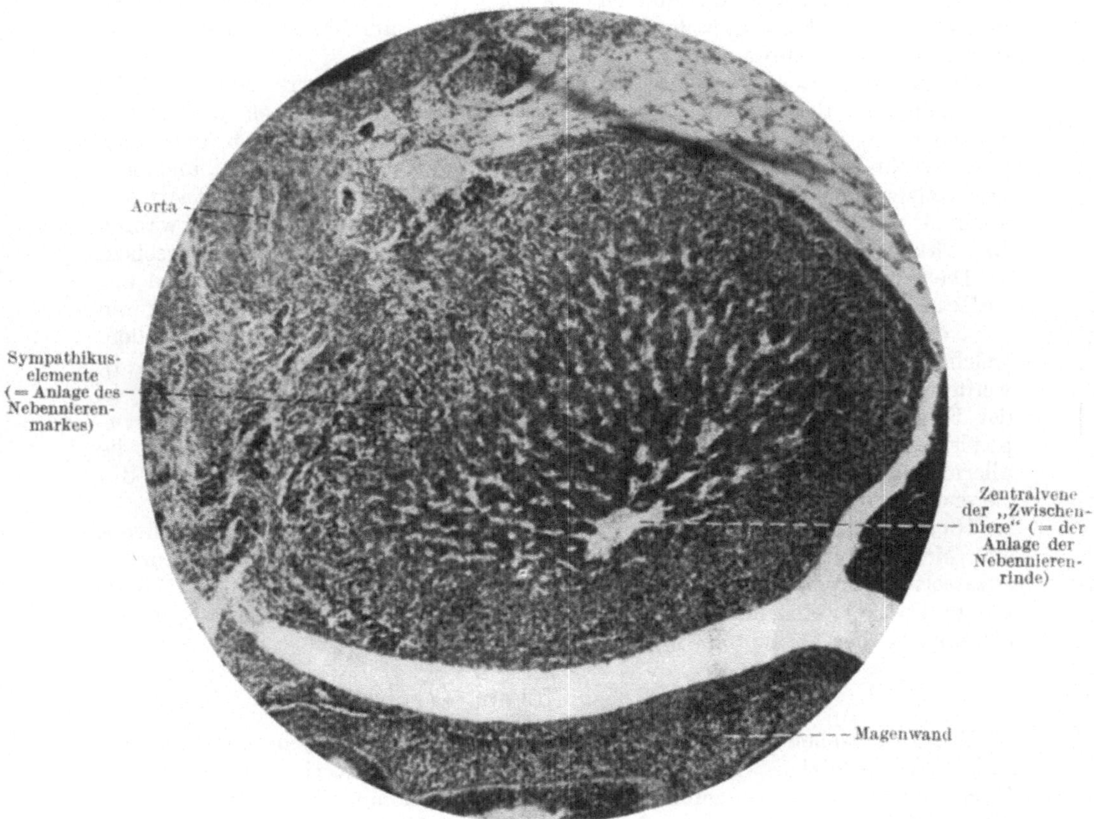

Abb. 160. Querschnitt der linken Nebennieren-Anlage eines 16 mm langen Embryos. — Vergrößerung: 60 mal. — Nach Broman (1911).

Die einheitliche Zwischenniere — so benannt, weil sie dem gleichbenannten Organ der Fische entspricht — ist schon bei etwa 8 mm langen Embryonen zu erkennen (Abb. 118 B). Sie liegt als eine kleine Epithelzellenmasse im Mesenchym zwischen dem kranialen Urnierenende und der Aorta, dorsalwärts von der inzwischen entstandenen Geschlechtsdrüsenanlage.

Noch bei etwa 10 mm langen Embryonen ist die Anlage der Nebennierenrinde durchwegs gleichförmig gebaut. Ihre Zellen liegen ohne erkennbare Ordnung. Bald beginnen sie sich aber stellenweise zu Strängen zu gliedern, die in geradem Verlauf gegen das Zentrum der Zwischenniere konvergieren (Abb. 160). Auf diese Weise entsteht die erste Andeutung der Zona fascicularis der Nebennierenrinde. Im Zentrum der Zwischenniere entsteht etwa gleichzeitig die Anlage der Zona reticularis. — Erst kurz vor der Geburt entsteht nach Hett (1925) unmittelbar unter der bindegewebigen Kapsel die Zona glomerulosa.

Entstehung und Histogenese der Markanlage.

Die Anlage des Markes der werdenden Nebenniere wird später als die oben beschriebene Rindenanlage und außerhalb dieser gebildet. Sie entsteht aus Sympathikuszellen, die — den naheliegenden Sympathikusstamm verlassend — sich zunächst dorsomedial von der Rindenanlage sammeln (Abb. 160) und später — in kleinen, ballenähnlichen Gruppen — allmählich in das Zentrum dieser Anlage hineinwandern.

Die am frühesten eingewanderten Sympathikuselemente erreichen zuerst die zentralen Teile der Zwischenniere. Hier werden sie zunächst noch durch große Zwischennierenpartien voneinander geschieden, die sie aber nach und nach immer mehr aus dem Zentrum verdrängen. Im rein topographischen Sinne kann das eingewanderte, sympathische Gewebe nunmehr als Marksubstanz bezeichnet werden (Poll). — Von nun ab können wir auch von einer wahren Nebenniere (mit Mark und Rinde) beim menschlichen Embryo sprechen.

Die einwandernden Sympathikuselemente bestehen zum größeren Teil aus Zellen, zum kleineren Teil aus Nervenfasern. Durch die letzgenannten wird die Nebenniere dauernd mit dem Sympathikus verbunden. Die Zellen, welche zur Zeit des Einwanderns alle ein einheitliches Aussehen haben (Wiesel), werden Sympathogonien genannt (Poll). Diese entwickeln sich aber in der Folge nach sehr verschiedenen Richtungen hin, indem sich einige zu sympathischen Nervenzellen weiter ausbilden, während andere (und zwar die allermeisten) sich zu chromaffinen, adrenalinogenen (adrenalinproduzierenden) Markzellen differenzieren.

Nicht alle adrenalinogene Sympathikuselemente dringen in die Nebennieren ein. Mehrere bleiben in der Nähe der Aorta liegen und bilden hier temporäre, akzessorische Sympathikusorgane, die nach Ivanoff (1924) während der Fetalzeit und der ersten Kindheit das nötige Adrenalin produzieren, ehe das Nebennierenmark diese Rolle übernimmt.

Entwicklung der Nebennierengefäße.

Wenn die Nebennieren gebildet werden, befinden sie sich in unmittelbarer Nähe der kranialen Urnierenpartien. 2—3 Urnierenarterien senden daher Nebenzweige zu den neugebildeten Organen. Indem nun die zu den Urnieren gehenden Hauptzweige dieser Arterien Hand in Hand mit den betreffenden Urnierenpartien der Atrophie anheimfallen, während sich gleichzeitig die zu den Nebennieren gehenden Nebenzweige vergrößern, so wandeln sich die betreffenden Urnierenarterien (Ende des dritten Embryonalmonats) in die definitiven Arteriae suprarenalis um. Diese gehen zunächst alle (bzw. beide) von der Aorta direkt aus.

Bei etwa 14 mm langen Embryonen tritt im Zentrum der Zwischenniere ein grobes Venennetz auf, das sich zu einer Zentralvene sammelt. Diese Vene setzt sich als Vena suprarenalis außerhalb des Organs fort und mündet in die Vena cava inferior.

Beziehungen der Nebennieren während der Entwicklung.

Die engen Beziehungen, welche die Nebennierenanlagen anfangs zu den kranialen Enden der Urnieren und den Geschlechtsdrüsenanlagen besitzen, verlieren sie gewöhnlich vollständig schon am Anfang des dritten

Embryonalmonats. — Zu den Nieren haben die Nebennieren anfangs gar keine Beziehungen. Die ursprüngliche Lage der Nierenanlagen ist nämlich viel weiter kaudal, diejenige der Nebennierenanlagen viel weiter kranial als die definitive Lage der betreffenden Organe (vgl. Abb. 161). Erst durch sekundäre Verschiebungen gegeneinander bekommen also diese Organe die engen räumlichen Relationen, die zu dem Namen „Nebennieren" Anlaß gegeben haben.

Erst bei etwa 15 mm langen Embryonen ist die Kaudalwärtswanderung der Nebennierenanlagen bzw. die Kranialwärtswanderung der Nierenanlagen so weit fortgeschritten, daß sie sich berühren. Die Organrelationen der Nebennieren wechseln

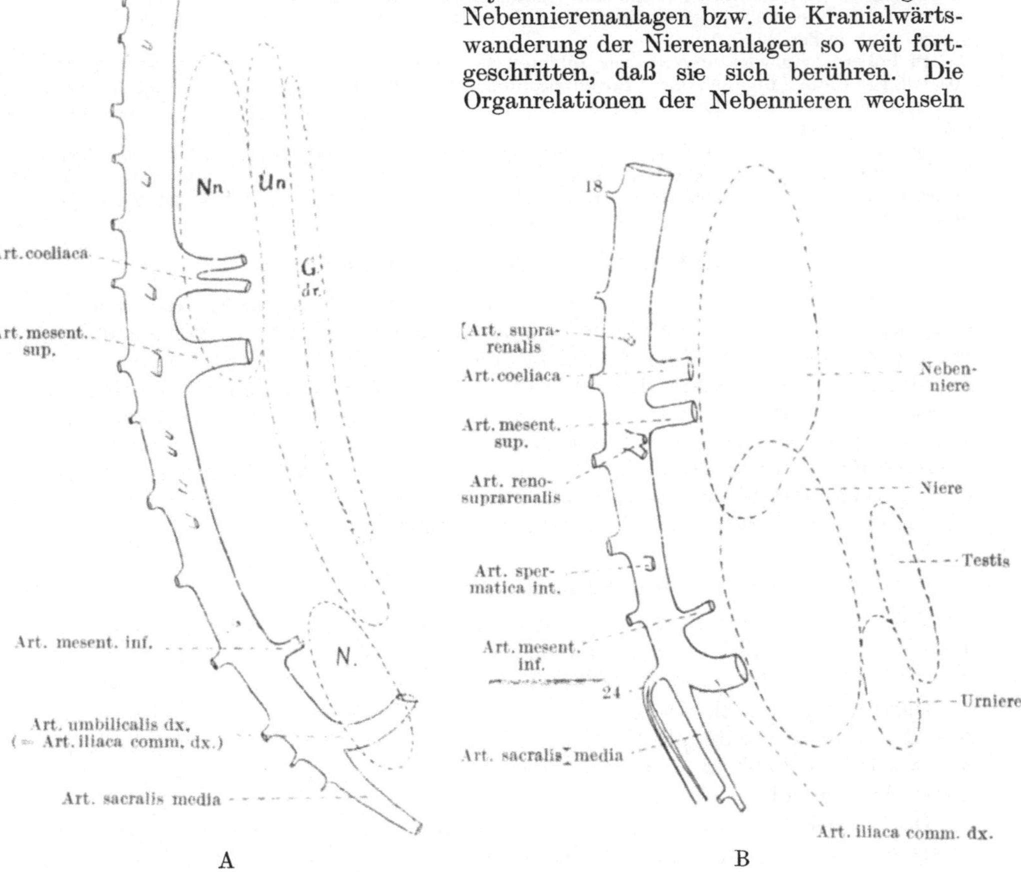

Abb. 161. Halbschematische Sagittalrekonstruktion der Bauchaorta; A von einem 11,7 mm langen und B von einem 21,1 mm langen Embryo. — Vergrößerung: 40 mal. — Die Länge und die Höhelage der Urnieren (Un.), Geschlechtsdrüse (Gdr.), Nebenniere (Nn.) und Niere (N.) sind durch punktierte Linien schematisch angegeben. Nach Broman (1908).

anfangs, werden aber schon etwa Mitte des dritten Embryonalmonats nahezu dieselben wie beim Erwachsenen (Poll). Nur sind die Nebennieren zu dieser Zeit relativ sehr groß. Schon im sechsten Embryonalmonat erreichen die Nebennieren etwa ihre definitive Größe.

Die relative Größe der Nebennieren im Verhältnis zu den Nieren ist in verschiedenen Entwicklungsperioden sehr verschieden. — In der ersten Hälfte des zweiten Embryonalmonats, wenn die beiden Organe noch in Entfernung voneinander liegen, ist die Nebenniere bedeutend größer (etwa doppelt länger) als die Niere. Gegen Ende des dritten Embryonalmonats gleicht sich aber der Größenunterschied aus, und von dieser Zeit ab bleiben die Nebennieren immer mehr hinter den Nieren im Wachstum zurück.

Entwicklung der Harn- und Geschlechtsorgane.

Vergleichend-anatomische Gründe sprechen dafür, daß das die Körperhöhle begrenzende Mesoderm einmal das primitive Urogenitalorgan der Metazoen war. Die Zölomwand konnte wahrscheinlich dann fast überall sowohl Geschlechtszellen wie Harn produzieren; und diese verschiedenartigen Produkte wurden durch gemeinsame Ausführungsgänge nach außen befördert.

In höheren Entwicklungsstadien bildeten sich aber gewisse Zölomwandpartien mehr speziell für diese Aufgaben aus. So entstanden getrennte Geschlechtsdrüsen und Nieren. Die Ausführungsgänge dieser Organe blieben aber trotzdem mehr oder weniger vollständig gemeinsam.

Bei den höheren Wirbeltieren wird allerdings verhindert, daß Harn und Geschlechtszellen gemischt entleert werden. Aber noch beim Menschen gehören die Harn- und Geschlechtsorgane eng zusammen und haben gewisse Partien der Ausführungsgänge gemeinsam.

Entwicklung der Harnorgane.

Die Entwicklung der Harnorgane wird dadurch kompliziert, daß zuerst zwei provisorische Nieren (die Vorniere und die Urniere) nacheinander entstehen, ehe die definitive Niere (die Nachniere) gebildet wird. Alle drei stammen sie aber aus dem Mesoderm, und zwar aus den Ursegmentstielen bzw. aus dem diesen entsprechenden Blastemstrang zwischen den Ursegmenten und der seitlichen Mesodermplatte. Da also — im großen gesehen — dasselbe Baumaterial für die drei Nieren verwendet wird, kann man sie auch als drei zeitlich verschieden auftretende und verschieden hoch ausgebildete Abteilungen eines einheitlichen Harnorgans betrachten.

Die Vorniere (Pronephros).

Die Stiele der kranialsten Ursegmente scheinen alle spurlos zugrunde zu gehen. Dagegen bleiben die Ursegmentstiele in der kaudalen Halsregion bestehen, und aus diesen geht größtenteils die Vorniere oder Pronephros hervor.

Diese Ursegmentstiele schnüren sich von den Ursegmenten ab, bleiben aber mit der Mesodermseitenplatte in Verbindung. Nach der letzgenannten Seite hin werden sie bald zu Kanälchen ausgehöhlt. Sie öffnen sich hierbei in das inzwischen gebildete Zölom, sog. Vornierentrichter bildend.

Die blinden Enden der Vornierenkanälchen biegen bald nach unten um und wachsen nun kaudalwärts, bis sie je das nächste Vornierenquerkanälchen erreichen. Indem sie dann miteinander verschmelzen, entsteht ein längsverlaufender Sammelgang, in den die gleichzeitig existierenden Vornierenquerkanälchen alle einmünden. Dieser Sammelgang stellt die Anlage des primitiven Harnleiters oder des Wolffschen Ganges dar.

Einmal gebildet, wächst der primitive Harnleiter stetig weiter kaudalwärts. Seine kaudale, anfangs kompakte Partie befindet sich hierbei längere Zeit in engem Zusammenhang mit dem Ektoderm. Es scheint daher, als ob seine Kaudalverlängerung zum großen Teil auf Kosten des Ektoderms stattfände.

Etwas später als die Vornierenquerkanälchen entsteht in derselben Höhe wie diese, und zwar an beiden Seiten des dorsalen Mesenteriums eine zusammenhängende Mesenchymausbuchtung, in dessen Innerem ein Gefäßknäuel mehr oder weniger deutlich ausgebildet wird. Es ist dies der sog. „äußere Vornierenglomerulus", der für die Vorniere besonders charakteristisch ist.

Sowohl die Vornierenquerkanälchen und die kraniale Partie des primären Harnleiters wie der Vornierenglomerulus erfahren sehr bald eine vollständige Rückbildung. Bei 5 mm langen Embryonen sind sie in der Regel nicht mehr vorhanden. Dagegen bleibt der kaudalwärts von der Vorniere gelegene Teil des primären Harnleiters bestehen, um zunächst in den Dienst der Urniere zu treten.

Die Urniere (Mesonephros).

Der primäre Harnleiter (der Wolffsche Gang) setzt zuerst seine Kaudalwärtsverlängerung in der oben erwähnten Weise fort, bis er die Rumpfschwanzknospe erreicht. Sein kaudales Ende verbindet sich nun mit der indifferenten

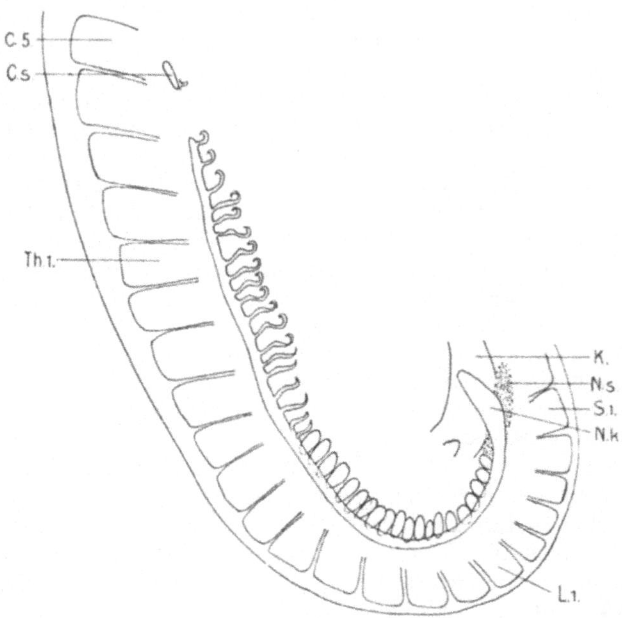

Abb. 162. Sagittalrekonstruktion der rechten Urniere eines 4,9 mm langen Embryos. C.5. fünftes Hals-, Th.1. erstes Brust-, L.1. erstes Lenden-, S.1. erstes Sakralsegment, C.s. isolierter Anfangsteil des Wolffschen Ganges (mit Glomerulusanlage), N.k. erste Anlage der Nierenknospe, N.s. nephrogener Blastemstrang, K. entodermale Kloake. Nach Ingalls (1907) aus Broman (1911).

Zellmasse der Rumpfschwanzknospe und wächst auf Kosten derselben weiter kaudalwärts. Hierbei verläßt er das Hautepithel und biegt nach der entodermalen Kloake um, in welche er sich später (bei 4—7 mm langen Embryonen) öffnet.

Inzwischen hat sich der nephrogene Blastemstrang (vgl. oben S. 55), der unmittelbar medialwärts vom primären Harnleiter liegt, in zahlreiche Segmente zerlegt, die sich zu Urnierenquerkanälchen entwickeln.

Diese Segmentierung beginnt am oberen Ende des betreffenden Blastemstranges und setzt sich allmählich kaudalwärts fort bis das letzte Lumbalsegment erreicht wird. Durch dieselbe wird die Hauptpartie des nephrogenen Blastemstranges in eine Kette von Blastemkugeln umgewandelt. Diese vergrößern sich, schnüren sich vollständig voneinander ab und wandeln sich, indem sie je ein Lumen bekommen, in Bläschen um.

Jedes Blastembläschen verändert nun seine Form, indem es dorsolateralwärts eine Ausstülpung (das sog. Querkanälchen) bekommt und ventromedialwärts abgeplattet wird. Die letztgenannte Blasenpartie wird durch einen Gefäßknäuel (Glomerulus) eingestülpt und bildet sich unter Abplattung ihrer Wandzellen in eine Bowmansche Kapsel um. Die erstgenannte Blasenpartie (das Querkanälchen) verlängert sich rohrförmig, bis sie den primären Harnleiter erreicht und sich mit ihm verbindet.

Schon früh wird jedes Querkanälchen durch sein starkes Längenwachstum gezwungen, sich in drei Windungsabschnitte zu legen. Durch fortgesetztes Längenwachstum der Tubuli entstehen bald mehrere Nebenkrümmungen derselben.

Wie aus Abb. 162 hervorgeht, findet diese Entwicklung der Urnierenquerkanälchen nicht überall gleichzeitig statt; sondern die kranialen Querkanälchen sind den kaudalen immer weit in der Entwicklung voraus. Erst wenn die kranialen Querkanälchen vollentwickelt sind und im Wachstum stehen bleiben, holen die kaudalen den Vorsprung ein.

Wenn die Querkanälchen der Urniere die Höhe ihrer Entwicklung erreicht haben, bestehen sie aus drei Hauptteilen: 1. einer dünnwandigen Glomeruluskapsel, 2. einem langen, geschlängelten Tubulus secretorius mit hellen (schwach färbbaren) Epithelzellen (vgl. Abb. 171, S. 193) und 3. einem kurzen Tubulus collectivus mit dunkleren (stärker färbbaren) Epithelzellen.

Die die Glomeruluskapseln ausfüllenden Gefäßknäuel, die Glomeruli, beginnen schon Anfang der fünften Embryonalwoche angelegt zu werden und sind Ende derselben Woche überall in der Urniere ausgebildet. Jeder Glomerulus besitzt ein Vas afferens aus der Aorta und ein Vas efferens, das in die Vena cardinalis posterior einmündet (His, 1880). Die Glomeruli setzen im zweiten Embryonalmonat ihr Wachstum fort und erreichen zuletzt (bei etwa 2 cm langen Embryonen) eine so beträchtliche Größe, daß sie schon mit freiem Auge erkannt werden können.

Zwischen den erstgebildeten, segmentalen Urnierenkanälchen entstehen etwas später mehrere (etwa 60) neue, nichtsegmentale Kanälchen. Sowohl hierdurch wie durch die starke Ausbildung der ursprünglichen Kanälchen verliert die Urniere bald ihr metameres Aussehen und buchtet jederseits als ein einheitlicher, unsegmentierter Körper, der Wolffscher Körper genannt wird, ventralwärts in die Leibeshöhle hervor.

Die Urnieren sind schon am Ende der vierten Embryonalwoche als zwei lange, jederseits von dem dorsalen Mesenterium liegende Wülste der dorsalen Leibeshöhlenwand zu erkennen. In der nächstfolgenden Zeit buchten sie immer stärker in die Leibeshöhle hinein. Gleichzeitig verschieben sie sich mit ihren Hauptpartien medialwärts auf das dorsale Mesenterium hinüber.

Bei etwa 8 mm langen Embryonen hat die menschliche Urniere ihre relativ (im Verhältnis zu der Wirbelsäule) größte Länge erreicht. Sie erstreckt sich jetzt von der Höhe der kaudalen Lungenpartie aus kaudalwärts durch etwa 15 Körpersegmente und erhält von der lateralen Aortaseite nicht weniger als 20 Arterien.

In der lateralen Partie jeder Urniere verläuft der von der Vorniere übernommene Ausführungsgang, der primäre Harnleiter (der Wolffsche Gang). In der medialen Urnierenpartie sind die Urnierenkorpuskel (Glomeruli + Glomeruluskapseln) und in der intermediären Urnierenpartie die gewundenen Urnierenkanälchen gelagert (vgl. Abb. 157).

Über die verschiedene Ausbildung der Urniere bei verschiedenen Säugetieren.

Die Urniere bekommt bei verschiedenen Säugetierarten eine sehr verschiedene Ausbildung. So werden z. B. bei der Ratte gar keine Glomeruli der Urniere ausgebildet, und das ganze Organ macht auch zur Zeit seiner höchsten Ausbildung den Eindruck, rudimentär zu sein. Bei Schweineembryonen dagegen bilden sich die Urnieren zu wahren Riesen-

organen aus, welche erst bei etwa 10 cm langen Embryonen anfangen, allmählich rückgebildet zu werden. — Beim menschlichen Embryo zeigen die Urnieren eine mittelstarke
Entwicklung.

Rückbildung der Urniere.

Auch die Urniere ist nur ein provisorisches Embryonalorgan. Schon
vor der Mitte des Embryonallebens bildet sie sich mehr oder weniger vollständig
zurück.

Die Rückbildung der Urniere kann in zwei Perioden gesondert werden.
In der ersten Rückbildungsperiode (bei $^1/_2$—2 cm langen Embryonen)
atrophiert die kraniale Urnierenpartie, während die übrige sich noch weiter
entwickelt. Durch diese Rückbildung verschwinden im oberen Urnierenteil
sowohl die Querkanälchen wie der primäre Harnleiter, und die mesenchymale
Urnierenpartie bleibt hier nur als eine dünne „Urnierenfalte" oder oberes
Urnierenligament bestehen.

Gleichzeitig findet eine Verschiebung der oberen Urnierenpartie nach unten
und außen statt, so daß die Urniere aus der Brustregion entfernt wird und ganz
und gar ein Bauchhöhlenorgan wird.

Die zweite Rückbildungsperiode dehnt sich über die Embryonalmonate III und IV aus (bei 2—16 cm langen Embryonen). Während dieser
Zeit sondert sich der Urnierenrest in einen oberen Sexualteil und einen unteren
Drüsenteil. Der erstgenannte verliert seine Korpuskeln und Tubuli secretorii
und setzt sich mit der Geschlechtsdrüse in Verbindung, während der letztgenannte noch eine Zeitlang seine Korpuskel usw. behält. Zuletzt atrophieren
jedoch sowohl diese wie die Urnierenquergänge des Drüsenteils, so daß aus diesem
Teil nur noch ein mesenchymatöser Rest, das untere Urnierenligament
oder das Inguinalligament der Urniere übrig bleibt.

Beim männlichen Embryo bleiben sowohl der Sexualteil wie der primäre
Harnleiter zeitlebens bestehen, und zwar als Epididymis bzw. Ausführungs-
gangsystem für die Geschlechtsdrüse. Beim weiblichen Embryo geht auch
der primäre Harnleiter zugrunde, während der Sexualteil der Urniere als das
noch rätselhafte Epoophoron bestehen bleibt.

Am wahrscheinlichsten ist, daß die menschliche Urniere als Exkretionsorgan nie funktioniert [1]. Denn obwohl der Sinus urogenitalis, in welchem
die primären Harnleiter nach der Aufteilung der entodermalen Kloake münden,
sich erst bei 14 mm langen Embryonen nach außen öffnet, findet man in den
nächstvorhergehenden Entwicklungsstadien nirgends Stauungserscheinungen,
was ja sonst zu erwarten wäre, da die Urnieren schon bei 8 mm langen Embryonen — histologisch gesehen — funktionsfähig erscheinen. Wahrscheinlicher
ist es wohl dann, daß die embryonalen Urnieren nur als Repetition der in der
Phylogenie einmal wichtigen Organe entstehen, und daß die Exkretionsprodukte
des jungen Embryos ausschließlich durch die Plazenta und durch die Nieren
der Mutter verarbeitet und abgeschieden werden.

Die definitive Niere (Nachniere oder Metanephros).

Nach der Abschnürung der kaudalsten Segmente des nephrogenen Blastem-
strangs restiert von demselben in der Höhe des fünften Lendenursegments und
der ersten und zweiten Kreuzursegmente eine zusammenhängende Blastemmasse,
die das Baumaterial des wichtigsten (sezernierenden) Teils der definitiven Niere

---

[1] Sogar die viel stärker entwickelten Urnieren der Schweineembryonen funktionieren
nach Felix (1905) wahrscheinlich nicht. — Dagegen müssen — meiner Ansicht nach —
die Urnieren der Beuteltiere funktionierende Exkretionsorgane sein. Denn
bei den neugeborenen Beuteltieren sind die Nachnieren noch nicht funktionsfähig entwickelt.

(Metanephros) darstellt und daher die metanephrogene Blastemmasse genannt wird (Abb. 162 N.s.).

Diese Blastemmasse, die nie segmentiert wird, befindet sich in unmittelbarer Nähe von dem unteren Teil des primären Harnleiters. Dieser Harnleiterteil verdickt sich Anfang der fünften Embryonalwoche zuerst spindelförmig und sendet dann eine kleine, ausgehöhlte Knospe, die Ureterknospe, dorso-medialwärts heraus (Abb. 163 p.Nb.).

Die Ureterknospe wird bald pilzförmig, d. h. sie bekommt einen kurzen, engen Stiel und ein endständiges, dickes Bläschen. Der Stiel stellt die Anlage

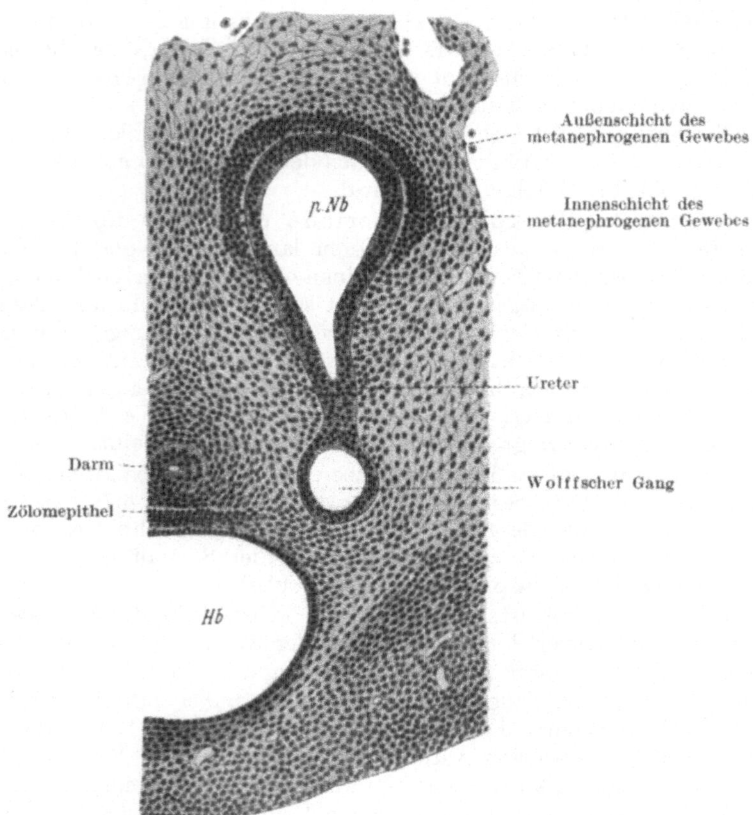

Abb. 163. Schnitt durch die definitive Nierenanlage eines etwa 4 Wochen alten Embryos. — Vergrößerung: 120 mal. — Hb. Harnblase; p.Nb. primäres Nierenbecken. — Nach Schreiner (1902) aus Broman (1911).

des definitiven Ureters dar; aus dem Endbläschen, das mit dem Namen primitives Nierenbecken bezeichnet wird, entsteht dagegen nicht nur das definitive Nierenbecken, sondern außerdem alle die Sammelröhre des Nieren-markes und der Markstrahlen. Die Ureterknospe stellt — mit anderen Worten — die gemeinsame Anlage des ganzen Ausführungsgangsystems der Niere dar.

Die Ureterknospe verlängert sich gegen die metanephrogene Blastem-masse hin und verschiebt sie zunächst in dorsaler Richtung von der primären Harnleiter weg. Die betreffende Blastemmasse überzieht hierbei das primitive Nierenbecken wie eine Mütze. — Diese Blastemmütze differenziert sich in zwei

Schichten: eine epithelähnliche Innenschicht und eine mesenchymatöse Außenschicht. Die letztgenannte stellt nach Schreiner (1902) die
Anlage des Nierenbindegewebes dar. Aus der Innenschicht gehen dagegen die gewundenen, harnproduzierenden Kanälchen hervor, die die Rinde
der fertigen Nieren bilden (Abb. 163).

Die Ureteranlage wächst stetig in die Länge und verschiebt hierbei sowohl
das primitive Nierenbecken wie die darauf sitzende nephrogene Blastemmütze
immer mehr von der Mündungsstelle weg. Auf diese Weise wird die Nierenanlage zuerst dorsalwärts und dann — wenn die dorsale Körperwand ein mechanisches Hindernis bietet — nach oben verschoben.

Gleichzeitig hiermit findet in dem primitiven Nierenbecken ein ungleich-
mäßiges Wachstum statt, das zu einer wiederholten Verzweigung desselben
führt. Zuerst wächst hierbei das primitive Nierenbecken in einen oberen und

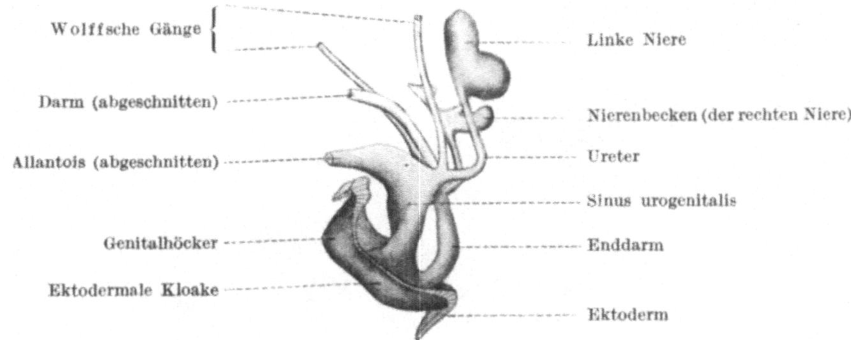

Abb. 164. Rekonstruktionsmodell der Urogenitalorgane eines 10,3 mm langen Embryos. —
Vergrößerung: 25mal. — Nach Hammar (1908) aus Broman (1911).

einen unteren Schenkel aus (Abb. 164). Diese beiden ersten Zweige der
Ureterknospe stellen die sog. Calyces majores des definitiven Nierenbeckens
dar. Sie können auch als Sammelröhre erster Ordnung bezeichnet werden.

Durch wiederholte Verzweigungen dieser Sammelröhre gehen nun in der Folge
die übrigen Sammelröhren (2.—20. Ordnung) der definitiven Niere hervor.

Bei der Bildung der Calyces majores wird die Innenschicht der nephrogenen
Blastemmütze in zwei Blastemmützen zersplittert, die die Endpartie je einer
Calyx major bekleiden (vgl. Abb. 165 A und B). Wenn nun in der Folge die
zuerst gebildeten Sammelröhren sich wiederholt verzweigen, so teilen sich
etwa gleichzeitig die schon vorhandenen nephrogenen Blastemmützen in
entsprechend viele neue Blastemmützen, die den blinden Enden der jeweiligen
jüngsten Sammelröhren aufsitzen (Abb. 165 C—H).

Ende des zweiten Embryonalmonats schnüren sich von den nephrogenen
Blastemmützen kleinere Zellgruppen ab in Form von 1—2 kompakten Kugeln
neben jedem Sammelrohr. Die Kugeln bekommen bald ein Lumen und wandeln
sich in eiförmige Blastembläschen um (Abb. 165 D—H).

Die Blastembläschen wachsen nun zu Röhrchen, Harnkanälchen,
aus, welche sich bei ihrer Verlängerung S-förmig biegen. Der untere (d. h. dem
Nierenbecken am nächsten liegende) Bogen des S-förmigen Harnkanälchens
breitet sich zuerst löffelförmig aus. In dem die Vertiefung dieser Kanälchen-
partie ausfüllenden Mesenchym entstehen Gefäßkapillaren, die sich durch zu-
und abführende Gefäße mit den Körpervenen in Verbindung setzen und sich
zu Gefäßknäueln, Glomeruli, ausbilden. — Die löffelförmige Verbreitung des

S-förmigen Kanälchens wächst immer vollständiger um den betreffenden Glomerulus herum und bildet sich so zu einer Glomeruluskapsel (Bowmanscher
Kapsel) um (Abb. 166).

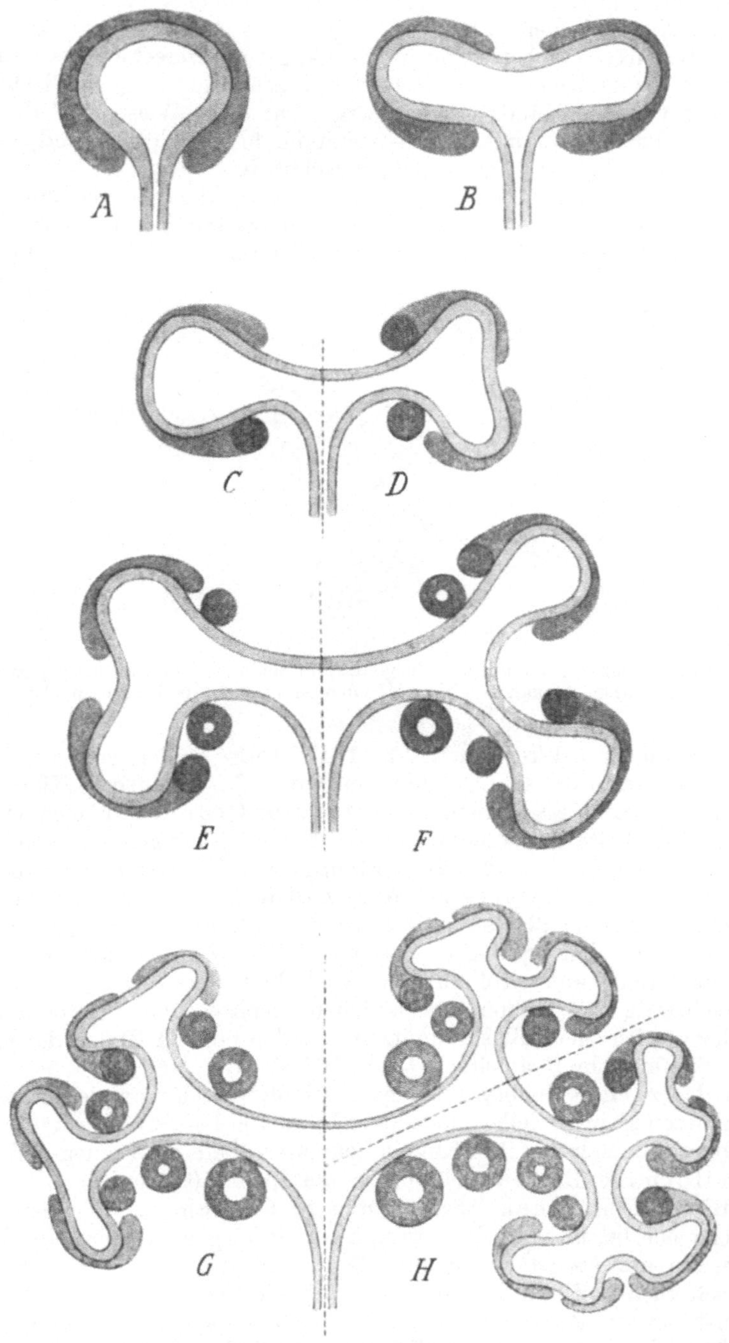

Abb. 165. Schema der Nierenkanälchen-Entwicklung. Nach Schreiner (1902) aus
Broman (1911).

Der Glomerulus und die ihn umgebende Bowmansche Kapsel stellen zusammen ein Nierenkörperchen (Corpusculum renale oder Malpighi-

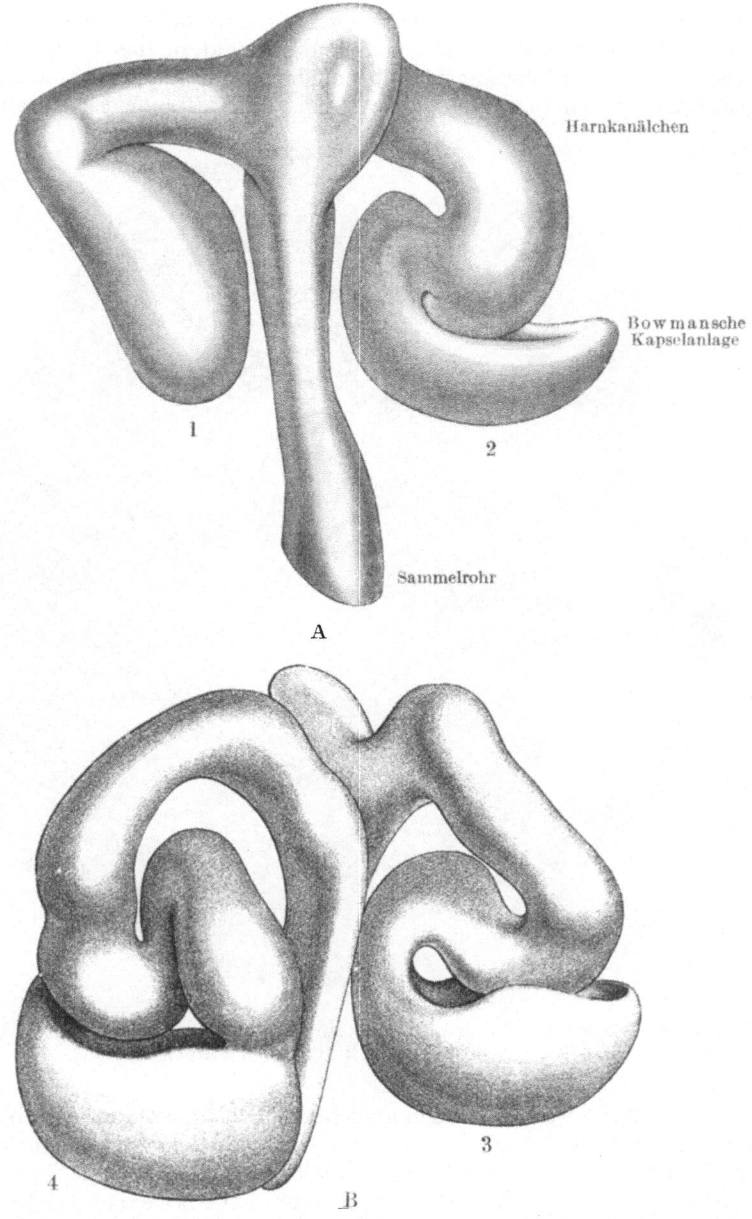

Abb. 166. Rekonstruktionsmodelle der sich entwickelnden Harnkanälchen in vier verschiedenen Entwicklungsstadien. — Vergrößerung: 800 mal. Nach Stoerk (1904) aus Broman (1911).

sches Körperchen) dar. Der obere (d. h. der Nierenperipherie am nächsten liegende) Bogen des S-förmigen Kanälchens verwächst mit dem naheliegenden Sammelrohr (fünfter Ordnung) und öffnet sich bald in dieses (Abb. 166). Von nun ab kommuniziert also das Harnkanälchen mit dem Ausführungsgang-system.

Der obere Hauptteil des S-förmigen Harnkanälchens wächst besonders stark in die Länge und wird hierbei gezwungen, sich in mehrere Schlingen zu biegen. Eine der mittleren dieser Schlingen kommt bald in das Gebiet der Sammel-röhrchen hinein und verlängert sich nachher (wohl aus mechanischen Gründen) geradlinig gegen das Nierenbecken hin. Auf diese Weise entsteht die sog.

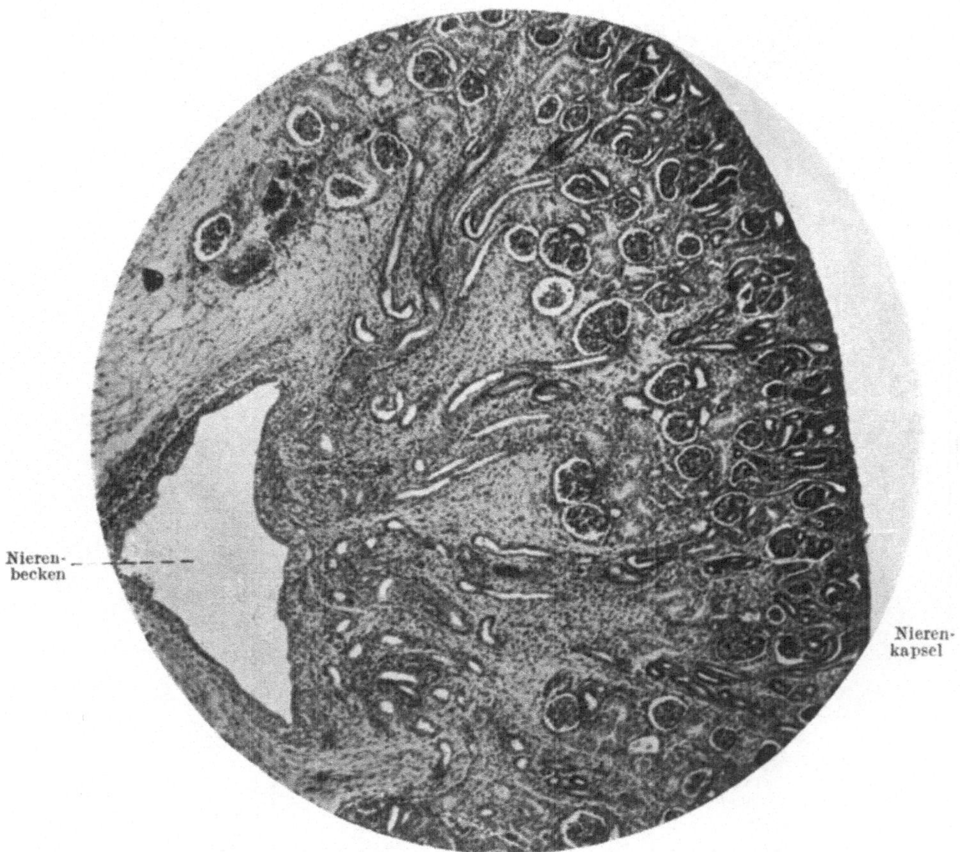

Abb. 167. Frontalschnitt durch die Niere eines 13 cm langen Embryos. — Vergrößerung: 60 mal. Nach Broman (1911).

Henlesche Schlinge des Harnkanälchens. Die zu beiden Seiten der Henle-schen Schlinge liegenden Partien des Harnkanälchens werden dagegen bei ihrer weiteren Verlängerung immer mehr gewunden. Aus ihnen gehen die gewundenen Nierenkanälchen erster bzw. zweiter Ordnung hervor.

Die zu Zellkugeln usw. unverbrauchten Reste der nephrogenen Blastem-mützen werden von neuen Sammelrohrzweigen immer weiter peripherwärts getragen. An jeder neuen Verzweigungsstelle der Sammelröhre werden hierbei neue Blastemkugeln usw. aus den nephrogenen Blastemmützen gebildet, bis diese zuletzt zu Harnkanälchen ganz verbraucht werden.

Daraus erklärt sich die Tatsache, daß die Nierenkörperchen in mehreren (wahrscheinlich 11—18) Etagen zu liegen kommen, und daß die zentralsten

Körperchen während der Embryonalzeit immer größer als die peripheren sind (Abb. 167). Die zuerst (schon bei etwa 3 cm langen Embryonen) gebildeten zentralen Nierenkörperchen behalten nämlich während dieser Zeit in ihrem Wachstum Vorsprung.

Die letzten Nierenkörperchen entstehen erst nach der Geburt, und zwar bei etwa wochenalten Kindern. — Nach dieser Zeit wachsen die älteren Nierenkörperchen zunächst gar nicht, die jüngeren dagegen relativ stark, so daß sie schon am Ende des ersten Lebensjahres etwa dieselbe Größe (etwa 0,14 mm) wie jene erreichen. — Während der folgenden Entwicklungsperiode wachsen nun alle Nierenkörperchen gleichmäßig weiter, so daß sie beim Erwachsenen einen Durchmesser von etwa 0,24 mm erreichen.

Umbau der Niere während der Embryonalzeit.

Die zuerst gebildeten Harnkanälchen münden — wie oben erwähnt — in Sammelröhren fünfter Ordnung. Beim Erwachsenen findet man dagegen Harnkanälchenmündungen erst in Sammelröhren von zehnter und noch höherer Ordnung.

Teilweise erklärt sich die Verschiedenheit daraus, daß diese zuerst gebildeten Harnkanälchen schon während der Embryonalzeit wieder zugrunde gehen. — Nach Felix (1906) soll aber die betreffende Verschiedenheit größtenteils dadurch entstehen, daß bei dem Auswachsen einer neuen Generation von Sammelröhren aus den vorhergehenden „die Mündungsstellen der Harnkanälchen mit emporgehoben werden".

Nach dieser Ansicht sollten also diejenigen Harnkanälchen, welche (primär oder sekundär) in den Sammelröhren sechster bis neunter Ordnung münden, diese alten Mündungsstellen verlieren und allmählich neue Mündungen in Sammelröhren von nächst höherer Ordnung bekommen.

Entwicklung des definitiven Nierenbeckens.

Beim menschlichen Embryo vergrößern sich die Sammelröhren erster Ordnung stark in allen Richtungen und wandeln sich so in die großen Nierenkelche (Calyces majores) um. Auch die Sammelröhre zweiter Ordnung vergrößern sich stark und bilden die primitiven Calyces minores.

Die nächstfolgenden Sammelröhren (dritter bis fünfter oder sechster Ordnung) erfahren eine stärkere Umbildung, indem sie bei der Entstehung der Pyramidenpapillen (vgl. unten S. 188) umgestülpt und mit den Sammelröhren zweiter Ordnung einverleibt werden. Auf diese Weise entstehen die definitiven Calyces minores, die also ein Verschmelzungsprodukt der Sammelröhren zweiter bis fünfter (oder sechster) Ordnung sind (vgl. Abb. 168). — Daraus erklärt sich die Tatsache, daß in jeder Calyx minor der fertiggebildeten Niere nicht zwei (wie ursprünglich in jedem Sammelrohr zweiter Ordnung), sondern sich wenigstens 16 Sammelröhren direkt öffnen.

Entwicklung der Nierenlappen (Renculi) und der Columnae renales.

Die embryonale Niere ist zuerst oval und mit glatter Oberfläche versehen, d. h. ohne Lappung. — Ein jedes der 2—4 Sammelröhren erster Ordnung bildet indessen von Anfang an mit seinen Verzweigungen und mit den darin sich öffnenden Harnkanälchen ein Rohrsystem für sich. — Da nun diese Rohrsysteme je für sich fächerförmig angeordnet sind und gegen die Nierenperipherie hin immer voluminöser werden, so beginnen sie sich bald in der Nierenperipherie voneinander abzugrenzen.

Von nun ab erscheint also die Niere in 2—4 konischen Primärlappen oder primäre Renkuli gesondert, die durch immer tiefer werdende Furchen voneinander getrennt werden. Gleichzeitig beginnt die Nierenanlage ihre definitive charakteristische Totalform (Bohnenform) anzunehmen, und zwar dadurch, daß die peripheren Renkuluspartien sich nach den freien Seiten stärker entfalten. Hierbei krümmt sich nämlich die ganze Niere um den Uretereintritt und bildet eine konvexe, periphere Seite und eine konkave Hilusseite aus. Die ersten Ureterverzweigungen, die Calyces majores et minores, kommen selbstverständlich dadurch in den Nierenhilus zu liegen (Felix).

Jeder Renkulus enthält also zentral- und hiluswärts das fächerförmig geordnete ältere Sammelrohrsystem und peripherwärts eine Parenchymschicht, worin die Verzweigung der jüngeren Sammelröhre und die Neubildung der Harnkanälchen vor sich geht (Abb. 167). Diese Neubildungszone (oder „neogene

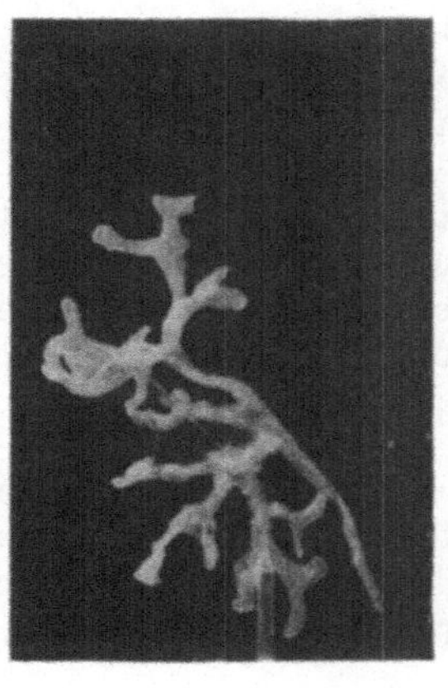 

A   B

Abb. 168. Rekonstruktionsmodelle des Nierenbeckens. A von einem $2^1/_2$ Monate alten Embryo. Vergrößerung: 21 mal. — B von einem $4^3/_4$ Monate alten Embryo. Vergrößerung: 7 mal — Nach Hauch (1903) aus Broman (1911).

Zone“) bildet eine Rindenschicht, die das pyramidenförmige Sammelrohrsystem halbkugelförmig umgibt.

Zwischen den aneinander grenzenden Nierenlappen streckt sich ein Mesenchymstreifen von der Nierenkapsel zentralwärts bis zum Sinus renalis hinein. — Zu beiden Seiten dieses (später immer undeutlicher werdenden) Mesenchymstreifens liegen die Neubildungszonen der hier zusammenstoßenden Nierenlappen. Diese beiden Neubildungszonen (Rindenpartien) kommen auch bis an den Sinus renalis heran und bilden zusammen eine sog. primäre Columna renalis (Bertini).

Innerhalb der primären Nierenlappen findet bald in ähnlicher Weise eine Sonderung in sekundäre Nierenlappen statt, welche den Calyces minores entsprechen. Die neuen Teilstücke gewinnen allmählich wieder Halbkugelgestalt und kehren sich schließlich ihren Neubildungszonen zu, so daß sekundäre Columnae renales Bertini entstehen. — Später beginnen die größeren sekundären Nierenlappen sich in tertiäre Lappen zu sondern. Dise Sonderung wird aber im allgemeinen nie vollständig. Die hierbei gebildeten tertiären Columnae renales Bertini schreiten mit anderen Worten zentralwärts nicht sehr weit fort und erreichen gwöhnlich nie den Sinus renalis.

Auf diese Weise bleiben die tertiären Nierenlappen gegen den Sinus renalis hin meistens einfach, während sie peripherwärts zusammengesetzt werden. —

Die Niere hat jetzt (bei etwa 25 cm langen Embryonen) ihre maximale
Lappung erreicht, und zeigt an ihrer Oberfläche etwa 20, durch Furchen
getrennte konvexe Lappenbasen (Abb. 169). Diese Furchen sind (besonders
beim Abtragen der Nierenkapsel) noch zur Zeit der Geburt und in den ersten
Kinderjahren sehr deutlich. Nach dem 4.—5. Lebensjahre pflegen sie indessen
zu verschwinden.

Entwicklung von Mark und Rinde der Niere.

In jedem Nierenlappen markiert sich bald die hauptsächlich aus gewundenen
Harnkanälchen mit Malpighischen Körperchen bestehende Rinde von dem
zentralen, ausschließlich aus gerade verlaufenden Sammelröhren bestehenden

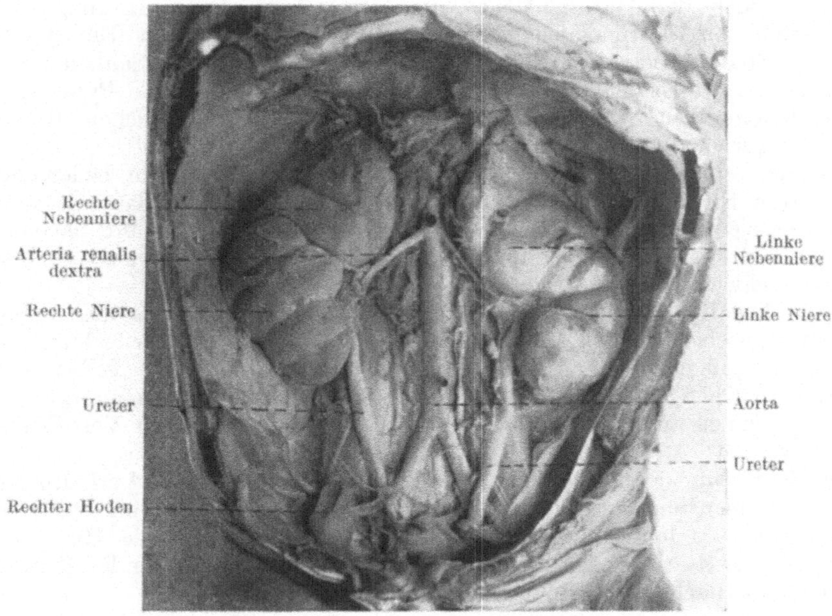

Abb. 169. Nieren und Nebennieren in situ von einem etwa 20 cm langen Embryo. —
Vergrößerung: 2mal. — Nach Broman (1911).

Mark. Die periphere Grenze der Nierenrinde ist durch die sehr früh auftretende
bindegewebige Nierenkapsel gegeben. Ihre zentrale Grenze gegen das Mark wird
durch die erste Etage der Malpighischen Körperchen angedeutet.

Zentralwärts von dieser Etage bildet sich nach Hamburger (1890) frühzeitig ein Bindegewebsnetz aus, durch dessen Maschen sich die gewundenen
Harnkanälchen nicht hindurch zu drängen vermögen, wenn sie sich nicht innerhalb der Markstrahlen zentralwärts verlängern. Dieses Bindegewebsnetz „funktioniert also als eine Art von Sieb" (Felix), das nur Faszikeln von gerade verlaufenden Sammelröhren und Henlesche Schlingen durchläßt und auf diese
Weise die Grenze zwischen Mark und Rinde scharf hält. — Solche aus gerade
verlaufenden Sammelröhren gebildete Faszikeln (sog. Markstrahlen) beginnen
schon bei etwa 10 cm langen Embryonen vom Marke in die Rinde einzustrahlen.
Etwa Mitte des Embryonallebens verlängern sie sich bis zur Nierenperipherie
hinaus (Hauch).

Das aus gerade verlaufenden Sammelröhren gebildete Nierenmark ist
anfangs nur schwach entwickelt. Bei der Entstehung der Nierenlappen wird das-

selbe in kleinere Gruppen, sog. Nierenpyramiden, zersplittert. — In der
Folge wachsen diese relativ stark in die Höhe und verlängern sich hierbei papillen-
artig in die Calyces minores hinein.

Zur Zeit der Geburt beträgt die Dicke der Nierenrinde etwa 2,5 mm, diejenige
(= die Höhe) der Nierenpyramiden etwa 9 mm. — Während des 1.—7. Lebensjahres bleibt das Mark fast vollständig im Wachstum stehen, während gleichzeitig die Rinde an Dicke stetig zunimmt. Nach dieser Zeit wachsen aber Mark
und Rinde fast gleichmäßig weiter, bis sie ihre definitive Dicke erreicht haben.

Weitere Ausbildung der Harnkanälchen.

Etwa gleichzeitig mit der Entstehung der Henleschen Schleifen beginnt
in den Wänden der Harnkanälchen die histologische Differenzierung. Die
zuerst gebildeten Harnkanälchen bekommen schon im dritten Embryonalmonat ihr charakteristisches Nierenepithel. Ihre Henleschen Schleifen verlängern sich (etwa in der Mitte des Embryonallebens) weit in die Pyramidenpapillen hinein. Die Schleifen der später gebildeten Harnkanälchen dringen
immer weniger in die Pyramiden hinein.

Die allerersten Harnkanälchen erreichen in kurzer Zeit eine bedeutende
Größe. Ihre Nierenkörperchen stellen wahre Riesenbildungen dar, die sogar
größer als diejenigen der erwachsenen Niere sind. Wie schon erwähnt, haben sie
aber nur ein kurzes Dasein. Bereits im sechsten Embryonalmonat sind sie
wieder verschwunden.

Bei wochenalten Kindern liegen die Nierenkörperchen etwa fünfmal dichter
als beim Erwachsenen. Nach dieser Zeit vermehren sich — wie erwähnt —
weder die Harnkanälchen noch die Nierenkörperchen an Zahl. Indem aber
die Harnkanälchen stark an Größe zunehmen, werden die Nierenkörperchen
allmählich immer mehr voneinander entfernt, bis die definitiven Verhältnisse
erreicht werden.

Das Wachstum der gewundenen Harnkanälchen ist auch im Verhältnis zu
den Markstrahlen relativ groß. Dadurch entsteht peripherwärts von den Markstrahlen eine aus lauter gewundenen Harnkanälchen bestehende Rinde des
Rindes, die sog. Regio suprafascicularis, und die lappentrennenden Furchen
der Nierenoberfläche werden ausgeglichen.

Lageveränderungen der Nieren während der Entwicklung.

Bei der obenerwähnten Verlängerung der Ureteranlage wird die Nierenanlage allmählich aus der Beckenregion entfernt und in die Bauchregion hinauf-
geschoben. Hierbei kommt die Nierenanlage bald (Mitte des zweiten Embryonalmonats) mit der kaudalwärts wandernden Nebenniere in Berührung (vgl.
Abb. 161, S. 175).

Ende des zweiten Embryonalmonats liegt die Nierenlange in der Höhe
der 1.—4. Lendenwirbel. Ihr kaudales Ende ist zu dieser Zeit relativ stark
fixiert. Denn es bleibt in der Höhe des vierten Lendenwirbels liegen, während
sich das kraniale Nierenende bei dem jetzt einsetzenden, relativ starken Wachstum der Niere immer höher empordrängt. Mitte des Embryonallebens wird
die elfte Rippe von dem kranialen Nierenpol erreicht.

In den folgenden (größtenteils extrauterinen) Entwicklungsperioden wachsen
die Nieren umgekehrt viel schwächer als die betreffende Rumpfpartie. Hierbei
bleiben ihre kranialen Pole in der Höhe des 12. Brustwirbels fixiert, während
ihre kaudalen Pole immer höher steigen, bis sie zuletzt die Höhe des zweiten
Lendenwirbels erreichen. Ihre definitive Höhenlage bekommen die Nieren
also erst beim Erwachsenen.

In der zweiten Hälfte des zweiten Embryonalmonats führt die Nierenanlage um ihre Längsachse eine Rotation aus, und zwar derart, daß der bisher ventralwärts sehende Nierenhilus gerade medialwärts gerichtet wird. — Später findet indessen wieder eine Drehung statt, aber in entgegengesetztem Sinne, so daß der quere Durchmesser der Niere ungefähr in der Mitte zwischen frontaler und sagittaler Ebene gestellt wird. Die Ursache hiervon ist wahrscheinlich in der zu dieser Zeit stattfindenden stärkeren Entwicklung der Lumbalwirbelkörper und der Psoasmuskeln zu suchen.

Gleichzeitig und aus demselben Grunde beginnen die Längsachsen der beiden Nieren (die bei 5 cm langen Embryonen fast vertikal stehen und früher sogar kaudalwärts konvergieren) kaudalwärts voneinander zu divergieren [1].

Entstehung der Nierengefäße.

Nach Hochstetter (1892) entstehen die Nierenarterien erst, wenn die Nieren in die Höhe der Lendenwirbelsäule hinaufgewandert sind. Vor dieser Zeit fehlen ihnen aber nicht — wie man eine Zeitlang geglaubt hat — Blutgefäße. Diese stellen aber wahrscheinlich alle [2] venöse Gefäße dar, welche einem vorübergehenden Nierenpfortadersystem angehören (Broman, 1907).

Erst bei etwa 2 cm langen Embryonen kann die definitive Arterie in die Niere hinein verfolgt werden. Diese Arterie stellt in der Regel einen Nebenzweig von der kaudalsten Arteria suprarenalis dar. Indem sich aber dieser Nebenzweig später stark vergrößert, imponiert er zuletzt als Hauptzweig (Abb. 169).

Die betreffende Nebennierenarterie ist selbst aus einer ehemaligen Urnierenarterie hervorgegangen. In letzter Instanz stammt also die normale Nierenarterie von einer Urnierenarterie ab.

Nicht gerade selten dringen Zweige von zwei oder mehr Urnierenarterien in die Nieren ein. Die Niere bekommt dann überzählige Arterien.

Die obenerwähnten, primitiven Nierenvenen kommen von den unteren Kardinalvenen und münden in die Venae revehentes der Urnieren. Zur Zeit der Entstehung der Nierenarterien scheinen sie zugrunde zu gehen und jederseits durch eine laterale Fortsetzung der oberen Queranastomose der unteren Kardinalvenen ersetzt zu werden. Das auf diese Weise entstandene Gefäß stellt die definitive Nierenvene dar (Abb. 201, S. 242).

Wann fangen die Nieren an, Harn abzusondern?

Die Blutdruckverhältnisse sollen in den fetalen Nieren für eine Sekretion sehr ungünstig sein, und zwar um so ungünstiger, je jünger der Fetus ist. Eine Harnabsonderung der fetalen Nieren ist außerdem nicht notwendig für das Wachstum des Fetus, denn Feten mit völligem Mangel beider Nieren können trotzdem geburtsreif werden (Ahlfeld). — Die lebenswichtige Ausscheidung der Stoffwechselprodukte des Embryos geschieht also unter Vermittlung des Mutterkuchens durch die Nieren der Mutter.

Trotzdem sondert die embryonale Niere wenigstens während der letzten Embryonalzeit regelmäßig etwas Harn ab. Die Sekretion der embryonalen Nieren ist aber offenbar nur als eine Vorübung zu betrachten, d. h. als eine Vorbereitung zu der unmittelbar nach der Geburt einzusetzenden lebenswichtigen Exkretion.

---

[1] Da bei der Hufeisenniere immer die unteren Pole der beiden Nieren miteinander verwachsen sind, kann also daraus der Rückschluß gezogen werden, daß diese Mißbildung schon in sehr frühen Embryonalstadien zustande kommt.

[2] Bei Schweineembryonen hat man indessen auch Verbindungen zwischen den Nierengefäßen und der Arteria sacralis media (bzw. Arteria mesenterica inferior) gefunden (Jeidell, 1911).

Entwicklung der Geschlechtsorgane.

Phylogenese.

Die zuerst gebildeten Geschlechtsdrüsen der Wirbeltiervorfahren waren wahrscheinlich hermaphroditisch (doppelgeschlechtlich), d. h. jede Geschlechtsdrüse hatte die Fähigkeit, sowohl männliche wie weibliche Geschlechtszellen zu produzieren.

Beide Arten von Geschlechtszellen wurden aber fortwährend in die Körperhöhle entleert und durch den primären Harnleiter (den Wolffschen Gang) nach außen befördert. Da es indessen für die Ausbildung von immer vollkommener organisierten Individuen nötig war, die bisher mögliche Selbstbefruchtung eines Tieres zu verhindern, mußten verschiedene Ausführungsgänge für den männlichen bzw. für den weiblichen Geschlechtsdrüsenteil geschaffen werden. So wurde der primäre Harnleiter als Ausführungsgang des männlichen Geschlechtsdrüsenteils reserviert; und der weibliche Geschlechtsdrüsenteil

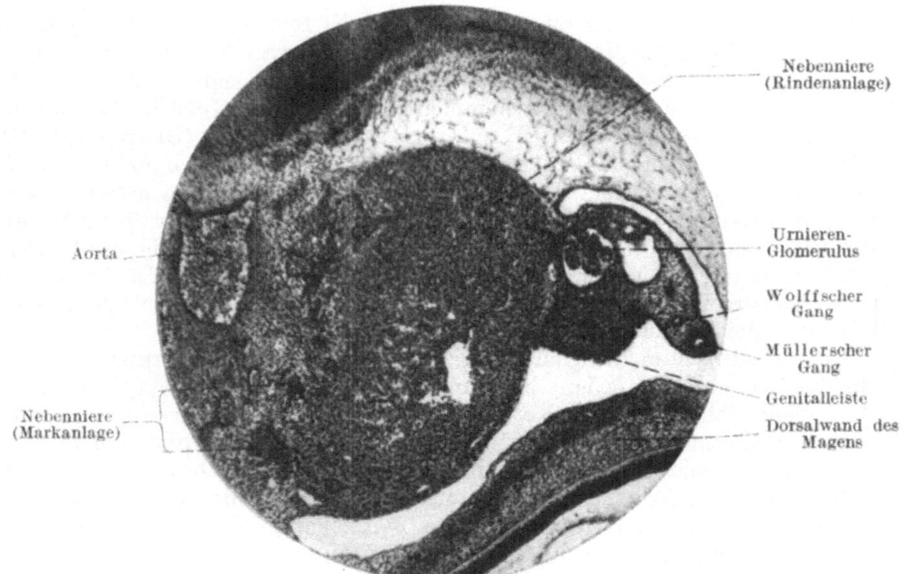

Abb. 170. Querschnitt durch Nebenniere, Urniere und Geschlechtsdrüse usw. von einem 19 mm langen menschlichen Embryo. — Vergrößerung: 50 mal.

bekam einen ganz neuen Ausführungsgang, den primären Eileiter (den Müllerschen Gang). Gleichzeitig wurde durch eine geschlossene Verbindung zwischen dem männlichen Geschlechtsdrüsenteil und dem primären Harnleiter dafür gesorgt, daß die Spermien nicht mehr in die Bauchhöhle entleert werden konnten.

In höheren Entwicklungsstadien wurden nun die männlichen und die weiblichen Geschlechtsorgane zu verschiedenen Individuen verlegt; und zwar dadurch, daß von den inneren Geschlechtsorganen bei einigen Indviduen die männlichen und bei anderen die weiblichen zurückgebildet wurden.

Ontogenese der Geschlechtsorgane.

Entstehung der Geschlechtsdrüsen.

Anfang des zweiten Embryonalmonats (bei 5—8 mm langen Embryonen) werden die Geschlechtsdrüsenanlagen erkennbar, und zwar als langgestreckte Epithelverdickungen an der medioventralen Oberfläche jeder Urniere.

Jede Epithelverdickung besteht aus mehrschichtigem Zölomepithel, das sich als schmaler Streifen fast über die ganze Länge der betreffenden Urniere erstreckt. Indem dieser Streifen sich bald als eine besondere Erhöhung an der Urniere markiert, entsteht die sog. Genitalleiste (Abb. 170).

Die Genitalleiste wird in den folgenden Entwicklungsstadien allmählich immer höher und sondert sich gleichzeitig in Oberflächenepithel und Epithelkern. An der Grenze zwischen Genitalleiste und Urniere treten nun oberflächliche Furchen auf, die immer tiefer werden und die Genitalleiste von der Urniere abgrenzen. Die Genitalleiste ist hiermit deutlicher als Geschlechtsdrüsenanlage zu erkennen.

Die Genitalleiste dehnt sich durch nicht weniger als 14 Körpersegmente (vom 6. Brust- bis zum 2. Kreuzsegment) hinaus. In dieser Ausdehnung existiert sie aber nicht gleichzeitig; denn an ihrem oberen Ende setzt eine Rückbildung ein, ehe ihr unteres Ende entstanden ist.

Diese Rückbildung des oberen Genitalleistenteils setzt nach unten durch nicht weniger als 10 Körpersegmenten fort und wandelt den betreffenden oberen Genitalleistenteil in ein unbedeutendes Geschlechtsdrüsenligament um. Nur die zuletzt gebildete untere Genitalleistenpartie wandelt sich also in die definitive Geschlechtsdrüse um.

Etwa bis zur Mitte des zweiten Embryonalmonats (bei 13—15 mm langen Embryonen) bleiben die Geschlechtsdrüsenanlagen bei beiden Geschlechtern einander vollständig gleich. Nach dieser Zeit setzt aber schnell eine charakteristische Differenzierung der männlichen Geschlechtsdrüsen ein, wodurch diese als solche leicht zu erkennen sind (Abb. 157, S. 169).

Entwicklung der Hoden.

Die betreffende Differenzierung besteht vor allem darin, daß dicke Mesenchymmassen sowohl an der Grenze zwischen Oberflächenepithel und Epithelkern wie auch innerhalb des letztgenannten gebildet werden. Dadurch wird der Epithelkern der Geschlechtsdrüsenanlage einerseits durch eine direkte Bindegewebsschicht, die Tunica albuginea, von dem Oberflächenepithel getrennt; und andererseits wird er in verzweigten Epithelstränge, sog. Keimstränge, zersplittert, die gegen den angehefteten Hodenrand (Hilus testis) zu konvergieren und — dank ihrer deutlichen Grenzen — den Schnitten der Hodenanlage ein sehr charakteristisches Aussehen verleihen. Die diese Keimstränge trennenden Mesenchymmassen bilden sich zu den bindegewebigen Hodenscheidewänden, Septula testis, aus, die von Anfang an mit der Albuginea verbunden sind und am Hilus zu einer zusammenhängenden Bindegewebsmasse, dem Mediastinum testis, verschmelzen.

Die spärlichen Epithelmassen innerhalb des Mediastinum testis bilden ein Netz von kompakten, dünnen Zellensträngen, das sog. Rete testis. Diese Epithelstränge stehen nach Felix (1911) von Anfang an mit den Keimsträngen in Verbindung. Von den letztgenannten unterscheiden sie sich jedoch histologisch, und zwar vor allem dadurch, daß sie keine Genitalzellen enthalten.

Die Keimstränge bestehen dagegen aus sog. Keimepithel, d. h. aus einem Gemisch von indifferenten Epithelzellen und Genitalzellen; sie stellen die Anlagen der Tubuli seminiferi contorti (der samenbereitenden, gewundenen Kanälchen) dar.

In jedem Hoden entstehen nicht weniger als 200—300 solche Keimstränge. Diese verzweigen sich immer mehr peripherwärts und wachsen außerdem sehr stark in die Länge, so daß sie in dem engen Raum zwischen den Septula testis nur nach starker Schlängelung Platz finden können. Auf diese Weise entsteht aus jedem Keimstrang des embryonalen Hodens ein Lobulus testis.

Die Anlage der Tubuli seminiferi contorti bleiben größtenteils bis zum Ende der Fetalzeit solid. Einzelne derselben beginnen allerdings schon im siebenten Embryonalmonat kanalisiert zu werden; andere sind dagegen noch zur Zeit der Geburt kompakt.

Nach dem Auftreten des Lumens stellen die Tubuli seminiferi contorti charakteristische Röhren dar, deren Wände von mehrschichtigem Keimepithel (Genitalzellen und Stützzellen oder Sertolischen Zellen) gebildet werden. Ihre volle Entwicklung erreichen sie indessen erst mit dem Anfangen der Spermiogenese, also während der Pubertätszeit.

Die Kanalisierung der Tubuli seminiferi contorti fängt in der Nähe der Hodenalbuginea an und schreitet von hier aus nach dem Mediastinum testis hin allmählich fort.

Das Rete testis befindet sich schon vom Ende des dritten Embryonalmonats an in der Höhe des sog. Sexualteils der Urniere und setzt sich nun (früher oder später) mit den übrig gebliebenen Tubuli collectivi dieses Urnierenteils in Verbindung. Auf diese Weise entsteht die sog. Urogenitalverbindung. Die ursprünglich kompakten Zellenstränge des Rete testis werden selbständig kanalisiert. Indem sich nun die Lumina des Rete testis einerseits mit denjenigen der Tubuli seminiferi contorti und andererseits auch mit denjenigen der obenerwähnten Urnierenkanälchen verschmelzen, bekommt der Hoden offene Ausführungsgänge.

Auch zwischen den aneinander stoßenden Windungen der Tubuli seminiferi contorti entsteht Mesenchym, das sich zu spärlichem, lockerem interstitiellem Bindegewebe ausbildet. Wo dieses Bindegewebe sich etwas reichlicher anhäuft, bilden sich einzelne Bindegewebszellen zu sog. interstitiellen Hodenzellen (Leydigsche Zellen) um, die eine gewisse Ähnlichkeit mit endokrinen Drüsenzellen haben und daher auch von Ancel und Bouin u. a. als inselförmig zersplitterte Komponente einer endokrinen Drüse (Steinachs sog. Pubertätsdrüse) gedeutet worden sind. Nach Kohn (1920), Stieve (1921) u. a. stellen sie aber nur trophische Zellen dar, die die Nährstoffe der Geschlechtszellen bearbeiten und aufspeichern.

Seine Gefäße bekommt der Hoden von den ursprünglich in derselben Höhe befindlichen Urnierengefäßen. Bei zentimeterlangen Embryonen kann man jederseits drei Urnierenarterien zu der Geschlechtsdrüsenanlage verfolgen. Schon bei 2 cm langen Embryonen ist aber jederseits die Zahl der Geschlechtsdrüsenarterien auf 1 reduziert.

Die in den Hilus des Hodens entstehenden Gefäßzweige haben einen für den Hoden sehr charakteristischen Verlauf. Sie gehen nämlich zunächst in die Hodenperipherie (nach innen von der Albuginea) und senden von hier ab ihre Zweige durch die Septula testis gegen das Mediastinum testis zu ein. Durch diese Gefäßanordnung ebenso wie dadurch, daß sie bald größer, rundlicher und (dank der Albuginea) mehr weißglänzend werden, unterscheiden sich die Hoden schon früh von den Eierstöcken.

Entwicklung der Eierstöcke.

Wenn bei 15—20 mm langen oder noch größeren menschlichen Embryonen in mikroskopischen Schnitten von den Geschlechtsdrüsen noch keine deutlich abgegrenzte Keimstränge vorhanden sind, so handelt es sich — vorausgesetzt, daß die Konservierung nicht allzu schlecht war — sicher um Eierstöcke (Abb. 171).

Für die Eierstöcke ist es nämlich charakteristisch, daß sie in diesen frühen Entwicklungsstadien nur dünne Mesenchymzüge, aber keine dickere Mesenchymmassen ausbilden. Als Folge hiervon entsteht weder eine deutliche Albuginea zwischen Oberflächenepithel und Epithelkern, noch wird der letztgenannte in scharf abgegrenzte Keimstränge zerlegt. Bei schwacher Vergrößerung behält daher die Eierstockanlage das Aussehen der indifferenten Geschlechtsdrüse bei.

Undeutlich abgegrenzte Keimstränge treten allerdings auch hier auf. Dieselben werden aber bald durch einwachsendes Mesenchym in Teilstücke verschiedener Form zerlegt. Nur am Hilus des Eierstocks bleiben die Epithelstränge netzartig zusammenhängend, ein Rete ovarii bildend. Um diese Rete herum sammelt sich gefäßhaltiges Mesenchym zu einem Mediastinum ovarii, und von diesem ab dringen gefäßtragende Mesenchymstreifen radiierend in den ursprünglichen Epithelkern heraus.

Zu diesem ersten Epithelkern kommt im vierten Embryonalmonat ein zweiter, peripherer Epithelkern hinzu. Derselbe bildet sich an der Grenze

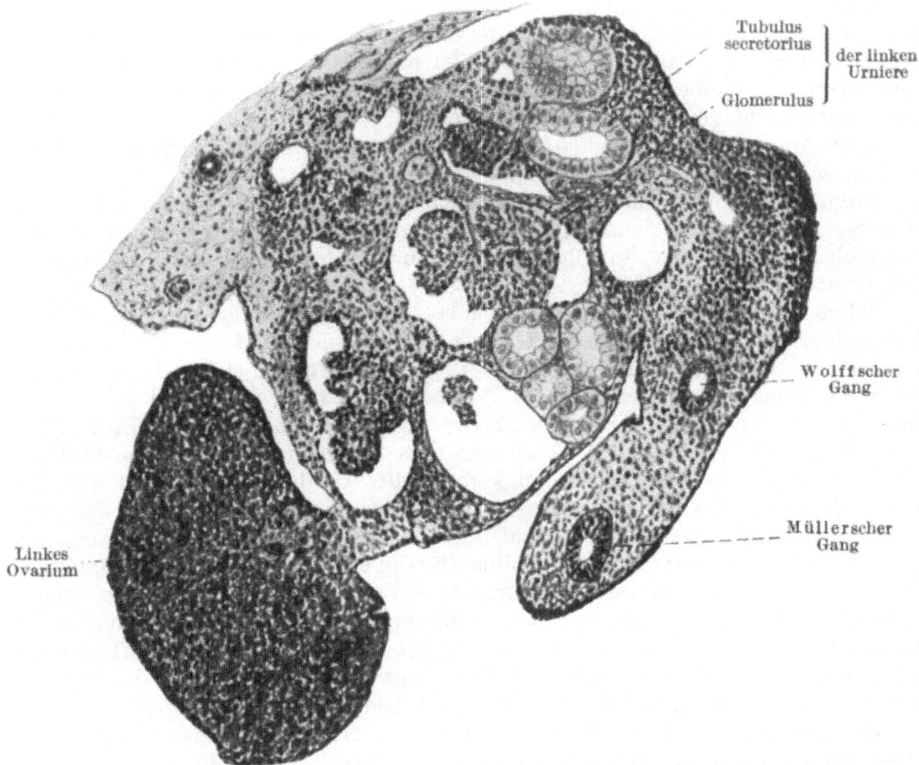

Abb. 171. Querschnitt durch Urniere und Ovarium von einem 25 mm langen Embryo. — Vergrößerung: 100 mal.

zwischen dem Oberflächenepithel und dem ersten Epithelkern aus, so daß es zur Zeit unmöglich erscheint festzustellen, ob er von diesem oder jenem oder von beiden stammt.

Der zweite, periphere Epithelkern kann auch als neogene Zone oder Eierstockrinde bezeichnet werden. In derselben Weise wie der erste Epithelkern wird er bald durch dünne Mesenchymzüge in kleine Epithelzellballen zerlegt.

Diese Zellballen bestehen alle aus Keimepithel, d. h. aus Geschlechtszellen und indifferenten Stützzellen. Die letztgenannten bilden zuletzt immer eine einfache Schicht um jede Geschlechtszelle herum. Eine solche kleine Keimepithelgruppe wird Primärfollikel genannt. Die Geschlechtszelle heißt Primordialei oder Oogonie und die sie umgebenden Stützzellen Follikelepithelzellen (vgl. Abb. 5, S. 12).

Die aus dem ersten Epithelkern der Eierstockanlage stammenden Primärfollikel gehen alle schon als solche zugrunde, und die dabei entstandenen Lücken werden durch Bindegewebe gefüllt. Auf diese Weise entsteht an der ehemaligen Stelle des ersten Epithelkerns das bindegewebige Mark des Eierstocks (das Stroma ovarii).

Die Entstehung der Primärfollikel aus der definitiven Eierstockrinde (der neogenen Zone) beginnt während der letzten Embryonalmonate in der Tiefe der Rinde und schreitet von hier aus allmählich nach der Oberfläche derselben. Im 2.—3. Lebensjahre soll die Bildung der Primärfollikel (und hiermit auch die Bildung von neuen Oogonien) beim Menschen beendet sein.

Nach der obenerwähnten Zerstörung der Primärfollikel des Eierstockmarkes setzt die Follikelatresie (Degeneration der Follikel) — wenn auch in immer mäßigerem Grade — auf die aus der neogenen Zone stammenden Follikel fort. Durch dieselben werden zuletzt (beim 45—50jährigen Weibe) alle die inzwischen nicht gereiften Follikel zerstört.

Etwa Mitte der Embryonalzeit wird die Grenze zwischen Oberflächenepithel und neogener Zone wieder deutlich.

Unmittelbar unter diesem Oberflächenepithel sammelt sich langsam eine Bindegewebsschicht, welche beim Erwachsenen gewöhnlich im Schnitte makroskopisch zu erkennen ist, im höheren Alter immer dicker wird und die Albuginea des Ovariums bildet.

Schon während der letzten Fetalzeit beginnen einzelne der zuerst gebildeten Primärfollikel sich in Sekundärfollikel oder sog. Graafsche Follikel umzuwandeln. Diese Umwandlung findet in folgender Weise statt; durch wiederholte Teilungen vermehren sich die Follikelepithelzellen stark und bilden eine dicke, mehrschichtige Hülle um die Eizelle herum. In einer gewissen Entfernung vom Ei entsteht nun durch Absonderung oder Filtration der Zellen im Follikelepithel eine mit wasserheller Flüssigkeit gefüllte Höhle, welche zuerst nur eine kleine Spalte zwischen den voneinander getrennten Follikelzellen darstellt, später aber stark an Größe zunimmt (vgl. Abb. 5 u. 6). Bei der Spannung der immer reichlicher abgesonderten Follikelflüssigkeit nimmt die Höhle allmählich eine fast sphärische Form an. Nur diejenige Wandpartie, welche die inzwischen vergrößerte Eizelle enthält, buchtet halbkugel- und später kugelförmig in die Follikelhöhle hinein, den sog. Cumulis ovigerus bildend. Durch Auflockerung der Stielzellen des Kumulus soll sich dieser mit dem Ei zuletzt von der Follikelwand ablösen und in die Follikelflüssigkeit frei zu liegen kommen.

Bei der starken Vergrößerung des Sekundärfollikels (derselbe bekommt einen Durchmesser von 0,5—12 mm) erreicht derselbe bald die Oberfläche des Ovariums; und wenn er zuletzt an der der Eierstockoberfläche zugekehrten Seite berstet, wird also die Eizelle in die Bauchhöhle entleert. Hier wird sie von dem Eileiter aufgenommen und weiter befördert.

Das fetale Ovarium ist ein längliches, fast bandförmiges Gebilde (Abb. 178) von rötlicher Farbe, welches im allgemeinen schon makroskopisch von dem größeren, mehr rundlichen und weißglänzenden Hoden leicht zu unterscheiden ist. — Zur Zeit der Geburt hat das Ovarium zwar fast dieselbe Länge wie der Hoden desselben Stadiums (10—12 mm), ist aber schmäler und vor allem bedeutend dünner als dieser.

Entwicklung der primären Eileiter (der Müllerschen Gänge).

Ehe noch die Geschlechtsdifferenzierung der Keimdrüsen deutlich geworden ist, beginnen (bei etwa zentimeterlangen Embryonen) die primären Eileiter, die sog. Müllerschen Gänge (Abb. 171), angelegt zu werden, und zwar jederseits als eine longitudinale, rinnenförmige Einsenkung des Zölomepithels am kranialen Urnierenende. Die kaudale Partie dieser Rinne vertieft sich bald, ihre Ränder kommen hierbei miteinander in Berührung und verwachsen dann zu einem kaudalwärts blind endenden Gang, welcher von seinem Mutterboden abgeschnürt wird. Die ganze Anlage des Müllerschen Ganges stellt jetzt ein tütenförmiges Gebilde dar, deren Öffnungen von der offen gebliebenen, kranialen Rinnenpartie, deren Spitze von der abgeschnürten, kaudalen Rinnenpartie gebildet worden ist.

Durch selbständiges Auswachsen der Tütenspitze verlängert sich nun die Anlage des Müllerschen Ganges kaudalwärts innerhalb des freien Randes der Urniere. Etwas weiter von diesem Rande entfernt liegt in unmittelbarer Nähe der Wolffsche Gang (Abb. 170), welcher sozusagen als Leitband für den Müllerschen Gang funktioniert.

Unter freiem Rande der Urniere verstehe ich hier denjenigen Rand, welcher dem Anheftungsrand der Urniere gegenüberliegt. Hervorzuheben ist nun, daß dieser Anheftungsrand, welcher zu dieser Zeit in der kranialen Hauptpartie der Urniere mediodorsalwärts gerichtet ist, kaudalwärts zuerst auf die dorsale und weiter kaudalwärts auf die laterale Körperwand übergeht. Als Folge hiervon sieht der freie — den Müllerschen und den Wolffschen Gang einschließende — Rand der Urniere in der kranialen Hauptpartie ventrolateralwärts, weiter unten rein ventralwärts und noch weiter kaudal gerade medialwärts. — Die letztgenannte Partie der Urniere, die sog. Urogenitalfalte, enthält keine Querkanälchen, sondern — ehe der Müllersche Gang hinzugekommen ist — nur den Wolffschen Gang.

Die medialwärts gerichteten freien Ränder der beiden Urogenitalfalten wachsen nun (etwa Mitte des zweiten Embryonalmonats) miteinander zusammen. Auf diese Weise entsteht aus den beiden Urogenitalfalten eine einheitliche Bildung, welche die Form einer frontal gestellten Wand besitzt und mit dem Namen Genitalstrang bezeichnet werden kann.

Nach unten geht dieser Genitalstrang in den Boden der Beckenhöhle über; nach oben endigt derselbe mit gebogenem, freiem Rande, der sich jederseits in den freien Rand der betreffenden Urnierenfalte fortsetzt.

Durch den Genitalstrang wird die Beckenabteilung der Bauchhöhle in zwei nach unten getrennte Vertiefungen (die Anlagen der Fossa recto-uterina bzw. der Fossa vesico-uterina) geteilt.

Oben wurde hervorgehoben, daß sowohl der Wolffsche wie der Müllersche Gang in der Nähe des freien Urnierenrandes verlaufen, und zwar so, daß der Müllersche Gang diesem Urnierenrande am nächsten liegt.

Wenn man dieses weiß und auch den oben beschriebenen Verlauf der Urnieren kennt, so versteht sich von selbst, daß die Müllerschen Gänge zuerst (d. h. in ihren kranialen Partien) ventrolateralwärts, dann ventralwärts und zuletzt (mit ihren kaudalen Partien) medialwärts von den Wolffschen Gängen verlaufen müssen. — Diese medialwärts gerichteten Partien der Müllerschen Gänge sind es eben, welche in dem Genitalstrang zu liegen kommen.

Ende des zweiten Embryonalmonats wachsen die Müllerschen Gänge in den Genitalstrang hinein und erreichen schnell das kaudale Ende desselben. Jetzt beginnen die Genitalstrangpartien der beiden Müllerschen Gänge miteinander zu verschmelzen. Die Verschmelzung beginnt gewöhnlich am Übergang des mittleren in das kaudale Drittel des Genitalstranges, entsprechend der späteren Grenze zwischen Uterus und Vagina (vgl. Abb. 172). In dieser Höhe liegen nämlich die beiden Müllerschen Gänge einander am nächsten. Von hier aus schreitet die Verschmelzung sowohl kaudal- wie kranialwärts weiter.

Zunächst behalten die epithelial verschmolzenen Müllerschen Gänge je ihr Lumen. Indem aber die epitheliale Scheidewand normalerweise bald zugrunde geht, findet ein Zusammenfluß der beiden Lichtungen statt. Aus den Genitalstrangpartien der beiden Müllerschen Gänge wird dann ein einfacher Uterovaginalkanal, welcher die Anlage der ganzen Vagina und des Zervixteils des Uterus darstellt.

Bis zu diesem Stadium entwickeln und verhalten sich die Müllerschen Gänge beim männlichen Embryo in vollständig ähnlicher Weise wie bei dem weiblichen (Nagel u. a.). Dasselbe ist mit den Urogenitalfalten und dem Genital-

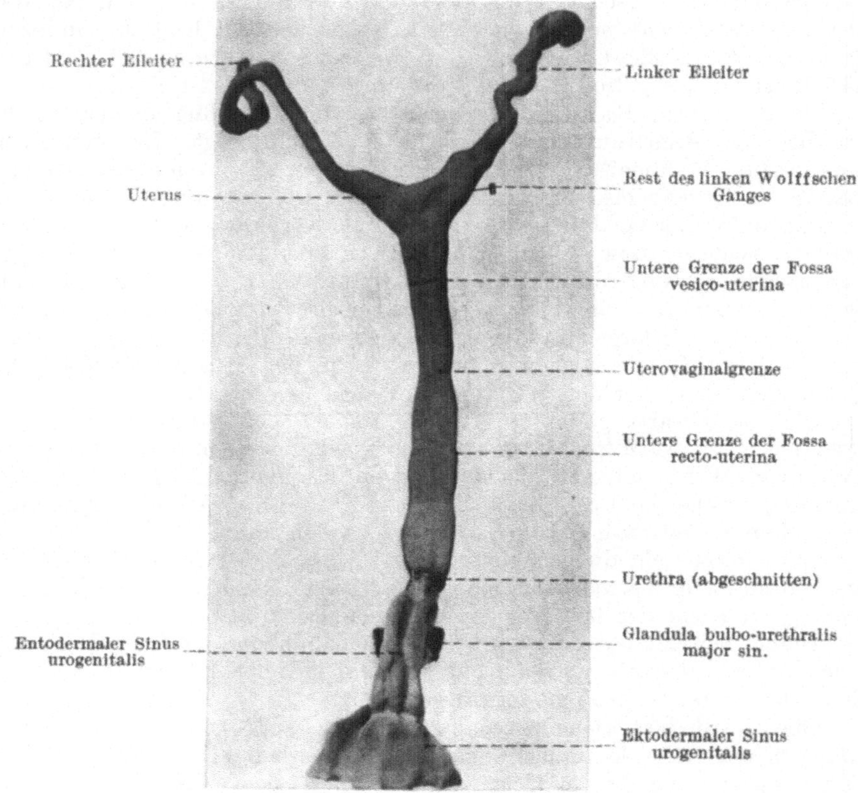

Abb. 172. Rekonstruktionsmodell des Epithels der inneren weiblichen Geschlechtsorgane von einem 97 mm langen Embryo. Von vorn gesehen. — Vergrößerung: 8 mal. — Nach einem Originalmodell von cand. med. M. Ericson Uddströmer.

strang der Fall. Zu dieser Zeit sind außerdem die äußeren Geschlechtsteile der verschiedenen Geschlechter einander noch vollständig ähnlich. Vor Verwechslung kann also nur eine histologische Untersuchung der Keimdrüse retten.

Entwicklung der Eileiter, des Uterus und der Vagina.

Die Müllerschen Gänge können jetzt in je drei Abschnitte gesondert werden:

1. einen oberen, senkrechten,
2. einen mittleren, horizontalen und
3. einen unteren, senkrechten Abschnitt.

Das Endstück des Letztgenannten biegt allerdings so stark ventralwärts um, ehe es in den Sinus urogenitalis mündet, daß dasselbe auch horizontal wird.

Die oberen Abschnitte befinden sich in je einer Urnierenfalte, während die mittleren und unteren in dem Genitalstrang einlogiert sind. Die unteren Abschnitte der beiden Müllerschen Gänge sind schon zu einem einfachen Rohr, dem Uterovaginalkanal, verschmolzen.

Die oberen, senkrechten Abschnitte stellen die Anlagen der definitiven Eileiter dar. Aus den mittleren und unteren Abschnitten gehen Uterus und Vagina [1] hervor. — Die Grenze zwischen Eileiter- und Uterusanlage wird schon früh durch die Ausgangsstelle des Inguinalligaments der Urniere markiert. Dieses Inguinalligament der Urniere bildet sich beim weiblichen Embryo zum Ligamentum uteri rotundum, beim männlichen Embryo dagegen zum Gubernaculum testis aus.

Das die Eileiteranlage umgebende Mesenchym differenziert sich in eine innere Bindegewebsschicht und eine äußere Schicht, aus welcher die Eileitermuskulatur hervorgeht. Etwa Mitte der Embryonalzeit bildet sich hier eine Ringmuskelschicht aus, welche nach der Geburt (Sobotta, 1891) an ihrer Außenseite von einer Längsmuskelschicht bedeckt wird.

An der Innenseite der ursprünglich im Querschnitt kreisförmigen Eileiteranlage treten Anfang des vierten Embryonalmonats 4—6 primäre Längsfalten auf, an welchen sich später zahlreiche Sekundärfalten ausbilden. Die Faltenbildung beginnt in der Bauchhöhlenmündung des Eileiters und schreitet von hier aus langsam uteruswärts fort. In den ursprünglich oberen Eileiterteil, dessen Lumen am weitesten wird, behält die Faltenbildung dauernd Vorsprung. Die hier aus der Mündung heraussteckenden Faltenpartien bilden die fransenähnlichen Auswüchse, die sog. Fimbrien des Eileiters. Ende der Embryonalzeit bekommt das Oberflächenepithel sowohl der Fimbrien wie der ganzen Innenseite des Eileiters Flimmerhaare, welche einen nach dem Uterus zu gerichteten Flimmerstrom erzeugen. — Ähnliches Flimmerepithel bildet sich auch an dem kranialen Geschlechtsdrüsenligament aus, das das freie Tubarende mit dem Ovarium verbindet. Dieses Ligament wird hierbei in die sog. Fimbria ovarica umgewandelt. — Wahre Drüsen bilden sich nie in der Eileiterschleimhaut aus.

Bei der Rückbildung der oberen Urnierenpartien kommen die oberen Eileiterteile an schlaffen Falten zu hängen. Sie schlängeln sich hierbei (vgl. Abb. 172) und treten tiefer in die Bauchhöhle herab. Gleichzeitig verschieben sich ihre Bauchhöhlenmündungen lateralwärts und die Hauptrichtung der beiden Eileiter wird fast horizontal.

Das Mesenchym des Genitalstranges verdichtet sich Anfang des dritten Embryonalmonats blastematös um den Uterovaginalkanal herum. Bei weiblichen Embryonen setzt sich die Blastembildung nach oben fort, so daß auch die mittleren, horizontalen Abschnitte der Müllerschen Gänge von der Blastemmasse umgeben werden. Diese Blastemmasse nennen wir Uterovaginalblastem, denn aus ihr gehen die aus Muskulatur und Bindegewebe bestehenden Wandschichten des Uterus und der Vagina hervor.

Durch das Auftreten des Uterovaginalblastems wird der Geschlechtsstrang in eine mittlere und zwei seitliche Partien gesondert. Die Letztgenannten, die noch aus lockerem Mesenchym bestehen, stellen — zusammen mit den beiden nach unten verschobenen Urnierenfalten — die Anlagen der breiten Gebärmutterbänder, der Ligamenta lata, dar.

Das Uterovaginalblastem differenziert sich bald in eine innere, dichtere Schicht, die Anlage der Schleimhautpropria, und in eine äußere, anfangs mehr lockere Schicht, in welcher sich glatte Muskelzellen ausbilden. Diese äußere Schicht entwickelt sich verschieden in Uterus- bzw. Vaginalgegend. In der Erst-

---

[1] Nach Mijsberg (1924) soll jedoch das untere Drittel der Vagina nicht aus den Müllerschen Gängen, sondern aus den unteren Enden der Wolffschen Gänge entstehen.

genannten tritt nämlich zuerst Ringmuskulatur, in der Letztgenannten zuerst Längsmuskulatur auf. Die Entwicklung der Muskulatur hat indessen in der Uteruskörperhöhe Vorsprung. Auch die Schleimhaut entwickelt sich verschieden in Uterus- und Vaginalgegend. In der Vaginalanlage bilden sich zahlreiche, kubische oder polygonale Epithelzellen, die das Lumen vollständig ausfüllen und also die Vagina eine Zeitlang vollständig kompakt machen. In der Uterusanlage dagegen bleibt das Lumen behalten und das dasselbe austapezierende Epithel ist Zylinderepithel, einfach (im werdenden Uteruskörper) oder mehrschichtig (im Uterushals).

Von dem Epithel des Uterushalses aus bilden sich schon während der Embryonalzeit verzweigte Schleimdrüsen. Das Epithel des Uteruskörpers bildet dagegen Drüsen erst nach der Geburt.

Die oben erwähnte Obliteration des Vaginallumens fährt bis zur Mitte des Embryonallebens fort. Während dieser Obliterationsperiode verlängert und verdickt sich die Vaginalanlage beträchtlich und bildet dabei zahlreiche, quere Falten (Rugae) aus. Die alleruntersten Querfalten werden besonders groß und dringen an der Grenze zwischen Uterus und Vagina ringförmig herauf. Sie stellen die kompakten Anlagen der beiden Scheidengewölbe, Fornices vaginae, dar.

Erst bei der Entstehung der Fornices vaginae wird die Uterovaginalgrenze scharf markiert. Vorher war sie nur durch eine winkelige Biegung angedeutet.

Wenn nun — etwa Mitte des Embryonallebens — das definitive Lumen der Vagina dadurch auftritt, daß die zentralen Vaginalzellen fettig degenerieren und resorbiert werden, so werden auch die Fornices vaginae ausgehöhlt und trennen nun die Vaginalportion des Uterushalses von den Vaginalwänden. Das die Vagina auskleidende Epithel ist von nun ab mehrschichtiges Plattenepithel, das immer drüsenlos bleibt.

Das Wachstum des embryonalen Uterus ist kein gleichmäßiges. Der Zervixteil wächst schneller als der Korpusteil. Hierdurch entsteht etwa Mitte des Embryonallebens die typische Form des Uterus fetalis mit dem großen Zervixteil und dem kleinen, eingesattelten Korpus. — Sehr bemerkenswert ist die Tatsache, daß der Uterus im ersten Kinderjahre absolut verkleinert wird. Derselbe pflegt während dieser Zeit um mehr als ein Viertel kleiner zu werden (vgl. Abb. 1, S. 2).

Das weitere Wachstum des Uterus ist ein sprunghaftes mit zwei Perioden rascheren Wachsens (im 6. bzw. 10.—15. Lebensjahr) zwischen solchen von Stillstand oder allmählichem Wachsen. In der letzten Wachstumsperiode (unmittelbar von der Pubertätszeit) entwickelt sich besonders der Corpus uteri stark, während der Zervixteil im Wachsen nachbleibt. Gleichzeitig wird der Fundus uteri nach oben gewölbt, die Korpusschleimhaut bildet ihre Drüsen vollständig aus und die Flimmerhaare des Uterusepithels treten auf. Auf diese Weise wandelt sich der infantile Uterus in den ausgebildeten, virginellen Uterus um.

Das Schicksal der Urnierenreste und der Wolffschen Gänge beim
     weiblichen Embryo. — Entwicklung des Epoophoron.

Die Querkanälchen des Sexualteils der Urniere büßen — wie erwähnt — gleich wie beim männlichen Embryo ihre Glomeruli und teilweise auch ihre Tubuli secretorii ein und verbinden sich mit dem Rete der Geschlechtsdrüse. Wenn das Rete ovarii aber später zugrunde geht, bleiben die Querkanälchen und diejenige Partie des Wolffschen Ganges, in welche sie münden, als Epoophoron bestehen (vgl. Abb. 173 A).

Nach der Geburt wächst das Epoophoron Hand in Hand mit der dasselbe einschließenden Partie des Ligamentum latum an Größe; trotzdem hat man ihm bisher eine physiologische Funktion abgesprochen und dasselbe nur als ein dem Epididymiskopfe homologes, rudimentäres Organ betrachtet. Ich finde es aber sehr verdächtig, daß es eine vielleicht wichtige Funktion (z. B. als endokrine Drüse) haben könnte.

Die kaudalwärts von dem Sexualteil gelegenen Querkanälchen der Urniere verlieren alle ihre Verbindung mit dem Wolffschen Gange. Die meisten gehen schon früh vollständig zugrunde. Einige persistieren indessen wenigstens bis

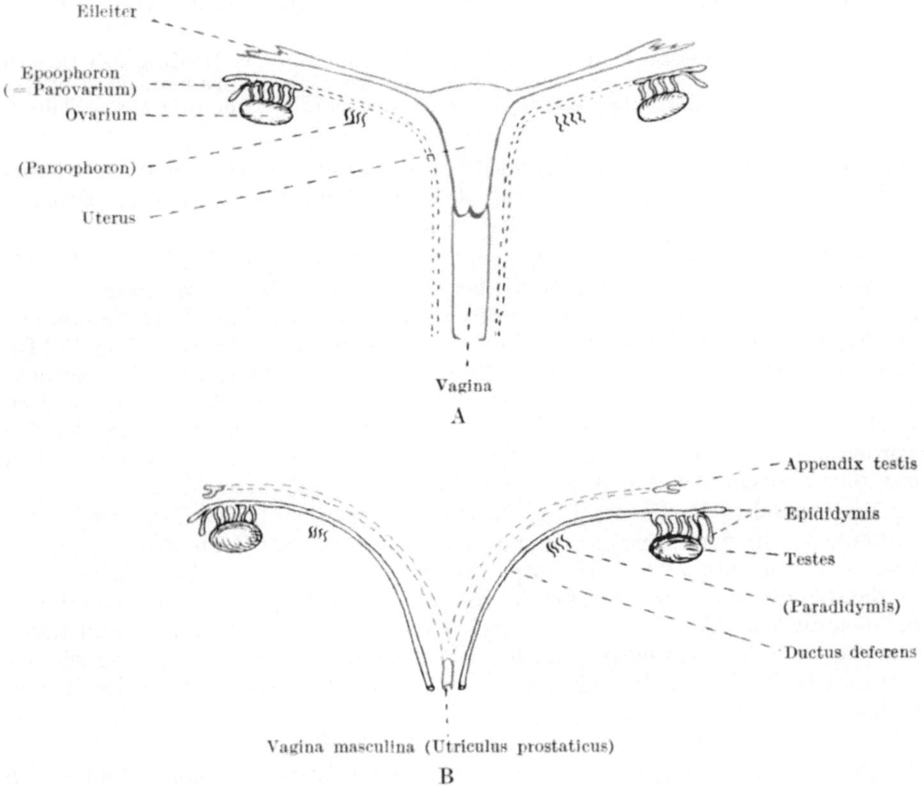

Abb. 173. Schicksal der Urnieren (schwarz) und der Müllerschen Gänge (rot); A beim weiblichen Embryo; B beim männlichen Embryo. Nach Broman (1911).

zur Mitte des Embryonallebens und bilden, im Wurzelgebiet das Ligamentum latum oder in der dorsalen Köperwand (Hj. Forssner) eingeschlossen, das sog. Paroophoron. Dasselbe bildet ein nunmehr physiologisch bedeutungsloses, rudimentäres Organ.

Unmittelbar nach der Bildung des Uterovaginalblastems liegen die Wolffschen Gänge in diesem Blastem eingebettet. Normalerweise atrophieren sie aber bald vollständig (vgl. Abb. 172 u. 173 A).

Das Schicksal der Müllerschen Gänge beim männlichen Embryo.

Bei etwa 5—8 cm langen (Sch.-S.-L.) männlichen Embryonen fallen die Müllerschen Gänge relativ schnell der Rückbildung anheim. Ihre Epithelzellen degenerieren, die daraus gebildeten Detritusmassen werden resorbiert und durch Bindegewebe ersetzt. Auf diese Weise verschwinden gewöhnlich spurlos die unverschmolzenen kranialen Hauptpartien der beiden Gänge, ebenso wie der kraniale Teil des einfachen Uterovaginalrohres (vgl. Abb. 173 B).

Nur die kaudale Partie des Uterovaginalrohres, welche etwa der Vaginalanlage des weiblichen Embryos entspricht, persistiert konstant. Sie öffnet sich in den Sinus urogenitalis, bleibt aber klein und wird bei der folgenden starken Entwicklung der Prostata ganz und gar in diese Drüse eingeschlossen. Sie bildet so die Vesicula prostatica oder Vagina masculina, welcher offenbar nur die Bedeutung einer rudimentären Bildung zukommt (vgl. Abb. 173, 175 und 176).

In etwa einem Viertel der Fälle persistieren indessen von den Müllerschen Gängen auch die kranialsten Endpartien. Diese sollen dann jederseits an den kranialen Testispol fixiert werden und die sog. ungestielte Hydatide des Hodens (den Appendix testis) bilden.

Das Schicksal der Urnieren und der Wolffschen Gänge beim männlichen Embryo. Entwicklung des Epididymis und des Ductus deferens.

Die Urnierenquergänge, welche mit der dazu gehörigen Partie des Wolffschen Ganges den sog. Sexualteil der Urniere darstellen, persistieren — wie erwähnt — zeitlebens und werden unter Vermittlung von dem Rete testis mit den Tubuli seminiferi contorti des Testis in Verbindung gesetzt (vgl. Abb. 173 B). Ihre Glomeruli und teilweise auch ihre Tubuli secretorii werden zurückgebildet, und ihr Lumen bekommt überall etwa die gleiche Weite. Sie wachsen stark in die Länge und werden hierbei noch mehr als früher geschlängelt. Sie werden alle in eine gemeinsame, straffe Bindegewebsmasse eingehüllt und stellen mit dieser zusammen die Anlage des Caput epididymis dar.

Die kranialste Partie des Wolffschen Ganges scheint bisweilen atrophieren zu können. Oft persistiert er aber und bildet sich zu einer Zyste des Epididymis aus. — Die nächstfolgende Hauptpartie des Wolffschen Ganges wächst stark in die Länge und wird hierbei in zahlreiche Windungen gelegt. Von diesen nehmen die kranialsten an der Bildung des Caput epididymidis teil, die mittleren und die kaudalen Windungen werden von derselben Bindegewebsmasse wie der Nebenhodenkopf umhüllt und bilden den Korpus bzw. die Kauda des Nebenhodens.

Die ursprünglich kaudale Hauptpartie des Wolffschen Ganges, welche in der betreffenden Urogenitalfalte bzw. im Genitalstrang verläuft, bildet sich größtenteils zu dem Ductus deferens (einschließlich des Ductus ejaculatorius, der Ampulla ductus deferentis und der Vesicula seminalis) aus.

Die gemeinsame Anlage der Ampulla ductus deferentis und der Vesicula seminalis markiert sich schon Mitte des dritten Embryonalmonats, und zwar jederseits als eine Verdickung des Wolffschen Ganges in der Höhe des Uterovaginalkanals (Abb. 175). Die betreffende Verdickung buchtet immer mehr lateralwärts aus, und gleichzeitig findet eine Abschnürung von oben nach unten statt, die die von Anfang an hohle Samenblasenanlage von der Ampullanlage isoliert (Abb. 176).

Die anfangs einfachen Samenblasenanlagen, welche kaudalwärts mit den Wolffschen Gängen in Verbindung bleiben, beginnen Ende des vierten Embryonalmonats kurze Divertikel auszusenden, die sich selbst wiederum verzweigen, und schon Mitte des Embryonallebens haben die Samenblasen fast ihre definitive Form und Lage erreicht (Pallin, 1901). Dasselbe ist mit den Ampullen, die ähnliche, aber kürzere Divertikel ausbilden, der Fall.

Weitere Ausbildung des Urogenitalrohres.

Das aus der ventralen Partie der entodermalen Kloake gebildete Urogenitalrohr stellt — wie oben (S. 137) schon erwähnt — die gemeinsame Anlage der Blase, der primären Urethra und des Sinus urogenitalis dar (vgl. Abb. 126, S. 136). In dieses Urogenitalrohr münden — wie auch erwähnt — die beiden primären Harnleiter, die sog. Wolffschen Gänge (Abb. 126 B).

Die beiden definitiven oder sekundären Harnleiter münden ursprünglich nicht direkt in das Urogenitalrohr, sondern nur indirekt, und zwar unter Vermittlung von den primären Harnleitern (Abb. 174 A). In den folgenden Stadien werden nun die kaudalen Endpartien der beiden Wolffschen Gänge trichter-

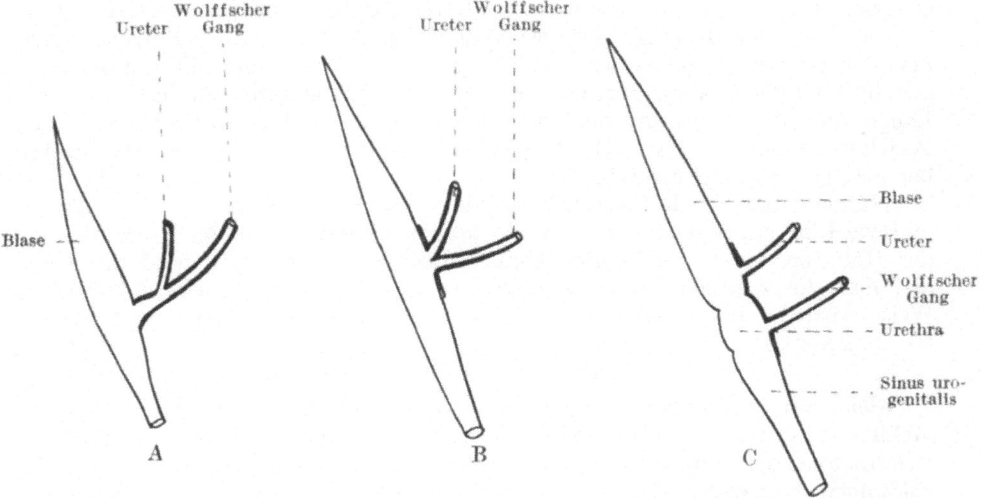

Abb. 174. Schemata, die Verschiebung der Uretermündungen von den Wolffschen Gängen in die Blasenwand zeigend. Nach Broman (1911).

förmig so stark erweitert, daß sie zuletzt vollständig in die Dorsalwand des Urogenitalrohrs aufgehen (vgl. Abb. 174 B).

Jetzt beginnen also die Ureteren direkt in das Urogenitalrohr zu münden. Zuerst befinden sich ihre Mündungsstellen in derselben Höhe wie diejenigen der dünn gebliebenen Hauptpartien der Wolffschen Gänge. Anfang des dritten Embryonalmonats wächst aber die zwischen den Uretermündungen einerseits und den Mündungen der Wolffschen Gänge andererseits gelegene Wandpartie des Urogenitalrohres allmählich relativ stark in die Länge. Und Hand in Hand hiermit werden die Uretermündungen in kranialer Richtung verschoben und den Mündungen der Wolffschen Gänge immer mehr entfernt (Abb. 174 C).

Bald nachher beginnt eine schwache Einschnürung die Grenze zwischen der Urethra und der Blase zu markieren, und die Blasenanlage fängt an, dicker als die Urethralanlage zu werden. — Diese primäre Urethra bleibt noch lange sehr kurz. Ihre obere Grenze wird durch die eben erwähnte Einschnürung, ihre untere Grenze durch die Einmündungsstelle der Wolffschen (und der Müllerschen) Gänge markiert. Die kaudalwärts von dieser Einmündungsstelle gelegene Partie des Urogenitalrohres stellt den (entodermalen) Sinus urogenitalis dar (vgl. Abb. 172), welcher sich bei den verschiedenen Geschlechtern in sehr verschiedener Weise ausbildet.

Entwicklung der Harnblase.

Das Blasenepithel ist also zweifachen Ursprungs:
1. die Hauptpartie desselben stammt vom Entoderm her und
2. eine kleinere dorsokaudale Wandpartie (in Abb. 174 dicker gezeichnet) desselben ist vom Mesoderm (von den Wolffschen Gängen) herzuleiten.

Das ursprünglich dünne Blasenepithel verdickt sich im dritten Embryonalmonat und nimmt das Aussehen eines Übergangsepithels an.

Das die epitheliale Blasenanlage umgebende Mesenchymgewebe sondert sich etwa gleichzeitig in zwei Schichten: eine zentrale, lockere und eine periphere, mehr kompakte Zellenschicht. In der Letztgenannten beginnen sich bald glatte Muskelzellen auszubilden. Die zentralwärts von dieser Muskelschicht gelegene lockere Mesenchymschicht stellt die Anlage der Submukosa dar.

Die Blase behält lange die ausgezogene Spindelform (Abb. 175) bei. Zur Zeit der Geburt ist sie — wenn mäßig gefüllt — birnförmig mit kranialwärts gerichteter Spitze; wenn leer, hat sie aber noch Spindelform. Sie hat dann eine Länge von etwa 4 cm und liegt noch größtenteils oberhalb der Symphyse der Bauchwand eng angefügt. Die Kapazität der Blase des Neugeborenen beträgt bei mäßiger Füllung etwa 10 ccm.

Während der Kinderjahre wächst die Blase besonders stark in die Breite und wird so relativ kürzer. Da sie nun gleichzeitig auch im Verhältnis zu der Höhe des stark wachsenden kleinen Beckens kürzer wird, wird die Folge die, daß die kraniale Blasenspitze kaudalwärts verschoben wird. Auf diese Weise wird die leere Blase Ende des zweiten Kinderjahres ganz und gar ein Beckenorgan.

Entwicklung der weiblichen Urethra.

Gleich wie bei der Blase ist auch die Urethra zweifachen Ursprungs. Hauptsächlich aus der entodermalen Kloake stammend, nimmt nämlich die Urethra auch die Endpartien der beiden Wolffschen Gänge (also mesodermale Bildungen) teilweise in sich auf. — Beim weiblichen Geschlecht bildet sich diese primäre Urethra zu der definitiven Urethra aus.

Die Urethraldrüsen, welche den oberen Prostatadrüsen beim männlichen Geschlecht homolog sind, werden Ende des dritten Embryonalmonats (durch partielle Abschnürung longitudinaler Urethrafalten) angelegt.

Schicksal des Sinus urogenitalis.

Der Sinus urogenitalis persistiert beim männlichen Geschlecht als enges Rohr und bildet sich zum unteren Teile der Pars prostatica, zur ganzen Pars membranacea und zum hinteren Teil der Pars cavernosa urethrae aus (vgl. Abb. 176).

Beim weiblichen Geschlecht dagegen wandelt sich der enge, rohrförmige Sinus urogenitalis (Abb. 172) schon während der ersten Hälfte des Embryonallebens in das weite Vestibulum vaginae um. Diese Umwandlung findet statt:
1. dadurch, daß der Sinus urogenitalis des weiblichen Embryos bald aufhört, in die Länge zu wachsen;
2. dadurch, daß derselbe trichterförmig, und zwar besonders stark in sagittaler Richtung erweitert wird, und
3. dadurch, daß das ursprünglich kraniale Ende des Sinus urogenitalis kaudalwärts verschoben wird. Hierbei werden auch die Mündungen der Vagina bzw. der Urethra, welche ursprünglich oberhalb des Beckenbodens lagen, durch das Trigonum urogenitale hindurchgezogen und in die Höhe der äußeren Geschlechtsteile hinab verschoben.

Hand in Hand mit der Ausbildung des Vestibulum vaginae verlieren also die Vagina und die Urethra ihren gemeinsamen, engen Ausführungsgang, den Sinus urogenitalis, und sie münden — nachdem die betreffende Umwandlung zu Ende gebracht worden ist — je für sich unmittelbar in die Vulva.

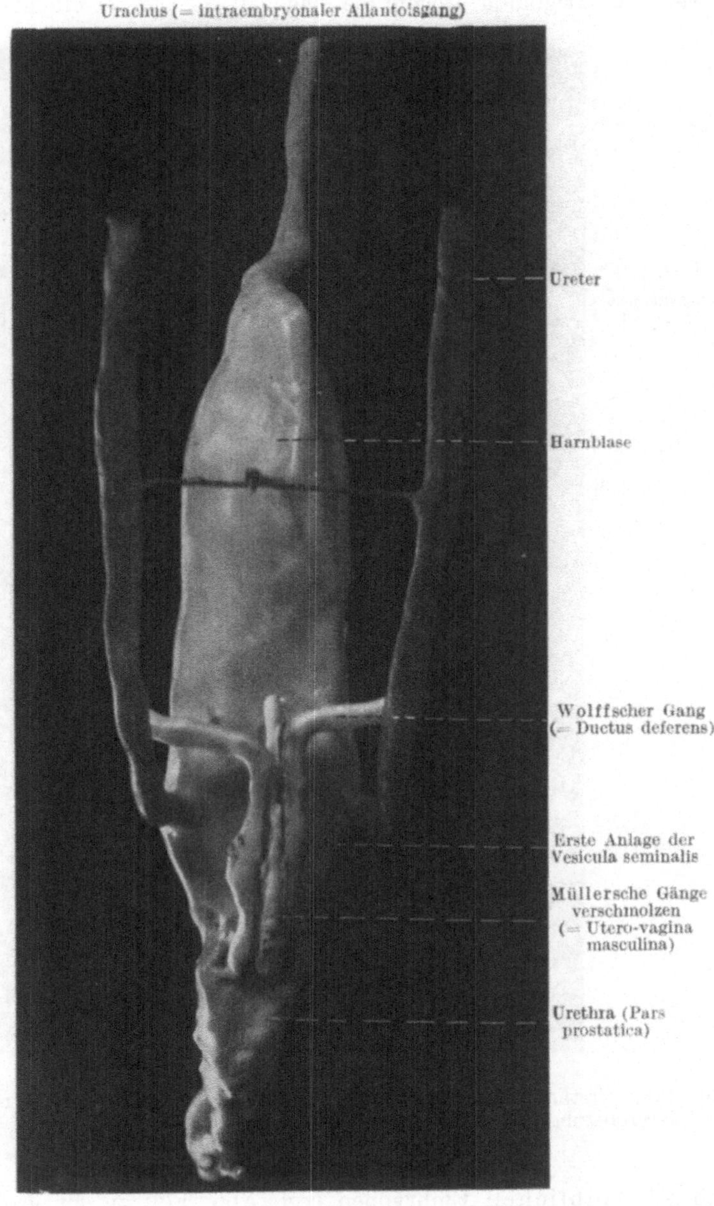

Abb. 175. Blase und Urethra usw. eines 6 cm langen männlichen Embryos; von der dorsalen Seite gesehen. Nach einem von Herrn cand. med. T. Rietz hergestellten Rekonstruktionsmodell. — Vergrößerung: 25 mal. — Aus Broman (1911).

Aus der dem unteren Prostatateil der männlichen Urethra entsprechenden Partie des Vestibulum vaginae bilden sich kleine Vestibulardrüsen (Gl. vestibulares minores) aus, welche den unteren Prostatadrüsen homolog sind.

Ende des dritten Embryonalmonats entstehen am unteren Teil des Sinus urogenitalis paarige Epithelausbuchtungen, die sich bald verzweigen und zu etwas größeren Drüsen ausbilden. Die Drüsenzweige werden in dem Mesenchymgewebe des Trigonum urogenitale eingebettet. Die betreffenden Drüsen bilden

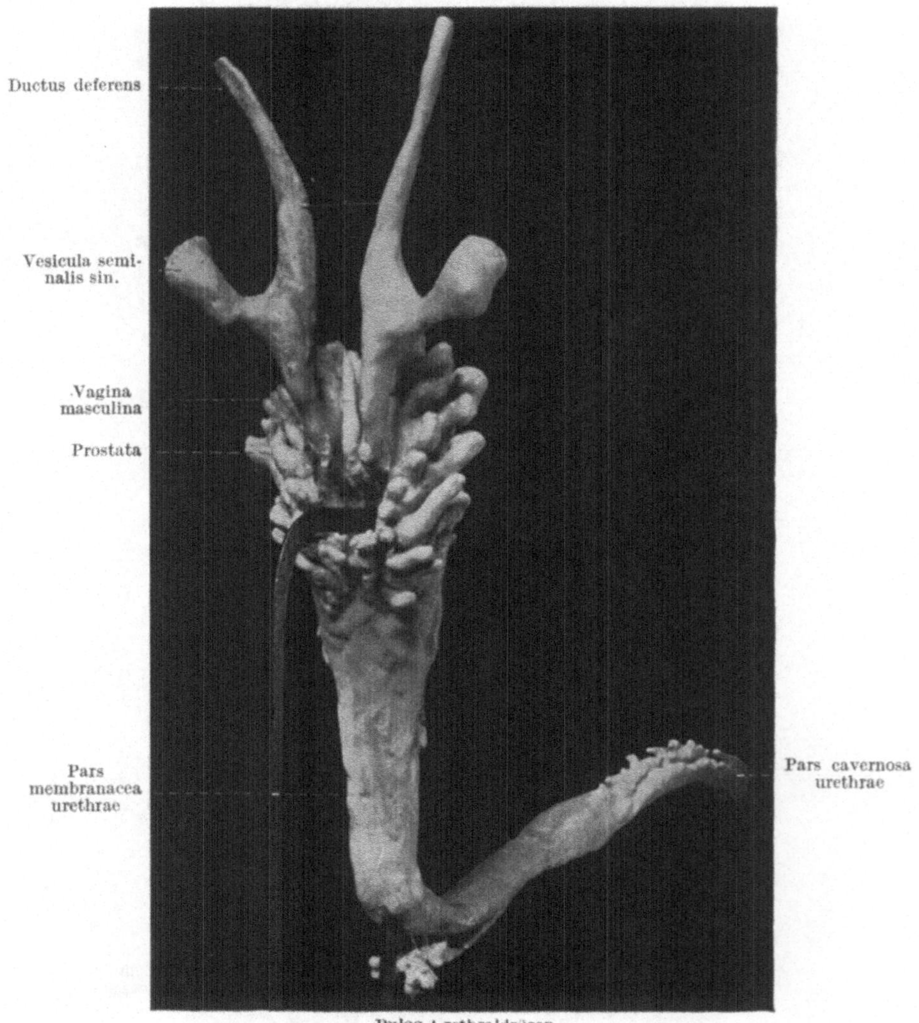

Abb. 176. Urethra eines 13 cm langen Embryos, von hinten und rechts gesehen. — Vergrößerung: 25mal. — Nach einem von cand. med. T. Rietz hergestellten Rekonstruktionsmodell. — Aus Broman (1911).

sich bei weiblichen Embryonen (vgl. Abb. 172) zu den großen Vestibulardrüsen (Gl. vestibulares majores), bei männlichen Embryonen dagegen zu den Bulbourethraldrüsen aus (Abb. 176).

Entwicklung der Prostata.

Die Prostatadrüsen werden etwa Mitte des dritten Embryonalmonats sowohl im Gebiet der primären Urethra, wie im oberen Teil des Sinus urogenitalis angelegt (Abb. 176), und zwar als solide Epithelfalten, die sich bald teilweise abschnüren. Indem sie sich später aushöhlen, bekommen die Prostatadrüsen je ein in die definitive Urethra mündendes Lumen. Die betreffende Urethrapartie wird daher **Pars prostatica urethrae** genannt.

Einzelne der Prostatadrüsenanlagen gehen wieder zugrunde. Die persistierenden Prostatadrüsen wachsen alle dorsalwärts in die nächstliegende Geschlechtsstrangpartie hinein. Hier werden sie von dem Vaginalblastem umfaßt und zu einem einheitlichen Organ der Prostata (Vorsteherdrüse) zusammengefügt. Gleich wie beim weiblichen Embryo differenziert sich das betreffende Blastem in Bindegewebe und glatte Muskulatur, welche Gewebsarten also an der Bildung der Prostata teilnehmen. — Da die **Vagina masculina** und die Endpartien der **Ductus deferentes** von Anfang an auch in demselben Blastem liegen, werden sie selbstverständlich auch in die **Prostata** eingebettet.

Entstehung der äußeren Geschlechtsorgane.

Aus dem **Kloakenhöcker** (S. 66) entstehen zunächst **die indifferenten äußeren Geschlechtsteile**, die aus einem **Genitalhöcker**, zwei (von demselben absteigenden) **Genitalfalten** und zwei (den Genitalhöcker und die Genitalfalten umgebenden) **Genitalwülste** bestehen.

Noch bei etwa 3 cm langen Embryonen sind die äußeren Geschlechtsteile der beiden Geschlechter einander vollkommen gleich. In den nächstfolgenden Stadien beginnen aber Verschiedenheiten aufzutreten, indem bei weiblichen Embryonen die Genitalwülste getrennt bleiben und der Genitalhöcker sich nach abwärts biegt, während bei männlichen Embryonen die hinteren Genitalwulstpartien zu der Skrotalanlage verwachsen und der Genitalhöcker nahezu senkrecht zur Längsachse des Körpers stehen bleibt.

Die Ausbildung der weiblichen Genitalia externa (der **Vulva**) aus den indifferenten Anlagen ist am einfachsten und soll daher hier zuerst beschrieben werden. — Ohne größere Veränderungen gehen nämlich die verschiedenen Komponenten der indifferenten Genitalia externa in diejenigen der weiblichen Genitalia externa über:

Die **Genitalwülste** persistieren in ihrer ganzen Ausdehnung, bleiben getrennt und bilden die **Labia majora**; die **Genitalfalten** bleiben ebenfalls frei und bilden die **Labia minora**, und der **Genitalhöcker** wandelt sich in die **Klitoris** um.

Die Klitorisanlage (Abb. 126D) bekommt in Übereinstimmung mit der Penisanlage und in derselben Weise (vgl. unten) eine **Glans** und ein **Präputium**; im Gegensatz zur Penisanlage wächst sie dagegen sehr langsam und scheint zeitweise sogar im Wachstum vollständig still zu stehen. Auf diese Weise wird die Klitoris bei der Vergrößerung der übrigen Vulvapartien allmählich immer relativ kleiner, bis sie zuletzt (Ende des Embryonallebens) von der Labia majora vollständig verdeckt wird.

Ausbildung der männlichen Genitalia externa.

Wie schon erwähnt, wachsen bei 4—5 cm langen (Sch.-St.-L.) männlichen Embryonen die hinteren Partien der Genitalwülste zu der Skrotalanlage zusammen. Die Verwachsung beginnt dorsal im Anschluß an der primären **Raphe perinealis** und schreitet von hier aus ventralwärts fort (Abb. 177), zuerst bis zur Penisanlage und dann auf dieselbe über. Nachdem die Verwachsung die paarigen Skrotalanlagen miteinander verbunden hat, geht sie also auf die freien Ränder der **Urethrallippen** oder **Genitalfalten** über. Die von diesen begrenzte **Urethralrinne** wird hierbei zu einem Rohr geschlossen, welches die

Urethra nach vorn fortsetzt und die Hauptpartie der Pars cavernosa derselben bildet.   Die erwähnte Verwachsung der Urethrallippen schreitet am
Corpus penis schnell fort, verzögert sich aber gewöhnlich an der Grenze zwischen
dem Korpus und der Glans. An dieser Stelle bleibt die Urethralrinne eine Zeitlang in Form einer „rautenförmigen Grube" weit offen. Auch an der Glans
schreitet die Verwachsung langsam fort. Ihre definitive Lage an der Penisspitze
bekommt die Urethralmündung erst im fünften Embryonalmonat. Erst von
dieser Zeit ab ist also die männliche Urethra vollständig als Rohr angelegt.

Die oben beschriebenen Verwachsungen können in jedem Stadium gehemmt
werden. Je nachdem die Verwachsungshemmung früh oder spät einsetzte,

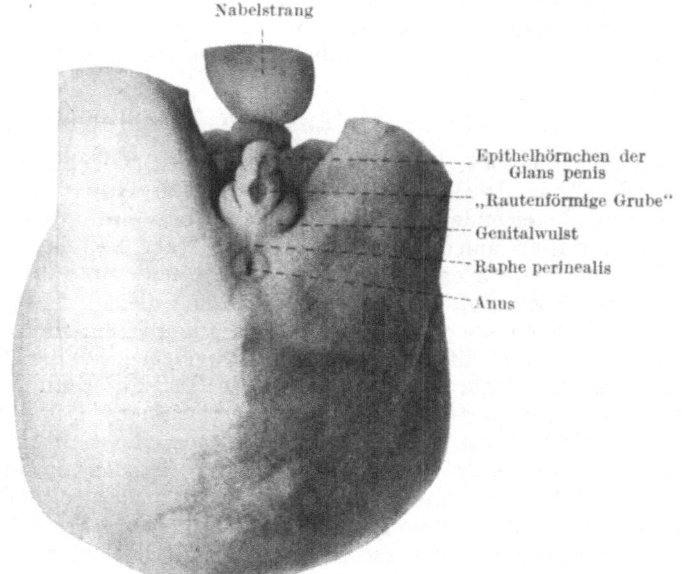

Abb. 177. Äußere männliche Geschlechtsorgane eines 50 mm langen Embryos. —
Vergrößerung: 5 mal. Nach Broman (1911).

entsteht totale oder partielle Hypospadie. Von diesen Hemmungsmißbildungen ist Eichelhypospadie (Hypospadia glandis) die gewöhnlichste.
Die Harnöffnung befindet sich dann meistens hinter der Eichel an der Stelle
der „rautenförmigen Grube" des Embryos. — Bei der totalen Hypospadie
(H. scrotalis oder perinealis) bekommen die äußeren Geschlechtsteile durch-
aus das Aussehen einer Vulva mit großer Klitoris. Solche Mißbildungen haben
auch mehrfach zu unrichtiger Geschlechtsdiagnose Anlaß gegeben.

Die Vorhaut des Penis wird (Ende des dritten Embryonalmonats) dadurch
angelegt, daß eine ringförmige Epithelverdickung schief nach innen und hinten
in die mesenchymatöse Penisanlage hineinwächst und so eine niedrige Hautfalte, die Vorhaut (das Präputium) von der hinteren Glanspartie isoliert.

Diese Vorhaut wächst später aktiv in die Länge aus, bis sie die ganze Glans
bedeckt und sie sogar weit überragt. Hierbei bleibt die Innenseite der Vorhaut
zunächst mit der Glansoberfläche epithelial verklebt. Erst wenn diese Epithel-
verklebung im ersten Kinderjahr gelöst wird, entsteht also ein Präputialraum.

Nicht nur der Genitalhöcker, sondern auch die Urethrallippen gehen
also in die Penisanlage auf. Bei der folgenden, starken Vergrößerung der Letzt-

genannten verstreichen die vorderen Partien der Genitalwälle und gehen wenigstens teilweise in die Penishaut auf.

Das Innere der Penisanlage bildet sich schon Anfang des dritten Embryonalmonats zu fünf Blastemkörpern aus, von welchen ein rundlicher, unpaarer in der Glans und vier langgezogene zu je zweien in dem Genitalhöcker bzw. in den Urethrallippen liegen. Indem die beiden Letztgenannten sowohl unter sich wie mit dem Blastemkörper der Glans verschmelzen und indem sich zahlreiche, stark erweiternde Gefäße in dieses Blastemkörperkomplex eindringen, wandelt sich dieses in den Corpus cavernosum urethrae um. In ähnlicher Weise

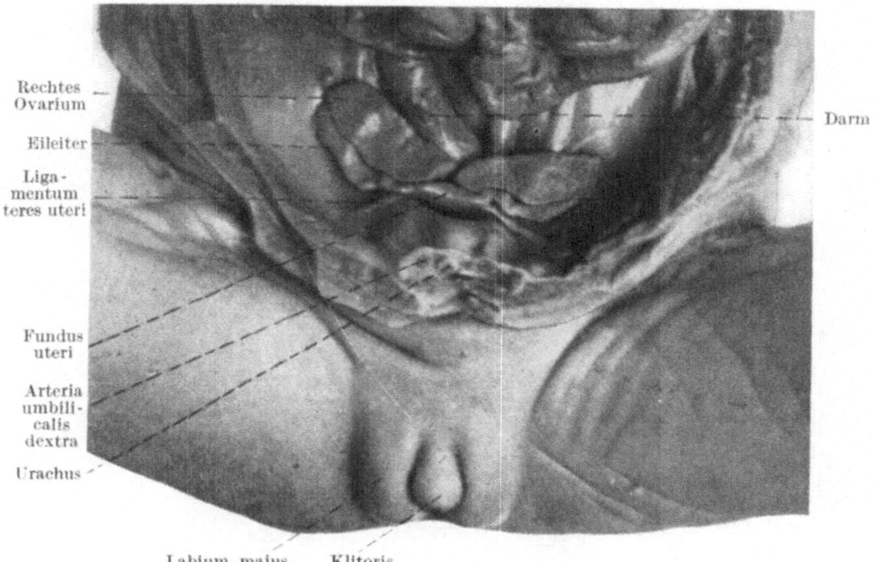

Abb. 178. Geschlechtsorgane eines 21 cm langen weiblichen Embryos. — Vergrößerung: 2 mal. Nach Broman (1911).

bilden sich die paarigen Blastemkörper des Genitalhöckers zu den beiden Corpora cavernosa penis um.

Unmittelbar nach der Verwachsung der paarigen Skrotalanlagen ist ein deutliches Skrotum nicht zu erkennen. Man findet nur das Perineum flach nach vorne bis zur Peniswurzel verlängert (Abb. 177). — Schon Anfang des vierten Embryonalmonats beginnt aber die flache Skrotalanlage, sich über das Niveau des Perineum zu erheben, und bei etwa 12 cm langen Embryonen ist schon ein zwar kleines aber doch deutlich prominentes Skrotum gebildet.

Eigentlich sackförmig ist aber das Skrotum noch lange nicht, denn es fehlen demselben die beiden Skrotalhöhlen. Diese bilden sich erst im 7.—9. Embryonalmonat aus, und zwar in Zusammenhang mit dem Herabsteigen der männlichen Geschlechtsdrüsen (vgl. Abb. 179).

Entstehung der Processus vaginales peritonei.

Anfang des dritten Embryonalmonats werden die horizontal verlaufenden Partien der beiden Nabelarterien durch den Zug der vorderen Bauchwand nach aufwärts emporgehoben; und sie heben dabei zwei Peritonealfalten hoch, die je eine kleine Peritonealtasche von der Beckenhöhle abgrenzen.

Diese Peritonealtaschen enthalten die Urnieren-Inguinalligamente, die sie scheidenartig umgeben. Sie werden deshalb Processus vaginales peritonei genannt. Bei männlichen Embryonen stecken auch die kaudalen Enden der Geschlechtsdrüsen in die betreffenden Peritonealtaschen hinein. Bei weiblichen Embryonen ist dies dagegen nicht der Fall, weil das entsprechende Geschlechtsdrüsenende von Anfang an eine tiefere und mehr mediale Lage hat.

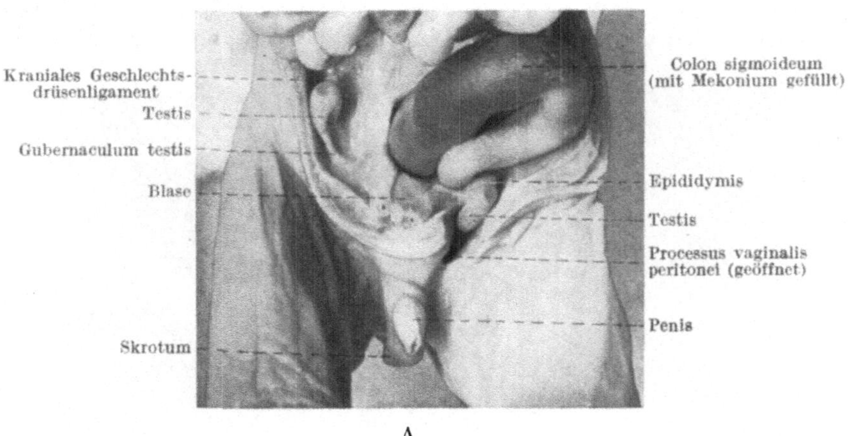

A

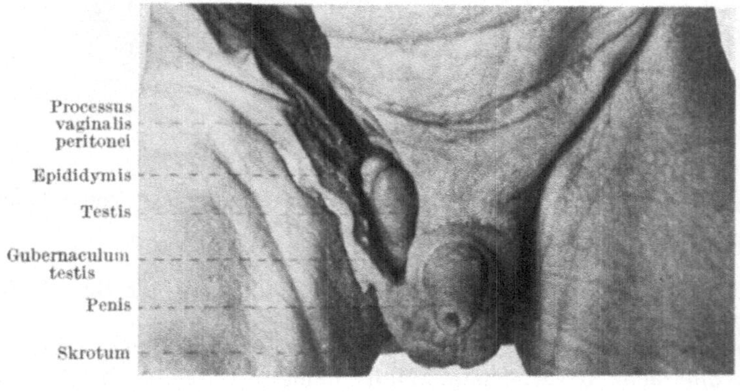

B

Abb. 179. Descensus testiculorum. A Lage der männlichen Geschlechtsdrüsen bei einem 24 cm langen Embryo. B Lage des rechten Testis bei einem 34 cm langen Embryo. — Natürliche Größe. — Nach Broman (1911).

Beim weiblichen Embryo verschwinden jederseits der Processus vaginalis peritonei (Canalis Nuckii) gewöhnlich schon im vierten Embryonalmonat. Beim männlichen Embryo verlängert er sich dagegen in Zusammenhang mit dem Descensus testiculorum zu dem Skrotalsack der betreffenden Seite.

Descensus testiculorum.

Das kaudale Testisligament ist kurz und setzt sich in das Inguinalligament der Urniere direkt fort. Zusammen mit diesem Testisligament bildet das betreffende Inguinalligament das sog. Gubernaculum testis.

Das Gubernaculum testis nimmt während der 4.—7. Embryonalmonate in allen Richtungen an Größe mächtig zu. Hierdurch wird 1. der Inguinalkanal stark ausgedehnt und 2. hebt sich das kraniale Gubernakulumende in die Bauchhöhle hinein, eine große Prominenz bildend, auf deren Höhe der Hoden fixiert ist (Abb. 179 A, rechts).

Da nun das Gewebe des Gubernakulum immer weicher wird, so kann es zuletzt gegen den intraabdominalen Druck nicht mehr standhalten, sondern bricht zusammen und stülpt sich nach außen um, einen Inguinalbruchsack bildend. Hoden und Nebenhoden, die schon im voraus an der werdenden Bruchsackwand fixiert waren, verlassen hierbei die Bauchhöhle und stellen den Inhalt des physiologischen Inguinalbruches dar (Hj. Forßner, 1916).

Daß auch lokale Druckerhöhungen einzelner in der Nähe der Hoden liegenden Darmpartien nicht ohne Bedeutung für die Hodenverlagerung sind, dafür spricht die Tatsache, daß der linke Hoden, der sich unter dem Druck der mekoniumgefüllten Flexura sigmoidea befindet, gewöhnlich zuerst die Bauchhöhle verläßt, um in das Skrotum herabzusteigen (vgl. Abb. 179 A).

Wie oben erwähnt, sind die Hoden mit den Nebenhoden normalerweise schon Anfang des zehnten Embryonalmonats in das Skrotum herabgewandert. Vollendeter Descensus testiculorum pflegt auch in der gerichtlichen Medizin als Zeichen der Geburtsreife betrachtet zu werden. Nicht gerade selten kommt es aber vor, daß eine Hemmung der normalen Herabwanderung der Hoden stattfindet. Der eine (am öftesten der rechte) Hoden (oder seltener beide) bleibt dann entweder in der Bauchhöhle liegen oder im Inguinalkanal stecken (sog. Kryptorchismus). Merkwürdigerweise führt beim Menschen diese Hodenretention immer zu einer mangelhaften Entwicklung des betreffenden Hodens, der — wohl unter dem Einfluß des hohen Druckes (Broman, 1911) — keine Spermien produzieren kann.

Diejenige Partie des Processus vaginalis peritonei, welche in der Abdominalwand einlogiert ist, obliteriert normalerweise bald nach der Geburt. Ihre frühere Lage wird von dem sog. „Canalis inguinalis" markiert. Die in dem Funiculus spermaticus gelegene Partie des Processus vaginalis peritonei obliteriert ebenfalls, obgleich erst viel später als die Bauchwandpartie; am frühzeitigsten findet diese Obliteration im zweiten Lebensjahre statt.

Descensus ovariorum.

Die Urniereninguinalligamente, welche den Hauptpartien der Gubernacula testiculorum des männlichen Embryos entsprechen, verdicken sich beim weiblichen Embryo nicht nennenswert und dehnen also die Inguinalkanäle nicht aus. Auch lockern sie sich in ihrem Inneren nicht auf, sondern werden immer fester und bilden sich zu den Ligamenta uteri rotunda aus. Für die Entstehung eines Inguinalbruchsackes fehlen hiermit die wichtigsten Bedingungen. Daraus erklärt sich nach Hj. Forßner (1916) schon, daß die Ovarien innerhalb der Peritonealhöhle liegen bleiben.

Hierzu kommt noch, daß die Kaudalenden der Ovarien weiter kaudal als diejenigen der Hoden liegen und durch das kaudale Geschlechtsdrüsenligament (Ligamentum ovarii proprium) an den Uterus verankert sind, so daß sie normalerweise nie in die Processus vaginales hineinkommen.

Noch zur Zeit der Geburt liegen die relativ sehr großen Ovarien transversal am Boden des großen Beckens (vgl. Abb. 178). Erst wenn das kleine Becken während der Kinderjahre geräumiger wird, steigen die Ovarien in diese Höhle herab und erreichen ihre definitive Lage.

Entwicklung des Gefäßsystems.

Die ersten Gefäßanlagen entstehen (Ende der dritten Embryonal-woche) außerhalb des Embryos, und zwar im Mesoderm der Dotter-sackwand (vgl. Abb. 39, S. 50), des Bauchstiels und des Chorion. Gewisse Mesenchymzellen proliferieren hier zu abgegrenzten Zellhaufen, welche Blutinseln genannt werden, weil ihre zentralen Zellen sich zu Blutstamm-zellen differenzieren, während die periphere Zellschicht Gefäßendothel wird (Abb. 180).

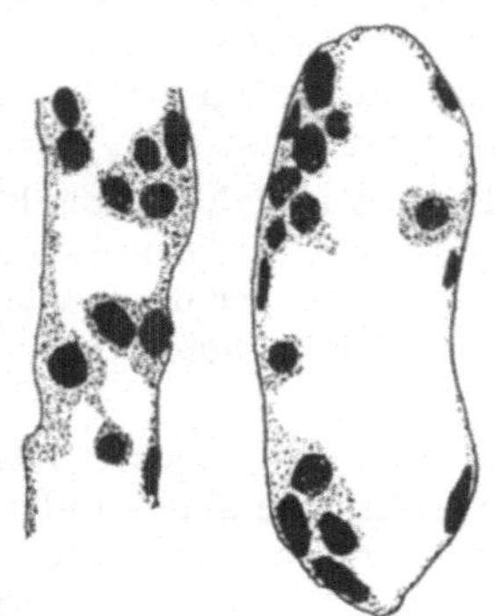

Etwas später werden ähnliche Blutinseln auch innerhalb des Embryos gebildet. — Indem dann die angrenzenden Blutinseln miteinander konfluieren, entstehen die ersten Gefäße, die also von Anfang an mit Blut versehen sind (Abb. 181).

Nach Eternod (1898) kann schon bei 1,3 mm langen menschlichen Embryonen (die noch keine Ursegmente haben) ein vollständiger Blut-kreislauf vorhanden sein. Derselbe besteht aus einem schon (durch Verschmelzung paariger Anlagen) unpaar gewordenen Herzen, aus zwei Aorten, die sich kaudalwärts in den Nabel-arterien direkt fortsetzen, und aus zwei Nabelvenen, die das Blut des Chorions, des Bauchstiels und der Dotterblase aufsammeln und zum Herzen zurückführen (vgl. Abb. 46, S. 58).

Abb. 180. Blut- und Gefäß-bildung im Chorion eines 2 mm langen menschlichen Embryos. — Nach Dandy (1910) aus Broman (1911).

Hervorzuheben ist indessen, daß bei einem Embryo mit acht Ursegmenten noch kein geschlossener Kreislauf vorhanden war, und daß ein solcher selbst bei einem Embryo mit 14 Ursegmenten noch fraglich erschien (vgl. Großer, 1924).

Entstehung der Schwanzarterien.

Wenn der Schwanz des Embryos entsteht, wachsen von den kaudalen Aortenpartien zwei Schwanzarterien aus, welche der Richtung nach als direkte kaudale Fortsetzungen der beiden Aorten imponieren (vgl. Abb. 198). Von nun ab sehen die mehr plötzlich (von der Ausgangsstelle der Schwanz-arterien) ventralwärts umbiegenden Arteriae umbilicales nicht mehr als Fortsetzungen, sondern vielmehr als mächtige Ventralzweige der Aorten aus.

Entstehung der embryonalen Aortenbogen (= Kiemenbogenarterien).

Die primitiven Aorten sind überall paarig. Jede Aorta kann in eine kurze Aorta ascendens, einen primitiven Aortenbogen und eine relativ lange Aorta descendens gesondert werden (Abb. 181).

Der primitive Aortenbogen kommt bei der Ausbildung des ersten Kiemenbogens (des sog. Mandibularbogens) in diesen zu liegen. Er ist also mit der ersten Kiemenbogenarterie identisch, hat dagegen zu dem definitiven Aortenbogen, wie wir unten sehen werden, keine direkte Beziehung.

Bald beginnen unmittelbar kaudalwärts von der ersten Kiemenbogen-arterie allmählich neue Arterienbogen zu entstehen, die von der Aorta ascendens primitiva ausgehend (Abb. 200 A) sich mit der Aorta descendens primitiva ver-binden. Auch diese Arterienbogen verlaufen in Körperwandpartien, die sich bald zu Kiemenbogen differenzieren; sie können also von Anfang an als Kiemen-bogenarterien bezeichnet werden.

Es werden jederseits nicht weniger als sechs solche Kiemenbogenarterien gebildet. Zuletzt (bei etwa 5 mm langen Embryonen) entsteht beim Menschen die fünfte Kiemenbogenarterie. Nur ausnahmsweise sind aber zu dieser Zeit die zuerst gebildeten Kiemenbogenarterien noch vollständig erhalten. Die Kiemenbogenarterien existieren, mit anderen Worten, gewöhnlich nicht

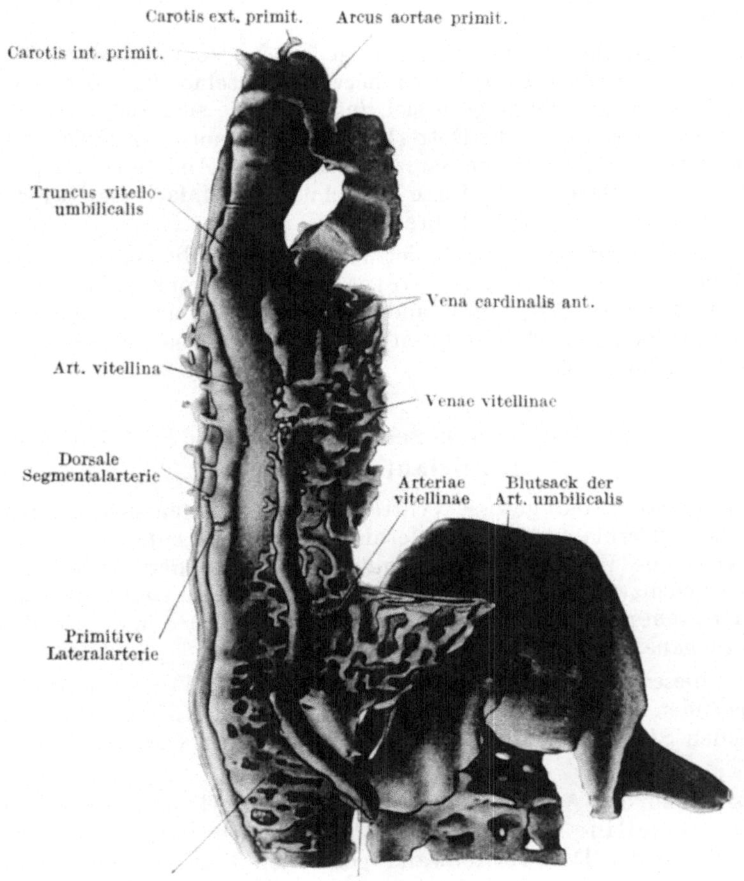

Abb. 181. Rekonstruktionsmodell des Gefäßsystems eines 2,5 mm langen menschlichen Embryos (und des Bauchstieles). Von rechts gesehen. — Vergrößerung: 75 mal. — Nach Veit und Esch (1922) Arterien rot, Venen blau, Darm grün.

alle gleichzeitig. Meistens sind die beiden ersten Bogenarterien (1 und 2) schon der Reduktion anheimgefallen, wenn die beiden letzten (6 und 5) erscheinen.

Entstehung der Arteriae carotides primitivae.

Schon bei etwa 2 mm langen Embryonen beginnen die Aortae descendentes primitivae sich vorderhirnwärts zu verlängern (Abb. 181). Dadurch entsteht jederseits ein Arterienstamm, den wir Arteria carotis interna primitiva nennen können. Später verlängern sich auch die beiden Aortae ascendentes primitivae kranialwärts von den Aortenbogen. Dadurch entsteht jederseits die anfangs kleine Arteria carotis externa primitiva.

Entstehung der intersegmentalen Aortenzweige.

Etwa gleichzeitig mit der Bildung der ersten Somitenpaare beginnen die beiden Aorten (in der Somitengegend und kaudalwärts davon) Ventralzweige auszusenden, die in der Regel in der Höhe der gegenseitigen Somitengrenzen lokalisiert und daher als intersegmental zu bezeichnen sind (Abb. 37, S. 48 und Abb. 44, S. 56).

Die Ventralzweige der Aorten dringen (jederseits vom entodermalen Digestionskanal) in der Splanchnopleura hervor. Einzelne derselben entwickeln sich relativ stark und verlängern sich (nachdem sie sich zuerst in der Darmwand verzweigt haben) bis in die Dotterblasenwand hinaus, wo sie sich mit den hier schon im voraus gebildeten Gefäßanlagen verbinden. Andere verzweigen sich ausschließlich in der Darmwand. Diese bezeichnen wir einfach als Darmarterien, jene als Arteriae omphalomesentericae.

Etwas später, als die Ventralzweige gebildet wurden, senden die beiden Aortae in denselben Höhen intersegmentale Dorsalzweige heraus (Abb. 181). Diese verlaufen in der Somatopleura und verzweigen sich in den Leibeswandungen (einschließlich der Extremitäten). Sie können also als Leibeswandarterien bezeichnet werden.

Entstehung der Venae omphalo-mesentericae und des vitellinen Blutkreislaufes.

Etwa gleichzeitig damit, daß gewisse Ventralzweige der Aorten sich mit den Gefäßanlagen der Dotterblasenwand in Verbindung setzen, entstehen auch Venenzweige, welche die Venae umbilicales mit den Gefäßen der Dotterblase verbinden. Diese Venenzweige, welche bald relativ groß werden, stellen die sog. Venae omphalomesentericae oder vitellinae dar. Sie münden in die Venae umbilicales nahe am kaudalen Herzende (Abb. 181).

Die zwischen diesem und den Einmündungsstellen der Venae omphalomesentericae liegenden kurzen Umbilikalvenenpartien erweitern sich jetzt zu einem querliegenden Sinus venosus (Abb. 185 oberhalb der vorderen Darmpforte).

Mit der Ausbildung der Arteriae und Venae omphalomesentericae entsteht der sog. vitelline Blutkreislauf (der Dottersackkreislauf), durch welchen die in der Dotterblasenwand gebildeten Blutkörperchen und Drüsenprodukte (Hormone) dem Embryo zugute kommen. — Bemerkenswert ist, daß sich dieser Dottersackkreislauf nach der oben erwähnten Beobachtung von Eternod beim Menschen später als der plazentare Kreislauf ausbilden sollte.

Entstehung der Leibeswandvenen.

In der vierten Embryonalwoche entstehen jederseits zwei Venenstämme, welche das venöse Blut der embryonalen Leibeswände zum Herzen führen. Der eine von diesen Venenstämmen kommt von dem kaudalen Körperende des Embryos und wird Vena cardinalis inferior (oder posterior) genannt. Der andere, die sog. Vena cardinalis superior (oder anterior, auch unter dem Namen Vena jugularis primitiva bekannt) kommt von dem kranialen Ende des Embryos.

In der Höhe der venösen Partie des Herzens vereinigen sich jederseits die beiden Venae cardinales zu einem kurzen Hauptstamm, dem sog. Ductus Cuvieri, der in den obenerwähnten Sinus venosus mündet.

Entwicklung des Blutes.

Die zuerst gebildeten Blutzellen, die sog. Blutstammzellen oder Hämogonien (Abb. 182 A), sind relativ große, kernhaltige Zellen mit farblosem Protoplasma. Gleichzeitig damit, daß sie sich durch wiederholte Mitosen vermehren,
verändern sie auch ihr Aussehen (Abb. 182 B—D). Das Protoplasma wird fein-
granuliert und in demselben beginnt der rote (in durchfallendem Lichte
gelbe) Blutfarbstoff, das Hämoglobin, aufzutreten. Von jetzt ab werden
die Blutzellen daher Erythroblasten (Abb. 182 E, F) genannt. — Die aus
den extraembryonal gebildeten Hämogonien stammenden Erythroblasten
(Abb. 182 F) sind relativ große, runde, kernhaltige Zellen mit homogenem,
gelbgefärbtem Protoplasma.

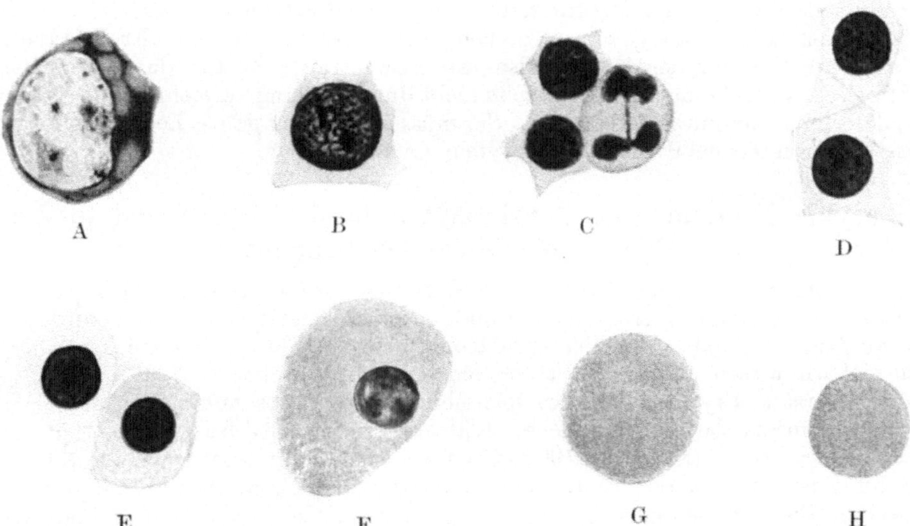

Abb. 182. Verschiedene Entwicklungsstadien der Blutkörperchen. A Hämogonie, B Hämoblast I, C Hämoblast II, D Übergangszellen, E kleine Erythroblasten, F große Erythroblasten des Dottersackes, G großer Erythrozyt, H kleiner Erythrozyt. Nach Mollier
(1909) aus Broman (1911).

Die Zahl dieser sog. primären Erythroblasten (oder „Megaloblasten")
wird eine Zeit lang stetig größer, und zwar sowohl dadurch, daß neue, extraembryonale Blutinseln mit dem Kreislauf einverleibt werden, wie dadurch,
daß die schon gebildeten Erythroblasten sich durch Mitose vermehren. Die
betreffenden Mitosen können Anfangs überall (auch im zirkulierenden Blut)
auftreten. Speziell reichlich treten sie aber nach van der Stricht (1892) an
solchen Stellen auf, wo der Blutdruck besonders niedrig ist, und am allerreich-
lichsten in solchen Organen, welche (wie z. B. die Leber) außerdem an Nahrungsmaterial reich sind.

Die primären Erythroblasten (Abb. 182 F) persistieren höchstens bis
zum Ende des dritten Embryonalmonats. Sie degenerieren dann und werden
allmählich ersetzt durch kleinere sekundäre Erythroblasten (Abb. 182 E),
die zunächst in der Leber entstehen und nach der erwähnten Zeit die alleinige
Art der Erythroblasten (daher auch „Normoblasten" genannt) darstellen.

Die meisten dieser sekundären Erythroblasten gelangen aber nicht als solche
in den allgemeinen Kreislauf, sondern erst nachdem sie innerhalb der Leber

entkernt worden sind (Mollier, 1909). — Die Entkernung der Erythroblasten findet nach Mollier in der Weise statt, daß der Kern partiell ausgestoßen wird, zum Teil aber schon innerhalb der Zelle degeneriert. Auf diese Weise werden aus den sekundären Erythroblasten reife, kernlose Blutkörperchen, sog. Erythrozyten (Abb. 182 H).

Diese kernlosen, roten Blutkörperchen treten vereinzelt schon in der Mitte des dritten Embryonalmonats auf. Sie nehmen aber jetzt sehr rasch an Zahl zu, gleichzeitig damit, daß die kernhaltigen verschwinden. Schon Ende des dritten Embryonalmonats findet man daher nur mehr sehr wenige kernhaltige rote Blutkörperchen (Mollier, 1909), und während der letzten Fetalmonate sucht man im allgemeinen vergeblich nach solchen im zirkulierenden Blut.

Von jetzt ab sind kernhaltige rote Blutkörperchen (Erythroblasten) nur in den blutbildenden („hämatopoetischen") Organen (Leber, Milz oder Knochenmark) zu finden, wo sie sich durch wiederholte Mitosen stetig vermehren und stetig neue Erythrozyten aus sich hervorgehen lassen.

Die erwähnten an gewissen Stellen persistierenden Erythroblasten (bzw. ihre Stammzellen) stellen also lebenswichtige Zellen dar. Denn die Erythrozyten können sich einerseits nicht durch Teilung vermehren und haben andererseits nur kurze Lebenszeit. Sie müssen also das ganze Leben hindurch stetig durch neugebildete Erythrozyten ersetzt werden.

Über die Bildung von Erythrozyten in der Leber und in den übrigen blutbildenden Organen.

Das Mesenchym des Chorion und der Dotterblase stellt, wie erwähnt, das zuerst in Funktion tretende Blutbildungsorgan (das „erste hämatopoetische Organ") dar. Die hier gebildeten farbigen Blutzellen erreichen aber, so viel wir wissen, nie das Erythrozytenstadium (vgl. oben S. 213).

Die ersten Erythrozyten des menschlichen Embryos entstehen, wie oben erwähnt, in der Leber. Die Leber stellt also das zweite hämatopoetische Organ dar. Nach (Mollier (1909) fängt sie fast unmittelbar nach ihrer Entstehung an, sich zu der Blutkörperbildung vorzubereiten. Schon Anfang des zweiten Embryonalmonats gehen aus gewissen Zellen des mesenchymatösen Lebernetzes die Hämogonien, d. h. die Stammzellen der werdenden Blutkörperchen, hervor. Aus diesen entstehen durch wiederholte Teilungen Häufchen von kleineren Zellen, Hämoblasten, deren Kerne sich relativ sehr stark färben.

Die kleinen Hämoblasten (Abb. 182 C) haben große Ähnlichkeit mit Lymphozyten und können sich wahrscheinlich unter Umständen auch in Lymphozyten umwandeln. Meistens bilden sie aber in ihrem Protoplasma Hämoglobin aus und wandeln sich so in Erythroblasten um, aus welchen später — nach Entkernung — Erythrozyten hervorgehen.

Die Maschen des Mesenchymnetzes stehen mit den letzten Verzweigungen der fertigen Lebergefäße in offener Verbindung, was sich dadurch erklärt, daß die letztgebildeten Leberkapillaren eben aus dem Mesenchymnetz hervorgegangen sind.

Die außerhalb der fertigen Lebergefäße gebildeten Blutzellen werden in einem gewissen Entwicklungsstadium (gewöhnlich erst als Erythrozyten oder Erythroblasten) von dem Mesenchymnetz frei und gelangen nun durch die offenen Maschen des Mesenchymnetzes in die eigentliche Gefäßlichtung. Auf diese Weise kommen sie (anfangs oft noch gruppenweise zusammenhängend) in den Kreislauf hinein. — Sobald die Lieferung von Blutzellen aus einer Mesenchymnetzpartie beendigt ist, „verdichtet sich hier die retikuläre Gefäßwand zur geschlossenen Endothelröhre" (Mollier).

Das Mesenchymnetz der Leber „wiederholt lange Zeit in einzelnen periodischen Schüben die Lieferung der Blutzellen". Der Höhepunkt der blutbildenden Tätigkeit der Leber ist aber schon bei einem Embryo von 30—35 cm Länge vorbei (Mollier). Und zur Zeit der Geburt ist die Blutbildung in der Leber normalerweise beendigt. — Nur in Fällen schwerer Anämie findet postembryonal eine regenerative Wiederaufnahme der Blutbildung in der Leber statt (E. Meyer und Heineke).

In etwa ähnlicher Weise wie in der Leber werden Erythrozyten auch in der Milz und in dem Knochenmark gebildet. Die Blutbildung in der Milz soll etwa in der Mitte des Embryonallebens anfangen und Ende desselben schon beendigt sein. Die Milz kann also als das dritte hämatopoetische Organ bezeichnet werden.

Schon in der zweiten Hälfte des Embryonallebens tritt aber die Entstehung der Erythrozyten in dem Knochenmark (dem vierten hämatopoetischen Organ) immer mehr in den Vordergrund und bleibt „fast ausschließlich dort durch das ganze Leben fortbestehen" (Stöhr).

Entstehung der Leukozyten.

Die ersten Hämoleukozyten entstehen in der Leber und zwar nach Mollier (1909) aus Hämogonien, also aus Mesenchymzellen, welche den Stammzellen der Erythrozyten ganz ähnlich sind, deren Tochterzellen aber nicht Hämoglobin ausbilden.

Anstatt dessen verändern sie ihr Protoplasma durch Ausarbeitung von eosinophilen, groben Granula und wandeln sich so etwa gleichzeitig mit der Bildung der ersten Erythrozyten in der Leber in eosinophile Leukozyten um.

In späteren Entwicklungsstadien wird die Bildung der Hämoleukozyten von dem Knochenmark übernommen (Stöhr). — Die ersten Lympholeukozyten (Lymphozyten) entstehen später als die ersten Hämoleukozyten (Leukozyten im engeren Sinn). Ihre embryonale Bildungsstelle ist noch nicht mit Sicherheit bekannt.

Entwicklung des Herzens.

Die erste Herzanlage tritt beim menschlichen Embryo von etwa 1,5 mm Länge auf, und zwar als paarige, kompakte Mesodermzellenhäufchen in der kaudalen Kopfpartie. An den betreffenden Stellen sind schon die paarigen Anlagen der Perikardhöhle zu erkennen.

Die beiden Herzanlagen liegen ursprünglich weit entfernt voneinander in den lateralen Partien der Area embryonalis (Abb. 183 A). Sie werden aber bei der Bildung des Vorderdarmes einander mehr oder weniger stark (ventralwärts vom Kopfdarme) genähert und verschmelzen zuletzt zu der unpaaren Herzanlage (vgl. Abb. 183 B u. C).

Schon vor dieser Verschmelzung hatten aber die kompakten, paarigen Herzanlagen sich zuerst mesenchymatös umgewandelt und dann je ein einheitliches Lumen bekommen, und das Letztgenannte war sowohl mit den extra-, wie mit den übrigen intraembryonalen Gefäßen der betreffenden Seite in Verbindung getreten.

Unmittelbar nach dem Einfachwerden der Herzanlage war dieselbe durch ein Mesocardium dorsale an den Vorderdarm und durch ein Mesocardium ventrale an die ventrale Körperwand fixiert (Abb. 183 C). Das Mesocardium ventrale geht aber sofort vollständig zugrunde. Dagegen persistiert das Mesocardium dorsale, wenn auch mehr oder weniger stark reduziert (Abb. 186 B), zeitlebens. — Bei dem Zugrundegehen des Mesocardium ventrale vereinigen sich selbstverständlich die früher paarigen Perikardialhöhlen zu einer unpaaren Kavität.

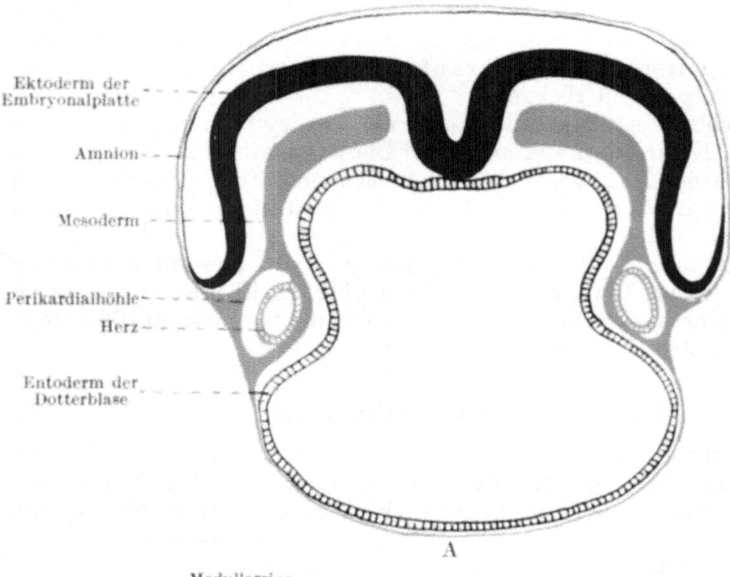

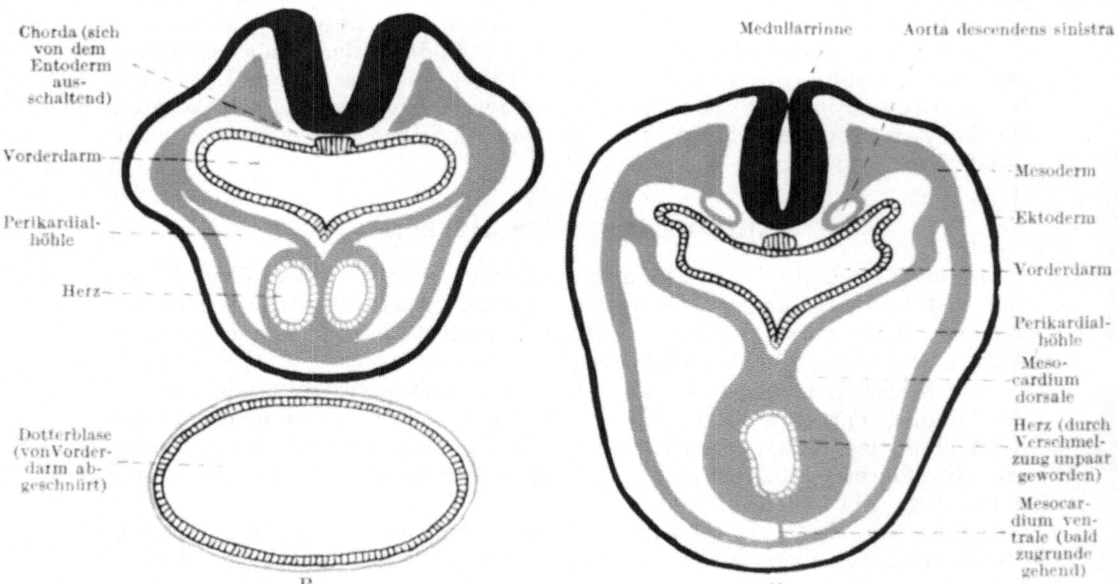

Abb. 183. Schematische Querschnitte, die Entstehung des unpaaren Herzens und der unpaaren Perikardialhöhle zeigend. Das Ektoderm ist kompakt schwarz, das Mesoderm rot und das Entoderm schraffiert schwarz. Aus Broman (1911).

Fast unmittelbar nach der äußeren Verwachsung der paarigen Herzanlagen geht die die beiden Lumina derselben trennende, gemeinsame Wandpartie durch Atrophie zugrunde (vgl. Abb. 183 B u. C). Die auf diese Weise einfach

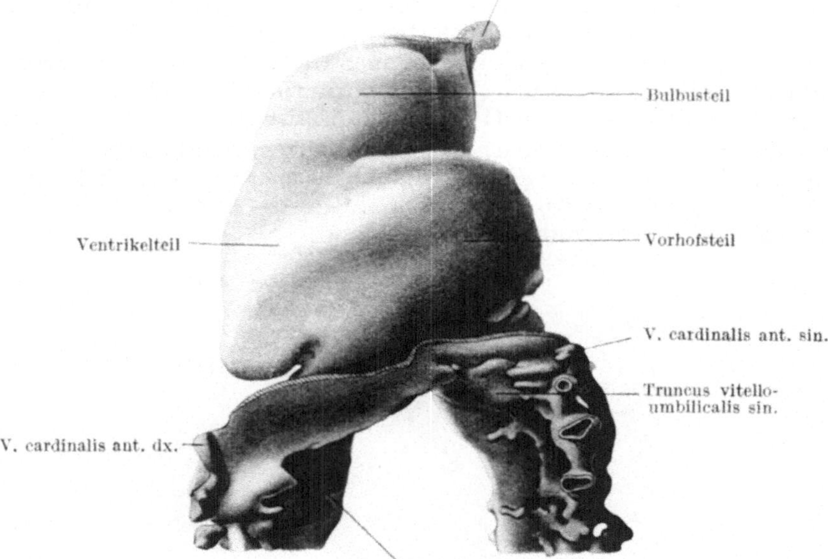

Abb. 184. Rekonstruktionsmodell des Herzens (Myoepikard) eines 2,5 mm langen menschlichen Embryos. Von der Ventralseite gesehen. — Vergrößerung: 75 mal. — Nach Veit und Esch (1922).

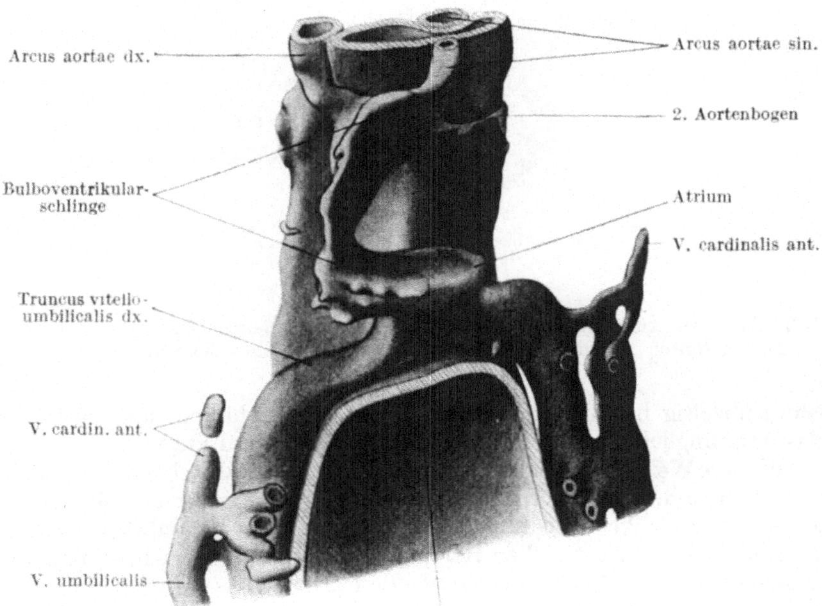

Abb. 185. Rekonstruktionsmodell des endothelialen Herzens usw. von einem 2,5 mm langen menschlichen Embryo. Von der Ventralseite gesehen. — Vergrößerung: 75 mal. Nach Veit und Esch (1922). — Herz und Arterien rot, Venen blau und Vorderdarmaußenfläche grün.

gewordene Herzanlage bildet zuerst einen longitudinal gelagerten Schlauch, welcher kranialwärts den Truncus arteriosus bildet und in seinem kaudalen Ende einige Venen (die Venae omphalomesentericae, die Venae umbilicales und die Ductus Cuvieri) aufnimmt. Man kann daher auch den kranialen Teil des Herzschlauches als die arterielle und den kaudalen Teil desselben als die venöse Herzpartie bezeichnen.

Die junge Herzanlage besteht aus einem inneren dünnwandigen Rohr, die Anlage des Endokardiums (Abb. 185), und aus einem äußeren, dickwandigen. Das Letztgenannte stellt die gemeinsame Anlage des Myokardiums und des Pericardium viscerale dar (Abb. 184).

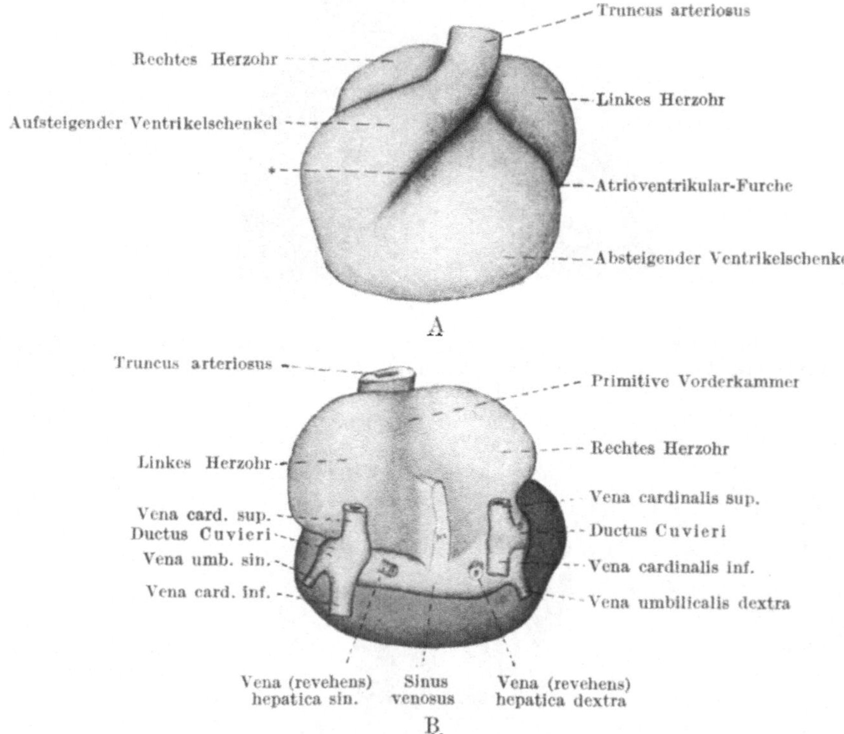

Abb. 186. Rekonstruktionsmodell des Herzens eines 3 mm langen Embryos, A von vorne, B von hinten gesehen, m Mesocardium dorsale. Nach Broman (1895).

Sehr frühzeitig beginnt der Herzschlauch sich zu biegen, und zwar derart, daß das ursprünglich kaudale Ende desselben dorsal- und kranialwärts verlagert wird. Auf diese Weise bildet sich der ursprünglich vertikal stehende Herzschlauch in eine Schleife um, an welcher man einen linken, absteigenden und einen rechten, aufsteigenden Schenkel unterscheiden kann. — Die kaudalwärts gerichtete (etwa in der Mitte der arteriellen Herzpartie entstandene) Umbiegungsstelle der Schleife stellt die Anlage der werdenden Herzspitze dar.

Der rechte, aufsteigende Schenkel geht, medialwärts umbiegend, in den sog. Truncus arteriosus über (Abb. 186). Der linke, absteigende Schenkel steht kaudal — durch ein kurzes Querstück — mit dem aufsteigenden Schenkel in Verbindung und kranial geht er in die venöse Herzpartie über. — Die beiden Schenkel der Schleife werden Ventrikelschenkel genannt; denn aus diesen gehen die beiden **Herzventrikel** hervor. Die **Herzvorhöfe** entwickeln sich aus der jetzt dorsal gelegenen, venösen Herzpartie.

Diese venöse Partie der Herzanlage wird schon in der vierten Embryonalwoche durch eine Furche in zwei Abteilungen, den **Sinus venosus** und die **primitive Vorkammer**, gesondert (Abb. 186 B). Von diesen liegt der **Sinus venosus** mehr dorsal (und kaudal) und nimmt die zum Herzen gehenden Venen in sich auf, während die primitive Vorkammer mehr ventral und kranial liegt und mit dem absteigenden Ventrikelschenkel direkt kom-

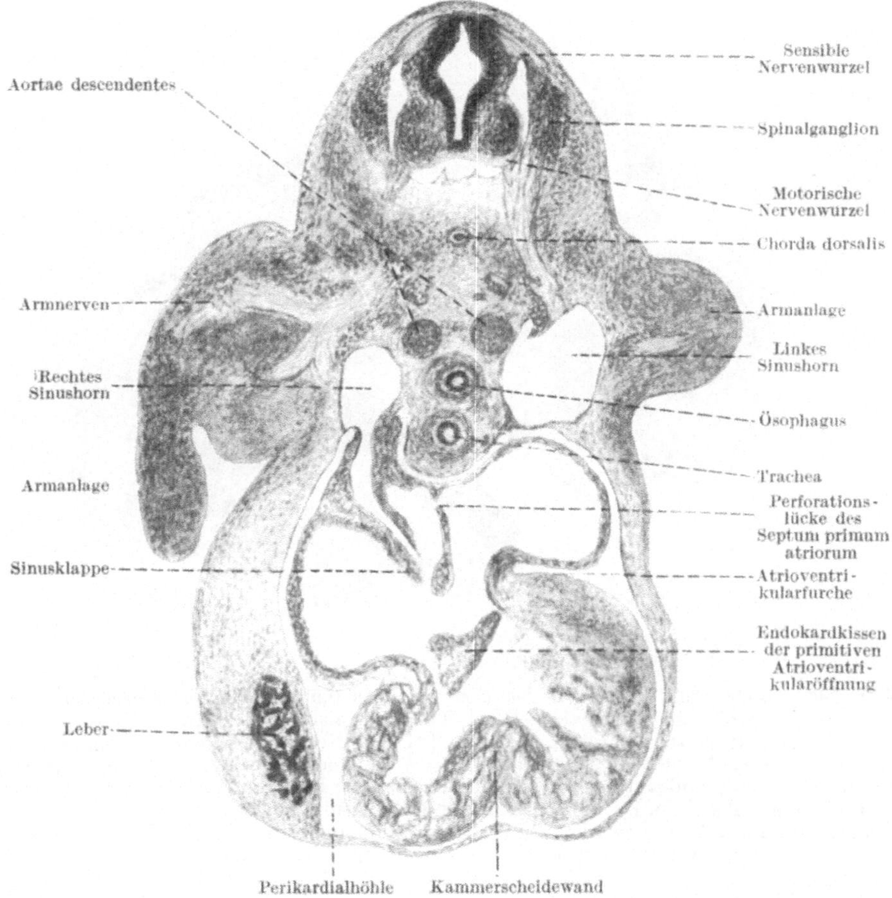

Abb. 187. Querschnitt durch die Herzgegend eines 8,3 mm langen Embryos (die Sinusklappen zeigend). — Vergrößerung: 30mal. — Nach Broman (1911).

muniziert. — Indem sich nun die primitive Vorkammer rasch vergrößert, entstehen zu beiden Seiten des Truncus arteriosus zwei Vorkammerausladungen, welche die Anlagen der beiden **Herzohren** (Abb. 186) darstellen. Gleichzeitig hiermit vergrößern sich die Ventrikelschenkel, während die Grenzpartie zwischen Vorhofs- und Ventrikelanlagen relativ eng bleibt. Auf diese Weise wird die Ventrikelpartie des Herzens von der Vorhofspartie desselben im Äußeren durch eine tiefe Transversalfurche (Abb. 186 A, Atrioventrikularfurche) abgegrenzt. Das Lumen dieser engen Grenzpartie zwischen Vorhofs- und Ventrikelanlage stellt die **primitive Atrioventrikularöffnung** dar (Abb. 188 u. 189).

Entstehung der definitiven Vorhöfe.

Septum atriorum. Schon Ende der vierten Embryonalwoche entsteht die erste Anlage der Vorhofsscheidewand. Es bildet sich zu dieser Zeit an der hinteren, oberen Wand der primitiven Vorkammer eine sagittal gestellte Falte (das Septum primum von Born), welche allmählich in der Richtung gegen die primitive Atrioventrikularöffnung herabwächst (Abb. 187—189 S. I)). Zuletzt erreicht sie die Mitte dieser Öffnung und vermittelt so auf einmal die Aufteilung der venösen Herzpartie in die beiden Herzvorhöfe und die Trennung

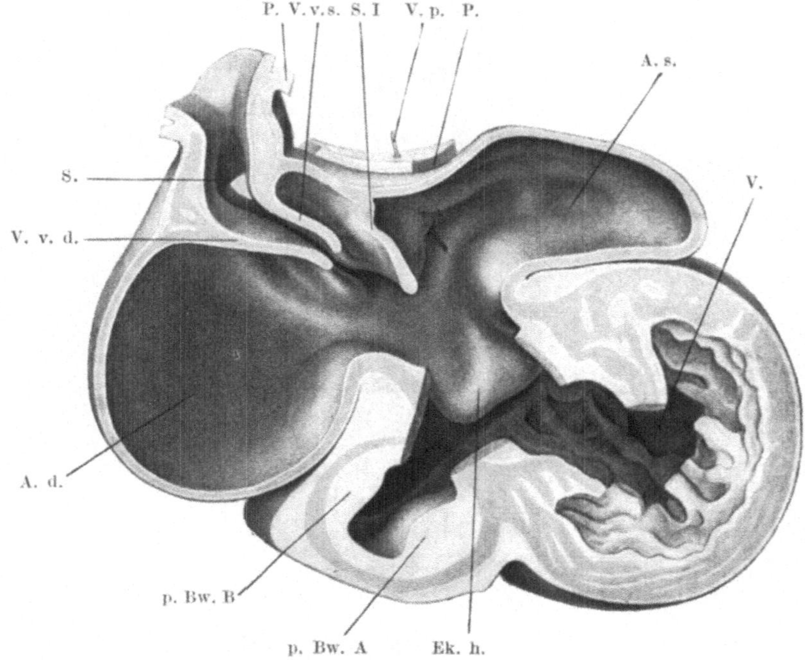

Abb. 188. Rekonstruktionsmodell des Herzens eines 6,5 mm langen menschlichen Embryos. — Vergrößerung: 100 mal. — Nach Tandler aus Keibel-Malls Handb. d. Entwicklungsgeschichte d. Menschen. Leipzig 1911. Untere Hälfte des horizontal durchschnittenen Modells von oben gesehen. A. d. = Atrium dextrum; A. s. = Atrium sinistrum; Ek. h. = hinteres Endokardkissen des Aurikularkanals; P. = Perikard; p. Bw. A = proximaler Bulbuswulst A; p. Bw. B = proximaler Bulbuswulst B; S. = Sinus venosus; S. I = Septum primum; V. = Ventrikel; V. p. = Vena pulmonalis (sondiert); V. v. d. = Valvula venosa dextra; V. v. s. = Valvula venosa sinistra.

der primitiven Atrioventrikularöffnung in die beiden definitiven Atrioventrikularöffnungen.

Allein die Trennung der beiden Herzvorhöfe wird zunächst keine vollständige. Ehe noch die primitive Scheidewand (das Septum primum) halbfertig geworden ist, bildet sich nämlich in der oberen Partie derselben eine Perforationslücke aus, durch welche die beiden Vorhöfe auch nach der vollständigen Ausbildung des Septum primum miteinander in Verbindung bleiben (vgl. Abb. 187 u. 189). — Diese Perforationslücke vergrößert sich und rückt bei der späteren Ausbildung der Scheidewand nach vorn und unten hervor. Sie stellt das primitive Foramen ovale dar (Abb. 190, Foramen ovale II).

Nachdem das Septum primum die Atrioventrikularöffnung erreicht hat, entsteht an der rechten Seite desselben eine neue Falte, die sich zu einer

Verstärkung der Vorhofsscheidewand ausbildet (vgl. Abb. 189 S. II). Diese Falte wächst nämlich unmittelbar neben dem Septum primum zu einem neuen Septum, dem Septum secundum (Born), aus, das mit dem Septum primum verlötet wird (vgl. Abb. 191).

Dieses Septum secundum ist ringförmig und relativ dick. Dasselbe hat — mit anderen Worten — von Anfang an in der Mitte eine relativ große Öffnung, die von dem dicken Faltenrande begrenzt wird. Hervorzuheben ist nun, daß diese Öffnung des Septum secundum nicht gerade gegenüber derjenigen des Septum primum, sondern etwas mehr nach hinten zu liegen kommt. Die Öffnung des Septum secundum wird daher mehr oder weniger vollständig von dem

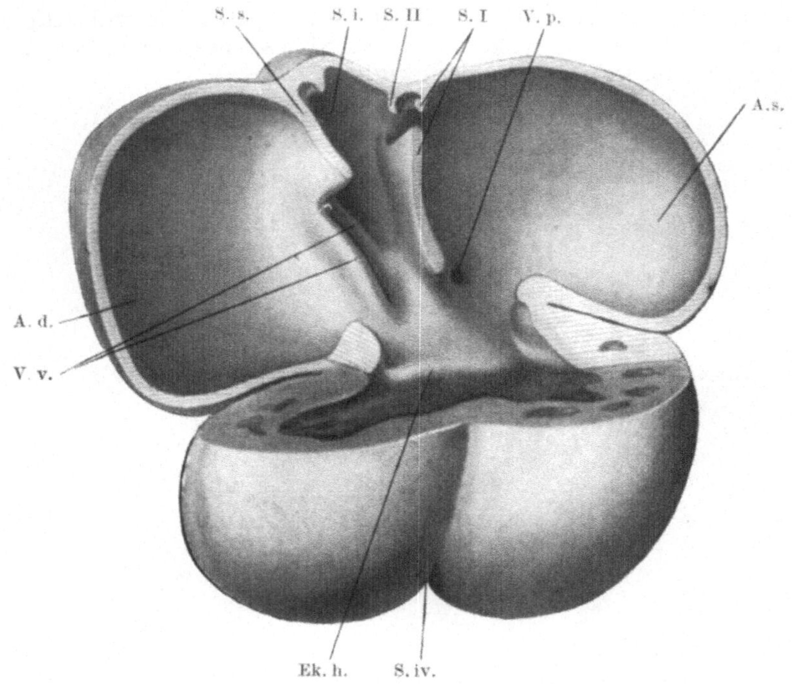

Abb. 189. Rekonstruktionsmodell des Herzens eines 9 mm langen menschlichen Embryos. — Vergrößerung: 75 mal. — Nach Tandler aus Keibel-Malls Handb. d. Entwicklungsgeschichte d. Menschen. Leipzig 1911. Der Vorhofsanteil des Modells wurde frontal halbiert, die hintere Hälfte von vorne gesehen zur Darstellung gebracht. A. d. = Atrium dextrum; A. s. = Atrium sinistrum; Ek. h. = hinteres Endokardkissen des Aurikularkanals; S. I = Septum primum; S. II = Septum secundum; S. i. = Spatium interseptovalvulare; S. iv. = Sulcus interventricularis; S. s. = Septum spurium; V. p. = Vena pulmonalis; V. v. = Valvula venosa dextra et sinistra.

Septum primum verdeckt, und nur nach vorn, wo die hintere Partie des Septum primum während der Embryonalzeit dem Septum secundum nicht anliegt, bleibt die Kommunikation zwischen den beiden Vorhöfen noch offen. Diese Öffnung des Septum secundum stellt die Anlage des definitiven Foramen ovale dar. — Diejenige Partie des Septum primum, welche gegenüber dem Foramen ovale liegt, bildet die dünne Valvula foraminis ovalis. Der dicke, das Foramen ovale begrenzende Rand des Septum secundum wird Limbus foraminis ovalis genannt.

Solange der Blutdruck in der linken Vorkammer niedriger als derjenige in der rechten Vorkammer bleibt, d. h. während der ganzen Embryonalzeit, läßt die erwähnte Klappe das Foramen ovale offen. Sobald aber, nach den ersten Atemzügen, der Blutdruck in der linken Vorkammer höher als in der rechten wird, schließt sich die Valvula foraminis ovalis, um sich normalerweise nie wieder zu öffnen. Über die gleichzeitige Umwandlung des fetalen Kreislaufs in den definitiven gibt die Abb. 192 (A u. B) einen Überblick.

Innerhalb der ersten 2—3 Wochen nach der Geburt verwächst normalerweise der freie Rand der Valvel mit dem Septum secundum, und die Trennung der beiden Vorhöfe wird jetzt vollständig. Das definitive Septum atriorum ist gebildet.

Weitere Ausbildung der Vorhöfe.

Schon oben wurde erwähnt, daß die venöse Herzpartie sehr frühzeitig durch eine äußere Furche in zwei Abteilungen, den Sinus venosus und die primitive Vorkammeranlage gesondert wird.

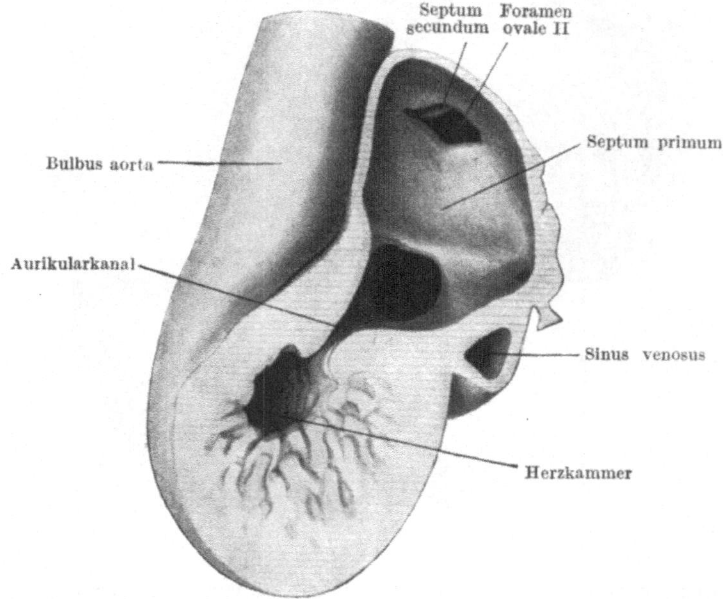

Abb. 190. Sagittalschnitt durch das Modell der Abb. 189, links vom Septum I geführt. Ansicht von links. Nach Tandler aus Keibel-Mall (1911). Unter dem Septum primum oberhalb des Aurikularkanals befindet sich das For. ovale I.

Indem diese Furche links — wo sie zuerst auftritt — bedeutend tiefer als rechts wird, kommt die Kommunikationsöffnung des Sinus venosus mit der primitiven Vorkammeranlage bald — und zwar schon vor der Bildung der Vorhofsscheidewand — rechts von der Herzmitte zu liegen[1]. Diese Kommunikationsöffnung wird in dem Herzinnern von zwei allmählich höher springenden Wandfalten, den Sinusklappen (Abb. 187—189), begrenzt, welche den Rückfluß des Blutes von der primitiven Vorkammeranlage in den Sinus verhindern. Die Sinusklappen, von welchen die rechte am größten wird, vereinigen sich an der dorsalen Vorkammerwand zu einer Leiste, die auf die kraniale Vorkammerwand übergreift. Diese Leiste sieht wie ein Septum aus und wurde auch von His mit dem Namen Septum spurium (Abb. 189, S. s.) belegt. Sie spielt

---

[1] Der ausgebildete Sinus venosus mündet also nur in die rechte Vorkammeranlage.

bei der Funktion der Sinusklappen eine wichtige Rolle, indem sie ein Zurückschlagen dieser Klappen in den Sinus venosus hinein verhindert.

Am Sinus venosus kann man ein Querstück (Abb. 186 B) unterscheiden,
welches jederseits in einen nach hinten und (später) nach oben abweichenden
Schenkel, das sog. Sinushorn, übergeht. In jedes Sinushorn mündet der
Ductus Cuvieri[1] der betreffenden Seite. Die Einmündungsstelle der Vena
cava inferior findet man an der Grenze zwischen dem rechten Sinushorn
und dem Sinusquerstück.

Indem in späteren Entwicklungsstadien die Sinusklappen und das Septum
spurium zum großen Teil zurückgebildet werden, wird die Grenze zwischen dem
Sinus und dem rechten Vorhof unscharf, und große Partien des Sinus venosus

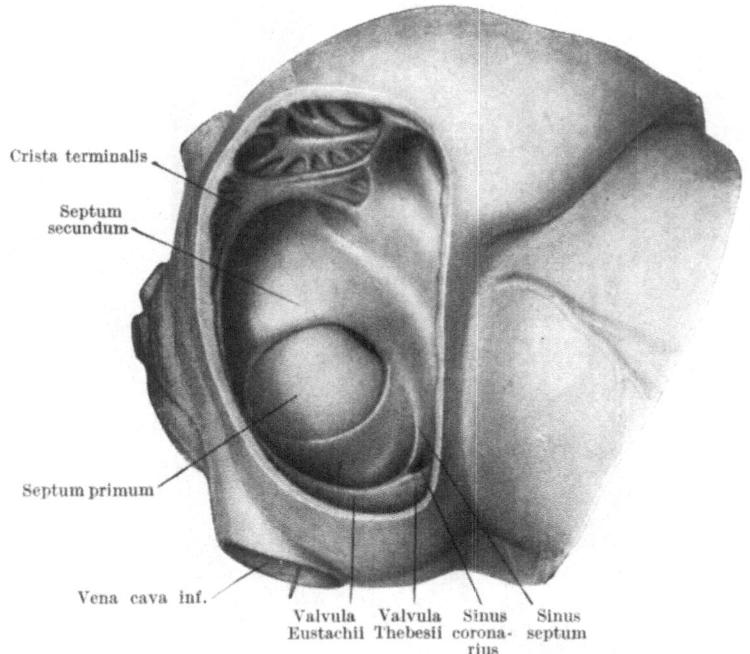

Abb. 191. Vorhofsscheidewand des Herzens von einem 31 cm langen menschlichen Embryo.
Von rechts gesehen. — Nach einem Rekonstruktionsmodell von Born, reproduziert von
Tandler in Keibel-Malls Handb. d. Entwicklungsgeschichte d. Menschen. Leipzig 1911.

(die rechte Partie des Sinusquerstückes und das ganze rechte Sinushorn) werden
so allmählich in den rechten Vorhof einbezogen.

Der definitive rechte Vorhof ist also ein Produkt 1. aus dem primitiven rechten
Vorhof und 2. aus einer Partie des Sinus venosus. Und zwar geht aus dem erstgenannten Teil nur die ventromediale Vorhofspartie (darunter das rechte Herzohr), aus dem letztgenannten Teil dagegen die dorsolaterale Hauptpartie
des rechten Vorhofes hervor. Diese aus dem Sinus venosus stammende Partie
des rechten Vorhofes markiert sich noch am ausgebildeten Herzen, und zwar
durch die glatte Beschaffenheit ihrer Innenfläche, während die aus dem primitiven Vorhof stammende Vorhofspartie mit unebenen Muskelverdickungen
(Musculi pectinati und Limbus fossae ovalis) versehen ist.

---

[1] Der rechte Ductus Cuvieri stellt die Anlage der definitiven Vena cava superior dar.

Die linke Partie des Sinusquerstückes, welche durch eine neue Scheidewand (das „Sinusseptum", Abb. 191) von der rechten geschieden wird und

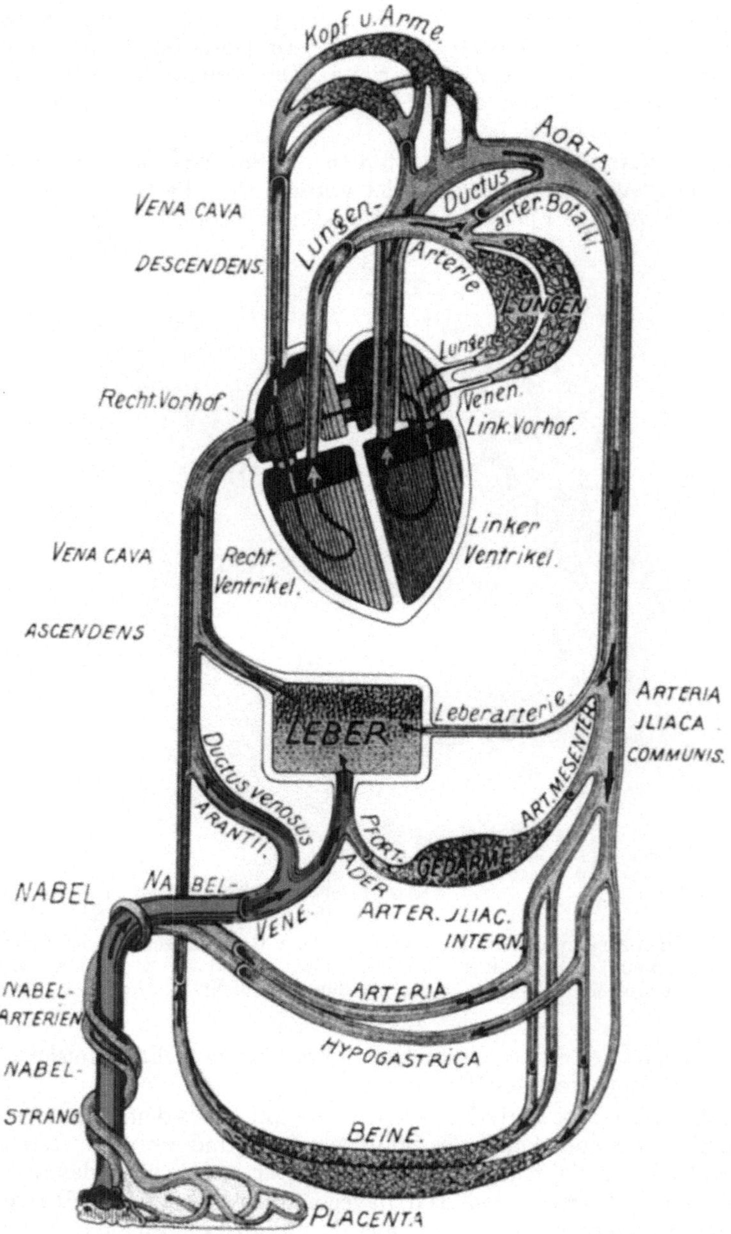

Abb. 192a. Schema des Blutkreislaufs vor der Geburt. — Nach American Textbook of obstetrics.

auf diese Weise eine besondere Einmündung in die rechte Vorkammer bekommt, bleibt als der die Herzvenen aufnehmende Sinus coronarius cordis erhalten. Das linke Sinushorn obliteriert dagegen beim menschlichen Embryo mehr oder

weniger vollständig, und zwar Hand in Hand damit, daß der linke Ductus
Cuvieri zugrunde geht [1].

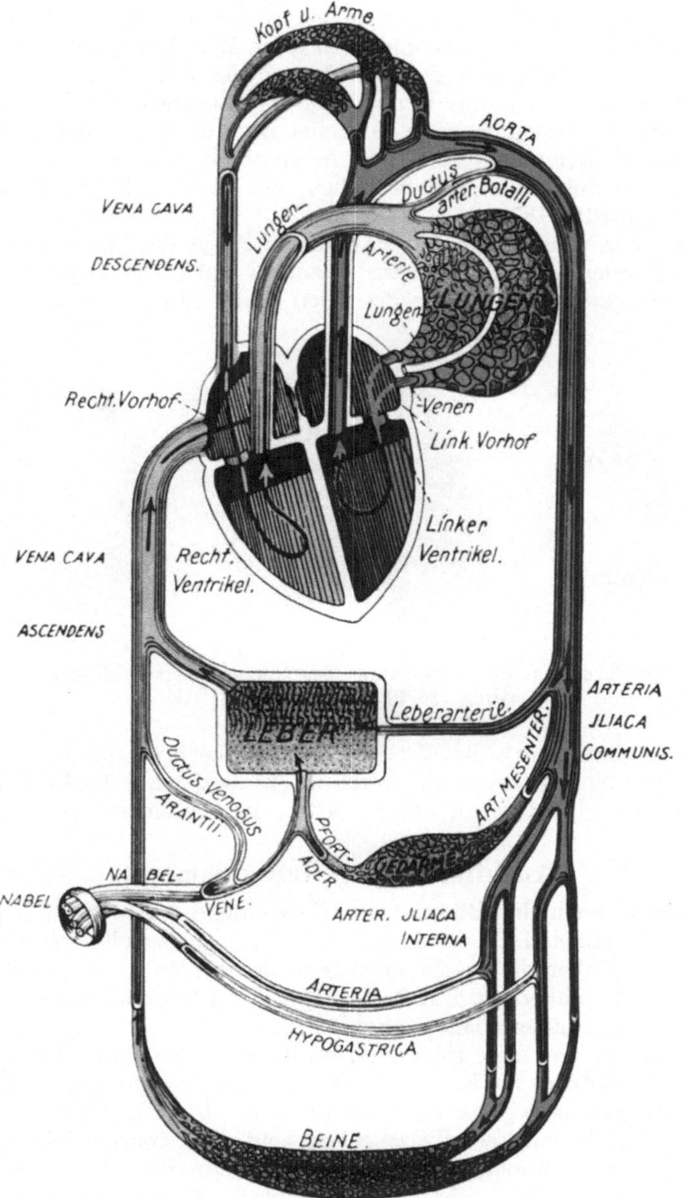

Abb. 192b. Schema des Blutkreislaufs nach der Geburt. — Nach American Textbook
of obstetrics.

Die Ausbildung des linken Vorhofes gestaltet sich viel einfacher als
diejenige des rechten Vorhofes. In die Dorsalpartie seiner primitiven Anlage

---

[1] Nach einigen Autoren persistieren sie dagegen, die Vena obliqua cordis bildend.

Broman, Entwicklung des Menschen vor der Geburt. 15

mündet, wie erwähnt, schon frühzeitig (vgl. Abb. 189 V.p.) eine einfache Vena pulmonalis. Der Stamm dieser Vene zerfällt in zwei Hauptäste, welche sich wiederum in je zwei Sekundäräste verzweigen. — Auf Kosten dieses Venenstammes und seiner beiden Hauptäste vergrößert sich nun in späteren Entwicklungsstadien die linke Vorkammer in ähnlicher Weise, wie sich die rechte Vorkammer durch Aufnahme gewisser Partien des Sinus venosus vergrößerte. Indem nämlich zuerst der Stamm und dann die Hauptäste der Vena pulmonalis stark ausgedehnt werden, werden sie vollständig in die Vorkammerwand einbezogen. Daher kommt es also, daß in späteren Entwicklungsstadien vier Lungenvenen —¹ anstatt, wie ursprünglich, nur eine — in den linken Vorhof münden (Schmidt, 1870).

Diese aus der Vena pulmonalis stammende Partie des linken Vorhofes stellt beim Erwachsenen die Hauptpartie desselben dar. Die aus der primitiven Vorhofsanlage stammende Partie desselben bildet nur die medialste Vorhofs-

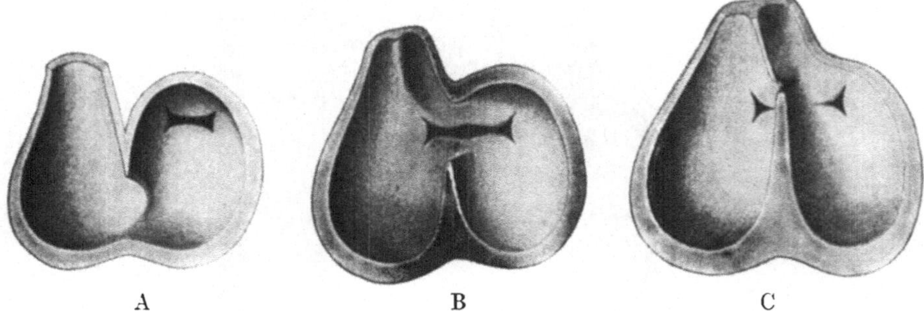

Abb. 193. Drei Schemata, die Entwicklung der Herzkammerscheidewand zeigend. Nach Born (1899) aus Broman (1911).

partie und das linke Herzohr. In der Wand des Letztgenannten sind Musculi pectinati zu sehen, während die durch die Einbeziehung der Vena pulmonalis entstandene Wandstrecke an ihrer glatten Beschaffenheit zu erkennen ist.

Ausbildung der Herzkammern.

Unmittelbar nach der Bildung der Herzschleife (vgl. oben S. 218) waren die beiden Ventrikelschenkel nur an der Umbiegungsstelle miteinander verbunden. Indem aber die medialen Wände der beiden Ventrikelschenkel sich bis zur Berührung nähern (vgl. Abb. 186 A) und zuletzt miteinander verwachsen, wird die ganze Kammeranlage einheitlich.

In dem Innern wird diese Herzkammeranlage zunächst durch eine primitive Ventrikelscheidewand in eine linke und eine rechte primitive Herzkammer unvollständig getrennt. (Abb. 193 A). — Die primitiven Herzkammern entsprechen den beiden Ventrikelschenkeln und die primitive Ventrikelscheidewand wird von den miteinander verwachsenen Wandpartien der beiden Ventrikelschenkel gebildet. — Diese primitive Ventrikelscheidewand geht nun bald durch von unten nach oben fortschreitende Atrophie vollständig zugrunde (vgl. Abb. 193 A u. B).

Entwicklung der Kammerscheidewand.

Ehe noch die letzte Partie der primitiven Ventrikelscheidewand zugrunde gegangen ist, entsteht in der Herzspitzgegend die erste Anlage der definitiven Ventrikelscheidewand, und zwar als eine sagittal gestellte Muskelleiste

(Abb. 187). Neben dieser Leiste buchten sich die beiden Kammerhälften kaudalwärts immer mehr aus. Sowohl hierdurch wie durch eigenes Wachstum wird die Leiste rasch höher und bildet sich so zu einem Septum aus (Abb. 193 B u. C).

Inzwischen erfährt die primitive Atrioventrikularöffnung eine starke Ausweitung nach rechts hin (Abb. 193 A u. B), wodurch sie fast symmetrisch zu liegen kommt (anstatt linksseitig wie früher), und unter Vermittlung vom Septum atriorum (S. 220) verwachsen zwei (diese Öffnung vorn und hinten begrenzenden) Endokardverdickungen, die sog. Endokardkissen (Abb. 187), in der Mitte miteinander. Auf diese Weise entstehen die beiden definitiven Atrioventrikularöffnungen. — Bald nachher verwächst die dorsale Partie des

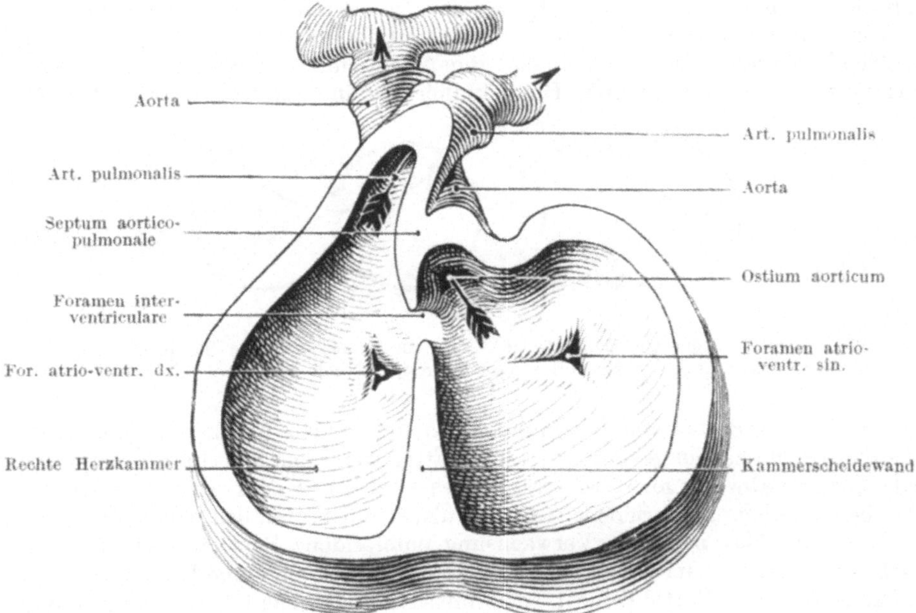

Abb. 194. Herz eines 7,5 mm langen Embryos. — Von vorn gesehen. Die vordere Wand der beiden Herzkammern ist entfernt. Nach Kollmann (1907) aus Broman (1911).

Kammerseptums mit den rechten Randhöckern der verschmolzenen Endokardkissen (Abb. 244). Von nun ab mündet also der linke Vorhof in die linke und der rechte Vorhof in die rechte Herzkammer.

Allein die Trennung der beiden Herzkammern ist noch keine vollständige. Die Kammerscheidewand ist nämlich noch eine Zeitlang in der ventrokranialen Partie — an der Grenze zwischen Herzkammer und Truncus arteriosus — defekt. Die betreffende Öffnung der Herzkammerscheidewand, das sog. Foramen interventriculare (Abb. 194), schließt sich erst relativ spät, und zwar unter Vermittlung von dem Septum aortico-pulmonale, dessen kaudaler Rand mit dem kranialen freien Rande des Septum interventriculare verwächst.

Der betreffenden, zuletzt gebildeten Partie der Kammerscheidewand fehlt beim Menschen zeitlebens die Muskulatur, was sich einfach daraus erklärt, daß sich in dem Septum aorticopulmonale keine Muskelzellen befinden (Born, 1889). Beim Erwachsenen ist diese Herzscheidewandpartie unter dem Namen Pars membranacea bekannt.

Entwicklung des Septum aortico-pulmonale in dem Truncus arteriosus.

In dem Innern des Truncus arteriosus treten zwei aus Gallertgewebe gebildete Längswülste (Abb. 196 A) auf, welche sich von der Abgangsstelle des sechsten Aortenbogenpaares kaudalwärts bis in die obere Herzkammerpartie hineinstrecken. Indem diese Längswülste allmählich höher werden und zuletzt der Länge nach mit ihren freien Rändern verwachsen, entsteht eine vertikale Scheidewand, die den Truncus in zwei Gefäße, die Aorta ascendens und die Arteria pulmonalis, aufteilt (Abb. 194 u. 195).

Kranial von der Ausgangsstelle der beiden Pulmonalisbogen (sechster Aortenbogen) verschmilzt das Septum aortico-pulmonale mit der Truncuswand derart, daß die Kommunikation der Aorta mit den Pulmonalisbogen aufgehoben wird.

Die Verschmelzung des Septum aorticopulmonale mit dem Septum interventriculare findet derart statt, daß die Aorta mit der linken, die Arteria pulmonalis mit der rechten Herzkammer Kommunikation behält. Hervor-

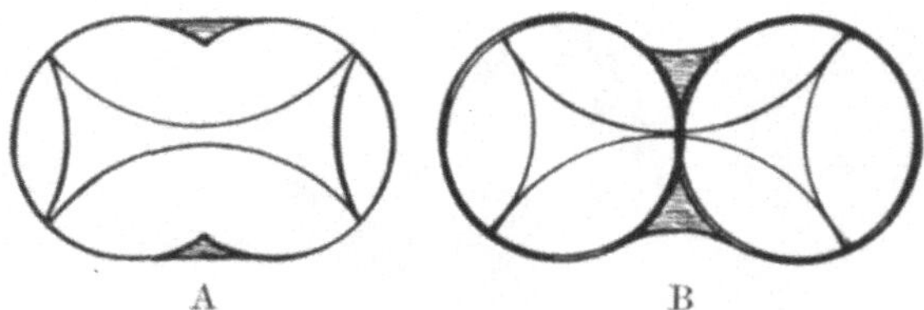

Abb. 195. Schematische Querschnitte des Truncus arteriosus, die Trennung desselben in Aorta und Arteria pulmonalis zeigend. Nach Broman (1911).

zuheben ist aber, daß die Kommunikation der beiden Gefäße mit den Herzkammern sich eher umgekehrt gestaltet hätte, wenn das Septum aorticopulmonale gerade abwärts gewachsen wäre. Dies ist aber normalerweise nicht der Fall. Die beiden oben beschriebenen Längswülste haben nämlich einen spiraligen Verlauf, und das bei ihrer Verwachsung entstandene Septum verläuft daher auch von Anfang an spiralförmig. Dasselbe beschreibt etwa eine halbe Spirale, indem seine obere Partie frontal, seine mittlere Partie sagittal und seine untere Partie wieder frontal steht. Daraus erklärt sich, daß der obere Teil der Arteria pulmonalis dorsalwärts, der mittlere nach links und der untere ventralwärts von der Aorta zu liegen kommt (vgl. Abb. 194).

Nach der Bildung des Septum aorticopulmonale finden sowohl in demselben wie in der ursprünglichen Wand des Truncus arteriosus histologische Umwandlungen statt, welche die Scheidung der Aorta ascendens von der Arteria pulmonalis vervollständigen (vgl. Abb. 195). Auch äußerlich macht sich die Trennung durch seichte Furchen bemerkbar. Durch Bindegewebe und durch einen gemeinsamen Perikardialüberzug bleiben aber die beiden Gefäße zeitlebens miteinander verbunden.

Entwicklung der Semilunarklappen der Aorta und der Arteria pulmonalis.

Nach der Bildung der beiden oben beschriebenen Längswülste, welche sich später miteinander zu dem Septum aorticopulmonale verbinden, entstehen in der unteren Partie des Truncus arteriosus, in dem sog. Bulbus arteriosus, zwei ähnliche, aber kleinere Längswülste, welche mit den Erstgenannten alternieren (Abb. 195 A).

Bei der Bildung des Septum aorticopulmonale werden die beiden größeren Längswülste in je zwei kleinere Wülste aufgeteilt (Abb. 195 B). Auf diese Weise bekommt also sowohl die Aorta ascendens wie die Arteria pulmonalis von Anfang an (d. h. unmittelbar nach ihrer Trennung) drei mit Gallertgewebe gefüllte Endothelwülste.

Diese weichen Längswülste funktionieren wahrscheinlich schon jetzt als eine Art Verschlußmechanismus. Wenn das Blut in den betreffenden Ventrikelraum zurückzufließen versucht, werden die betreffenden Längswülste nämlich gegen das untere Gefäßende hin gedrängt, und indem sie sich hier stark hervorwölben (vgl. Abb. 196 B), verschließen sie das Lumen. Diese unteren Hervorwölbungen bilden sich in der Folge zu den Semilunarklappen aus, während die Längswülste im übrigen verschwinden.

Entwicklung der Atrioventrikularklappen.

Auf im Prinzip dieselbe Weise wie die Semilunarklappen, d. h. durch Unterminierung schon vorhandener Gewebemassen unter Vermittlung von dem

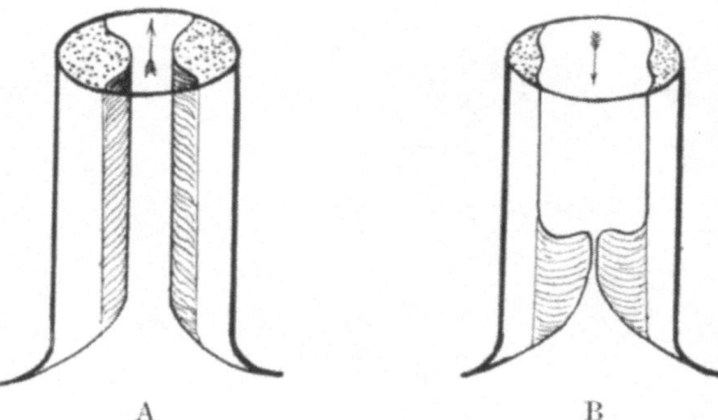

Abb. 196. Schemata, die Entstehung der Semilunarklappen aus den Längswülsten zeigend. Nach Broman (1911).

rückströmenden Blute selbst, entstehen auch die Atrioventrikularklappen. Das Baumaterial dieser Klappen wird zum größten Teil von der Muskelwand des Atrioventrikularkanals, zum Teil aber auch von den verschmolzenen Endokardkissen geliefert. Die letztgenannten Partien der Atrioventrikularklappen sind von Anfang an bindegewebig. Die erstgenannten Partien sind dagegen ursprünglich muskulös und werden erst sekundär — durch Zugrundegehen ihrer Muskelzellen — bindegewebig. — Die linke Atrioventrikularöffnung wird auf diese Weise mit zwei, die rechte mit drei ganz und gar bindegewebigen Klappen versehen.

Gleichzeitig mit der bindegewebigen Umwandlung der früher muskulösen Klappenpartien werden auch die mit diesen verbundenen Muskelbalken (welche ein Zurückschlagen der Klappen verhindern) teilweise in Bindegewebe umgewandelt. Auf diese Weise entstehen aus den oberen Partien dieser Muskelbalken die Chordae tendineae, während die unteren Partien derselben muskulös bleiben und die Musculi papillares darstellen (Abb. 197).

Diejenigen Muskelbalken, welche mit den Atrioventrikularklappen keine Verbindung haben, werden bei der Erhöhung des intraventrikularen Blutdruckes peripherwärts verschoben und in der mehr kompakten Ventrikelwand mehr oder weniger vollständig einverleibt. Einige bleiben indessen als in der

Mitte freie **Trabeculae carneae** zeitlebens bestehen. — Gleichzeitig wird auch das **Endothelrohr** peripherwärts gedrängt, bis dasselbe mit der Muskelwand intim verbunden wird und die Innenseite derselben eng bekleidet. Aus dem Endothelrohr der Herzanlage geht also das **Endokardium** hervor.

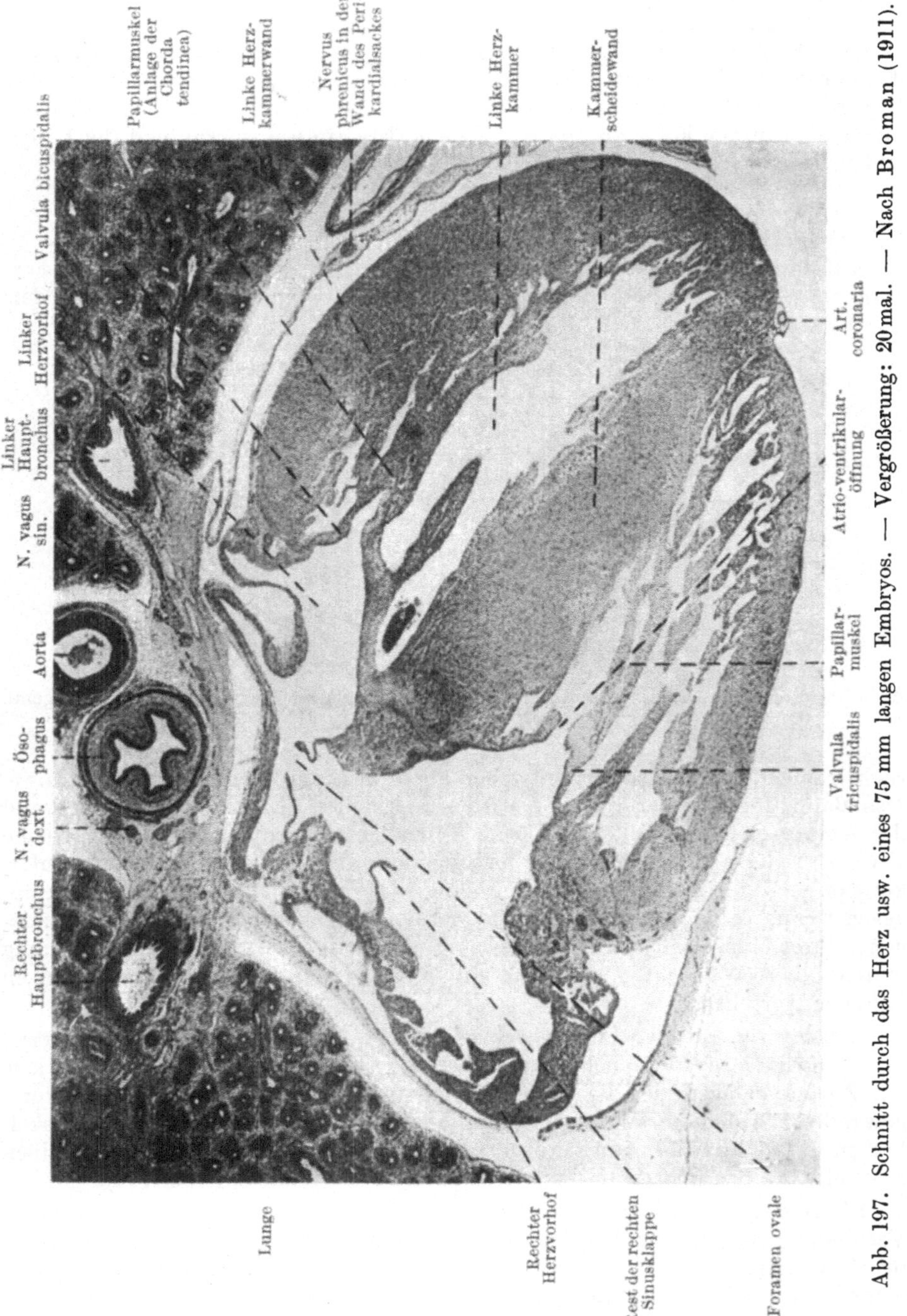

Abb. 197. Schnitt durch das Herz usw. eines 75 mm langen Embryos. — Vergrößerung: 20 mal. — Nach Broman (1911).

Wachstum des Herzens.

In frühzeitigen Entwicklungsstadien ist das Herz relativ sehr groß. Bei einem vier Wochen alten Embryo z. B. bildet das Herz etwa $^1/_{10}$ des ganzen Körpers (vgl. Abb. 50, S. 61). — In den folgenden Entwicklungsstadien wächst aber das Herz weniger schnell als der Körper im ganzen, und schon beim geburtsreifen Fetus finden wir, daß die Herzgröße etwa der Faustgröße desselben Individuums entspricht.

Das Herz des Neugeborenen ist aber noch im Verhältnis zum ganzen Körper relativ viel größer (etwa doppelt) als beim Erwachsenen, und auch im Verhältnis zum Brustkorb ist es größer, so daß der Spitzenstoß normalerweise lateralwärts von der linken Mamillarlinie fühlbar ist.

Die Muskelwände der Herzvorhöfe bleiben relativ dünn, während diejenigen der Herzkammern sich schon früh stark verdicken. Hierbei verdickt sich die Wand der linken Herzkammer — der größeren Arbeit entsprechend — am stärksten, so daß sie zunächst etwa doppelt (und nach der Geburt sogar dreimal) so dick wird wie diejenige der rechten.

Entstehung des Reizleitungssystems.

Noch bei etwa 9 mm langen Embryonen geht die Muskulatur des Vorhofteils direkt in diejenige des Kammerteils über (Mall, 1912). Bald nachher verfällt aber die die Atrioventrikularöffnungen umgebende Muskulatur der Atrophie und wandelt sich fast überall in Bindegewebe (die sog. Annuli fibrosi) um. Nur an einer Stelle — und zwar dorsomedial von den Atrioventrikularöffnungen — bleibt die muskulöse Verbindung zwischen Vorhof und Kammer bestehen. Diese Muskelverbindung, die von der Vorhofsscheidewand auf die Kammerscheidewand übergeht, bildet sich im zweiten und dritten Embryonalmonat zu dem Hisschen Bündel (dem Fasciculus atrioventricularis) aus (Mall, 1912).

Lageveränderungen des Herzens während der Entwicklung.

Die Lage des Herzens ist während der verschiedenen Entwicklungsperioden nicht dieselbe. Erstens erfährt nämlich die Herzanlage eine beträchtliche Verschiebung in kaudaler Richtung, und zweitens wird das ursprünglich symmetrisch liegende Herz in der Brusthöhle schief gelagert.

Unmittelbar nach ihrer Entstehung befindet sich die Herzanlage etwa in der oberen Halsgegend. Von hier aus verschiebt sie sich aber relativ schnell in die obere Brustgegend herab. In die Brustregion hineingekommen, setzt das Herz seine Kaudalwärtsverschiebung langsamer fort. Zur Zeit der Geburt ist der Spitzenstoß, welcher zugleich die untere Grenze des Herzens markiert, gewöhnlich im vierten (linken) Interkostalraum zu fühlen.

Noch bei etwa 8 mm langen Embryonen liegt das Herz ganz symmetrisch mit Kammerscheidewand und Spitze in der Medianebene des Körpers. Schon bei etwa 10 mm langen Embryonen fängt aber eine Deviation dieser Herzteile nach links hin an, so daß das Herzkammerseptum einen etwa 20° großen Winkel mit der Medianebene bildet.

Diese erste Herzdrehung wird dadurch hervorgerufen, daß die rechte Vorhofsanlage zu dieser Zeit bedeutend größer als die linke wird.

Die Herzdrehung setzt in der nächstfolgenden Entwicklungsperiode fort, so daß das Herzkammerseptum schon bei 14—20 mm langen Embryonen einen etwa 33° großen Winkel mit der Medianebene bildet. Diese Fortsetzung der Herzdrehung wird wahrscheinlich in erster Linie dadurch verursacht, daß die linke Lunge in Wachstum primär nachbleibt, was — da die Brustkorbwände jetzt durch Verknorpelung der Rippen steif werden und linkerseits fast ebenso stark wie an der rechten Seite wachsen — eine Verschiebung des leicht beweglichen Herzens begünstigen muß (Broman, 1923).

Entstehung der definitiven Blutgefäße.

Die Entstehung der Gefäße des primitiven Blutkreislaufes wurde oben (S. 210) beschrieben. Die primitiven Hauptgefäße stellen, wie aus dieser Be-

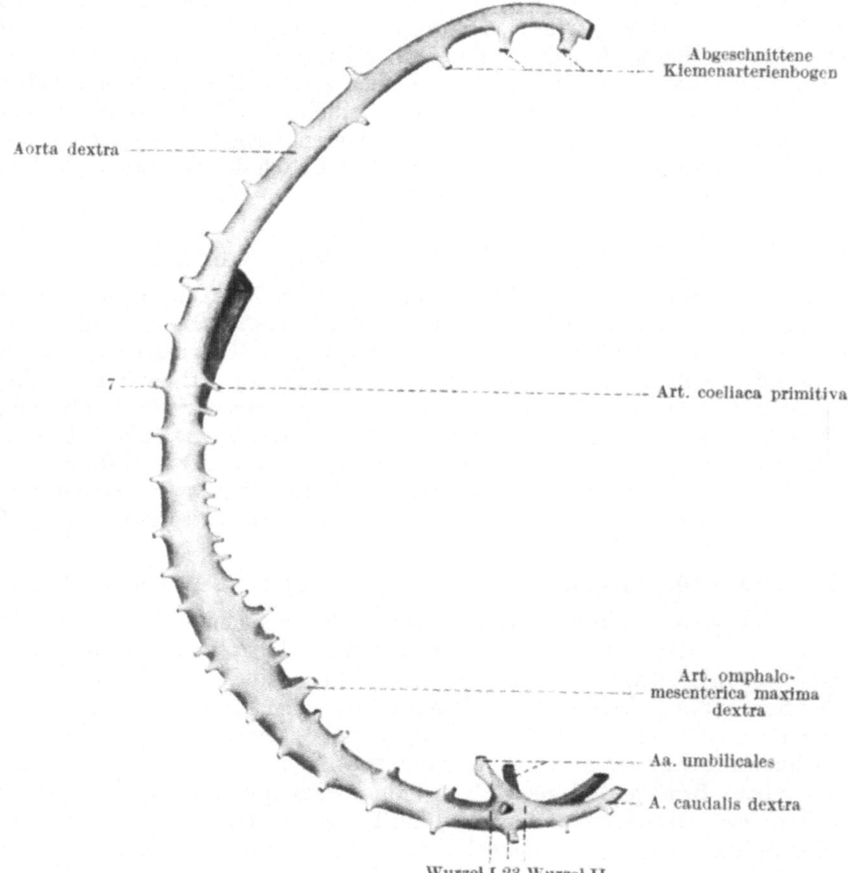

Abb. 198. Rekonstruktionsmodell der Aorta eines 3,4 mm langen Embryos; von der rechten Seite gesehen. — Vergrößerung: 50 mal. — Nach Broman (1908).

schreibung hervorgeht, anfänglich alle paarige und symmetrische Gefäßstämme dar, die den definitiven Gefäßen sehr wenig ähnlich sind. In den folgenden Entwicklungsperioden erfahren sie aber alle mehr oder weniger weitgehende Veränderungen, die allmählich zu den definitiven Verhältnissen führen.

Ausbildung der definitiven Arterien.

Verschmelzung der primitiven Aorten.

Schon bei etwa 2,5 mm langen Embryonen (Kiebel und Elze) nähern sich die beiden primitiven dorsalen Aorten der Medianebene in der embryonalen

Bauchregion und verschmelzen hier eine Strecke weit miteinander. Die Verschmelzung schreitet in den nächstfolgenden Stadien sowohl kaudal- wie kranialwärts fort. Schon in der vierten Embryonalwoche erreicht sie die primären Ausgangsstellen der beiden Arteriae umbilicales (Abb. 198) und setzt sich jetzt auf die bisher paarigen Schwanzarterien fort. Auf diese Weise entsteht eine einfache Schwanzarterie, welche als direkte Fortsetzung der einfachen

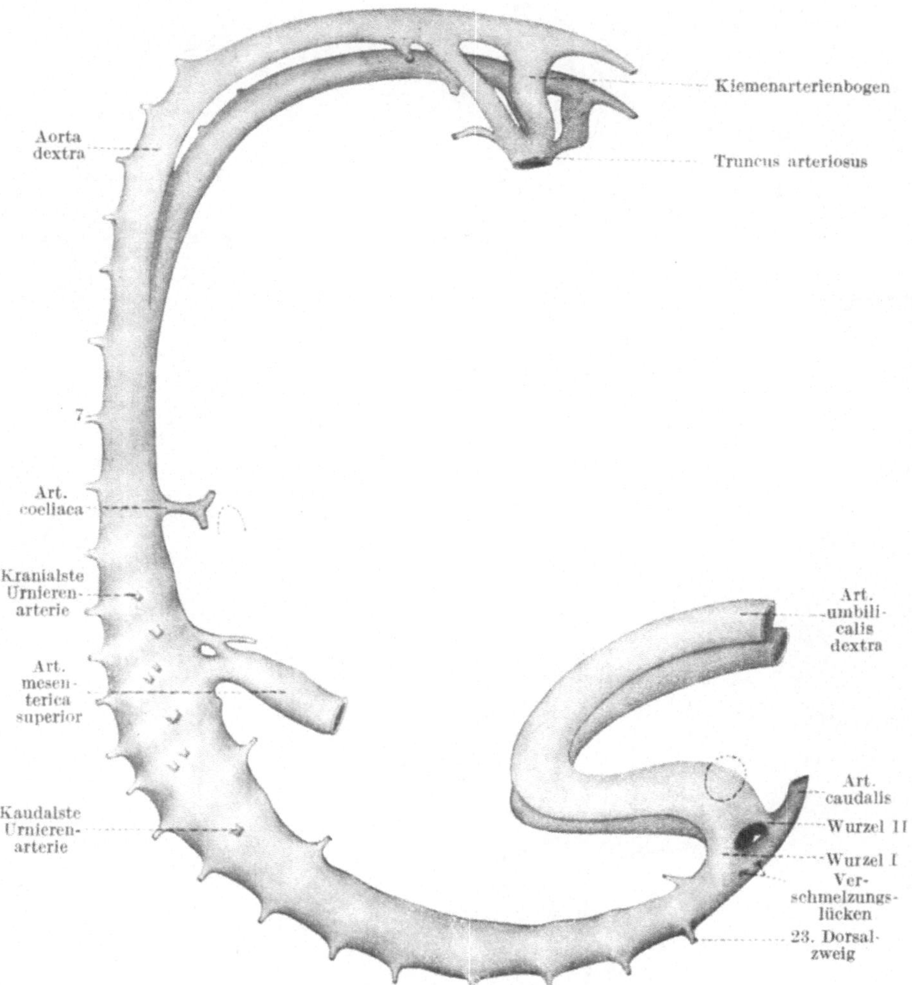

Abb. 199. Rekonstruktionsmodell der Aorta eines 5 mm langen Embryos; von der rechten Seite gesehen. — Vergrößerung: 50 mal. — Nach Broman (1908).

Bauchaorta imponiert (Abb. 199). — Kranialwärts schreitet die Verschmelzung der beiden Aorten bis zum 5.—7. Aortensegment definitiv fort.

Auch die kaudalen Partien der beiden primitiven Aortae ascendentes, von welchem aus die kaudalsten Kiemenbogenarterien ausgehen, verschmelzen miteinander in der Mittellinie zu einem anfangs einfachen Gefäßstamm, dem sog. Truncus arteriosus (Abb. 200 A, Tr. a.). Die übrigen Partien der beiden primitiven Aorten bleiben dagegen voneinander getrennt.

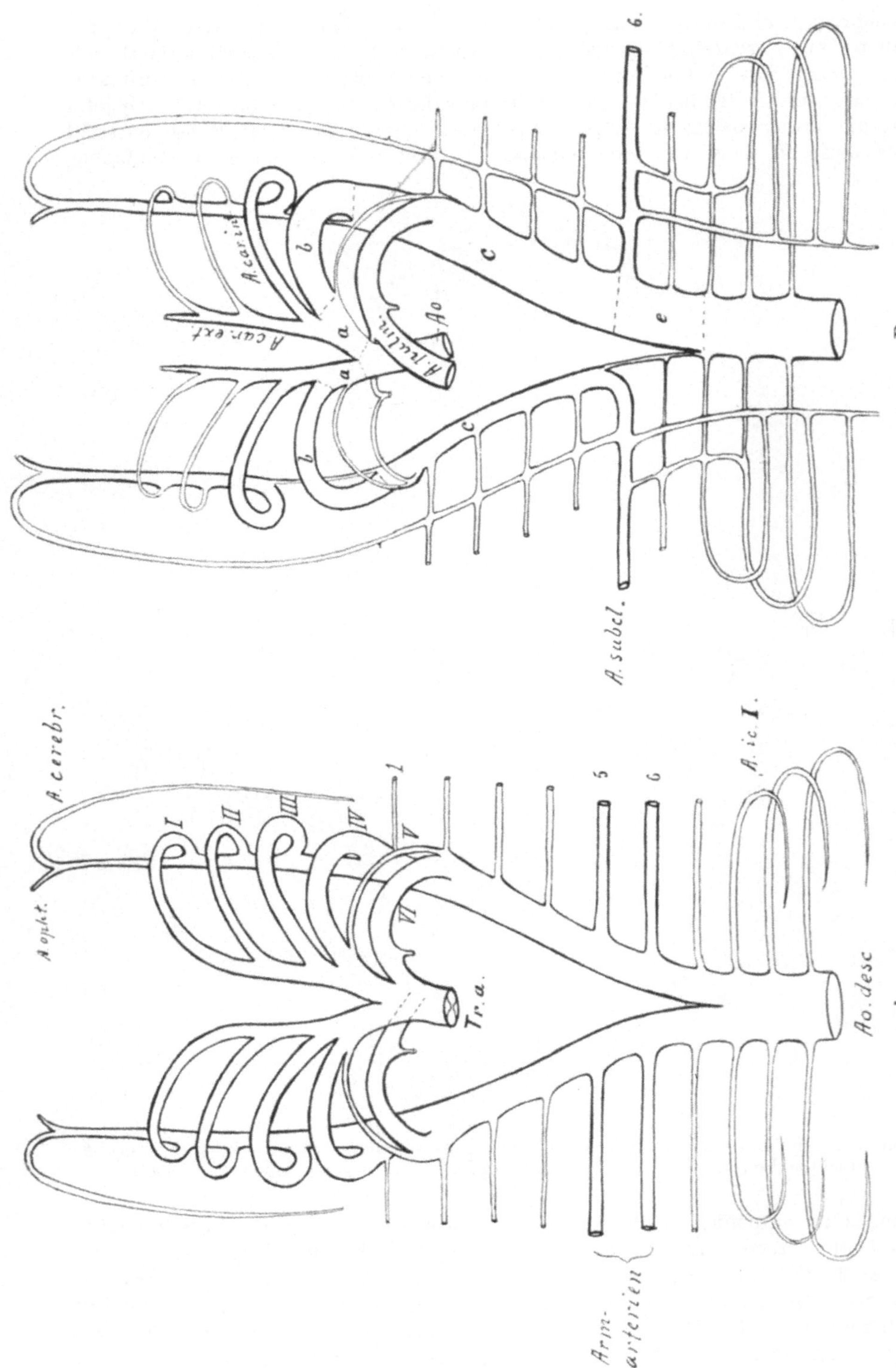

Abb. 200 A und B. Drei Schemata (siehe auch Abb. 200 C), die Umwandlung der Kiemenarterienbogen usw. in die definitiven Arterien zeigend. Nach Broman (1911).

Das Schicksal der Kiemenbogenarterien.

In dem Kapitel über die Entstehung der Kiemenbogenarterien (S. 210)
wurde schon erwähnt, daß die beiden ersten Kiemenbogenarterien gewöhnlich
schon einer Reduktion anheimgefallen sind, wenn die beiden letzten entstehen. Nur in Ausnahmefällen kann man sie also alle gleichzeitig (wie im
Schema Abb. 200 A) bei einem Embryo finden.

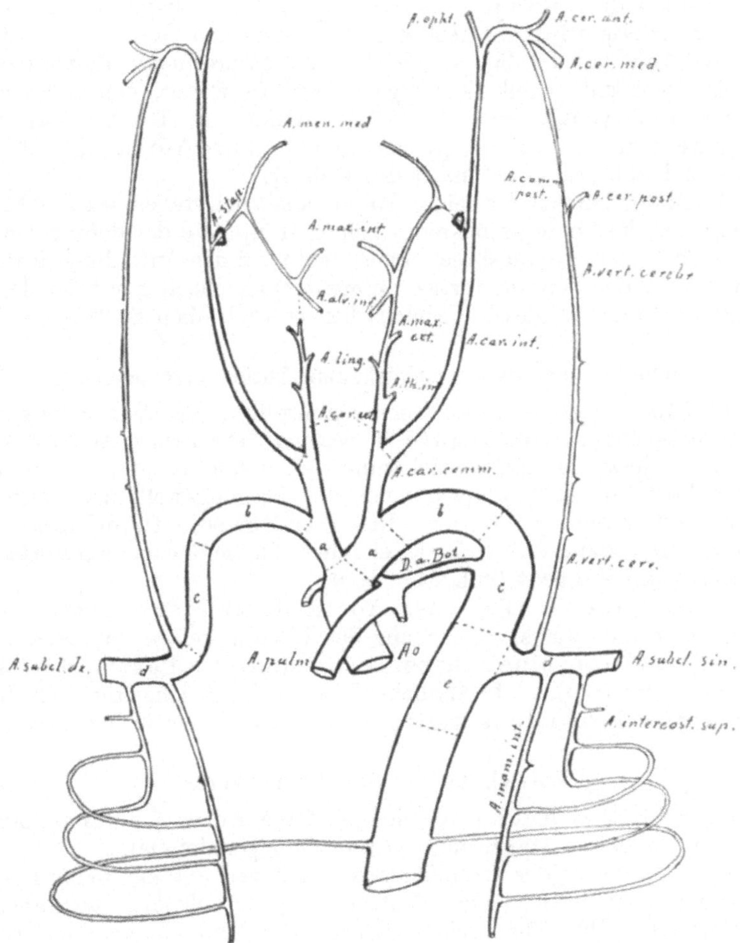

Abb. 200 C. Drei Schemata (siehe auch Abb. 200 A und B), die Umwandlungen der
Kiemenarterienbogen usw. in die definitiven Arterien zeigend. Nach Broman (1911).

Bei einem etwa 10 mm langen Embryo persistieren jederseits nur drei
Kiemenbogenarterien, nämlich die Arterienbogen Nummer 3, 4 und 6. Mit
Rücksicht auf das spätere Schicksal dieser Arterienbogen können wir schon jetzt
den dritten als Karotisbogen, den vierten als Aortenbogen und den sechsten
als Pulmonalisbogen bezeichnen.

Der dritte Arterienbogen wird Karotisbogen genannt, weil er sich zu
dem Anfangsabschnitt der Arteria carotis interna umbildet, gleichzeitig
damit, daß die primitive Aorta descendens zwischen den dritten und vierten

Arterienbogen allmählich schwächer wird und zuletzt vollständig schwindet (vgl. Abb. 200 A u. B).

Der vierte Arterienbogen wird Aortenbogen genannt, weil aus ihm linkerseits der definitive Aortenbogen hervorgeht. Rechterseits bildet dieser Arterienbogen das Anfangsstück der Arteria subclavia dextra (vgl. Abb. 200 B u. C).

Der sechste Arterienbogen wird Pulmonalisbogen genannt, weil aus ihm jederseits eine Lungenarterie auswächst. — Distal von der Abgangsstelle dieser Arterie wird der rechte Pulmonalisbogen immer schwächer und verschwindet bald vollständig. — Die distale, entsprechende Partie des linken Pulmonalisbogens entwickelt sich dagegen kräftig weiter, persistiert während des ganzen Embryonallebens als weite Verbindung (Ductus arteriosus Botalli) zwischen der Arteria pulmonalis und der Aorta (vgl. Abb. 200 C, D. a. Bot.) und obliteriert erst nach der Geburt.

Die proximalen Partien der beiden Pulmonalisbogen stellen, wie aus Abb. 200 C hervorgeht, nur die Anfangsstücke der beiden Hauptäste der definitiven Arteria pulmonalis dar. Der Stamm dieser Arterie geht bei der Aufteilung des Truncus arteriosus (durch das Septum aortico-pulmonale) gleichzeitig mit der definitiven Aorta ascendens aus diesem Truncus hervor (vgl. oben S. 228).

Schicksal der paarig gebliebenen Aortae descendentes.

Schon bei 10 mm langen Embryonen beginnt die linke Aorta descendens wesentlich weiter als die rechte zu werden. Die rechte Aorta descendens bleibt nämlich jetzt im Dickenwachstum stehen und fängt bald an, in ihrer kaudalsten Partie (d. h. kaudalwärts von der Ausgangsstelle der rechten Armarterie) absolut dünner zu werden. In dieser Aortenpartie obliteriert schnell das Lumen, und es dauert nicht lange, ehe diese Partie der rechten Aorta descendens spurlos zugrunde geht (vgl. Abb. 200).

Der persistierende Teil der Aorta descendens dextra wird bei der folgenden Kaudalwärtsverschiebung des Herzens relativ immer kürzer und bildet zuletzt nur eine kurze, intermediäre Partie der Arteria subclavia (Abb. 200 b). — In ähnlicher Weise wird gleichzeitig auch die persistierende Aorta descendens sinistra (Abb. 200 c) relativ bedeutend kürzer.

Entstehung der definitiven Aorta.

Vollständig fertiggebildet wird die definitive Aorta (in ihrem kaudalsten Teil) erst in der ersten Hälfte des dritten Embryonalmonats.

Die Ausgangsstellen der Umbilikalarterien liegen anfangs mehr kranial als später. Indem aber neue, von der Ventralseite jeder Schwanzarterie ausgehende Gefäße entstehen (Abb. 199), welche sich mit den Umbilikalarterien verbinden, werden diese zuerst zweiwurzelig und dann (nach Atrophie der kranialen, ursprünglichen Wurzel) wieder einwurzelig. Durch Wiederholung dieses Prozesses „wandert" die Ausgangsstelle jeder Arteria umbilicalis einige Segmente weit kaudalwärts auf die ursprüngliche Schwanzarterie über.

Wenn diese Kaudalwärtswanderung beendigt worden ist, scheint auch die letztgebildete ventrale Wurzel jeder Arteria umbilicalis zugrunde zu gehen und durch neue mehr lateral ausgehende Wurzel ersetzt zu werden (Tandler). Von dieser Wurzel aus wachsen auch die anfangs relativ sehr kleinen Arterien der unteren Extremitäten heraus. Die gemeinsamen Stämme der Arteriae umbilicales und der betreffenden Extremitätenarterien stellen die beim Erwachsenen sog. Arteriae iliacae communes dar.

Bis zum Ende des zweiten Embryonalmonats gehen die beiden **Arteriae iliacae communes** und die **Arteria sacralis media** alle drei von derselben Stelle der (sekundären) Aorta heraus. Mit anderen Worten: vor dieser Zeit geht die **Arteria sacralis media** konstant von der sog. Bifurkationsstelle der Aorta heraus. Die **Arteriae iliacae communes**, welche bei jüngeren Embryonen ventralwärts unter fast rechten Winkeln von der Aorta abgingen, nehmen eine mehr kaudale Richtung ein (Hauch, 1901, 1903), so daß sie von nun ab wie **kaudale Endzweige der Aorta** aussehen. Gleichzeitig verwachsen wahrscheinlich die kranialsten Partien der beiden Arteriae iliacae communes zu einem kurzen unpaaren Gefäßstamm, der — da er etwa dieselbe Richtung und Dicke wie die Aorta besitzt — als eine wahre Aortapartie imponiert, und Hand in Hand hiermit „wandert" die Ausgangsstelle der **Arteria sacralis media** auf die Dorsalseite der Aorta hinauf [1].

Die **definitive Aorta** ist also ein **Produkt:**

1. aus einem Teil des Truncus arteriosus;
2. aus der linken Aorta ascendens;
3. aus der linken vierten Kiemenbogenarterie (vgl. Abb. 200);
4. aus der linken unverschmolzenen Aorta descendens primitiva;
5. aus den verschmolzenen Aortae descendentes primitivae;
6. aus der kranialen Partie der Arteria sacralis primitiva, und wahrscheinlich
7. aus den verschmolzenen Anfangspartien der Arteriae iliacae communes.

Entstehung und Schicksal der Lateralzweige der Aorta.

Die **Lateralzweige der Aorta** entstehen später als die Ventral- und Dorsalzweige derselben. Ursprünglich. scheinen sie alle **Urnierenarterien** zu sein.

Zuerst, wenn die Urnieren relativ klein sind, gehen ihre Arterien segmental von einer kleinen Anzahl der mittleren Aortensegmenten heraus (Abb. 199). Wenn aber später die Urnieren ihre größte relative Länge erreichen, vermehren sich die Urnierenarterien stark und zwar sowohl dadurch, daß neue laterale Segmentalzweige kranial- und kaudalwärts von den zuerst gebildeten entstehen, wie auch dadurch, daß zwischen vielen Segmentalzweigen **nichtsegmentale** Lateralzweige in wechselnder Zahl auftreten. Bei etwa 8 mm langen Embryonen gehen jederseits etwa 20 Urnierenarterien von den 7.—20. Aortensegmenten heraus. Zuletzt wachsen von den 21. und 22. Aortensegmenten mehrere Lateralzweige heraus, welche **alle nichtsegmental** zu sein scheinen.

Diese zuletzt gebildeten, kaudalen Urnierenarterien sind die einzigen, die zeitlebens persistieren. Die kranialen Urnierenarterien gehen alle durch Atrophie zugrunde.

Sowohl die **Geschlechtsdrüsen** wie die **Nebennieren** und die **Nieren** werden durch Nebenzweige von den in der betreffenden Höhe ausgehenden Urnierenarterien mit Blut versorgt. Wenn die Urnieren zugrunde gehen, bleiben daher diese Urnierenarterien als Nieren-, Nebennieren- und Geschlechtsdrüsenarterien bestehen.

Schicksal der Ventralzweige der Aortae descendentes primitivae.

Das ursprüngliche Verhältnis der **Ventralzweige** der beiden primitiven Aorten (vgl. oben S. 212) wird schon frühzeitig sehr stark verändert. Wie schon erwähnt, vergrößern sich einzelne Ventralzweige bald relativ stark, um ein

---

[1] Nach Hochstetter soll aber diese Kranialwärtsverschiebung der Arteria sacralis media durch eine wahre Wanderung zustande kommen.

größeres Verzweigungsgebiet zu übernehmen. Andere bleiben dagegen im Wachstum nach und fallen bald der Atrophie anheim.

Bei der Verschmelzung der beiden Aörten in der Medianebene kommen die in dieser Höhe ausgehenden Ventralzweige zuerst paarweise an jedem Aortensegment zu sitzen. Bei der bald stattfindenden Verdünnung und sagittalen Verlängerung des Mesenterium dorsale, in welchem die beiden Arterien eines Ventralzweigpaares zunächst verlaufen, werden diese aber wahrscheinlich gegeneinander gepreßt und so zur Verwachsung gezwungen (Broman, 1908).

Auf diese Weise verschmelzen alle die von der einfach gewordenen Aorta ausgehenden Ventralzweigpaare (am Ende der vierten Embryonalwoche) mit ihren proximalen Partien zu unpaaren Stämmen (Abb. 199). Die von den paarig bleibenden Aortenpartien ausgehenden Ventralzweige gehen gleichzeitig hiermit oder schon vorher spurlos zugrunde. Aber auch die von der unpaar gewordenen Aorta ausgehenden Ventralzweige gehen später größtenteils zugrunde. Nur drei derselben persistieren und bilden sich zu den definitiven Magendarmarterien aus (Abb. 199).

Von diesen sind die Arteria coeliaca und die Arteria mesenterica superior schon bei 4,5—5 mm langen Embryonen zu erkennen. Die Anlage der Arteria mesenterica inferior markiert sich dagegen deutlich erst bei etwa 8 mm langen Embryonen (Broman, 1908).

Wie zuerst Mall (1891, 1897) gefunden hat, gehen die Arteria coeliaca und die Arteria mesenterica superior ursprünglich viel höher (d. h. mehr kranial) von der Aorta heraus als später. Es muß also angenommen werden, daß die Ausgangsstellen dieser Arterien während der Embryonalzeit an der Aorta kaudalwärts verschoben werden. Tandler (1903), der diese Beobachtung bestätigt hat, hat auch betreffs der Ausgangsstelle der Arteria mesenterica inferior eine ähnliche, wenn auch kleinere Kaudalwärtswanderung feststellen können.

Schon bei etwa 2 cm langen Embryonen erreichen die drei Magendarmarterien ihre definitiven Ausgangsstellen. — Die nächste Ursache ihrer erwähnten Kaudalwärtswanderung ist offenbar in der gleichzeitig stattfindenden Kaudalwärtsverschiebung des Magendarmkanals selbst zu suchen (Mall). Da nun diese Verschiebung am stärksten den Magen und den kranialen Darmteil betrifft so erklärt sich — glaube ich — hieraus, warum die Arteria coeliaca und die Arteria mesenterica superior um so viele Segmente (etwa 10), die Arteria mesenterica inferior dagegen nur um etwa drei Segmente kaudalwärts wandern (vgl. Abb. 122, S. 133).

Von den ursprünglichen Arteriae omphalomesentericae bilden sich bald die meisten zurück, und es bleibt in der Regel nur ein Paar übrig, das sich unmittelbar nach der Verschmelzung der Aorten zu einer einfachen Arteria omphalomesenterica umwandelt.

Die unpaar gewordene Arteria omphalomesenterica versorgt eine Zeitlang sowohl die erste Darmschleife wie (mit ihrer peripheren Partie) die Dottersackwände. Indem später — mit der Rückbildung des Dottersackkreislaufes — diese periphere Partie der Arteria omphalomesenterica schwindet, wandelt sich diese Arterie in die Arteria mesenterica superior um.

Schicksal der Dorsalzweige der Aortae descendentes primitivae.

Die meisten segmentalen Dorsalzweige der einfach gewordenen Aorta descendens persistieren als solche zeitlebens. Aus ihnen gehen die Körperwandarterien der Brust- und Bauchregion (Interkostal- und Lumbalarterien) hervor, die also als persistierende Segmentalarterien betrachtet werden können.

Hiervon machen indessen die im ersten und zweiten Interkostalraum verlaufenden Interkostalarterien (die achten und neunten Segmentalarterien) insofern eine Ausnahme, als ihre ursprünglich von der Aorta direkt ausgehenden Anfangspartien schon frühzeitig zugrunde gehen und durch eine von der Arteria subclavia ausgehende, gemeinsame Anfangspartie, mit welcher sich auch die siebente Segmentalarterie verbindet, ersetzt werden (vgl. Abb. 200 C, S. 235). Auf diese Weise entsteht die sog. Arteria intercostalis suprema.

Zwischen den distalen Enden der Interkostalarterien bilden sich schon in der ersten Hälfte des zweiten Embryonalmonats eine Längsanastomose aus, die sich auch mit der Arteria subclavia verbindet und die Anlage der Arteria mammaria interna mit der Arteria epigastrica superior darstellt (Abb. 200). — Gleichzeitig werden die distalen Enden der Lumbalarterien unter sich mit der Arteria iliaca externa durch eine ähnliche Längsanastomose (die Anlage der Arteria epigastrica inferior) verbunden.

Entwicklung der Hals- und Kopfarterien.

Die Arteria carotis communis geht jederseits aus derjenigen Partie der Aorta ascendens primitiva hervor, die zwischen den Ausgangsstellen des vierten und des dritten Kiemenarterienbogens gelegen ist (Abb. 200). Diese Anlage der Arteria carotis communis ist anfangs sehr kurz, wird aber bei der Kaudalwärtsverschiebung des Herzens immer mehr (und zwar besonders stark an der linken Seite) in die Länge ausgezogen.

Die kaudalwärts von der Carotis communis liegende Partie der paarig gebliebenen Aorta ascendens entwickelt sich in den beiden Körperhälften etwas verschieden. An der rechten Seite geht aus ihr die Arteria anonyma hervor, während an der linken Seite die entsprechende Gefäßpartie in den definitiven Aortenbogen einverleibt wird. Daraus erklärt sich die Tatsache, daß die Ausgangsstellen der beiden Arteriae carotides communes asymmetrisch zu liegen kommen.

Die kranialwärts von dem dritten Kiemenarterienbogen gelegene Partie der Aorta ascendens primitiva wird, wie schon oben erwähnt wurde, zu der Arteria carotis externa (vgl. Abb. 200). Der dritte Kiemenarterienbogen und die kranialwärts von demselben liegende Partie der Aorta descendens primitiva (mit ihrer kranialen Verlängerung) bilden zusammen die Arteria carotis interna (vgl. Abb. 200).

Die letztgenannte Arterie versorgt zunächst fast den ganzen Kopf mit Blut. Sie verläuft zuerst kranialwärts bis zur Mittelhirnbeuge, biegt hier dorsal- und kaudalwärts in eine an der Ventralseite des Rautenhirns verlaufende Arterie (die sog. Arteria vertebralis cerebralis) um, die sich bald mit dem zweiten Dorsalzweig der Aorta verbindet (Abb. 200 C). Von jetzt ab kehrt wahrscheinlich der Blutstrom in der Arteria vertebralis cerebralis um, denn der zweite Dorsalzweig stellt ja' für diese Arterie eine direktere Verbindung mit dem Herzen dar. Als Folge hiervon bleibt eine intermediäre Partie der ursprünglichen Arteria carotis interna in der Entwicklung nach, die Arteria communicans posterior bildend.

Später bildet sich zwischen dem nächstfolgenden Dorsalzweige bis zu der Arteria subclavia herab eine Längsanastomose aus, die eine direkte kaudale Fortsetzung der Arteria vertebralis cerebralis darstellt und Arteria vertebralis cervicalis genannt wird. Bald nachher gehen die Dorsalzweige 2—5 zugrunde, und die Arteria vertebralis bekommt von jetzt ab ihr Blut ausschließlich aus der Arteria subclavia (Abb. 200). — In der Ponsgegend werden die beiden Arteriae vertebrales (cerebrales) einander bis zur Berührung genähert, und sie verschmelzen hier bald zu einer unpaaren Arterie, die sog. Arteria basilaris.

Schon Anfang des zweiten Embryonalmonats sendet die Arteria carotis interna in der Augengegend die Arteria ophthalmica ab (Abb. 200 C, A. ophthal.). Zu dieser Zeit gehen von derselben auch schon mehrere Nebenzweige zur Gehirnanlage aus. Etwas später sendet sie in der Gegend des zweiten Kiemenbogens eine andere Arterie aus, die vorübergehend eine wichtige Rolle zu spielen hat. Es ist dies die embryonale Arteria stapedia (Abb. 200 C). — Diese Arterie dringt zunächst schräg aufwärts und lateralwärts in die Gegend des ersten Kiemenbogens (des Mandibularbogens) hinein. Mit ihrer noch in dem Gebiete des Hyoidbogens liegenden Wurzelpartie passiert sie hierbei durch eine Blastemmasse, die sich später (um die Arterie herum) zu einem vorknorpeligen Ring (der Steigbügelanlage) kondensiert. Die Arterie bildet also die Ursache der Durchlöcherung der Stapesanlage, sie verläuft regelmäßig durch dieselbe hindurch und hat daher ihren Namen bekommen. — Die Arteria stapedia entwickelt sich schnell zu einem relativ mächtigen Gefäßstamm. Von diesem gehen (schon bei 12—15 mm langen Embryonen) jederseits drei Hauptzweige (Ramus supraorbitalis, Ramus maxillaris und Ramus mandibularis) heraus (Abb. 200 C, links), die die Supraorbital-, Maxillar- bzw. Mandibularregionen des Kopfes mit Blut versorgen (Tandler, 1902).

Die Arteria carotis externa, die in ihrem Verbreitungsgebiet zunächst lediglich auf den Zungenbeinbogen und Kieferbogen beschränkt war, vergrößert sich aber später auf Kosten der Arteria carotis interna, indem sie die Zweige der Arteria stapedia übernimmt (Abb. 200 C, rechts).

Entwicklung der Extremitätarterien.

Die Extremitäten stellen Auswüchse von je mehreren Körpersegmenten dar (Abb. 53, S. 65). Sie werden auch zeitlebens von Nerven innerviert, die von mehreren Körpersegmenten stammen. Aller Wahrscheinlichkeit nach wurden sie in der Phylogenese ursprünglich auch durch mehrere Körpersegmentarterien mit Blut versorgt. Allein bei der großen Umbildungsfähigkeit der Blutgefäße wurden die ursprünglichen Verhältnisse derselben nicht lange beibehalten.

Die Arterien der oberen Extremität.

Die Annahme, daß auch beim Menschen ursprünglich mehrere segmentale Armarterien existieren, wird vor allem durch die oben erwähnte Beobachtung gestützt, daß beim menschlichen Embryo von etwa 4,5 mm Länge jederseits vorübergehend zwei Arteriae subclaviae primitivae vorhanden sind. Die obere von diesen geht in ihrer Wurzelpartie sehr schnell zugrunde. Etwas weiter peripherwärts scheint sie dagegen noch eine Zeitlang zu persistieren, und zwar als Teilstück eines Plexus axillaris arteriosus (Erik Müller).

Die Bildung der Wurzelpartie der Arteria subclavia verläuft an den verschiedenen Körperseiten verschieden. Wie aus dem in Abb. 200 abgebildeten Schema hervorgeht, wird die Wurzelpartie der rechten Arteria subclavia gebildet aus 1. dem vierten rechten Kiemenarterienbogen (b), 2. der Aorta descendens dextra (c) und 3. dem sechsten Dorsalzweig dieser Aorta (d). — Die Wurzelpartie der linken Arteria subclavia wird dagegen nur aus dem sechsten Dorsalzweig der linken Aorta descendens gebildet. Sie entspricht also nur dem letztgenannten Teil (d) der rechten Arteria subclavia. — Die urspünglich kaudal vom Ductus arteriosus Botalli (der sechsten linken Kiemenbogenarterie) ausgehenden Arteria subclavia sin. „wandert" bald kranialwärts, so daß ihre Ausgangsstelle zuletzt kranial vom Ductus arteriosus Botalli zu liegen kommt.

Im zweiten Embryonalmonat bilden sich in der oberen Extremität arterielle Gefäßnetze aus, aus welchen bald die definitiven Armarterien hervorgehen, und zwar durch stärkere Ausbildung gewisser Netzteile und Verödung anderer (Bertha de Vriese, Erik Müller). — Schon Ende des zweiten Embryonalmonats sind die Armarterien insofern fertig gebildet, als sie sowohl betreffs des Verzweigungstypus, wie betreffs der Lage mit den Armarterien des Erwachsenen der Hauptsache nach übereinstimmen.

Die Arterien der unteren Extremität.

Wenn die oben (S. 236) erwähnte Kaudalwärtswanderung der Umbilikalarterien etwa Mitte der fünften Embryonalwoche beendigt worden ist, scheint, wie erwähnt, auch die letztgebildete ventrale Wurzel jeder Arteria umbilicalis zugrunde zu gehen und durch eine neue, mehr lateral (Tandler, 1903) ausgehende Wurzel ersetzt zu werden. Von dieser Wurzel aus wachsen auch die anfangs relativ sehr kleinen Arterien der unteren Extremitäten heraus. Die gemeinsamen Stämme der Arteriae umbilicales und der betreffenden Extremitätenarterien stellen die beim Erwachsenen sog. Arteriae iliacae communes dar. Die ursprüngliche Hauptarterie der unteren Extremität hält sich nach Hochstetter in ihrem Verlaufe zunächst an den Nervus ischiadicus, mit dem sie auch das Becken verläßt. Sie wird daher auch Arteria ischiadica genannt.

Aus dem Beckenstücke dieser Arteria ischiadica sproßt etwas später die Arteria femoralis heraus. Dieselbe greift, proximal vom Hüftgelenk vorüberziehend, auf die ventrale Fläche des Oberschenkels über. Diese Arterie ist anfangs relativ sehr klein. Sie greift aber bald auf immer mehr distal gelegene Partien des Oberschenkels über und dringt schließlich in die Kniekehle ein, wo sie sich mit der Arteria ischiadica verbindet.

Nachdem diese Verbindung zustande gekommen ist, beginnt die Arteria femoralis die periphere Partie der Arteria ischiadica mit Blut zu versorgen. Sie vergrößert sich jetzt beträchtlich, und zwar Hand in Hand damit, daß die Arteria ischiadica in ihrem Oberschenkelabschnitte immer kleiner wird und zuletzt zugrunde geht. Gleichzeitig hiermit bildet sich als Zweig der Arteria femoralis die Arteria profunda femoris aus, die durch ihre Perforanten die Nutrition der dorsalen Oberschenkelpartie übernimmt.

Die persistierende Beckenpartie der Arteria ischiadica stellt die Arteria hypogastrica (oder iliaca interna) des Erwachsenen dar. Die persistierende Unterschenkelpartie bildet die Arteria poplitea mit ihren peripheren Verzweigungen. — Die ursprüngliche Hauptarterie des Unterschenkels wird in folgenden Entwicklungsstadien relativ unansehnlich. Beim Erwachsenen ist diese Arterie unter dem Namen Arteria interossea bekannt (Hochstetter).

Auch die Arterien der unteren Extremität weichen also in ihrer primitiven Anordnung von der definitiven beträchtlich ab. Die definitive Anordnung dieser Arterien wird aber trotzdem schon im dritten Embryonalmonat erreicht (Bertha de Vriese).

Ausbildung der definitiven Venen.

Die Entstehung der paarigen Venen des jungen Embryos: der Venae umbilicales, der Venae omphalomesentericae und der Leibeswandvenen wurde schon oben (S. 212) beschrieben. — Bei der Beschreibung der Lebergefäßentwicklung haben wir auch schon das weitere Schicksal der Umbilikalvenen (vgl. S. 165) und der Venae omphalomesentericae (S. 164) kennen gelernt. Es erübrigt sich also jetzt zunächst, das weitere Schicksal der Leibeswandvenen zu verfolgen.

Schicksal der primitiven Leibeswandvenen.

Die unteren Kardinalvenen führen ursprünglich das Blut des größeren Teils des embryonalen Körpers zum Herzen zurück. In dieselben münden nämlich nicht nur segmentale Leibeswandvenen der Brust-, Bauch- und Beckengegend, sondern auch die Venen der unteren Extremitäten (die Venae iliacae) und anfangs sogar auch diejenigen der oberen Extremitäten (die Venae subclaviae). — Bei der embryonalen Kaudalwärtsverschiebung des Herzens „wandern" aber die Wurzelpartien der Venae subclaviae auf die Venae cardinalis supriores über (vgl. Abb. 201 A—C).

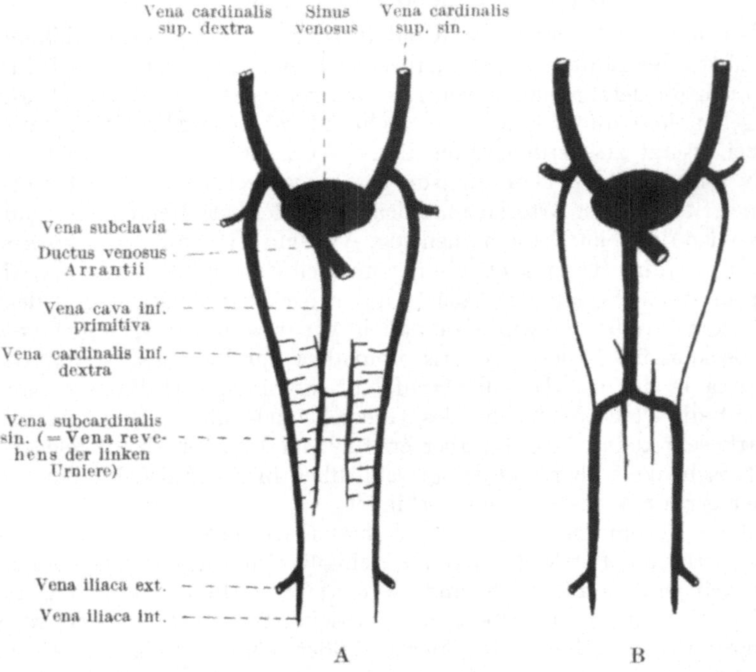

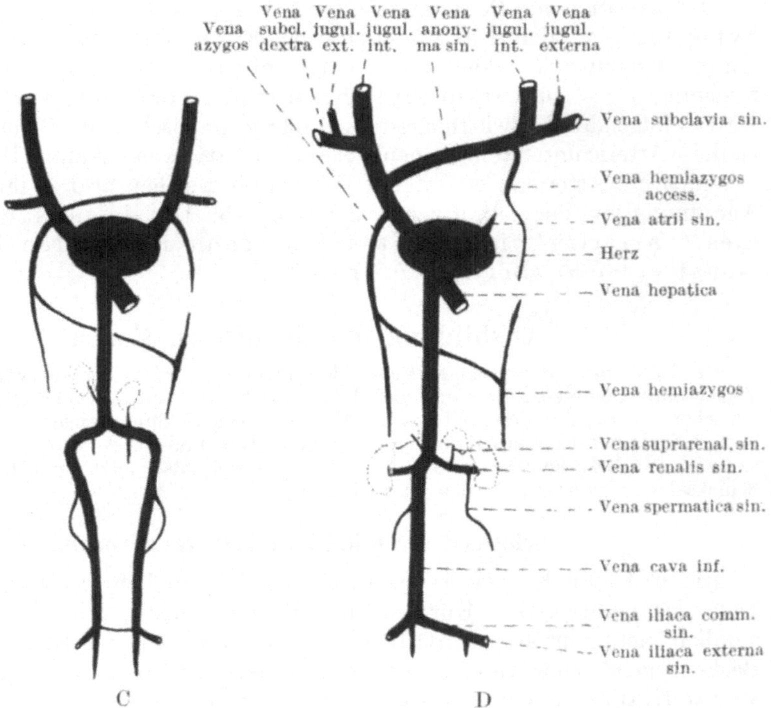

Abb. 201. Schemata, die Entwicklung der menschlichen Körpervenen zeigend. Nach
Broman (1911).

Das weitere Schicksal der unteren Kardinalvenen ist mit der Bildung der Vena cava inferior innig verknüpft. Wie schon (S. 167) erwähnt, entsteht die Vena cava inferior primitiva (die kraniale Partie der definitiven Vena cava inferior) als eine kleine Lebervene, die von Anfang an in die Vena revehens dextra (communis) mündet und sich sekundär durch quer verlaufende Anastomosen (etwa in der werdenden Nierenhöhe) mit den beiden Venae cardinales inferiores in Verbindung setzt (Abb. 201 A u. B).

Sobald diese Verbindung zustande gekommen ist, beginnt das Blut der kaudalen Körperhälfte den zum Herzen direkter führenden Weg durch die primitive Vena cava inferior zu nehmen. Diese wird daher immer mächtiger, Hand in Hand damit, daß die kranialen Partien der unteren Kardinalvenen zu relativ unbedeutenden Gefäßen (Venae azygos bzw. hemiazygos) reduziert werden, die durch partielle Obliteration sogar ihre Verbindung mit den kaudalen Kardinalvenenpartien verlieren (Abb. 201 B u. C).

Eine Zeitlang bilden nun die kaudalen Abschnitte der unteren Kardinalvenen die Hauptwurzeln der Vena cava inferior primitiva (Abb. 201 C). — Schon vorher hatte sich ventralwärts von der Arteria sacralis media eine untere Anastomose ausgebildet, und zwar zwischen den Beckenabschnitten der Venae cardinales inferiores. Durch diese Anastomose beginnt jetzt immer mehr das Blut der linken unteren Extremität zu fließen. — Nachdem auch die Venae lumbales der linken Seite sich durch Queranastomosen mit der rechten Kardinalvene in Verbindung gesetzt haben, wird die kaudale Partie der linken Kardinalvene immer unbedeutender und atrophiert zuletzt größtenteils (Abb. 201 D). Hand in Hand hiermit vergrößert sich der kaudale Abschnitt der Vena cardinalis inferior dextra, die kaudale Partie der definitiven Vena cava inferior bildend.

Die definitive Vena cava inferior (Abb. 201 D) ist also genetisch aus folgenden Gefäßen herzuleiten:

1. aus der Einmündungspartie der Vena revehens dextra (communis) der Leber (Abb. 156, S. 166),

2. aus der Vena cava inferior primitiva (Abb. 201 A u. B),

3. aus der rechten Hälfte der oberen Queranastomose zwischen den beiden Kardinalvenen (Abb. 201 B—D) und

4. aus der kaudalen Hälfte der Vena cardinalis inferior dextra (Abb. 201 D).

Die aus den oberen Partien der unteren Kardinalvenen entstehenden Venen, die Anlagen der Vena azygos bzw. der Vena hemiazygos, sind ursprünglich gleich groß (Abb. 201 B). Später gewinnt aber im allgemeinen die rechte Vene (die Vena azygos) Übergewicht über die linke (die Vena hemiazygos), indem die letztere durch eine Queranastomose mit der Vena azygos in Verbindung tritt und gleichzeitig ihre Mündung in den linken Ductus Cuvieri verliert (Abb. 201 C).

Nachdem die beiden Venae subclaviae mit ihren Mündungspartien jederseits von der unteren auf die obere Kardinalvene übergerückt sind (Abb. 201 C u. D), bildet sich zwischen den beiden oberen Kardinalvenen eine etwas schief verlaufende Anastomose aus, die die Anlage der Vena anonyma sin. darstellt.

Diejenige Partie der Vena cardinalis superior dextra, die zwischen den Einmündungsstellen dieser Anastomosen und der Vena subclavia dextra liegt, können wir von jetzt ab mit dem Namen Vena anonyma dextra bezeichnen (vgl. Abb. 201 D). Die kaudal von der Vereinigungsstelle der beiden Venae anonymae liegende Partie der Vena cardinalis superior dextra bildet zusammen mit dem Ductus Cuvieri dexter die Anlage der Vena cava superior.

Eine Zeitlang existiert auch eine Vena cava superior sinistra, die aus dem linken Ductus Cuvieri und dem kaudal von der Vena subclavia sinistra liegenden Teil der Vena cardinalis superior sinistra zusammengesetzt wird (Abb. 201 A—C). — Diese Vena cava superior sinistra obliteriert aber bald größtenteils, und es bleibt von ihr gewöhnlich nur eine kleine kaudale Partie als Vena atrii sinistri (Abb. 201 D) erhalten.

Aus der Halspartie der Vena cardinalis superior geht die Vena jugularis interna hervor (vgl. Abb. 201 C u. D). Die Kopfpartie derselben Vene bildet sich nach Zugrundegehen bzw. Verschmelzung gewisser Teile und Neubildung anderer zu den Sinus venosi der Dura mater cerebri um.

Entwicklung der Extremitätvenen.

In beiden Extremitäten entstehen zuerst Randvenen, welche — wie der Name angibt — in der Peripherie der Extremität verlaufen. Durch zahlreiche dünne Kapillaren stehen diese Randvenen mit den axial verlaufenden primitiven Arterien in Verbindung. — Die Begleitvenen der Arterien entstehen erst relativ spät.

In der oberen Extremität existiert anfangs eine größere Vena marginalis ulnaris, die sich im Randteil der Handplatte mit der kleineren Vena marginalis radialis verbindet. — Die letztgenannte Vene geht später zugrunde, nachdem ihre Funktion zum Teil von einer etwas später gebildeten Vene, der Vena cephalica, übernommen worden ist. Die Vena marginalis ulnaris bildet sich in ihrer proximalen Partie zur Vena brachialis, Vena axillaris und Vena subclavia, in ihrer distalen Partie zur Vena ulnaris aus.

In der unteren Extremität ist die Vena marginalis fibularis von Anfang an stärker als die Vena marginalis tibialis ausgebildet. Die letztgenannte Vene geht nach Hochstetter bald zugrunde. Von den sekundären Zweigen der Vena marginalis ist vor allem die Vena tibialis anterior hervorzuheben. Diese Vene ersetzt bald den distalen Teil der Vena marginalis fibularis, welcher nach ihrer Bildung zugrunde geht. Zusammen mit dem proximalen Teil der Vena marginalis fibularis bildet die Vena tibialis centr. jetzt die Hauptvene der unteren Extremität, die sog. Vena ischiadica.

Die Vena femoralis entsteht als ein anfangs relativ unbedeutendes Gefäß, das in die Vena cardinalis inferior kranial von der Mündungsstelle der Vena ischiadica mündet. — Sie verlängert sich kaudalwärts bis zur Kniegegend herab und verbindet sich hier mit der Vena ischiadica. — Proximalwärts von dieser Verbindung atrophiert nun die Vena ischiadica größtenteils und geht als solche zugrunde. Die distale Partie dieser Vene persistiert dagegen als Vena saphena parva (Lewis). — Die Vena saphena magna und die Vena tibialis posterior entstehen nach Lewis wahrscheinlich als Zweige der Vena femoralis.

Entwicklung des Lymphgefäßsystems.

Die Lymphgefäße.

Die ersten Anlagen des Lymphgefäßsystems entstehen nach Sabin (1909) während des zweiten Embryonalmonats, und zwar als sechs isolierte Lymphsäcke, welche von abgeschnürten Venenplexus stammen.

Zuerst werden in der Klavikulargegend paarige Lymphsäcke angelegt; sodann treten in der Bauchgegend zwei unpaare Säcke auf, von welchen der eine (dorsale) die Anlage der Cisterna chyli darstellt. Zuletzt werden in der Inguinalgegend paarige Lymphsäcke gebildet. — Die letztgenannten vier

Lymphsäcke bleiben von den Venen getrennt. Dagegen öffnen sich die beiden kranialen Lymphsäcke schon frühzeitig in die werdenden Venae subclaviae. An der Mündungsstelle bilden sich von Anfang an Klappen aus, welche das Blut verhindern, in den Lymphsack hineinzufließen.

Die Lymphsäcke werden bald durch brückenähnliche Bindegewebsbänder mehr oder weniger vollständig in Lymphgefäßplexus umgewandelt, und

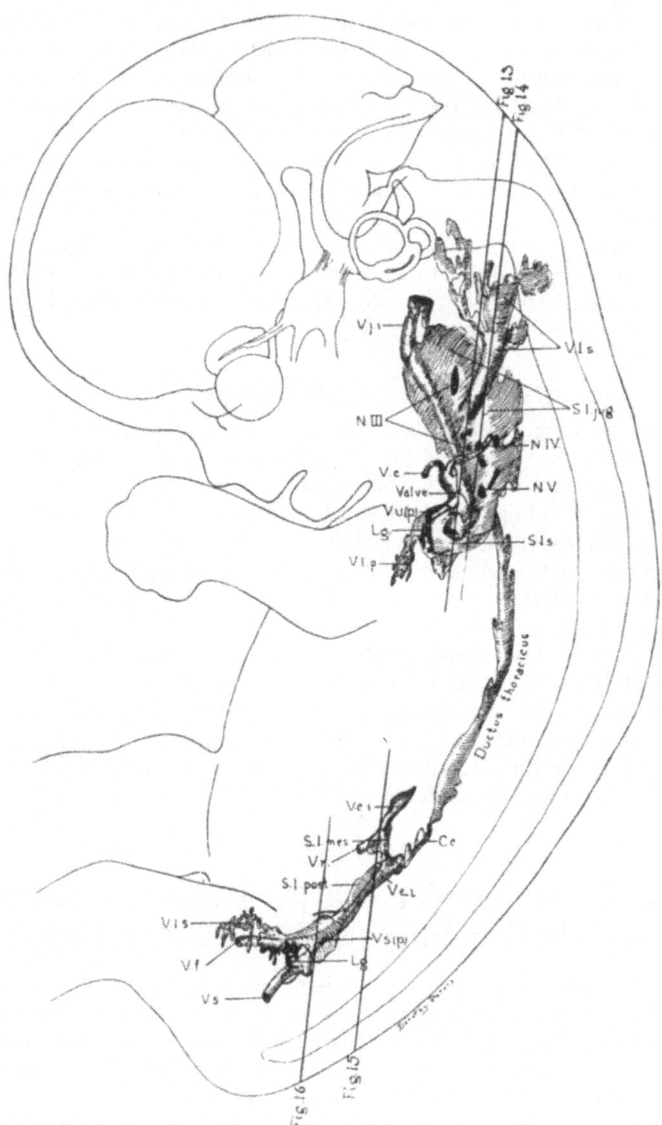

Abb. 202. Lymphgefäße eines 30 mm langen, menschlichen Embryos. — Vergrößerung: 4 mal. — Nach Sabin (1909) aus Broman (1911). — C. c. Cisterna chyli; Lg. Lymphoglandula; N. III, IV u. V, Nn. cervicales; S. l. jug. Saccus lymphat. jugularis; S. l. mes. Sacc. lymph. mesentericus; S. l. post. Sacc. lymph. posterior; S. ischiadicus; S. l. s. Sacc. lymph. subclavius; V. c. Vena cephalica; V. l. p. Vasa lymph. profunda; V. c. i. Vena cava inf.; V. l. s. Vasa lymphatica superficialia; V. f. Vena femoralis; V. j. i. Vena jugularis inf.; V. u. (p.) Vena ulnaris (primit.); V. r. Vena renalis; V. s. Vena ischiadica.

gleichzeitig beginnt das sie bekleidende Endothel nach verschiedenen Seiten hin Zweige auszusenden. Einige Zweige verschiedener Lymphsäcke wachsen einander entgegen und verschmelzen miteinander. Auf diese Weise verbinden sich einerseits die beiden kaudalen Lymphsäcke und der ventrale Bauchlymphsack mit der Cisterna chyli und andererseits die Cisterna chyli mit dem linken kranialen Lymphsack. — Durch die letztgenannte Verbindung entsteht der Ductus thoracicus (Abb. 202).

Außer den oben erwähnten Zweigen, welche die meisten Lymphsäcke miteinander zu einem zusammenhängenden Lymphgefäßsystem verbinden, entstehen — wie angedeutet — von den Lymphsäcken aus auch andere Zweige. So bilden sich von den vier paarigen Lymphsäcken aus sowohl oberflächliche Lymphgefäße zu den angrenzenden Körperpartien wie tiefe Lymphgefäße zu der betreffenden Extremität. Von dem ventralen Bauchlymphsack, dem sog. Saccus mesentericus, wachsen Zweige aus zum Mesenterium und zum Digestionskanal.

Die auswachsenden Lymphgefäße verbinden sich nach Sabin weder mit den großen serösen Höhlen, noch mit dem Subarachnoidalraum und den größeren oder kleineren Bindegewebslücken des Körpers. Von diesen bleiben sie zeitlebens durch Endothelwände getrennt.

Die Lymphdrüsen.

Die durch die oben beschriebene Brückenbildung ganz oder teilweise [1] zu Lymphgefäßnetzen umgewandelten Lymphsäcke bilden sich später zu den Lymphdrüsengruppen des Körpers aus.

In den bindegewebigen Scheidewänden dieser Lymphgefäßnetze häufen sich bald Lymphozyten immer stärker an. Die betreffenden Scheidewandpartien schwellen hierdurch zu Follikeln an. Auf diese Weise entstehen an der Stelle der ehemaligen Lymphsäcke die ersten Lymphdrüsengruppenanlagen. Später werden auch gewisse der aus den Lymphsackausläufern entstandenen Lymphgefäßnetze in Lymphdrüsengruppenanlagen umgebildet (Kling, 1903).

Die Lymphdrüsengruppenanlagen werden früher oder später in kleinere Partien zerlegt, welche die Anlagen der einzelnen Lymphdrüsen darstellen. Im achten Embryonalmonat sind die größeren Lymphdrüsen ohne Mühe makroskopisch sichtbar. Zu dieser Zeit haben sie schon ihren definitiven histologischen Bau. — Die kleineren Lymphdrüsenanlagen werden erst nach der Geburt erkennbar.

Definitive Trennung der Körperhöhlen. — Entwicklung des Perikardiums und des Zwerchfells.

Die primären Scheidewände der embryonalen Körperhöhlen gehen, wie erwähnt (S. 63), teilweise zugrunde, und die persistierenden Partien derselben werden meistens nicht zu den definitiven Scheidewänden verwendet. — Nur eine Partie des Mesenterium ventrale macht hiervon eine Ausnahme, indem sie als Teil des definitiven Mediastinum persistiert.

Ehe noch die definitiven Zölomscheidewände (von dem erwähnten Mediastinumteil abgesehen) existieren, besteht die Herzanlage aus einem vertikal gelagerten Schlauch (vgl. oben S. 218), dessen kaudales Ende durch querliegende Venenstämme, die den Sinus venosus bilden, mit den in den Körperwänden verlaufenden Hauptvenen verbunden ist.

---

[1] Nur die zentrale Partie der Cisterna chyli bleibt als Lymphsack bestehen.

Der Sinus venosus liegt in einer Mesenchymmasse an der kranialen Grenze
des noch sehr weiten Nabels eingebettet (vgl. Abb. 185, S. 217). Er ist jederseits an den lateralen Körperwänden fixiert, und zwar anfangs sowohl
durch die noch paarigen Venae umbilicales wie durch die beiden Ductus
Cuvieri, später ausschließlich durch die Letztgenannten. — Diese Fixierung
erklärt gewissermaßen die Tatsache, daß der Sinus venosus sich bei der folgenden Verkleinerung des Nabels nicht in demselben Maße wie die kraniale Nabel-
grenze bzw. wie der arterielle Herzteil kaudalwärts verschieben kann.

Die Herzanlage muß sich daher schleifenartig umbiegen, und die den
Sinus venosus umgebende Mesenchymmasse wird aus demselben

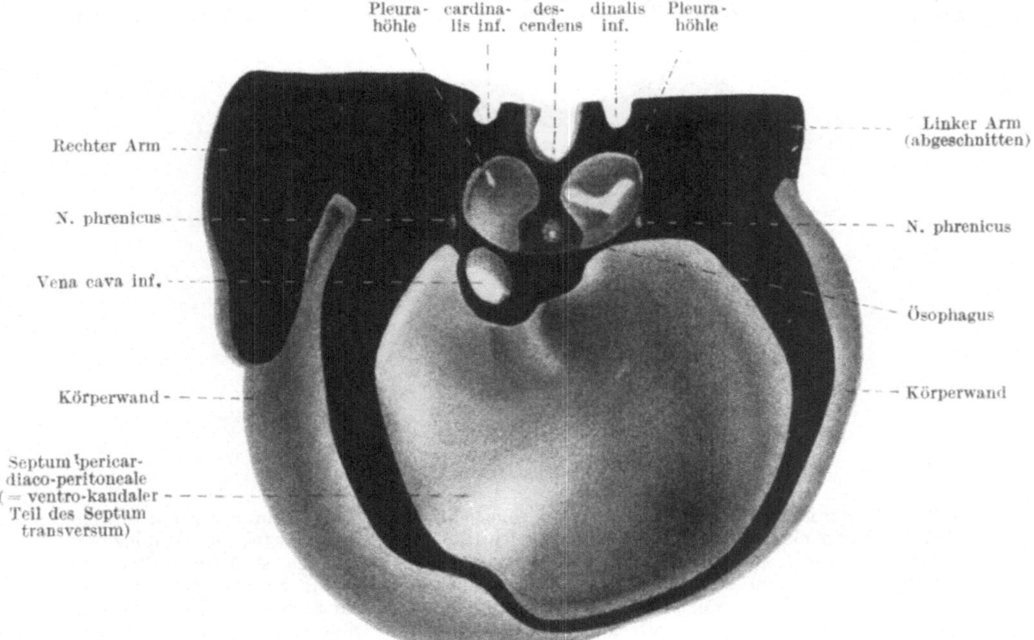

Abb. 203. Rekonstruktionsmodell der Zwerchfellanlage (von oben gesehen) von einem
8,3 mm langen Embryo. — Vergrößerung: 30 mal. — Nach Broman (1902).

Grunde in eine schief frontal gestellte Scheidewand, das sog. Septum
transversum (His), ausgezogen.

Schon Ende der vierten Embryonalwoche ist das Septum transversum
(das primitive Zwerchfell) eine recht ansehnliche Bildung. Das Septum
steht von Anfang an unten mit der ventralen Körperwand und lateral mit den
lateralen Körperwänden in Verbindung. Kranial endigt es mit freiem Rande.
Die ventrale Fläche ist oben durch das Mesocardium dorsale mit dem
venösen Herzteil, die dorsale Fläche durch das Mesenterium ventrale mit
dem Vorderdarm verbunden. — Durch das Mesenterium ventrale hindurch
ist schon die entodermale Leberanlage in die kaudale Partie des Septum transversum hineingewachsen. Nur die kraniale Partie des Septum (nahe am freien
Rande desselben) wird also jetzt von dem Sinus venosus eingenommen.

Noch eine kurze Zeit fährt die Leber fort, sich kaudalwärts in dem Septum
tranversum auszubreiten. Gleichzeitig wird aber das Septum höher und der
kraniale, freie Rand desselben wird von der Lebersubstanz nie erreicht.

An dem Septum transversum können wir also zwei Teile unterscheiden, nämlich:

1. einen größeren, ventrokaudalen Teil, der mit der Leber breit verbunden
wird und den wir mit dem Namen Septum pericardiaco-peritoneale
(vgl. Abb. 203) bezeichnen, und

2. einen kleineren, dorsokranialen Teil, der mit der Leber nie direkt verbunden
wird. Wir nennen diesen Teil des Septum transversum Septum pericardiaco-
pleurale primitivum.

Noch bei etwa 10 mm langen Embryonen ist die Perikardialhöhle
relativ kolossal groß. Sie liegt ventral von den beiden noch sehr kleinen
Anlagen der Pleurahöhle (vgl. Abb. 203), welche sie sowohl kaudal wie kranialwärts bedeutend überragt. Kranialwärts von den beiden Pleurahöhlenanlagen

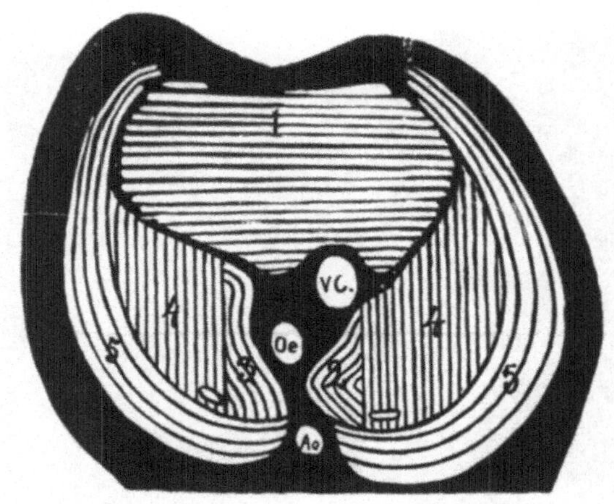

Abb. 204. Zwerchfell von einem 21 mm langen menschlichen Embryo, von oben und hinten
gesehen. — Vergrößerung: 10 mal. — Nach Broman (1902). — Ao. Aorta; Oe. Ösophagus;
Vc. Vena cava inf. Die Zwerchfellsteile verschiedenen Ursprungs sind mit Strichen
schematisch verschieden bezeichnet. 1. Der perikardiale Teil, vom Septum transversum
gebildet. 2. und 3. Teile, welche von dem Mesenterium (und zwar 2. von dem Nebenmesenterium, 3. von dem Hauptmesenterium) herzuleiten sind. Diese Teile entsprechen den
sog. „kaudalen Begrenzungsfalten". 4. Teile, welche von den medialen Blättern der
Urnierenfalten (= der Membranae pleuro-peritonealis) herzuleiten sind. Hinten und medial
in diesen Teilen ist die Lage der letzten (in diesem Stadium schon obliterierten) Kommunikationsöffnungen schematisch bezeichnet. 5. Teile, welche bei der Thoraxvergrößerung
von den Körperwänden isoliert werden. — Zu bemerken ist, daß die Abteilungen 1—4
durch Vermittlung von der Leber, deren Überzug sie (wenigstens anfangs) bilden, an der
Zwerchfellbildung teilnehmen.

wird die dorsale Perikardialhöhlenwand von der dorsalen Körperwand selbst
gebildet.

Das ventrale Mesenterium hat, gleich wie das Septum transversum, einen
oberen, freien Rand. Dieser Rand, oberhalb dessen die Pleurahöhlenanlagen
mit der Perikardialhöhle frei kommunizieren, liegt anfangs in derselben Höhe
wie derjenige des Septum transversum. Später verlängert sich aber das
Septum pericardiaco-pleurale primitivum in kranialer Richtung
(vielleicht hierzu durch Ziehung der beiden Ductus Cuvieri veranlaßt), so
daß sein kranialer Rand höher als derjenige des ventralen Mesenterium zu
liegen kommt.

Gleichzeitig wird die Spalte zwischen dem betreffenden Septumrand und
der dorsalen Körperwand immer schmäler und obliteriert zuletzt (bei etwa

10 mm langen Embryonen), indem der supramesenteriale Teil des Septum pericardiaco-pleurale primitivum mit der dorsalen Körperwand verwächst. Von diesem Stadium ab haben wir also eine geschlossene Perikardialhöhle.

Das übrige Zölom stellt jetzt eine oben paarige, unten unpaare Pleuroperitonealhöhle dar. — Die Trennung der beiden Pleurahöhlenanlagen von der Peritonealhöhle wird schon in der fünften Embryonalwoche vorbereitet. Zu dieser Zeit entstehen in der lateralen Körperwänden zwei unten offene Peritonealtaschen, welche von denselben je eine Falte, die Plica pleuroperitonealis, isolieren. Diese Falten sind anfangs sagittal gestellt. Dorsal stehen sie mit den kranialen Urnierenenden in primärer Verbindung. Sie werden daher auch Urnierenfalten genannt. Ventral sind sie mit der Leber verbunden.

Die Verbindung der ventralen Partien der Urnierenfalten mit der Leber wird bald direkter und intimer, indem die Leber bei ihrer Vergrößerung in dieselben hineinwächst. Auf diese Weise werden die anfangs breiten, lateralen Kommunikationsöffnungen zwischen den Pleura- und Peritonealhöhlen zu engen Spalten reduziert (vgl. Abb. 203).

Etwa gleichzeitig hiermit beginnt die Bildung einer von Anfang an kaudal gelagerten Wand der Pleurahöhle. Die betreffende kaudale Pleurawand wird zuerst an der rechten Seite des Mesenteriums gebildet, und zwar dadurch, daß Lebersubstanz in die laterale Wand (das sog. Nebenmesenterium) der Bursa omentalis hineinwächst und dieselbe lateralwärts verbreitert. — Etwas später wächst die Lebersubstanz so weit kranialwärts, daß der linke Leberlappen um die Kardia herum — in dem dorsalen Mesenterium hervorwachsend — die hintere Wand der Pleuraperitonealhöhle erreichen kann. Hiermit ist auch an der linken Seite eine kaudale Pleurawand gebildet.

Nach der Bildung der kaudalen Pleurawand der linken Seite ist die eine Zeitlang größere Kommunikationsöffnung zwischen der linken Pleurahöhle und der Peritonealhöhle wieder gleich so klein wie die entsprechende Öffnung der rechten Seite geworden. — Bei einem 18,5 mm langen Embryo finden wir die Kommunikationsöffnungen der beiden Pleurahöhlen mit der Peritonealhöhle symmetrisch gelagert und gleich groß. Sie stellen jetzt enge, etwa 0,5 mm lange, laterale Spalten dar (in Abb. 204 schematisch markiert), deren Wände — bei der folgenden Vergrößerung der Leber — gegeneinander gepreßt werden und bald miteinander verwachsen. Auf diese Weise schließen sich — bei etwa 20 mm langen Embryonen — die Scheidewände zwischen Peritoneal- und Pleurahöhlen.

Unmittelbar nach der Schließung besteht das Zwerchfell aus:

a) einem ventralen, unpaaren Hauptteil (dem Septum pericardiacoperitoneale), der aus einem Teil des Septum transversum hervorgegangen ist und dem sog. „Herzboden" des definitiven Zwerchfells entspricht (Abb. 204, 1), und

b) dorsalen paarigen Nebenteilen (Septa pleuro-peritonealia), welche medial von dem Mesenterium, lateral von den lateralen Körperwänden unter Vermittlung von den Urnierenfalten hervorgegangen sind (Abb. 204, 2—4).

Mit dieser Zwerchfellspartie bleibt die Urniere noch eine Zeitlang durch das sog. „Zwerchfellsligament der Urniere" in Verbindung.

Unmittelbar nach der Schließung des Zwerchfells werden die Rippen knorpelig und der Brustkorb erfährt in kurzer Zeit ein ungeheuer starkes Wachstum. Die Lungen wachsen gleichzeitig relativ wenig und das Herz noch weniger. Nur die Pleurahöhlen vergrößern sich in demselben Maße wie der Brustkorb. Dabei dringen sie sowohl dorsal- wie lateral- und ventralwärts in der früheren Körperwand hervor und isolieren von derselben große Partien, welche das Zwerchfell vergrößern. — Besonders deutlich ist dieser Prozeß in den ventro-lateralen Teilen, wo große Partien des definitiven Perkardiums dadurch von der Körperwand isoliert werden (vgl. Abb. 204, 5). — Durch diesen Isolierungsprozeß, der am Anfang des dritten Embryonalmonats sehr rasch fortschreitet, werden also die definitiven Relationen zwischen Perikardial- und Pleurahöhlen hergestellt, große Partien des membranösen Perikardiums gebildet und das Perikardium in das Mediastinum einverleibt.

In dem bindegewebigen Zwerchfell können wir also verschiedene Partien unterscheiden, welche ihrem Ursprung und ihrer Entstehungsweise nach verschieden sind. Der perikardiale Teil (der sog. Herzboden) wird vom Septum transversum gebildet (Abb. 204, 1); die Pars lumbalis stammt von dem dorsalen Mesenterium und der dorsalen Körperwand (Abb. 204, 2 u. 3), die Pars costalis und die Pars sternalis sind beide Derivate der lateralen bzw. vorderen Körperwand, wobei jedoch zu bemerken ist, daß der ältere Teil der Pars costalis (Abb. 204, 4) in prinzipiell anderer Weise entstanden ist als der übrige Kostalteil.

Mit Ausnahme von dem Letztgenannten (Abb. 204, 5) werden die von ver-schiedenen Körperpartien stammenden Zwerchfellsteile alle mehr oder weniger ausschließlich unter Vermittlung der Leber dem Zwerchfell einverleibt. Mit diesem Organ hängen sie anfangs auch breit zusammen. — Sekundär wird die Zwerchfellsanlage aber von der Leber durch paarige Peritonealrezesse größtenteils isoliert. Die an gewissen Stellen persistierenden Verbindungen zwischen Zwerch-fell und Leber stellen, wie oben (S. 161) erwähnt, die Leberligamente dar.

Hervorzuheben ist, daß die oben gegebene Beschreibung über die verschiedene Abstammung der verschiedenen Zwerchfellsteile aller Wahrscheinlichkeit nach nur für das bindegewebige Gerippe des Zwerch-fells und nicht für die Zwerchfellsmuskulatur gültig ist. — Die Muskulatur jeder Zwerchfellshälfte ist wahrscheinlich einheitlichen Ur-sprungs, und zwar haben wir Grund anzunehmen, daß sie aus dem vierten Halsmyotom der betreffenden Körperseite stammt. Daraus erklärt sich, daß der Zwerchfellsnerv (Nervus phrenicus) vom vierten Halsnerv ausgeht. Der Verlauf des Nervus phrenicus zeigt noch beim Erwachsenen den Weg an, den die Zwerchfellsmuskulatur gewandert ist.

Entwicklung des Stützgewebes.

Alles Stützgewebe (das den Namen seiner Hauptfunktion, aktivere Gewebe zu stützen, verdankt) entsteht aus dem Mesenchym (vgl. oben S. 57).

Das Mesenchym besteht unmittelbar nach seiner Entstehung aus ver-zweigten Zellen, deren Protoplasmazweige mit denjenigen angrenzender Mesenchymzellen zusammenhängen. Schon in diesem Stadium bildet also das Mesenchym ein zusammenhängendes Fachwerk. Dieses wandelt sich später wenigstens teilweise in ein Syncytium um, indem die Zellgrenzen, die die zusammenhängenden Zellenfortsätze trennen, meistens zugrunde gehen.

Das mesenchymale Syncytium scheidet eine amorphe Gallertsubstanz aus, die die Lücken des Synzytialnetzes bzw. Zellnetzes erfüllen. In späteren Entwicklungsstadien bildet sich an Stelle dieser Gallertsubstanz eine geformte Interzellularsubstanz aus. — Charakteristisch für jedes Stützgewebe ist gerade diese Interzellularsubstanz. Diese kann sich in sehr verschiedener Weise ausbilden, kann mehr oder weniger weich bleiben oder aber große Festig-keit erreichen. Je nach der Beschaffenheit der Interzellularsubstanz unter-scheidet man daher:

1. Bindegewebe, das eine weichere Verbindungs- und Ausfüllungs-
masse des Körpers darstellt;
2. Knorpel und
3. Knochen, welche zusammen das Skelett des Körpers bilden.

Histogenese des Stützgewebes.

A. Bindegewebe.

Das oben erwähnte, mit Gallertsubstanz erfüllte Mesenchymnetz persistiert an einigen Stellen (z. B. im Nabelstrange) relativ lange. Von vielen
Autoren wird dasselbe daher auch unter dem Namen gallertartiges oder
embryonales Bindegewebe als eine besondere Form von Bindegewebe
aufgenommen.

An gewissen Stellen des Körpers bleibt das mesenchymale Zellnetz (Reticulum) fast unverändert bestehen, während die Maschen desselben (anstatt der

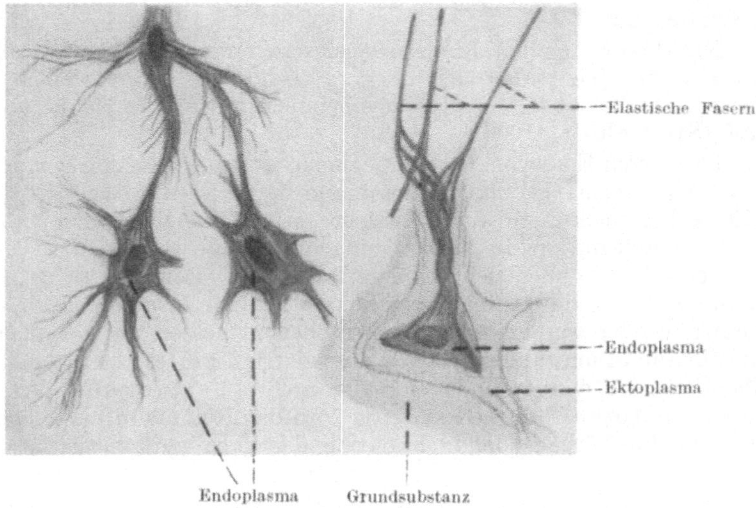

Abb. 205. Entstehung der interzellularen Bindegewebsfasern aus den Exoplasmazonen
der Bindegewebszellen. — Nach Fr. C. C. Hansen (1899).

Gallerte) mit dicht gedrängten weißen Blutzellen gefüllt werden. Auf diese
Weise entsteht das sog. retikuläre oder adenoide (drüsenähnliche) Bindegewebe.

Meistens wandelt sich aber das Mesenchym in faseriges Bindegewebe
um. Nach Fr. C. C. Hansen (1899), Mall (1902) u. a. entstehen die ersten
Bindegewebsfasern direkt aus dem Protoplasma des mesenchymatischen Syncytiums, von welchem sie erst sekundär abgetrennt werden (vgl. Abb. 205).
Nachdem sie durch diese Abtrennung interzellular geworden sind, können sie
sich aber zwischen den Zellen „selbständig vermehren und weiter wachsen"
(Meves, 1908).

Nach Mall (1902), welcher Autor seine betreffenden Untersuchungen zum
Teil auch auf menschliche Embryonen anstellte, differenziert sich das Proto-
plasma des mesenchymalen Syncytiums unmittelbar um die Kerne in körnige
Partien, Endoplasmainseln, die sich von dem übrigen Syncytium, dem
Ektoplasmanetz, deutlich abheben. — Das Ektoplasma wächst zunächst

relativ sehr schnell und differenziert sich zu immer zahlreicher und deutlicher werdenden Fasern, die sich von den Endoplasmainseln abtrennen. — Aus den Endoplasmainseln selbst gehen bei dieser Abtrennung die anfangs spindelförmigen Bindegewebszellen hervor. — Die aus dem Ektoplasmanetz hervorgehenden Bindegewebsfasern sind zuerst auch netzförmig gelagert und anastomosieren gelegentlich miteinander. Später gehen aber die Verbindungsbrücken gewöhnlich zugrunde.

Wenn die Richtung der Bindegewebsfasern unregelmäßig bleibt, entsteht das lockere, formlose Bindegewebe. Wenn dagegen durch Zugwirkungen in einer Richtung bzw. in zwei oder mehr bestimmten Richtungen die Fasern gestreckt und in den betreffenden Richtungen eingestellt werden, entsteht das geformte Bindegewebe (Sehnen, Aponeurosen, Faszien, Bänder usw.).

In späteren Entwicklungsstadien ändern die embryonalen Bindegewebsfasern ihren chemischen Charakter, so daß sie beim Kochen Leim (Glutin) geben. Die betreffenden Bindegewebsfasern sind in reflektiertem Licht weiß und stellen die Hauptmasse des gewöhnlichen sog. weißen, fibrillären Bindegewebes dar.

Elastische (gelbe) Bindegewebsfasern entstehen ebenfalls aus dem Ektoplasmanetz. Sie bilden sich aber später als die ersten weißen Bindegewebsfasern aus. Zuerst treten sie wahrscheinlich in den Wänden der größeren Gefäße auf (Spalteholz, 1906).

Im vierten Embryonalmonat beginnen sich in gewissen Gegenden des Körpers sog. Fettprimitivorgane herauszudifferenzieren. Nach F. Wassermann (1925) bestehen diese aus je einem retikulären Syncytium, dessen Bildung und Ausbreitung an die Verzweigung der Gefäße gebunden ist. Einzelne Mesenchymzellen können sich aus dem Reticulum lösen und zu Blutkörperchen umwandeln. Bald beginnt aber das Reticulum Fetttropfen zu speichern, die immer größer werden und die Protoplasmamassen mit den Kernen zu Fettkugelmanteln umwandeln, die bisher als Fettzellen bezeichnet worden sind. Das Fettprimitivorgan bildet sich hierdurch in Fettgewebe oder — richtiger — in ein Fettorgan um. Gleichzeitig wird das Reticulum als solches undeutlich, und die blutkörperbildende Funktion derselben tritt zurück.

B. Knorpelgewebe.

An denjenigen Stellen des Embryonalkörpers, wo später das Skelett auftreten soll, vermehren sich die Mesenchymzellen und nehmen ein charakteristisches Aussehen an. — Die Zellen werden klein, rund oder oval und kommen sehr dicht zu liegen. Die Zellkerne bleiben aber relativ groß und füllen die Zellen zum größten Teil aus. Das auf diese Weise veränderte, verdichtete Mesenchymgewebe, das wir jetzt mit dem Namen Blastem bezeichnen, läßt sich daher durch Hämatoxylinfärbung (und andere Kernfärbungen) stark hervorheben. — Die betreffende blastematöse Verdichtung des Mesenchymgewebes beginnt an bestimmten Stellen und schreitet von hier aus in bestimmten Richtungen weiter.

In dem Inneren der blastematösen Skelettanlage entstehen später (durch Umbildung der Blastemzellen in sog. Vorknorpelzellen) Vorknorpelkerne, welche die ersten getrennten Anlagen der einzelnen Hartteile des Skeletts darstellen.

Die Vorknorpelkerne breiten sich allmählich innerhalb des Blastems derart aus, daß sie zuletzt die werdende Form der betreffenden Hartteile einigermaßen erreichen. Dann bleibt die Umbildung des Blastems in Vorknorpel stehen. — Zwischen den einzelnen Vorknorpelkernen und an der Peripherie derselben bleibt das Blastem noch eine Zeitlang unverändert bestehen. Diese persistierenden Blastemmassen wandeln sich später in straffes Bindegewebe (Gelenkkapseln, Bänder und Perichondrium) um (vgl. Abb. 208).

Die Vorknorpelzellen zeichnen sich besonders dadurch aus, daß ihre Protoplasmamenge stark zugenommen hat, so daß die Vorknorpelzellen drei- bis viermal größer sind als die Blastemzellen. Sie zeigen eine unregelmäßige Form und nehmen von Hämatoxylin im allgemeinen nur eine schwache Färbung an (Broman, 1899). Die Kerne sind nämlich nicht größer als im Blastemstadium geworden.

Etwa in derselben Ordnung wie das Blastem in Vorknorpel überging, wandelt sich dieser etwas später (meistens im dritten Embryonalmonat) in eigentlichen

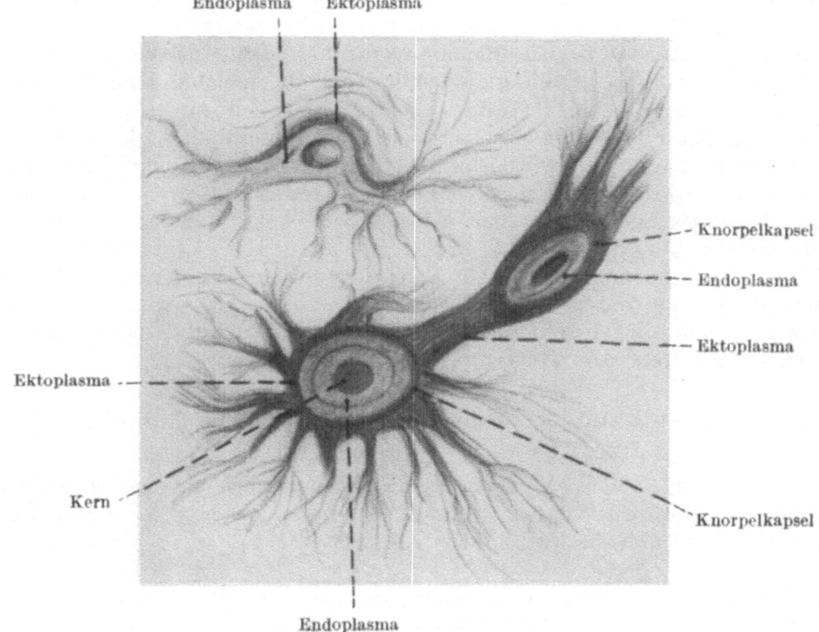

Abb. 206. Knorpelentwicklung. Nach Fr. C. C. Hansen (1899).

Knorpel um. Der betreffende Umwandlungsprozeß besteht hauptsächlich darin, daß — in ähnlicher Weise wie Bindegewebesfasern zwischen den Bindegewebszellen — zwischen den Vorknorpelzellen hyaline Interzellularsubstanz aufzutreten beginnt (vgl. Abb. 206), die die Zellen immer mehr auseinander drängt.

Meistens bleibt die Interzellularsubstanz des Knorpelgewebes hyalin. An gewissen Stellen des Körpers kombiniert sich aber die Bildung von hyaliner Interzellularsubstanz mit derjenigen von Bindegewebsfasern, die also mit der hyalinen Knorpelgrundsubstanz untermischt werden. Auf diese Weise entsteht Bindegewebsknorpel. Wenn die betreffenden Bindegewebsfasern alle elastisch sind, erhöht sich die Elastizität des betreffenden Knorpels („elastischer Knorpel").

Die Vergrößerung des einmal gebildeten Knorpels geschieht zum Teil durch Apposition, zum Teil durch interstitielles Wachstum. Die Apposition findet von der den Knorpel umgebenden Bindegewebshaut, dem sog. Perichondrium, statt. Die Zellen der inneren Schicht des Perichondriums, haben nämlich die Fähigkeit, sowohl Knorpelzellen wie Knorpelgrundsubstanz hervorzubringen. — Das interstitielle Wachstum des Knorpels findet durch Vermehrung sowohl von den Knorpelzellen wie von der Grundsubstanz zwischen denselben statt. Hierbei nimmt aber die Grundsubstanz des Knorpels schneller an Masse zu als die Gesamtheit der Knorpelzellen. Die Letztgenannten werden daher im allgemeinen immer weiter voneinander entfernt, je länger sie exstieren.

In die stärker wachsenden Knorpelmassen dringen regelmäßig Gefäße von dem Perichondrium ein. Beim Erwachsenen gehen aber diese intrachondralen Gefäße in dem persistierenden Knorpel wieder vollständig zugrunde.

C. Knochengewebe.

An gewissen Stellen des Körpers bekommt das Bindegewebe in einem gewissen Entwicklungsstadium und unter gewissen Bedingungen die Fähigkeit, hartes Knochengewebe zu bilden. Diese Fähigkeit ist zuerst meistens an das Perichondrium gebunden, weshalb auch die meisten Knochen im Anschluß an dem schon vorher existierenden Knorpelskelett angelegt werden. In der Folge geht das Knorpelskelett allmählich mehr oder weniger vollständig zugrunde und wird durch Knochen ersetzt. Solche knorpelpräformierte Knochen heißen daher auch Ersatzknochen. — Mit Ausnahme einiger Teile des Schädels ist das menschliche Skelett fast aus lauter solchen Ersatzknochen gebildet.

Diejenigen Knochen, welche im Bindegewebe ohne Anschluß an dem embryonalen Knorpelskelett entstehen, werden Bindegwebsknochen genannt. — Aus solchen sind die meisten Knochen des Gesichts und die platten Knochen des Gehirnschädels gebildet.

Entwicklung der knorpelpräformierten Knochen.

Schon oben wurde erwähnt, daß das peripherwärts von der vorknorpeligen Skelettanlage eine Zeitlang persistierende Blastem sich zu einer Bindegewebshaut, dem Perichondrium, differenziert, deren tiefer gelegenen Zellen zunächst die Fähigkeit besitzen, neue Knorpelschichten an der Außenseite der alten zu bilden.

An den meisten Knorpeln büßen indessen die Perichondriumzellen bald diese Fähigkeit ein, bekommen aber anstatt dessen eine neue Funktion: Knochensubstanz zu bilden. Von nun ab nennen wir die betreffenden Perichondriumzellen Osteoblasten (Knochenbildner[1]) und das Perichondrium Periost.

Die in der Nähe der Osteoblasten liegenden Bindegewebsbündel werden durch Einlagerung von Kalksalzen in Form kleiner Körnchen immer härter. Gleichzeitig scheiden die Osteoblasten direkt verkalkende Substanz aus. Auf diese Weise — durch sog. perichondrale (oder periostale) Ossifikation — entsteht unter dem Periost eine dünne Knochenlamelle (Abb. 207, Knochenmanschette), die den Knorpel bedeckt.

In der unterliegenden Knorpelpartie oder, falls es sich um einen langen Knochen handelt, in der von dem perichondralen Knochen ringförmig umgebenen Knorpelpartie vergrößern sich nun die Knorpelzellen und gleichzeitig wird die Grundsubstanz hier durch Einlagerung von Kalksalzen körnig getrübt. Es entsteht hier im Knorpel ein sog. Verkalkungspunkt (Abb. 207).

---

[1] Nach Weidenreich (1923) sind indessen die Osteoblasten keine spezifischen Zellen, sondern gewöhnliche Bindegewebszellen, „die erst unter einem örtlichen Knochenbildungsreiz die charakteristische Osteoblastenform annehmen". Bei mangelndem Kalkangebot vermögen sie keinen Knochen zu bilden.

In dem verkalkten Knorpel findet kein Wachstum mehr statt, während an den beiden Enden des Verkalkungspunktes der Knorpel fortwährend wächst. Die betreffende verkalkte Stelle des Skelettstückes beginnt daher wie eingeschnürt auszusehen. — Von dem knochenbildenden periostalen Gewebe aus dringen jetzt gefäßhaltige Ausläufer in den verkalkten Knorpel hinein. Es ist dies dadurch möglich, daß in diesem Gewebe gewisse Zellen sich zu kalk- und knorpelfressenden Zellen, sog. Osteoklasten („Knochenzerbrecher"), ausgebildet haben.

Sowohl die verkalkte Grundsubstanz wie die darin liegenden Knorpelzellen gehen jetzt in der Nähe der erwähnten periostalen Ausläufer zugrunde. Hier-

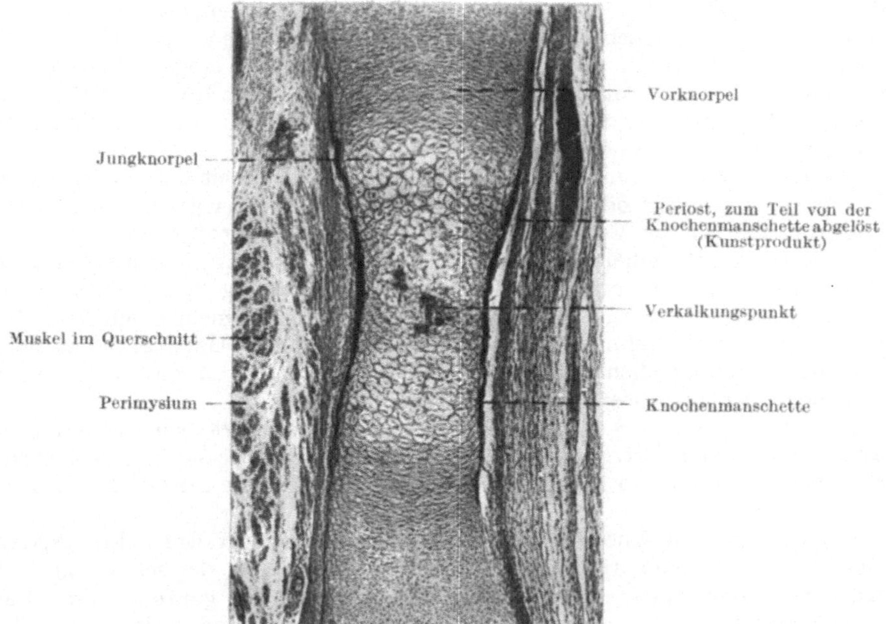

Abb. 207. Längsschnitt durch Mittelhandknochen eines 55 mm langen menschlichen Embryos. — Vergrößerung: 40 mal.

durch entstehen im Verkalkungspunkte kleine Höhlen, die zu dem bald relativ weiten, sog. primitiven oder primordialen Markraum unregelmäßig zusammenfließen. — Der primordiale Markraum wird von lockerem, aus den erwähnten Ausläufern des periostalen Gewebes stammendem Bindegewebe (dem sog. primären Knochenmark) gefüllt. Die Zellen dieses primären Knochenmarkes stellen zum Teil gewöhnliche, verzweigte Bindegewebszellen, zum Teil Osteoblasten und Osteoklasten dar.

Die Osteoblasten legen sich nach Art eines einschichtigen Epithels an die unregelmäßigen Wände des primordialen Markraumes dicht an und beginnen hier schichtweise Knochengewebe zu erzeugen. Da diese Ossifikation binnen den Grenzen des früheren Knorpels stattfindet, wird sie enchondrale Ossifikation genannt.

Durch die enchondrale Ossifikation entstehen stetig neue Knochentapeten innerhalb der alten, und der primäre Markraum wird in dieser Weise bis zu einem gewissen Entwicklungsstadium immer enger. Unterdessen treten weiße

Blutzellen in immer steigender Menge auf, so daß sie zuletzt zahlreicher als die ursprünglichen zelligen Elemente des Knochenmarkes werden. Hiermit geht das primäre Knochenmark in das sekundäre Knochenmark über.

Von dem zuerst gebildeten Teil des primordialen Markraumes aus breiten sich die oben geschilderten, sowohl destruktiven wie konstruktiven Prozesse auf die benachbarte Knochenpartie aus, die sich zu der Verknöcherung durch Vermehrung und Vergrößerung der Knorpelzellen sowie durch Verkalkung der Grundsubstanz vorbereiten. Besonders in den Anlagen der langen Knochen kann man daher oft alle Stadien der enchondralen Verknöcherung nacheinander in einem einzigen Längsschnitt beobachten.

Die Zahl der Ossifikationszentren des Skeletts ist zahlreicher als die Zahl der Vorknorpelkerne. Es werden nämlich viele Knochenanlagen, die — wie gewöhnlich — nur einen einzigen Vorknorpelkern besaßen, von zwei oder drei Ossifikationszentren aus verknöchert. So werden die langen Extremitätenknochen regelmäßig von einem Hauptzentrum (in der Mitte oder Diaphyse der Knochenanlage) und von zwei Nebenzentren (in den beiden Enden oder Epiphysen der Knochenanlage) aus verknöchert.

Zwischen Haupt- und Nebenzentren bleibt längere Zeit das Knorpelgewebe in Form von mehr oder weniger dünnen Scheiben (Epiphysenknorpel) bestehen, die für die Vergrößerung der Knochen von großer Bedeutung sind. In diesen Knorpelscheiben geschieht nämlich das Längenwachstum des Knochens, und wenn dieselben zuletzt auch vollständig verknöchert werden, so ist Längenwachstum des betreffenden Knochens nicht mehr möglich. — Nach der knöchernen Verschmelzung der Epiphysen mit den Hauptknochen bleiben von dem ursprünglichen Knorpelskelett gewöhnlich nur dünne Partien an den Knochenenden als Gelenkknorpel bestehen.

Gleichzeitig mit der enchondralen Ossifikation setzt sich die perichondrale Ossifikation fort. Indem durch diese letztgenannte stetig neue Knochenlamellen den alten von außen her aufgelagert werden, wächst der Knochen an Dicke.

In den meisten Knochen findet während der ganzen Entwicklungsperiode eine stetig mehr oder weniger weitgehende Resorption der schon angelegten Knochenpartien statt. „Dabei gehen nicht nur die ganzen enchondralen Knochenmassen, sondern auch ansehnliche Mengen des perichondralen Knochens verloren, Verluste, die immer durch Ablagerung neuer perichondraler Knochenschichten von außen her gedeckt werden" (Stöhr, 1909).

Die neugebildeten Knochen zeigen überall spongiöse Struktur. Dieses ist anfangs sogar mit dem perichondralen Knochen der Fall. Dichte subperiostale Knochenlamellen werden zuerst im ersten Lebensjahre gebildet.

Entwicklung der Bindegewebsknochen.

Histologisch differiert die Entwicklung der Bindegewebsknochen nur unbedeutend von der perichondralen Ossifikation. Der wichtigste Unterschied liegt nur darin, daß die Knochenbildung vom Knorpel entfernt stattfindet. Die übrigen Modifikationen des Verknöcherungsprozesses hängen größtenteils davon ab, daß die betreffenden Anlagen meistens platte Knochen werden sollen.

Die Grundlage, innerhalb welcher die Knochenbildung erfolgt, ist hier nur eine Bindegewebsmembran. Die betreffende Ossifikationsform wird daher auch „intramembranöse Verknöcherung" genannt. Einzelne Bündel der betreffenden Bindegewebsmembran verkalken. An diese legen sich aus embryonalen Bindegewebszellen hervorgegangene Osteoblasten und bilden in gewöhnlicher Weise Knochen.

Die zuerst gebildeten Knochenbälkchen sind miteinander zu einem Netzwerk verbunden (Abb. 215, Parietale), das von einem Blutgefäßnetzwerk durchflochten ist. Die Verknöcherung beginnt in der Mitte des werdenden Bindegewebsknochens und strahlt von dort peripherwärts aus. Das flächenhafte Wachstum findet, mit anderen Worten, an den Rändern der schon existierenden Knochenanlagen statt.

Zu beiden Seiten des primitiven Knochennetzes nimmt das Bindegewebe die Natur eines Periostes an. Nachher verdichtet sich die Knochenanlage durch Ablagerung von neuen Knochenschichten unter dem Periost. — Die Räume in dem geflechtförmigen Knochennetzwerk werden frühzeitig in Kanäle mit Blutgefäßen und primitivem Mark umgewandelt (Bardeen, 1910).

Entwicklung der Knochenverbindungen (Fugen und Gelenke).

Die Grenzpartien zwischen den verschiedenen vorknorpeligen Skelettteilen werden zunächst von kompakten, auf dem Blastemstadium persistieren-

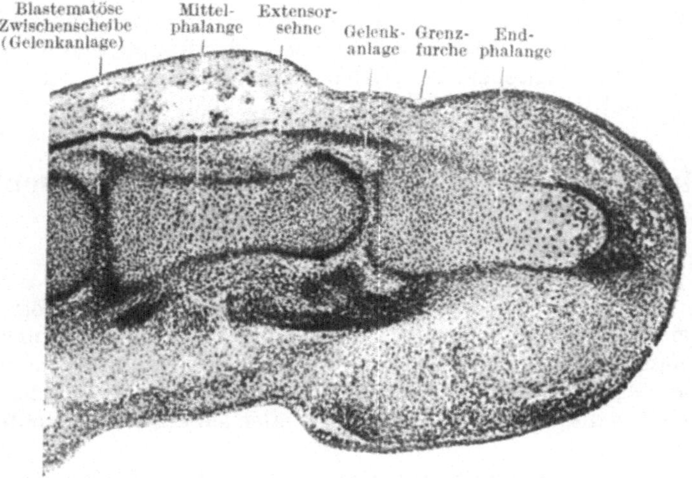

Abb. 208. Dorsopalmarer Längsschnitt durch die Fingeranlage eines 33 mm langen Embryos. (Die Anlagen der Interphalangealgelenke. zeigend.) — Vergrößerung: 60 mal. Nach Broman (1911).

den Scheiben gebildet. Diese blastematösen Zwischenscheiben (Abb. 208) setzen sich in denjenigen dünneren Blastemschichten direkt fort, die die Anlage des Perichondriums der angrenzenden Skeletteile darstellen.

Die Blastemzwischenscheiben können sich in späteren Entwicklungsstadien in Bindegewebe oder Knorpel umwandeln. Solchenfalls werden die betreffenden Skeletteile durch Fugen (Syndesmosen bzw. Synchondrosen) miteinander verbunden.

Meistens differenzieren sich aber die blastematösen Zwischenscheiben zu Gelenken aus. Dieses geschieht dadurch, daß in dem Inneren der Zwischenscheibe ein Lumen entsteht, das die zentrale Partie der Scheibe in zwei Schichten trennt, die je ein Ende der angrenzenden Skelettanlagen als Perichondrium bekleiden. Diese aus der Zwischenscheibe entstandenen Perichondrienschichten der Gelenkenden verschwinden in der Regel frühzeitig, so daß die Gelenkknorpel bald „nackt" werden. — Die Gelenkknorpel stellen in den allermeisten Fällen Reste des ursprünglichen Knorpelskeletts dar, sind also, mit anderen Worten, primäre Knorpelbildungen. Nur in Ausnahmefällen sind| sie sekundäre Knorpelbildungen, die aus der blastematösen Zwischenscheibe hervorgegangen sind. Solchenfalls handelt es sich um Gelenke, die zwischen Bindegewebsknochen entstanden sind (z. B. das Kiefergelenk).

Die periphere Partie der blastematösen Zwischenscheibe stellt die Anlage der bindegewebigen Gelenkkapsel dar. Diese steht also von Anfang an mit dem Perichondrium (bzw. Periost) der das Gelenk bildenden Knochenanlagen in Verbindung.

Oft bildet sich in der blastematösen Zwischenscheibe zunächst nicht eine einheitliche Gelenkspalte aus, sondern es treten in derselben zwei oder mehrere Spalten auf. Gewöhnlich verschmelzen aber diese später zu einer einheitlichen Gelenkhöhle. Unter Umständen können aber zwei oder mehr Gelenkspalten zeitlebens mehr oder weniger vollständig getrennt persistieren. Auf diese Weise entstehen an gewissen Stellen zusammengesetzte Gelenke: Gelenke mit Interartikularscheiben, Menisken usw.

Die definitive Form der Gelenkoberflächen ist gewöhnlich angedeutet, schon ehe die betreffende Gelenkhöhle — unter dem Einfluß der Muskelkontraktionen — gebildet worden ist. Die Gelenkform ist also — der Hauptsache nach — erblich. Gewisse Modifikationen der Gelenkflächenform finden jedoch später unter dem Einfluß der Muskeln statt (Hesser, 1925).

Entwicklung der verschiedenen Teile des menschlichen Skeletts.

A. Wirbelsäule und Brustkorb.

Das die Chorda dorsalis und das Medullarrohr umgebende sog. axiale Mesenchym stammt, wie oben (S. 55) erwähnt, von den Ursegmenten her und zeigt anfangs selbst auch eine entsprechende Segmentierung, die besonders nach der Entstehung der intersegmentalen Dorsalzweige der Aorta deutlich wird. Die zwischen diesen Arterien liegenden axialen Mesenchymsegmente werden Sklerotome genannt.

Jedes Sklerotom differenziert sich während der fünften Embryonalwoche in zwei Teile: in eine kaudale Hälfte, die sich blastematös verdichtet und die primitive Wirbelanlage (sog. Skleromer) darstellt, und eine kraniale Hälfte, die mehr locker bleibt.

Die primitiven Wirbelanlagen sind paarige, im Querschnitt dreieckige Blastemmassen, deren Ecken zu dorsal-, ventral- und medialwärts gerichteten Fortsätzen ausgezogen werden (Abb. 209 A). Die dorsalgerichteten Wirbelfortsätze begrenzen lateral Medullarrohr und Spinalganglien und werden daher Neuralfortsätze (Processus neurales) genannt. Die ventralgerichteten Wirbelfortsätze strecken sich medial von den Myotomen zunächst nur in die lateralen Körperwände ein. Sie stellen Rippenanlagen dar und werden daher Rippenfortsätze (Processus costales) genannt. Die medialgerichteten Wirbelfortsätze strecken sich bis zur Chorda dorsalis (daher werden sie Chordafortsätze [Processus chordales] genannt), wo sie bald mit denjenigen der anderen Seite verschmelzen (vgl. Abb. 209 B).

Durch diese Verschmelzung der Processus chordales um die Chorda dorsalis herum entstehen aus den paarigen Wirbelanlagen die unpaaren.

Die kraniale Hälfte jedes Sklerotoms verdichtet sich partiell und gibt zu zwei Membranbildungen Ursprung, von welchen die eine zwei angrenzende Dorsalfortsätze (Neuralfortsätze), die andere zwei angrenzende Ventralfortsätze (Kostalfortsätze) derselben Seite miteinander verbinden. Die erstgenannte Membran wird daher Interdorsalmembran, die letztgenannte Interventralmembran genannt.

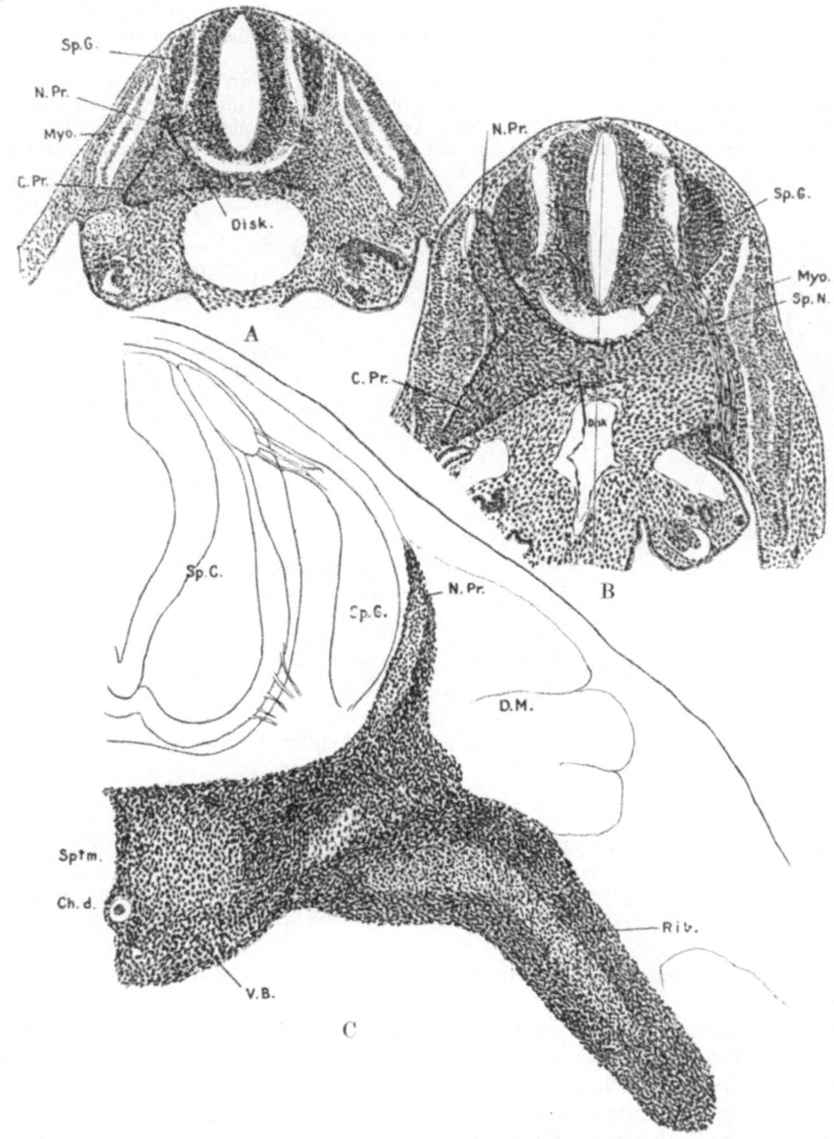

Abb. 209. Querschnitt durch mittlere (5—6) Thorakalsegmente. — Vergrößerung: 55 mal. — A eines 4,5 mm langen Embryos, B eines 7 mm langen Embryos und C eines 13 mm langen Embryos. — Nach Bardeen (1905). — Ch. d. Chorda dorsalis; C. pr. Processus costalis; Disk. Processus chordalis; D. M. Dorsale Muskulatur; Myo. Myotom; N. pr. Processus neuralis; Rib. Rippe; Sp. G. Spinalganglion; V. B. Wirbelkörper. — Aus Broman (1911).

Durch die Interdorsalmembranen z. B. der linken Seite werden alle die Neuralfortsätze dieser Seite, und zwar in ihrer ganzen Länge miteinander verbunden. Die Interventralmembranen verbinden

17*

dagegen nur die basalen (proximalen) Partien der Kostalfortsätze der
betreffenden Seite miteinander (Abb. 210).

Die miteinander in der Mittellinie verbundenen Chordalfortsätze jedes primitiven
Wirbelpaares werden nach Bardeen von unten her ausgehöhlt und gleichzeitig von oben
her verdichtet. — Nach dieser Umwandlung der vereinigten Chordalfortsätze, die also mit
einer Kranialwärtsverschiebung verbunden ist, stellen diese eine sog. primitive
Intervertebralscheibe dar.

Das zwischen zwei solchen Intervertebralscheiben gelegene (die Chorda
umgebende) Mesenchym wird jetzt von einer blastematösen, ringförmigen Membran, der
sog. Membrana interdiscalis, umgeben. Das betreffende Mesenchym liegt also jetzt
wie in einer Blastemschachtel allseitig eingeschlossen. Später wird aber auch dieses Mes-

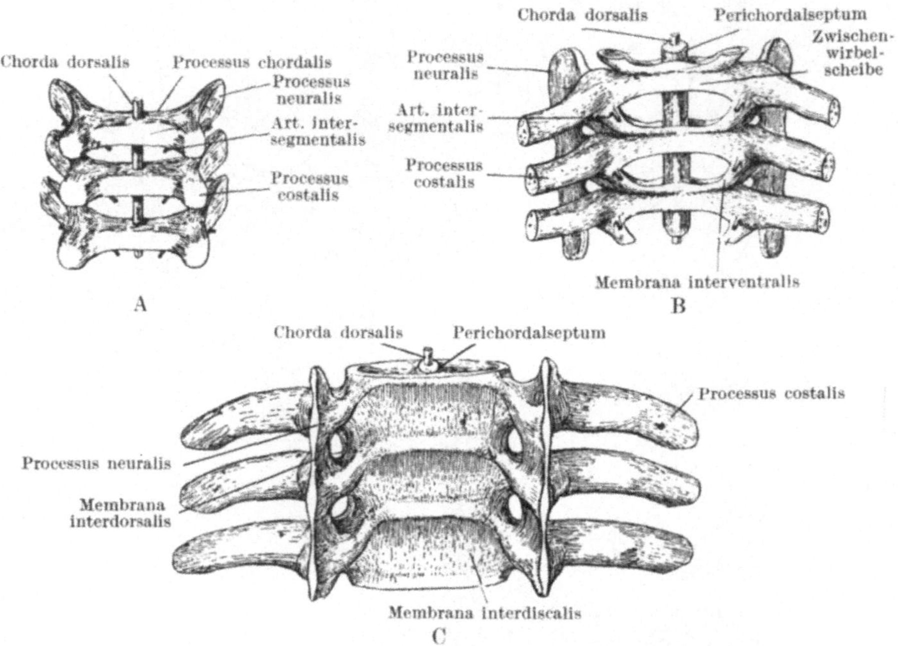

Abb. 210. Rekonstruktionsmodelle der blastematösen Wirbelanlagen. A eines 7 mm langen
Embryos. Vergrößerung: 33 mal. B eines 9 mm langen Embryos. Vergrößerung: 25 mal.
C eines 11 mm langen Embryos. Vergrößerung: 23 mal. A und B Vorderansichten, C Ansicht
von hinten. — Nach Bardeen (1905) aus Broman (1911).

enchym in Blastem umgewandelt. Dasselbe stellt die Anlage des definitiven Wirbel-
körpers dar.

Die Differenzierung der primitiven Wirbelanlagen beginnt in der Halsregion und schreitet von hier aus allmählich kaudalwärts weiter. Erst im zweiten
Embryonalmonat erreicht sie das kaudale Körperende.

Anfangs sind die primitiven Wirbelanlagen einander alle gleich. Bei etwa
10 mm langen Embryonen beginnen aber die thorakalen Wirbelanlagen
sich durch stärkere Ausbildung der Kostalfortsätze von den anderen
zu markieren (Abb. 210 C).

Die Verknorpelung jeder blastematösen Wirbelanlage (einschließlich der
Rippenanlagen) findet von sechs Vorknorpelzentren aus statt, welche ihrer
Lage nach den sechs Fortsätzen des primitiven Wirbelpaares entsprechen.
Bei einem etwa 13 mm langen Embryo sind diese Vorknorpelkerne alle zu sehen,
und zwar in den Neural- und Kostalbogen je ein Vorknorpelkern, in der Wirbel-
körperanlage aber zwei (ein linker und ein rechter).

Die beiden Vorknorpelkerne der Wirbelkörperanlage vereinigen sich indessen bald zu einem unpaaren Kern, indem sie sowohl dorsal- wie ventralwärts von der Chorda dorsalis miteinander verschmelzen. Von jetzt ab sitzen die vorknorpeligen Wirbelkörperanlagen an der Chorda wie Perlen an einer Schnur aufgereiht. Die Vorknorpelperlen grenzen indessen anfangs nicht unmittelbar aneinander, sondern sind durch dicke blastematöse Zwischenwirbelscheiben getrennt.

Während der zweiten Hälfte des zweiten Embryonalmonats vergrößern sich aber die Wirbelkörperanlagen zum Teil auf Kosten der Zwischenwirbelscheiben, so daß sie zuletzt (der Chorda am nächsten) partiell miteinander knorpelig verschmelzen. Gleichzeitig differenziert sich die Peripherie jeder Zwischenwirbelscheibe zu Bindegewebe (Annulus fibrosus des Erwachsenen).

In dem Inneren der Wirbelkörperanlagen wird die Chorda dorsalis jetzt von allen Seiten her zusammengepreßt. Gleichzeitig damit, daß sie hier eingeschnürt und bald vernichtet wird, verdickt sie sich aber innerhalb jeder Zwischenwirbelscheibe. — Diese verdickten Partien der Chorda dorsalis persistieren und bilden sich zu dem sog. Nucleus pulposus der definitiven Zwischenwirbelscheibe aus.

Mitte des zweiten Embryonalmonats beginnen an den vorknorpeligen Neuralbogen die Processus transversi sowie die Processus articulares superiores und inferiores angelegt zu werden. Gleichzeitig verlängern sich die beiden Neuralbogen gegen den Wirbelkörper hin und verschmelzen bald mit diesem. Von nun ab existiert also ein einheitlicher, knorpeliger Wirbel mit dorsal offenem Bogen.

Währenddessen hat sich das dorsal vom Medullarrohr gelegene Mesenchym zu einer Bindegewebsmembran verdichtet, die die dorsalen, noch freien Enden der beiderseitigen Neuralbogen miteinander verbindet. Innerhalb dieser Membran, die unter dem Namen Membrana reuniens posterior (Abb. 211) bekannt ist, verlängern sich nun die knorpeligen Neuralbogen dorsomedialwärts, bis sie sich zuletzt (bei etwa 40 mm langen Embryonen) in der Mittellinie berühren und miteinander verschmelzen. Von der betreffenden Verschmelzungsstelle aus erhebt sich bald ein kurzer Processus spinosus.

Die knorpeligen Processus articulares dehnen sich kranialwärts (Processus articulares superiores) bzw. kaudalwärts (Processus articulares inferiores) in die Interdorsalmembranen aus. Sie erreichen und überragen einander allmählich und verbinden sich blastematös miteinander. In die auf diese Weise zwischen denselben sekundär entstandenen Blastemzwischenscheiben entstehen schon im dritten Embryonalmonat die Gelenkhöhlen.

Die knorpeligen Processus transversi verlängern sich gleichzeitig und verbinden sich blastematös mit den Rippenanlagen. In der Thorakalregion, wo diese zu isolierten Rippen werden, entstehen in den hierdurch sekundär gebildeten Blastemzwischenscheiben Gelenkhöhlen. Etwa gleichzeitig entstehen (in dieser Region) auch in den primären Blastemzwischenscheiben zwischen den knorpeligen Rippen- und Wirbelkörperanlagen Gelenkhöhlen. In den übrigen Regionen dagegen gehen die betreffenden Blastemzwischenscheiben in Vorknorpel und Knorpel über, und die rudimentär bleibenden Rippenanlagen werden also hier mit den knorpeligen Wirbeln vollständig einverleibt.

Von dem oben beschriebenen Entwicklungsgang weicht indessen die Entwicklung der kranialsten und der kaudalsten Wirbel mehr oder weniger beträchtlich ab. — Die Entwicklung des ersten Halswirbels, des sog. Atlas, ist besonders dadurch charakterisiert, daß die vorknorpelige Wirbelkörperanlage nur vorübergehend mit den beiden vorknorpeligen Neuralbogen desselben Wirbels, dagegen aber dauernd mit der Körperanlage des zweiten Halswirbels (des sog.

Epistropheus) verbunden wird. Die Atlasanlage verliert also sekundär ihren Wirbelkörper, der zum Dens epistrophei wird.

Die vorknorpeligen Neuralbogen der Kreuzwirbeln entwickeln sich stark ventralwärts, wo sie sich mit den Wirbelkörpern und den Kostalfortsätzen breit verbinden. Dorsalwärts entwickeln sie sich dagegen relativ sehr langsam.

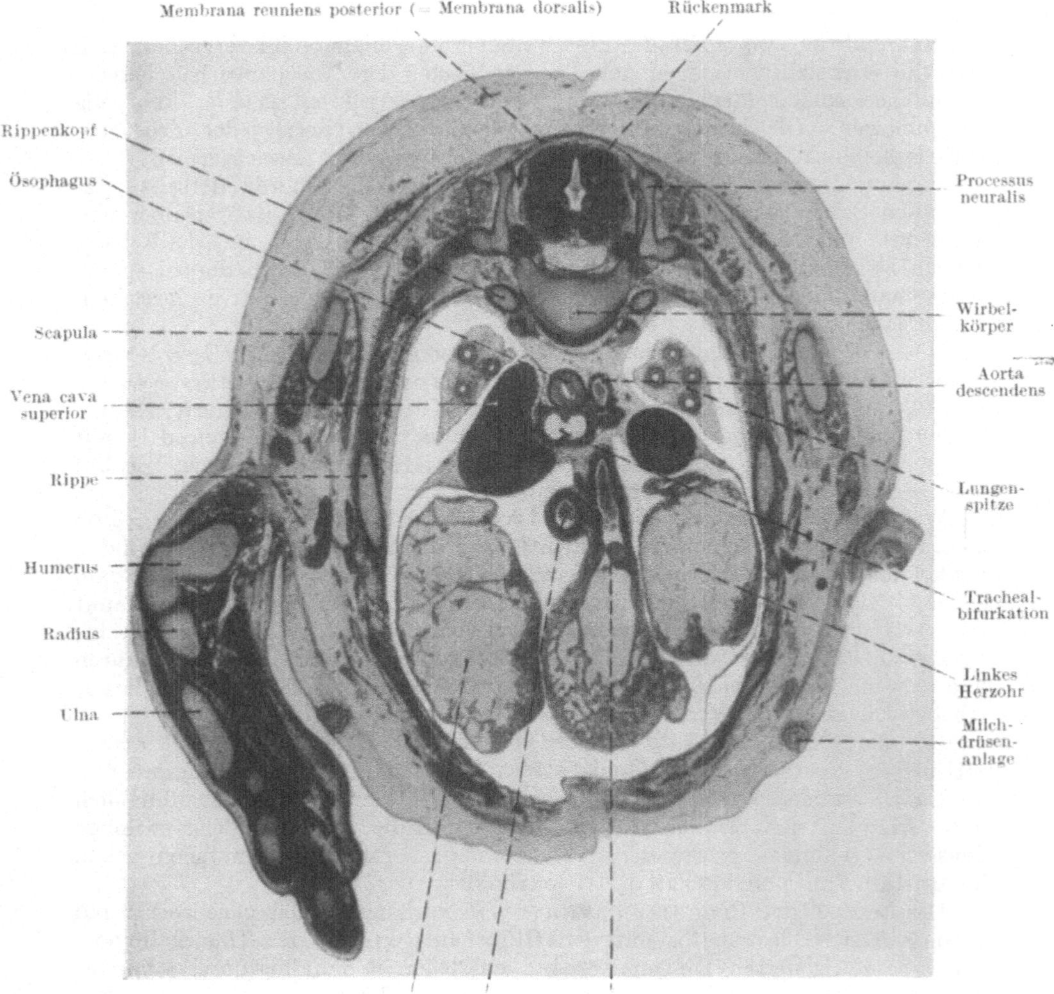

Abb. 211. Querschnitt eines 21 mm langen menschlichen Embryos in der Höhe der Trachealbifurkation. — Vergrößerung: 15 mal.

Diejenigen der kaudalen Kreuzwirbeln erreichen einander in der dorsalen Mittellinie gewöhnlich nie. — Erst nach der Verbindung der Kreuzwirbeln mit den beiden Hüftbeinanlagen fangen die Erstgenannten an, relativ stark in die Breite zu wachsen und zusammen die Form eines Kreuzbeines anzunehmen (vgl. Abb. 219).

Nur die Anlage des ersten Schwanzwirbels bekommt Vorknorpelzentren in ihren Neuralbogen. Diese verbinden sich mit der vorknorpeligen Wirbel-

körperanlage und verschmelzen mit den Kostalfortsätzen zu den Cornua
coccygis. Die Kostal- und Neuralfortsätze der übrigen Schwanzwirbeln erreichen nie das Vorknorpelstadium.

Während des zweiten Embryonalmonats wachsen die blastematösen Rippenanlagen in der Thorakalregion sehr schnell vorwärts. Sie nehmen hierbei

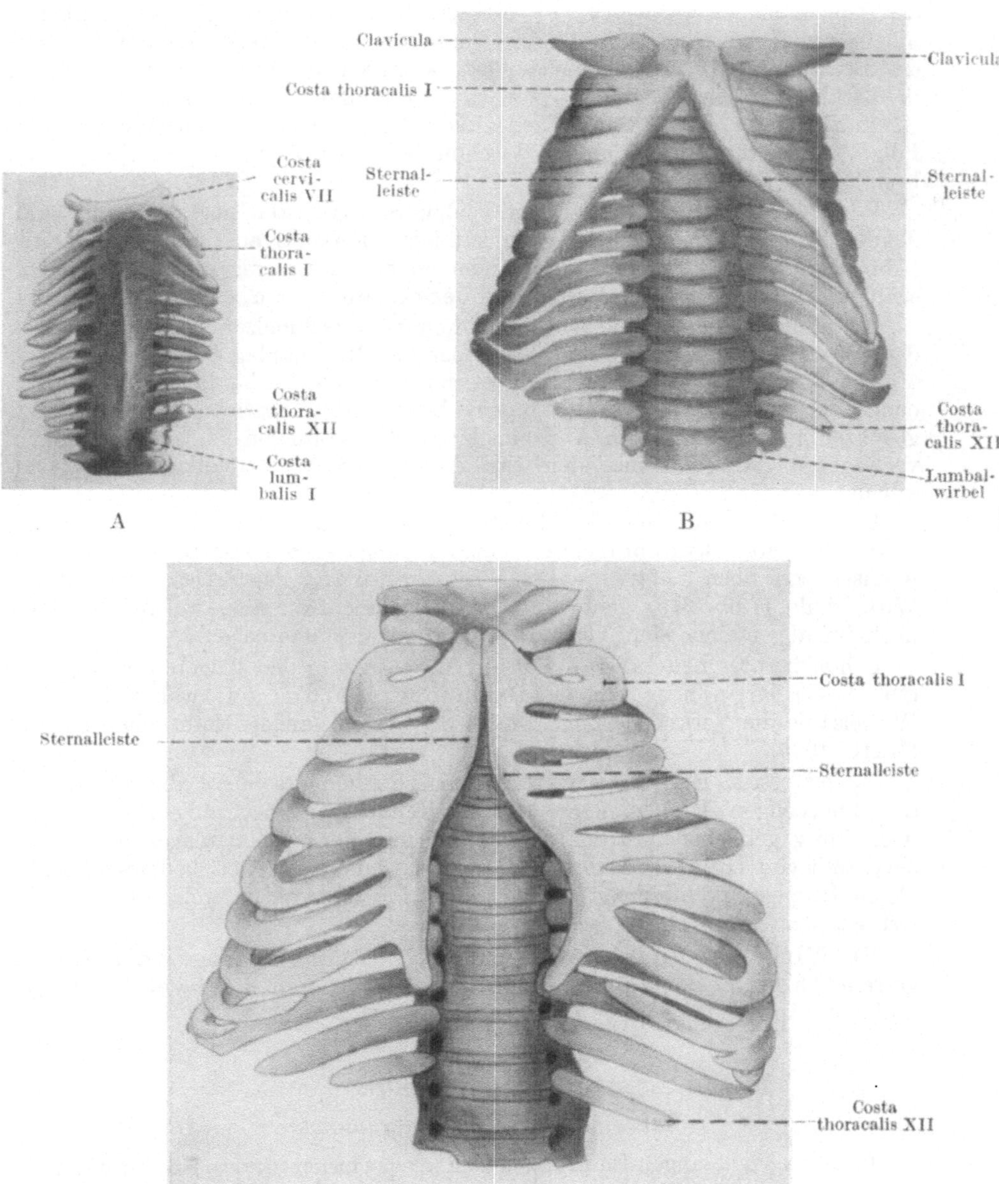

Abb. 212. Rekonstruktionsmodelle des knorpeligen Brustkorbes. A von einem 13 mm
langen, B von einem 15 mm langen und C von einem 23 mm langen menschlichen Embryo.
— Vergrößerung: 10 mal. — Nach Charlotte Müller (1906) aus Broman (1924).

zuerst eine nahezu horizontale Richtung ein. Bei etwa 15 mm langen Embryonen schmelzen jederseits die ventralen (bisher freien) Enden der sieben oberen Rippenanlagen miteinander zu einer schief longitudinal verlaufenden Leiste, der sog. Sternalleiste, zusammen (vgl. Abb. 212 A—C).

Die beiden Sternalleisten liegen zuerst in den lateralen Körperwänden und also voneinander relativ weit entfernt. Bei der fortgesetzten Verlängerung der Rippenanlagen werden sie aber allmählich in die ventrale Körperwandpartie hinein verschoben und einander hier immer mehr genähert. Da der Umkreis der Brustregion oben am kleinsten ist, kommen sie miteinander hier zuerst in Berührung. Sie beginnen jetzt hier miteinander zu einer unpaaren Sternalanlage zu verschmelzen. Die Verschmelzung schreitet in der Folge kaudalwärts fort und wird schon bei etwa 3 cm langen Embryonen beendigt.

Wenn die kaudalen Partien der beiden Sternalleisten noch getrennt sind, dehnen sie sich in je einen kleinen kaudalen Fortsatz aus. Diese Fortsätze (Abb. 212 C), welche später miteinander mehr oder weniger vollständig verschmelzen, stellen die Anlagen des Processus ensiformis des Sternums dar.

Am Ende des zweiten Embryonalmonats verschmelzen die Vorderenden der 8.—10. Rippenanlagen mit der siebenten Rippenanlage und miteinander. Mit der Sternalanlage kommen sie aber nie in direkte Verbindung. Die Vorderenden der elften und zwölften Rippenanlagen bleiben zeitlebens frei. — Etwa gleichzeitig mit der ersten Verschmelzung der kranialen Sternalleistenenden verwachsen die ventromedialen Enden der Schlüsselbeinanlagen mit denselben.

Unmittelbar nach der Verschmelzung der beiden Sternalleisten wird der ganze Brustkorb knorpelig. Gleichzeitig fängt er an, relativ sehr stark zu wachsen (vgl. oben S. 249). — Die Verknöcherung des Brustkorbes und der Wirbelsäule (Abb. 215) geht von Ossifikationszentren aus, welche der Lage nach im allgemeinen den Verknorpelungszentren entsprechen.

Schon bei 30 mm langen Embryonen tritt in den längeren mittleren (Nr. 5—7) Rippen je ein Ossifikationszentrum auf, während in der Wirbelsäule die Verknöcherung erst bei 33—34 cm langen Embryonen beginnt (Mall, 1906).

In der ersten Hälfte des vierten Embryonalmonats bleibt die auf Kosten der knorpeligen Rippenanlage fortschreitende Verknöcherung stehen. Die noch übrig gebliebenen sternalen Knorpelenden der Rippenanlagen persistieren als definitive Rippenknorpel. — Das Sternum verknöchert bedeutend später als die Rippen, und zwar von vielen Ossifikationszentren aus, welche sowohl dem Ort wie der Zeit nach beträchtlich variieren.

Die Wirbelanlagen bekommen je 3 Knochenkerne, die lange durch Knorpel getrennt bleiben. Von diesen Knochenkernen gehören die zwei den Bogen und nur einer dem Körper an.

B. Kopfskelett.

Entstehung des Blastemkraniums.

Bei etwa 8 mm langen Embryonen beginnt das bisher lockere Kopfmesenchym, sich an verschiedenen Stellen zu Blastemmassen zu verdichten. Diese Blastemmassen stellen die ersten unterscheidbaren Anlagen des Kopfskeletts dar. In diesem Stadium kann man von einem einheitlichen Blastemschädel sprechen, wenn man davon absieht, daß inzwischen hier und da in dem Inneren desselben schon Vorknorpelkerne aufgetreten sind.

Entstehung des knorpeligen Primordialkraniums.

In dem Inneren des Blastemkraniums entsteht das Chondrokranium oder Primordialkranium (vgl. Abb. 213 u. 214). Dies jedoch nicht überall in dem Blastemkranium. Große Partien desselben, z. B. der größte Teil des Schädeldaches, werden nie knorpelig.

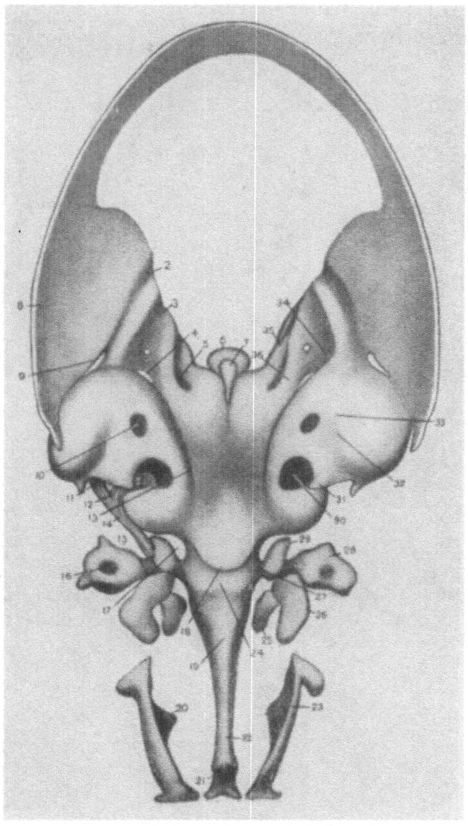

Abb. 213. Rekonstruktionsmodell des Primordialkraniums eines menschlichen Embryos von 20 mm. Von oben gesehen. Nach Kernan (1916) aus Matthes (1921).

1 = Tectum postericus, 2 = Sulcus occipito-parietalis, 3 = Sinus lateralis, 4 = Foramen jugulare, 5 = Foramen hypoglossi, 6 = Dens epistrophei, 7 = Chorda dorsalis, 8 = „Planum parietale", 9 = Fiss. capsulo-parietalis, 10 = For. endolymphaticum, 11 = N. facialis, 12 = Ggl. geniculatum, 13 = Sulcus basicapsularis dorsalis, 14 = N. petrosus superfic. m.. 15 = For. ovale, 16 = For. rotundum, 17 = For. caroticum, 18 = Dorsum cellae, 19 = Septum interorbitale, 20 = Maxilloturbinale, 21 = Crista galli, 22 = Septum nasi, 23 = Paries nasi, 24 = Lam. hypochiasmatica, 25 = Ala hypochiasmatica, 26 = Ala orbitalis, 27 = Proc. alaris, 28 = Ala temporalis, 29 = Proc. alicochlearis, 30 = Porus acusticus internus, 31 = Proc. praefacialis, 32 = Fossa subarcuata, 33 = Leiste des Crus commune, 34 = Recessus jugularis, 35 = Stab, der das For. hypogl. teilt, 36 = kraniale Wurzel der „occipitale plate".

Entwicklung des Knorpelskeletts der Kiemenbogen. — Entstehung der knorpeligen Anlagen der Gehörknöchelchen und des Zungenbeins.

In dem Inneren jedes Kiemenbogens tritt ein blastematöser Skelettbogen auf. Von diesem Blastembogen treten die beiden oberen, die sich am stärksten entwickeln, dorsal mit dem Blastemkranium in Verbindung. Aus den dorsalen

Partien dieser beiden ersten Kiemensklettbogen entstehen die Anlagen der
Gehörknöchelchen und des Processus styloideus; die ventralen Hauptpartien derselben stellen die Anlagen der sog. Meckelschen bzw. Reichert-
schen Knorpel dar. — Das ventrale Ende des zweiten Kiemenskelettbogens
bildet zusammen mit dem Skelettbogen des dritten Kiemenbogens die Anlage
des Zungenbeins. — Die weiter kaudal gelegenen Kiemenskelettbogen verschmelzen ventral und lassen, wie schon oben (S. 118) beschrieben, aus sich die
Cartilago thyreoidea hervorgehen.

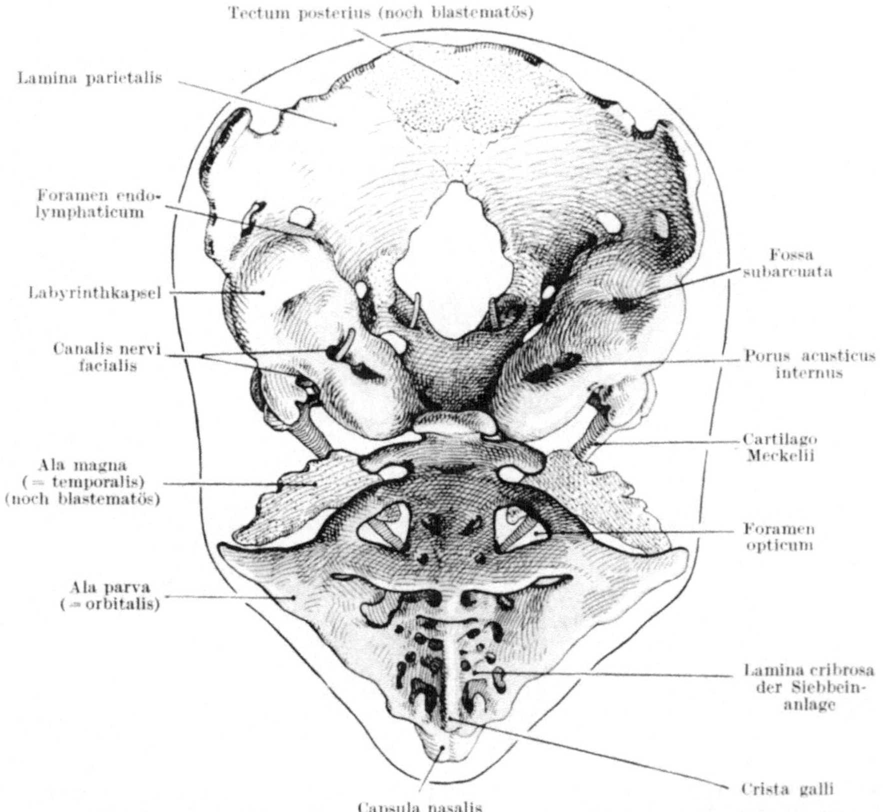

Abb. 214. Knorpeliges (blau) Primordialkranium eines 8 cm langen Embryos, von oben
gesehen (vgl. Abb. 86 A). Nach Hertwig und Kollmann aus Broman (1911).

In dem Mandibularbogen treten zwei Vorknorpelkerne auf, ein dorsaler,
kleinerer Kern für die Amboßanlage und ein ventraler, längerer Kern, der
die gemeinsame Anlage des Hammers und des Meckelschen Knorpels
bildet. Zwischen Hammer- und Amboßanlagen persistiert eine blastematöse
Zwischenscheibe, in welcher später die Gelenkhöhle des Hammer-
Amboßgelenkes auftritt. Die zwischen Amboß und Kranium (Labyrinthkapsel) persistierende Blastemscheibe wandelt sich später in Bindegewebe
(Ligamentum incudis post.). um.
Das Blastem des Hyoidbogens ist dorsalwärts gabelig geteilt. Der mediale
Gabelzweig bildet um die Arteria stapedia herum eine ringförmige Steig-
bügelanlage (Abb. 216), während der laterale Gabelzweig sich mit Kranium
verbindet. Der Steigbügelring wird schon früh von dem übrigen Hyoidbogen-

skelett abgeschnürt. Dagegen bleibt eine blastematöse Verbindung des Steigbügelringes mit der Amboßanlage bestehen. In dieser Blastemscheibe entwickelt sich später das Amboßsteigbügelgelenk.

Von der Labyrinthkapsel ist der Steigbügelring anfangs durch lockeres Mesenchym getrennt. Am Ende der sechsten Embryonalwoche wird er aber der Pars cochlearis bis zur Berührung genähert und senkt sich teilweise in die Wand derselben gerade dort ein, wo die Fenestra ovalis angelegt wird. Das Blastem des Steigbügelrings verwächst jetzt intim mit demjenigen der Fenestra ovalis.

Der dem Steigbügelring gegenüberliegende Teil des Blastems im ovalen Fenster erleidet eine fast vollständige Druckatrophie. Etwa gleichzeitig fängt die kreisrunde Form des Steigbügels an, allmählich in die definitive überzugehen, und zwar wahrscheinlich infolge eines um diese Zeit zunehmenden intralabyrinthären Druckes. Schon vorher hat der Amboß seine definitive Form angenommen, während der vorknorpelige Hammer noch wenig Ähnlichkeit mit dem späteren Knöchelchen hat (Broman, 1899).

Ventral bleibt der Hammer noch eine Zeitlang mit dem Meckelschen Knorpel in direkter Verbindung (Abb. 86 A, S. 94). In späteren Entwicklungsstadien wird aber der Meckelsche Knorpel zurückgebildet und wandelt sich teilweise in Bindegewebe (das sog. Ligamentum anterius mallei) um. Auf diese Weise wird der Hammer von dem Unterkieferskelett freigemacht.

Auch der sog. Reichertsche Knorpel wird teilweise in Bindegewebe umgewandelt. Durch diesen Prozeß entsteht aus dem mittleren Teil dieses Knorpels das Ligamentum stylo-hyoideum. Der dorsale Teil desselben stellt die Anlage des Processus styloideus und der ventrale Teil die Anlage des kleinen Zungenbeinhornes dar.

Entstehung des knöchernen Kraniums.

Das menschliche Kranium wird, wie erwähnt, nur zum Teil knorpelpräformiert. Zum großen Teil bildet es sich aus Bindegewebsknochen (vgl. Abb. 86, S. 95).

Ganz und gar knorpelpräformiert sind jederseits nur das Siebbein (Os ethmoidale), die untere Nasenmuschel (Concha inferior) und die beiden kleineren Gehörknöchelchen (Inkus und Stapes).

Zum Teil knorpelpräformiert, aber zum Teil direkt aus Bindegewebe hervorgehend, sind Unterkiefer (Mandibula), Hinterhauptbein (Os occipitale), Schläfenbein (Os temporale), Keilbein (Os sphenoidale) und das größte Gehörknöchelchen, der Hammer (Malleus).

Die übrigen Knochen des menschlichen Kraniums sind alle reine Bindegewebsknochen. Die Bildung dieser letztgenannten Knochen beginnt zuerst, und zwar schon bei 15 mm langen Embryonen in den Ober- und Unterkiefern. — Etwas später (erst bei 31 mm langen Embryonen) beginnt die enchondrale Verknöcherung des Primordialkraniums, und zwar in dem zuerst gebildeten, okzipitalen Teil desselben.

Nicht das ganze knorpelige Primordialkranium wird durch enchondrale Ossifikation in Knochen umgewandelt. Einzelne Teile desselben bleiben zeitlebens knorpelig: die Nasenknorpel. Andere werden durch Resorption des Knorpels in Bindegewebe umgewandelt: diejenigen Partien der knorpeligen Nasenkapsel, die durch den Vomer, die Ossa nasalia, die Ossa lacrimalia, die Ossa palatina und die Ossa maxillaria ersetzt werden.

Die meisten der einheitlich erscheinenden Knochen des erwachsenen Kraniums gehen aus zwei bis mehreren Ossifikationszentra hervor. — Das Schläfenbein, Os temporale, besteht noch zur Zeit der Geburt aus drei getrennten Knochen,

dem Os squamosum, dem Os tympanicum und dem Os petrosum.
Von diesen werden die beiden Erstgenannten, welche Bindegewebsknochen sind, von nur je einem Zentrum aus verknöchert. Das Os petrosum dagegen, das größtenteils knorpelpräformiert ist (es entspricht größtenteils der knorpeligen Labyrinthkapsel) verknöchert von acht Zentren aus.

Das Os tympanicum bekommt im vierten Embryonalmonat die Form eines
fast vollständig geschlossenen (nur oben und lateral offenen) Ringes (vgl.

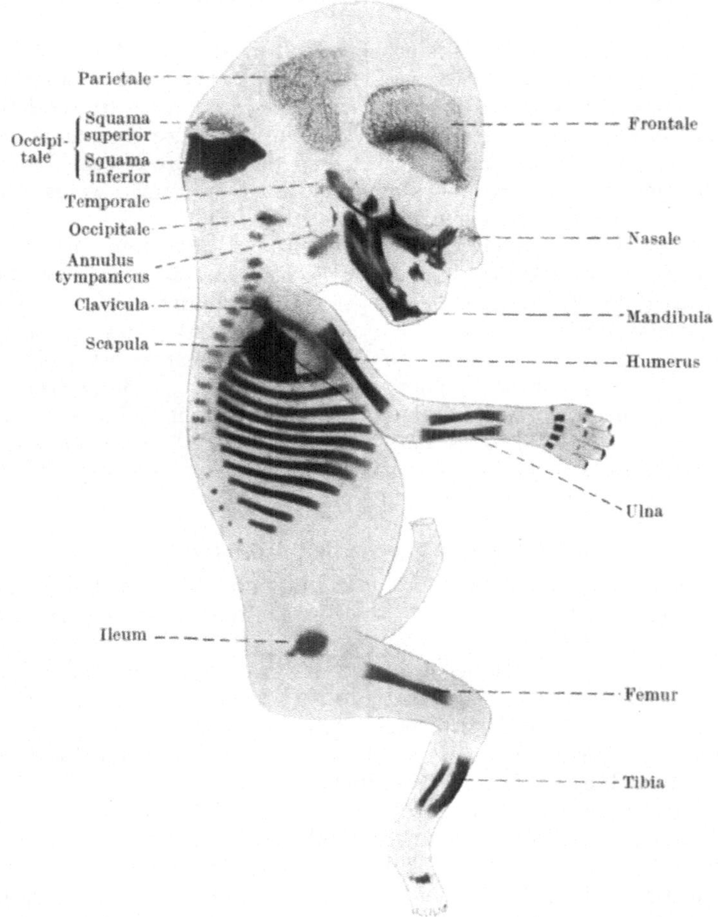

Abb. 215. Knochenskelett (dunkel gefärbt) eines etwa 7 cm langen (Totallänge) Embryos.
Vergrößerung: 2 mal. — Nach Broman (1911).

Abb. 215 u. 216 D). Es wird jetzt Annulus tympanicus genannt. — Etwa
zur Zeit der Geburt werden die freien oberen Enden des Annulus tympanicus
mit dem Os squamosum verbunden. Etwas später verschmilzt der untere
Teil des Annulus mit dem Os petrosum. Durch Hinzutreten von Knochengewebe sowohl am lateralen wie am medialen Rand des Halbringes wird dieser
in den ersten Kinderjahren immer breiter und zuletzt in eine knöcherne
Halbrinne umgewandelt, die sowohl mit dem Os squamosum wie mit dem
Os petrosum intim verbunden wird und die sog. Pars tympanica des einheitlichen Schläfenbeins darstellt.

Die Gehörknöchelchen werden bei der letzten Ausbildung des Schläfenbeins in diesem Knochen eingeschlossen. Diese Knöchelchen sind unter anderem auch dadurch interessant, daß sie unter allen Knochen des menschlichen Skeletts zuerst, und zwar schon zur Zeit der Geburt die definitive Form und Größe erreichen.

Nur vom Foramen mentale des Unterkiefers an bis zur Medianlinie verknöchert nach Fawcett (1904) der Meckelsche Knorpel und nimmt ein wenig

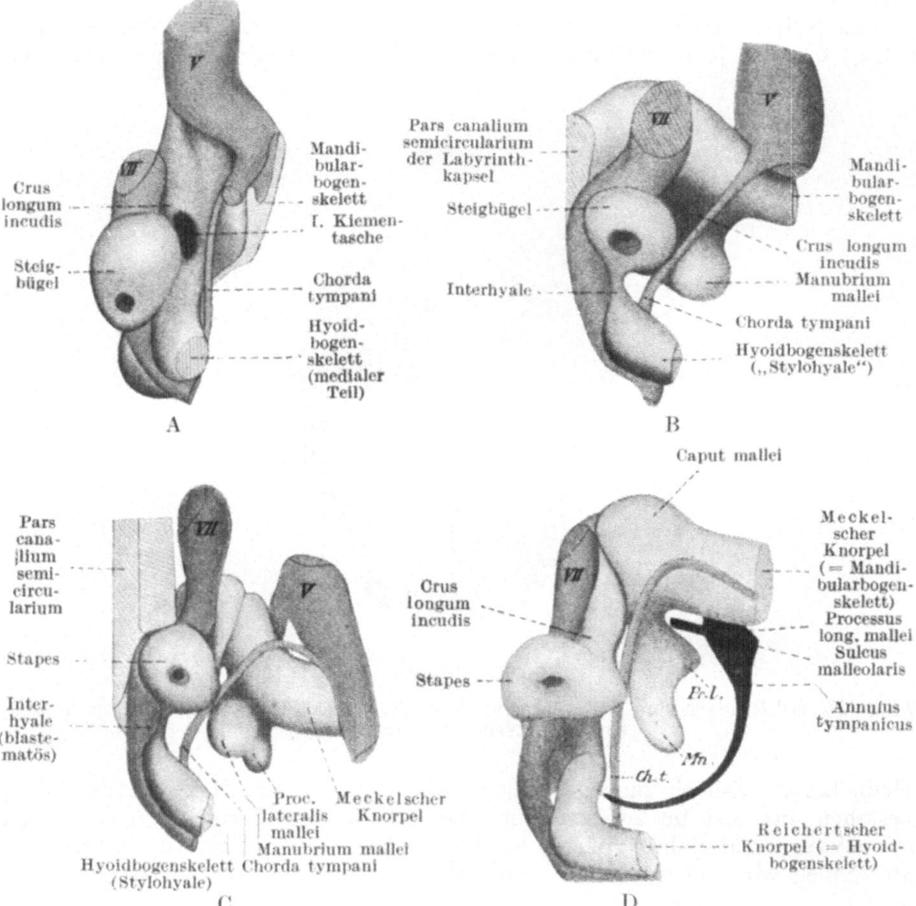

Abb. 216. Gehörknöchelchenanlagen von der medialen Seite gesehen. A von einem 11,7 mm langen Embryo. B noch blastematöse Gehörknöchelchenanlagen von einem 16 mm langen Embryo. C vorknorpelige Gehörknöchelchenanlagen von einem 20,6 mm langen Embryo. D von einem 55 mm langen Embryo. Nach Broman (1899). — V N. trigeminus; VII N. facialis; Pr. l. Processus lateralis mallei; M. n. Manubrium mallei; Ch. t. Chorda tympani.

an der Bildung des Unterkiefers teil. Größtenteils wird aber der Unterkiefer von zwei Bindegewebsknochen gebildet, die lateral von den Meckelschen Knorpeln angelegt werden und relativ schnell eine große Ausdehnung erreichen.

Die beiden Unterkieferknochen bekommen schon im dritten Embryonalmonat die noch zur Zeit der Geburt bestehende, charakteristische Form. In

der Medianebene werden sie während der ganzen Embryonalzeit nur durch
Bindegewebe und Reste der beiden Meckelschen Knorpel miteinander verbunden. Erst im ersten oder zweiten Kinderjahre werden die beiden Unterkieferknochen durch Verknöcherung dieser sog. Unterkiefersymphyse miteinander
zu einer einheitlichen Mandibula verbunden.

Die beiden Oberkiefer werden von je zwei Bindegewebsknochen gebildet,
von welchen der hintere, laterale den eigentlichen Oberkieferknochen (Maxillare),
der mediale, vordere dagegen den sog. Zwischenkieferknochen (Prämaxillare)
darstellt.

Das Stirnbein entsteht aus paarigen Bindegewebsknochen (Ossa fron-
talia), die von je einem Knochenkern gebildet werden. Zwischen denselben

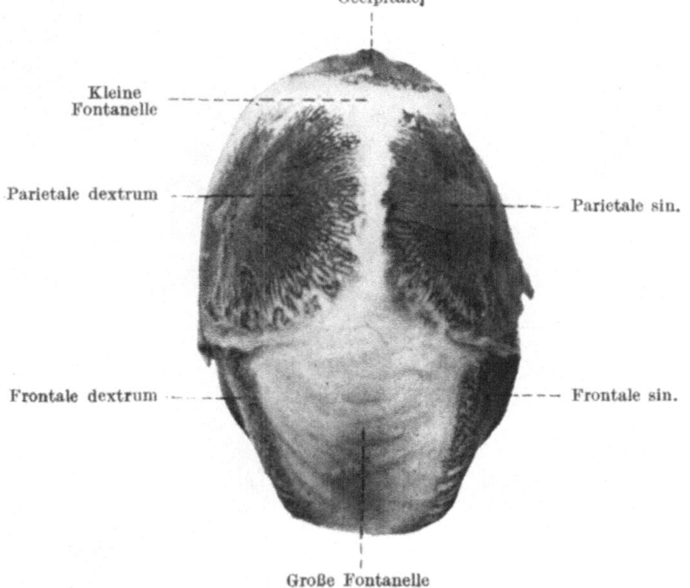

Abb. 217. Schädeldach eines 11 cm langen Embryos. Von oben gesehen. — Vergrößerung:
3 mal. — Nach Broman (1911).

bleibt längere Zeit ein bindegewebiger Zwischenraum (eine Sutura frontalis)
bestehen, der erst im zweiten Kinderjahre zu verknöchern anfängt und erst
im achten Kinderjahre vollständig verknöchert wird. Erst von dieser Zeit
ab können wir also von einem einheitlichen Stirnbein sprechen.

Entstehung und Schicksal der Fontanellen.

Zwischen den einander anfangs nur unvollständig erreichenden Ecken und
Rändern der Scheitelbeine (Ossa parietalia) und den benachbarten Knochen
des Schädeldaches bleiben eine Zeitlang knochenfreie Stellen bestehen, die unter
dem Namen Fontanellen bekannt sind. Wir unterscheiden vor allem eine
vordere, große, viereckige und eine hintere, kleine, dreieckige Fontanelle,
die beide noch zur Zeit der Geburt leicht fühlbar sind (Abb. 217).

C. Gliedmaßenskelett.

Unmittelbar nach ihrer Bildung sind die knospenförmigen Extremitätanlagen nur von lockerem, gefäßhaltigem Mesenchym gefüllt. Bei

8—10 mm langen Embryonen tritt aber die erste Anlage des Armskeletts als blastematöse Verdichtung in dem Inneren des Armmesenchyms auf, und bald nachher erscheint die erste Skelettanlage der unteren Extremität in Form eines ähnlichen Blastemkerns.

Entwicklung des Skeletts der oberen Extremität.

Der in dieser Extremität zuerst auftretende Blastemkern liegt in der werdenden oberen Humerusgegend. Von hier aus verlängert er sich schon bei 11 mm langen Embryonen distal bis in die Handplatte und proximal in die Skapulargegend hinein. Erst wenn in dem Inneren dieser zusammenhängenden Blastemmasse die Vorknorpelkerne der einzelnen Knochenanlagen auftreten, werden aber die einzelnen Skeletteile deutlich.

Die Schulterblattanlage hat anfangs eine relativ sehr hohe Lage (in der Höhe der vier unteren Hals- und der zwei oberen Brustwirbel, vgl. Abb. 218 A). Bald fängt sie aber an, kaudalwärts zu „wandern".

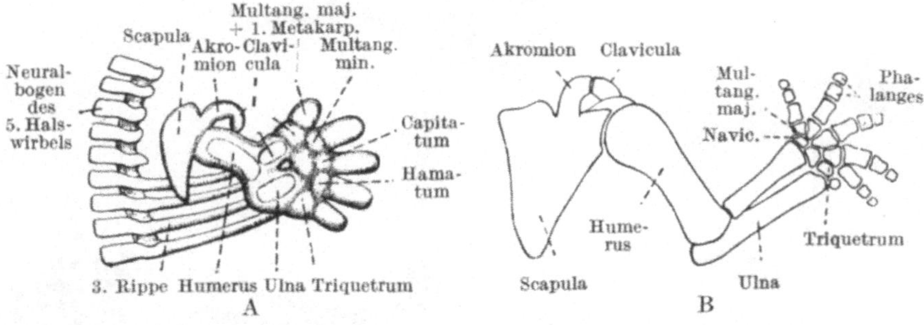

Abb. 218. Entwicklung des knorpeligen Armskeletts. Nach Lewis (1902) aus Broman (1911). Vergrößerung: 8 mal. — A Armskelett eines 11 mm langen Embryos; B Armskelett eines 20 mm langen Embryos.

Das Schlüsselbein wird als Verlängerung des Schulterblattblastems angelegt. Die Anlage erreicht (bei etwa 15 mm langen Embryonen) das Vorderende der ersten Rippe und verschmilzt mit diesem. Gleichzeitig bildet sich in dem Inneren des Klavikularblastems ein Kern von eigentümlichem Vorknorpelgewebe, der in der Mitte nie zum Hyalinknorpel ausgebildet wird, sondern schon vorher in Knochengewebe übergeht.

Die übrigen Vorknorpelkerne des Armskeletts wandeln sich dagegen wie gewöhnlich in Hyalinknorpel um, ehe sie verknöchern. Bei etwa 2 cm langen Embryonen sind alle Handknochen mit Ausnahme von den Endphalangen als Vorknorpel oder Knorpel angelegt (Abb. 218 B). Die Letztgenannten erscheinen erst nach diesem Stadium und also zuletzt von allen Handknochenanlagen, was sehr bemerkenswert ist, da sie frühzeitiger als die übrigen Handknochenanlagen Knochenkerne bekommen (Abb. 219 A).

Die Endphalangen bestehen aus einem proximalen und einem distalen Teil, von welchen der letztgenannte wahrscheinlich einer ehemaligen [1] Knochenschuppe entspricht. — Die Tuberositas unguicularis wird nämlich nie knorpelig. Das betreffende Blastem wandelt sich zuerst in fibröses Bindegewebe und dann direkt in Knochengewebe um.

Erst während der dritten und vierten Embryonalmonate entstehen unter dem Einfluß der jetzt beginnenden Muskelkontraktionen allmählich die Gelenkhöhlen der oberen Extremität.

---

[1] In der Phylogenese.

Die Verknöcherung des Armskeletts (vgl. Abb. 219) verläuft nicht in derselben Ordnung wie die Verknorpelung desselben. — Zuerst und zwar schon bei 15 mm langen Embryonen entsteht ein Knochenkern in der mittleren Partie der Clavicula. Etwas später bekommen die großen Knochenanlagen der oberen Extremität in ihrer Mitte je einen Knochenkern.

Die Bildung der Hauptknochenkerne der Phalangen und Metakarpalknochen beginnt mit der Endphalange des Daumens bei 30 mm langen (Sch.-St.-L.) Embryonen und schließt mit der mittleren Phalange des Kleinfingers bei 12 cm langen (Totallänge) Embryonen.

Die Karpalknochenanlagen bleiben während der ganzen Embryonalzeit knorpelig. Auch die Epiphysenkerne des Armskeletts erscheinen alle erst während der extrauterinen Entwicklungsperiode.

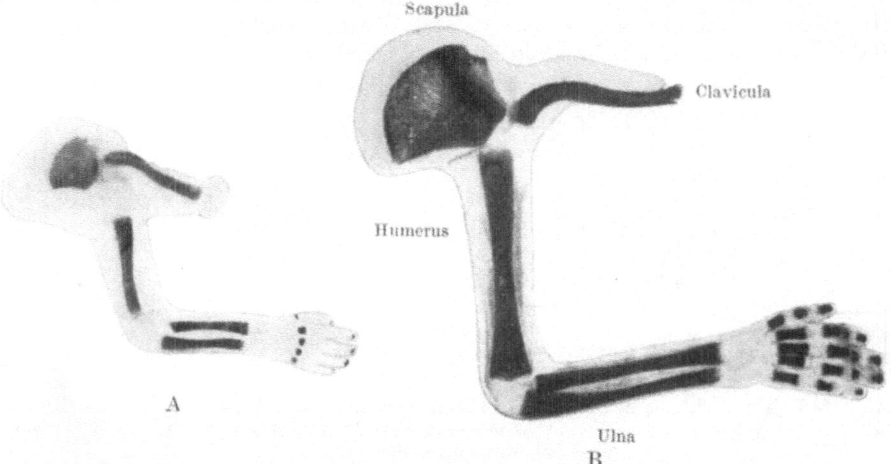

Abb. 219. Knochenkerne (dunkelgefärbt) des Armes. A von einem 6 cm langen (Tot.-L.) Embryo. B von einem 12 cm langen Embryo. — Vergrößerung: 2 mal. Nach Broman (1911).

Entwicklung des Skeletts der unteren Extremität.

Der in dieser Extremität bei 8—10 mm langen Embryonen auftretende Blastemkern liegt im Bereiche des werdenden Hüftgelenks (des proximalen Femurendes und des Acetabulum). Von hier aus dehnt sich die blastematöse Skelettanlage schnell distalwärts bis in die Fußplatte aus. Proximalwärts verlängert sich die betreffende Blastemmasse gleichzeitig in drei Fortsätze, den Processus iliacus, Processus pubicus und Processus ischiadicus (vgl. Abb. 220).

In einem folgenden Stadium vereinigen sich die freien Spitzen des Processus pubicus und des Processus ischiadicus miteinander, eine Lücke umgreifend, die die Anlage des Foramen obturatum darstellt (Abb. 222). Gleichzeitig dehnt sich der Processus iliacus dorsalwärts gegen die oberen Sakralwirbel aus und verbindet sich blastematös mit den verschmolzenen Rippenfortsätzen dieser Wirbel (vgl. Abb. 220 B).

Etwas später verbindet sich der Processus pubicus der einen Seite blastematös mit demjenigen der anderen. Auf diese Weise entsteht die Anlage der Symphysis pubis und die Beckenanlage wird ringförmig geschlossen.

Inzwischen sind in dem Inneren des zusammenhängenden Skelettblastems die einzelnen Knochenanlagen als Vorknorpel- und Knorpelkerne aufgetreten.

— Bei 15—20 mm langen Embryonen wächst von jedem der drei Hüftbein-
knorpel ein Fortsatz über den Femurkopf hinaus. Indem diese drei Fortsätze
miteinander verschmelzen, entsteht ein seichtes Acetabulum und die knorpelige
Hüftbeinanlage wird einheitlich. — Bald nachher entstehen die größeren
Gelenkhöhlen. Die kleineren Gelenkhöhlen des Fußes sind dagegen erst bei
5 cm langen Embryonen fertig gebildet. — Zu dieser Zeit hat das früher mehr
handähnliche Fußskelett sein charakteristisches Aussehen angenommen.

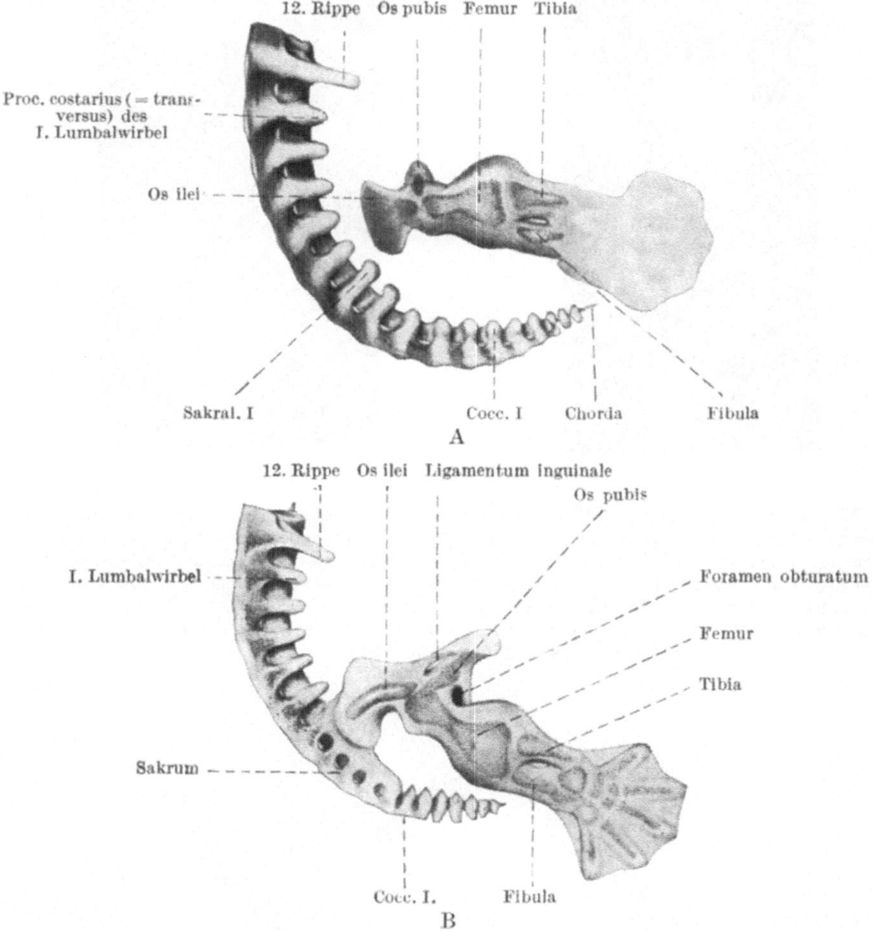

Abb. 220. Blastemskelett (mit Vorknorpelkernen) der kaudalen Körperpartie (von rechts
gesehen) A von einem 11 mm langen Embryo, B von einem 14 mm langen Embryo. —
Das Blastemskelett des linken Beines ist nicht abgebildet. Nach Bardeen (1905) aus
Broman (1911).

Bemerkenswert ist, daß die Fibulaanlage bei 20 mm langen Embryonen
ebenso lang wie die Tibiaanlage ist und erst durch Atrophie des oberen Endes
ihre Beziehung zur Kniegelenkanlage verliert (vgl. Abb. 221).

Die Verknöcherung des Skeletts der unteren Extremität beginnt
bei 18—20 mm langen Embryonen im Femur und in der Tibia.

Die Bildung der Hauptknochenkerne der Phalangen und der Metatarsalknochen beginnt mit der Endphalange der großen Zehe und dem zweiten

Metatarsalknochen bei 35 mm langen (Sch.-St.-L.) Embryonen und schließt mit der Mittelphalange der fünften Zehe im achten oder neunten Embryonalmonat.

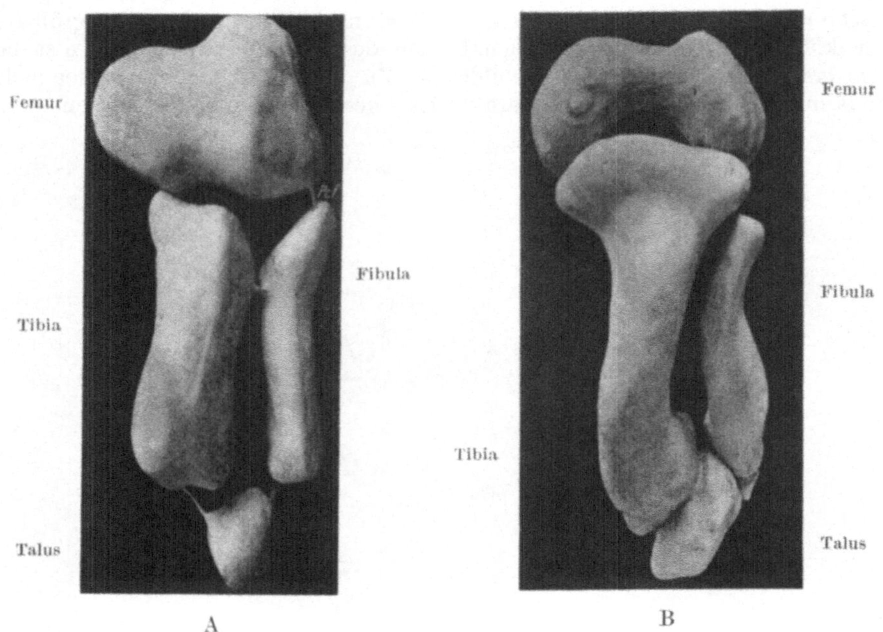

Abb. 221. Rekonstruktionsmodelle des knorpeligen Unterbeinskeletts.   A von einem 20 mm langen und B von einem 25 mm langen menschlichen Embryo; von vorn gesehen. — Vergrößerung: A 50 mal und B 35 mal. — Nach Fürst (1925). Zu bemerken ist, daß die Fibulaanlage des 20 mm langen Embryos ebensolang wie die Tibiaanlage ist und ein temporärer Processus capituli fibulae (Pef) ausgebildet hat (sog. Echidna-Typus). — Beim 25 mm langen Embryo ist dieser Prozessus schon wieder rückgebildet; und die Fibula hat hiermit ihre direkte Beziehung zum Femur verloren.

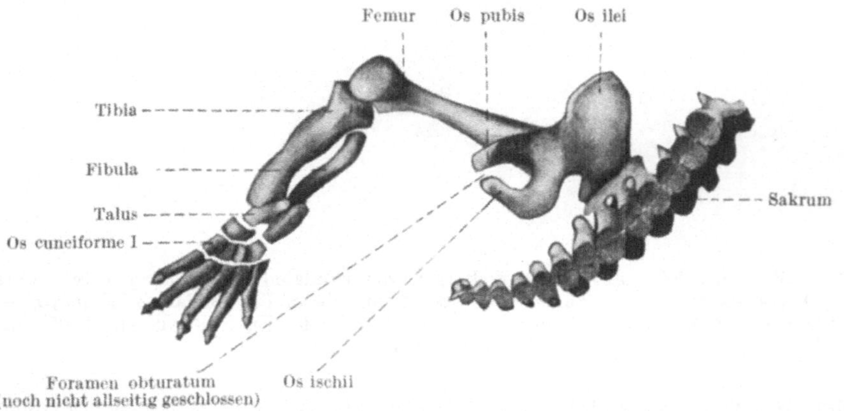

Abb. 222. Knorpeliges Beinskelett eines 20 mm langen Embryos; von innen.
Nach Bardeen (1905) aus Broman (1911).

Die zwei größeren Tarsalknochenanlagen, Calcaneus und Talus, bekommen schon während des sechsten Embryonalmonats je einen Knochenkern. Das Kuboideum bekommt seinen Knochenkern kurz vor oder kurz nach der Geburt. Die übrigen Tarsalknochenanlagen bleiben während der ganzen Embryonalzeit knorpelig und erhalten erst in den 1.—5. Kinderjahren Knochenkerne.

Von den Epiphysenkernen erscheinen diejenigen der Kniegelenkenden des Femur und der Tibia gewöhnlich kurz vor der Geburt. Die übrigen Epiphysenkerne der unteren Extremität erscheinen alle erst während der extrauterinen Entwicklungsperiode.

Entwicklung des Muskelsystems.

Die Kontraktilität ist eine allgemeine Eigenschaft aller jungen Embryonalzellen. Bei der höheren Differenzierung der Letztgenannten geht aber diese Eigenschaft bei gewissen Zellen mehr oder weniger vollständig verloren, während sie bei anderen Zellen dagegen zu immer höherer Vollkommenheit ausgebildet wird. Solche speziell kontraktile Zellen und Zellderivate werden Muskelzellen genannt.

Die meisten Muskelzellen des Menschen stammen von dem Mesoderm her. Nur ausnahmsweise haben sie ektodermale Herkunft. Dies ist, so viel wir bis jetzt wissen, nur mit den inneren Augenmuskeln (M. sphincter pupillae, M. dilatator pupillae) und gewissen glatten Hautmuskeln (die Muskeln der Glandulae sudoriferae) der Fall.

Die mesodermale Muskulatur entwickelt sich zum Teil aus den Muskelteilen der Ursegmente, den sog. Myotomen (vgl. oben S. 56), zum Teil aus dem unsegmentiert gebliebenen Mesoderm.

Von diesem Letztgenannten soll die meiste glatte Muskulatur des Körpers, sowie die quergestreifte Muskulatur des Kopfes herstammen. — Von den Myotomen entwickeln sich aber nicht nur die tiefen Rückenmuskeln und die Thorakoabdominalmuskeln, sondern nach Zechel (1924) auch die Muskulatur der Extremitäten.

Die Muskelnerven sind meistens deutlich, ehe die betreffenden Muskelanlagen deutlich differenziert werden. In den fertigen Muskeln dringen sie gewöhnlich gerade dort ein, wo die Muskelanlage zuerst auftrat (Bardeen, 1907); und der Verlauf der Hauptäste eines Muskelnervens markiert im allgemeinen die Hauptwachstumsrichtungen der betreffenden Muskelanlage (Nußbaum, 1895).

Wenn der Nerv eines fertigen Muskels abgeschnitten wird, so degeneriert nicht nur das periphere Nervenstück, sondern oft auch der betreffende Muskel. Man hat daher auch lange geglaubt, daß die Differenzierung und weitere Entwicklung der Muskelanlagen von den schon im voraus existierenden Muskelnerven abhängig wäre. Indessen haben experimentelle Untersuchungen (Harrison, 1904) gezeigt, daß wenigstens bei niederen Wirbeltieren (Amphibien) sowohl die einzelnen quergestreiften Muskeln wie die Gruppen derselben normal differenziert werden, auch wenn in frühen Embryonalstadien das ganze Rückenmark wegoperiert worden ist. In späteren Entwicklungsstadien aber, wenn die Muskeln als solche funktionsfähig geworden sind, sind sie dagegen für ihren normalen Weiterbestand von dem Einfluß des Nervensystems abhängig.

Dank der frühzeitigen Entwicklung der Skelettmuskelnerven werden die Skelettmuskelanlagen gewöhnlich von den Nerven desselben Segments innerviert, ehe sie größere Verschiebungen erfahren haben. — Die zahlreichen Muskeln einer Muskelgruppe entstehen gewöhnlich als eine einheitliche, von einem einfachen Nervenstamm innervierte Anlage. Später wird dann diese gemeinsame Anlage in die einzelnen Muskelanlagen zerteilt, und Hand in Hand hiermit wird der Nervenstamm in Zweige zersplittert, deren Verlauf von den sekundären

Verschiebungen der Muskelanlagen abhängig ist. Aus dem oben erwähnten geht die Regel hervor, daß Muskeln mit gemeinsamem Ursprung auch gemeinsame Nerven haben.

Beim Erwachsenen treten die Muskeln bekanntlich in zwei Formen auf, die wir glatte und quergestreifte nennen. Grundverschieden sind aber diese beiden Muskelformen von Anfang an nicht. Vielmehr sind sie nur verschiedenartige Differenzierungsprodukte einer gemeinsamen Grundform, und zwar stellt die glatte Muskulatur eine niedere, die quergestreifte eine höhere Differenzierungsform dar.

Da die Entwicklung dieser beiden Muskelformen aber schon frühzeitig verschiedene Wege einschlägt, wollen wir ihre Histogenese je für sich verfolgen.

Histogenese der quergestreiften Muskulatur.

Unmittelbar nach der Bildung der Myotome stehen die epithelialen Zellen derselben fast senkrecht zu der Medianebene des Körpers. Bald verlängern sie sich aber spindelförmig und stellen sich gleichzeitig mit ihrer Längsachse parallel zur Längsachse des Körpers ein. Von nun an werden sie Myoblasten genannt.

In dem übrigen Mesoderm können sich ähnliche Myoblasten anfangs aus den Mesenchymzellen differenzieren. In späteren Entwicklungsstadien entstehen dagegen die neuen Myoblasten ausschließlich durch Mitose älterer Myoblasten.

Die einander berührenden Myoblastenden verschmelzen gewöhnlich miteinander, so daß aus mehreren Myoblasten ein Syncytium entsteht.

Die Myotome derselben Seite sind anfangs durch bindegewebige Scheidewände, sog. Myosepta (oder Myocommata), voneinander getrennt. Bei 10—15 mm langen Embryonen gehen diese aber größtenteils zugrunde. Gleichzeitig verschmelzen die Myotome jederseits miteinander zu einer (wenigstens oberflächlich) unsegmentierten Myotomsäule (vgl. Abb. 223).

Nach dem Verschwinden der Myosepta können sich die Myoblastsynzytien, die die Muskelfaseranlagen darstellen, über mehrere Myotome ausdehnen. Sie verlängern sich hierbei zum Teil durch fortgesetzte Verschmelzung mit angrenzenden Myoblasten bew. Myoblastsynzytien, zum Teil durch Wachstum unter Vermittlung von unvollständigen Mitosen (Kernteilung ohne nachfolgende Protoplasmateilung).

In dem Protoplasma der Myoblasten entstehen viele kleine Körnchen, Granula, die sich in den Myoblastsynzytien zuerst in Reihen anordnen und dann miteinander zu Fibrillen verschmelzen. Solche Fibrillen entstehen immer zahlreicher, bis sie zuletzt die Muskelfaseranlage größtenteils ausfüllen. Sie ordnen sich hierbei parallel zu der Achse der Muskelfaseranlage und sammeln sich zu Säulen an. Die neuen Fibrillen entstehen zum Teil aus später gebildeten Granulaketten, zum Teil durch Längsspaltung der schon vorhandenen Fibrillen. Bei dieser Vermehrung der Muskelfibrillen werden die Kerne der Muskelfaseranlage, die anfangs eine zentrale Lage hatten, größtenteils zur Peripherie hin verlagert.

Von den zuerst gebildeten Muskelfasern scheinen konstant einzelne wieder zu degenerieren (sog. „physiologische Muskeldegeneration").

In einem gewissen Entwicklungsstadium beginnen die Fibrillen, sich in zwei sich verschieden färbende Substanzen zu differenzieren, und zwar derart, daß dunkle (anisotrope) und helle (isotrope) Partien miteinander zu alternieren kommen. Die Muskelfibrillen werden auf diese Weise quergestreift, und da in jeder Muskelfaser die einander entsprechenden Querstreifen der verschiedenen Fibrillen fast immer in gleicher Höhe liegen, so wird auch die ganze Muskelfaser regelmäßig quergestreift.

Histogenese der glatten Muskulatur.

Die glatte Muskulatur entsteht immer an Ort und Stelle, und zwar entweder A. direkt aus dem Mesenchym (früh entstehende Muskeln) oder B. aus embryonalem, fibrillärem Bindegewebe (spät entstehende Muskeln). — Im Falle A verbinden sich die betreffenden sternförmigen Mesenchymzellen zu einem Syncytium. Durch zahlreiche Mitosen verdichtet sich dieses Syncytium blastemartig. Die früher sternförmigen Zellen werden jetzt in die Länge ausgezogen und spindelförmig. Gleichzeitig verlängern sich auch die bisher

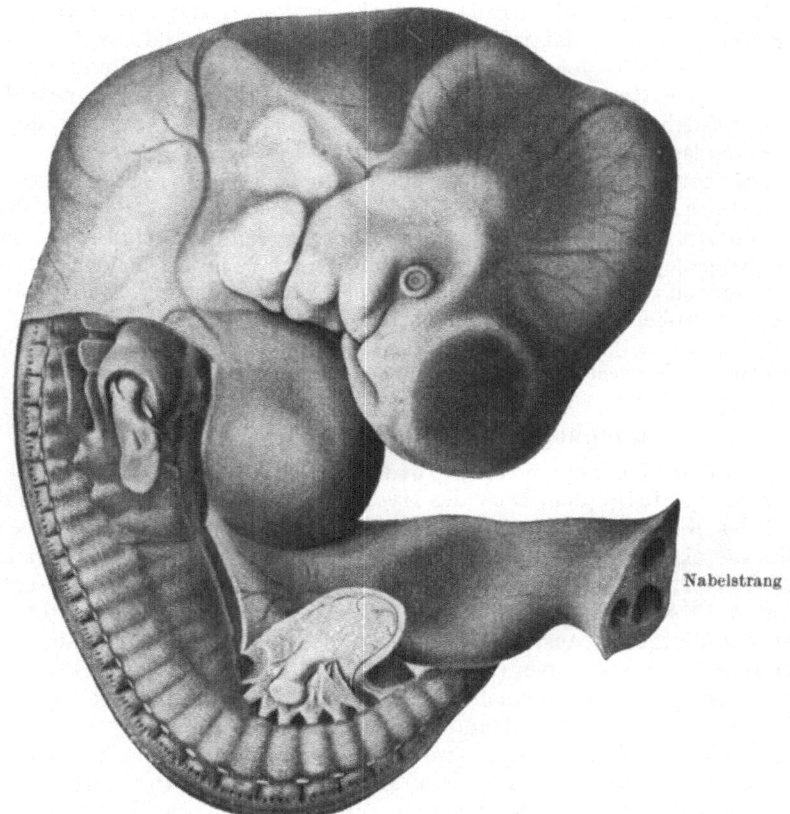

Abb. 223. Rekonstruktionsmodell von einem 11 mm langen menschlichen Embryo, die Anlagen der Rumpfmuskulatur zeigend. — Vergrößerung: 10 mal. — Nach Bardeen und Lewis (1901) aus Broman (1911).

runden oder schwach ovalen Kerne. Das folgende Stadium ist durch Bildung von Muskelfibrillen in dem Syncytium charakterisiert. — Im Falle B hat sich das Mesenchym schon zu fibrillärem Bindegewebe differenziert, wenn die Bildung der glatten Muskulatur anfängt. Diese gibt sich dadurch kund, daß die meisten der betreffenden Bindegewebszellen (sowie ihre Kerne) sich stark verlängern und in ihrem Protoplasma Muskelfibrillen direkt ausbilden.

Das intramuskuläre Bindegewebe der aus Mesenchym direkt stammenden Muskeln entsteht einfach dadurch, daß einzelne Mesenchymzellen sich zu Bindegewebszellen differenzieren. — In ähnlicher Weise entsteht meistens das intramuskuläre Bindegewebe der quergestreiften Muskeln.

Morphogenese der Rumpfmuskeln.

Die tiefen Rückenmuskeln entstehen jederseits aus der obenerwähnten — durch die Verschmelzung der Myotome gebildeten — Myotomsäule. —

Hervorzuheben ist, daß die betreffende Verschmelzung nicht überall ganz
vollständig ist. In der Tiefe der Säule bleiben die einzelnen Myotome zeitlebens getrennt und lassen aus sich verschiedene kleine Segmentalmuskeln
(die Mm. interspinales, rotatores breves, levatores costarum und intertrans-
versarii) hervorgehen.

Die Thorakoabdominalmuskeln entstehen durch ventrale Ausdehnung
der Myotome in die lateralen und ventralen Körperwände (vgl. Abb. 223). —
In der Thorakalregion findet diese Ausdehnung Hand in Hand mit dem Vor-
wachsen der Rippen in die Körperwände statt. In der Abdominalregion ist
diese Ausdehnung sowohl von dem Wachstum der Rippen und der paarigen
Beckenanlagen wie von der Verkleinerung des Nabels abhängig.

Die betreffenden Myotomfortsätze sondern sich in eine tiefe und eine
oberflächliche Schicht, von welchen die erstgenannte in der Brustregion
segmentiert bleibt und die Interkostalmuskeln bildet. — Ventral von
den Rippenspitzen verschmelzen in der Bauchwand die beiden Schichten miteinander zu einer zusammenhängenden Säule, die durch longitudinale Abspaltung isoliert wird und den M. rectus abdominis bildet.

Die Annahme, daß die Inscriptiones tendineae dieses Muskels als Reste der primären
Myosepta zu betrachten sind, erscheint sehr plausibel.

Morphogenese der Hals- und Kopfmuskeln.

Aus dem Mesenchym des Hyoidbogens entwickeln sich alle die von dem
Nervus facialis (dem Nerv des Hyoidbogens) innervierten Muskeln des Halses
und des Kopfes. Bei 8—10 mm langen Embryonen sind diese Muskeln jederseits als eine kleine einheitliche Vormuskelmasse angelegt, die mit einem einfachen Nervus facialis zusammenhängt. Diese Vormuskelmasse fängt bald an,
sich in verschiedenen Richtungen zu verbreiten. Ein Teil breitet sich gegen
den Schultergürtel aus, die eigentliche Platysma bildend. Ein anderer Teil
verlängert sich nach oben (und zwar sowohl dorsal- wie ventralwärts vom Ohre)
in die Okzipital- bzw. Gesichtsregionen des Kopfes hinauf, die sog. mimische
Muskulatur bildend. — Hand in Hand mit der Ausbreitung und Zersplitterung
der hyoidalen Muskelanlage wird auch der Nervus facialis entsprechend in
Zweige zersplittert. — Aus dem Mesenchym des Mandibularbogens entwickeln sich die von dem Nervus trigeminus (dem Nerv des Mandibularbogens) innervierten Muskeln.

Morphogenese der Extremitätenmuskeln.

Die knospenförmige Anlage der oberen Extremität liegt zuerst gegenüber
den ventralen Rändern der 5.—8. Zervikal- und ersten Thorakalsegmente.
In ähnlicher Weise hat die Anlage der unteren Extremität in dem Knospenstadium Relation zu den 1.—5. Lumbal- und ersten Sakralsegmenten.

Wahrscheinlich sind es auch die Myotome gerade dieser Segmente, welche
das Material der werdenden Extremitätmuskulatur abgeben.

Die ersten Andeutungen einer Extremitätmuskulatur findet man bei etwa
10 mm langen Embryonen in Form von einheitlichen Vormuskelmassen, die
zuerst in der oberen und bald nachher in der unteren Extremitätanlage
auftreten. Diese Vormuskelmassen sind zuerst in dem proximalen Teil jeder

Extremität zu erkennen und verlängern sich von hier aus bald distalwärts. Die Differenzierung der einzelnen Muskelgruppen und Muskelindividuen aus der Vormuskelmasse schreitet in derselben Richtung fort. Zuletzt (bei etwa 2 cm langen Embryonen) differenzieren sich also die Hand- und Fußmuskeln (Abb. 224).

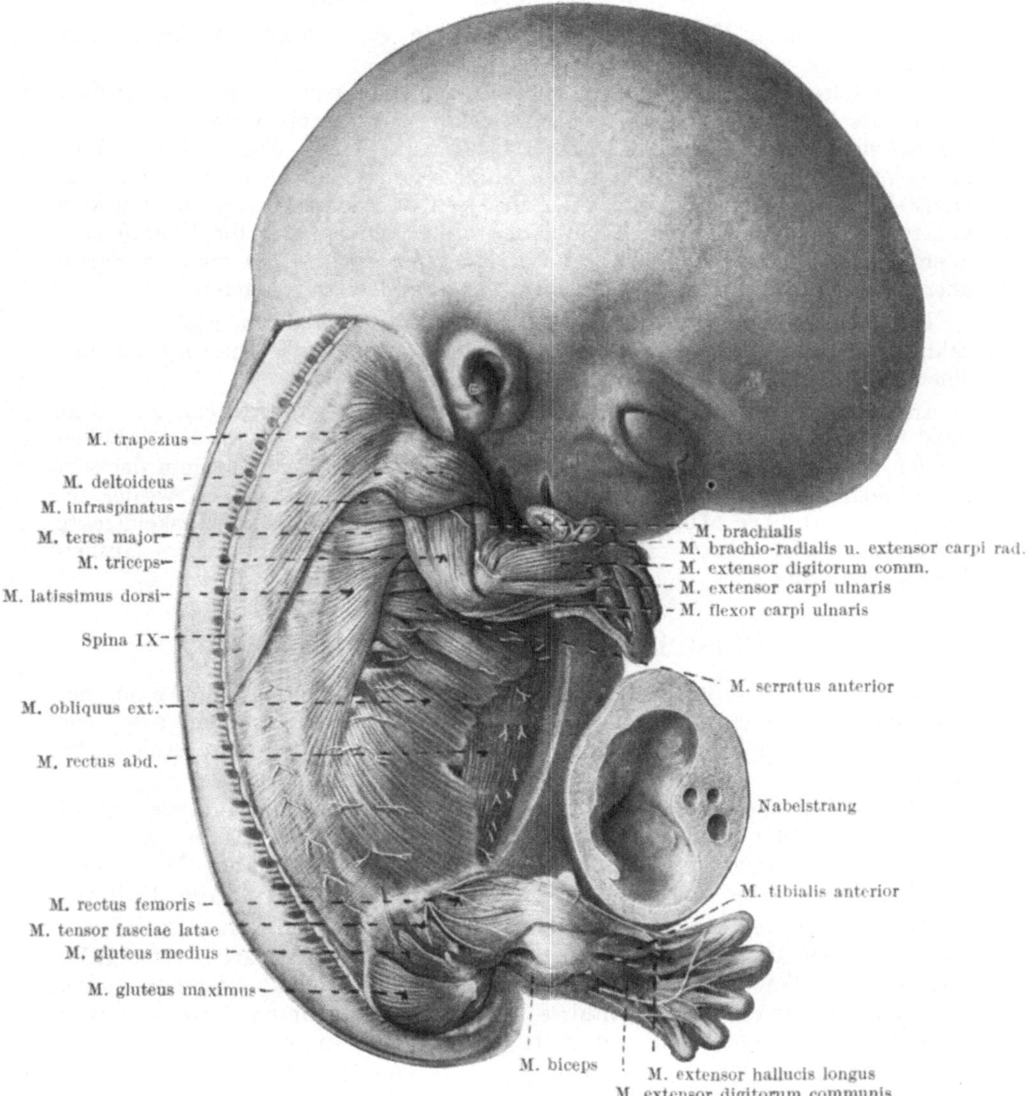

Abb. 224. Rekonstruktionsmodell von einem 20 mm langen Embryo, die Entwicklung der Rumpfmuskulatur zeigend. — Vergrößerung 10 mal. — Nach Bardeen und Lewis (1901) aus Broman (1911).

Gewisse der zwischen den proximalen Extremitätpartien und dem Rumpf verlaufenden Muskeln stammen von der Vormuskelmasse der Extremitäten und haben sich sekundär mehr oder weniger weit auf den Rumpf ausgedehnt. Solche Muskeln sind z. B. M. psoas major und der M. latissimus dorsi. Andere entstehen am Rumpfe und setzen sich sekundär mit dem Extremitätenskelett in Verbindung. So z. B. entsteht der M. trapezius etwa an der Grenze zwischen Kopf und Hals und verbindet sich erst nachträglich (bei etwa 16 mm langen Embryonen) mit dem Schultergürtel.

Abnorme Muskelentwicklung.

Die embryonale Muskelentwicklung kann in verschiedener Weise abnorm verlaufen.

Nicht selten tritt die Trennung zweier aus einer gemeinsamen Vormuskel-masse entstehenden Muskeln gar nicht oder nur partiell ein. Umgekehrt können sich aber auch ganz überzählige Muskeln von einer gewissen Vor-muskelmasse abtrennen. Nicht selten findet man solche überzählige Muskeln an Stellen, wo bei verwandten oder niederen Wirbeltieren ähnliche Muskeln konstant vorkommen. Solchenfalls läßt es sich denken, daß die betreffenden überzähligen Muskeln atavistische Bildungen sind. — In anderen Fällen aber scheinen die überzähligen Muskeln ganz regellos zu entstehen.

Unter Umständen wird die Muskeltrennung derart abnorm, daß der über-zählige Muskel mit einem Muskel derselben Gruppe den Ursprung und mit einem anderen die Insertion gemeinsam hat.

In seltenen Fällen werden gewisse Muskeln oder Muskelgruppen gar nicht oder nur partiell angelegt (primäre Muskeldefekte). In anderen Fällen werden sie normal angelegt, gehen aber später (wohl in dem Stadium der sog. „physiologischen Muskeldegeneration") ganz oder zum großen Teil wieder zu-grunde (sekundäre Muskeldefekte). Diese letztgenannten Muskeldefekte stellen also nur Produkte einer abnorm weit gegangenen embryonalen Muskel-faserdegeneration dar.

Entstehung des Nervensystems.

In dem in Abb. 36, S. 47 abgebildeten Entwicklungsstadium, wenn der oval schildförmige Embryo eine Länge von etwa 1,2 mm und ein Alter von etwa drei Wochen hat, existiert noch keine deutlich abgrenzbare Anlage des Nervensystems.

Unmittelbar nach diesem Stadium verdickt sich aber die mittlere Partie des Embryonalektoderms von dem kranialen Pol der Embryonalplatte aus fast bis zum kaudalen. Auf diese Weise entsteht daraus die sog. Medullar-platte, die Anlage des werdenden Nervensystems (vgl. Abb. 35, S. 46).

Zu derselben Zeit bilden sich die ersten intraembryonalen Gefäße; was wahr-scheinlich eben das schnelle Wachstum der Medullarplattenzellen ermöglicht. Indem dieses Wachstum nicht überall gleichmäßig erfolgt, entstehen in der Medullarplatte Spannungsverhältnisse, die dieselbe in eine immer tiefer werdende Medullarrinne umformen (vgl. Abb. 39 u. 40, S. 50 u. 51).

Schon in diesem Stadium der überall breit offenen Medullarrinne läßt sich die Anlage des Gehirns von derjenigen des Rückenmarks abgrenzen. Das kranialste Ursegmentpaar markiert nämlich die obere Halsgrenze und somit auch die Grenze zwischen Gehirn- und Rückenmarksanlage.

Indem nun die Medullarrinne immer tiefer wird und gleichzeitig ihre lateralen Ränder medialwärts verschiebt, so daß diese sich zuletzt in der Medianebene berühren und miteinander verwachsen, entsteht das unter dem Hautektoderm versenkte Medullarrohr (vgl. Abb. 41—43 u. 183).

Diese Umwandlung der Medullarrinne in das Medullarrohr beginnt bei etwa 1,6 mm langen Embryonen in der mittleren oder oberen Halsgegend und schreitet von hier aus nach beiden Richtungen hin so schnell vor, daß sie bei etwa 3,4 mm langen Embryonen schon vollendet ist.

Bei mangelhafter Schließung der Medullarrinne entstehen schwere Hemmungsmißbildungen (Cranio-rhachi-schisis und Spina bifida).

Die Medullarplatte enthält nicht nur alle diejenigen Zellen, aus welchen sich Gehirn und Rückenmark entwickeln, sondern auch diejenigen, aus welchen die peripheren Nerven und Ganglien des Körpers hervorgehen.

Entstehung der Spinalganglien.

An der Grenze zwischen Medullarplatte und Hautektoderm entsteht nach v. Lenhossek (1891) jederseits ein Streifen von mehr rundlichen Zellen, welche

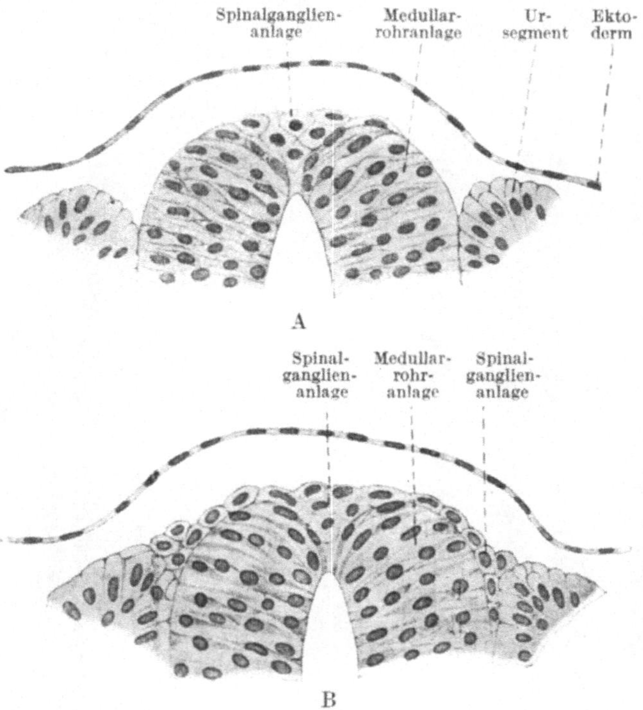

Abb. 225. Querschnitte (in verschiedenen Höhen) durch die dorsale Partie des Medullarrohrs und der Spinalganglienanlagen eines 2,5 mm langen menschlichen Embryos (mit 13 Urwirbelpaaren). — Nach v. Lenhossek (1891) aus Broman (1911).

sich sowohl von den abgeplatteten Hautektodermzellen wie von den höheren, zylinder- oder spindelförmigen Medullarplattenzellen unterscheiden.

Wir nennen diese Zellstreifen Ganglienstreifen. Denn aus denselben gehen die Spinalganglien und die Kopfganglien hervor.

In der Höhe des werdenden Rückenmarks bleiben die beiden Ganglienstreifen längere Zeit mit der Medullarplatte in Verbindung und fügen sich, wenn diese sich in das Medullarrohr umwandelt, in die dorsale Partie des letztgenannten temporär ein. Von hier wandern sie aber bei etwa 2,5 mm langen Embryonen lateralwärts aus, um jederseits zwischen Medullarrohr und Ursegmente eine Ganglienleiste zu bilden (vgl. Abb. 225 A u. B).

Indem diese Ganglienleisten bald durch ventro-dorsalwärts vordringende Einschnürungen segmentiert werden, entstehen aus ihnen die Anlagen der Spinalganglien (vgl. Abb. 226 B rechts und links).

Entstehung der Kopfganglien.

In der Kopfregion lösen sich die beiden Ganglienstreifen viel frühzeitiger von dem Ektoderm und wandern in das unterliegende Mesenchym hinein, ehe noch die Medullarrinne sich hier zum Gehirnrohr geschlossen hat. Bei der Entstehung der Ohrblase wird jede Kopfganglienleiste in einen vor und einen hinter dieser Blase gelegenen Teil gesondert; und diese beiden Ganglienleistenteile zerfallen sodann in je zwei Zellenhaufen (vgl. Abb. 227 u. 231).

Auf diese Weise entstehen beiderseits vier Kopfganglienanlagen, von welchen

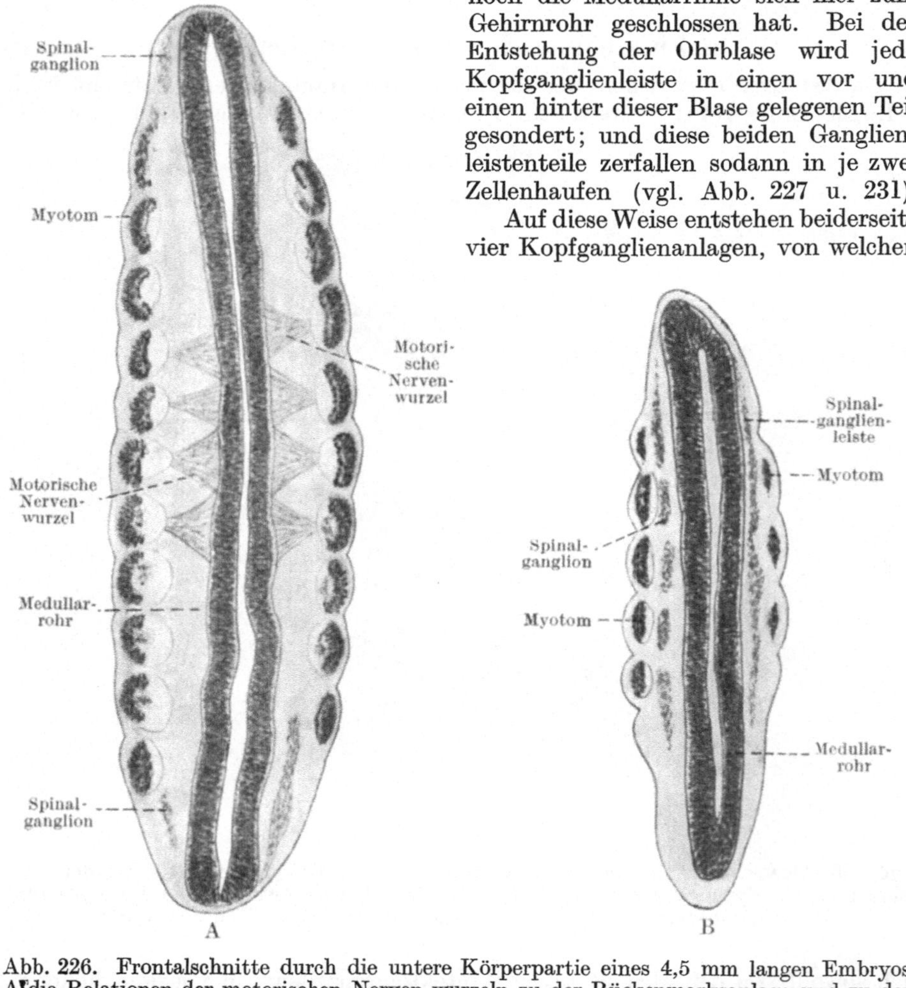

Abb. 226. Frontalschnitte durch die untere Körperpartie eines 4,5 mm langen Embryos. A die Relationen der motorischen Nerven wurzeln zu der Rückenmarksanlage und zu den Myotomen; B diejenigen der Spinalganglien zu den Myotomen zeigend. Vergrößerung: 50 mal.

zwei (das Ganglion trigemini bzw. das Ganglion acustico-faciale) nach vorne und zwei (das Ganglion glossopharyngei bzw. das Ganglion vagi) nach hinten von der Ohrblase liegen.

Aus diesen vier ursprünglichen Kopfganglienpaaren gehen später — durch Abschnürung und Verschiebung — auch die kleineren Kopfganglien hervor (vgl. Abb. 243, S. 312).

Entwicklung des Rückenmarks.

Zur Zeit der Entstehung des Medullarrohrs ist die kaudale Partie des werdenden Embryonalkörpers relativ sehr schwach entwickelt. Das kaudale Ende der Medullarrinne schließt sich hier zu dem blind endigenden Medullarrohr zusammen, ehe noch die Rumpfschwanzknospe ausgewachsen ist.

Beim Auswachsen der Rumpfschwanzknospe verlängern sich — wie oben (S. 47) erwähnt — sowohl Darm wie Chorda und Medullarrohr in dieselbe hinein. Die innerhalb der Rumpfschwanzknospe gelegene Medullarrohrpartie

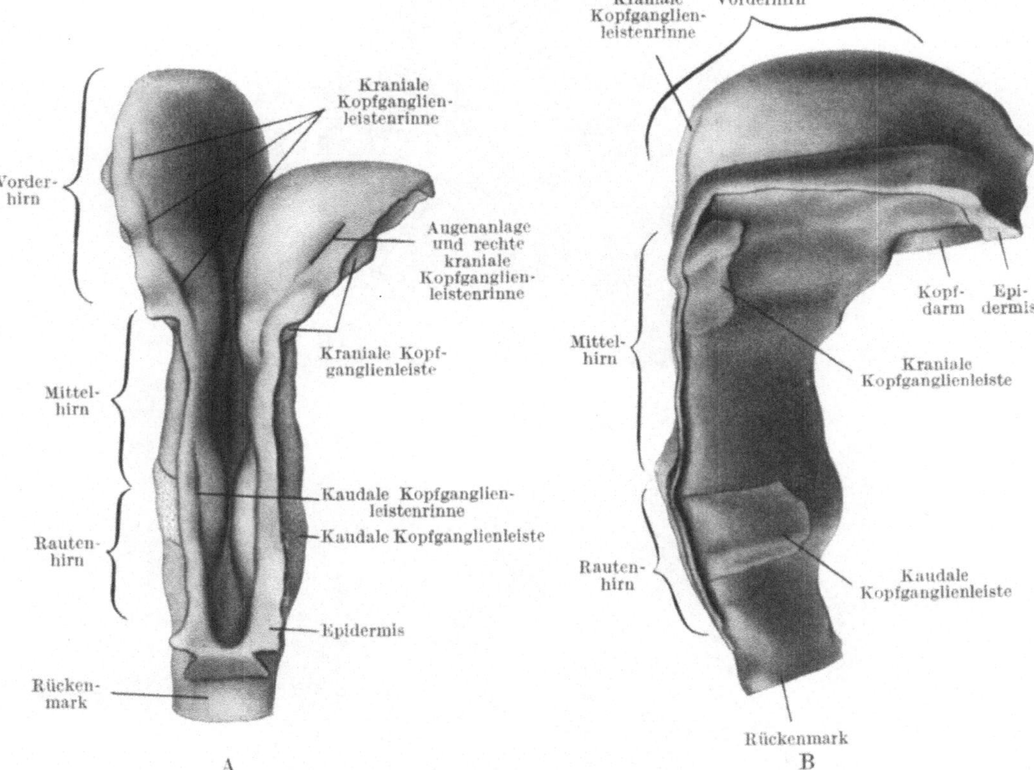

Abb. 227. Rekonstruktionsmodell der Hirnanlage des in Abb. 41, S. 52 abgebildeten, 2,5 mm langen Embryos. A von der dorsalen, B von der rechten Seite gesehen. Vergrößerung: 100 mal. — Nach Veit und Esch (1922).

entwickelt sich, mit anderen Worten, nicht direkt aus einer oberflächlichen Medullarrinne, sondern wird aus dem schon geschlossenen Medullarrohr kaudalwärts ausgesponnen.

Die kaudalen Enden der beiden Spinalganglienstreifen liegen zu dieser Zeit in der Dorsalwand des Medullarrohrs eingeschlossen und werden mit diesem zusammen ebenfalls kaudalwärts verlängert. Ihre Umbildung in Spinalganglien findet in der Schwanzregion in hauptsächlich ähnlicher Weise statt wie weiter kranialwärts.

Histogenese des Rückenmarks.

Unmittelbar nachdem die Spinalganglienstreifen aus dem Medullarrohr herausgewandert sind, besteht dieses Rohr aus langen, zylindrischen oder spindelförmigen Zellen, deren um das Medullarrohrlumen radiierenden Körper miteinander zu einem netzartigen Syncytium verschmelzen.

Dorsal- und ventralwärts vom Lumen sind die Wände des Medullarrohrs dünn, während sie zu beiden Seiten desselben eine beträchtliche Dicke erreichen. In diesen Lateralwänden liegen die Kerne in 5—6 Reihen, während sie in den Dach- und Bodenplatten nur eine einzige Reihe oder zwei bilden.

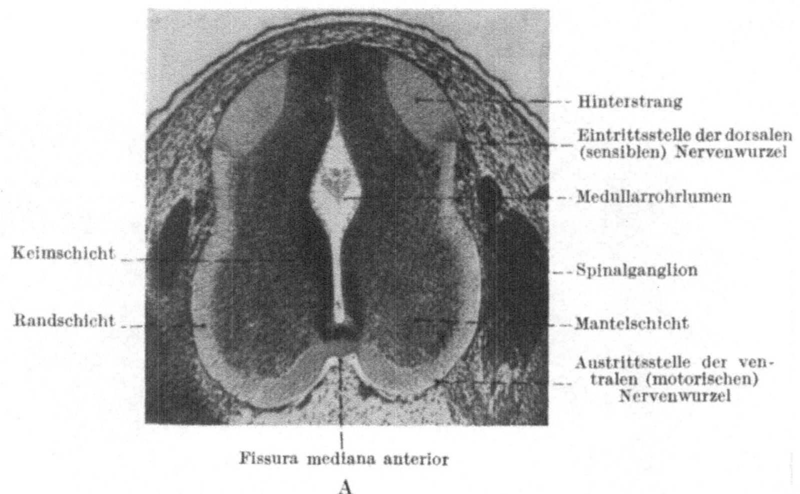

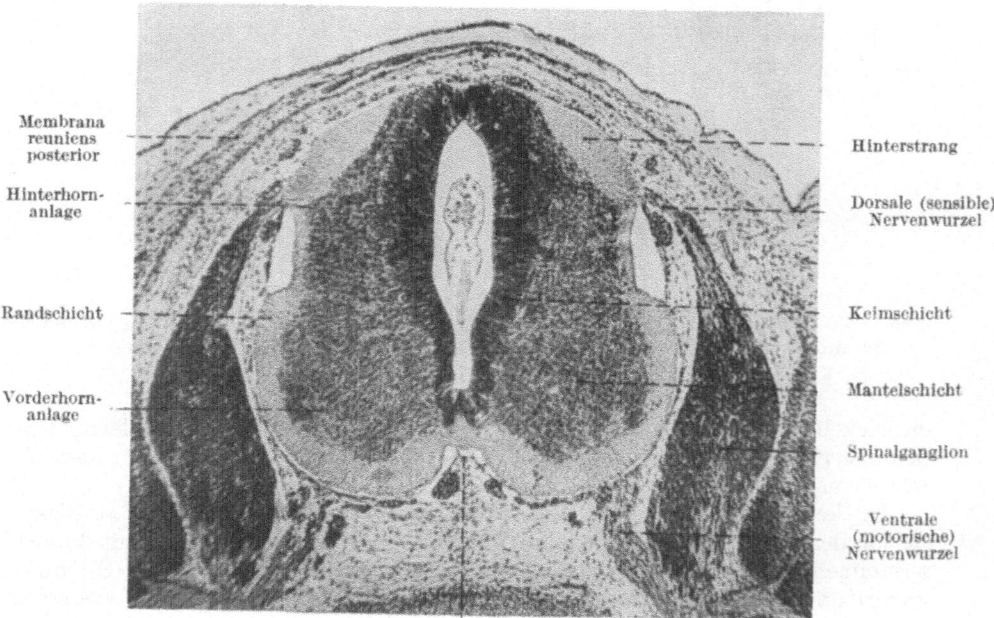

Abb. 228. Querschnitte durch die Rückenmarksanlagen. A von einem 10 mm langen, B von einem 15 mm langen menschlichen Embryo. — Vergrößerung: 50 mal.

Ende der dritten Embryonalwoche wird der bisher 0-förmige Querschnitt des Medullarrohrs in einen 8-förmigen umgewandelt (vgl. Abb. 44, S. 56 und Abb. 141, S. 151), und zwar dadurch, daß die ventrale bzw. die dorsale Partie der Lateralwand je ein Wachstumszentrum bildet. Durch diese Trennung einer ventralen Wachstumszone von einer dorsalen wird schon in diesem Stadium die motorische Ventralzone des Rückenmarks von der sensiblen Dorsalzone desselben abgegrenzt.

In einem darauf folgenden Stadium findet eine ähnliche Abgrenzung zwischen Ventral- und Dorsalzone auch an der Innenseite der Lateralwand statt. Das früher einfach spaltförmige Lumen breitet sich nämlich jetzt lateralwärts zwischen den beiden Zonen rinnenförmig aus (vgl. Abb. 228 A).

Gleichzeitig mit diesen letztgenannten Formveränderungen des Medullarrohrs finden in demselben histologische Umbildungen statt. Unmittelbar nach der Bildung des netzartigen Syncytiums besteht die Medullarrohrwand aus zwei Schichten, einer inneren breiteren Kernschicht und einer äußeren dünneren, kernlosen Randschicht.

In dem in Abb. 228 A abgebildeten Entwicklungsstadium, wenn das Medullarrohrlumen lateralwärts zwischen der motorischen Ventralzone und der sensiblen Dorsalzone einschneidet, fängt die Kernschicht an, sich in zwei Schichten zu sondern, von welchen die periphere weniger stark färbbar ist und offenbar von der zentralen Schicht stammt. Diese zentrale Kernschicht, in welcher zahlreiche Mitosen zu beobachten sind, wird daher Keimschicht genannt, während die periphere Kernschicht mit dem Namen Mantelschicht bezeichnet worden ist.

Diese Mantelschicht entsteht zuerst in der Ventralzone des Medullarrohrs und breitet sich erst allmählich auch in der Dorsalzone desselben aus. Sie vergrößert sich teilweise auf Kosten der Keimschicht, die hierbei zu einer dünneren Schicht, für die ich den Namen Ependymschicht reservieren möchte, reduziert wird.

In der fünften Embryonalwoche lösen sich im Gebiete der Mantelschicht einzelne Zellen von dem Syncytium ab. Diese Zellen, die in den Maschen des Syncytiumnetzes liegen bleiben, nehmen bald eine charakteristische Birnform an. Sie stellen die ersten wahren Nervenzellen (Neuroblasten) der Rückenmarksanlage dar.

Das bei der Differenzierung der Neuroblasten übrig bleibende Synzytialnetz bildet die stützenden und isolierenden Zellelemente des Rückenmarkes; aus diesem Netz gehen nämlich sowohl Neurogliazellen und Neurogliafasern wie Ependymzellen hervor.

Die Letztgenannten bleiben alle innerhalb der Ependymschicht liegen. In dieser Schicht befinden sich auch einzelne Zellen, die sich sogar noch während der extrauterinen Entwicklungsperiode vermehren und zu Neuroblasten ausbilden können und also als eine Art Reserve-Neuroblasten zu betrachten sind.

Aus dem spitzen Ende jedes Neuroblasten wächst bald ein langer Fortsatz, der sog. Achsenzylinderfortsatz oder Neurit, heraus. Später bildet der Zellkörper außerdem kürzere, verzweigte Fortsätze, die sog. Dendriten. Die Letztgenannten vermitteln die Reizaufnahme der Nervenzelle, während der Neurit nur zellulifugal leitet (Ariëns Kappers, 1920).

Eine Nervenzelle mit Neurit und Dendriten stellt ein sog. Neuron (Waldeyer) dar. Aus solchen aneinander gekoppelten Neuronen wird allmählich nicht nur das zentrale, sondern auch das periphere Nervensystem aufgebaut.

Sehr wichtig für die Reizleitung ist, daß nur ungleichartige Teile verschiedener Neurone sich miteinander verbinden. Nie findet eine Verbindung von Neuriten oder von Dendriten untereinander statt (Ariëns Kappers, 1920).

Die Dendriten der Rückenmarksnervenzellen bleiben immer im Gebiete des Rückenmarks liegen. Dasselbe können auch die Neuriten dieser Zellen tun. Diese Fortsätze bleiben dann, wenn sie relativ kurz sind, innerhalb der Mantelschicht. Wenn sie aber länger werden, dringen sie aus der Mantelschicht in die kernlose Randschicht hinein, um hier longitudinal an der Oberfläche der Mantelschicht weiter zu verlaufen. Ähnliche lange, longitudinal verlaufende Fortsätze wachsen auch von den Spinalganglienzellen (vgl. unten) bzw. von den Gehirnnervenzellen in die Randschicht der Rückenmarksanlage hinein. Auf diese Weise verdickt sich die Randschicht des Medullarrohrs immer mehr und bildet sich zu der weißen Rückenmarksubstanz, d. h. zu den sog. Rückenmarksträngen aus.

Die ursprünglichere Kernschicht (Mantelschicht + Ependymschicht) des Medullarrohrs stellt die Anlage der grauen Rückenmarksubstanz dar.

Eine große Menge Neuriten, welche von Mantelschichtzellen der ventralen Medullarrohrzone stammen, bleiben indessen nicht innerhalb des Rückenmarks, sondern wachsen (bei etwa 4 mm langen Embryonen) sofort in segmental konvergierenden Gruppen aus demselben hinaus, die motorischen Wurzeln der Spinalnerven bildend (vgl. Abb. 226 A).

Entstehung der sensiblen Wurzeln der Spinalnerven.

Histogenese der Kopf- und Spinalganglien.

In ähnlicher Weise wie die Zellen des Medullarrohrs verschmelzen auch diejenigen der Kopf- und Spinalganglienanlagen miteinander zu einem Syncytium. Von diesem lösen sich aber bald einzelne, stärker wachsende Zellelemente ab, die sich zu den eigentlichen Spinalganglienzellen ausbilden.

Auch die übrigen, kleineren Zellelemente können sich voneinander mehr oder weniger vollständig frei machen. Sie ordnen sich hierbei kapselartig um die Spinalganglienzellen herum und werden deshalb Kapselzellen genannt. Dieselben stellen isolierende Stützzellen dar und behalten fast immer diese untergeordnete Rolle. Einzelne derselben können sich aber — bei Bedarf — stark vergrößern und zu Ganglienzellen ausbilden. Dies ist nach Agduhr (1920) sogar noch während der extrauterinen Entwicklung möglich.

Die Neuriten der Spinalganglienzellen wachsen alle dorsomedialwärts aus um in die Dorsalzone des Medullarrohrs einzudringen. Hier sammeln sie sich entweder zu langen Bündeln an, die die Hauptmasse der Hinterstränge bilden, oder aber sie dringen in die graue Hinterhornsubstanz ein, um sich hier mit neuen Neuronen in Verbindung zu setzen. — Die ersten Spinalganglienneuriten entstehen in der fünften Embryonalwoche (bei etwa 5 mm langen Embryonen). Bald nachher senden dieselben Spinalganglienzellen je einen Hauptdendrit ventralwärts aus.

Diese peripheren Ausläufer der Spinalganglienzellen schließen sich unmittelbar den ventralen, motorischen Wurzeln an und bilden mit diesen zusammen die kurzen Spinalnervenstämme (vgl. Abb. 228 B). Die sensiblen Wurzeln der Spinalnerven werden also sowohl aus den Spinalganglien selbst wie aus den nächstliegenden Partien ihrer beiden langen Fortsätze gebildet.

Entstehung des charakteristischen Querschnittes der grauen Rückenmarksubstanz.

Die Mantelschicht der ventralen, motorischen Zone des Medullarrohrs entwickelt sich schon Ende der fünften Embryonalwoche relativ stark (Abb. 228 A). Sowohl durch die hierbei stattfindende Vermehrung der Neuroblasten, wie durch Lageveränderung derselben (die Neuroblasten sind zu dieser Zeit noch amöboid beweglich) verlängert sich die Anlage der grauen Rückenmarksubstanz hier ventrolateralwärts und bildet so jederseits das sog. Vorderhorn.

Viel später und in prinzipiell ganz anderer Weise entstehen die Hinterhörner des Rückenmarkquerschnittes. Dieselben kommen erst im dritten Embryonalmonat zur Ausbildung, und zwar dadurch, daß die Hinterstränge jetzt in unmittelbarer Nähe des Medullarrohrlumens ventralwärts wie ein Keil vordringen und hierbei sowohl die Mantelschicht wie die Hauptpartie der Ependymschicht der Dorsalzone lateralwärts verdrängen.

Bei diesem ventralen Vordringen der Rückenmarkshinterstränge werden die dorsalen Wandpartien des Medullarrohrlumens gegeneinander gepreßt und zur Verwachsung gezwungen. Der bleibende Zentralkanal des Rückenmarks stellt also nur den ventralen Teil des ursprünglichen Medullarrohrlumens dar.

Schicksal der kaudalen Partie des Medullarrohres.

Wenn der Schwanz auf dem Höhepunkt seiner Entwicklung steht, erreicht das Medullarrohr seine äußerste Spitze (vgl. Abb. 126 B, S. 136). Dies ist noch in einem folgenden Stadium der Fall, und zwar, wenn die letzten Schwanzwirbelanlagen schon zugrunde gegangen sind. Zu dieser Zeit (etwa Mitte des zweiten Embryonalmonats) befindet sich also das kaudale Ende des Medullarrohrs weiter kaudalwärts als dasjenige der Wirbelsäule.

Nach dieser Zeit atrophiert aber schnell die kaudalwärts vom fünften Schwanzsegment liegende Partie des Medullarrohrs.

Die Schwanzsegmente IV und V des Medullarrohrs entwickeln sich zwar gewöhnlich eine Zeitlang progressiv, bilden aber keine Neuroblasten aus, sondern verwandeln sich in eine rätselhafte, bald wieder zugrunde gehende Bildung, die kaudale Rückenmarkblase (Abb. 229 B u. C). Dieselbe stellt offenbar ein rudimentäres Embryonalorgan dar, das wohl ohne physiologische Bedeutung ist, aber unter Umständen Ausgangspunkt pathologischer Neubildungen (Tourneux und Hermann, 1887) werden kann.

Die Schwanzsegmente II und III des Medullarrohrs bilden nach D. Holmdahl (1918) im zweiten Embryonalmonat sowohl Neuroblasten wie Nervenfasern aus. Diese gehen aber im dritten Embryonalmonat wieder zugrunde, und zwar gleichzeitig damit, daß die betreffenden Medullarrohrsegmente in das sog. Filum terminale ausgesponnen werden (Abb. 229).

Zu dieser Zeit beginnt die Wirbelsäule immer stärker als das Rückenmark in die Länge zu wachsen. Da dieses nun nach oben (mit dem Hirne) stärker als nach unten befestigt ist, so muß natürlich das kaudale Ende des Rückenmarkes in dem Wirbelkanal emporsteigen. Diese Kranialwärtsverschiebung findet nach D. Holmdahl (1918) schon Mitte der Embryonalzeit in der Höhe des dritten Lumbalwirbels seinen temporären Abschluß. Nach der Geburt setzt sie sich aber noch etwas (1—2 Wirbelhöhen) fort.

Bei diesem Emporsteigen der kaudalen Rückenmarkspartie werden selbstverständlich die von dort ausgehenden Spinalnerven innerhalb des Wirbelkanals immer länger. Mit dem kaudalen Rückenmarksende und dem Filum terminale internum zusammen stellen sie die unter dem Namen Cauda equina (Pferdeschweif) bekannte Bildung dar.

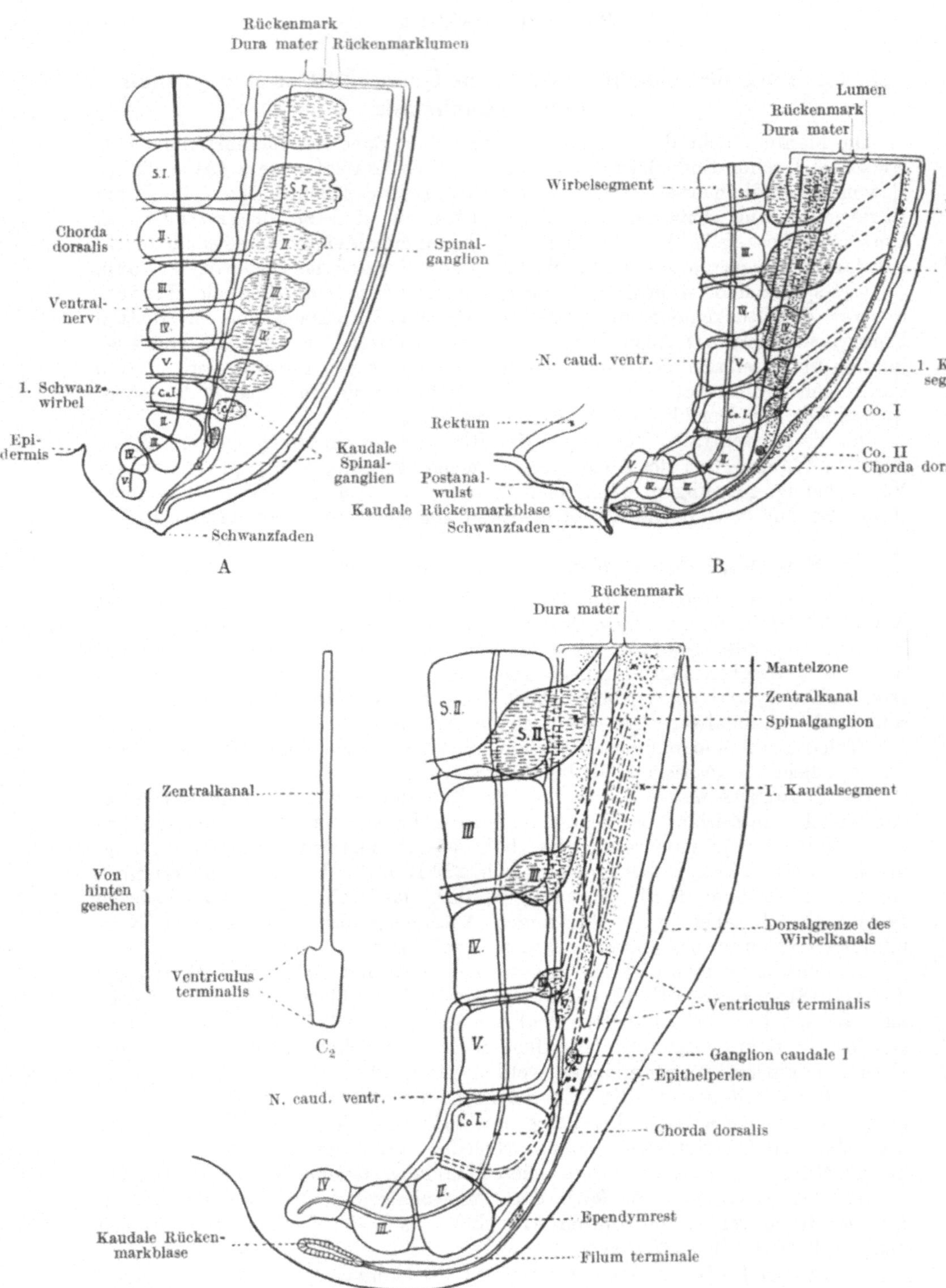

Abb. 229. Halbschematische Zeichnungen nach Rekonstruktionsmodellen der kaudalen Körperpartien; A von einem 23,5 mm, B von einem 29 mm und C von einem 60 mm langen menschlichen Embryo. — Vergrößerung: 20 mal. — S. I—V, 1.—5. Sakralsegment. Co. I—V, 1.—5. Coccygealsegment. — Nach D. Holmdahl (1918).

Entstehung des Ventriculus terminalis.

In der kaudalsten Rückenmarkspartie entwickeln sich die Hinterstränge nur sehr schwach oder gar nicht. Eine Folge hiervon wird einerseits, daß in dieser Höhe keine Hinterhörner entstehen, und andererseits, daß die dorsale Partie des Medullarrohrlumens hier nicht obliteriert. Schon hierdurch bekommt der Zentralkanal innerhalb der Schwanzsegmente II und III eine dorsale Erweiterung, und bei der bald folgenden Atrophie der Seitenwände dieser Segmente wird derselbe auch lateralwärts erweitert. Auf diese Weise entsteht der Ventriculus terminalis (D. Holmdahl, 1918).

Entstehung der Intumeszenzen des Rückenmarks.

An denjenigen Stellen des Rückenmarkes, wo die relativ starken Extremitätnerven von demselben aus- (bzw. ein-) gehen, vermehren sich die Nervenelemente reichlicher als an anderen Stellen des Rückenmarkes. Dadurch entstehen (schon in den dritten und vierten Embryonalmonaten) die Intumescentia cervicalis und die Intumescentia lumbalis. — Wenn ein Extremitätpaar abnormerweise nicht entwickelt worden ist, fehlt auch die betreffende Intumeszenz.

Entstehung der Rückenmarkshäute.

Noch im zweiten Embryonalmonat liegt die Rückenmarksanlage in einer undifferenzierten Mesenchymschicht eingebettet, die den Raum zwischen Rückenmark und Wirbelkanalwand vollständig ausfüllt (Abb. 228).

Ende des zweiten Embryonalmonats beginnt aber diese Mesenchymschicht, sich in der Mitte aufzulockern. Die hierbei entstandenen kleinen Hohlräume vermehren und vergrößern sich und fließen zuletzt (Ende des dritten Embryonalmonats) zu einem einheitlichen Hohlraum, dem Subduralraum, zusammen. Hand in Hand hiermit differenziert sich die Mesenchymschicht in zwei Bindegewebsblättern, ein äußeres, die Anlage der harten Rückenmarkshaut (Dura mater), und ein inneres, die weiche Rückenmarkshaut (Leptomeninx). In der letztgenannten findet später eine ähnliche Auflockerung statt, die zu Bildung des Subarachnoidalraumes und hiermit zur Trennung der weichen Rückenmarkshaut in Arachnoidea und Pia führt.

Entwicklung des Gehirns.

Wie oben (S. 280) erwähnt, läßt sich die Anlage des Gehirns schon auf dem Stadium der breit offenen Medullarrinne von derjenigen des Rückenmarks abgrenzen.

In diesem Stadium (Abb. 40, S. 51) ist die Gehirnanlage schon breiter als die Rückenmarksanlage, und zwar dies besonders an drei Stellen. Wenn die Medullarrinne sich nun zu einem Rohr schließt, bilden diese Stellen blasenartige Ausbuchtungen, die sog. primären Hirnblasen. Von diesen wird die vordere (obere) Vorderhirnblase (Prosenzephalon), die mittlere Mittelhirnblase (Mesenzephalon) und die hintere (untere) Hinterhirn- oder Rautenhirnblase (Rhombenzephalon) genannt (vgl. Abb. 50, S. 61 und Abb. 230 A).

Das ungleiche Wachstum der verschiedenen Hirnrohrteile setzt sich auch in den folgenden Entwicklungsperioden fort und kompliziert immer mehr den Bau des Gehirns.

Durch das anfangs relativ starke Längenwachstum der Gehirnanlage krümmt sich diese ventralwärts konkav zuerst in der Gegend der Mittelhirnblase und dann an der Grenze zwischen Gehirn- und Rückenmarkanlage. Auf diese Weise entstehen **Scheitel- und Nackenbeuge**, die an der Oberfläche des Embryos Scheitel- bzw. Nackenhöcker hervorrufen (vgl. Abb. 50).

Zwischen diesen beiden Krümmungen des Hirnrohres entsteht etwa in der Mitte des Hinterhirns, dessen Dachplatte sehr dünn geworden ist, eine ventralwärts konvexe Krümmung, die sog. **Brückenbeuge** (vgl. Abb. 233, 235—237). — Diese letztgenannte Krümmung formt mechanisch die Höhlung des Hinterhirns (die Anlage des vierten Gehirnventrikels) in eine rautenförmige

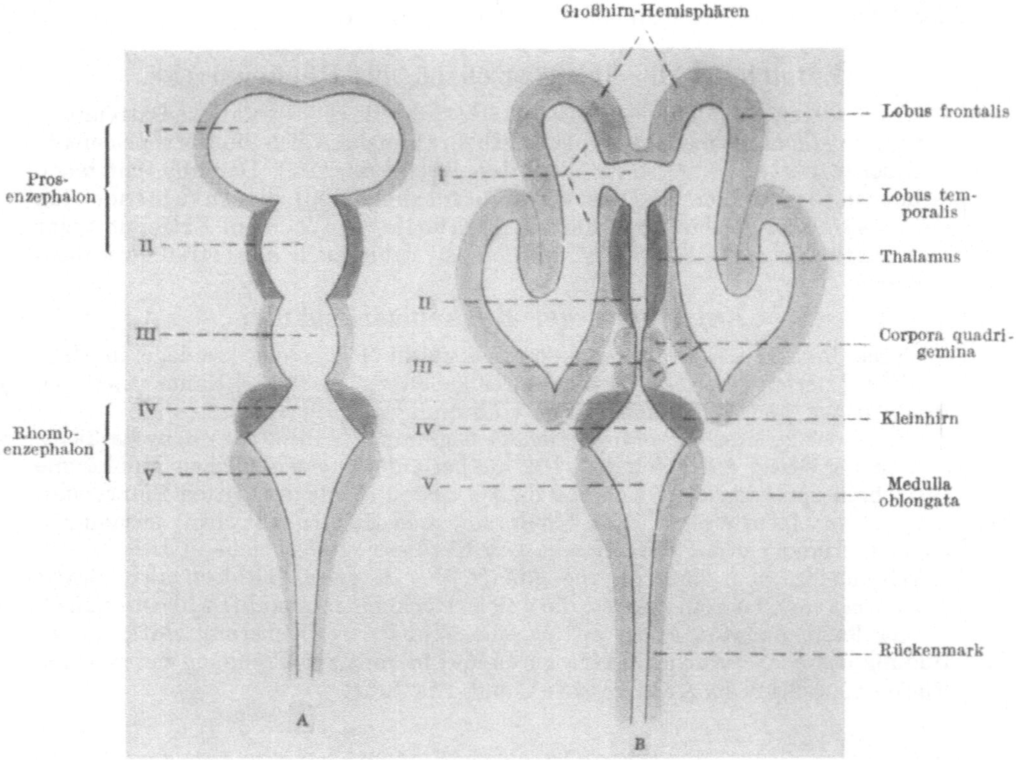

Abb. 230. Schemata der 5 sekundären Hirnblasen (A) und der wichtigsten, aus ihren Wänden hervorgehenden Gehirnteile (B). I Telenzephalon, II Dienzephalon, III Mesenzephalon, IV Metenzephalon und V Myelenzephalon. — Nach Broman (1925).

Grube um, die zu dem Namen **Rautenhirn (Rhombenzephalon)** Anlaß gegeben hat.

Gerade gegenüber der stärksten Krümmung wird die ventrale Rautenhirnwand am breitesten und bekommt dorsalwärts (vorübergehend) eine querliegende Furche, die das Rautenhirn in einen vorderen Teil, das **Metenzephalon**, und einen hinteren, das **Myelenzephalon**, sondert.

Die dünne **Dachplatte** des Hinterhirns wird bei dem obenerwähnten Breiterwerden der Hinterhirnmitte hier auch stark in die Breite gezogen und an drei Stellen durchlöchert. Aus derselben gehen sowohl die **Lamina epithelialis des Plexus chorioideus ventriculi quarti** wie das **Velum medullare posterius** hervor.

Die **Bodenplatte** des Hinterhirns verdickt sich und geht ohne sichtbare Grenze in die Seitenwände desselben über. Diese Wände werden Ende der vierten Embryonalwoche durch Querfurchen in kleine Segmente, Neuromeren (vgl. Abb. 50, S. 1 und Abb. 231), gesondert, aus welchen bald die Gehirnnerven V—XII herauswachsen. An der Außenseite des Gehirnrohres verschwinden die die Neuromeren trennenden Furchen in kurzer Zeit wieder. An der Innenseite desselben bleiben sie etwas länger (bis in die siebente Embryonalwoche) sichtbar.

Bei der obenerwähnten durch die Brückenbeuge verursachten Umformung des Hinterhirnrohres werden die ursprünglich dorsalen (sensiblen) Partien seiner

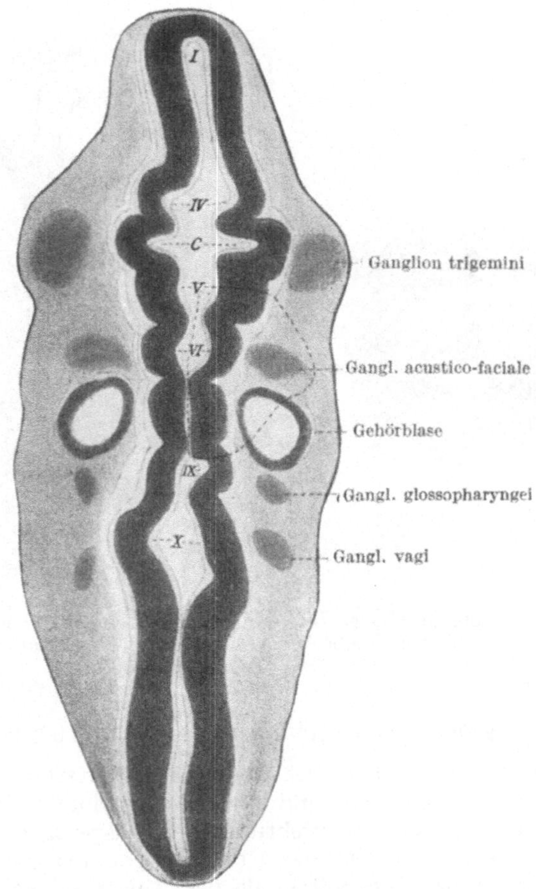

Abb. 231. Frontalschnitt durch den Kopf eines 3 mm langen Embryos, die Neuromeren des Rautenhirns, die Gehörbläschen und die Gehirnnervenganglien zeigend. — Vergrößerung: 48 mal. Nach Broman (1895).

Seitenwände lateralwärts und ventralwärts verschoben, bis sie zuletzt etwa in derselben Höhe wie die urprünglich ventralen liegen. Daraus erklärt sich die Tatsache, daß hier die sensiblen Nervenkerne in der Regel lateralwärts von den motorischen liegen.

Entstehung der Medulla oblongata aus dem Myelenzephalon.

Abgesehen von der obenerwähnten, in Zusammenhang mit der Brückenbeuge stehenden Umformung, verändert sich das Myelenzephalon nur unbedeutend.

19*

Dasselbe imponiert daher zeitlebens als eine kraniale Fortsetzung des Rückenmarks (der Medulla spinalis), was zu dem Namen Medulla oblongata Anlaß gegeben hat.

Sämtliche Rückenmarkstränge sind bis zur kranialen Grenze der Medulla oblongata zu verfolgen. Im dritten Embryonalmonat verdicken sie sich gerade da, weil sich in jedem Strang ein Kern von grauer Substanz ausbildet. Bei der Entstehung der weißen Substanz des Myelenzephalons wird nämlich die graue Substanz desselben (die Kernschicht) in kleinere Gruppen (sog. Strangenkerne) zersplittert.

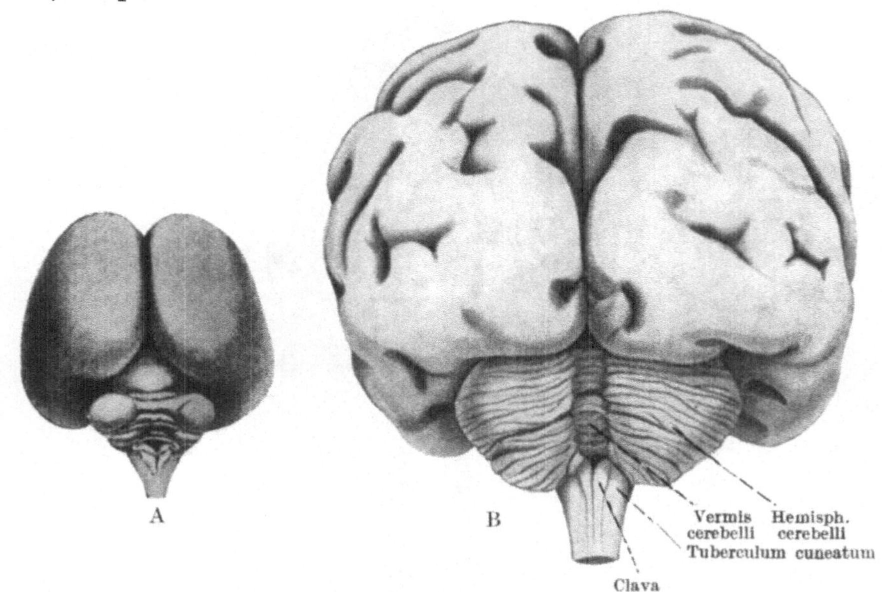

Abb. 232. Hintere Oberfläche des Gehirns; A von einem 18 cm langen, B von einem 39 cm langen menschlichen Embryo. Natürliche Größe. Nach G. Retzius (1896) aus Broman (1911).

Entstehung des Kleinhirns und der Brücke aus dem Metenzephalon.

Das Metenzephalon verändert sich relativ stark. Im zweiten Embryonalmonat stellt es noch ein undifferenziertes, ringförmiges Gebilde dar, dessen Dorsalpartie in kranialer Richtung spitz ausgezogen ist. Aus der dorsalen Partie dieses Ringes geht das Cerebellum und aus der ventralen Partie der Pons hervor. Die Seitenteile des Ringes bilden die Anlagen der Crura cerebelli ad pontem bzw. ad medullam oblongatam.

Cerebellum.

Die wulstförmige Kleinhirnanlage liegt also ursprünglich winklig gebogen (mit der Winkelspitze nach vorne) an den kraniolateralen Grenzen der Fossa rhomboidalis (vgl. Abb. 235—237, Cerebellum). Bei der folgenden Verschärfung der Brückenbeuge wird der Kleinhirnwulst aber derart kaudalwärts verschoben, daß er zuletzt in das Dach des vierten Gehirnventrikels zu liegen kommt. Und da diese Verschiebung medial stärker als lateral stattfindet, verschwindet allmählich die winklige Biegung der Kleinhirnanlage.

Anfang des dritten Embryonalmonats stellt also die Kleinhirnanlage einen einfachen Querwulst in dem vorderen Teil des Ventrikeldaches dar. Dieser

Querwulst wächst nun relativ stark an der Hinterseite und breitet sich daher allmählich über die dorsale Spitze (Fastigium) des vierten Ventrikels nach hinten aus.

Ende des dritten Embryonalmonats beginnen die Seitenpartien des Kleinhirnwulstes stärker als die mittlere Partie zu wachsen. Sie bilden sich.

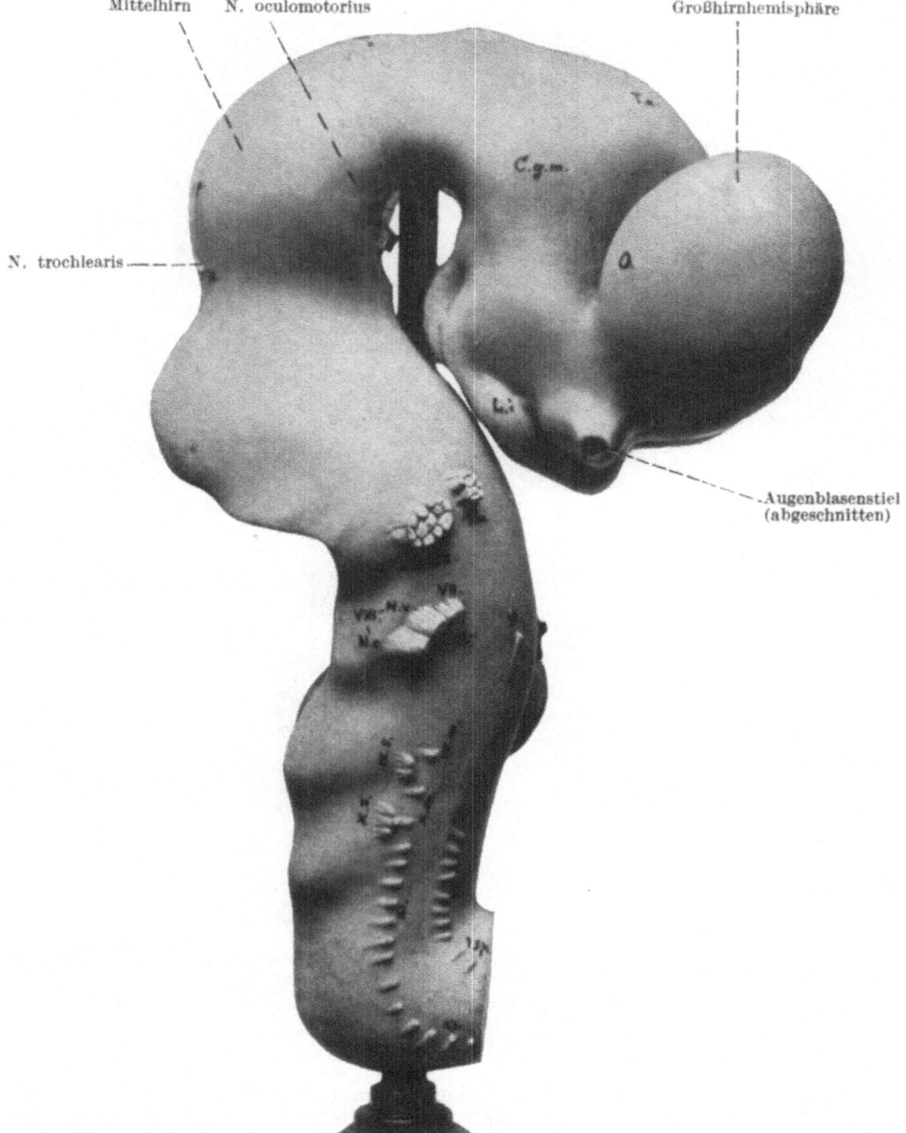

Abb. 233 a. Rekonstruktionsmodell des Gehirns eines 10,2 mm langen Embryos; rechte Seite. — Vergrößerung: 20 mal. — Nach His und Ziegler. a Polus temporalis; C. g. m. Corpus geniculatum mediale; L. i. Lobus inferior des 3. Ventrikels; V. m. motorischer, V. s. sensibler Teil des N. trigeminus; VI. Abduzens; VII. Fazialis; VIII. Akustikus (N. c. N. cochlearis; N. v. N. vestibularis); IX. Glossopharyngeus; X. Vagus (m. motorischer, s. sensibler Teil); XI. Akzessorius; XII. Hypoglossus; L. sp. erster Spinalnerv. Aus Broman (1911).

hierbei zu den Kleinhirnhemisphären (vgl. Abb. 232 A) aus, während aus
der mittleren Partie der Vermis cerebelli hervorgeht. Das relativ starke
Oberflächenwachstum fährt indessen gleichzeitig fort und führt zu der Entstehung immer zahlreicherer Rindenfurchen, die einander parallel, quer

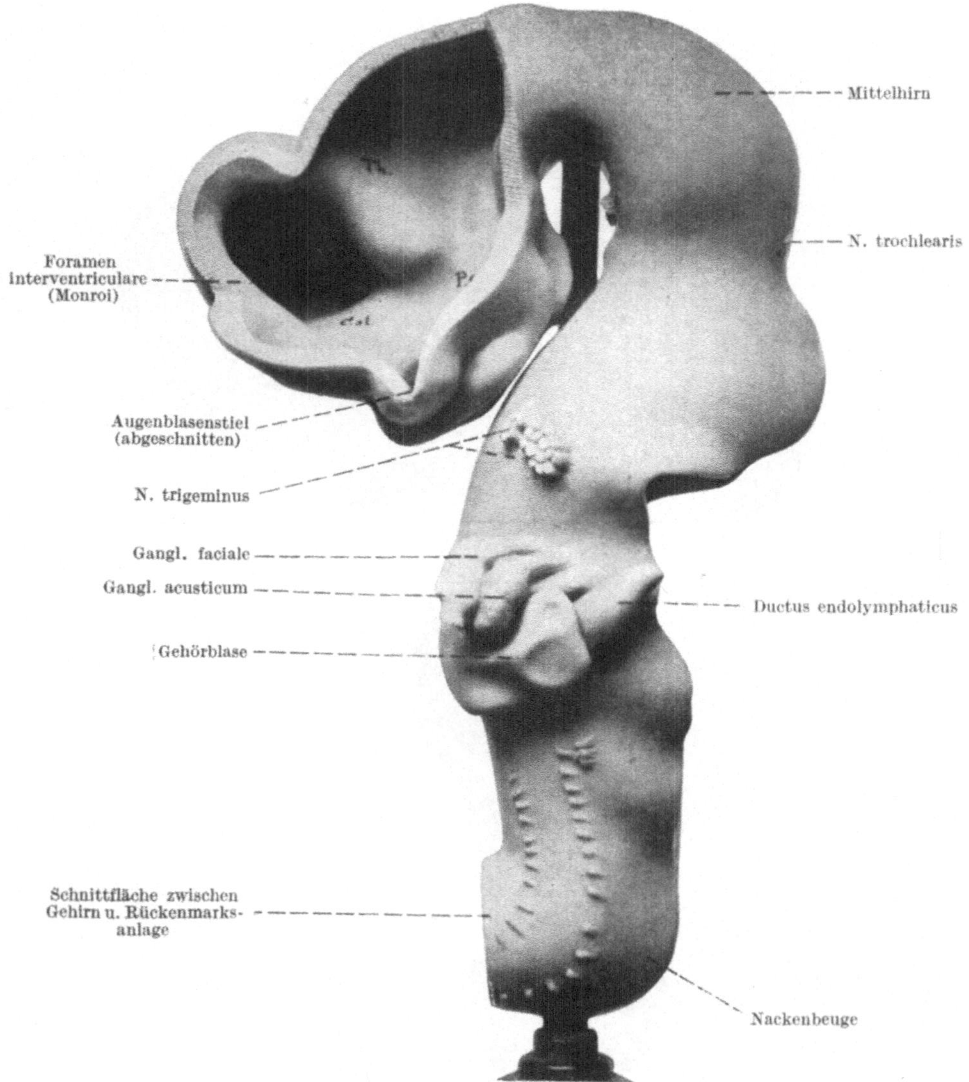

Abb. 233 b. Rekonstruktionsmodell des Gehirns eines 10,2 mm langen Embryos, linke
Seite mit Gehörbläschen und Ganglion acustico-faciale (die linke Wand des Prosenzephalons
ist entfernt). C. st. Corpus striatum; Th. Thalamusanlage. Aus Broman (1911).

verlaufen und dem Kleinhirn schon Ende des siebenten Embryonalmonats die
charakteristische definitive Form verleihen (Abb. 232 B).

Die aus dem Gebiet des Kleinhirns auswachsenden bzw. in dasselbe einwachsenden Achsenzylinderfortsätze lagern sich nicht wie im Rückenmark an
der Außenseite der grauen Substanz, sondern an der inneren — ventrikel-

wärts sehenden — Seite derselben. Auf diese Weise wird das Kleinhirn in die graue Rinde und den weißen Markkern gesondert. Nur kleinere Partien der grauen Substanz werden von der Rinde abgesprengt und in das innere des Markkerns verlagert. Sie bilden hier die grauen Kerne des Kleinhirns.

Pons.

Die ventrale Partie des ringförmigen Metenzephalons bildet sich — wie erwähnt — zur Brücke aus. Die graue Substanz wird hier in die Brückenkerne zersplittert, die allseitig von weißer Substanz umgeben werden. Von den

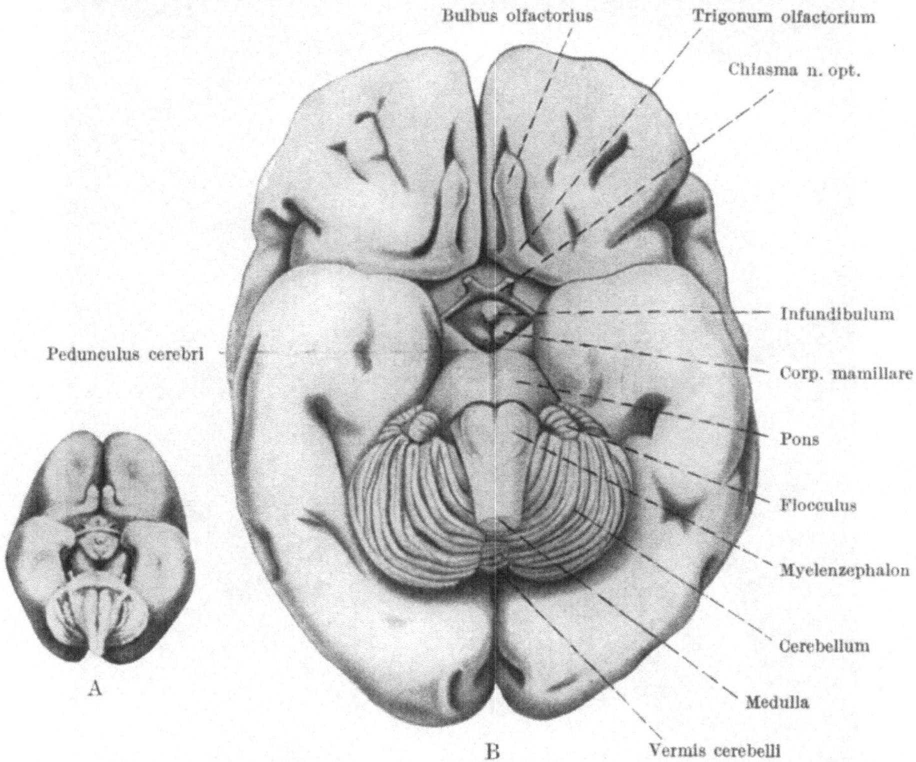

Abb. 234. Untere Fläche des Gehirns; A von einem 12,3 cm, B von einem 39 cm langen menschlichen Embryo. — Natürliche Größe. — Nach G. Retzius (1896) aus Broman (1911).

Neuroblasten dieser Kerne wachsen im dritten Embryonalmonat Achsenzylinderfortsätze aus, die vorne durch die entgegengesetzten Seitenteile des ringförmigen Metenzephalon zum Kleinhirn hinaufsteigen und lateralwärts die Crura cerebelli ad pontem bilden. Erst bei der Entstehung dieser querverlaufenden Brückenkleinhirnfasern wird die Brücke sowohl nach vorn-oben wie nach hinten-unten scharf abgegrenzt (Abb. 234).

Hinten werden die Seitenteile des ringförmigen Metenzephalon von zahlreichen Verbindungen der Medulla oblongata mit dem Kleinhirn durchwachsen. Aus denselben gehen — mit anderen Worten — hier die Crura cerebelli ad medullam oblongatam (Corpora restiformia) hervor.

Die Verbindungsarme des Kleinhirns mit dem Großhirn (die Crura cerebelli ad cerebrum oder Brachia conjunctiva) gehen dorsal aus der engen

Verbindungspartie (dem sog. Isthmus) zwischen Mesenzephalon und Metenzephalon hervor. Bei der oben erwähnten Verschiebung und Umformung des Kleinhirnwulstes wird nämlich die Dachpartie des Isthmus nach hinten ausgezogen und dem Dache des vierten Gehirnventrikels einverleibt; ihr mittlerer Teil verdünnt sich hierbei und stellt das Velum medullare anterius dar, während die Seitenteile dick bleiben und die Brachia conjunctiva bilden.

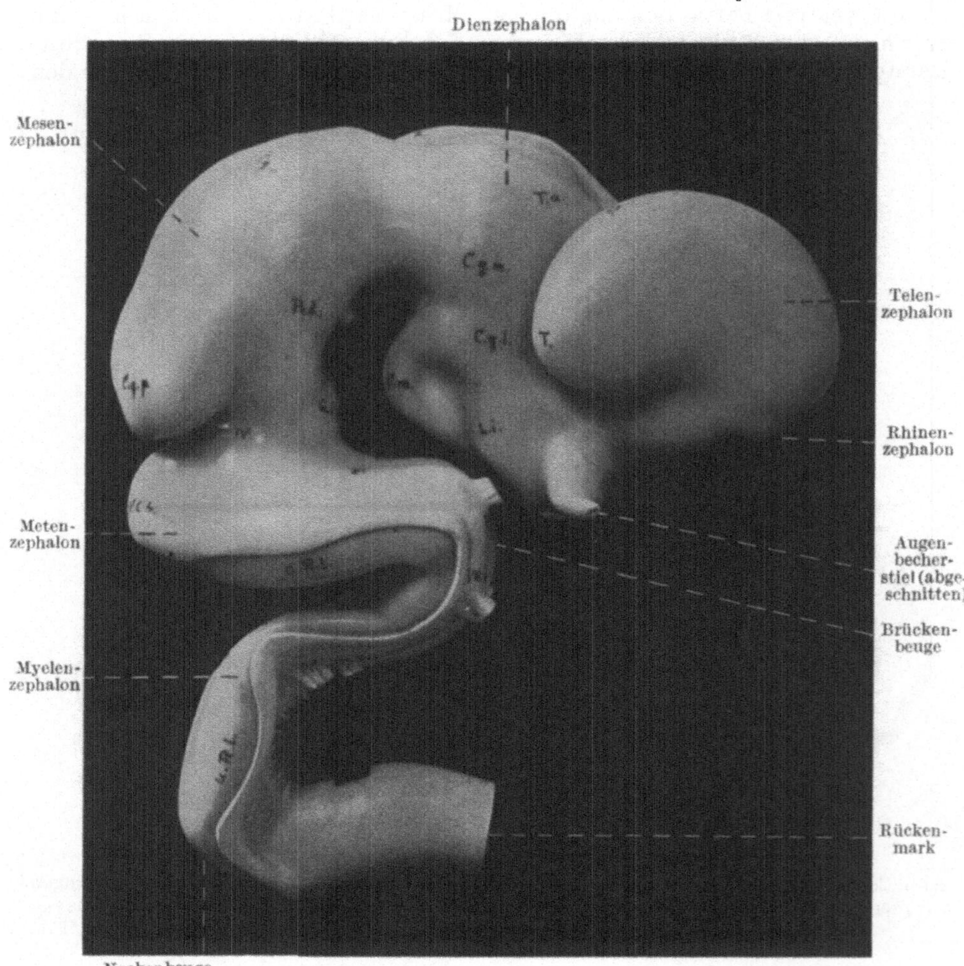

Abb. 235 a. Rekonstruktionsmodell der rechten Hälfte des Gehirns eines 13,6 cm langen Embryos, von rechts gesehen. — Vergrößerung: 15 mal. — Die dünne Dachplatte des 4. Ventrikels ist entfernt. Nach His und Ziegler. — C.m. Corpora mamillaria; C.g.m. Corpus geniculatum laterale; C.q.p. Corpus quadrigeminum post.; o.R.l. obere; u.R.l. untere „Rautenlippe"; Ped. Pedunculus cerebri; T. Temporallappen; T.a. Tuberculum anterius. — Aus Broman (1911).

Entstehung der Pedunculi cerebri und der Corpora quadrigemina aus dem Mesenzephalon.

Die Mittelhirnblase verändert sich relativ wenig. Im dritten Embryonalmonat besitzt sie noch eine ventrikelähnliche Höhlung (Abb. 236 b), die überall von etwa gleich dicken Wänden umgeben wird. Indem sich aber bald diese

Wände besonders nach innen verdicken, verwandelt sich der frühembryonale Ventriculus mesencephali in einen engen Kanal, den Aquaeductus mesencephali oder cerebri (Abb. 238).

In die ventralen Wandpartien wachsen oberflächlich mächtige Faserzüge ein, die das Großhirn mit den übrigen Partien des Zentralnervensystems in Verbindung setzen. Auf diese Weise entstehen hier die Crura (s. Pedunculi)

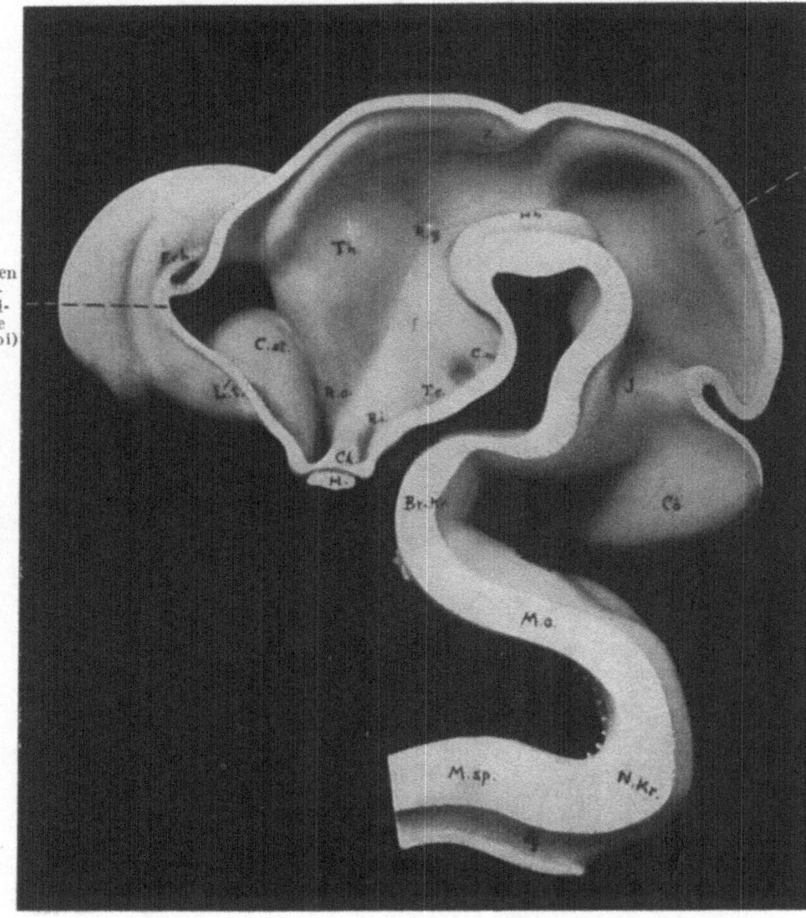

Abb. 235 b. Rekonstruktionsmodell der rechten Hälfte des Gehirns eines 13,6 cm langen Embryo, von links gesehen. — Vergrößerung: 15 mal. — Die dünne Dachplatte des 4. Ventrikels ist entfernt. — Nach His und Ziegler. — Br.Kr. Brückenkrümmung; Cb. Cerebellum; Ch. Chiasma n. opt.; C.st. Corpus striatum; F.ch. Fissura chorioidea; H. Hypophyse (Rathkesche Tasche); H.b. Tegmentum; J. Isthmus; Lt. Lamina terminalis; M.o. Medulla oblongata; M.sp. Medulla spinalis; R.i. Recessus infundibuli; R.g. Recessus geniculi; R.o. Recessus opticus; Th. Thalamus; T.c. Tuber cinereum; Z. Zirbel (Epiphyse). — Aus Broman (1911).

cerebri (Abb. 234 B). — Die dorsalen Wandpartien wachsen weniger stark, was zur Folge hat, daß der Aquaeductus eine mehr dorsale Lage bekommt.

Die dorsale Oberfläche des Mesenzephalon, die die Spitze der Scheitelbeuge bildet, ist ursprünglich gleichmäßig gewölbt. Im dritten Embryonalmonat wird sie aber durch eine seichte Medianfurche in zwei Hügel (Corpora bigemina)

geteilt, und im vierten Embryonalmonat werden diese durch das Auftreten einer
Querfurche in die sog. Vierhügel (Corpora quadrigemina) umgewandelt.

Die zellulare (graue) Substanz des Mittelhirns wird nur schwach entwickelt
und in mehrere Kerne zersplittert, die in dem Inneren der weißen Substanz
versteckt liegen. Aus der ventralen, motorischen Zone entstehen sowohl die

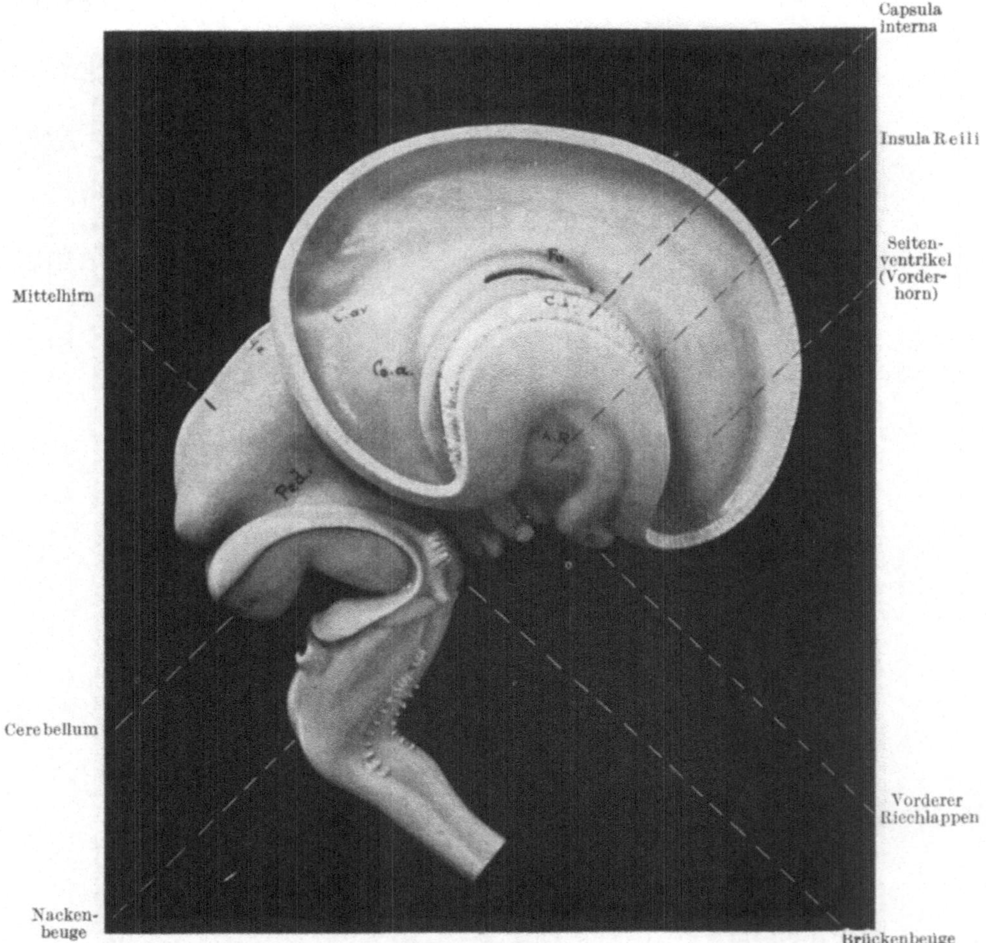

Abb. 236a. Rekonstruktionsmodell der rechten Hälfte des Gehirns eines 50 mm langen
Embryos, von außen. — Vergrößerung: 5 mal. Nach His und Ziegler. Die Außenwand
des Pallium und die dünne Dachplatte des 4. Ventrikels sind entfernt. — C.av. Calcar avis;
Co.a. Cornu ammonis; Fo. Fornix; Ped. Pedunculus corporis striati. — Aus Broman (1911).

Kerne der Gehirnnerven III und IV (Oculomotorius und Trochlearis), als
auch der wichtige Reflexkern Nucleus ruber. Aus der dorsalen, sensiblen
Zone entstehen die Kerne der Corpora quadrigemina, die als Umschaltungs-
stellen der Gesichts- und Gehörnervenbahnen dienen.

Entstehung des Großhirns aus dem Prosenzephalon.

Die Vorderhirnblase differenziert sich schon bei 6—7 mm langen Embryonen
in eine hintere Abteilung, das Zwischenhirn oder Dienzephalon, und eine

vordere, das **Endhirn, Telenzephalon** (vgl. Abb. 230). Die Grenze zwischen diesen Abteilungen ist anfangs an der Innenseite der Hirnrohrwand als eine Furche deutlich zu sehen. Später wird diese Grenze im allgemeinen wieder undeutlich. Daraus erklärt sich, daß wir Dien- und Telenzephalon zusammen als **Großhirn** bezeichnen. Wenn es aber gilt, die verwickelte Ent-

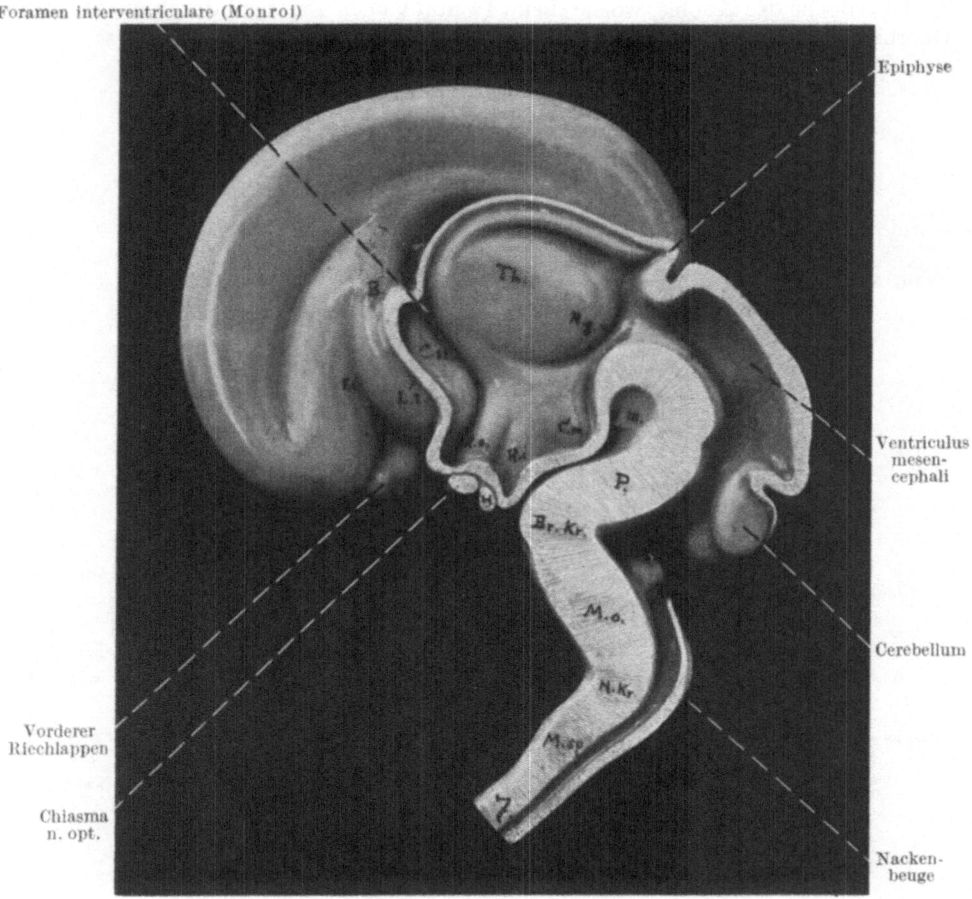

Abb. 236 b. Rekonstruktionsmodell der rechten Hälfte des Gehirns eines 50 mm langen Embryos, von innen gesehen. — Vergrößerung 5mal. — Nach His und Ziegler. — Die Außenwand des Pallium und die dünne Dachplatte des 4. Ventrikels sind entfernt. — B Ort, wo sich später der Balken (Corpus callosum) bildet; Br.Kr. Brückenkrümmung; C.m. Corpus mamillare; C.st. Corpus striatum; h.R. hinterer Riechlappen; H. Hypophyse; L.t. Lamina terminalis; M.o. Medulla oblongata; M.sp. Medulla spinalis; P. Pons; Rg. Recessus geniculi; R.i. Recessus infundibuli; R.o. Recessus opticus; Th. Thalamus. — Aus Broman (1911).

wicklung des Großhirns zu verfolgen, um über den Bau desselben klar zu werden, ist es von Vorteil, die Entwicklung dieser Abteilungen jede für sich zu studieren.

Entstehung der Thalami, der Epiphyse, der Corpora geniculata und der Corpora mamillaria aus dem Dienzephalon.

Der Querschnitt des Dienzephalon hat anfangs mit demjenigen der Rückenmarksanlage große Ähnlichkeit. Die **Deckplatte** bleibt dünn, entwickelt keine Nervenzellen und bildet sich mit dem sie bekleidenden, gefäßreichen Mesenchym zu dem Plexus chorioideus des dritten Gehirnventrikels aus. Die hinterste Partie der Deckplatte beteiligt sich indessen nicht an dieser Plexusbildung. Sie beginnt bei etwa 8 mm langen Embryonen sich auszustülpen. Die Ausstülpung verlängert sich zuerst nach vorne und erreicht vorübergehend die Oberfläche des Kopfes, wo sie (beim 14 mm langen Embryo) durch die dünne Oberhaut hindurchschimmert (vgl. Abb. 57 B, S. 68).

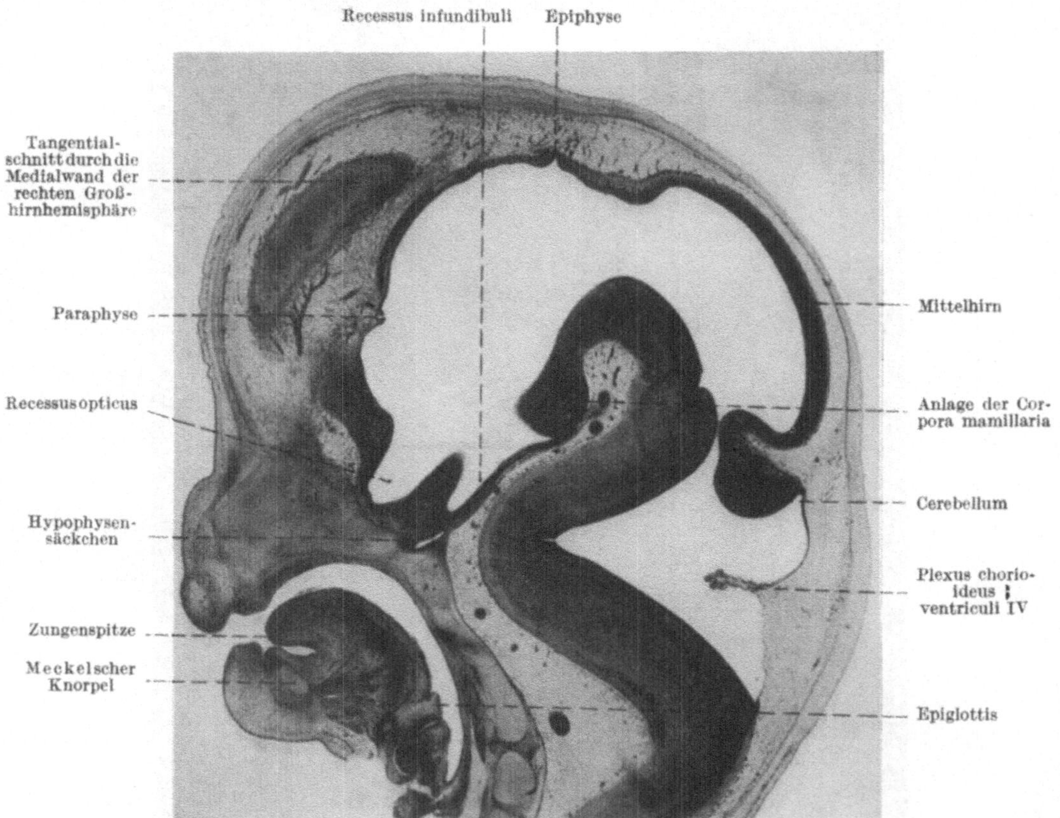

Abb. 237. Medianschnitt durch den Kopf eines 22,5 mm langen menschlichen Embryos. — Vergrößerung: 10 mal.

Das freie Ende dieser Bildung, das wohl als ein rudimentäres, unpaares Auge[1] zu betrachten ist, atrophiert indessen bald. Die Basalpartie bleibt dagegen bestehen; sie verlängert sich nach hinten und bildet sich zu einer kleinen endokrinen Drüse (Krabbe, 1916, v. Meduna, 1925, u. a.), die Epiphyse oder das Corpus pineale, um.

Die Bodenplatte des Dienzephalon verdickt sich mäßig und bildet zunächst eine einfache ventrale Erhebung an der Ventralseite des Hirnrohres. Nachdem diese Erhebung (im dritten Embryonalmonat) durch eine Medianfurche in zwei rundliche Prominenzen geteilt worden ist, erkennen wir in derselben die Anlage der Corpora mamillaria (vgl. Abb. 234 u. 237).

---

[1] Bei niederen Wirbeltieren kommt in dieser Gegend ein solches Auge zur Entwicklung.

Die Seitenwände des Dienzephalon sind von Anfang an recht dick und verdicken sich in der Folge noch mehr. Auf diese Weise bilden sich ihre Hauptpartien in die Thalami um. Aus ihren hintersten Partien gehen außerdem die Corpora geniculata hervor.

Die Achsenzylinderfortsätze, welche von den Neuroblasten des Dienzephalon ausgehen bzw. mit demselben in Verbindung treten, verlaufen im allgemeinen nur zum kleinsten Teil im Gebiete des Dienzephalon selbst. Diese Gehirnpartie wird daher auch in der Folge überwiegend aus grauer Substanz gebildet.

Entstehung der Großhirnhemisphären und der Pars optica hypothalami aus dem Telenzephalon.

Das Telenzephalon stellt zuerst nur den vorderen, unteren Teil des blind endigenden Hirnrohrs dar. Es differenziert sich aber schon früh in:

a) einen medialen, unpaaren Teil, die Anlage der Pars optica hypothalami, und

b) zwei paarige Seitenteile, die sich von dem ersterwähnten partiell abschnüren und zu den Großhirnhemisphären ausbilden (vgl. Abb. 230, S. 290).

Die Höhlungen dieser Seitenteile bilden sich gleichzeitig zu den beiden Seitenventrikel (Gehirnventrikel I und II) des Großhirns aus, während die Höhlung des Medialteils die Anlage der vorderen unteren Partie des dritten Gehirnventrikels darstellt. Vorne, wo die oben erwähnte Abschnürung haltmacht, bleiben die Seitenventrikel durch enge Kommunikationsöffnungen (die sog. Foramina interventricularia Monroi) mit dem dritten Ventrikel in Verbindung (Abb. 236 b).

a) Pars optica hypothalami.

Die hintere obere Grenze dieser Gehirnpartie geht jederseits vom Foramen interventriculare zu der Vorderseite der Corpora mamillaria. — Die Pars optica hypothalami nimmt also wenig an der Bildung der Seitenwände des dritten Ventrikels teil, während sie die Hauptpartie des Bodens und die ganze Vorderwand dieses Ventrikels bildet. — Die letztgenannte Wand bleibt dünn und stellt im entwickelten Gehirn die sog. Lamina terminalis dar.

Aus den Seitenwänden der Pars optica hypothalami sind, schon ehe sich das Hirnrohr geschlossen hat, die Augenblasen herausgewachsen (vgl. Abb. 50, S. 61). Die Höhlungen der Augenblasen kommunizieren anfangs mit dem dritten Gehirnventrikel; an dessen Boden bleibt bei der folgenden Obliteration der Höhlungen der Augenblasenstiele eine transversale Furche bestehen und stellt den sog. Recessus opticus dar. In der Hinterwand dieses Rezesses findet die partielle Kreuzung der Sehbahnen statt, die makroskopisch als Chiasma nervorum opticorum erkennbar ist (vgl. Abb. 237 u. 238).

Die hinter dem Recessus opticus gelegene Partie der Pars optica hypothalami wird schon in der fünften Embryonalwoche nach unten ausgebuchtet und in der Mitte trichterförmig ausgezogen. Die ganze Ausbuchtung bleibt an der Oberfläche grau und wird daher Tuber cinereum genannt. Der Trichter (Infundibulum, Abb. 234 B) setzt sich nach unten in einen blind endigenden Fortsatz fort, der den Hinterlappen der Hypophyse bildet.

Hypophyse. Die Hypophyse stellt eine den Stoffumsatz und das Wachstum des Körpers regulierende, wichtige endokrine Drüse dar, an welcher wir drei Lappen unterscheiden. Unter diesen stammt, wie erwähnt, der hintere von dem Telenzephalon, während Vorder- und Mittellappen aus dem

Epithel der Mundbucht (also aus dem Ektoderm) hervorgehen. — In der Tiefe der Mundbucht, und zwar unmittelbar nach vorne von dem primitiven Gaumensegel, bildet sich nämlich (schon bei 3 mm langen Embryonen) die gemeinsame Anlage dieser beiden Lappen in Form einer Tasche (der sog. Rathkeschen Tasche) aus (vgl. Abb. 50, S. 61). Die untere Wandpartie dieser Hypophysentasche wird allmählich zu einem langen, dünnen Hypophysengang ausgezogen, während die obere breit bleibt und das sog. Hypophysensäckchen bildet. — Der Hypophysengang verliert bald sein Lumen und geht zuletzt vollständig zugrunde. Das Hypophysensäckchen (Abb. 237) stellt jetzt eine von vorn nach hinten abgeplattete Blase dar, deren Vorderwand den Lobus anterior und deren Hinterwand den Lobus medius der Drüse

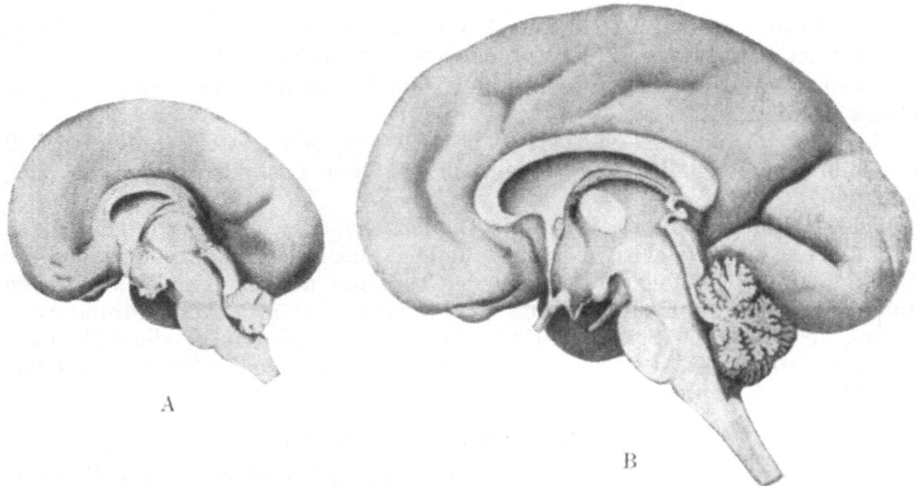

Abb. 238. Mediale Fläche der rechten Hirnhälfte. A von einem 25 cm, B von einem 37 cm langen menschlichen Embryo. — Natürliche Größe. — Nach G. Retzius (1896) aus Broman (1911).

bilden. Der Letztgenannte wird im zweiten Embryonalmonat mit dem Lobus posterior intim verbunden. Die ursprüngliche Höhlung des Hypophysensäckchens geht bei der drüsigen Umwandlung seiner Wände mehr oder weniger vollständig verloren.

b) Großhirnhemisphären.

Die paarigen Seitenteile des Telenzephalon stellen zunächst einfache, ovale Blasen dar, die unter Vermittlung je eines hohlen Stieles mit dem Medialteil verbunden sind. — Jede Hemisphärenblase vergrößert sich nun zuerst gerade nach vorn bzw. nach hinten von dem Foramen interventriculare. Die hierbei entstandene vordere Verlängerung der Höhlung stellt die Anlage des Vorderhornes des Seitenventrikels dar. Die hinter dem Foramen interventriculare gelegene Verlängerung der Höhlung ist zunächst nur als Anlage der Cella media anzusprechen.

Durch Verdickung der lateralen, unteren Wand jeder Hemisphärenblase entsteht in der sechsten Embryonalwoche die Anlage des Corpus striatum. Wenn sich nun in der Folge die übrigen Wandpartien (durch vermehrte Flüssigkeitsbildung innerhalb der Höhlung) immer mehr ausdehnen müssen und gleichzeitig stark wachsen, erfährt die das Corpus striatum einschließende Wand-

partie immer mehr eine relative Versenkung in die Tiefe. Sie stellt die Anlage
des Stammlappens dar, dessen Außenseite unter dem Namen Insula cerebri
bekannt ist. — Die ausgedehnten Wandpartien stellen das Pallium oder den
Mantelteil dar.

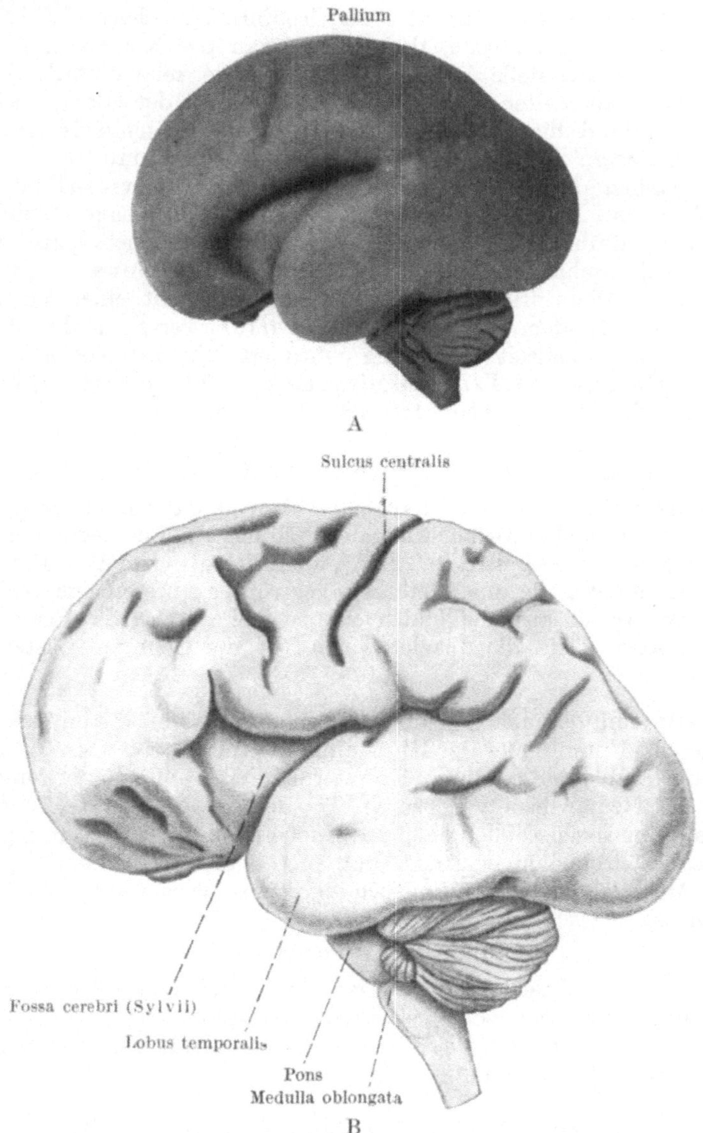

Abb. 239. Linke Oberfläche des Gehirns. A von einem 25 cm, B von einem 39 cm langen
menschlichen Embryo. Natürliche Größe. — Nach G. Retzius (1896) aus Broman (1911).

Mit der obenerwähnten Ausdehnung des Mantelteils verbindet sich — wie
angedeutet — ein selbständiges Wachstum desselben. Die hierbei stattfindende
Vergrößerung ist aber nicht überall gleichmäßig stark. Der ursprünglich hintere
Pol der Hemipshärenblase wird hierbei (um den Stammlappen herum als Zentrum)
zuerst nach unten und dann nach vorn umgebogen. In ihm erkennen wir jetzt

(Ende des dritten Embryonalmonats) den Polus temporalis des entwickelten Gehirns. Die bei dieser Umbiegung entstandene Mantelpartie stellt die Anlage des Temporallappens dar. Ihre Höhlung ist das Unterhorn des Seitenventrikels.

Der definitive Polus occipitalis der Großhirnhemisphäre wird erst später erkenntlich, und zwar dadurch, daß sich die an der Konvexität der obenerwähnten Umbiegungsstelle liegenden Mantelwände relativ stark vergrößern und nach hinten ausbreiten. Auf diese Weise entsteht der Okzipitallappen und Hand in Hand hiermit das Hinterhorn des Seitenventrikels. — Die zuerst entstandenen, das Vorderhorn bzw. die Zella media umgebenden Mantelteile stellen die Anlagen der Frontal- bzw. Parietallappen dar.

Riechlappen. An der Unterseite der Frontallappenanlage entsteht schon in der sechsten Embryonalwoche eine Ausbuchtung, die sich später von dem Pallium partiell abschnürt und die Anlage des Riechlappens, Lobus olfactorius, bildet. Diese Riechlappenanlage ist zuerst mit einer Verlängerung des Seitenventrikels (dem Recessus olfactorius) versehen, die aber schon während der Embryonalzeit vollständig obliteriert. Sie differenziert sich schon frühzeitig in Bulbus und Tractus olfactorius, Trigonum olfactorium und Gyrus olfactorius lateralis (vgl. Abb. 234).

Fossa cerebri (Fissura cerebri lateralis).

Die immer tiefere Lage der Insula cerebri hängt, wie erwähnt, von der immer stärkeren lateralen Ausbuchtung des Palliums ab. Bei dieser Ausbuchtung entsteht die Fossa cerebri (Abb. 239). Indem sich aber die diese Grube direkt begrenzenden Mantelteile noch stärker vergrößern, breiten sie sich zuletzt über die ganze Insula aus und bilden eine schiefe Furche, die Fissura cerebri lateralis, in deren Tiefe die Insula (schon vor der Geburt) vollständig versteckt liegt.

Die medialen Wandpartien der Hemisphärenblasen können sich nicht so frei ausbreiten. Unten bildet der Hirnstamm hierfür ein Hindernis; oben stoßen die Hemisphärenblasen bei ihrer Erweiterung bald aufeinander und platten sich so in der Medianebene gegenseitig ab. Bei der fortgesetzten Erweiterung werden sie an gewissen Stellen so stark gegeneinander oder gegen angrenzende Partien des Dienzephalon gedrückt, daß hier sekundäre Verwachsungen entstehen. — An anderen Stellen falten sich die Hemisphärenwände (vgl. Abb. 238) und bilden sog.

Fissuren oder Totalfurchen,

d. h. Furchen, die tief genug sind, um an der Ventrikelseite der Hemisphärenblasenwände Prominenzen oder Leisten hervorzurufen.

Über diese Furchen und die von ihnen hervorgerufenen Prominenzen gibt die Tabelle (S. 305) Aufschluß.

Plexus chorioideus des Seitenventrikels.

Die Fissura chorioidea entsteht unter allen Fissuren zu allererst, weil die Hemisphärenblasenwand sich an der betreffenden Stelle stark verdünnt und keine Nervenzellen ausbildet. Die Furche wird von gefäßreichem Mesenchym (der Piaanlage) ausgefüllt, welches sich mit der Epithelwand zusammen immer tiefer in den Seitenventrikel einstülpt und den Plexus chorioideus desselben bildet (vgl. Abb. 240).

Die Plexus chorioidei der beiden Seitenventrikel sind größer als diejenigen der anderen Gehirnventrikel und produzieren die Hauptmasse der

Fissur-Name	Fissur-Lage	Ventrikel-Prominenz	Lage derselben im Seitenventrikel	Entstehungszeit
Fissura chorioidea	Innere Sichellappengrenze	Plexus chorioideus ventriculi lateralis	Unterhorn und Cella media	2. Embryonalmonat
Fissura hippocampi	Am Sichellappen	Hippocampus	Unterhorn (und Cella media) [1]	3. Embryonalmonat
Fissura parieto-occipitalis	Zwischen Lobus occipitalis und Lobus parietalis	(Eminentia parieto-occipitalis) [1]	(Hinterhorn) [1]	5. Embryonalmonat
Fissura calcarina	Am Lobus occipitalis	Calcar avis	Hinterhorn	6. Embryonalmonat
Fissura collateralis-rhinica	Zwischen Lobus temporalis, Lobus fornicatus und Lobus occipitalis	Eminentia collateralis	Unterhorn	6. Embryonalmonat

Zerebrospinalflüssigkeit. Sie spielen wahrscheinlich eine große mechanische Rolle bei der obenerwähnten Ausdehnung der Hemisphärenblasen. In späteren Entwicklungsstadien, wenn das Dach des vierten Gehirnventrikels an drei Stellen dehiszent geworden ist, fließt die Zerebrospinalflüssigkeit in stetigem Strom durch die Foramina interventricularia, den dritten Ventrikel und den Aquaeductus mesencephali in den vierten Ventrikel hinein, um von hier an die Außenseite des Gehirnrohrs zu gelangen.

Wenn dieser normale Abfluß der Zerebrospinalflüssigkeit an irgendwelcher Stelle (z. B. durch abnorme Enge oder Obliteration des Aquaeductus mesencephali) verhindert wird, vergrößern sich die betreffenden Gehirnventrikel, und zwar nicht selten auf Kosten der Gehirnsubstanz, so daß diese letztgenannte — obwohl der ganze Kopf unnatürlich groß wird — abnorm klein bleibt, und zu einer mehr oder weniger stark ausgesprochenen Idiotie führt.

Entstehung und Schicksal des embryonalen Gyrus dentatus. Entwicklung der Großhirnkommissuren und des Fornix.

Die jederseits zwischen der Fissura chorioidea und der Fissura hippocampi gelegene Gehirnwindung wird Gyrus dentatus genannt. Diese Hirnwindung und die sie begrenzenden beiden Fissuren werden bei den oben beschriebenen Lageveränderungen des ursprünglich hinteren Palliumpoles (Polus temporalis) um den Stammlappen herum halbringförmig ausgezogen (vgl. Abb. 240).

Die zuletzt gebildeten unteren Partien der beiden Gyri dentati gehen lateralwärts auseinander, während die oberen (oberhalb des Thalamus gelegenen) Partien gegeneinander (in der Medianebene) stark gedrückt werden. Im 4.—6. Embryonalmonat verwachsen daher die nach oben und vorn von den Thalami gelegenen Partien der beiden Gyri dentati mehr oder weniger vollständig miteinander (vgl. Abb. 238 u. 240). Die betreffende Verwachsung beginnt nach vorn von den Foramina interventricularia, und zwar in unmittelbarem Anschluß an der Lamina terminalis. — In dieser Gegend bleiben indessen nur die peripheren Partien der beiden Gyri miteinander dauernd in Verbindung.

---

[1] Verschwindet in späteren Entwicklungsstadien.

Zentralwärts bildet sich zwischen denselben eine allseitig geschlossene, spaltförmige Höhle, der Ventriculus septi pellucidi. Die diese Höhle einschließenden Partien der beiden Gyri dentati werden recht stark verdünnt
und stellen beide zusammengenommen ein durchsichtiges Septum (das Septum
pellucidum) zwischen den Vorderhörnern der beiden Seitenventrikel dar. —
Nach hinten vom Septum pellucidum wird und bleibt die Verwachsung dagegen
total. Sie setzt sich hier bis oberhalb der Epiphyse fort.

Die in dieser Weise entstandene Verwachsungsfläche der beiden Gyri dentati
wird in ihrem vorderen oberen Teil von transversalen und in ihrem unteren

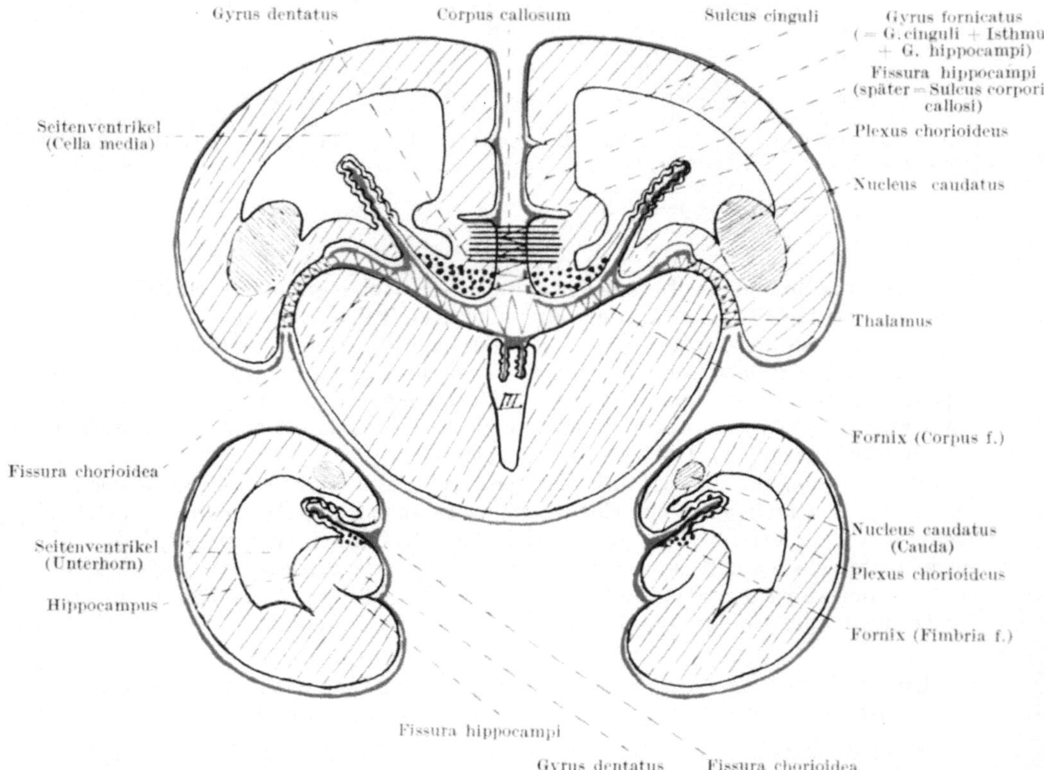

Abb. 240. Schematischer Frontalabschnitt des Vorderhirns, die Veränderungen des embryo-
nalen Gyrus dentatus usw. zeigend. III. Dritter Ventrikel. Die Pia mater ist rot.
Die Stellen der sekundären Verwachsungen sind durch Zickzacklinien angedeutet.
Nach Broman (1911).

Teil von longitudinalen Nervenfasern durchwachsen. Die transversalen Fasern
sind Kommissurenfasern, welche die Rindennervenzellen der einen Großhirnhemisphäre mit denjenigen der anderen in Verbindung setzen. Zusammen
bilden sie die Commissura cerebri magna oder den sog. Corpus callosum.

Phylogenetisch ältere, aber viel kleinere Großhirnkommissuren bilden sich
sowohl im oberen Teil der Lamina terminalis (die Commissura anterior)
wie in der Epiphysengegend (die Commissura posterior bzw. die Commissura habenulae) aus.

Die longitudinalen Nervenfasern der Gyri dentati stellen die Anlage des sog.
Fornix dar. Diese Fasern sind nicht (wie die Fasern des Corpus callosum)

von der sekundären Verwachsung der Gyri dentati abhängig. Sie setzen sich daher auch in die hintere nach unten und vorn umgebogene, freie Partie jedes Gyrus dentatus fort, die Crura und Fimbriae fornicis bildend (vgl. Abb. 240). — Auch die vordersten Partien des Fornix bleiben paarig; sie bilden die Columnae fornicis.

Bei der oben beschriebenen Verwachsung und Umwandlung verlieren die oberen vorderen Partien der beiden Gyri dentati vollständig das Aussehen von Hirnwindungen. — Die untere, umgebogene und freie Partie jedes Gyrus dentatus behält dagegen einigermaßen das typische Aussehen einer Gehirnwindung bei. Durch eine longitudinelle Furche wird sie in zwei dünne Gyri geteilt, von welchen der eine die Fimbria fornicis und der andere die sog. Fascia dentata bildet. Der Letztgenannte erhält etwa Mitte des Embryonallebens ein eingekerbtes Aussehen, was zu dem Namen „dentatus" Anlaß gegeben hat, obwohl der Gyrus dentatus im übrigen gar nicht eingekerbt ist.

Die Verwachsung der beiden Hemisphärenblasen mit dem Dienzephalon findet an den oberen und lateralen Seiten der Letztgenannten statt, und zwar derart, daß das Corpus striatum und die untere Hemisphärenblasenwand mit dem Thalamus intim verbunden werden. Die Letztgenannte stellt die sog. Lamina affixa dar.

Graue und weiße Substanz.

Die Achsenzylinderfortsätze, welche von den Hemisphärenzellen auswachsen, lagern sich denselben (gleich wie im Kleinhirn) gewöhnlich so an, daß die zellulare graue Substanz die Rinde, die aus Nervenfasern gebildete weiße Substanz dagegen das Mark bildet. Hand in Hand mit der Ausbildung des weißen Markes werden die Seitenventrikel relativ kleiner und nehmen ihre definitive Form an.

An einigen Stellen werden indessen graue Massen durch weiße Substanz von der Rinde größtenteils abgesprengt und in das weiße Mark hinein verschoben. Auf diese Weise entstehen die grauen Kerne: der Nucleus caudatus, der Nucleus lentiformis, das Claustrum und der Nucleus amygdalae der Hemisphären. Unter diesen Kernen befinden sich das Claustrum und der Nucleus lentiformis lateral im Stammlappen und bleiben daher von der Formveränderung des Mantelteils unbeeinflußt. — Der Nucleus amygdalae wird dagegen bei dieser Formveränderung zu dem definitiven Polus temporalis verschoben, und der Hinterteil des Nucleus caudatus wird in die Cauda nuclei caudati ausgezogen, die in der Nähe der Crura und Fibriae fornicis verläuft. Nur die vorderste Partie (der „Kopf") des Nucleus caudatus bleibt durch graue Substanzstreifen mit dem Nucleus lentiformis in Verbindung, Substanzstreifen, die zu dem für Nucleus caudatus und Nucleus lentiformis gemeinsamen Namen Corpus striatum Anlaß gegeben haben.

Rindenfurchen (Sulci). Nachdem die Wände der Hemisphärenblasen durch die Bildung der weißen Marksubstanz beträchtlich an Dicke zugenommen haben, hält zuerst das Wachstum der Rindensubstanz mit demjenigen der Marksubstanz gleichen Schritt. Mitte der Embryonalzeit beginnt aber die graue Rindensubstanz sich rascher als die Marksubstanz zu vermehren. Hierbei entstehen — nach Schaffer (1923) — durch aktive Einbiegung der Rinde in das Mark seichte Furchen, Sulci, welche oberflächliche Falten, sog. Gyri oder Windungen, abgrenzen. Die zuerst auftretenden Rindenfurchen sind (an der Außenseite jeder Hemisphäre) der Sulcus centralis, der den Stirnlappen vom Scheitellappen abgrenzt (Abb. 241), und (an der Innenseite jeder Hemisphäre) der Sulcus cinguli, der den Sichellappen von den Stirn- und Scheitellappen

trennt. In den nächstfolgenden (7.—9.) Embryonalmonaten treten neue Rindenfurchen auf, welche die Großhirnlappen in Hauptwindungen oder Lobuli

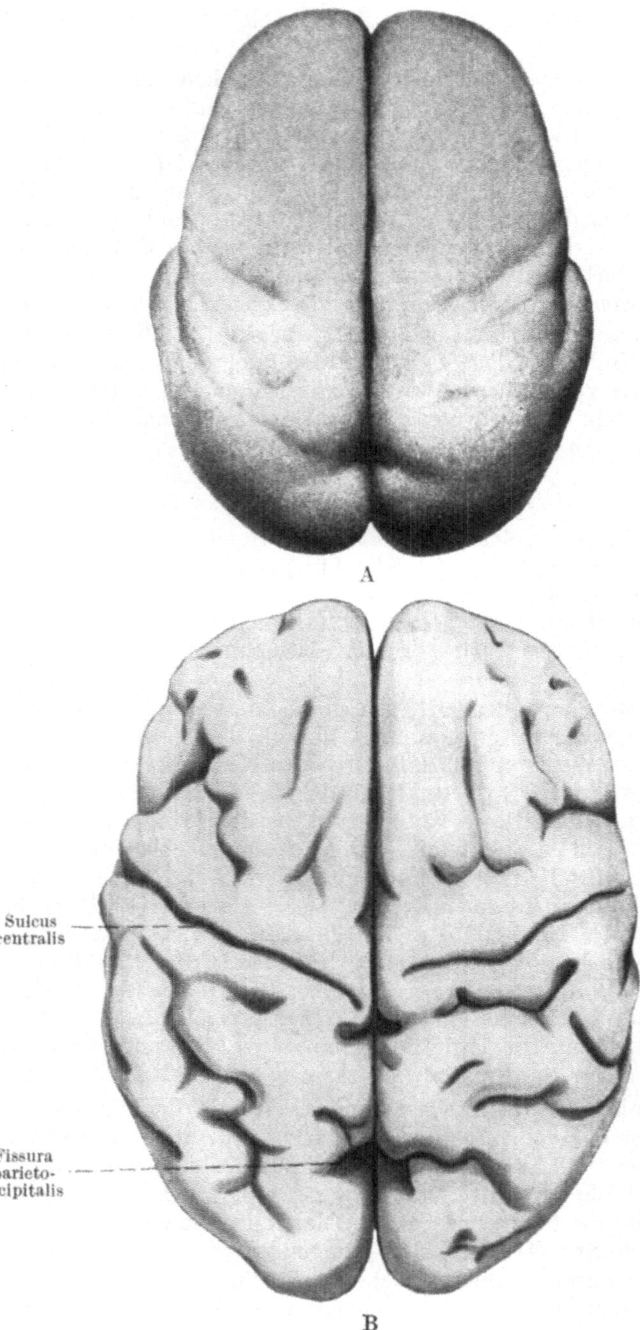

Abb. 241. Obere Fläche der Gehirnanlage; A von einem 30 cm langen, B von einem 39 cm
langen menschlichen Embryo. — Natürliche Größe. — Nach G. Retzius
aus Broman (1911).

gesetzmäßig aufteilen. Zu diesen Haupt- oder Primärfurchen, die für alle normale Gehirne gemeinsam sind, kommen (im neunten und zehnten Embryonalmonat und in den ersten Kinderjahren) zahlreiche Sekundär- und Tertiärfurchen hinzu, die das Aussehen der Großhirnoberfläche verschiedener Individuen sehr verschiedenartig komplizieren können. Auch diese letzten Rindenfurchen treten aber nicht gesetzlos auf. Denn die Gehirne verwandter Individuen zeigen betreffs derselben größere Ähnlichkeit als diejenigen von nichtverwandten.

Myelinisation der weißen Rückenmark- und Gehirnsubstanz.

Oben wurde der Ausdruck „weiße Substanz" in der Bedeutung: „von Nervenfasern gebildeter Gehirnsubstanz" verwendet. Besonders hervorzuheben ist jedoch, daß diese Substanz erst dann wirklich weiß wird, wenn die Nervenfasern Myelinscheiden erhalten.

Die Myelinscheide stellt eine Lezithinschicht dar, die von dem Achsenzylinderfortsatz selbst ausgeschieden wird und diesen von angrenzenden Neuriten isoliert. Diese Myelinbildung wird durch die Benützung des betreffenden Fortsatzes, d. h. durch die denselben hindurchziehenden Reize stark beeinflußt (Ambronn und Held, 1895). Erst wenn die Achsenzylinderfortsätze für die wiederholte Reizleitung in Anspruch genommen worden sind, scheiden sie daher die Myelinscheiden aus. Daraus erklärt sich die Tatsache, daß die Myelinisation des Zentralnervensystems nicht überall gleichzeitig, sondern systemweise und allmählich stattfindet.

Zuerst (etwa Mitte der Embryonalzeit) beginnen Myelinscheiden in den Hintersträngen des Rückenmarks aufzutreten. Die langen, vom Gehirn kommenden, motorischen Bahnen (die Pyramidenbahnen) bekommen dagegen erst spät (im neunten Embryonalmonat) Myelinscheiden. Zur normalen Geburtszeit sind nach Flechsig (1920) die Rückenmarkstränge alle markhaltig. Dagegen fehlen zu dieser Zeit noch die Myelinscheiden der meisten Gehirnfasern. Erst gegen Ende des vierten Lebensmonats findet man alle unterscheidbaren Faserzüge in ihren Stammfasern markhaltig (Flechsig).

Die Gehirnfasern fangen erst am Ende des siebenten Embryonalmonats an, myelinisiert zu werden. Zunächst werden die Riechbahnen und die mit den Zentralwindungen in Verbindung stehenden Bahnen markhaltig. Die motorischen Gehirnfasern werden regelmäßig erst nach den sensiblen mit Myelinscheiden versehen (Flechsig, 1920).

Das Gewicht des Gehirns

beträgt zur Zeit der Geburt etwa $^1/_3$ kg
beim 9 Monate alten Kinde „ $^2/_3$ kg
beim $2^1/_2$ Jahre alten Kinde „ $^3/_3$ kg und
beim Erwachsenen „ $^4/_3$ kg.

Entwicklung des peripheren Nervensystems.

Die peripheren motorischen Nerven stellen — wenn wir zunächst von dem „autonomen Nervensystem" absehen — alle Achsenzylinderfortsätze dar, die entweder von den Vorderhornzellen des Rückenmarks oder von den Nervenkernen des Gehirns direkt zu den Muskeln ausgewachsen sind. Schon im zweiten Embryonalmonat, wenn die Entfernungen noch relativ sehr klein sind, erreichen diese Achsenzylinderfortsätze — durch einen besonderen Reiz angelockt (Myotropismus nach Roux, 1899) — die dazu gehörigen Muskelanlagen. Wenn diese später in verschiedene Muskelindividuen aufgeteilt und mehr oder weniger weit verschoben werden, werden die dazu gehörigen Nervenstämme entsprechend verzweigt bzw. in die Länge ausgezogen. Muskeln, die von einem und demselben Nerven innerviert werden, sind also — wie erwähnt — im allgemeinen verwandt, d. h. sie stammen alle aus einer einzigen Anlage, und lang ausgezogene Muskelnerven bezeichnen im allgemeinen den Weg, auf den der Muskel verschoben worden ist.

Die peripheren sensiblen Nerven stellen Ausläufer von den Spinalganglienzellen bzw. von den Hirnganglienzellen dar. Diese Ganglienzellen unterscheiden sich von gewöhnlichen Neuronen dadurch, daß sie zwei lange Fortsätze ausbilden, von welchen jedoch nur der eine ein wahrer Achsenzylinderfortsatz ist. Der andere muß als Dendrit betrachtet werden, denn er leitet zellulipetal (Ariëns Kappers, 1920).

Dieser Hauptdendrit (Broman, 1925) unterscheidet sich indessen von den anderen Dendriten nicht nur durch seine beträchtliche Länge, sondern auch dadurch, daß er die Fähigkeit besitzt, sich von einer Myelinscheide zu umgeben. Derselbe sieht also ganz wie ein Achsenzylinderfortsatz aus und wurde daher auch bis vor kurzer Zeit allgemein als zweiter Achsenzylinderfortsatz bezeichnet. — Solche mit zwei Achsenzylinderfortsätzen versehene Nervenzellen wurden dann bipolar genannt zum Unterschied von den gewöhnlichen Nervenzellen mit nur je einem.

Es hat sich aber, wie schon oben (S. 285) angedeutet wurde, gezeigt, daß jede höher organisierte Nervenzelle insofern bipolar ist, daß sie am Neuritenpol Nervenreize nur absenden kann, während die übrige Partie der Zelle (mit den Dendriten) die Annahmestelle für ankommende Reize darstellt. Die Aufteilung dieser Nervenzellen in uni- und bipolare kann daher nicht mehr aufrecht erhalten werden.

Beim Auswachsen der peripheren Nerven werden einzelne Stützzellen von den Nervenzellenfortsätzen sozusagen mitgeschleppt. Aus diesen Stützzellen gehen dann die Schwannschen Nervenscheidenzellen hervor, die das sog. Neurilemma jedes Nervenfasers bilden. Das Neurilemma stellt eine durchsichtig dünne Nervenfaserscheide dar, die wahrscheinlich eine isolierende Funktion hat.

In späteren Entwicklungsstadien wird diese Isolierung der einzelnen Fasern eines Nerven gewöhnlich noch dadurch erhöht, daß innerhalb der Schwannschen Scheide eine dickere, weiße Myelinscheide ausgeschieden wird. Die bisher grauen Nerven werden hierbei weißschimmernd. — Gewisse der peripheren Nerven (z. B. Riechnerven und die meisten Nerven des autonomen Nervensystems) erreichen jedoch nie dieses Entwicklungsstadium, sondern bleiben zeitlebens grau.

Entwicklung der Rumpfnerven.

Die motorischen Nervenwurzeln.

Bei 4—5 mm langen Embryonen wachsen von den motorischen Medullarrohrzellen Achsenzylinderfortsätze aus, welche das Medullarrohr verlassen und sich ventrolateralwärts in dem Mesenchymgewebe verlängern (Abb. 242 u. 244). Diese Nervenfasern treten ursprünglich in einer kontinuierlichen Reihe aus dem Medullarrohr heraus, sammeln sich aber lateralwärts in getrennte Bündelchen, deren Fasern gegen je ein Myotom konvergieren (Abb. 226 A, S. 282). — Die Bündelchen, deren Zahl also derjenigen der Körpersegmente entsprechen, bilden die ventralen (motorischen) Wurzeln der Spinalnerven. — In späteren Entwicklungsstadien sammeln sich die Fasern der verschiedenen

ventralen Wurzeln auch medialwärts zu einfachen Bündelchen, welche — durch
Abstände voneinander getrennt — vom Rückenmark ausgehen.

Die sensiblen Nervenwurzeln.

Diese Wurzeln entstehen etwas später als die motorischen. Wie schon
(S. 286) erwähnt, werden sie von den Spinalganglien und von den daraus aus-
wachsenden Nervenfasern gebildet. In einem Entwicklungsstadium, wenn die
Spinalganglien ventralwärts voneinander segmental abgeschnürt sind, dorsal-

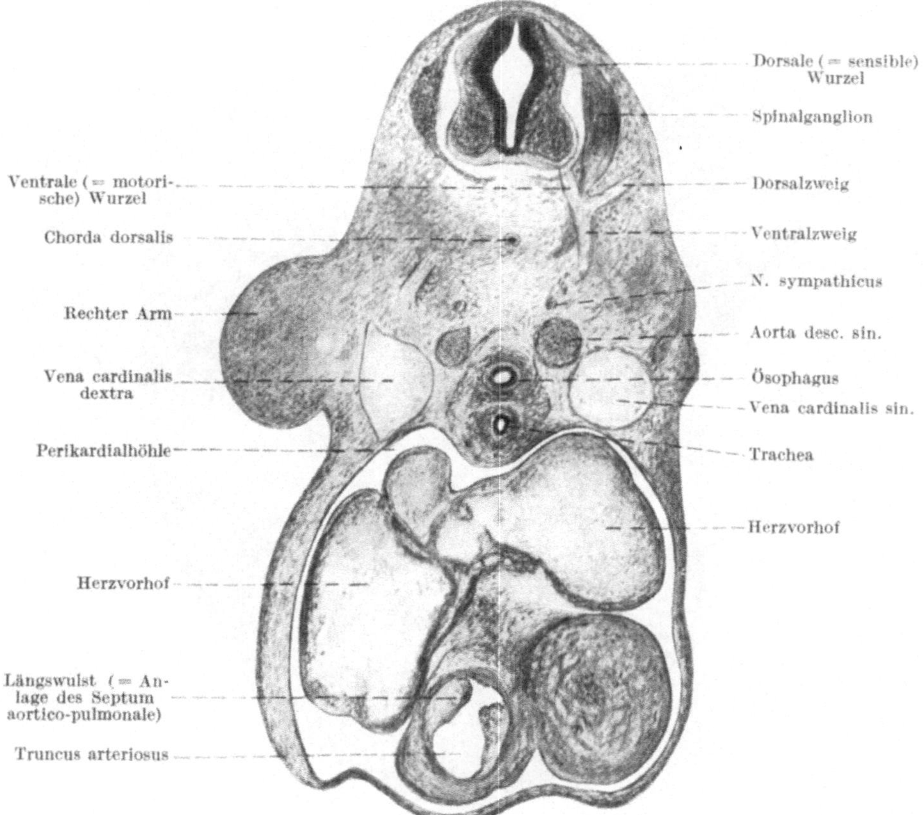

Abb. 242. Querschnitt eines 8,3 mm langen Embryos, die Lage der Sympathikusgrenzstränge usw. zeigend. Nach Broman (1911).

wärts aber noch miteinander zusammenhängen (vgl. Abb. 226 B, S. 282), wachsen
von den Spinalganglienzellen je zwei Ausläufer aus, von welchen der eine dorso-
medialwärts verläuft, um in die dorsale Medullarrohrzone einzudringen, der
andere dagegen ventralwärts geht, um sich einer motorischen Wurzel anzu-
schließen (Abb. 244).

Die zentralen Ausläufer der Spinalganglien dringen von Anfang an in einer
ununterbrochenen Reihe in das Medullarrohr hinein und werden nie zu segmentalen Bündeln vereinigt. Dagegen sammeln sich die peripheren Ausläufer
jedes Spinalganglions von Anfang an zu einem segmentalen Bündelchen, das
sich mit der ventralen Wurzel zu einem gemischten Nervenstamm, dem Spinalnerv, verbindet (vgl. Abb. 242—244).

Verzweigung der segmentalen Spinalnervenstämme.

Jeder Spinalnervenstamm — welcher also beim Menschen (und bei den höheren Wirbeltieren) gemischter Natur ist — sendet einen kleinen, fast rekurrent verlaufenden, dorsalen Zweig aus (Abb. 244), setzt sich aber mit seiner Hauptmasse ventralwärts fort, den ventralen Hauptzweig bildend.

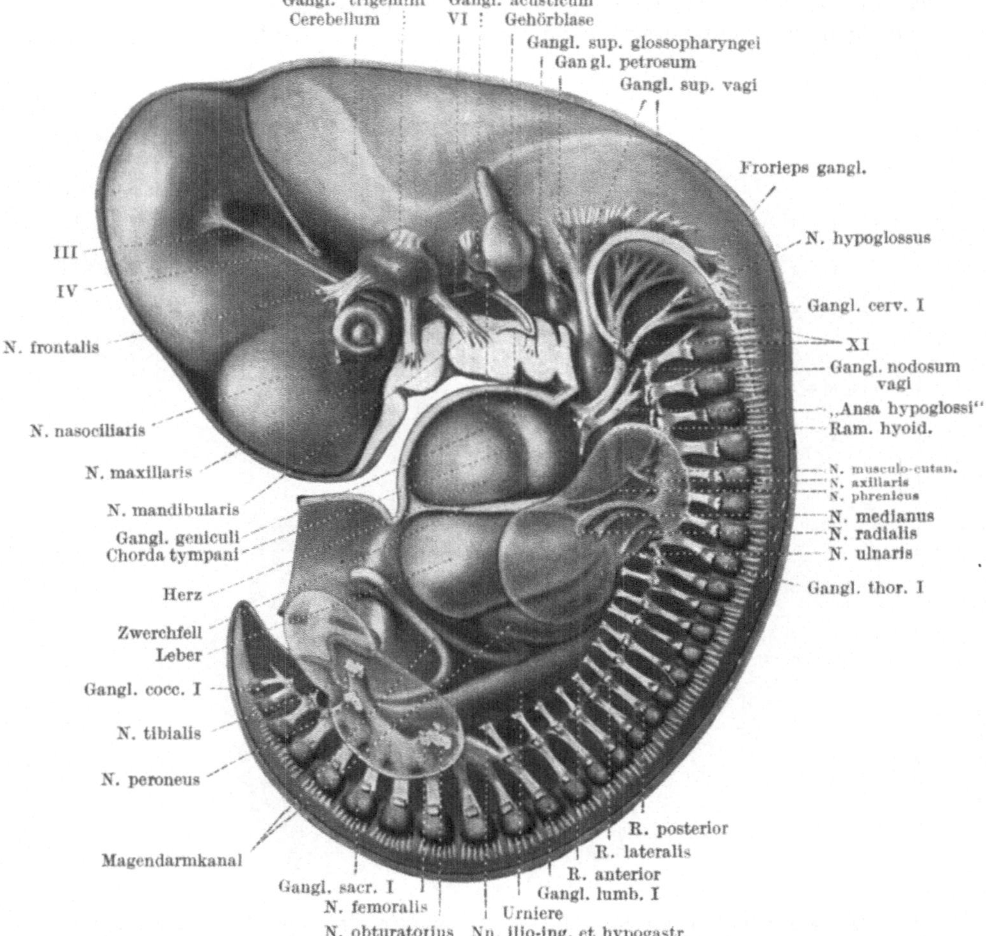

Abb. 243. Rekonstruktionsmodell des Nervensystems eines menschlichen Embryo von 10 mm Länge. — Nach Streeter (1911) aus Keibel-Malls Handb. d. Entwicklungsgeschichte des Menschen. Leipzig 1911. Die Extremitätenanlagen sind durchsichtig dargestellt und in ihnen kann man die Zweige des Plexus brachialis und lumbosacralis verfolgen. — Vergrößerung 10 mal.

Dieser verläuft nun größtenteils in der Körperperipherie, sendet aber medialwärts einen (größeren oder kleineren) Viszeralzweig (Abb. 244) gegen das dorsale Mesenterium zu aus.

Diese Viszeralzweige bestehen anfangs aus Nervenzellen, welche sich jederseits zu einer sympathischen Grenzstranganlage sammeln. Die proximalen Partien dieser Viszeralzweige wandeln sich später in Fasern um und stellen dann die Kommunikanten der Spinalnerven mit dem Sympathikus dar.

Die ventralen Hauptzweige sind im übrigen hauptsächlich für die Innervation der lateralen und der ventralen Körperwände reserviert. Da indessen die Extremitäten von den lateralen Körperwänden als relativ sehr große und sich über mehrere Segmente erstreckende Knospen auswachsen, werden sie auch von diesen Nerven, und zwar von einer beträchtlichen Zahl derselben versorgt. So erhalten die oberen Extremitäten, welche aus dem oberen Brustsegment und von den vier unteren Halssegmenten hervorgegangen sind, ihre Nerven von den ventralen Hauptzweigen dieser Segmente. Und die unteren Extremitäten, welche von den fünf Lumbalsegmenten und den drei oberen Sakralsegmenten stammen, bekommen ihre Nerven von den ventralen Hauptzweigen dieser Segmente. Die ventralen Hauptzweige der vier oberen Halssegmente bilden den Plexus cervicalis, diejenigen der Brustsegmente die Nervi intercostales und diejenigen der zwei Sakralsegmente und des ersten Coccygealsegmentes den Plexus pudendus et coccygeus (vgl. Abb. 243).

Entwicklung der Brachial- und Lumbosakralplexus.

Gleichzeitig damit, daß die Extremitätanlagen in die Länge wachsen, werden sie im Verhältnis zum ganzen Embryonalkörper relativ dünner. Der Ausgangsstelle einer Extremität vom Rumpfe entsprechen also z. B. Anfang der sechsten Embryonalwoche nicht mehr so viele Körpersegmente wie im Anfang der fünften Embryonalwoche. Daraus erklärt sich, wenigstens teilweise, daß die betreffenden Spinalnervenzweige gegen jede Extremität konvergieren müssen. Da diese Nervenzweige nun — wie die Nerven in frühen Embryonalstadien überhaupt — relativ kolossal dick sind, werden sie an der engen Eingangsstellle zu der betreffenden Extremität so stark zusammengedrängt, daß sie hier eine Zeitlang als ein einziger Nervenstamm imponieren. Zu dieser Zeit werden die Nerven von bindegewebigen Scheiden umgeben, welche die einzelnen Nervenfasern in kleinere und größere Bündel verpacken. Hierbei passiert es oft, daß Nervenfasern, welche weder denselben Ursprung noch dasselbe Ziel haben, mehr oder weniger weit zusammen zu einem gemeinsamen Bündel verpackt werden. Wenn nun in späteren Entwicklungsstadien die betreffende Extremität sich relativ zu den Nerven stark verdickt, und die Nerven also relativ dünner werden, so lockert sich der obenerwähnte Extremitätnervenstamm in seinen Bündeln auf und stellt jetzt eine verwickelte, netzartige Bildung, den Nervenplexus der Extremität dar.

Der Plexus brachialis entsteht schon bei etwa 7 mm langen Embryonen, während der Plexus lumbosacralis erst bei etwa 10 mm langen Embryonen fertig gebildet ist. Dieser Zeitunterschied erklärt sich daraus, daß das Auftreten der Spinalnerven zuerst in der Halsgegend stattfindet und von hier aus allmählich kaudalwärts fortschreitet. Die Lumbosakralnerven entstehen also später als die Brachialnerven und bleiben diesen in der Entwicklung eine Zeitlang nach.

Entwicklung der Gehirnnerven.

In ähnlicher Weise wie im Gebiete des Rückenmarks gehen im Gehirngebiet die sensiblen Nerven von Ganglien, die motorischen direkt von dem Medullarrohr aus. Indessen ist die einfache Anordnung von gemischten Segmentalnerven im Kopfgebiete des Menschen nicht mehr zu erkennen, obgleich anzunehmen ist, daß eine solche Anordnung in der Phylogenese ursprünglich auch hier vorhanden gewesen ist. Die segmentale Anordnung der Kopfnerven ist wahrscheinlich verloren gegangen einesteils dadurch, daß gewisse Gehirnganglien zugrunde gegangen sind, und andernteils dadurch, daß gewisse Segmentalnerven sich jederseits zu einem einfachen Nervenstamm vereinigt haben.

Außerdem werden aber die Gehirnnerven dadurch kompliziert, daß die Kerne der motorischen Nervenfasern nicht wie in der ventralen Rückenmarkszone in einer einfachen Reihe liegen. In dem Kopfgebiet teilt sich nämlich die ventrale, motorische Abteilung des Medullarrohres in ein ventrales und ein laterales Horn, von welchen beiden motorische Nerven ausgehen (His, 1887). Die motorischen Gehirnnervenwurzeln gehen also jederseits in zwei Reihen von dem Medullarrohr aus: in einer ventralen und in einer lateralen Reihe (vgl. Abb. 243).

In der ventralen Wurzelreihe (welcher die einfache Reihe der motorischen Rückenmarkswurzeln entspricht) befinden sich nach His die Fasern der ausschließlich motorischen Gehirnnerven: der Augenmuskelnerven und des Zungenmuskelnerven. In der lateralen Wurzelreihe befinden sich die motorischen Fasern der gemischten Gehirnnerven (des Trigeminus, des Akustikofazialis, des Glossopharyngeus und des Vagoakzessorius). Die zentralen Ausläufer der betreffenden Ganglien gehen unmittelbar dorsalwärts von den lateralen Wurzeln in das Gehirn hinein. — Die zwei vordersten Gehirnnervenpaare (der Olfaktorius und der Optikus) die rein sensibel sind, haben jedoch eine von den anderen sensiblen Nerven recht abweichende Entwicklung.

I. Nervus olfactorius. Die sensorischen Zellen der Riechgrube (die sog. Riechzellen) senden während der sechsten Embryonalwoche gehirnwärts je einen langen Ausläufer aus, welcher 1—2 Wochen später in die Anlage des Bulbus olfactorius hineinwächst. — Gleichzeitig mit der Bildung der knorpeligen Lamina cribrosa des Siebbeines wird der N. olfactorius hier in mehrere kleinere Nervenbündel, die Fila olfactoria, zersprengt.

II. Nervus opticus. Dieser Nerv wird von Fasern gebildet, welche hauptsächlich von den sog. Ganglienzellen der Retina auswachsen und durch den betreffenden Augenblasenstiel und dann durch die beiden Tractus optici zu den Thalami, Corpora quadrigemina anteriora und den Lobi occipitales cerebri ziehen.

V. Nervus trigeminus. Schon bei etwa 7 mm langen Embryonen sendet das Ganglion trigemini (Gasseri) peripherwärts drei Hauptstämme aus, von welchen der erste (der Ramus ophthalmicus) zur Augenbechergegend, der zweite (der Ramus maxillaris) zum Oberkiefer und der dritte (der Ramus mandibularis) zum Unterkiefer geht (vgl. Abb. 243). Die zentralen Ausläufer der Ganglienzellen sammeln sich zu einem gemeinsamen, dicken Bündel, welcher in die laterale Partie der Brückenanlage hineindringt. In unmittelbarer Nähe von dieser Stelle kommt aus der Gehirnrohrwand die kleine motorische Wurzel des Nervus trigeminus heraus. Die Fasern dieser motorischen Wurzel verbinden sich mit dem Ramus mandibularis, den sie aber bald wieder verlassen, um die Kaumuskeln und einzelne Muskeln des Mundbodens, des Gaumens und des Mittelohres zu innervieren.

III., IV. und VI. Die Augenmuskelnerven (Oculomotorius, Trochlearis und Abduzens) wachsen bei 8—10 mm langen Embryonen von ihren Kernen (im Mittel- und Nachhirn) aus und erreichen bald die Orbitalmuskelanlagen.

VII. und VIII. Nervus acusticofacialis. Die motorischen Fasern dieses Nervenkomplexes gehen von einem (nach hinten vom Abduzenskern) im Myelenzephalon liegenden Kern (dem Fazialiskern) aus. Die Ausläufer dieses Kernes verlassen aber nicht direkt das Gehirn, sondern laufen zuerst eine recht weite Strecke intrazerebral, und zwar zunächst einen Bogen um den Abduzenskern bildend. — Nach dieser Biegung kehren die betreffenden Nervenfasern aber beinahe zu ihrem Ausgangspunkt zurück und verlassen in dieser Höhe das Gehirn. Sie bilden die Hauptpartie des Nervus facialis, welcher ursprünglich im Hyoidbogen verläuft und die Anlage des Musculus platysma myoides innerviert.

Da nun aber bald die obere Partie dieses Muskels aus dem Halsgebiet in die Kopfregion disloziert wird und hier in die sog. mimische Muskulatur des Kopfes zerfällt, wird die Folge die, daß die zugehörige Nervenpartie gleichzeitig eine ähnliche Dislokation und Zerklüftung erfährt (C. Rabl). So wird also der Nervus facialis erst sekundär zu dem motorischen Gesichtsnerv.

Der sensible Teil des Nervus acusticofacialis wird von dem oben (S. 282) beschriebenen Ganglion acusticofaciale aus gebildet. Dieses Ganglion zerfällt bald in drei Ganglien: das Ganglion vestibulare, das Ganglion cochleare (Ganglion spirale oder Ganglion acusticum im engeren Sinne) und das Ganglion faciale oder geniculi. Diese Ganglien des Akustikofazialis werden recht weit vom Gehirn verschoben und bei der Bildung des Schläfenbeines in der Pars petrosa dieses Knochens eingeschlossen.

IX. Nervus glossopharyngeus. Dieser Nerv wächst in den dritten Viszeralbogen hinein. Die motorischen Fasern, welche — wie motorische Wurzeln überhaupt — früher als die sensiblen entstehen (Streeter), sind wenig zahlreich und innervieren nur zwei Pharynxmuskeln (Musculus constrictor medius und Musculus stylopharyngeus). Die von dem Ganglion glossopharyngeum peripherwärts ausgehenden sensiblen Fasern gehen hauptsächlich zu der Pharynxwand und zu dem hinteren Drittel der Zunge.

X. und XI. Nervus vagoaccessorius. Der Nervus vagus und der Nervus accessorius, welche gewöhnlich als getrennte Nerven beschrieben werden, sind nach Streeter (1905) als ein einziger gemischter Gehirnnerv zu betrachten. Der gemeinsame motorische Kern ist lang ausgezogen und während der Phylogenese (Streeter) teilweise in die 3—4 oberen Halssegmente verschoben worden. Von diesem Kern gehen Fasern aus, welche die meisten Pharynxmuskeln, große Partien des Musculus trapezius und des Musculus sternocleidomastoideus, die Larynx-, Ösophagus-, Magen- und Darmmuskulatur — sowie Herz- und Lungenmuskulatur — innervieren.

Das Ganglion vagoaccessorium teilt sich schon früh in zwei größere (das Ganglion jugulare und das Ganglion nodosum vagi) und mehrere kleinere, mehr oder weniger rudimentäre Ganglien (die Akzessoriusganglien Streeters). Die peripheren Ausläufer der Vagoakzessoriusganglien verlaufen kaudalwärts, um nach einem mehr oder weniger langen Verlauf in Pharynx, Ösophagus, Magen, Darm, Leber, Pankreas, Milz, Larynx, Trachea, Bronchien und Lungen ihre Ausbreitung zu finden.

Erst bei etwa 7,5—8 mm langen Embryonen erreichen die Nervi vagi den Ösophagus. Diesem entlang wachsen sie dann schnell kaudalwärts und bilden schon bei etwa 10 mm langen Embryonen um die Ventrikelanlage einen mächtigen Plexus.

XII. Nervus hypoglossus. Anfangs (bei etwa 10 mm langen Embryonen) ist der Nervus hypoglossus ein gemischter Nerv. Nachher wird er aber durch Zugrundegehen der sensiblen Nervenelemente ein ausschließlich motorischer Nerv, dessen Fasern die eigentliche Zungenmuskulatur innervieren.

Entwicklung des autonomen Nervensystems.

Sympathikus und Parasympathikus.

Bei etwa 7 mm langen Embryonen wird die Anlage des sympathischen Nervensystems erkennbar, und zwar als segmentale Nervenzellenmassen, die sich von den mittleren Spinalnervenstämmen abzweigen und in die Nachbar-

schaft der Aorta auswandern. Hier sammeln sich die betreffenden Nervenzellen, die sowohl von den Spinalganglien wie von dem Rückenmarks-
vorderhorn stammen, jederseits bald zu einem primitiven Grenzstrang
an (Abb. 242).

Die primitiven Sympathikusgrenzstränge zeigen keine Segmentierung.
Den beiden Aorten entlang verlängern sie sich nach oben bis zur oberen Hals-

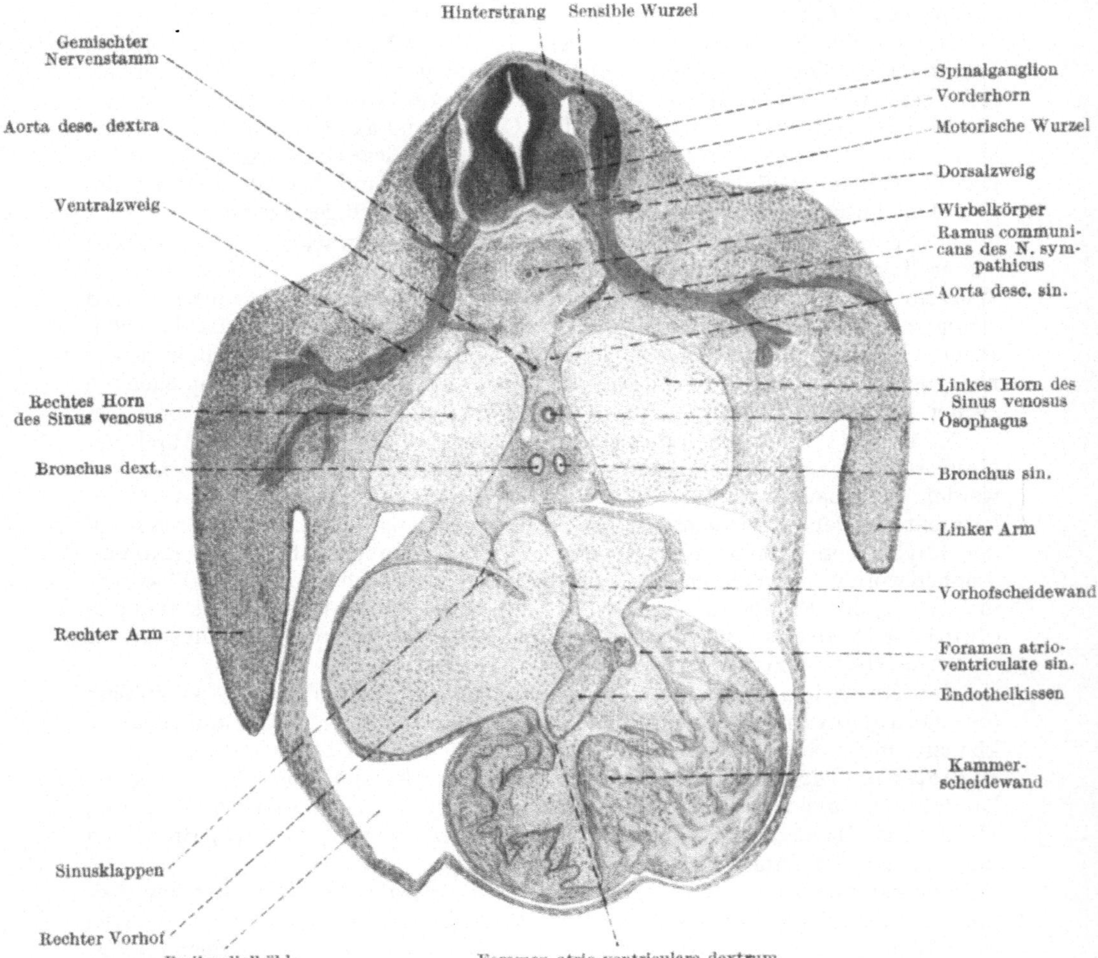

Abb. 244. Querschnitt eines 11,7 mm langen Embryos, die Lage der großen Nerven zeigend.
Nach Broman (1911).

grenze. In der Bauchregion, wo die Aorta zur Zeit ihrer Entstehung schon
unpaar geworden war, müssen sie sich — von der mediangelegenen Aorta
angelockt — viel näher der Medianebene ausbilden.

Die primären Verbindungen der Grenzstränge mit den Spinalnervenstämmen
der Brust- und Bauchregionen bleiben als Rami communicantes (vgl.
Abb. 244) bestehen. Ursprünglich aus auswandernden Zellen bestehend,
wandeln sich aber diese Kommunikationszweige später in Nervenfasern um.

Auch in den Sympathikusgrenzsträngen selbst bilden sich zahlreiche Nervenfasern als Ausläufer der Nervenzellen aus. Indem dann bei der folgenden Verlängerung jedes Grenzstranges die Nervenzellen sich um die Eintrittsstellen der Rami communicantes sammeln, wird der Grenzstrang segmentiert. Die Segmente, die die definitiven Grenzstrangganglien bilden, werden jetzt nur durch längsverlaufende Nervenfasern miteinander verbunden.

Die Halspartie des Grenzstranges, die im allgemeinen keine Kommunikationszweige mit den Halsnerven besitzt, wird nur in 2—3 Grenzstrangganglien zerlegt. Sonst entspricht die Zahl der Grenzstrangganglien im allgemeinen derjenigen der Körpersegmente.

Das oben geschilderte Auswachsen der zellulären Rami communicantes beginnt in den sechs unteren Brust- und den drei oberen Bauchsegmenten. In dieser Höhe werden daher die beiden primitiven Grenzstränge zuerst deutlich, und hier behält auch in der Folge die Entwicklung des Sympathikus gewissermaßen Vorsprung. Schon bei etwa 1 cm langen Embryonen isolieren sich hier große Ganglienzellengruppen von den Grenzstrangganglien und wandern ventralwärts von der Aorta.

Diese von den Grenzsträngen ausgewanderten Ganglienzellengruppen stellen die Anlagen der sekundären Sympathikusganglien (Ganglia coeliaca usw.) und der akzessorischen, adrenalinproduzierenden Sympathikusorgane (Nebennierenmark usw.) der Bauch- und Beckenhöhle dar. — Von den sekundären Sympathikusganglien wandern solche dritter Ordnung aus und von diesen wiederum Ganglienzellennetze, die sich in den Organen selbst lagern.

Von den Grenzstrangganglien der oberen Brustregion und der Halsregion wandern sekundäre und tertiäre Sympathikusganglien in Herz und Lungen ein.

Die Entwicklung des parasympathischen Nervensystems fällt mit derjenigen der Hirnnerven III, VII, IX und X sowie mit derjenigen der Sakralnerven II—IV zusammen. Die Zellen der parasympathischen Kopfganglien (Ganglion ciliare, spheno-palatinum, oticum und submaxillare) sollen jedoch größtenteils vom Ganglion trigemini ausgewandert sein.

Entwicklung der Sinnesorgane.

Die Entwicklung der Geruchs- und Geschmacksorgane ist schon oben (S. 92 und 105) beschrieben worden. Es erübrigt also, hier die Entwicklung des Auges, des Ohres und der Haut zu schildern.

Entwicklung der Sehorgane.

Die ersten Anlagen der Sehorgane entstehen außerordentlich früh, und zwar als paarige Ausbuchtungen der Vorderhirnwand der noch weit offenen Medullarrinne (vgl. Abb. 227 A, S. 283). Diese Ausbuchtungen stellen anfangs hohle, halbkugelförmige Bildungen dar. Indem aber bald die Verbindung mit dem Vorderhirn dünner als die Endpartie wird, entsteht jederseits die gestielte Augenblase (vgl. Abb. 50, S. 61). Der Augenblasenstiel stellt die Anlage des Augennerven (des Nervus opticus), die eigentliche Augenblase dagegen die Anlage der Netzhaut (der Retina) dar. Wenn der Augenblasenstiel in die Länge ausgezogen wird, geht sein Lumen in einen schmalen Kanal über, durch welchen die Höhlung der Augenblase mit dem dritten Gehirnventrikel kommuniziert. Bei etwa 5 mm langen Embryonen tritt dann die Linsenanlage als Ektodermgrube auf, und gleichzeitig beginnt die Augenblase, sich in den sog. Augenbecher umzuwandeln.

Diese Umwandlung wird dadurch eingeleitet, daß die laterale (später vordere) Augenblasenwand, welche in naher Beziehung zur Linsenanlage liegt, sich gegen die mediale Augenblasenwand einstülpt. Die Höhlung der Augenblase wird

hierbei zunächst zu einer engen Spalte reduziert (vgl. Abb. 245—248) und
geht in späteren Stadien vollständig verloren, indem das eingestülpte, innere
Blatt — das sog. Retinalblatt des Augenbechers — mit dem äußeren Blatt
— dem sog. Pigmentblatt desselben — verschmilzt.

Die Augenblase hat sich also in einen doppelwandigen Augenbecher umgewandelt, dessen Fuß von dem früheren Augenblasenstiel gebildet wird. Wie
Abb. 243 zeigt, ist indessen dieser Becher an der unteren Seite defekt. Die
Einstülpung des Retinalblattes hat sich nämlich hier auf die periphere Partie
des Stieles fortgesetzt. Die hierdurch entstandene Spalte — die Augenbecherspalte — verschwindet wieder in der 7.—8. Embryonalwoche, und
zwar dadurch, daß die Ränder der Spalte miteinander verwachsen [1].

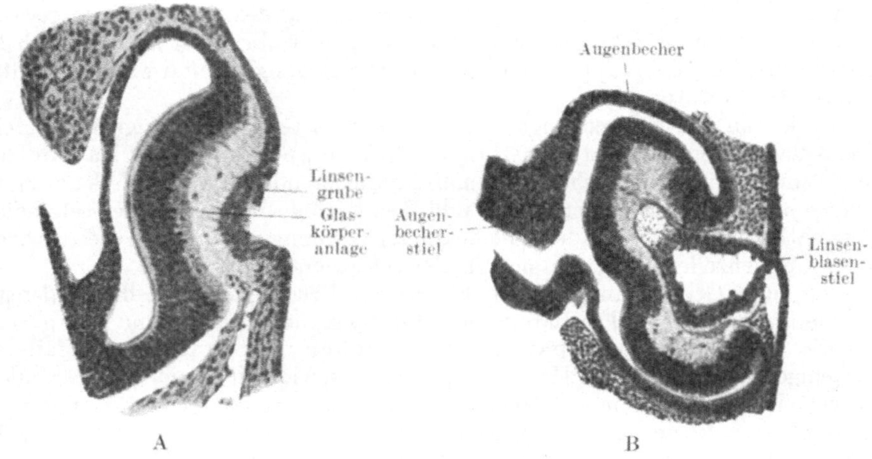

Abb. 245. Schnitte durch Augenbecher und Linsenanlage. — Vergrößerung: 100 mal.
A von einem 5 mm langen Embryo. B von einem 7,2 mm langen Embryo. — Nach Hammar
(1908) aus Broman (1911).

Erst nachdem diese Verwachsung stattgefunden hat, verdient der Augenbecher recht seinen Namen. Die Eingangsöffnung des Augenbechers bildet
von nun ab ein kreisrundes Loch, welches die Anlage der Pupille darstellt.

In dem dieses Loch begrenzenden, freien Rande des Augenbechers gehen
von Anfang an das Retinalblatt und das Pigmentblatt ineinander direkt über.
Ursprünglich ist diese Eingangsöffnung des Augenbechers relativ groß und wird
von der Linsenanlage ausgefüllt (Abb. 246), später wird sie allmählich relativ
kleiner und kommt hierbei an der vorderen Fläche der Linse zu liegen (Abb. 247
u. 248). Die Linse wird, mit anderen Worten, in die Höhlung des Augenbechers vollständig aufgenommen.

Während die Wände der Augenblase einander sehr ähnlich waren, ist dies
mit den entsprechenden Wandpartien des Augenbechers nicht mehr der Fall.
Das äußere Blatt desselben verdünnt sich nämlich stark, bis es aus einer einfachen Schicht kubischer Zellen besteht, während die Hauptpartie des inneren
Blattes sich stark verdickt, um die eigentliche Retina zu bilden. Außerdem
bilden die Zellen des äußeren Blattes in ihrem Inneren Pigmentkristalle, welche
dieses Blatt auch an ungefärbten Präparaten stark hervorheben, während die
Hauptpartie des inneren Blattes unpigmentiert bleibt (vgl. Abb. 247).

---

[1] Als Hemmungsmißbildung kann die Spalte aber offen bleiben (sog. Kolobom).

Weitere Ausbildung des Retinalblattes.

Das innere Blatt des Augenbechers entwickelt sich in verschiedenen Partien sehr verschieden. Diejenige Partie desselben, welche in dem Bechergrund liegt, verdichtet sich nämlich sehr stark und läßt die Pars optica retinae aus sich hervorgehen, während die in der Nähe des Becherrandes liegenden Partien dünn ausgezogen werden und die Pars coeca retinae (Pars ciliaris + Pars iridica) bilden.

Pars optica retinae. Diese Partie des inneren Augenbecherblattes verdickt sich — wie erwähnt — stark. In ihr kann man bald zwei Schichten unter-

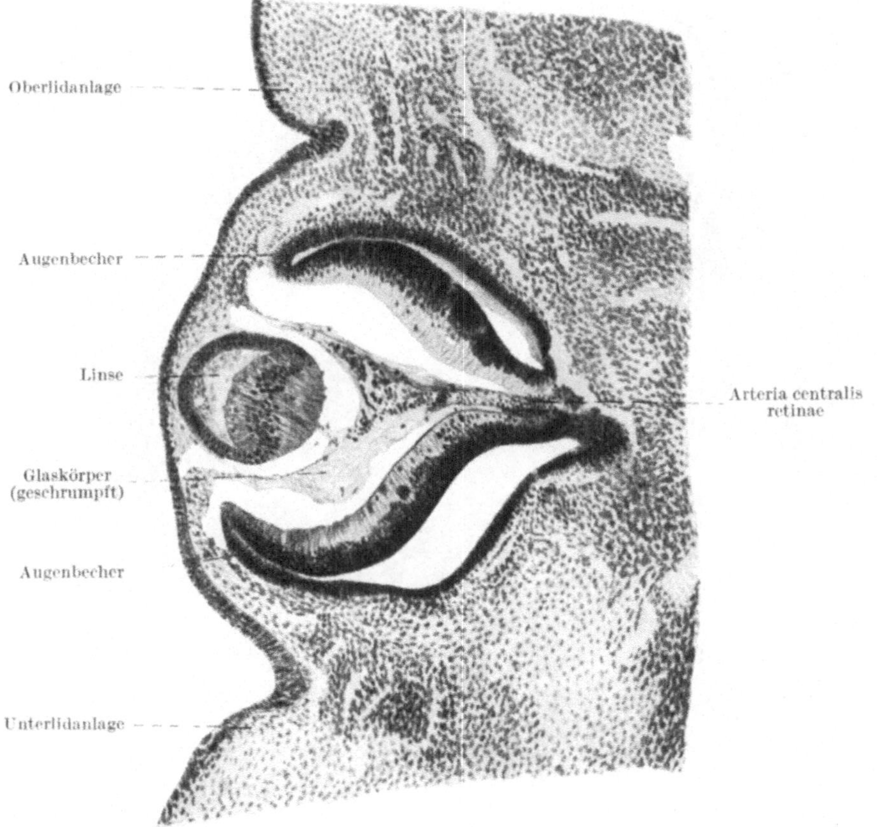

Abb. 246. Schnitt durch Augenbecher und Linsenanlage von einem 11 mm langen Embryo. — Vergrößerung: 100 mal. — Nach Broman (1911).

scheiden, von welchen die äußere (dem Pigmentepithel anliegende) erheblich dicker ist und mehrere übereinander gelagerte, einförmige Kerne besitzt, während die innere Schicht dünn und kernlos ist (Abb. 246). In diese Schicht wachsen die Nervenfortsätze zuerst hinein, wenn sie ihren Weg von der Retina aus zu dem Nervus opticus zu suchen haben.

Bei etwa 20 mm langen Embryonen hat sich die erwähnte Kernschicht der Retina in zwei Schichten gesondert, von denen die äußere aus zahlreicheren, kleineren Zellen besteht und sich stärker färbt, während die innere eine kleinere Zahl größerer Zellen besitzt, welche weniger färbbar sind. Die letztgenannten

Zellen stellen die Anlagen der großen Ganglienzellen der Retina dar, von welchen
die Optikusfasern Ausläufer sind.

Von den Zellen der äußeren Retinalschicht wandeln sich einige in stützende
Elemente, die sog. Müllerschen Radialfaser, um; aus den anderen entstehen die
übrigen Schichten der Retina. — Zuletzt entwickeln sich die Stäbchen und
Zapfen.

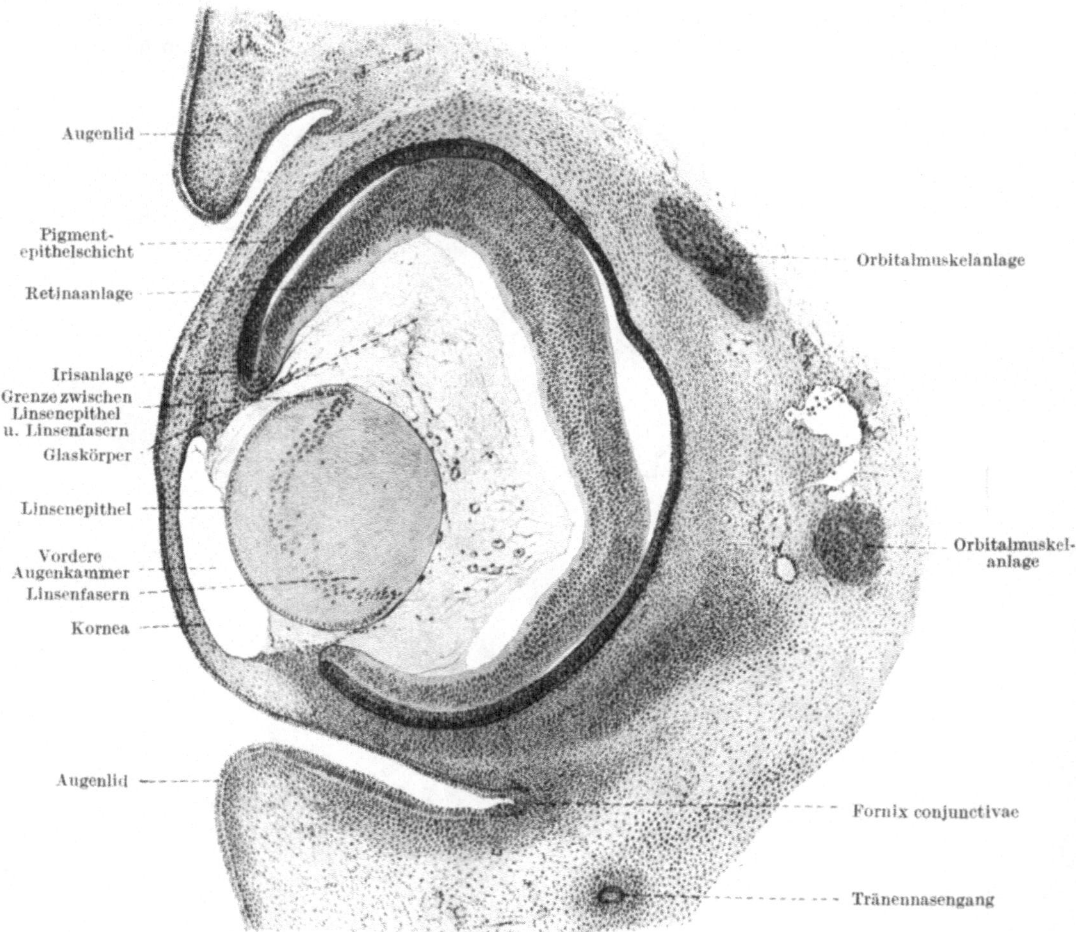

Abb. 247. Schnitt durch die Augenanlage eines 25 mm langen Embryos. — Vergrößerung:
60 mal. Nach Broman (1911).

Pars coeca retinae. In der ganzen Pars coeca retinae verdünnt sich
das innere Augenbecherblatt, bis es aus einer einfachen Schicht kubischer
Zellen besteht (vgl. Abb. 248). In der hinteren Partie der Pars coeca, welche
an der Bildung des Ziliarkörpers teilnimmt, bleiben diese Zellen unpigmentiert; in der vorderen Partie dagegen, aus welcher die Iris teilweise hervorgeht, nehmen in späteren Stadien auch die Zellen des inneren Augenbecherblattes Pigment auf, und zwar in solcher Menge, daß sie zuletzt nicht mehr
von den Zellen des äußeren Augenbecherblattes unterschieden werden können.

Entwicklung des Corpus ciliare.

Bei etwa 15 cm langen Embryonen beginnt der Ziliarteil des Augenbechers sich zu falten. Die Falten, welche unter sich parallel sind und den Linsenäquator in radiärer Richtung umgeben, werden nicht nur von den beiden

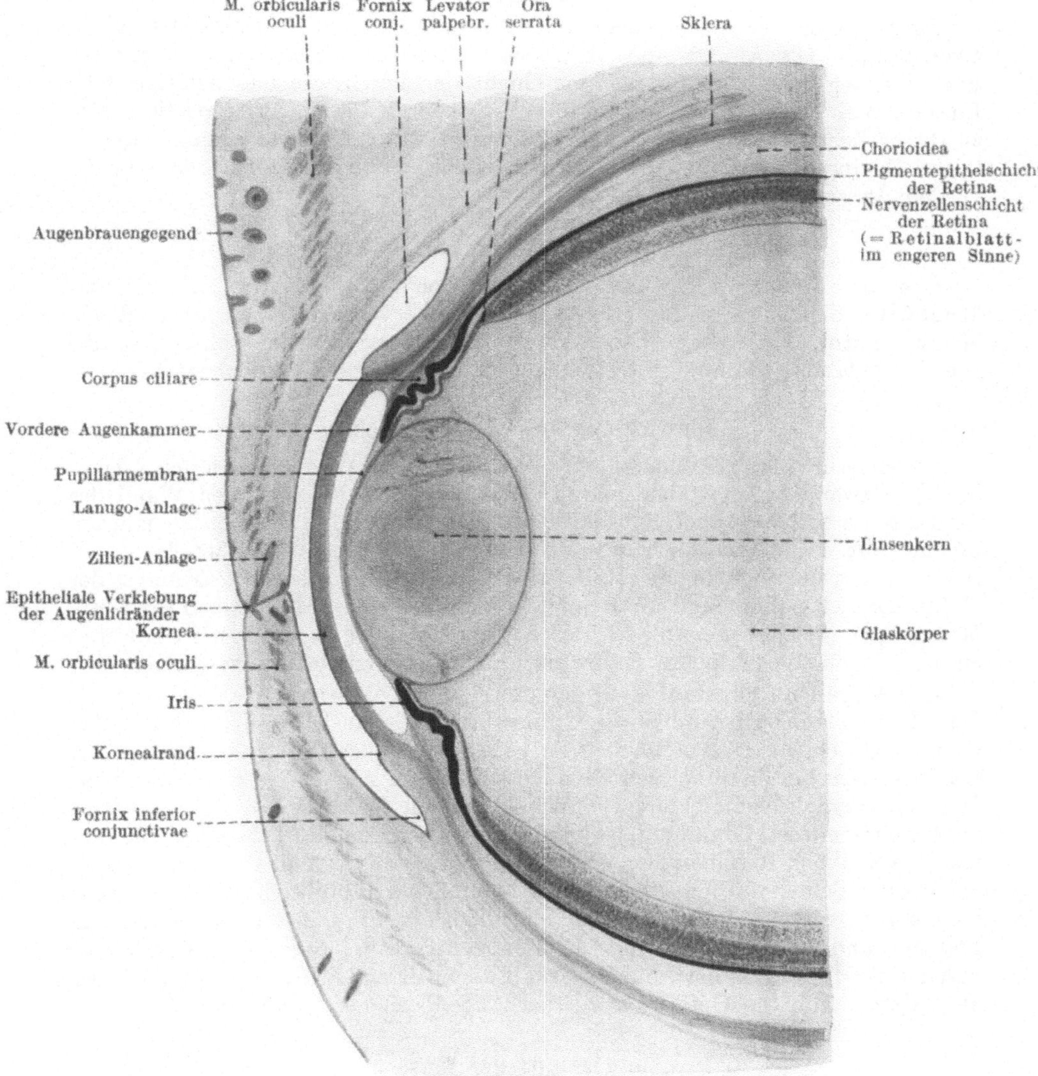

Abb. 248. Schnitt durch die vordere Partie der Augenanlage eines 17 cm langen Embryos. Nach Broman (1911).

Blättern des Augenbechers gebildet, sondern auch von dem das embryonale Auge umgebenden Mesenchym (Abb. 248), welches in die betreffenden Falten hineindringt. Die diese Falten tragende Mesenchympartie verdickt sich und bildet einen in das Innere des Auges einbuchtenden Ringwulst, welcher die Hauptpartie des Corpus ciliare darstellt. In diesem bindegewebigen Ringwulst entwickelt sich der Akkommodationsmuskel, der Musculus ciliaris. Durch die sog. Zonulafasern, welche zwischen dem Linsenäquator und dem Ziliarkörper gebildet werden, wird die Linse an diesem fixiert (vgl. Abb. 247 u. 248).

Entwicklung der Iris.

Die Irispartie des Augenbechers bildet nur die hinteren Schichten der definitiven Iris (die Uvea). Die vordere Irisschicht ist mesenchymatischer Herkunft. Eine Zeitlang geht diese Mesenchymschicht der Iris in die mesenchymatische Linsenkapsel direkt über (Abb. 248). Ein wahres Pupillarloch existiert also zu dieser Zeit nicht. Sie wird, mit anderen Worten, durch eine mesenchymatische Membran, die Pupillarmembran (Abb. 249) ausgefüllt, welche in die vordere Irisschicht übergeht.

Entwicklung der Binnenmuskeln des Auges.

Von den Binnenmuskeln des Auges soll der Akkommodationsmuskel, der Musculus ciliaris, aus Mesenchymzellen hervorgehen, dagegen sind die Muskeln der Iris epithelialen Ursprunges. Sowohl der Sphincter iridis wie der Dilatator stammen nämlich aus dem Iristeil des Augenbechers.

Entwicklung des Nervus opticus.

Die Einstülpung der Augenblasenwand, welche die Augenblase in den Augenbecher umwandelt, setzt sich, wie erwähnt, auch an der ventralen Wand des Augenstieles fort. Hierbei geht etwa die periphere Hälfte des Letztgenannten in eine mit doppelter Epithelwand versehene Halbrinne über, welche durch gefäßhaltiges Mesenchym ausgefüllt wird. Indem nun später die Ränder der Halbrinne sich nähern und untereinander verwachsen, wird das oben erwähnte Mesenchym, welches die Anlagen der Arteria und Vena centralis retinae einschließt, in die periphere Hälfte des Augenbecherstieles aufgenommen.

Der Augenbecherstiel stellt gewissermaßen die Anlage des Sehnerven dar. In ihm wachsen nämlich die Optikusfasern als Ausläufer der Retinazellen nach dem Gehirn. Hervorzuheben ist indessen, daß der Augenbecherstiel den Optikusfasern bei ihrem fortschreitenden Wachstum nur als Leitstrang dient. Die den Augenbecherstiel ursprünglich bildenden Epithelzellen nehmen nicht an der Nervenfaserbildung teil, sondern werden von den einwachsenden Nervenfasern allmählich auseinander gedrängt und wandeln sich in die Neurogliazellen des Sehnerven um. — Später dringt noch gefäßführendes Bindegewebe in das Innere des Sehnerven hinein und zerklüftet ihn in eine große Anzahl gröberer und feinerer Faserbündel. Der Zentralkanal des Augenblasenstiels, welcher den Hohlraum der Augenblase mit dem dritten Gehirnventrikel verband, obliteriert, wenn die Optikusfasern den Augenbecherstiel einnehmen.

Entwicklung der Linse.

Gegenüber den Augenblasen entstehen Anfang der fünften Embryonalwoche zwei ektodermale Verdickungen (Linsenplatten), welche die ersten Linsenanlagen darstellen. Hand in Hand mit der Umbildung der Augenblase im Augenbecher (vgl. S. 317) wandelt sich jederseits diese Linsenplatte in eine Linsengrube (Abb. 245 A) um. Die Eingangsöffnung der Linsengrube wird immer enger und schließt sich zuletzt, indem ihre Ränder miteinander verwachsen. Die so entstandene (mit Flüssigkeit gefüllte) Linsenblase hängt kurze Zeit noch mit dem Ektoderm zusammen, wird aber bald von demselben vollständig abgeschnürt (Abb. 245 B u. 246).

Unmittelbar nach der Schließung der Linsenblase ist die vordere Wand derselben fast ebenso dick wie die hintere. Bald fangen aber die Zellen der hinteren Linsenblasenwand an, sich noch stärker zu verlängern. Sie wachsen hierbei zu langen Fasern, sog. Linsenfasern, aus, die einen hügelartigen Vorsprung in das Lumen der Linsenblase bilden (Abb. 246). Die Zellen der vorderen Linsenblasenwand werden umgekehrt kürzer, fast kubisch, und stellen das sog. Linsenepithel dar (Abb. 247).

Nach dem Äquator der Linsenblase zu gehen die Linsenfasern allmählich in die kubischen Zellen des Linsenepithels über. Diese Übergangszone ist zugleich die Proliferationszone der Linsenfasern. Die ursprünglich hinteren Zellen der Linsenblase verlieren nämlich sehr früh ihre Teilungsfähigkeit; nachher erfolgt die Faserneubildung ausschließlich auf der Grenze von Linsenepithel und Linsenfasermasse, und zwar dadurch, daß eine Epithelzelle nach der anderen zur Faser auswächst und sich der früheren Fasermasse auflagert.

Bei der Ausbildung der Linsenfasermasse geht das Lumen der Linsenblase (unter Resorption der in diesem enthaltenen Flüssigkeit) bald (bei etwa 20 mm langen Embryonen) vollständig verloren. Jetzt verbinden sich also die Vorderenden der Linsenfasern mit dem Linsenepithel (Abb. 247).

Der Zuwachs der Linse findet statt:

1. durch die erwähnte Neubildung der Linsenfasern und
2. durch Verlängerung (und Verdickung der schon gebildeten) Linsenfasern.

Wenn die zuerst gebildeten Linsenfasern eine gewisse Länge erreicht haben, können sie sich nicht weiter verlängern. Da nun die Apposition von neuen Linsenfasern fortdauert und diese etwas länger als die älteren werden, wird die Folge, daß die zuerst gebildeten Linsenfasern nicht nur von den Seiten her, sondern auch an dem hinteren bzw. vorderen Linsenpole von den später gebildeten Linsenfasern umschlossen werden (vgl. Abb. 248). So entstehen Kern und Rindensubstanz der Linse.

Die embryonale Linse ist kugelig und relativ groß. Beim Neugeborenen hat sie ihre definitive Dicke (etwa 4 mm), aber nur etwa $^2/_3$ ihrer definitiven Größe erreicht.

Die zuerst gebildeten (zentralen) Linsenfasern verlieren schon während der Embryonalzeit ihre Zellkerne. Sie werden von den äußeren kernhaltigen Linsenfasern allseitig umschlossen und komprimiert und bilden die zentrale härteste Partie des Linsenkernes.

Schon im zweiten Embryonalmonat wird die Linse von einer sehr dünnen, hyalinen Kapsel umgeben, welche sehr elastisch ist und bekanntlich für die Akkommodation große Bedeutung bekommt. Diese Kapsel ist wahrscheinlich größtenteils eine kutikulare Bildung, ein Ausscheidungsprodukt der Linsenzellen. Zu dieser kutikularen Kapselschicht kommt später eine äußere Kapselschicht, welche die Verbindung der Linse mit den Zonulafasern vermittelt und in einer gewissen Entwicklungsperiode zahlreiche Gefäße enthält (Capsula vasculosa lentis).

Entwicklung des Glaskörpers.

Die Höhlung des Augenbechers wird ursprünglich von der Linsenanlage ausgefüllt. Indem aber der Augenbecher stärker als die Linsenanlage an Größe zunimmt, entsteht zwischen der Pars optica retinae und der hinteren Linsenseite ein Zwischenraum, welcher zunächst durch ein kernarmes Gewebe ausgefüllt wird (vgl. Abb. 247). Dieses Gewebe, welches den sog. primitiven Glaskörper bildet, stammt aus dem Retinalblatt des Augenbechers, ist also ektodermaler Herkunft.

Zunächst beteiligt sich das ganze Retinalblatt an der Bildung des primitiven Glaskörpers. Von denjenigen Zellen, welche später zu den stützenden Elementen der Retina werden, wachsen zytoplasmatische Fortsätze in den oben erwähnten Zwischenraum hinein, wo sie ein dichtes Netzwerk bilden. Dieser Prozeß hört in der Pars optica retinae auf, sobald diese Partie sich gegen die Pars coeca histologisch abgegrenzt hat. In der Pars coeca dauert er aber noch eine Zeitlang fort und liefert hier sowohl Zuwachs zum Glaskörper wie vor allem die Fasern der Zonula ciliaris (Zinnii), welche die Linse am Corpus ciliare befestigen.

Kurze Zeit, nachdem die Bildung des primitiven Glaskörpers angefangen hat, wächst gefäßreiches, kernarmes Mesenchymgewebe durch die Augenbecherspalte in die Augenbecherhöhlung hinein, wo es in den primitiven Glaskörper hineindringt und sich mit ihm intim verbindet. Auf diese Weise entsteht der

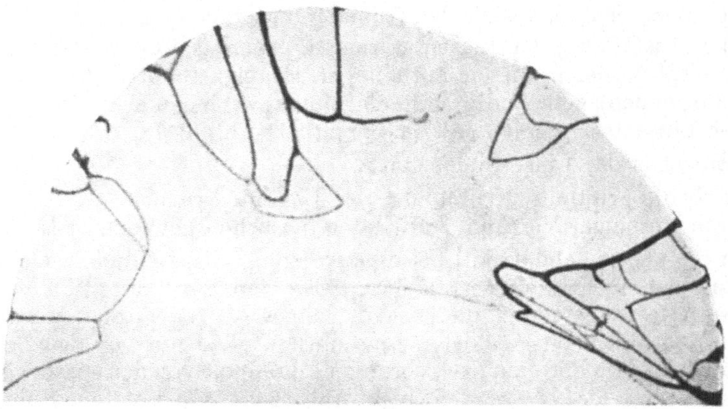

Abb. 249. Obere Hälfte der Pupillarmembran eines 40 cm langen Embryos. Von dem Irisrand herausgeschnitten und frisch mit Gentianaviolett gefärbt. — Vergrößerung: 20 mal. Nach Broman (1911).

definitive Glaskörper, welcher also doppelter (sowohl ektodermaler wie wie mesodermaler) Herkunft ist (vgl. Abb. 248).

Von den Gefäßen des mesodermalen Glaskörpers, welche bei der oben (S. 318) erwähnten Verwachsung der Augenbecherspalte in dem Innern des Augenbechers bzw. des Augenbecherstieles zu liegen kommen, persistieren beim Menschen nur diejenigen Zweige, welche die Retina nutrieren (Arteria bzw. Vena centralis retinae). Die weiter nach vorne ziehenden Zweige, welche den Glaskörper selbst (Vasa hyaloidea) und die Linse (Vasa lentis) ernähren, gehen während des späteren Embryonallebens vollständig verloren. Gleichzeitig mit den Vasa lentis geht auch die Pupillarmembran (Abb. 249), in welche ihre peripheren Zweige Gefäßschlingen bilden, spurlos zugrunde.

Entwicklung der äußeren Augenhäute.

Die äußeren Häute des Auges (die Chorioidea, die Sklera und die Kornea) sind alle mesenchymatischen Ursprungs. — Etwa gleichzeitig mit der Ausbildung des Augenbechers tritt die Anlage dieser Häute auf, und zwar in der Form einer Mesenchymkapsel, welche sowohl den Augenbecher wie die Linse gemeinsam umgibt. In dieser Mesenchymkapsel sind schon früh zwei verschiedene Schichten zu erkennen:

1. eine innere, gefäßreiche und locker gebaute und
2. eine äußere, gefäßarme und von Anfang an mehr kondensierte Schicht.

In den hinteren und seitlichen Partien des Auges bleiben diese beiden Schichten miteinander (und mit dem Augenbecher) in intimer Verbindung und stellen hier die Anlagen der Chorioidea bzw. Sklera dar (Abb. 248). In der vorderen Partie des embryonalen Auges werden dagegen die entsprechenden Mesenchymschichten voneinander getrennt, und zwar dadurch, daß an der Grenze derselben die vordere Augenkammer auftritt. Die äußere Mesenchymschicht, welche an der vorderen Seite der Augenkammer zu liegen kommt, wird hier durchsichtig und bildet die Kornea. Die innere Mesenchymschicht, welche an der hinteren Seite der vorderen Augenkammer zu liegen kommt, nimmt teilweise an der Bildung der Capsula vasculosa lentis teil und bildet mehr peripherwärts die vordere, bindegewebige Schicht der Iris.

Entstehung der Kornea und der Augenkammer. Unmittelbar nachdem die Linsenblase sich vom Ektoderm abgeschnürt hat, liegt sie noch mit ihrem Mutterboden in Kontakt. Bald dringen aber in den Zwischenraum zwischen der Linse und dem Ektoderm Mesenchymzellen hinein, welche zu einer dünnen, aber Linse und Ektoderm fast vollständig trennenden Schicht konfluieren. Diese Mesenchymschicht, welche sich mäßig verdickt, bildet sich nach Lindahl (1915) zum Hornhautstroma aus. Nach demselben Autor bleibt bei der Hornhautbildung der ursprüngliche Zwischenraum an der vorderen Linsenfläche bestehen. Indem dieser Zwischenraum bei 20—25 mm langen Embryonen größer und durch einwachsendes Mesenchym von der Linse getrennt wird, bildet er sich zu der vorderen Augenkammer aus. — Die die vordere Linsenfläche bekleidende dünne Mesenchymschicht stellt — wie erwähnt — die Anlage der sog. Pupillarmembran dar.

Die hintere Augenkammer entsteht in einem viel späteren Stadium und kommt erst, wenn die Pupillarmembran bei etwa 9 Monate alten Feten atrophiert, in Verbindung mit der vorderen.

Chorioidea. Schon in der siebenten Embryonalwoche ist die Anlage der Chorioidea als eine gefäßreiche Mesenchymschicht zu erkennen, welche das Pigmentblatt des Augenbechers zunächst umgibt.

Sklera. Diese Augenhaut entwickelt sich — wie erwähnt — aus der äußeren, gefäßarmen Schicht der Mesenchymkapsel. Das Mesenchym nimmt hier eine fibrilläre, fast sehnenähnliche Struktur an, welche zu der weißen Farbe der Sklera Anlaß gibt. Zur Zeit der Geburt ist sie aber noch relativ dünn und erscheint daher etwas bläulich anstatt rein weiß.

Entstehung der Augenlider, der Konjunktiva und der Nickhaut.

Wie schon oben (S. 75) erwähnt wurde, entstehen die Augenlider im zweiten Embryonalmonat, und zwar jederseits als eine niedrige Hautfalte, die die bisherige nackte Sklerokornealanlage ringförmig umgibt (Abb. 247). Die den späteren Lidwinkeln entsprechenden Partien dieser Ringfalte bleiben bald im Wachstum stehen, während die oberen und unteren Partien der Ringfalte immer stärker in die Breite wachsen, je weiter sie von den Lidwinkeln entfernt sind. Auf diese Weise wird die anfangs fast kreisförmige oder ovale Öffnung zwischen den Lidrändern nicht konzentrisch eingeengt, sondern zur Lidspalte umgewandelt (Abb. 65, S. 72).

Anfang des dritten Embryonalmonats fangen die Lidanlagen an, sehr stark in die Breite zu wachsen. Die Ränder der beiden Lidanlagen werden einander bald bis zur Berührung genähert und zuletzt miteinander durch epitheliale Verklebung vereinigt (vgl. Abb. 71, S. 76 und Abb. 252). — Die epitheliale Lidrandverklebung persistiert beim Menschen gewöhnlich nur bis zum siebenten oder achten Embryonalmonat. Bei vielen Säugetieren dauert sie aber regelmäßig noch eine Zeitlang nach der Geburt. Die Jungen dieser Tiere werden wie man sagt, „blind geboren".

Das vom Ektoderm gebildete Epithel der Augenvorderwand entwickelt nie ein Stratum corneum, sondern nimmt das Aussehen einer Schleimhaut an. Das Kornealgewebe wird direkt von diesem Epithel bedeckt. Peripherwärts von der Kornea entwickelt sich dagegen zwischen dem Epithel und der Sklera eine dünne Schicht lockeres Bindegewebe, welches zusammen mit dem betreffenden Epithel die sog. Conjunctiva bulbi bildet. In ähnlicher Weise wie diese entwickelt sich die die Innenseiten der Augenlider auskleidende Conjunctiva palpebrarum, welche einerseits (an den Fornizes) in die Conjunctiva oculi, andererseits (an den Augenlidrändern) in die äußere Haut direkt übergeht.

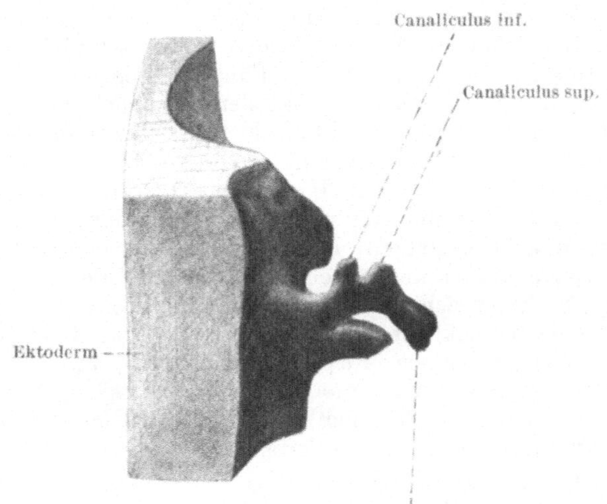

Abb. 250. Rekonstruktionsmodell der linken Tränenkanalanlage (noch nicht vollständig vom Hautepithel abgeschnürt) eines 11 mm langen Embryos. Schief von innen gesehen. Nach Fleischer (1906) aus Broman (1911).

Schon zur Zeit der Lidrandverklebung legt sich die Nickhaut als eine kleine Konjunktivalfalte am inneren Lidwinkel an. Dieselbe ist anfangs recht dick, wird aber später zusammengepreßt und dünner. Bis zur Mitte des Embryonallebens entwickelt sich die Nickhaut zu einer relativ ansehnlichen Bildung, die dem dritten Augenlid niederer Wirbeltiere [1] vollständig entspricht; nach dieser Zeit bleibt die Nickhaut aber in der Entwicklung immer mehr zurück und stellt beim Neugeborenen normalerweise nur ein rudimentäres Organ, die sog. Plica semilunaris dar.

Entwicklung der Tränenableitungswege.

Anfang des zweiten Embryonalmonats senkt sich von dem Epithel der Tränennasenfurche ab in die Tiefe eine Epithelleiste ein, die von dem Oberflächenepithel bald vollständig abgeschnürt wird (vgl. Abb. 250). Auf diese Weise entsteht ein solider Epithelstrang, der allseitig von Mesenchym umgeben wird und die Anlage des Ductus nasolacrimalis darstellt. Derselbe verlängert sich sowohl nach unten wie nach oben. Das untere Ende des Epithelstranges stellt sich zuletzt mit dem Epithel der betreffenden Nasenhöhle

---

[1] Bei gewissen Tieren (z. B. bei Vögeln und Anuren) wird die Nickhaut so stark entwickelt, daß sie die ganze vordere Augenfläche zu überspannen imstande ist.

in Verbindung. Von dem oberen Ende sprossen schon früh die Anlagen der
Canaliculi lacrimales als solide, relativ dicke Knospen heraus.

Erst bei etwa 3 cm langen Embryonen erreichen die Anlagen der beiden
Tränenröhrchen das Lidrandepithel, mit welchem sie bald verschmelzen. Diese
Verschmelzung findet am Oberlid in unmittelbarer Nähe des inneren Lidwinkels
statt, am Unterlid dagegen (entsprechend der größeren Länge des unteren
Tränenröhrchens) bedeutend mehr lateral (Abb. 251).

Etwas unterhalb der Stelle, wo sich die beiden Tränenröhrchenanlagen vereinigen, markiert sich schon früh als eine Verdickung die Anlage des Tränen-

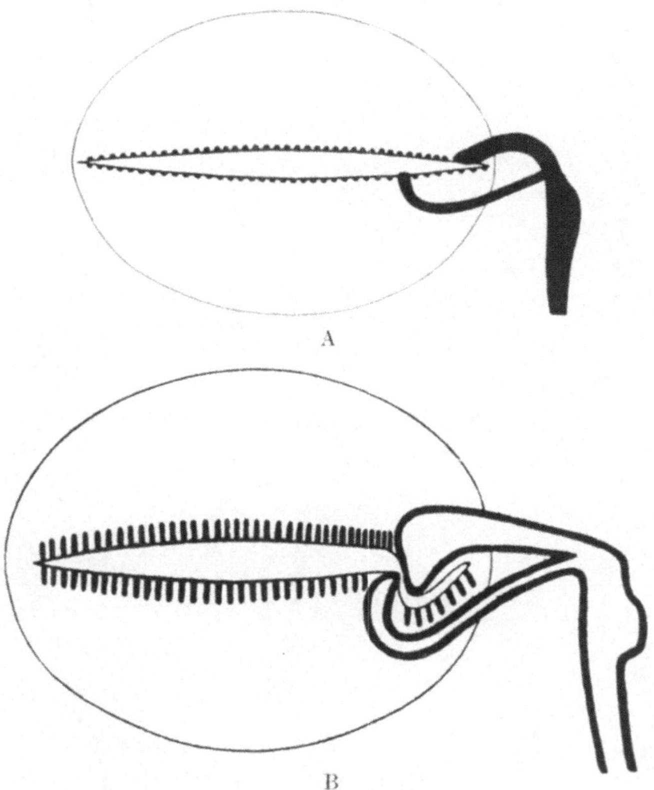

Abb. 251.   Schemata, die Entstehung des Tränenkarunkels aus dem unteren Augenlid
zeigend.   Nach Ask (1907) aus Broman (1911).

sacks. An dieser Stelle beginnt zuerst die Aushöhlung der bisher überall soliden
Kanalanlage. Anfang des vierten Embryonalmonats schreitet die Lumenbildung
bis zu den Mündungsstellen fort, die noch eine Zeitlang solid bleiben. Die Mündungsstelle des Ductus nasolacrimalis in der Nasenhöhle bricht Anfang des
fünften Embryonalmonats durch. Die werdenden Mündungsstellen der Canaliculi lacrimales markieren sich zu dieser Zeit schon als Erhabenheiten (die sog.
Puncta lacrimalia), werden aber erst im siebenten Embryonalmonat kanalisiert (Ask, 1908).

Entwicklung der Lidrandhaare und -drüsen.

Einige Zeit, nachdem die Lidränder miteinander vollständig epithelial
verklebt worden sind, beginnen an denselben die Anlagen der Wimpern (Zilien)

aufzutreten, und zwar als solide Epithelknospen, welche von dem Lidrandepithel aus in die mesenchymatöse Lidpartie hineinwachsen. — Schon im vierten
Embryonalmonat werden an den zuerst angelegten Zilien die Talgdrüsen-
anlagen als Ausbuchtungen erkennbar. In einem etwas späteren Stadium
(vgl. Abb. 252) werden von den Zilienanlagen aus auch Schweißdrüsen
(sog. Mollsche Drüsen) angelegt (Ask, 1908).

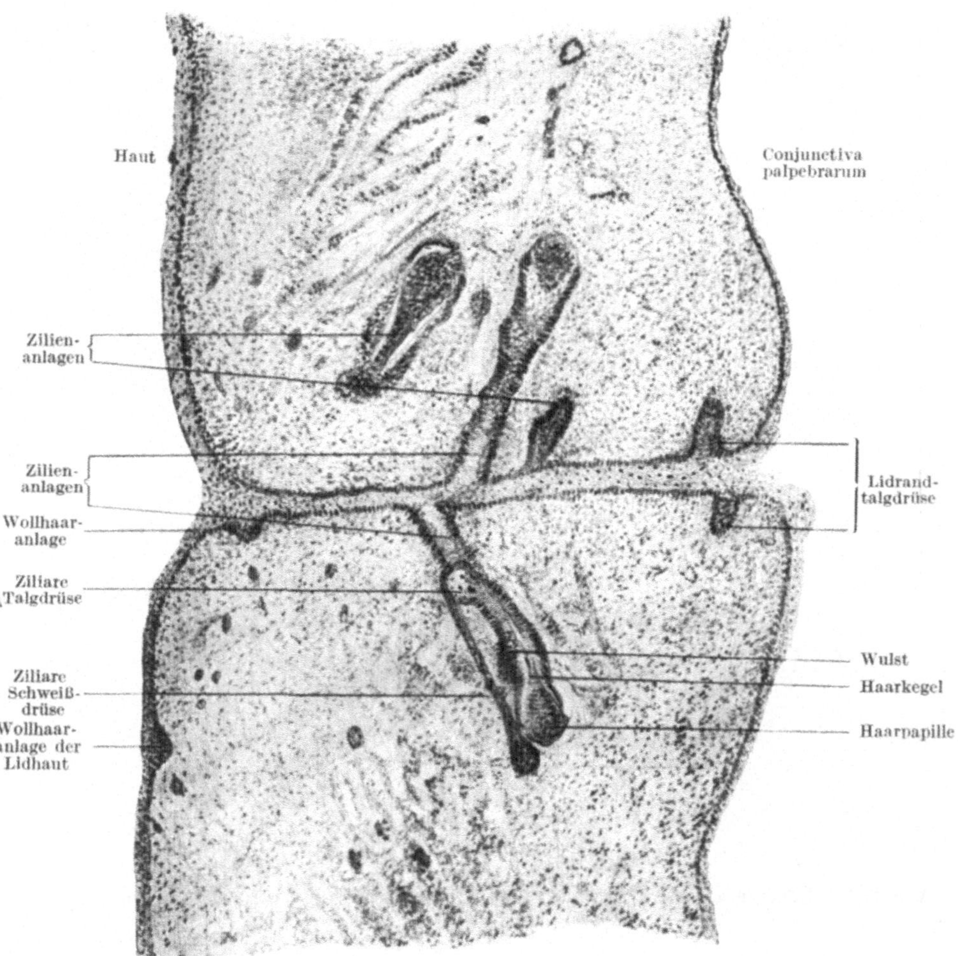

Abb. 252. Schnitt durch die verletzten Lidränder eines 17 cm langen Embryos.
Vergrößerung: 100 mal. — Nach Ask (1908) aus Broman (1911).

Hinter den Zilien entsteht bei etwa 13 cm langen Embryonen an jedem
Lidrand eine Reihe von Epithelknospen, die den Zilienanlagen anfangs sehr
ähnlich sind. Es sind dies die Anlagen der Lidrandtalgdrüsen (der sog.
Meibomschen Drüsen). Aus den betreffenden Epithelknospen entstehen
nämlich gar keine Haare, sondern sie werden ganz und gar zu der Bildung
von Talgdrüsenzellen verwendet.

Die Anlagen der Lidrandtalgdrüsen wachsen anfangs nur langsam in die
Länge. Im fünften Embryonalmonat verlängern sie sich aber tief in das Lid-

bindegewebe hinein und bekommen zahlreiche Seitensprossen. Gleichzeitig beginnen ihre Ausführungsgänge durch Zerfall der zentralen Zellen ausgehöhlt zu werden. Von diesem Stadium (Embryo 25 cm) ab kann man also von einer anfangenden Sekretion der Lidrandtalgdrüsen sprechen. Wenn die Anlagen der Lidrandtalgdrüsen einigermaßen groß geworden sind, sammeln sich um sie herum eine gemeinsame, immer dichtere Bindegewebshülle, die zuletzt fast knorpelähnlich hart wird und die Anlage des sog. Tarsus darstellt.

Entwicklung der Caruncula lacrimalis.

Wie Ask (1907) gezeigt hat, kommt das obere Punctum lacrimale medial von allen Zilien- und Drüsenanlagen des oberen Lidrandes zu liegen, während durch das untere Tränenröhrchen einige (allerdings erst später zum Vorschein kommende) Zilien- und Drüsenanlagen des Unterlidrandes von der übrigen Reihe sozusagen abgeschnitten werden und nasalwärts von den unteren Tränen-

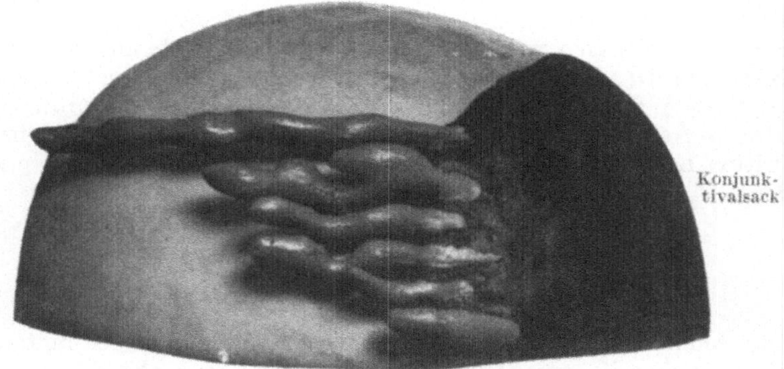

Abb. 253. Rekonstruktionsmodell der oberen Augenpartie mit Konjunktivalsack (dunkel) und Tränendrüsenanlagen eines 40 mm langen menschlichen Embryos. — Vergrößerung: 75 mal. — Nach Ask (1910) aus Broman (1911).

punkten zu liegen kommen (vgl. Abb. 251). Wenn nun in den [folgenden Stadien die Tränenröhrchen sich noch mehr vergrößern, scheint diese isolierte Drüsen- und Ziliengruppe in dem eigentlichen Lidrande keinen genügenden Raum mehr zu finden. Die ganze Gruppe mit dem sie einhüllenden Mesenchymgewebe wird daher vom unteren Augenlid immer mehr geschieden und hebt sich bald als eine Falte hoch, die wir als Karunkelanlage bezeichnen können.

Die Karunkelanlage behält nur kurze Zeit ihre ursprüngliche Beziehung zum unteren Lidrand. Allmählich wird sie nämlich in die Tiefe und nach dem medialen Lidwinkel hin verschoben und kommt zuletzt zusammen mit der rudimentären Nickhaut zu liegen.

Entwicklung der Konjunktivaldrüsen.

Bei 3—4 cm langen Embryonen wird die Tränendrüse angelegt, und zwar als mehrere (6—10) Epithelknospen, die aus der lateralen Partie des oberen Fornix conjunctivae hervorsprossen (Abb. 253).

Anfangs einfach und solid, werden die betreffenden Drüsenanlagen bald verzweigt und ausgehöhlt. Die zuerst gebildeten wachsen stark in die Länge und dringen hierbei temporalwärts hervor, der Konvexität der Bulbusanlage zuerst genau folgend. Hierbei werden sie von den Anlagen der Levatorsehne bzw. der Tenonschen Kapsel gekreuzt und in je zwei Portionen, eine distale

und eine proximale, gesondert. — Die proximalen Portionen der längeren Drüsenanlagen werden zusammen mit den später gebildeten, kürzeren Drüsenanlagen
von einer gemeinsamen Bindegewebshülle umgeben und stellen die sog. Lid-
portion der Tränendrüsen dar. Die distalen Portionen der längeren Drüsenanlagen werden ebenfalls von einer gemeinsamen Bindegewebshülle umgeben
und bilden zusammen die sog. Orbitalportion der Tränendrüse.

Entwicklung des Gesichtssinns.

Die Erregbarkeit der Netzhaut und die Fähigkeit, Licht zu empfinden,
sind schon zwei Monate vor dem normalen Geburtstermin vorhanden (Kußmaul, Preyer). Denn ein bis zwei Monate zu früh geborene Kinder zeigen
bald (einige Minuten oder Stunden) nach der Geburt Pupillenverengerung bei
starker Beleuchtung und wenden sich oft wiederholt dem Lichte zu. Wenn neugeborene Kinder im Dunkeln schlafen, kneifen sie die Lider stark zusammen,
ja erwachen sogar, wenn plötzlich ein helles Licht den Augen sehr nahe kommt
(Preyer).

In den ersten Tagen nach der Geburt wird sicherlich nur der Unterschied
von Hell und Dunkel empfunden. Erst vom dritten Monat an scheint die
Lichtperzeption des Kindes allmählich in eine Bildperzeption, d. h. ein
wirkliches Sehen überzugehen. Erst viel später (vielleicht erst im zweiten
oder dritten Lebensjahre) wird das Kind fähig, verschiedene Farben zu unterscheiden. Dieselben werden früher als Grau empfunden (Preyer).

Entwicklung des Ohres.

Das innere Ohr.

Etwa Anfang der vierten Embryonalwoche entsteht in der hinteren Kopf-
gegend — jederseits von Hinterhirnbläschen — eine Ektodermverdickung,
welche sich bald in das unterliegende Mesenchym einsenkt und so zu einem
Ohrgrübchen vertieft wird (Abb. 47, S. 59). Die Eingangsöffnung jedes
Ohrgrübchens wird bald immer kleiner und obliteriert zuletzt, indem die
Einstülpungsränder des Grübchens miteinander verwachsen. So entstehen aus
den beiden Ohrgrübchen zwei Ohrbläschen (oder Labyrinthbläschen),
welche Ende der vierten Embryonalwoche (bei etwa 3 mm langen menschlichen
Embryonen) noch durch je einen epithelialen Stiel mit dem Ektoderm verbunden sind, bald aber dieses Zeugnis ihrer Herkunft vollständig verlieren.
Jedes Ohrbläschen, von einer wasserhellen Flüssigkeit (der Endolymphe)
gefüllt, ist jetzt eiförmig und ohne Ausbuchtungen. Unmittelbar nach vorne
von dem Bläschen liegt das Ganglion acusticofaciale (Abb. 231, S. 291),
dessen Zellenausläufer sich einerseits mit dem naheliegenden Nachhirn, andererseits mit gewissen Zellen des Ohrbläschens in Verbindung setzen. — Vom Ektoderm wird das Bläschen durch eine relativ dicke Mesenchymschicht getrennt.

Fast unmittelbar nach der Abschnürung des Ohrbläschens wächst von
der medialen, oberen Partie desselben ein nach oben blind endigender Gang,
der Ductus endolymphaticus (Abb. 243, S. 312), aus. Bald nachher entstehen ebenfalls aus der oberen Partie des Ohrläppchens die drei halbzirkel-
förmigen Kanäle (bei 10—15 mm langen Embryonen). Diese Bogengänge
werden als abgeplattete, taschenförmige Ausstülpungen mit halbkreisförmigen
Umrissen angelegt. Im Randteil jeder Tasche persistiert nun das Lumen. Dagegen geht dieses in der mittleren Taschenpartie bald verloren, und zwar dadurch, daß die beiden Epithelwände sich hier fest aufeinander legen und, wie
es scheint, einer Art Druckatrophie anheimfallen. Die bei der Resorption der

mittleren Taschenpartie entstandenen „Wundflächen" heilen dann zusammen und der Bogengang ist gebildet (Abb. 254 A—C). Von den beiden Enden des Bogenganges, welche mit dem Labyrinthbläschen in Verbindung bleiben, ist das eine von Anfang an bauchig erweitert und bildet die sog. Ampulle.

Die obere Abteilung des Ohrbläschens, in welche die Bogengänge münden, bildet die Anlage des Utriculus. Diese wird schon früh durch eine nach innen vorspringende Falte von der unteren Bläschenpartie abgegrenzt. Von diesem

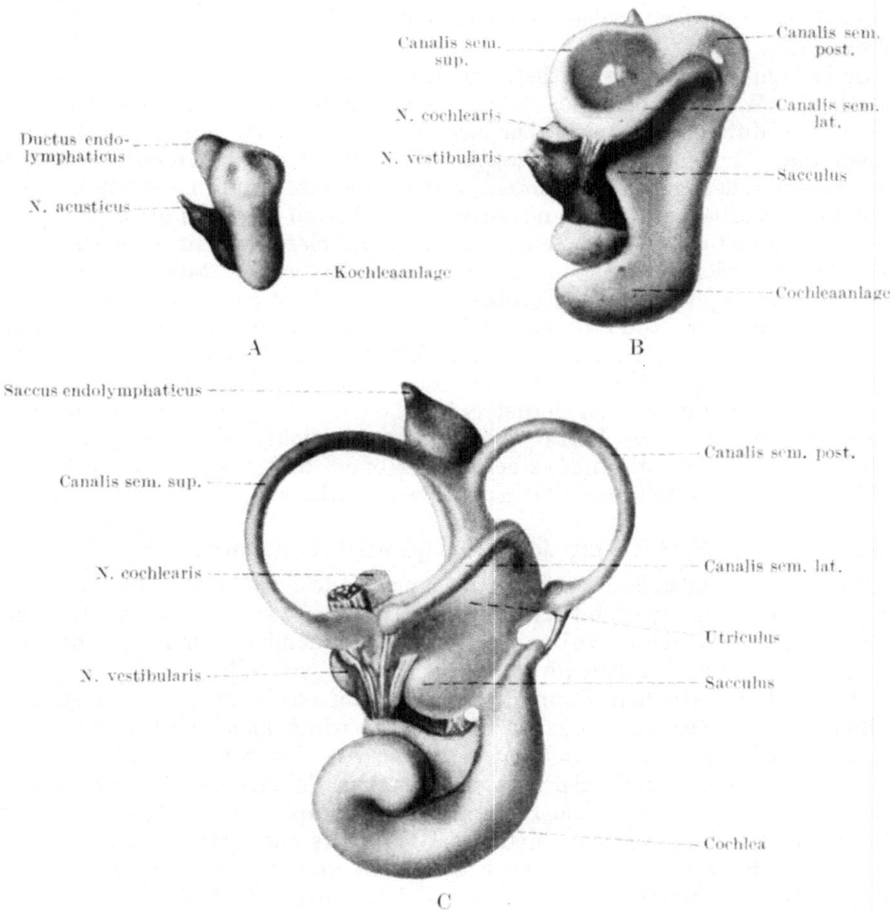

Abb. 254. Rekonstruktionsmodelle, die laterale Seite des Labyrinthbläschens zeigend; A von einem 6,6 mm langen Embryo; B von einem 13 mm langen Embryo; C von einem 20 mm langen Embryo. Nach Streeter (1907) aus Broman (1911).

unteren Teil der Labyrinthblase, welcher die Anlage des Sacculus darstellt, beginnt schon Ende der sechsten Embryonalwoche der Schneckengang, Ductus cochlearis, auszuwachsen. Dieser bildet zuerst nur eine lagenaähnliche Ausbuchtung der Sacculuswand (Abb. 254 B), verlängert sich aber bald zu einem langen, spiralig gebogenen Rohr, welches schon bei etwa 3 cm langen Embryonen die definitiven $2^1/_2$ Windungen bildet.

In der letzten Entwicklungsperiode des Labyrinthbläschens sondern sich die jetzt beschriebenen Teile desselben immer mehr voneinander. So wird der

Schneckengang größtenteils vom Sacculus abgeschnürt. Von der ursprünglich weiten Verbindung persistiert nur ein kurzes, feines Rohr, der Canalis
reuniens (Hensen). — Anderseits wird der Sacculus auch vom Utriculus
größtenteils isoliert. Die diese Bläschenpartien trennende Falte wächst nämlich
stark. Hierbei trifft sie gerade auf die Einmündungsstelle des Ductus endolymphaticus, dessen unteres Ende in zwei Schenkel gespalten wird. Der eine von
diesen Schenkeln kommt jetzt vom Utriculus, der andere vom Sacculus. Sacculus und Utriculus kommunizieren also nicht mehr direkt, sondern nur unter
Vermittlung von den beiden Wurzelschenkeln des Ductus endolymphaticus
miteinander.

Ursprünglich waren die epithelialen Zellen des Labyrinthbläschens einander
alle gleich. Während der oben beschriebenen Formentwicklung des häutigen
Labyrinthes differenzieren sich aber diese Zellen nach zwei verschiedenen Richtungen hin. Diejenigen Zellen, welche von den oben erwähnten Ausläufern
der Ganglienzellen getroffen werden, verlängern sich nämlich, bekommen auf
der freien Oberfläche Haare und entwickeln sich zu perzipierenden Sinneszellen, während die anderen Zellen der Labyrinthblase sich entweder zu Stützzellen der Sinneszellen ausbilden oder sich mehr oder weniger stark abplatten und
die indifferente Epithelwand der größeren Partie des häutigen Labyrinthes bilden.

Das Ganglion acusticum bleibt nach der Trennung desselben vom
Ganglion faciale (geniculi) längere Zeit ein einheitliches Ganglion. Bei
der Ausbildung der Cochlea wird indessen die untere Ganglionpartie von der
oberen isoliert und in der knöchernen Schnecke (als das sog. Ganglion spirale)
eingeschlossen. Die obere Partie des Ganglion acusticum bleibt dagegen außerhalb des knöchernen Labyrinthes liegen. Sie bildet das in der Tiefe des Meatus
auditorius internus gelegene Ganglion vestibulare.

Entwicklung des perilymphatischen Raumes.

Die die Labyrinthblase am nächsten umgebende Schicht der Blastemkapsel
geht nicht in Vorknorpel und Knorpel über, sondern wandelt sich in perilym-
phatisches Schleimgewebe um, welches allmählich immer mehr verflüssigt und so die perilymphatischen Räume ausfüllt.

Die perilymphatischen Räume konfluieren zu einem zusammenhängenden
größeren Raum, welcher das ganze häutige Labyrinth mehr oder weniger vollständig umgibt und sich durch einen engen von der Schnecke ausgehenden
Gang, den Ductus perilymphaticus, mit dem Subarachnoidalraum in Verbindung setzt. Zuerst tritt die Bildung des perilymphatischen Raumes an den
lateralen Seiten des Sacculus und des Utriculus auf. (Hier bleibt die Tiefe
des perilymphatischen Raumes auch zeitlebens am größten.) Später werden
auch die übrigen Seiten des Sacculus und Utriculus (mit Ausnahme von denjenigen Stellen, wo Nervenfasern zu dem häutigen Labyrinth treten) von dem
perilymphatischen Raum umflossen. Diese den Sacculus und den Utriculus
gemeinsam umschließende Partie des perilymphatischen Raumes benennen wir
Vestibulum. Von dem Vestibulum aus schreitet die Hohlraumbildung zuerst
in die Bogengangkapsel ein. Hier werden die drei Bogengänge von dem perilymphatischen Raum je für sich allseitig umgeben. — In ganz anderer Weise
verhält sich die Hohlraumbildung in der Schnecke. Der Ductus cochlearis
wird nämlich nicht allseitig, sondern nur auf zwei Seiten vom perilymphatischen
Raum umgeben.

Entwicklung der Schnecke.

Die Bildung der erwähnten Hohlräume ist mit der Entwicklung der eigentlichen Schnecke eng verknüpft. Ich werde sie darum zusammen beschreiben.

Als Ausgangspunkt nehme ich ein Stadium, worin der Ductus cochlearis sich schon in zwei Spiralwindungen gelegt hat. In einem Frontalabschnitt wird er also viermal getroffen. Die betreffenden Querschnitte desselben sind rund und liegen recht weit voneinander getrennt. Die knorpelige Kapsel umgibt den ganzen Ductus cochlearis, ohne zwischen den verschiedenen Windungen desselben Scheidewände einzuschieben. Die knorpelige Schneckenkapsel bildet — mit anderen Worten, — eine einfache, linsenförmige Höhle, welche außer dem Ductus choclearis und den zu demselben gehenden Nerven und Gefäßen eine recht große Menge Mesenchym einschließt.

Dieses Mesenchym wandelt sich größtenteils in faseriges Bindegewebe um. An der unteren[1] Seite des ganzen Ductus cochlearis geht indessen das Mesenchym in Schleimgewebe über. Diese spiralförmige Schleimgewebepartie verflüssigt bald und gibt zur Entstehung eines peritympanalen Raumes Anlaß, welcher unter dem Namen Scala tympani[2] bekannt ist. — Etwas später bildet sich an der oberen Seite des Ductus cochlearis in ähnlicher Weise ein zweiter peritympanaler Raum, dessen basales Ende von Anfang an mit dem Vestibulum zusammenhängt. Dieser obere peritympanale Raum der Schnecke wird darum Scala vestibuli genannt.

Die Bildung dieser beiden Scalae schreitet von der Schneckenbasis aus allmählich gegen die Schneckenspitze hin. An der letztgenannten Stelle konfluieren zuletzt die beiden (perilymphatischen) Scalae, welche sonst überall voneinander getrennt sind. Durch diese Kommunikationsöffnung (Helikotrema) kommt also die Scala tympani sekundär mit dem Vestibulum in direkte Verbindung.

Zuerst sind die beiden perilymphatischen Scalae klein und schließen fast nur den Ductus cochlearis (die Scala media oder die endolymphatische Scala) zwischen sich ein. Später vergrößern sich ihre Querschnitte stärker als die des Ductus cochlearis. Dieser bleibt hierbei in der Nähe der knorpeligen Schneckenkapsel liegen und sein Querschnitt wird unter dem Drucke der perilymphatischen Scalae triangulär. Die Letztgenannten dehnen sich besonders zentralwärts in der Schnecke stark aus und werden hier nur durch eine (Nerven und Gefäße einschließende) Membran, die Lamina spiralis, voneinander getrennt. Peripherwärts bleiben sie durch den Ductus cochlearis getrennt.

Von den beiden Scheidewänden der drei Scalae ist die obere von Anfang an die schwächere. Sie bekommt nur sehr wenig faseriges Bindegewebe und wird zu der dünnen Membrana Reissneri ausgezogen. Die die Scala media und die Scala tympani trennende Scheidewand bekommt mehr faseriges Bindegewebe und wird bedeutend dicker; sie bildet die periphere Partie der Lamina spiralis und ist die Trägerin des Gehörsinnesepithels (= des Cortischen Organs).

Ausbildung des knöchernen Labyrinthes.

Im fünften Embryonalmonat (bei 20—25 cm langen Embryonen) geht nun die knorpelige Labyrinthkapsel durch endochondrale Verknöcherung in spongiöse Knochensubstanz über. Außerdem findet aber in den aus faserigem Bindegewebe bestehenden Außenwänden des perilymphatischen Raumes eine direkte Verknöcherung statt, welche zu der Entstehung des elfenbeinharten knöchernen Labyrinthes Anlaß gibt.

---

[1] Ich denke mir hierbei (wie man bei der Beschreibung der Schnecke zu tun pflegt) die Schneckenanlage mit der Spitze nach oben gerichtet.

[2] Weil derselbe nur durch die Membrana tympani secundaria von der Trommelhöhle getrennt ist.

Die Form des so gebildeten knöchernen Labyrinthes stimmt, im großen gesehen, mit derjenigen des häutigen Labyrinthes überein. — An denjenigen Stellen, wo der Ductus endolymphaticus und der Ductus perilymphaticus liegen, wird natürlich die Labyrinthkapsel defekt oder — mit anderen Worten — von entsprechend verlaufenden Kanälen durchsetzt. Der den Ductus endolymphaticus einschließende Kanal geht vom Vestibulum aus und wird darum Aquaeductus vestibuli genannt. Der den Ductus perilymphaticus enthaltende Kanal kommt von der Scala cochleae und wird Aquaeductus cochleae genannt.

Entwicklung des Mittelohrraumes und der Tuba.

In der Entwicklung des Mittelohrraumes lassen sich nach Hammar (1902) drei gut charakterisierte Perioden unterscheiden:

1. Eine Anlegungsperiode, während welcher die Anlage des Mittelohrraumes sich aus der ersten Schlundtasche und der lateralen Partie des Schlunddaches herausdifferenziert. Diese Periode beginnt Ende der vierten und erstreckt sich bis in die siebente Embryonalwoche.

2. Eine Abtrennungsperiode, während welcher die gemeinsame Anlage des Mittelohrraumes und der Tube durch eine oralwärts fortschreitende Einschnürung von dem Schlunde größtenteils getrennt wird und nur eine kleine Kommunikationsöffnung in diesem behält. Diese Periode ist relativ sehr kurz und endet schon am Ende des zweiten Embryonalmonats.

3. Eine Umformungsperiode, während welcher der ursprünglich kleine und einfache Mittelohrraum sich mehr oder weniger unregelmäßig vergrößert und hierbei seine komplizierte, definitive Form annimmt. Diese Periode dauert das ganze folgende Embryonalleben und setzt sich auch im extrauterinen Leben fort.

Das Lumen der Trommelhöhle wird während der Umformungsperiode zuerst — durch relativ starke Vergrößerung der angrenzenden Gewebepartien — absolut verkleinert, ja sogar fast vernichtet (Hammar). Bald vergrößert es sich aber wieder, und zwar größtenteils unter Vermittlung des sog. peritympanalen Gallertgewebes. Dieses Gewebe, welches etwa um die Mitte des Embryonallebens in dem die Trommelhöhle zunächst umgebenden Bindegewebe zur deutlichen Ausbildung kommt, erfährt in den letzten Embryonalmonaten eine Erweichung, wodurch mehrere mit Flüssigkeit erfüllte, submuköse Höhlen gebildet werden. Der Inhalt jeder solcher Höhle scheint, nachdem die Erweichung einen gewissen Grad erreicht hat, sehr schnell resorbiert werden zu können. Daraus erklärt sich, daß die Trommelhöhle, welche sich auf Kosten solcher entleerten Höhlen vergrößert, sich nicht allmählich, sondern „sprungweise" (Hammar) erweitert.

Bei dieser durch das peritympanale Gallertgewebe vorbereiteten Erweiterung der Trommelhöhle kommen die Gehörknöchelchen und andere Bildungen (Chorda tympani, Ligamente und Muskelsehnen), welche sich ursprünglich außerhalb der Trommelhöhle befanden, zuletzt scheinbar frei in die Trommelhöhle zu liegen. Sie liegen aber in der Tat fortwährend außerhalb der die Trommelhöhle auskleidenden Schleimhaut, welche sie umgibt und durch mesenterienähnliche Falten (z. B. die Amboß-Steigbügelfalte) mit der Trommelhöhlenwand verbindet.

Beim reifen Embryo haben sowohl die eigentliche Trommelhöhle wie der Aditus ad antrum und das Antrum mastoideum alle fast ihre definitive Größe erreicht. Dagegen sind zu dieser Zeit noch keine Cellulae mastoideae gebildet, was indessen selbstverständlich erscheint, wenn wir in Betracht ziehen, daß der diese Zellen (beim Erwachsenen) einschließende Processus mastoideus noch nicht existiert.

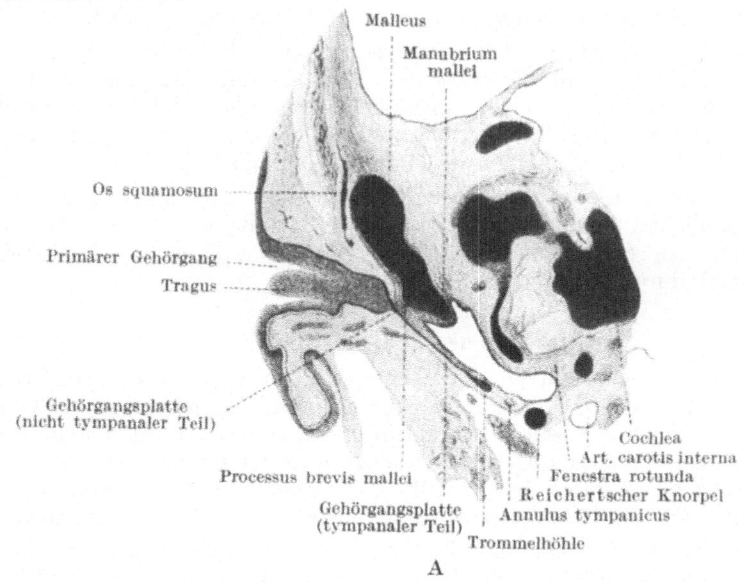

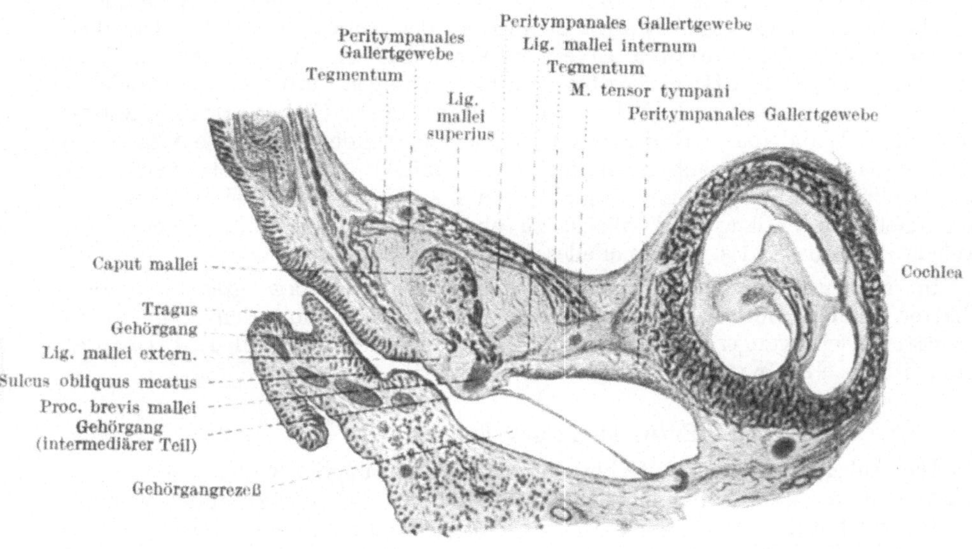

Abb. 255. Frontalschnitte durch die Anlage des äußeren Gehörgangs und der Trommelhöhle; A eines 7 cm langen (Sch.-St.-L.) Embryos. — Vergrößerung: 10 mal. — B eines 19 cm langen (Sch.-St.-L.) Embryos. — Vergrößerung: 5 mal. — Nach Hammar (1902) aus Broman (1911).

Unmittelbar nach der Abtrennung der eigentlichen Trommelhöhlenanlage von dem Schlunde ist die Tubaanlage ganz kurz und relativ weit. In der Umformungsperiode nimmt die Tuba aber rasch relativ stark an Länge zu und bildet nun ein verhältnismäßig schmales Rohr mit rundlichem Querschnitt (Hammar). Mit der Ausbildung des Tubenknorpels Ende des vierten Embryonalmonats bekommt die Tube allmählich das definitive spaltförmige Lumen, welches nur bei Schluckbewegungen erweitert und durchgängig wird.

Beim reifen Embryo ist die Tube indessen noch recht kurz. Dagegen ist sie ein wenig weiter als beim Erwachsenen. Das Ostium pharyngeum tubae liegt während der Embryonalzeit ursprünglich tiefer als der harte Gaumen, rückt aber in der späteren Entwicklung allmählich höher als dieser. Beim Neugeborenen liegt es in der Höhe des harten Gaumens.

Der Mittelohrraum ist während der Embryonalzeit von einer gewöhnlich wasserhellen gelblichen Flüssigkeit (Fruchtwasser) erfüllt, welche nach der Geburt im allgemeinen erst nach mehrstündigem Atmen (Lesser) vollständig ausgetrieben und durch Luft ersetzt wird.

Entwicklung des äußeren Ohres.

Das äußere Ohr entwickelt sich, wie erwähnt, aus der ersten Schlundfurche und aus den beiden diese Furche begrenzenden Bogen (vgl. Abb. 53—57 u. 65, S. 72). — Nicht die ganze Schlundfurche nimmt aber an der Bildung des äußeren Ohres teil. Sowohl die ventrale wie die dorsale Partie der Furche verstreichen nämlich sehr früh. Die persistierende, intermediäre Partie vertieft sich und bildet die Ohrmuschelgrube (Fossa conchae).

Die Ohrmuschelgrube behält eine Zeitlang nach oben und nach unten den Charakter einer Furche, breitet sich aber bald in der Mitte aus und bildet hier die Anlage der Cavitas conchae. Der obere Abschnitt der persistierenden Furche bildet später die Cymba conchae, der untere Abschnitt derselben ist die Anlage der Incisura intertragica. Aus der Anlage der Cavitas conchae wächst nach Hammar bei etwa 17 mm langen Embryonen ein trichterrörmiges, von Anfang an hohles Rohr (der primäre Gehörgang) einwärts. Die untere Wand dieses Rohres setzt sich in eine solide, epitheliale Platte, die Gehörgangplatte, nach innen fort (Abb. 255 A). Diese Platte verlängert sich nach innen und unten, schiebt sich hierbei an der unteren Wand der Trommelhöhle entlang und wächst zu einer großen rundlichen Scheibe aus, welche die Anlage des Trommelfelles begrenzt.

Im siebenten Embryonalmonat spaltet sich die Gehörgangplatte in zwei Blätter. Indem nun diese Spalte der Gehörgangplatte mit dem Lumen des primären Gehörganges in Verbindung tritt, entsteht der sekundäre oder definitive Gehörgang (vgl. Abb. 255 A u. B).

Entwicklung des Trommelfells.

Die Anlage des äußeren Gehörganges liegt ursprünglich recht viel ventralwärts von der Trommelhöhlenanlage. Indem aber die Letztgenannte ventralwärts verschoben wird, rückt sie der Gehörganganlage immer näher. Die ursprünglich dicke Mesenchymwand, welche diese beiden Anlagen trennte und in welcher sich der Griff und der kurze Fortsatz (Processus lateralis) des Hammers entwickeln, wird hierbei immer dünner und stellt die Anlage des Trommelfelles dar. Die Trommelfellanlage hat also nichts mit der Verschlußmembran der ersten Schlundspalte zu tun.

Eine freie laterale (untere) Fläche erhält die Trommelfellanlage erst mit der Spaltung der Gehörgangplatte. Die mediale (obere) Fläche derjenigen Trommelfellpartie, welche der eigentlichen Trommelhöhle gegenüber liegt — der Pars tensa — ist von Anfang an frei. Dagegen bekommt die Pars flaccida erst im zehnten Embryonalmonat (bei der Entstehung des sie begrenzenden Prussakschen Raumes) eine freie mediale Fläche (Hammar).

Erst Ende der Embryonalzeit ist also das Trommelfell an beiden Seiten vollständig frei. Zu bemerken ist, daß es zu dieser Zeit schon fast seine definitive Größe erreicht hat.

Entwicklung des Gehörganges.

In der Peripherie der Pars tensa des Trommelfells entsteht im dritten Embryonalmonat durch direkte Verknöcherung der Annulus tympanicus [die noch zur Zeit der Geburt ringförmige Anlage (vgl. Abb. 215 u. 216 D, S. 269) des später rinnenförmigen Os tympanicum].

Beim neugeborenen Kinde hat das Trommelfell eine mehr horizontale Stellung als beim Erwachsenen. Dach und Boden der medialen Gehörgangpartie liegen einander darum noch sehr nahe, vordere und hintere Wand fehlen hier noch.

Über die Entwicklung der Ohrmuschel wurde schon oben S. 76 berichtet.

Entwicklung des Gehörsinns.

Der menschliche Embryo hat vor seiner Geburt keinerlei Schallempfindungen. Auch das neugeborene Kind ist vollständig taub (Kußmaul, 1859, Preyer, 1882). Als Ursache hiervon würde man in erster Linie die den Mittelohrraum erfüllende Flüssigkeit und die Undurchgängigkeit des äußeren Gehörganges betrachten können. Denn Ansammlung von Flüssigkeit im Mittelohr und Verstopfung des äußeren Gehörganges durch einen Ohrenschmalzpfropf machen bekanntlich je für sich auch Erwachsene taub oder wenigstens schwerhörig. — Aber auch nach dem Wegbarwerden der schallzuleitenden Teile des Ohres (einen Vierteltag bis mehrere Tage nach der Geburt) ist die Schallunterscheidung nicht vorhanden (Preyer). Noch am siebenten Tage pflegt sogar starkes Anrufen das Kind nicht zu erwecken.

Bald nachher beginnt das Kind den Schall undeutlich wahrzunehmen. Die Schallempfindlichkeit nimmt von nun ab stetig zu und schon in der fünften Woche ist sie so groß geworden, daß der Schlaf selten bei Tag eintritt, wenn man im Zimmer umhergeht oder spricht (Preyer).

Die Entwicklung der Haut und ihrer Anhangsgebilde (Drüsen, Haare und Nägel).

Entwicklung der Oberhaut (Epidermis).

Die äußere, epitheliale Hülle des Körpers, die Oberhaut oder Epidermis, stammt von dem embryonalen Ektoderm her.

In frühen Embryonalstadien wird die Epidermisanlage gewöhnlich nur von zwei Zellschichten gebildet, nämlich einer oberflächlichen Lage platter Zellen, dem sog. Periderm, und einer tiefen Lage kubischer Zellen, dem sog. Stratum germinativum (Keimschicht).

Die anfangs kugel- oder linsenförmigen Peridermzellen werden allmählich ganz platt und, von der Hautoberfläche gesehen, relativ groß. Gleichzeitig bilden sie eine hornartige Hülle aus. Sie stellen jetzt eine Art harter Deckschicht des Körpers dar. Hand in Hand damit, daß sie fest werden, büßen sie ihre Teilungsfähigkeit ein. In späteren Embryonalstadien werden die älteren Peridermzellen allmählich abgeblättert und stetig durch neue (von dem Stratum germinativum stammend) ersetzt.

An gewissen Stellen des Embryonalkörpers (z. B. an den Eingängen von
Nase und Mund) können die Peridermzellen zwei- bis mehrschichtig werden
und sogar ganze Hügel bilden.

Die Zellen des Stratum germinativum, die Keimschichtzellen,
sind anfangs niedrig kubisch mit relativ großem Kern. Sie bleiben weich und
fortpflanzungsfähig und erzeugen durch ihre wiederholten Mitosen alle neue
Zellen der Epidermis (einschließlich aller epithelialen Anhangsgebilde der Haut).
Im dritten Embryonalmonat wird die Epidermis allmählich zuerst dreischichtig
und dann mehrschichtig.

In den untersten (der Lederhaut am nächsten liegenden) Epidermiszellagen
entstehen gewöhnlich erst nach der Geburt mehr oder weniger zahlreiche
(je nach der Rassenfarbe) Pigmentkörner. Sogar Negerkinder kommen
hellfarbig zur Welt. Sie beginnen aber schon am ersten oder zweiten Tag an
gewissen Körperstellen zu dunkeln und werden nach etwa sechs Wochen überall
dunkel.

Entwicklung der Lederhaut (Corium).

Das unterhalb der Epidermis liegende Mesenchym stellt die gemeinsame
Anlage der eigentlichen Lederhaut (des Corium) und des Unterhautgewebes
(der Tela subcutanea) dar. Das betreffende Mesenchym wandelt sich in der
oben (S. 252) beschriebenen Weise in lockeres Bindegewebe um.

Solange die Spannung der Haut noch nach allen Richtungen hin völlig
gleich ist, bleiben die Bindegewebsfasern der Lederhautanlage unregelmäßig
gelagert. Ende des dritten Embryonalmonats beginnen aber durch ungleich-
mäßiges Wachstum der verschiedenen Körperteile, in der Lederhautanlage
Spannungen aufzutreten, die zu einer mehr gleichmäßigen, fast parallelen Richtung der Bindegewebsbündel führen. Mit dem Beginn dieser parallelen Anordnung der Bindegewebsbündel entsteht auch eine gesetzmäßige Spaltbar-
keit der Haut (Burkard, 1903).

Von Interesse ist, daß die Spaltrichtung einer gewissen Hautpartie in der
Regel während der weiteren Entwicklung nicht dieselbe bleibt, sondern 2—3 mal
gesetzmäßig wechselt.

Das Corium differenziert sich in a) eine oberflächliche, feinfaserige
Lage mit sowohl parallel wie senkrecht zu der Hautoberfläche verlaufenden
Fasern, und b) eine tiefe, grobfaserige Lage, dessen Bindegewebsbündeln
meistens der Hautoberfläche parallel verlaufen. — Von der letzgenannten Lage
beginnt sich im dritten Embryonalmonat die Tela subcutanea abzugrenzen. —
Die Zellen der Lederhaut stellen zum größten Teil gewöhnliche Bindegewebszellen dar. Teilweise wandeln sich aber diese in Pigmentzellen oder in Fettzellen um.

Große, relativ tief gelegene Pigmentzellen können schon im vierten
Embryonalmonat im Corium auftreten. Später erscheinen kleinere Pigmentzellen, die eine mehr oberflächliche Lage haben. — Fettzellen beginnen
schon im vierten Embryonalmonat im Corium und in der Tela subcutanea
aufzutreten. Erst im sechsten Embryonalmonat werden aber die subkutanen
Fettzellenanhäufungen so groß, daß sie makroskopisch erkennbar sind.

Gemeinsame Formentwicklung der aneinander grenzenden Schichten von Epidermis und Corium. Entstehung von Hautleisten und Hautfalten.

Die Unterfläche der Epidermis liegt zuerst glatt der Oberfläche des Coriums
an und ist mit dieser nur lose verbunden. Ende des dritten Embryonalmonats
entstehen aber an der Unterfläche der Epidermis zahlreiche kleine Zacken,

die in entsprechenden Aushöhlungen des Corium verzahnt sind. Von nun ab bleiben die aneinander grenzenden Schichten von Epidermis und Corium miteinander intim und fest verbunden. Diese Verbindung wird auch durch alle Verschiebungen im Laufe der normalen Entwicklung nie getrennt (Pinkus, 1910).

Auf den schon vorher angelegten sog. Tastballen (vgl. oben S. 70) der Finger- und Zehenspitzen beginnt bei etwa 9 cm langen Embryonen eine aus abwechselnden hellen und dunklen Linien gebildete Streifung aufzutreten. Diese Streifung wird von Epidermis-Leisten hervorgerufen, die sich in das unterliegende Corium einsenken (Abb. 256).

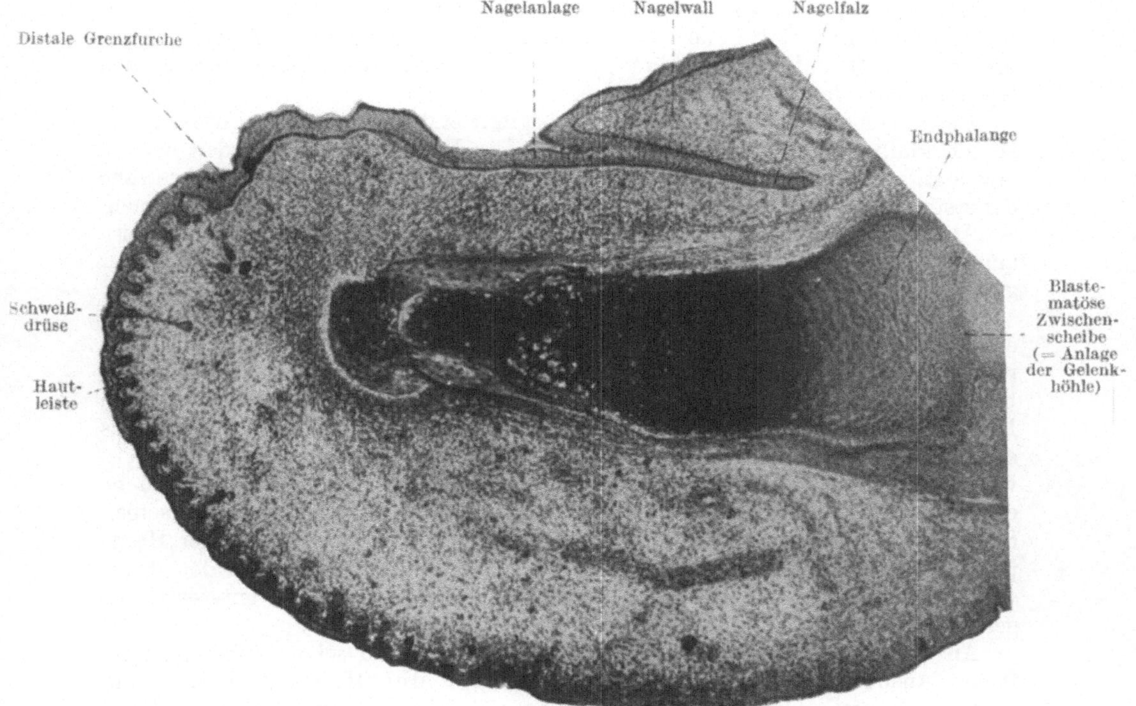

Abb. 256. Längsschnitt durch ein Fingerende eines 16 cm langen Embryos, die Hautleisten zeigend. — Vergrößerung: 60 mal. — Nach Broman (1911).

Diese zuerst gebildeten Epidermisleisten werden auch Drüsenleisten (Blaschko) genannt. An ihrer unteren Kante kommen nämlich bald die Schweißdrüsenanlagen in regelmäßigen Abständen voneinander hervor (Abb. 256).

Nach der Bildung der Drüsenleisten bleibt die Epidermisoberfläche über denselben noch eine Zeitlang vollständig glatt. Mitte des fünften Embryonalmonats bildet sich aber über jede Drüsenleiste eine entsprechend verlaufende Erhebung an der Epidermisoberfläche. Die Epidermisleistenbildung schreitet in der Folge im allgemeinen proximalwärts an den Handtellern und Fußsohlen fort, dabei von Anfang an die definitiven Leistenmuster ausbildend. — Zwischen den Drüsenleisten entstehen später kleinere Epidermisleisten (sog. Zwischenleisten), die den erstgenannten parallel verlaufen, aber keine Drüsenanlagen ausbilden.

Die Bedeckung der Handteller und Fußsohlen mit Epidermisleisten ist Mitte des Embryonallebens beendet. Nach dieser Zeit entstehen aber von den

Leisten aus niedrige papillenförmige Epidermisbildungen (sog. Retezapfen), die ebenfalls in die obere Coriumlage eindringen. — Diese obere Coriumlage wird selbstverständlich wie ein Abguß der unteren Epidermisfläche gestaltet und Hand in Hand mit der Ausbildung der Epidermisleisten und -zapfen an ihrer Oberfläche immer unebener. Zwischen den Epidermisleisten und -zapfen sendet sie jetzt sog. Coriumpapillen hinauf. Von nun ab nennt man auch die ganze Oberschicht des Corium den Papillarkörper.

Entwicklung der Haare.

Die ersten Haaranlagen treten im Gesicht (bei etwa 3 cm langen Embryonen) auf, und zwar in der Augenbrauengegend (vgl. Abb. 77 u. 78, S. 81) und an der Oberlippe. Wahrscheinlich entsprechen diese Haaranlagen den Spürhaaren der übrigen Säugetiere.

Das allgemeine Lanugohaarkleid beginnt erst viel später (bei etwa 10 cm langen Embryonen) angelegt zu werden. Die Lanugohaare werden einzeln angelegt. An vielen Körperstellen entstehen aber bald in unmittelbarer Nähe der ersten Haaranlagen je zwei neue, so daß sog. Dreiergruppen zustande kommen. — Alle Haare, große und kleine, frühe und späte, werden in gleicher Weise angelegt. Die Histogenese der verschiedenen Haare können wir daher gemeinsam behandeln (vgl. Abb. 252).

Die erste deutliche Anlage eines Haares („Haarkeim") ist derjenigen einer Schweißdrüse zur Verwechslung ähnlich. Sie besteht aus einer hügelförmigen Ansammlung von Epidermiszellen, die in das Corium einbuchtet. Der Haarkeim wächst immer länger in die Tiefe und bildet so einen Haarzapfen, der aus einer Außenschicht von Zylinderzellen und aus einer Innenpartie von polygonalen Zellen besteht. Bei seinem Längenwachstum stellt sich der Haarzapfen immer etwas schief zur Hautoberfläche ein. Die Haare derselben Hautpartie werden im allgemeinen nach derselben Seite hin gleichmäßig schief gerichtet, während diejenigen verschiedener Hautpartien je nach der Wachstumsart und den Spannungsverhältnissen der Hautschichten verschiedene Richtung bekommen. In dieser Weise entstehen die gesetzmäßigen Haarströme des Körpers.

An einer gewissen Seite des Haarzapfens bilden sich schon frühzeitig zwei flache Ausbuchtungen, eine obere (die Anlage der Haartalgdrüse) und eine untere (die Anlage des Haarbeetes). Gleichzeitig wird das untere Ende des Haarzapfens von einer Chorionpapille, der Haarpapille, konkav eingebuchtet.

Die Haarpapille wird in der Folge immer höher. Über ihre Spitze vermehren sich die Zellen des Haarzapfens stark und bilden den sog. Haarkegel, eine konische Zellenmasse, deren Spitze nach oben gerichtet ist. Die den Haarkegel seitlich umgebende Partie des Haarzapfens bildet die Anlage der äußeren Haarwurzelscheide.

Nur die innere Partie des Haarkegels stellt die eigentliche Haaranlage dar. Die äußere Zellenschicht des Haarkegels wird zu der sog. inneren Wurzelscheide des werdenden Haares. Haarkeim und Haarzapfen stellen also größtenteils die Anlage des Haarfollikels und nur zum kleineren Teil die Anlage des eigentlichen Haares dar.

Die innere Wurzelscheide verhornt zu allererst und am stärksten. Die innerhalb derselben gebildete Haaranlage verhornt erst etwas später. Durch Neubildung am Follikelgrunde, wo die sog. Matrixzellen des Haares liegen, wächst das Haar in die Länge und wird gleichzeitig mit seiner Spitze immer mehr nach oben verschoben. Zwischen den Matrixzellen des Haares entstehen verästelte Pigmentzellen, die weiterhin im Haar mit emporsteigen und später den anderen Haarzellen ebenfalls Pigmentkörnchen mitteilen (Pinkus).

Das verhornte Haar wird bald der inneren Wurzelscheide zu lang. Es perforiert dann das obere Ende dieser Scheide und dringt durch die äußere Wurzelscheide und die Epidermis durch den sog. Follikeltrichter weiter. Hierbei passiert das Haar durch eine Epidermispartie, die sich zu einer Art Haarkanal präformiert hat, und bricht zuletzt an der Epidermisoberfläche durch. Die Richtung der an der Hautoberfläche sichtbar gewordenen Haare ist von Anbeginn gesetzmäßig angelegt und hängt wohl von der Wachstumsart der Haut und der unterliegenden Gewebe ab (Voigt, 1857).

In der schon im Stadium des Haarzapfens aufgetretenen Talgdrüsenanlage beginnt bald die spezifische Verfettung der zentralen Zellen. Die Drüse bekommt dann einen hohlen Ausführungsgang, der an der schmalsten Stelle des Haarfollikels (dem „Isthmus") in die äußere Wurzelscheide mündet. — An derselben Seite des Haares, wo Talgdrüse und Haarbeet liegen, tritt im Corium die Anlage des Musculus arrector pili in Gestalt ähnlicher Zellen auf.

Zur Zeit der Geburt scheinen die Haare schon vollzählig angelegt zu sein. Ja, an gewissen Stellen sind sie beim Neugeborenen sogar zahlreicher als beim Erwachsenen. Offenbar gehen also einige Haare zugrunde, ohne durch neue ersetzt zu werden. Die ersten Haare haben nur kurze Lebensdauer. Teilweise werden sie schon vor der Geburt abgestoßen. In der Regel nimmt aber gleichzeitig ein neues Haar den Platz des alten ein.

Entwicklung der Nägel.

Bereits bei 3 cm langen Embryonen wird am Rücken jeder Nagelphalange das sog. „primäre Nagelfeld" mikroskopisch erkennbar, indem das Epithel hier 3—4schichtig und die Keimschichtzellen kubisch werden. Bald nachher markiert sich das Nagelfeld auch äußerlich, und zwar sowohl durch eine scharfe Umgrenzung (vgl. Abb. 61 B, S. 70) wie durch ein glattes Aussehen. Die scharfe Umgrenzung wird durch eine proximal und an den beiden Seiten auftretende Erhebung, den Nagelwall, hervorgerufen. An der Grenze zwischen Nagelwall und Nagelfeld stülpt sich die Epidermis in das Corium ein, den sog. Nagelfalz bildend (vgl. Abb. 256).

Die wahre Nagelanlage bildet sich in den tieferen Epidermisschichten unterhalb der proximalen Grenzfurche aus, und zwar als eine kleine Hornlamelle, die sich bald proximalwärts bis zum proximalen Nagelfalzrand und distalwärts bis zur distalen Grenze der später sog. Lunula (Halbmond) ausbreitet. — Die in diesem Entwicklungsstadium unterhalb der Nagelanlage liegende Epidermisschicht nimmt überall an der Nagelbildung teil und wird daher Nagelmatrix genannt. Von dieser aus wird der Nagel vom ersten Beginn an so gebildet und distalwärts verschoben wie später während des ganzen Lebens.

Der distale Rand des neugebildeten Nagels verschiebt sich zuerst innerhalb der Epidermis des Nagelfeldes distalwärts. Die den Nagel deckenden Epidermisschichten (Periderm, Keratohyalinschicht und blasige Zellenschicht), die gewöhnlich mit dem gemeinsamen Namen Eponychium bezeichnet werden, werden erst in späteren Entwicklungsstadien von dem Nagel abgeblättert. Auf diese Weise bekommt der Nagel seine definitive, oberflächliche Lage. — Hervorzuheben ist aber, daß das Eponychium nicht vollständig zugrunde geht, sondern proximal zeitlebens als schmaler (1—3 mm) Saum bestehen bleibt, der mit dem Nagel stetig aus dem Falz hervorwächst. — Wenn der Nagel die vordere Hauptpartei des Nagelfeldes durchwachsen hat, beginnt sein Vorderrand erst frei zu werden. Derselbe ist anfangs sehr dünn. Erst nach der Geburt wird er allgemein stärker.

Wie schon oben angedeutet wurde, trägt die Hauptpartie des Nagelbetts vor der Lunula zur Nagelbildung nicht das geringste bei, obgleich sie mit der Unterfläche des Nagels in Verbindung bleibt. Diese Nagelbettpartie bildet zu gleicher Zeit, wenn auch sonst an den Fingern und Zehen Epidermisleisten und Zapfen entstehen, die Längsleisten des Nagelbettes mit ihren Zapfen aus.

Entwicklung der Schweißdrüsen.

Die Schweißdrüsen beginnen im vierten Embryonalmonat zu entstehen, und zwar zuallererst an solchen Körperstellen (Handteller, Fußsohlen)

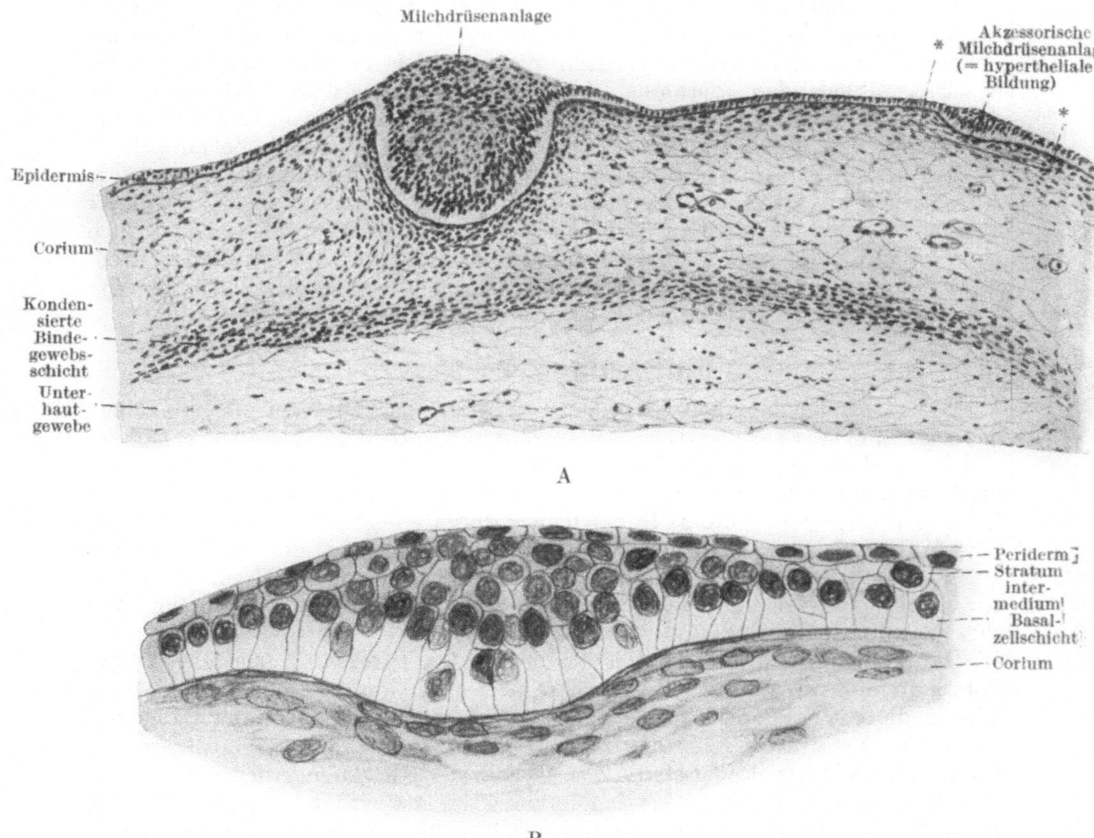

Abb. 257. A. Querschnitt durch die Brusthaut eines 25 mm langen Embryos in der Höhe der Milchdrüsenanlage. Vergrößerung: 100 mal. B die Partie zwischen * * mit der akzessorischen Milchdrüsenanlage, stärker vergrößert, 500 mal. — Nach Broman (1911).

die zeitlebens haarlos bleiben. Die jungen Schweißdrüsenanlagen sind, wie schon erwähnt, den jungen Haaranlagen zur Verwechslung ähnlich. Gleich wie diese bestehen sie nämlich aus soliden Epidermisknospen, die sich in das unterliegende Corium einsenken.

Diese Epidermisknospen verlängern sich allmählich zu soliden, flaschenförmigen Epidermiszapfen (Abb. 256), die sich dadurch von den Haarzapfen zu unterscheiden anfangen, daß an ihren Enden keine Papillanlagen von dem Corium gebildet werden. — Von diesem Stadium ab lassen sich also die Drüsenzapfen auch an behaarten Körperstellen diagnostizieren. Sie verlängern sich in den folgenden Entwicklungsstadien immer mehr und beginnen im 6. Embryonalmonat, sich unten zu schlängeln.

Bis zum siebenten Embryonalmonat bleiben sie ohne Lumen. Zu dieser Zeit erzeugt aber eine beginnende Sekretion der Drüsenzapfenzellen hier und da Interzellularspalten, die weiterhin zu einem gemeinsamen Hohlraum zusammenfließen. Auf diese Weise (und also nicht, wie in den Talgdrüsen, durch Zugrundegehen der zentralen Zellen) entsteht das Lumen der Schweißdrüse.

Die dieses Lumen begrenzende Schweißdrüsenwand besteht anfangs überall aus zwei Epithelzellschichten. Diese persistieren als solche zeitlebens

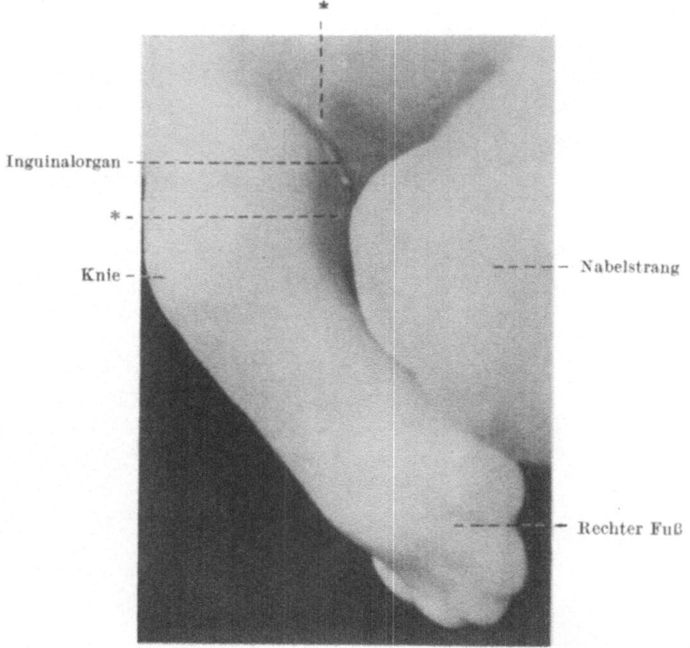

Abb. 258. Rechte Inguinalgegend und rechtes Bein von einem 20 mm langen menschlichen Embryo. Von vorn und oben gesehen. — Vergrößerung: 15 mal. — Nach Broman (1925). Sowohl oberhalb des Inguinalorgans (an der Bauchwand) wie unterhalb desselben (an der Innenseite des Oberschenkels) ist je eine hypertheliale Bildung (*) zu sehen.

in dem Ausführungsgang der Drüse. In dem sezernierenden Drüsenteil aber flacht sich die äußere Epithelschicht ab und wandelt sich in eine Schicht glatter Muskulatur um (Koelliker, 1889).

Entwicklung der Milchdrüsen.

Die Milchdrüsen sind unsere ältesten Hautdrüsen. Phylogenetisch stammen sie wahrscheinlich von den Drüsen des Seitenlinienorgans der Wasserwirbeltiere her (Broman, 1920), und ontogenetisch werden sie viel frühzeitiger als andere Hautdrüsen angelegt.

Schon bei 6—7 mm langen Embryonen entsteht ein breiter Streifen höheren Hautepithels, der zwischen oberer und unterer Extremitätanlage derselben Seite verläuft und von Schwalbe als Milchstreifen bezeichnet worden ist. Innerhalb dieser relativ breiten Streifen entwickelt sich bei 9 mm langen

Embryonen als schmale leistenförmige Verdickung die Milchleiste, die sich auch beim Menschen — in fast derselben Weise wie bei Säugetieren mit mehreren Milchdrüsen — von der Achselhöhle bis zur Leistengrube erstreckt (vgl. Abb. 55, S. 67 u. Abb. 118 A, S. 129). Die obere Partie der Milchleiste ist beim menschlichen Embryo von Anfang an am stärksten entwickelt, und von dieser bildet

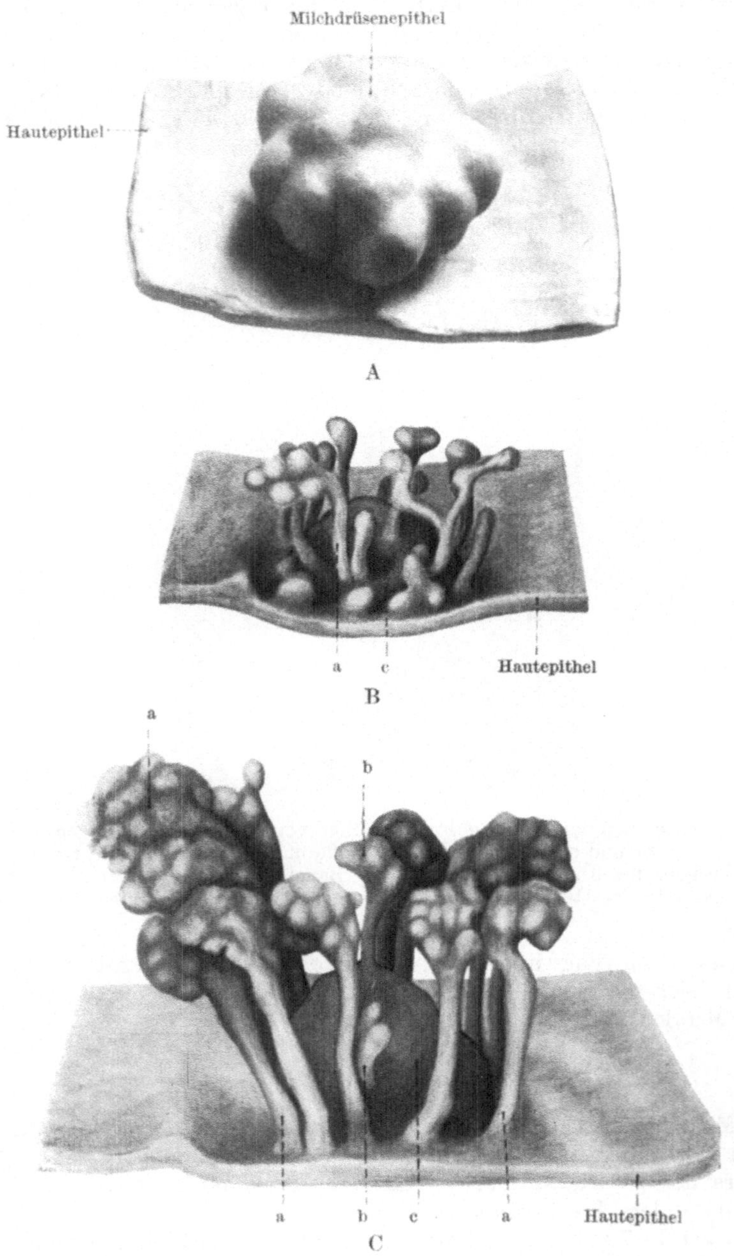

Abb. 259. Rekonstruktionsmodelle der epithelialen Milchdrüsenanlagen von innen gesehen. A von einem 13 cm langen Embryo. Vergrößerung: 100 mal. B von einem 27 cm langen Embryo. Vergrößerung: 50 mal. C von einem 38 cm langen Embryo. Vergrößerung: 50 mal.

sich die definitive Milchdrüsenanlage aus. Meistens entstehen aber sowohl in der Brust- wie in der Leistengegend „hypertheliale Bildungen" oder „überzählige Milchdrüsenanlagen" (vgl. Abb. 65, S. 72 und Abb. 258), die normalerweise schon Anfang des dritten Embryonalmonats wieder zurückgebildet werden, aber in anomalen Fällen sich mehr oder weniger weit ausbilden und zeitlebens persistieren können.

Die Milchdrüsenanlage ist nach Rein (1882) zuerst hügelförmig, dann linsenförmig und dann zapfenförmig (Abb. 118 A, 211 u. 257). Im vierten Embryonalmonat wird die zapfenförmige Milchdrüsenanlage durch besonders starkes Wachstum ihrer unteren Partie kolbenförmig (Abb. 259 A). Von der Peripherie des Epithelkolbens beginnen (im 5. Embryonalmonat) einfache, solide Drüsenzapfen (Abb. 259 B u. C) auszuwachsen. Diese fangen im achten Embryonalmonat an, hohl zu werden und sich zu verzweigen. Zu dieser Zeit verhornt die innere Partie des Epithelkolbens und wird durch Wegfall der zentralen verhornten Zellen ausgehöhlt. Die auf diese Weise entstandene zentrale Höhle tritt jetzt mit den eigentlichen Drüsenlumina in Verbindung. Diese Höhle wird gewöhnlich im 8.—10. Embryonalmonat ausgekrempelt, so daß ihr Epithel die Spitze der sich gleichzeitig aufhebenden Brustwarze bedeckt.

Vor der Geburt entwickeln sich die Milchdrüsen ebenso stark bei männlichen Individuen wie bei weiblichen. Unter dem Einfluß der Plazentarhormone, die die mütterlichen Milchdrüsen zur Sekretionstätigkeit zwingen, beginnen auch die Milchdrüsen des geburtsreifen Fetus zu sezernieren. Durch Druck auf die Milchdrüsen lassen sich daher bei neugeborenen Kindern kleine Sekrettropfen (sog. Hexenmilch) hervorpressen, die im wesentlichen dieselben Bestandteile wie normale Frauenmilch enthalten.

Der Warzenhof markiert sich deutlich erst, wenn die Lanugohaare der Brusthaut hervorsprossen, und zwar zunächst nur dadurch, daß derselbe haarlos bleibt. — Im fünften Embryonalmonat beginnen an demselben die Anlagen der Glandulae areolares als verzweigte Schweißdrüsen aufzutreten.

Entwicklung des Gefühlsinns.

Die Sensibilität des Embryo tritt relativ spät auf, und zwar viel später als die Motilität (Preyer, 1885). Ende des achten Embryonalmonats soll indessen die Reflexerregbarkeit (beim Kitzeln der Handinnenfläche, der Fußsohle oder der Nasenschleimhaut) etwa dieselbe wie bei reifen Neugeborenen sein (Kußmaul, Genzmer).

Über die Entwicklung der sensiblen Nervenendigungen inklusive der sog. Terminalkörperchen wissen wir nicht vieles. So viel scheint indessen sicher zu sein, daß die Terminalkörperchen alle aus dem Mesenchym entstehen.

Die Anlagen der Vaterschen Körperchen sind nach W. Krause (1860) schon bei menschlichen Embryonen vom Ende des fünften Monats zu unterscheiden. — Bei Neugeborenen sind die Körperchen schon ganz denen der Erwachsenen ähnlich, nur kleiner und aus einer geringeren Anzahl von Kapseln bestehend (Henle u. Koelliker, 1844).

Die Tastkörperchen sind erst beim siebenmonatlichen Embryo in den Papillenspitzen der Vola manus nachweisbar (Krause, 1860). „Das neugeborene Kind besitzt bereits ebensoviel Tastkörperchen und folglich Nervenendapparate an seinen viel kleineren Fingern und Zehen wie der Erwachsene. Es hat auch entsprechend feineren Raumsinn. Mithin entstehen nach der Geburt nach W. Krause (1902) keine neuen Tastkörperchen (und wohl überhaupt keine neuen Terminalkörperchen).

Sachverzeichnis.

Abduzens 314.
Achsenzylinderfortsatz 310.
Acustico facialis 314.
Aftergrube (Analgrube) 137.
Akardie 84.
Allantoisgang 62.
Alveolarfortsätze 96.
Amnion (innere Eihaut) 30.
Amnionhöhlung 28.
Amnionflüssigkeit 30.
Ampulla recti 150.
Analgrube 137.
Analöffnung 137.
Annulus tympanicus 208.
Anthropologie 25.
Aorta 210, 236.
Aortae descendentes, Schicksal derselben 236.
Aortenverschmelzung 232.
Aortenzweige, intersegmentale 212.
Appendices epiploicae 150.
Appendix vermiformis 145.
Aquaeductus cerebri (Sylvii) 297.
Area embryonalis (Embryonalplatte oder Keimscheibe) 29, 32.
Armarterien 240.
Armskelett 271.
Arteria carotis comm. 239.
— — externa 239.
— — interna 239.
— coeliaca 238.
Arteriae carotides primitivae 211.
Arteria epigastrica 239.
Arteriae umbilicales 110, 236.
Arteria femoralis 241.
— iliaca communis 237.
— intercostalis suprema 239.
— ischiadica 241.
— mammaria interna 239.
— mesenterica inferior 238.
— — superior 238.
— omphalo-mesenterica 238.
— ophthalmica 240.
— pulmonalis 236.
— sacralis media 233.
— spermatica interna 23.
— stapedia 266.
— subclavia 240.
— vertebralis 239.
Atlas 261.

Atmungsorgane 114.
Atrioventrikularklappen 229.
Auge, Ontogenese 317.
Augenbecher 317.
Augenbinnenmuskeln 322.
Augenblase 301, 317.
Augenbrauen 83.
Augenhaare 83, 327.
Augenkammer 325.
Augenlider 75, 77, 325.
Augenlinse 317.
Augenmuskelnerven 314.
Autosit 84.

Bauchspeicheldrüse 168.
Bauchstiel 32.
Befruchtung, intrazellulare 19.
Befruchtungsfähigkeit der Spermien 11.
Befruchtungsstelle 18.
Befruchtungszeit 17.
Beinarterien 241.
Beinentwicklung 70.
Beinskelett 272.
Bewegungsfähigkeit des Embryos 82.
— der Spermien 11.
Bildperzeption 330.
Bindegewebe 251.
Bindegewebsknochen 256.
Blastemkranium 264.
Blinddarmentwicklung 139.
Blut 57.
Blutbildung in der Leber 214.
— in der Milz 212.
— in dem Knochenmark 215.
Blutentwicklung 213.
Blutgefäße, primitive 57.
— definitive 232.
Blutinseln 58, 210.
Blutkörperchen 59, 213.
Bogengänge des Labyrinthbläschens 331.
Brachialplexus 313.
Bronchialverzweigung 122.
Bronchioli respiratorii 130.
Bulbourethraldrüsen 204.
Bursa infracardiaca 153, 154.
— omentalis 151, 153, 155.

Canaliculi lacrimales 327.
Canalis inguinalis 209.

Canalis neurentericus 46, 47.
— Nuckii 208.
Cartilagines arytaenoideae 119.
Cartilago cricoidea 118.
— epiglottica 119.
— thyreoidea 118.
Caruncula lacrimalis 329.
Cauda equina 287.
Cellulae ethmoidales 92.
Cerebellum 292.
Chemotaxis der Spermien 18.
Chievitz'organ 101.
Choane, primitive 86.
Chonchae nasales 90.
Chorda dorsalis 46, 49.
Chordaplatte 49.
Chorioidea 324.
Chorion (= äußere Eihaut) 38.
— villi 34.
— frondosum 35, 39.
— laeve 35.
Chromosomen der Geschlechtszellen 9, 13, 22.
Clavicula 271.
Cölom intraembryonales 55.
— extraembryonales 30, 55.
Columnae rectales 151.
— renales 185.
Commissura anterior 306.
— cerebri magna 306.
— habenularum 306.
— posterior 306.
Corona radiata 12, 16.
Corpora quadrigemina 298.
— cavernosa penis 207.
— mamillaria 300.
Corpus callosum 306.
— cavernosum urethrae 207.
— ciliare 321.
— luteum verum 18.
— rubrum 17.
— striatum 307.
Cortis Organ 333.
Crura cerebelli 295.
Cumulus ovigerus 12, 14, 194.
Curvatura major ventriculi 133.
— minor ventriculi 133.

Darmanlage, entodermale 59.
Darmdrüsen 147.
Darmlänge 143.

Darmnabel 59.
Darmrohrentwicklung 135, 139.
Darmwandentwicklung, histologische 145.
Darmzotten 146.
Decidua 36.
— vera (parietalis) 37.
— basalis (serotina) 38.
— capsularis (reflexa) 37.
— compacta 36, 39.
— spongiosa 37.
Dendriten 310.
Dentin 98.
Descensus ovariorum 209.
— testiculorum 208.
Deziduazellen 40.
Dienzephalon 299.
Doppel- und Mehrfachbildungen 83.
Doppellippe 97.
Doppelmonstra 84.
Dorsalzweige der Aorta 238.
Dotterblase (-sack) 32, 41.
Dotterblasengang (-stiel) 32, 41, 138.
Dottersackkreislauf 212.
Drüsenleisten der Oberhaut 339.
Ductus cochlearis 331.
— deferens 200.
— endolymphaticus 330, 334.
— nasolacrimalis 326.
— nasopalatinus incisivus (Stenonis) 90.
— hepato - pancreaticus 137, 168.
— perilymphaticus 332, 334.
— thoracicus 246.
— thyreoglossus 113.
Dünndarm 139.
Duodenalatresie, physiologische 141.

Eier, abnorme 16.
Eierstockentwicklung 192.
Eifurchung 27.
Eihüllen 16.
Eihäute, Entstehung der 30.
Ei-Implantation 35.
Eikammer 33.
Eikern 16.
Eileiterentwicklung 196.
Ektoderm 28.
Ektodermbläschen 28.
Ektodermknoten 28.
Embryonalanlage, primitive 29, 44.
— rudimentäre 2.
Embryonalblase 32, 48.
Embryonaldarm 59.
Embryonalknoten 28.
Embryonalplatte (-schild) 32, 48.
Embryotrophe (= Embryofutter) 33.

Empfängnishügel des Eies 19.
Enddarm 136, 150.
Endozölom 55.
Endstück des Spermiums 8.
Entoderm 28.
Entodermbläschen 28, 32.
Entodermknoten 28.
Entwicklung, monophyletische 26.
— polyphyletische 26.
Ependymzellen 285.
Epidermis 337.
Epidermisleisten 339.
Epididymis 200.
Epiglottisanlage 119.
Epiphysen 256.
Epiphysengrenzknorpel 256.
Epistropheus 262.
Eponychium 341.
Epoophoron 198.
Erbfaktoren 9.
Ersatzzahnanlagen 97.
Exozölom 30, 32, 55.
Extremitätarterien 240.
Extremitätenentwicklung 66, 78.
Extremitätenmißbildungen 86.
Extremitätenskelett 270.
Extremitätmuskeln 278.
Extremitätvenen 244.

Fastigium 293.
Fettgewebe 242.
Fettschicht, subkutane 83.
Fetus 1, 77.
— papyraccus 84.
Fila olfactoria 93.
Filum terminale 287.
Fissura calcarina 305.
— chorioidea 304.
— hippocampi 305.
— parieto-occipitalis 305.
— Sylvii 304.
Follikelzellen 11.
Fontanellen 270.
Foramen coecum der Zunge 113.
— epiploicum Winslowi 153.
— ovale primit. 220.
Fornices vaginae 198.
Fornix 306.
— conjunctivae 326.
Fossa recto-uterina 195.
— vesico-uterina 195.
— Sylvii (cerebri) 304.
Fruchtschmiere (Vernix caseosa) 82.
Funktionswechsel 2.
Furchung 27.
Fußentwicklung 71.

Gallenblase 168.
Gallengänge 168.
Gameten 28.
Ganglion acusticum 332.

Gaumen, definitiver 90.
— primärer 87.
Gaumenleisten 87, 90.
Gaumenspalte 90.
Geburtsreife 209.
Gefäßentwicklung 210.
Gefühlsinn 345.
Gehirn 289.
Gehirnanlage, erste 49.
Gehirnblasen, primäre 289.
Gehirnbrücke 295.
Gehirnentwicklung 289.
Gehirnfurchen 304, 307.
Gehirngewicht 309.
Gehirnnerven 313.
Gehirnsegmentierung 291.
Gehirnsubstanz, graue und weiße 307.
Gehörgang 336, 337.
Gehörknöchelchen 266, 269.
Gehörsinn 337.
Gelenkentwicklung 257.
Gendefekte 23.
Gene 7, 23.
Genitalfalten 205.
Genitalhöcker 205.
Genitalia feminina externa 205.
— masculina externa 205.
Genitalstrang 195.
Genitalwülste 205, 206.
Geschlechtsbestimmung 24.
Geschlechtsdiagnose 206.
Geschlechtschromosom 9, 24.
Geschlechtsdrüsen 190.
Geschlechtsdrüsenligamente 191, 208.
Geschlechtsorgane 190.
Geschlechtsteile, äußere 78, 205.
Geschlechtszellen 4.
Geschmacksempfindungen 106.
Geschmacksknospen 105.
Gesichtsentwicklung 74.
Gesichtsmuskeln 278.
Gesichtssinn 330.
Gesichtsspalte, schräge 96.
Geschmacksempfindungen 105.
Geschmacksorgan 105.
Geschmackszwiebeln 105.
Gewicht des Embryos 82, 83.
Glandula nasalis lat. maj. 92.
Glandulae bulbo - urethrales (= Glandulae Cowperi) 204.
— sublinguales 100.
Glandula parotis 100.
— submaxillaris 100.
Glandulae vestibulares majores (= Glandulae Bartholini) 204.
Glans clitoridis 205.
Glaskörper 323.
Glaskörpergefäße 324.

Glossopharyngeus 311.
Graafsche Follikel 12.
Graviditätsdauer 43.
Großhirnfissuren 304.
Großhirnfurchen (-Sulci) 307.
Großhirnhemisphären 302.
Großhirnkerne 307.
Großhirnkommissuren 306.
Gubernaculum testis 208, 209.
Gyrus dentatus 305.

Haarentwicklung 340.
Haarwechsel 341.
Haftstiel (= Bauchstiel) 30, 32.
Haftzotten 33, 39.
Hals 65.
Halsarterien 239.
Halsmuskeln 278.
Halsstück des Spermiums 9.
Halsvenen 244.
Hämatopoetische Organe 214.
Handentwicklung 69.
Harnblase 202.
Harnkanälchen 181, 188.
Harnorgane 176.
Hassalsche Thymuskörper-
     chen 110.
Hauptbronchien 120.
Hauptstück des Spermium-
     schwanzes 8.
Haustra coli 149.
Hautentwicklung 337.
Hautleisten 338.
Hautnabel 32.
Hemmungsmißbildungen 85.
Hensenscher Knoten 44.
Herzentwicklung 215.
Herzkammerentwicklung 226.
Herzlageveränderungen 231.
Herzvorhöfe 220.
Herzwachstum 231.
Heterozygoten 28.
„Hexenmilch" 345.
Hinterdarm 59.
Hirnfissuren 304.
Hirngewicht 309.
Hirnmantel 303.
Hirnschenkel 296.
Hodenentwicklung 191.
Hufeisenniere 189.
Hüftbeinanlage 273.
Hyoidbogen 266.
Hypoglossus 315.
Hypophyse 301.
Hypospadie 206.
Hypothalamus, Pars mamil-
     laris 300.
— — optica 301.

Idiozom 5, 7, 12.
Ileum 143.
Implantation des Eies 35.
Innerohr 330.
Insula cerebri 304.

Interkostalarterien 239.
Interrenalorgan 173.
Interstitielle Hodenzellen 192.
Intervertebralscheibe 260.
Intervillöser Blutraum 38.
Interzellularsubstanz 250.
Iris 322.

Jungfernzeugung 23.

Kardia 133.
Karunkelanlage 329.
Kaudalhöcker 66.
Kehlkopfentwicklung 116.
Kehlkopf, Lageveränderung
     desselben 117.
Keimblätter 30, 44.
Keimscheibe (= Embryonal-
     platte) 32, 44.
Keimstränge 192.
Kieferhöhle 92.
Kiemenbogen 62, 106.
Kiemenfurchen 61, 106.
Kiementaschen 61, 106.
Kiemenbogenarterien 10, 210, 235.
Kiemenbogenskelett 265.
Kindsbewegungen 82.
Kleinhirn 292.
Kleinhirnschenkel 295.
Klimakterium (= Menopause,
     Katamenien) 17.
Klitoris 205.
Kloake 136.
— ektodermale 66, 137.
— entodermale 63, 136.
Kloakenbucht 137.
Kloakenhaut (Kloakenmem-
     bran) 48, 137.
Kloakenhöcker 66.
Knochengewebe 254.
Knochen, knorpelpräformierte 254.
Knochenkranium 267.
Knochenmarkhöhle, primäre 255.
Knochenresorption 256.
Knochenverbindungen 257.
Knochenwachstum 256.
Knorpelgewebe 252.
Konjunktiva 325.
Konjunktivaldrüsen 329.
Konjunktivalfalten (Fornices
     conjunctivae) 326.
Kopfarterien 239.
Kopfentwicklung 72.
Kopfganglien 282.
Kopfkappe des Spermiums 7.
Kopfmuskeln 278.
Kopfskelettentwicklung 264.
Kopfvenen 244.
Korium 338.
Kornea 325.
Körperform 64.
Körperhaare 82.

Körperhöhlen 246.
Kotyledonen 39.
Kraniumverknöcherung 267.
Kreislauf, primitiver 59.
Kreuzwirbel 262.
Kryptorchismus 209.

Labia majora 205.
— minora 205.
Labyrinthbläschen 330.
Labyrinthkapsel 333.
Längenwachstum 83.
Lanugo (Wollhaare) 77, 83.
Larynxentwicklung 116.
Larynxknorpel 117.
Lateralzweige der Aorta 237.
Lebensfähigkeit 83, 84.
Leberatrophie 163.
„Leberbucht" 137.
Leberentwicklung 137, 158.
— histologische 167.
Lebergefäße 164.
Lebergröße 163.
Leberlappen 162.
Leberläppchen 168.
Leberligamente 161.
Leberwulst 65.
Lederhaut 338.
Leibeswandvenen 212.
Leukozyten 215.
Lichtperzeption 330.
Lidranddrüsen 328.
Lidrandhaare 328.
Lidrandtalgdrüsen 328.
Lidrandverklebung 325.
Ligamenta uteri rotunda 197, 209.
— lata 197.
Ligamentum hyo-thyreoideum
     lat. 110.
Linsenblase 75, 322.
Linsenentwicklung 322.
Linsengrube 75, 322.
Linsenkapsel 323.
Linsenkern 323.
Lippenbildung 96.
Lobus olfactorius 304.
— pyramidalis thyreoideae 113.
Luftfüllung der Lungen 128.
Luftröhre 119.
Lumbosakralplexus 313.
Lungenalveolen 126.
Lungenanlagen, entodermale 114, 120.
— mesodermale 114, 119, 124, 126.
Lungenarterien 130.
Lungenbau zur Zeit der Ge-
     burt 128.
Lungenentwicklung 119.
— extrauterine 128.
Lungenformentwicklung 124.
Lungenfurchen 125.
Lungengefäße 126.

Lungenläppchen 126.
Lungenlappen 125.
Lungenspitzen 125.
Lungenvenen 130.
Lungenwurzel 125.
Lutein 17.
Luteinzellen 17.
Lymphdrüsenentwicklung 246.
Lymphgefäßentwicklung 244.

Magendarmarterien 238.
— Wanderung derselben 238.
Magendrehung 132.
Magendrüsen 135.
Magenentwicklung 132, 135.
Magenfundus 133.
Magenkapazität 135.
Magenmuskulatur 135.
Magenwand, histologische Ausbildung derselben 135.
Mandibularbogen 62.
Markamnionhöhle (= Amnionhöhlung) 28.
Medulla oblongata 291.
Medullarplatte 48, 49.
Medullarrinne 49.
Medullarrohr 51.
Mekonium 145.
Membrana bucco-nasalis 86.
— bucco-pharyngea 61, 86.
— nterdiscalis 260.
Menopause (= Klimakterium) 17.
Menstruation 16.
Mesenchym (= Bindegewebsblastem) 56.
Mesenzephalon 296.
Mesenterialrezesse 152.
Mesenterien 152.
Mesenterium commune 158.
Mesoblast (= Mesoderm) 30.
Mesoderm 30.
Mesodermale Magenanlage 132, 135.
Mesokardien 215.
Metenzephalon 292.
Milchdrüsen, akzessorische 345.
Milchdrüsenentwicklung 343.
Milchstreifen 343.
Milchzähne 100.
Milchzahnentwicklung 97.
Milzentwicklung 170.
Milzligamente 171.
Mißbildungen der Körperform 83.
Mißbildungslehre (Teratologie) 3.
Mißbildungsursachen, innere 3.
— äußere 3.
Mitteldarm 59.
Mittelohrentwicklung 334.
Mittelohrraum 334.
Morula 27.
Morulamesoderm 28, 44, 57.

Motorische Nervenwurzeln 309.
Müllersche Gänge 190, 194, 196, 200.
Mundbucht 61.
Mundhöhle, definitive 95.
— primitive 86.
Mundhöhlendrüsen, Entwicklung derselben 100.
Mundöffnung 61, 65.
Muskeldefekte 280.
Muskelentwicklung 275.
Muskelzellen 275.
Muskulatur, glatte 277.
— quergestreifte 276.
Mutation 25.
Mutterkuchen (Plazenta) 33.
Myelenzephalon 291.
Myelinscheide 309.
Myoblasten 276.
Myosepta 276.
Myotom (= Muskelplatte) 56, 275.

Nabel 41.
Nabelbruch 78, 139, 140.
Nabelbruchreposition 141.
Nabelstrang 33, 40, 43, 65.
— Ausbildung desselben 40.
Nabelstranginsertion 41.
Nabelschnurdrehung 41.
Nachgeburt 43.
Nachniere (Metanephros) 179.
Nackenbeuge 65.
Nackengrube 65.
Nagelentwicklung 341.
Nasenbeine 95, 267.
Nasendrüsen 92.
Nasenentwicklung 74.
Nasenfortsätze 74.
Nasengrube 74.
Nasenhöcker 75, 79.
Nasenhöhlen 90.
Nasenknorpel 94.
Nasenmuscheln 90.
Nasennebenhöhlen 92.
Nasenscheidewand 90.
Nasenwände, knöcherne 95.
— knorpelige 94.
Nebenmilzen 171.
Nebennierenentwicklung 172.
Nebennierengefäße 174.
Nephrogene Blastemmasse 180.
Nerven, periphere 309.
Neurilemma 310.
Neuroblasten 285.
Neurogliazellen 285.
Neuromeren 291.
Neuron 285.
Neuropori 51.
Nickhaut 326.
Nierenbecken 185.
Nierenentwicklung 179.
Nierengefäße 189.
Nierenlage 188.

Nierenlappen 185.
Nierenmark 187.
Nierenrinde 187.
Nucleus pulposus 261.

Oberhaut 337.
Oberkieferfortsatz 74.
Oberkieferknochen 270.
Oberlippe 75.
Oculomotorius 314.
Odontoblasten 98.
Ösophagusanlage, entodermale 130.
— mesodermale 131.
Ösophagusmuskulatur 131.
Ösophagusvakuolen 131.
Ohrbläschen 330.
Ohrgrübchen 330.
Ohrfalte 76.
Ohrhöckerchen 75.
Ohrmuschel 336.
Ohröffnung 75.
Ohr, Ontogenese desselben 330.
Olfaktorius 314.
Omentum majus 156.
— minus 156.
Ontogenie, normale 1, 24, 26.
— abnorme 3.
— der Geschlechtszellen 4.
Oogenese 11.
Oogonien 11.
Oozyte 1. Ordnung (= Vorei) 11.
— 2. Ordnung (= Eimutterzelle) 11.
Optikus 314.
Organon Jacobsoni 93.
Ossifikation, enchondrale 255.
— perichondrale 254.
Osteoblasten 254.
Osteoklasten 255.
Os tympanicum 268.
Ovarien 192.
Ovulation 17.

Paläontologie 24.
Pallium 303.
Pankreasentwicklung 137, 168.
— histologische 170.
Papillae circumvallatae 104, 105.
— filiformes 104.
— foliatae 104, 105.
— fungiformes 104.
Parasit 84.
Parasympathikus 315.
Parathyroideadrüsen 110.
Parotis 100.
Parthenogenese, normale 23.
Pedunculus cerebri 296.
Penisvorhaut 206.
Perichondrium 254.

Perikardiopleuroperitoneal-
  höhle 248.
Perikardium 246.
Perilymphatischer Raum 332.
Periost 257.
Peritympanales Gallertgewebe
  334.
Phylogenese 23, 24, 26.
Pigmentierung des Augen-
  bechers 318.
— der Haut 338.
Plazenta, Bau und Sitz der-
  selben 39.
— capsularis 37.
— fetalis 35.
— materna 38.
— materna, Entstehung der-
  selben 38.
Plastosomen 7, 9, 12.
Plexus chorioideus 304.
Plica semilunaris 326.
Polzellen (= Polozyten) 13.
Pons 295.
Prämaxillare 270.
Präputium 206.
Primärfollikel 11, 193.
Primitivgrube 45.
Primitivknoten 44.
Primitivrinne 45.
Primitivstreifen 44.
Primordialei (= Oogonie) 11,
  194.
Primordialkranium (knorp-
  liges) 264.
Processus styloideus 267.
— vaginalis peritonei 207.
Progressive Mißbildungen 4.
Prostata 205.
Protoplasmaballen, abge-
  schnürte 9.
Protoplasmahülle des Sper-
  miumkopfes 9.
— des Spermiumverbindungs-
  stückes 9.
Pubertät (= Geschlechtsreife)
  4, 16.
Puncta lacrimalia 327.
Pupillarmembran 325.
Pylorusanlage 134.

Rachenhaut 86.
Raphe perinealis 205.
Rathkesche Tasche (= Hy-
  pophysensäckchen) 301.
Recessus pneumato-enterici
  152.
Regio olfactoria 92, 93.
Regressive Mißbildungen 3.
Reife (Pubertas) 4, 16.
Reifei 15.
Reifungsperiode der Eier 12.
Reifungsteilungen 6, 13.
Reizleitungssystem des Her-
  zens 231.
Rektum 144.
Renkuli 186.

Rete ovarii 198.
— testis 191.
Retina 317, 319.
Rhinenzephalon 304.
Rhombenzephalon 289, 290.
Richtungskörperchen (= Pol-
  zellen) 13.
Riechfeld 74.
Riechgrube 74.
Riechhirn 304.
Riechnerven 92, 314.
Riechzellen 92.
Riesen 85.
Riesenspermien 11.
— Entstehung derselben 11.
Rindenfurchen des Großhirns
  307.
Rippenanlagen 258, 263.
Rückbildung des Uterus post
  partum 43.
— des Geruchsorgans 93.
Rückenmark 283.
— erste Anlage 58.
Rückenmarksblase, kaudale
  287.
Rückenmarkshäute 289.
Rückenmuskeln 278.
Rudimentäre Organe 3.
Rumpfmuskeln 278.
Rumpfnerven 310.
Rumpfschwanzknospe 47.

Sacculus 331.
Sakrum 262.
Samen 10.
Samenblasen 200.
Scheitelbeuge 64.
Schilddrüsenentwicklung 106,
  111.
Schlundtaschen 106.
Schlundtaschenderivate 107.
Schmelzbildung 99.
Schmelzorgan 97.
Schnecke 332.
Schwanz 63, 65.
Schwanzarterien 210, 233.
Schwanzdarm 63.
Schwanzfaden des Spermium
  5, 8.
Schwanzknöpfchen 8.
Schwanzknospe 46.
Schwanzwirbel 262.
Schweißdrüsenentwicklung
  342.
Schwimmfähigkeit der nor-
  malen Spermien 10.
Schwimmhaut 70.
Sehnerv 317.
Sehorgan 317.
Sekundärfollikel (= Graaf-
  sche Follikel) 12, 17, 194.
Semilunarklappen 228.
Sensible Nervenwurzeln 282.
Septum aortico-pulmonale
  227, 228.

Septum atriorum 220.
— pellucidum 297.
— pericardiaco-peritoneale
  248.
— pericardiaco-pleurale pri-
  mitivum 248.
— transversum 247.
— urorectale 136.
— ventriculorum 226.
Sinnesorgane 317.
Sinus frontalis 92.
— maxillaris 92.
— sphenoidalis 92.
— urogenitalis 202.
— venosus 222.
Skelettentwicklung 258.
Sklera 324.
Sklerotomzellen 56, 57.
Skrotalsack 208.
Skrotum 207.
Somatopleura 55, 57.
Somiten 51.
Somiten-Zahl 52, 55.
Somitenzölom 55.
Somitenstiele 55.
Spaltrichtungen der Haut 338.
Speicheldrüsen 100.
Speiseröhre 130.
Sperma 10.
Spermiden 5.
Spermien, normale 7.
— abnorme 10.
— Bedeutung derselben 11.
Spermiogenese 5.
Spermiogonien 4.
Spermichistogenese 5.
Spermiozyten 1. Ordnung 4.
— 2. Ordnung 4.
Spermiumkern 22.
Spermiumkopf 7.
— Entstehung desselben 7.
Spermovium 19, 22.
Spinalganglien 281.
Spinalnervenstämme 310.
— Entstehung derselben 309.
— Verzweigung derselben
  342.
Spiralhülle des Spermiums 9.
Splanchnopleura 55, 57.
Stammlappen des Großhirns
  303.
Sternalleiste 264.
Sternum 264.
Stimmbänder 117.
Stirnnasenfortsatz 74.
Stützgewebe 250.
Sulci des Großhirns 307.
Sulcus naso-lacrimalis 75.
Sympathikusentwicklung 315.

Taeniae coli 149.
Talgdrüsen 82.
Tastballen 71.
Tasthaaranlagen 77.
Tastkörperchen 345.
Telenzephalon 301.

Teratologie 3.
Testes 191.
Thalamenzephalon 299.
Thalamus 299.
Thorakoabdominalmuskeln 278.
Thymusentwicklung 107.
Thyreoideaanlage 107, 111.
Tonsillen 107.
Trachea 119.
Tracheallumen 119.
Trachealringe, knorpelige 119.
Tränenableitungswege 326.
Tränendrüse 329.
Tränennasenfurche 75.
Tränensack 327.
Trigeminus 314.
Trochlearis 314.
Trommelfell 336.
Trommelhöhle 334.
Trophoblast 29, 33.
Trophoblastzellen 28.
Tuba auditiva 335.
Trophoblastschale 33.
Tuberculum impar 103.

Umbilikalgefäße 41.
Umbilikus (= Nabel) 40.
Unterhautgewebe 338.
Unterkiefer 269.
Ureier 11.
Ureterentwicklung 180.
Urethra feminina 202.
Urethraldrüsen 202.
Urethrallippen 206.
Urethralrinne 205.
Urniere (= Mesonephros) 177.
— Rückbildung derselben 179, 198.
Urnierenarterien 178.
Urnierenfalten (= Plicae pleuroperitoneales 179.
Urnierenfunktion 179.
Urogenitalfalte 195.
Urogenitalöffnung 137.
Urogenitalrohr 136, 201.
Urogenitalsystem 176.
Urorektalfalten 136.
Ursamenzellen 4.
Ursegmente (Somiten) 51, 55.
Ursegmentplatte (= Muskelplatte) 56.
Utero-vagina masculina 200.
Uterus 198.
Uterusligamente 197.

Uterusschleimhaut 198.
Uterusveränderungen während und nach der Gravidität 35.
Uterusverkleinerung 198.
Utrikulus 331.
Uvulaanlage 87.

Vagina 198.
— masculina 200.
Vagoakzessorius 315.
Valvula ilio-coecalis 148.
— pylori 134.
Vasa omphalo-mesenterica 212.
Vena azygos 243.
— cardinales 212.
— cava inferior 167.
— — superior (dextra) 243.
— — — sinistra 244.
— hemiazygos 243.
— hepatica 167.
— omphalo-mesenterica 212, 218.
— portae 167.
— suprarenalis 174.
— umbilicales 160, 165.
Ventralzweige der Aorta 237.
Ventriculus laryngis 117.
— terminalis 289.
Verbindungsstück des Spermiums 8.
Verdauungsorgane 130.
Vererbungsträger des Eies 16.
— des Spermiums 9.
Verhornung der oberflächlichen Hautzellen 337.
Verknöcherung, intramembranöse 256.
— periostale 254.
Vernix caseosa 82.
Verwachsungen, sekundäre, in der Bauchhöhle 156.
Vesicula prostatica 200.
— seminalis 200.
Vestibulardrüsen 204.
Vestibularfurche 96.
Vestibularleiste 96.
Vestibulum des Innerohres 332.
— oris 97.
— vaginae 202.
Vierhügel 298.
Vollreife 83.
Vorderdarm 59.

Vorei (= Oozyte 1. Ordnung 11.
Vorknorpel 252.
Vorniere (= Pronephros) 176.

Wachstum 83, 85.
Wangen 97.
Warzenhof 345.
Warzenhofdrüsen 345.
Wirbelanlage 258.
Wirbelfortsätze 258.
Wirbelgelenke 261.
Wirbelsäule 258.
Wirbelverknöcherung 264.
Wolffsche Gänge 198, 200.
Wolfsrachen 90.

Zahnbein (= Dentin) 98.
Zahndurchbruch 99.
Zahnentwicklung 97.
Zähne, definitive 100.
Zahnfleisch 96.
Zahnkrone 99.
Zahnleiste 97.
Zahnpapille 98.
Zahnpulpa 99.
Zahnscherbchen 99.
Zahnwurzel 98.
Zahnzement 99.
Zentralnervensystem 283.
Zentriolen 5, 6, 7, 16.
Zentriclknöpfchen 8.
Zentriolkörnchen 8.
Zentriolring 7.
Zilien 327.
Zilienschweißdrüsen 328.
Zilientalgdrüsen 328.
Zölomfunktion 176.
Zölomrezesse 152.
Zona pellucida 16.
Zuckerkandels Organe 174.
Zungenbein 118, 265.
Zungendrüsen 104.
Zungenentwicklung 103.
Zungenmuskeln 104.
Zungenpapillen 104.
Zweck der Befruchtung 23.
Zwerchfell 247, 249.
Zwerchfellmuskulatur 250.
Zwerge 85.
Zwergspermien 10.
Zwillinge 18, 84.
Zwischenkiefer 270.
Zwischenniere (= Nebennierenrinde) 173.
Zwischenzottenraum 38.